“十二五”普通高等教育本科国家级规划教材
高等学校电子信息类精品教材

高频电子电路

（第4版）

王卫东　陈冬梅　胡　煜　编著

電子工業出版社
Publishing House of Electronics Industry
北京·BEIJING

内容简介

本书为普通高等教育"十二五"和"十一五"国家级规划教材。

本书是为适应21世纪高频电子电路基础课程教学改革的需要而编写的，内容包括：高频小信号谐振放大器，噪声与干扰，高频功率放大器，各类正弦波振荡器，频率变换电路基础及基本部件，振幅调制、解调及混频，角度调制与解调，反馈控制电路，数字调制与解调，软件无线电基础等。

本书以"讲透基本原理，打好电路基础，面向集成电路"为宗旨，强调物理概念的描述，避免复杂的数学推导。在若干知识点的阐述上，本教材有自己的特色，并在内容取舍、编排以及文字表达等方面深入浅出，图文并茂，不仅易教更便于自学，以解决初学者入门难问题。另外，为了帮助初学者更好地学习本书，每章后都有难度适当的习题，利于学生提高解题能力。对所述的基本电路利用EWB电路设计软件进行了电路仿真，同时还配有CAI教学软件。

本书可作为高等学校工科学生的电子技术基础课教材，也可供相关领域专业技术人员参考。

图书在版编目(CIP)数据

高频电子电路/王卫东等编著．—4版．—北京：电子工业出版社，2020.6
ISBN 978-7-121-38688-6

Ⅰ．①高…　Ⅱ．①王…　Ⅲ．①高频-电子电路-高等学校-教材　Ⅳ．①TN710

中国版本图书馆CIP数据核字(2020)第039410号

责任编辑：韩同平
印　　刷：涿州市京南印刷厂
装　　订：涿州市京南印刷厂
出版发行：电子工业出版社
　　　　　北京市海淀区万寿路173信箱　邮编 100036
开　　本：787×1 092　1/16　印张：22　字数：704千字
版　　次：2004年8月第1版
　　　　　2020年6月第4版
印　　次：2024年1月第9次印刷
定　　价：75.90元

凡所购买电子工业出版社图书有缺损问题，请向购买书店调换。若书店售缺，请与本社发行部联系，联系及邮购电话：(010)88254888，88258888。

质量投诉请发邮件至 zlts@phei.com.cn，盗版侵权举报请发邮件至 dbqq@phei.com.cn。

本书咨询联系方式：88254525，hantp@phei.com.cn。

第 4 版前言

本书为普通高等教育“十二五”和“十一五”国家级规划教材。

本书第 1、2、3 版分别于 2004 年、2009 年、2014 年出版。这次第 4 版所做的修订约达几百余处，且增加了部分习题解答。其中大部分改动是使论述更为准确、严谨和易于阅读；另对少量错误和不当叙述做了更正。与第 2 版比较，增加了第 8 章数字调制与解调和第 9 章软件无线电基础；为了帮助学生对各章基本知识点的理解，在各章的习题之后增加了填空题。本教材力求做到可读性强，以减少学生阅读和学习的困难，力求反映高频电子电路的新发展。

本教材曾获广西第二届普通本科院校优秀教材一等奖；所对应的课程被评选为“十一五”期间广西高校普通本科专业精品课程。

本教材特点如下：

(1)以“讲透基本原理，打好电路基础，面向集成电路”为宗旨，强调物理概念的描述，立足工程应用，避免复杂的数学推导。

(2)在内容取舍、编排以及文字表达等方面深入浅出，图文并茂，重点突出，不仅易教更便于自学，以解决初学者入门难问题。

(3)重视基础功能电路，面向集成化电路，突出高频电子电路的特点。

本书参考学时数为 56~72 学时。

另外，为便于广大读者阅读，减少学习中的困难，根据本教材的教学内容制作了《高频电子电路网络课程》网站(http://ocw.guet.edu.cn/gpdz/kt.aspx)，该网络课程获第 8 届全国多媒体课件大赛二等奖。该网站教学资源丰富，信息量大，具有习题和试题库、EDA 仿真库、元器件库、FLASH 动画库、课件库、全课程录像视频库，力求为广大读者提供一个功能完善的师生交流、学生交流的互动学习平台。

本教材由桂林电子科技大学王卫东教授等编著，王卫东编写第 1~7 章，并负责全书的统编和定稿，陈冬梅编写第 8 章，胡煜编写第 9 章，陈冬梅和胡煜提供了各章的部分习题及解答。另外，王臻、苏维娜、郑凌霄等也参加了本教材的编写工作。在本书编写过程中，作者从所列参考文献中吸取了宝贵的成果和资料，谨向各参考文献的著译者表示感谢。作者还要感谢电子工业出版社对本书出版给予的支持和帮助，感谢韩同平编辑辛勤有效的工作及对本书出版所付出的各方面努力。作者深知，高频电子电路范围广，新知识多，我们对这一领域的学习和研究水平十分有限，书中一定有不少错误和不妥之处，恳切希望广大读者批评指正。

编著者

wangwd@ gliet.edu.cn

目　录

绪　　论

高频电子电路是在高频段范围内实现特定电功能的电路，它被广泛地应用于通信系统和各种电子设备中。那么，什么是"通信"（Communication）呢？**通信即指某种信息的传递过程**。实际上自然界的生物也具有一种本能的信息传递能力。人类进行通信的历史已很悠久。早在远古时期，人们就通过简单的语言、壁画等方式交换信息了。千百年来，人们一直在用语言、图符、钟鼓、烟火、竹简、纸书等传递信息，古代人的烽火狼烟、飞鸽传信、驿马邮递就是这方面的例子。在现代社会中，交通警的指挥手语、航海中的旗语等不过是古老通信方式进一步发展的结果。以上所指信息传递的基本方式都是依靠视觉与听觉来实现的。

19 世纪中叶以后，随着电报、电话、电磁波的发现，人类通信领域发生了根本性的巨大变革，实现了利用金属导线来传递信息，甚至通过电磁波来进行无线通信，使神话中的"顺风耳"、"千里眼"变成了现实。从此，**人类的信息传递可以脱离常规的视、听觉方式，用电信号作为新的载体（现代通信）**，由此带来了一系列新技术革新，开始了人类通信的新时代。

现代通信按传输媒质分类，可分为有线通信和无线通信。**有线通信是指传输媒质为导线、电缆、光缆、波导、纳米材料等形式的通信**，其特点是媒质能看得见，摸得着。**无线通信是指传输媒质看不见、摸不着（如电磁波）的一种通信形式**。有线通信实现了地理距离的通信；无线通信让人们实现了地球距离甚至是星球距离的通信。无线通信不只延伸了人类的通信距离，回顾百年来现代通信的发展历史，从有线通信到无线通信，反映了人类通信需求从受束缚向自由移动方向前进的必然趋势。

无线电通信的出现和发展得益于电磁理论的产生和完善，人们对无线电频率利用技术的不断发展也推动了无线电通信的前进。而以电子技术、微处理技术进步为基础的无线通信技术的快速发展，也向人们昭示——以无限制自由通信为特征的个人通信时代是人类通信的未来。

为了具体了解高频电子电路的种类和功用，现以通信系统为例，对其做一概要的介绍。

0.1　通信系统的组成

通信既是人类社会生活的重要组成部分，又是社会发展和进步的重要因素。广义地说，凡是在发信者和收信者之间，以任何方式进行的消息传递，都可称为通信。实现消息传递所需设备的总和，称为通信系统。19 世纪末迅速发展起来的**以电信号为消息载体的通信方式，称为现代通信系统**，其组成方框图如图 0.1 所示。各部分的主要作用简介如下：

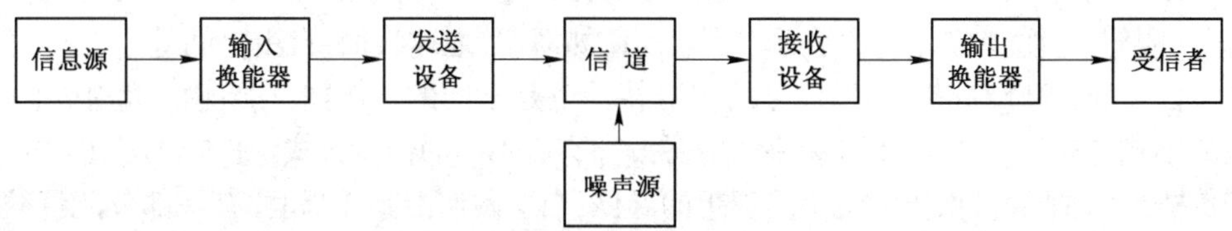

图 0.1　现代通信系统组成方框图

1. 信息源

信息源是指需要传送的原始信息，如语言、音乐、图像、文字等，一般是非电物理量。原始信息经输入换能器转换成电信号后，送入发送设备，将其变成适合于信道传输的电信号，然后经过信道送入接收设备。

2. 输入换能器

输入换能器的主要任务是将发信者提供的非电量消息（如声音、景物等）变换为电信号，日常生活中所见到的麦克风、摄像管都具有这样的功能。要求输入换能器应能反映待发送消息的全部信息，通常具有“低通型”频谱结构，故称为基带信号。当输入消息本身就是电信号时（如计算机输出的二进制信号），输入换能器可省略而直接进入发送设备。

3. 发送设备

发送设备主要有两大任务：一是调制，二是放大。所谓调制，就是将基带信号变换成适合信道传输特性传输的频带信号。在连续波调制中，是指用原始电信号去控制高频振荡信号的某一参数，使之随原始电信号的变化规律而变化。对于正弦波信号，其主要参数是振幅、频率和相位，因而出现了振幅调制、频率调制和相位调制（后两种合称为角度调制）等不同的调制方式。

为什么要对原始电信号进行调制呢？在无线通信中，由天线理论可知要将电信号有效地发射出去，天线的尺寸必须和电信号的波长为同一数量级。由原始非电量信息经输入换能器转换而成的原始电信号一般是低频信号，波长很长。例如，音频信号的频率仅在 15 kHz 以内，对应波长为 20 km以上，要制造出相应的巨大天线是不现实的。另外，即使这样巨大的天线制造出来，由于各个发射电台发射的均为同一频段的低频信号，在信道中会互相重叠、干扰，接收设备无法选择出所要接收的电台信号。因此，为了有效地进行传输，必须采用几百 kHz 以上的高频振荡信号作为载体，将携带信息的低频电信号“装载”到高频振荡信号上（这一过程即称为调制），然后经天线发送出去。到了接收端后，再把低频电信号从高频振荡信号上“卸取”下来（这一过程称为解调）。其中，未经调制的高频振荡信号称为载波信号，低频电信号称为调制信号，经过调制的高频振荡信号称为已调波信号。

采用调制方式以后，由于传送的是高频振荡信号，所需天线尺寸便可大大减小。同时，不同的发射电台可以采用不同频率的高频振荡信号作为载波，这样各电台的信号在频谱上就可以互相区分开，不会产生干扰。

所谓放大，是指对调制信号和已调波信号的电压和功率进行放大、滤波等处理过程，以保证送入信道的已调波信号功率足够大。

4. 信道

信道是连接发、收两端的信号通道，又称传输媒介。通信系统中应用的信道可分为两大类：有线信道（如架空明线、电缆、波导、光纤等）和无线信道（如海水、地球表面、自由空间等）。不同信道有不同的传输特性，相同媒介对不同频率信号的传输特性也是不同的。例如，在自由空间中，电磁能量是以电磁波的形式传播的。然而，不同频率的电磁波却有着不同的传播方式。1.5 MHz 以下的电磁波主要沿地表传播，称为地波。由于大地不是理想的导体，当电磁波沿其传播时，有一部分能量被损耗掉，频率越高，趋肤效应越严重，损耗越大，因此频率较高的电磁波不宜沿地表传播。1.5～30 MHz 的电磁波，主要靠天空中电离层的折射和反射传播，称为天波。电离层是由于太阳和星际空间的辐射引起大气上层电离而形成的。电磁波到达电离层后，一部分能量被吸收，一部分能量被反射和折射到地面。频率越高，被吸收的能量越少，电磁波穿入电离层也越深。当频率超过一定值后，电磁波就会穿透电离层而不再返回地面。因此频率更高的电磁波不宜用天波传播。30 MHz以上的电磁波主要沿空间直线传播，称为空间波。由于地球表面的弯曲，空间波的传播距离受限于视距范围，架高发射天线可以增大其传输距离。图 0.2 给出了几种电磁波传播方式的示意图。

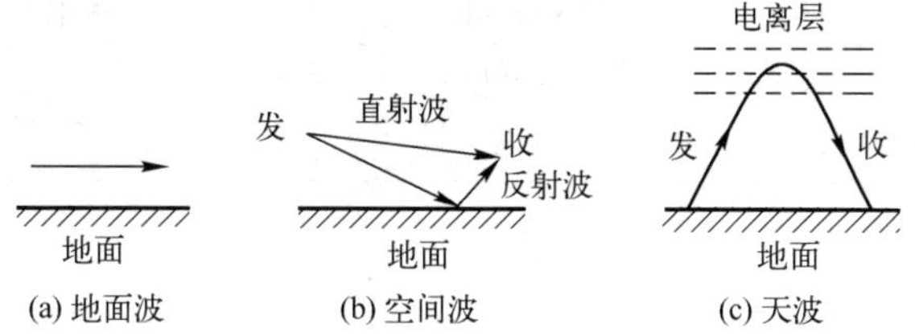

图 0.2　电磁波传播的几种方式

近年来，人们发现超短波（以至微波）也能够传送到很远的距离。这是利用电离层对电波的散射作用，使这些电波能够传播到大大超过视线距离的地区。这就是电离层散射通信。散射通信已成为在超短波以至微波波段远距离通信的有力手段。此外，利用人造卫星传送信号已是主要的通信方式。

20 世纪 60 年代以来，模拟通信已大量使用 2～10 GHz 频段。因此，数字微波系统的频段集中到更高的频率，11 GHz 与 19 GHz 频段已在启用。但在这样高的频率时，大气层中的氧气与水蒸气对信号的吸收，成为严重问题，必须考虑。

电磁波的传播情况很复杂，它不属于本课程的范围，以上只对它做了极为简略的介绍，以便能对它建立一个初步概念，作为学习高频电子线路的预备知识。表 0.1 概括地说明了无线电波波段的划分、主要特性与用途、所适用的传输媒质等，供参考。

表 0.1　无线电波波段划分表

级　别	频率范围	波长范围	传播特性	主要用途	传输媒质
甚低频（VLF）（very low frequency）	10～30 kHz（现已很少用）	30 000～10 000 m（超长波）	每日及每年的衰减都极低，特性极稳定可靠	高功率、长距离、点与点间的通信，连续工作	双线 地波
低频（LF）（low frequency）	30～300 kHz	10 000～1 000 m（长波）	夜间传播与 VLF 相同，但稍不可靠。白天，对电波的吸收大于 VLF。频率越高，吸收越大，而且每日与每季均有变化	长距离点与点间的通信，船舶助航用	双线 地波
中频（MF）（medium frequency）	300～3 000 kHz（535～1 605 kHz 为广播波段）	1 000～100 m（中波）	夜间衰减低，白天衰减高，夏天衰减比冬天大。长距离通信不如低频可靠，频率越高，越不可靠	广播、船舶通信、飞行通信、警察用无线电，船港电话	电离层反射 同轴电缆地波
高频（HF）（high frequeney）	3～30 MHz	100～10 m（短波）	远距离通信完全由上空电离层来决定，因此每日、每时与每季都有变化。情况良好时，远距离传播的衰减极低。但情况不好时，则衰减极大	中距离及远距离的各种通信与广播	电离层反射 同轴电缆
甚高频（VHF）（very high frequency）	30～300 MHz	10～1 m（米波段）	特性与光线相似，直线传播，与电离层无关（能穿透电离层，不被其反射）	短距离通信，电视、调频、雷达、导航	天波（电离层与对流层散射）同轴线
特高频（UHF）（ultra high frequency）	300～3 000 MHz	100～10 cm（分米波段）	与 VHF 相同	短距离通信、雷达、电视、散射通信、流星余迹通信	视线中继传输 对流层散射
超高频（SHF）（super high frequency）	3 000～30 000 MHz	10～1 cm（厘米波段或微波）	与 VHF 相同	短距离通信，波导通信、雷达、卫星通信	视频中继传输 视线穿透电离层传输

续表

级　别	频率范围	波长范围	传播特性	主要用途	传输媒质
极高频	30~300 GHz	1~0.1 cm	与 VHF 相同	射电天文学、雷达	视线传输
自红外线至紫外线	5×10^{11}~5×10^{16} Hz	6×10^{-2}~6×10^{-7} cm	与 VHF 相同,水蒸气和氧气有吸收	光通信	光纤

5. 接收设备

接收设备的任务是将信道传送过来的已调波信号进行处理,以恢复出与发送端相一致的基带信号。这种从已调波中恢复基带信号的处理过程,称为解调。显然解调是调制的逆过程。由于信道的衰减特性,经远距离传输到达接收端的信号通常很微弱(微伏数量级),需要放大后才能解调。同时,在信道中还会存在许多干扰信号,因而接收设备还必须具有从众多干扰信号中选择有用信号,并抑制干扰的能力。

6. 输出换能器

输出换能器的作用是将接收设备输出的基带信号变换成原有物理形式的消息,如声音、景物等,供收信者使用。常见的输出换能器有喇叭,显像管等。

0.2　发射机和接收机的组成

发射机和接收机是现代通信系统的核心部件,是为了使基带信号在信道中有效和可靠地传输而设置的。现以无线广播调幅发射机为例说明它的组成,如图 0.3 所示。

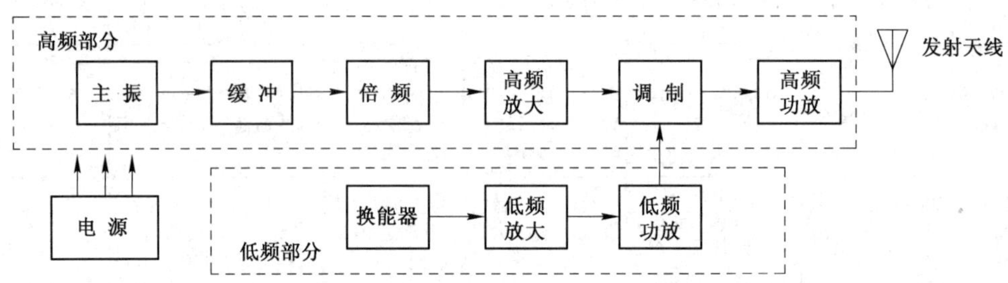

图 0.3　调幅发射机组成方框图

它包括三个组成部分:高频部分、低频部分和电源部分。

高频部分通常由主振、缓冲,倍频、高频放大、调制与高频功放组成。主振级的作用是产生频率稳定的载频信号,缓冲级是为减弱后级对主振级的影响而设置的。有时为了将主振级的频率提高到所需的数值,缓冲级后要加一级或若干级倍频器。倍频级后加若干级高频放大器,以逐步提高输出信号的功率。调制级将基带信号变换成适合信道传输特性传输的频带信号。最后经高频功率放大器进行放大,使输出信号的功率达到额定的发射功率,再经发射天线辐射出去。

低频部分包括换能器、低频放大及低频功放。换能器把非电量消息(如声音、景物等)变换为基带低频电信号,通过低频放大级逐级放大,使低频功放输出能对高频载频信号进行调制所需的信号功率。

无线通信的接收过程正好和发射过程相反。在接收端,接收天线将收到的电磁波转换为已调波电流,然后从这些已调波电流中选择出所需的信号进行放大和解调。这种直接放大式接收机的组成方框图如图 0.4 所示。

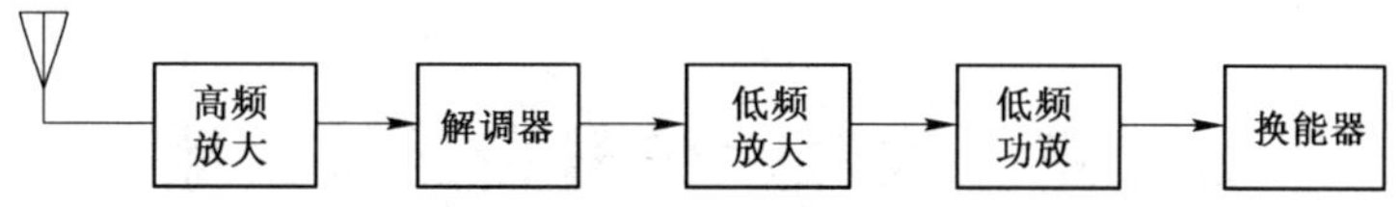

图 0.4　直接放大式接收机的组成方框图

图中高频小信号放大器通常以 LC 谐振回路为负载完成选频放大作用。由于直放式接收机的灵敏度和选择性都与工作频率有关(即波段性差),并受高频小信号调谐放大器级数限制,级数不能过高,因此,目前已不多用。图 0.5 所示的超外差式接收机克服了上述缺点,得到了广泛应用。

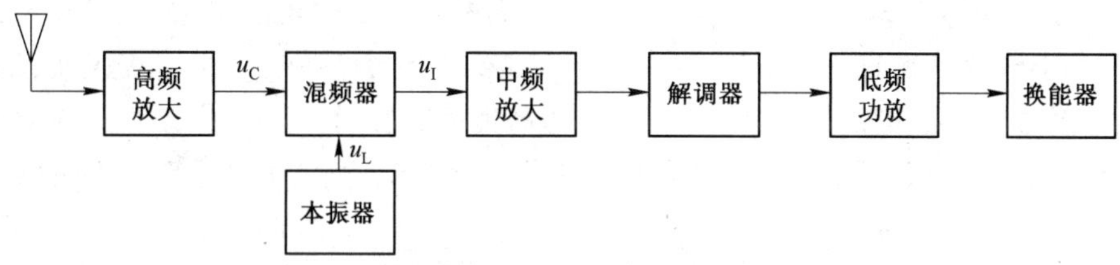

图 0.5　超外差式接收机的组成方框图

超外差式接收机与直接放大式接收机相比,增加了混频器、本地振荡器和中频放大器三种功能电路。混频器的作用是将接收到的不同频率的载波信号变换为固定频率的中频信号。其原理是:用本地振荡器产生的正弦波振荡信号 $u_L(t)$(其频率为 f_L)与接收到的有用信号$u_C(t)$(其频率为 f_C)在混频器中混频,得到中频信号 $u_I(t)$(其频率为 f_I)。通常选取 $f_I=f_L-f_C$。这种作用就是所谓的外差作用,也是超外差式接收机名称的由来。当输入信号频率变化时,使本地振荡器的频率也相应地改变,保持中频固定不变,因此中频放大器的增益和选择性都与接收信号的载频无关。这就克服了直接放大式接收机的缺点。经混频后所得的中频信号仍是已调波信号,且调制规律不变,即中频信号保留了输入信号中的全部有用信息。当然,超外差式接收机电路比较复杂,还存在一些特殊的混频干扰现象,这是超外差式接收机的缺点。

0.3　本书的研究对象和任务

通过本节的学习,我们已对无线通信有了一个极粗浅的了解。本书将要讨论的"高频电子电路"究竟包括哪些电路呢?它们都有什么功用呢?

这可借助图 0.3 和图 0.5 来说明。在发射机中的主振、倍频、高频功率放大、调制电路和接收机中的高频小信号放大、混频、本地振荡、中频放大、解调电路等,都属高频电子电路的研究对象。它们除了在现代通信系统中占据着"举足轻重"的作用外,还广泛地应用于其他电子设备中。概括说来,高频电子电路所研究的基本功能电路包括:高频小信号放大电路、高频功率放大电路、正弦波振荡电路、调制和解调电路、倍频电路、混频电路等。

本书的主要任务是讨论以集总参数为限的上述各高频电子电路的基本组成、工作原理、性能特点、基本工程分析方法。同时,本着贯彻以集成电路为主的原则,适当删减目前已逐步由相应集成电路取代的分立元件电路,增加集成电路方面的内容。

在上述电路中,除高频小信号放大电路属线性电路外,其余均属非线性电路。另外,包括自动增益控制、自动频率控制和自动相位控制(锁相环)在内的反馈控制电路也是高频电子电路研究的重要对象,是通信系统中必不可少的辅助部分。

第1章　高频小信号谐振放大器

高频小信号谐振放大电路除具有放大功能外，还具有选频功能，即具有从众多信号中选择出有用信号、滤除无用的干扰信号的能力。从这个意义上讲，高频小信号谐振放大电路又可视为集放大、选频于一体，由有源放大元件和无源选频网络所组成的高频电子电路。高频小信号谐振放大器在通信设备中的主要用途是做接收机的高频放大器和中频放大器。

本章以LC谐振电路和各类集中选择性电路为例，讨论高频小信号放大电路的选频特性及其有关问题。重点分析晶体管单级LC谐振放大器。对于由其他器件组成的放大器，只是所用器件的等效电路有所差别，总的分析方法是相同的。由于集成电路的迅速发展，本章还将介绍由集成放大电路和集中选择滤波器组成的高频小信号放大器的基本电路形式和特点。本章的教学需要10~12学时。

1.1　LC选频网络

在通信系统中，信号在传输过程中不可避免地会受到各种噪声的干扰。干扰噪声包括自然界存在的各种电磁波源（闪电、宇宙星体、大气热幅射等）和其他无线通信设备发射的电信号等。接收设备的首要任务就是把所需的有用信号从众多无用信号和噪声中选取出来并放大，同时应抑制和滤除无用信号和各种干扰噪声。选频网络在高频电子电路中得到广泛的应用，它能选出我们所需要的频率分量和滤除不需要的频率分量，因此掌握各种选频网络的特性及分析方法是很重要的。在高频电子电路中应用的选频网络可分为两大类。第一类是由电感和电容元件组成的谐振回路，它又可分为单谐振回路及耦合谐振回路；第二类是各种滤波器，如LC集中滤波器，石英晶体滤波器，陶瓷滤波器和声表面波滤波器等。

1.1.1　选频网络的基本特性

在通信系统中，多数情况下要传输的电信号并不是单一频率的信号，都含有很多频率成分，信号能量的主要部分总是集中在一定宽度的频带范围内，是占有一定频带宽度的频谱信号。**这就要求选频电路的通频带宽度应与所传输信号的有效频谱宽度相一致**。为了不引起信号的幅度失真，理想的选频电路在通频带内的幅频特性 $H(f)$ 应满足

$$\frac{\mathrm{d}H(f)}{\mathrm{d}f}=0 \tag{1-1}$$

为抑制通频带外的干扰，选频电路在通频带外的幅频特性 $H(f)$ 应满足

$$H(f)=0 \tag{1-2}$$

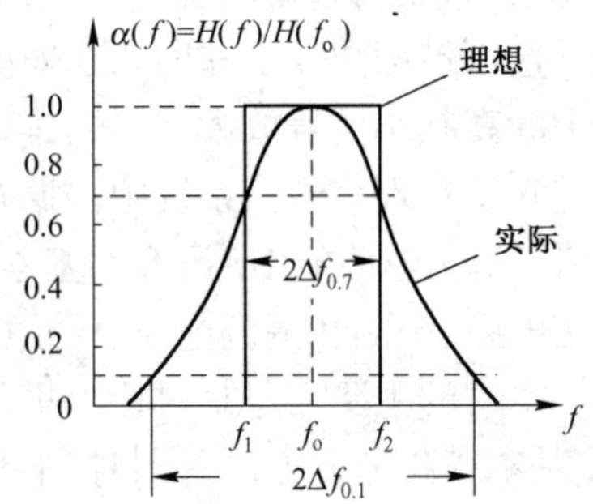

图1.1　选频电路的幅频特性

显然，理想选频电路的幅频特性应是矩形，即是一个关于频率的矩形窗函数，在通频带内各频率点的幅频特性相等，通频带之外各频率点的幅频特性为0。图1.1中所示的矩形为理想选频电路的幅频特性曲线，其纵坐标是 $\alpha(f)=H(f)/H(f_o)$，称为归一化幅频特性函数，f_o 为选频电路的谐振频率（也称为中心频率）。

由信号与系统的理论可知，幅频特性为矩形窗函数的选频电路是一个物理不可实现的系统，因

此实际选频电路的幅频特性只能是接近于矩形，如图 1.1 中所示。接近的程度与选频电路本身的结构形式有关。通常用矩形系数 $K_{0.1}$ 表示实际选频特性接近矩形的程度，其定义为

$$K_{0.1} = \frac{2\Delta f_{0.1}}{2\Delta f_{0.7}} \tag{1-3}$$

式中，$2\Delta f_{0.7}$ 为 $\alpha(f)$ 由 1 下降到 $1/\sqrt{2}$ 时，两边界频率 f_1 与 f_2 之间的频带宽度，称为通频带，通常用 B 表示，即

$$B = f_2 - f_1 = 2(f_2 - f_o) = 2\Delta f_{0.7} \tag{1-4}$$

$2\Delta f_{0.1}$ 为 $\alpha(f)$ 下降到 0.1 处的频带宽度。显然，理想选频电路的矩形系数 $K_{0.1}=1$，而实际选频电路的矩形系数均大于 1，$K_{0.1}$ 越小，越接近 1，选频特性越好。

由于实际选频回路幅频特性曲线不是理想矩形，而且在通频带内有一定的不均匀性，所以具有一定频带宽度的信号作用于回路时，回路中的电流或回路端电压便不可避免地会产生频率失真。为了减小这种失真，必须使信号的频带处于幅频特性曲线变化比较均匀的部分。为此，引出通频带的概念。通常，在通频带的范围内所产生的频率失真被认为是允许的。

另外，信号通过选频电路，为了不引入信号的相位失真，要求在通频带范围内选频电路的相频特性应满足

$$\frac{\mathrm{d}\varphi(f)}{\mathrm{d}f} = \tau_g \tag{1-5}$$

式中，τ_g 为各频率分量通过选频电路之后的群延迟时间，也称包络延迟时间。在理想条件下信号有效频带宽度之内的各频率分量通过选频电路之后，都延迟一个相同的时间 $\tau_g = \tau$（常数），这样才能保证输出信号中各频率分量之间的相对关系与输入信号完全相同。

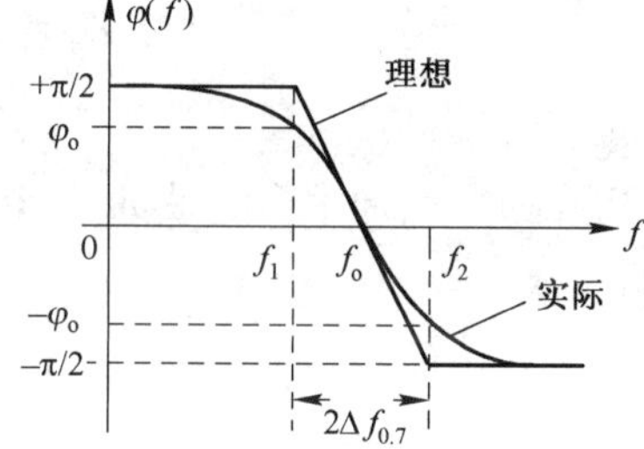

图 1.2　选频回路的相频特性

实际选频回路的相频特性曲线如图 1.2 所示。在传送一定频带宽度的信号时，由于回路的相频特性不是一条直线，所以回路的电流或端电压对各个频率分量所产生的相移不成线性关系，这就不可避免地会产生相位失真，使选频回路输出信号的包络波形产生变化。对传输图像信号或数字信号的通信设备来说，必须考虑这种失真。实际上，完全满足上述要求并非易事，往往只能在一定的条件下进行合理的近似。

1.1.2　LC 选频回路

LC 选频回路是高频电路里最基本的，也是应用最广泛的选频网络，它是构成高频谐振放大器、正弦波振荡电路及各种选频电路的重要基础部件。所谓选频是指从各种输入频率分量中选择出有用信号而抑制掉无用信号和噪声，这对于提高整个电路输出信号的质量和抗干扰能力是极其重要的。另外，**用 L，C 元件还可以组成各种形式的阻抗变换电路。**

1. LC 单谐振回路选频特性

LC 单谐振回路分为并联回路和串联回路两种形式，其中并联回路在实际电路中的用途更广泛，且二者之间具有一定的对偶关系，所以本书将着重介绍并联谐振回路，并通过对比的方法来分析并联回路和串联回路各自的特性及基本电路参数。

(1) 电路结构

LC 单谐振回路就是由电感 L 和电容 C 并联或串联形成的回路，它具有谐振特性和频率选择作用。图 1.3 所示为两种最简单的并联谐振回路和串联谐振回路。图中，R 是电感线圈中的损耗电

阻，i_S 和 R_S 是并联谐振回路的外加信号源，u_S 和 R_S 是串联谐振回路的外加信号源。

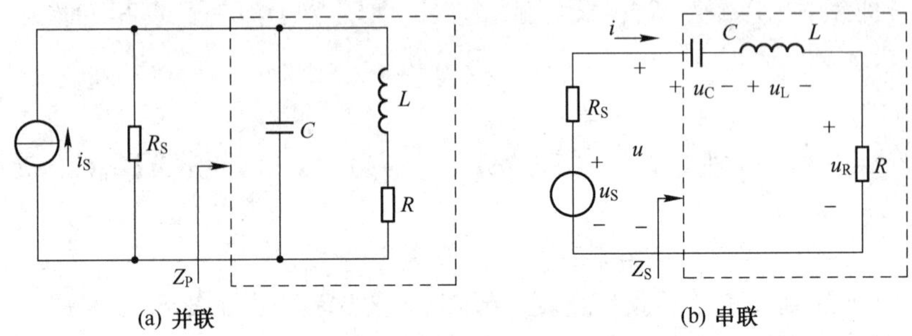

图 1.3　简单的并联谐振回路和串联谐振回路

(2) 回路阻抗

谐振回路的谐振特性可以从它们的阻抗频率特性看出。在图 1.3(a)所示的并联谐振回路中，当信号频率为 ω 时，其输入端口的并联阻抗为

$$Z_p = \frac{(R + j\omega L)\dfrac{1}{j\omega C}}{R + j\omega L + \dfrac{1}{j\omega C}} = \frac{(R + j\omega L)\dfrac{1}{j\omega C}}{R + j\left(\omega L - \dfrac{1}{\omega C}\right)} \tag{1-6}$$

在实际应用中，通常都满足 $\omega L \gg R$ 的条件（下面分析并联回路时都考虑此条件，除非另加说明）。因此

$$Z_p \approx \frac{L/C}{R + j\omega L + \dfrac{1}{j\omega C}} = \frac{1}{\dfrac{RC}{L} + j\left(\omega C - \dfrac{1}{\omega L}\right)} \tag{1-7}$$

由于采用导纳分析并联谐振回路比较方便，为此引入并联谐振回路的导纳

$$Y_p = \frac{1}{Z_p} = \frac{RC}{L} + j\left(\omega C - \frac{1}{\omega L}\right) = G_p + jB \tag{1-8}$$

式中，$G_p = \dfrac{RC}{L}$为电导，$B = \left(\omega C - \dfrac{1}{\omega L}\right)$为电纳。

同理，如图 1.3(b)所示的串联谐振回路中，当信号频率为 ω 时，其输入端口的串联阻抗为

$$Z_S = R + j\left(\omega L - \frac{1}{\omega C}\right) = R_S + jX \tag{1-9}$$

式中，$R_S = R$ 为电阻，$X = \left(\omega L - \dfrac{1}{\omega C}\right)$为电抗。

由式(1-7)、式(1-8)和式(1-9)可以看出，**LC 谐振回路的端口阻抗是信号频率 ω 的函数，且并联谐振回路的导纳和串联谐振回路的阻抗呈对偶关系**。

(3) 回路的谐振特性

1) 谐振条件

当 LC 谐振回路的总电纳 B（并联回路）或总电抗 X（串联回路）为 0 时，所呈现的状态称为 LC 谐振回路对外加信号源频率 ω 谐振。显然

并联回路的谐振条件为

$$B = \left(\omega C - \frac{1}{\omega L}\right) = 0 \tag{1-10}$$

串联回路的谐振条件为

$$X = \left(\omega L - \frac{1}{\omega C}\right) = 0 \tag{1-11}$$

2）谐振频率

当 LC 谐振回路满足谐振条件时的工作频率称为 LC 谐振回路的谐振频率。显然由式(1-10)、式(1-11)可以推出并联回路和串联回路的谐振频率均为

$$\omega_o = \frac{1}{\sqrt{LC}}, \quad 或 \quad f_o = \frac{1}{2\pi\sqrt{LC}} \tag{1-12}$$

3）回路的品质因数 Q

由于回路谐振时，回路的感抗值和容抗值相等，即 $\omega_o L=\dfrac{1}{\omega_o C}$。我们**把回路谐振时的感抗值（或容抗值）与回路的损耗电阻 R 之比称为回路的品质因数**，以 Q 表示，简称为 Q 值，则有

$$Q = \frac{\omega_o L}{R} = \frac{1}{\omega_o RC} = \frac{1}{R}\sqrt{\frac{L}{C}} \tag{1-13}$$

值得注意的是，式(1-13)对并联回路及串联回路都适用。另外，**品质因数 Q 实际上反映了 LC 谐振回路在谐振状态下储存能量与损耗能量的比值**。利用回路电感 L 或电容 C 储存的最大能量与回路电阻损耗的平均能量的比，也可得与式(1-13)相同的结果。

4）谐振阻抗

当并联回路谐振时，信号频率使回路的感抗与容抗相等，即总电纳 B 为零。此时并联回路的阻抗 Z_P 最大，并为一纯电阻 R_P。由式(1-7)可得

$$Z_P = Z_{po} = \frac{1}{\dfrac{RC}{L} + j\left(\omega C - \dfrac{1}{\omega L}\right)} = \frac{L}{RC} = R_P \tag{1-14}$$

在实际应用中为了分析问题的方便，常将图 1.3(a)所示的并联谐振回路等效为如图 1.4 所示电路，图中 R_P 即为谐振阻抗。利用图 1.4 所示电路可以方便地计算出并联谐振回路的阻抗 Z_P 及导纳 Y_P，即

$$Z_P = \frac{1}{\dfrac{1}{R_P} + j\left(\omega C - \dfrac{1}{\omega L}\right)} \tag{1-15}$$

$$Y_P = \frac{1}{R_P} + j\left(\omega C - \frac{1}{\omega L}\right) = G_P + j\left(\omega C - \frac{1}{\omega L}\right) \tag{1-16}$$

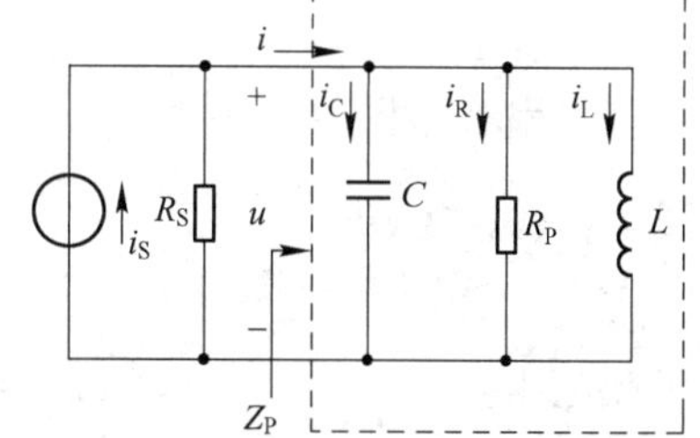

图 1.4　等效并联谐振回路

显然式(1-15)、式(1-16)与式(1-7)、式(1-8)是等效的，但图 1.4 所示的并联等效电路及式(1-15)、式(1-16)更便于对电路的分析，是我们今后常用的工具。另外，由图 1.4 所示的并联等效电路，利用谐振状态下储存能量与损耗能量的比值，也可以计算出并联回路的品质因数，即

$$Q_P = \frac{R_P}{\omega_o L} = \omega_o R_P C \tag{1-17}$$

式中，$R_P = \dfrac{L}{RC}$。显然式(1-17)与式(1-13)是等效的。另外由式(1-17)可得

$$R_P = \frac{Q_P}{\omega_o C} = Q_P \omega_o L \tag{1-18}$$

可见，**并联回路的谐振电阻值是谐振时回路感抗值 $\omega_o L$ 或回路容抗值 $1/\omega_o C$ 的 Q_P 倍**。

同理可得，当回路谐振时，串联回路的阻抗 Z_S 最小，并为一纯电阻 R_S。由式(1-9)可得

$$Z_{So} = R + j\left(\omega L - \frac{1}{\omega C}\right) = R = R_S \tag{1-19}$$

由以上的分析可以看出，谐振是 LC 谐振回路的重要特性，**当回路谐振时，不论是并联回路还**

是串联回路，回路的总感抗与总容抗大小相等，回路的总阻抗等效为一纯电阻；但并联回路的谐振电阻取最大值，串联回路的谐振电阻取最小值。

5）谐振时电压与电流的关系

在图 1.4 所示的并联等效电路中，发生并联谐振时，流过 L 支路的电流$i_L(j\omega_o)$是感性电流，它落后回路端电压 90°；流过 C 支路的电流 $i_C(j\omega_o)$是容性电流，超前回路端电压 90°；流过 R_P 支路的电流$i_R(j\omega_o)$与回路端电压$u(j\omega_o)$同相，电流与电压的矢量图如图 1.5 所示。由于谐振时 $i_L(j\omega_o)$与 $i_C(j\omega_o)$大小相等，相位相反，因此流入回路输入端的电流 $i(j\omega_o)$正好就是流过谐振电阻 R_P 支路的电流 $i_R(j\omega_o)$。各支路电流与电压的关系为

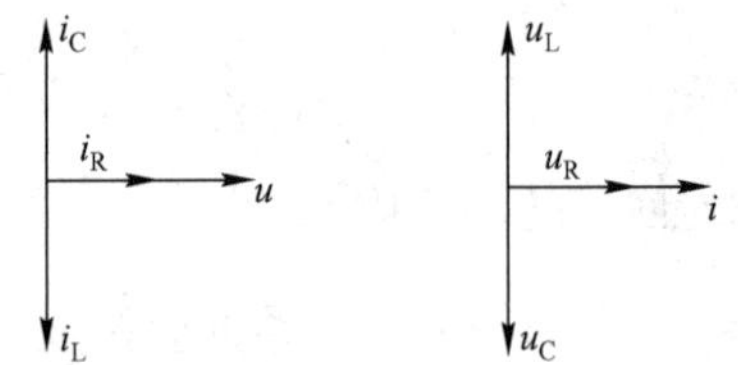

图 1.5　并联谐振时电压与电流关系的矢量图

图 1.6　串联谐振时电压与电流关系的矢量图

谐振回路端电压取最大值：

$$u(j\omega_o)=i(j\omega_o)R_P \tag{1-20}$$

电感支路电流：

$$i_L(j\omega_o)=\frac{u(j\omega_o)}{j\omega_o L}=-j\frac{R_P}{\omega_o L}i(j\omega_o)=-jQi(j\omega_o) \tag{1-21}$$

电容支路电流：

$$i_C(j\omega_o)=u(j\omega_0)j\omega_o C=j\omega_o CR_P i(j\omega_o)=jQi(j\omega_o) \tag{1-22}$$

可见，**并联谐振时，回路的输入端口电流 $i(j\omega_o)$ 并不大，但电感和电容支路上的电流却很大，等于输入端口电流 $i(j\omega_o)$ 的 Q 倍。所以并联谐振又称为电流谐振。**

同样在图 1.3(b)所示的串联谐振回路中，发生谐振时，因阻抗最小，流过电路的电流最大。同时，因电流最大，电容 C 和电感 L 上的电压也最大。串联谐振时回路中电压与电流关系的矢量图如图 1.6 所示。

若设串联谐振时的频率为 ω_o，则有

回路电流取最大值：

$$i(j\omega_o)=\frac{u(j\omega_o)}{R}=\frac{u(j\omega_o)}{R_S} \tag{1-23}$$

电感端电压：

$$u_L(j\omega_o)=i(j\omega_o)j\omega_o L=j\frac{\omega_o L}{R_S}u(j\omega_o)=jQu(j\omega_o) \tag{1-24}$$

电容端电压：

$$u_C(j\omega_o)=\frac{i(j\omega_o)}{j\omega_o C}=-j\frac{1}{\omega_o R_S C}u(j\omega_o)=-jQu(j\omega_o) \tag{1-25}$$

可见，**串联谐振时，回路的输入端口电压 $u(j\omega_o)$ 并不大，但电感和电容上的端电压却很大，等于输入端口电压 $u(j\omega_o)$ 的 Q 倍。**一般 Q 值较大，若 $Q=100$，$|u(j\omega_o)|=100$ V，则谐振时，L 或 C 两端的电压可高达 10 000 V，因此串联谐振时必须考虑元件的耐压问题，这是串联谐振特有的现象。所以串联谐振又称为电压谐振。这一特点与并联谐振的情况成对偶关系。

（4）回路的频率特性

1）阻抗频率特性

由式(1-7)、式(1-8)和式(1-9)可以看出，LC 谐振回路的端口阻抗是信号频率 ω 的函数。并联回路和串联回路的端口阻抗可分别表示为

$$Z_P=\frac{1}{\dfrac{1}{R_P}+j\left(\omega C-\dfrac{1}{\omega L}\right)}=\frac{R_P}{1+jR_P\left(\omega C-\dfrac{1}{\omega L}\right)}=\frac{R_P}{1+jR_P\omega_o C\left(\dfrac{\omega}{\omega_o}-\dfrac{\omega_o}{\omega}\right)} \tag{1-26}$$

$$Z_S=R_S+j\left(\omega L-\frac{1}{\omega C}\right)=R_S\left[1+j\frac{\omega_o L}{R_S}\left(\frac{\omega}{\omega_o}-\frac{\omega_o}{\omega}\right)\right] \tag{1-27}$$

由于 $Q_P=R_P\omega_o C$，$Q_S=\omega_o L/R_S$，而实际应用中，外接信号源的工作频率 ω 与回路的谐振频率 ω_o 之差 $\Delta\omega=\omega-\omega_o$ 表示频率偏离谐振的程度，$\Delta\omega$ 称为失谐或失调。由于 LC 谐振回路在正常工作时通常要求工作在谐振状态，ω 与 ω_o 很接近，即 $\omega\approx\omega_o$，而 $(\omega+\omega_o)\approx 2\omega$，因此

$$\left(\frac{\omega}{\omega_o}-\frac{\omega_o}{\omega}\right)=\frac{\omega^2-\omega_o^2}{\omega_o\omega}=\frac{(\omega-\omega_o)(\omega+\omega_o)}{\omega_o\omega}\approx\frac{2\Delta\omega}{\omega_o} \tag{1-28}$$

将式(1-28)代入式(1-26)和式(1-27)中可得

$$Z_P=\frac{R_P}{1+jQ_P\dfrac{2\Delta\omega}{\omega_o}}=\frac{R_P}{1+j\xi}=|Z_P|e^{j\varphi_P} \tag{1-29}$$

$$Z_S=R_S\left(1+jQ_S\frac{2\Delta\omega}{\omega_o}\right)=R_S(1+j\xi)=|Z_S|e^{j\varphi_S} \tag{1-30}$$

式中，$\xi=Q\dfrac{2\Delta\omega}{\omega_o}$称为广义失谐。$|Z_P|$ 和 $|Z_S|$ 是并联回路和串联回路阻抗的模；φ_P 和 φ_S 是阻抗的相角，即

$$|Z_P|=R_P/\sqrt{1+\xi^2},\qquad |Z_S|=R_S\sqrt{1+\xi^2} \tag{1-31}$$

$$\varphi_P=-\arctan\xi,\qquad \varphi_S=\arctan\xi \tag{1-32}$$

并联回路及串联回路的阻抗频率特性分别如图 1.7 和图 1.8 所示。

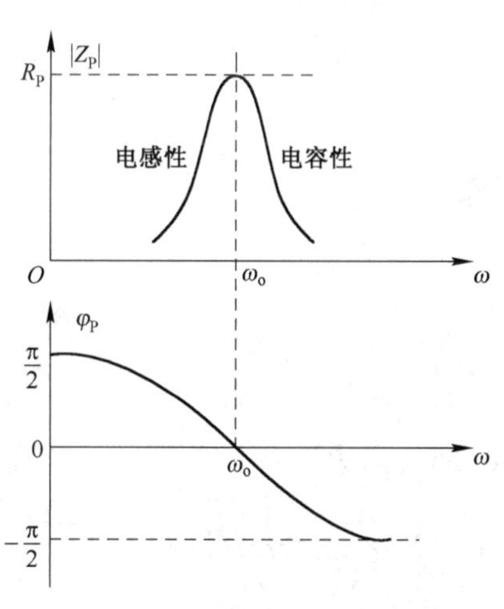

图 1.7 并联回路的阻抗频率特性

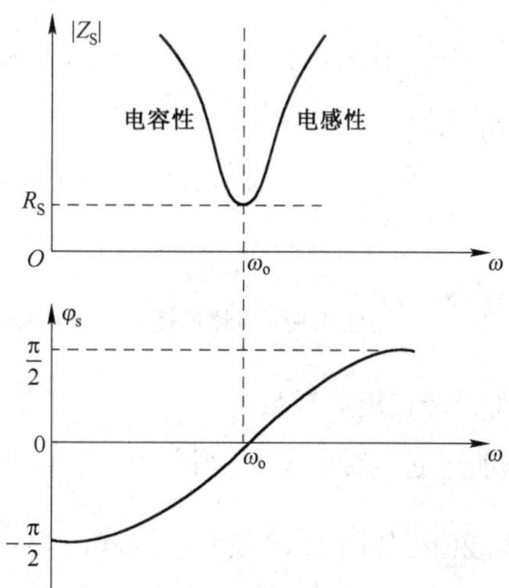

图 1.8 串联回路的阻抗频率特性

由图 1.7 和图 1.8 所示的阻抗频率特性曲线可以看出：①当 $\omega<\omega_o$ 时，并联 LC 谐振回路呈电感性，即 $\varphi_P>0$；串联 LC 谐振回路呈电容性，即 $\varphi_S<0$。②当 $\omega>\omega_o$ 时，并联 LC 谐振回路呈电容性，即 $\varphi_P<0$；串联 LC 谐振回路呈电感性，即 $\varphi_S>0$。③当 $\omega=\omega_o$ 时，并联回路和串联回路均呈纯电阻性，但并联回路取最大值 R_P，串联回路取最小值 R_S。显然**并联回路的阻抗频率特性与串联回路阻抗频率特性呈对偶关系**。

2）幅频特性曲线与相频特性曲线

定义：并联谐振回路的端电压振幅与工作频率之间的关系曲线称为并联谐振回路的幅频特性曲线；串联谐振回路的回路电流振幅与工作频率之间的关系曲线称为串联谐振回路的幅频特性曲线。

实际中常用的幅频特性曲线为归一化幅频特性曲线，即与谐振时的最大振幅值之比的幅频特性曲线。利用式(1-14)、式(1-19)和式(1-31)，并根据以上定义可得

并联谐振回路的幅频特性：当保持端口电流 $|i(\mathrm{j}\omega)|$ 不变，仅改变频率 ω 时

$$\alpha_{\mathrm{P}}=\left|\frac{u(\mathrm{j}\omega)}{u_{\mathrm{o}}(\mathrm{j}\omega_{\mathrm{o}})}\right|=\left|\frac{i(\mathrm{j}\omega)Z_{\mathrm{P}}}{i(\mathrm{j}\omega_{\mathrm{o}})Z_{\mathrm{Po}}}\right|=\frac{1}{\sqrt{1+\xi^{2}}} \tag{1-33}$$

串联谐振回路的幅频特性：当保持端口电压幅值 $|u(\mathrm{j}\omega)|$ 不变，仅改变频率 ω 时

$$\alpha_{\mathrm{S}}=\left|\frac{i(\mathrm{j}\omega)}{i_{\mathrm{o}}(\mathrm{j}\omega_{\mathrm{o}})}\right|=\left|\frac{u(\mathrm{j}\omega)/Z_{\mathrm{S}}}{u(\mathrm{j}\omega_{\mathrm{o}})/Z_{\mathrm{So}}}\right|=\frac{1}{\sqrt{1+\xi^{2}}} \tag{1-34}$$

可以看出，**尽管并联回路和串联回路幅频特性的定义有差异，但幅频特性的表达式却是相同的。**

同样定义：并联谐振回路的端电压的相位与工作频率之间的关系曲线称为并联谐振回路的相频特性曲线。串联谐振回路的回路电流的相位与工作频率之间的关系曲线称为串联谐振回路的相频特性曲线。由以上定义和式(1-32)可得，并联(串联)谐振回路端电压(电流)的相位 $\Psi_{\mathrm{P}}(\Psi_{\mathrm{S}})$ 与回路阻抗相位 $\varphi_{\mathrm{P}}(\varphi_{\mathrm{S}})$ 的关系为

$$\Psi_{\mathrm{P}}=\varphi_{\mathrm{P}}=-\arctan\xi,\quad \Psi_{\mathrm{S}}=-\varphi_{\mathrm{S}}=-\arctan\xi \tag{1-35}$$

式中，$\xi=Q\dfrac{2\Delta\omega}{\omega_{\mathrm{o}}}$为广义失谐。显然，相频特性的表达式是相同的。根据式(1-33)~式(1-35)绘出的幅频特性和相频特性曲线如图 1.9 所示。

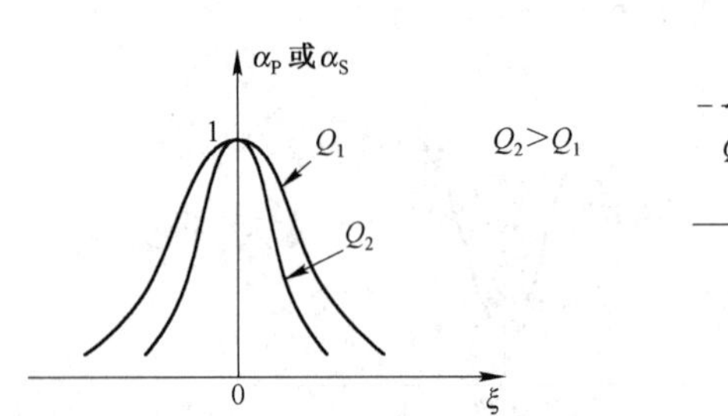

图 1.9　幅频特性和相频特性曲线

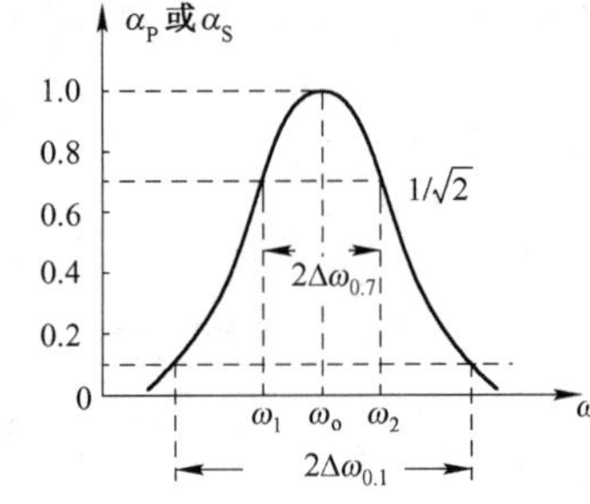

图 1.10　LC 回路的通频带

3）通频带和矩形系数

根据前述通频带的定义，当 α_{P} 或 α_{S} 由 1 下降到 $1/\sqrt{2}$ 时，两边界频率 ω_1 与 ω_2 之间的频带宽度，即为通频带，如图 1.10 所示。由式(1-33)或式(1-34)，令$\dfrac{1}{\sqrt{1+\xi^2}}=\dfrac{1}{\sqrt{2}}$，可得 $\xi=Q\dfrac{2\Delta\omega_{0.7}}{\omega_{\mathrm{o}}}=1$。所以通频带为

$$B=2\Delta\omega_{0.7}=\omega_{\mathrm{o}}/Q,\quad 或\ B=f_{\mathrm{o}}/Q \tag{1-36}$$

可见，**并联回路和串联回路的通频带与回路的 Q 值有关，一般 Q 值越大回路损耗越小，谐振曲线越陡峭，通频带越窄**，如图 1.9 所示。

同理，如果令$\dfrac{1}{\sqrt{1+\xi^2}}=\dfrac{1}{10}$，可得 $\xi=Q\dfrac{2\Delta\omega_{0.1}}{\omega_{\mathrm{o}}}=\sqrt{10^2-1}$，所以有 $2\Delta\omega_{0.1}=\dfrac{\omega_{\mathrm{o}}}{Q}\sqrt{10^2-1}$，根据矩形系数的定义可得

$$K_{0.1}=\frac{2\Delta f_{0.1}}{2\Delta f_{0.7}}=\sqrt{100-1}\approx 9.95\gg 1 \tag{1-37}$$

可见，**LC 并联回路和串联回路的矩形系数远大于 1，与理想选频特性比较，频率的选择性较差。**

并、串联谐振回路对比如表 1.1 所示。

表 1.1　并、串联谐振回路对比

指标 \ 回路		并联谐振回路	串联谐振回路
电路结构			
谐振条件		$B=\left(\omega C-\frac{1}{\omega L}\right)=0$	$X=\left(\omega L-\frac{1}{\omega C}\right)=0$
谐振频率		$f_o=\frac{1}{2\pi\sqrt{LC}}$	$f_o=\frac{1}{2\pi\sqrt{LC}}$
品质因数		$Q=\frac{\omega_o L}{R}=\frac{1}{\omega_o CR}=\frac{R_P}{\omega_o L}=\omega_o CR_P$	$Q=\frac{\omega_o L}{R}=\frac{1}{\omega_o CR}$
谐振阻抗		$Z_{po}=R_P=\frac{L}{CR}$	$Z_{so}=R$
通频带		$B=f_o/Q$	$B=f_o/Q$
阻抗频率特性	幅频特性	$\|Z_P\|=R_P/\sqrt{1+\xi^2}$	$\|Z_S\|=R\sqrt{1+\xi^2}$
	相频特性	$\varphi_P=-\arctan\xi$	$\varphi_S=\arctan\xi$
阻抗频率特性		$f<f_o$ 时，回路呈电感性	$f<f_o$ 时，回路呈电容性
		$f>f_o$ 时，回路呈电容性	$f>f_o$ 时，回路呈电感性
		$f=f_o$ 时，回路呈纯电阻性	$f=f_o$ 时，回路呈纯电阻性
归一化幅频特性		$\alpha_P=1/\sqrt{1+\xi^2}$	$\alpha_S=1/\sqrt{1+\xi^2}$
归一化相频特性		$\varphi_P=-\arctan\xi$	$\varphi_S=\arctan\xi$

2. 信号源内阻及负载对 LC 回路的影响

一个实用的 LC 并联回路和串联回路总是要外接信号源和负载的，当考虑到信号源内阻 R_S 及负载 R_L 后（如图 1.11 所示），并联回路和串联回路的等效品质因数（称为有载 Q 值）分别为

$$Q_{PL}=\frac{R_S/\!/R_P/\!/R_L}{\omega_o L},\quad Q_{SL}=\frac{\omega_o L}{R+R_S+R_L} \tag{1-38}$$

与空载时的 $Q_P=\frac{R_P}{\omega_o L}$和 $Q_S=\frac{\omega_o L}{R}$相比较，可得

$$Q_{PL}=\frac{Q_P}{1+\frac{R_P}{R_S}+\frac{R_P}{R_L}},\quad Q_{SL}=\frac{Q_S}{1+\frac{R_S}{R}+\frac{R_L}{R}} \tag{1-39}$$

由式(1-38)、式(1-39)和图 1.11 可以看出，**当 LC 谐振回路**

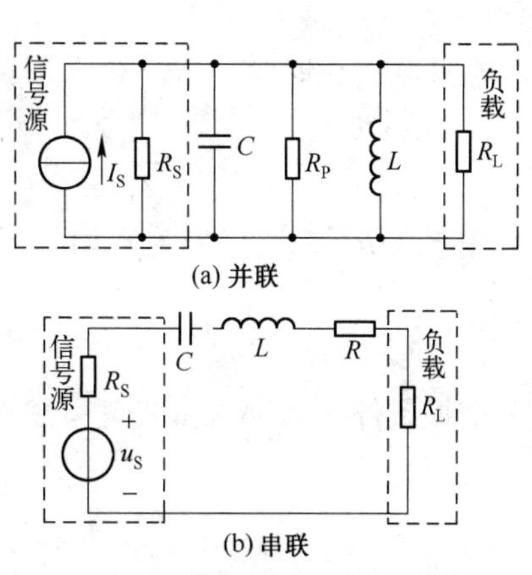

图 1.11　考虑到 R_S 及 R_L 后的并联谐振回路和串联谐振回路

外接信号源内阻 R_S 及负载 R_L 后,回路的损耗增加,有载 Q_L 值下降,因此通频带加宽,选择性变坏。一般并联回路 R_S 或 R_L 的阻值越小,有载 Q_{PL} 越小;串联回路 R_S 或 R_L 的阻值越大,有载 Q_{PL} 越小。

[例 1-1] 设一并联谐振回路,谐振频率 $f_o=10\,\text{MHz}$,回路电容 $C=50\,\text{pF}$,试计算所需线圈的电感值 L。又若线圈品质因数为 $Q=100$,试计算回路谐振电阻及回路带宽。若要求增加回路的带宽为 0.5 MHz,则应在回路上并联多大电阻才能满足所需带宽要求?

解: (1) 计算 L 值。由式(1-12),可得

$$L=\frac{1}{\omega_o^2 C}=\frac{1}{(2\pi)^2 f_o^2 C}$$

将 $f_o=10\,\text{MHz}$ 代入,得 $L=5.07\,\mu\text{H}$。

(2) 回路谐振电阻和带宽。由式(1-18)可得

$$R_P=Q\omega_o L=100\times 2\pi\times 10^7\times 5.07\times 10^{-6}=31.8\,\text{k}\Omega$$

回路带宽为

$$B=f_o/Q=100\,\text{kHz}$$

(3) 求满足 0.5 MHz 带宽的并联电阻。设回路上并联电阻为 R_1,并联后的总电阻为 $R_P/\!/R_1$,回路的有载品质因数为 Q_L。由带宽公式得

$$Q_L=f_o/B$$

此时要求的带宽 $B=0.5\,\text{MHz}$,故 $Q_L=20$。

回路总电阻为

$$R_P/\!/R_1=\frac{R_P R_1}{R_P+R_1}=Q_L\omega_o L=20\times 2\pi\times 10^7\times 5.07\times 10^{-6}=6.37\,(\text{k}\Omega)$$

$$R_1=\frac{6.37R_P}{R_P-6.37}=7.97\,(\text{k}\Omega)$$

需要在回路上并联 7.97 kΩ 的电阻。

3. 并联谐振回路的广义形式

图 1.12 所示为并联谐振回路的广义形式,图中电容支路和电感支路都串有电阻,其中

$$Z_1=R_1+jX_1=R_1+1/j\omega C,\quad Z_2=R_2+jX_2=R_2+j\omega L$$

通常在电路中所用的回路都满足 $X\gg R$ 的条件,所以图 1.12 也可假设 $X_1\gg R_1$,$X_2\gg R_2$。

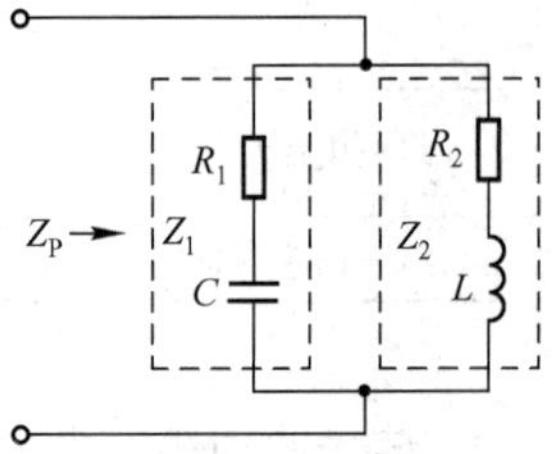

图 1.12 两个支路都有电阻的并联回路

在并联谐振时,$X_1+X_2=0$,此时回路的总阻抗为

$$Z_P=\frac{Z_1Z_2}{Z_1+Z_2}=\frac{(R_1+jX_1)(R_2+jX_2)}{(R_1+jX_1)+(R_2+jX_2)}=\frac{(R_1+jX_1)(R_2+jX_2)}{R_1+R_2}$$

再利用 $X_1\gg R_1$,$X_2\gg R_2$ 的关系,上式变为

$$Z_P\approx -\frac{X_1X_2}{R_1+R_2}$$

代入谐振条件 $X_1=-X_2$,上式可写成

$$Z_P=\frac{X_1^2}{R_1+R_2}=\frac{X_2^2}{R_1+R_2}=\frac{(\omega_o L)^2}{R_1+R_2}=\frac{1}{(R_1+R_2)(\omega_o C)^2}$$

如果 R_1 和 R_2 都不很大,则可以认为 R_1 和 R_2 都是集中在电感支路内的,这时回路的品质因数为

$$Q_P=\frac{\omega_o L}{R_1+R_2}$$

与式（1-13）相比较，两式的形式完全相似。这一观念相当重要，实际中有时很有用。把 Q_P代入上式可得

$$Z_P=Q_P\omega_o L=\frac{Q_P}{\omega_o C}$$

与式（1-18）相比较，两式的形式完全相同。

［例 1-2］ 试求图 1.12 的 R_1、R_2、L 与 C 之间的关系，以使整个电路对于任何频率都呈现纯电阻性。

解：

$$Z_P=\frac{Z_1Z_2}{Z_1+Z_2}=\frac{\left(R_1-j\frac{1}{\omega C}\right)(R_2+j\omega L)}{\left(R_1-j\frac{1}{\omega C}\right)+(R_2+j\omega L)}=\frac{\left(R_1R_2+\frac{L}{C}\right)+j\left(\omega LR_2-\frac{R_1}{\omega C}\right)}{(R_1+R_2)+j\left(\omega L-\frac{1}{\omega C}\right)}$$

要想使 Z_P在任何频率下，都呈现纯阻性，就必须使 Z_P的虚部为零，也即分子与分母的相角相等，必须有

$$\frac{\omega LR_2-\frac{R_1}{\omega C}}{R_1R_2+\frac{L}{C}}=\frac{\omega L-\frac{1}{\omega C}}{R_1+R_2}$$

上式化简得

$$\omega^2\left(\frac{L^2}{C}-LR_2^2\right)=\frac{L}{C^2}-\frac{R_1^2}{C}$$

要使上式在任何频率下都成立，必有

$$\begin{cases}\frac{L^2}{C}-LR_2^2=0 & \text{或} \quad R_2=\sqrt{L/C}\\ \frac{L}{C^2}-\frac{R_1^2}{C}=0 & \text{或} \quad R_1=\sqrt{L/C}\end{cases}$$

最后得

$$R_1=R_2=\sqrt{L/C}$$

1.1.3 LC 阻抗变换网络

由上述分析可以看出，实际工作中信号源内阻 R_S 及负载 R_L 对 LC 谐振回路的影响较大，会使谐振回路的 Q 值下降，通频带加宽，选择性变坏。通常情况下，信号源内阻 R_S 与负载电阻 R_L 的数值都是固定值，不能选择。那么，如何降低它们对回路 Q 值的影响呢？在高频电路中常采用 LC 阻抗变换网络，将 R_S 或 R_L 变换成合适的值后再与回路连接即可。下面介绍一些工程中常采用的 LC 阻抗变换网络。

1. 串、并联阻抗等效互换

为了分析电路的方便，常需把串联电路变换为并联电路，如图 1.13 所示。其中 X_1 为电抗（纯电感或纯电容元件），R_X 为 X_1 的损耗电阻，R_1 为与 X_1 串联的外接电阻；X_2 为等效变换后的电抗元件，R_2 为转换后的电阻。

等效互换的原则是：**等效互换前的电路与等效互换后的电路阻抗相等**，即

$$(R_1+R_X)+jX_1=\frac{R_2(jX_2)}{R_2+jX_2}=\frac{R_2X_2^2}{R_2^2+X_2^2}+j\frac{R_2^2X_2}{R_2^2+X_2^2} \tag{1-40}$$

所以有

$$R_1+R_X=\frac{R_2X_2^2}{R_2^2+X_2^2} \tag{1-41}$$

$$X_1=\frac{R_2^2X_2}{R_2^2+X_2^2} \tag{1-42}$$

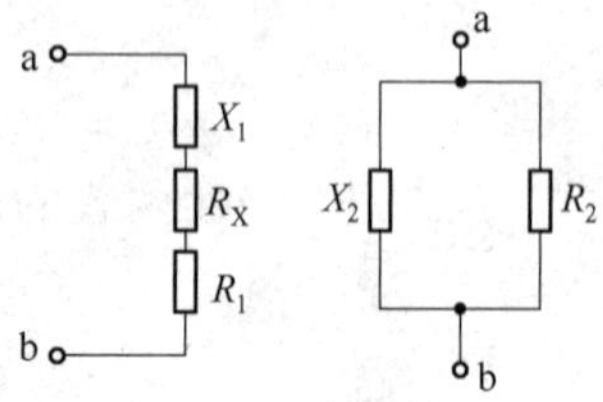

图 1.13 串、并联阻抗的等效互换

由于**等效互换前后回路的品质因数应相等**,即

$$Q_1=\frac{X_1}{R_1+R_X}=Q_2=\frac{R_2}{X_2} \tag{1-43}$$

由式(1-41),并利用式(1-43),可得

$$R_1+R_X=\frac{R_2}{1+\left(\dfrac{R_2}{X_2}\right)^2}=\frac{R_2}{1+Q_1^2} \tag{1-44}$$

所以

$$R_2=(R_1+R_X)(1+Q_1^2) \tag{1-45}$$

同理,由式(1-42),并利用式(1-43),可得

$$X_2=X_1\left(1+\frac{1}{Q_1^2}\right) \tag{1-46}$$

一般来说,Q_1 总是比较大的,当 $Q_1 \gg 10$ 时,由式(1-45)和式(1-46)可得

$$R_2\approx(R_1+R_X)Q_1^2,\quad X_2\approx X_1 \tag{1-47}$$

式(1-47)的结果表明:**串联电路转换成并联电路后,X_2 的电抗特性与 X_1 的相同。当 Q_1 较大时,$X_2=X_1$ 基本不变,而 R_2 是(R_1+R_X)的 Q_1^2 倍。**

2. 变压器阻抗变换电路

变压器阻抗变换电路如图 1.14 所示。假设初级电感线圈的圈数为 N_1,次级圈数为 N_2,且初次级间为全耦合($k=1$),线圈损耗忽略不计,则等效到初级回路的电阻 R'_L上所消耗的功率应和次级负载 R_L 上所消耗功率相等,即

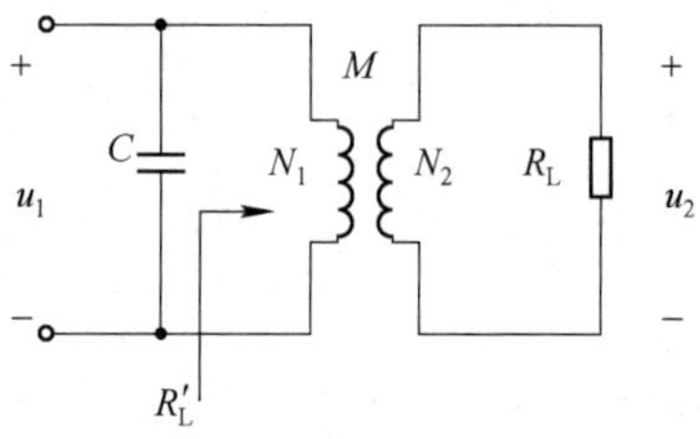

图 1.14 变压器阻抗变换电路

$$\frac{u_1^2}{R'_L}=\frac{u_2^2}{R_L},\quad 或\quad \frac{R'_L}{R_L}=\frac{u_1^2}{u_2^2}$$

又因全耦合变压器初次级电压比 u_1/u_2 等于相应圈数比 N_1/N_2,故有

$$R'_L=\left(\frac{N_1}{N_2}\right)^2R_L \tag{1-48}$$

若$\frac{N_1}{N_2}>1$,则 $R'_L>R_L$;$\frac{N_1}{N_2}<1$,$R'_L<R_L$。可通过改变 $\frac{N_1}{N_2}$ 的比值来调整 R'_L 的大小。

3. 部分接入回路的阻抗变换

在高频电路的实际应用中,常用到激励信号源或负载与并联谐振回路中的电感或电容采用部分接入的回路,一般称为部分接入并联谐振回路。典型实用的部分接入并联谐振回路如图 1.15 所示。图中 C_1、C_2 和 L_1、L_2 共同构成并联谐振回路,激励信号源 i_S、R_S 与负载 R_L 采用部分接入方式

接入并联谐振回路中。常用的部分接入方式有，电感抽头部分接入和电容分压部分接入。

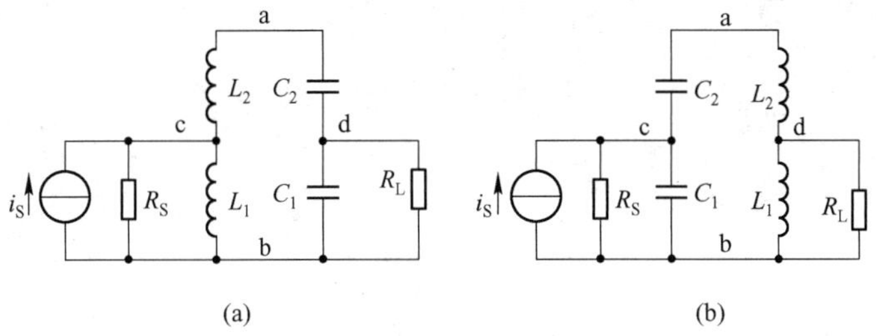

图 1.15 典型实用的部分接入并联谐振回路

在对电路进行定量分析时，通常把部分接入（c、b 和 d、b 端口）的外电路 i_S、R_S 与 R_L 等效到并联回路两端（a、b 端口），如图 1.16 所示。图中并联谐振回路的总电容和总电感为

$$C=\frac{C_1C_2}{C_1+C_2},\quad L=\begin{cases}L_1+L_2 & \text{无互感}\\ L_1+L_2\pm 2M & \text{有互感}\end{cases} \tag{1-49}$$

式中，M 为 L_1 与 L_2 之间的互感系数。当 L_1 与 L_2 绕向一致时，M 取正号；绕向相反时，M 取负号。另外，i'_S、R'_S 和 R'_L 为等效变换后的激励信号源与负载。

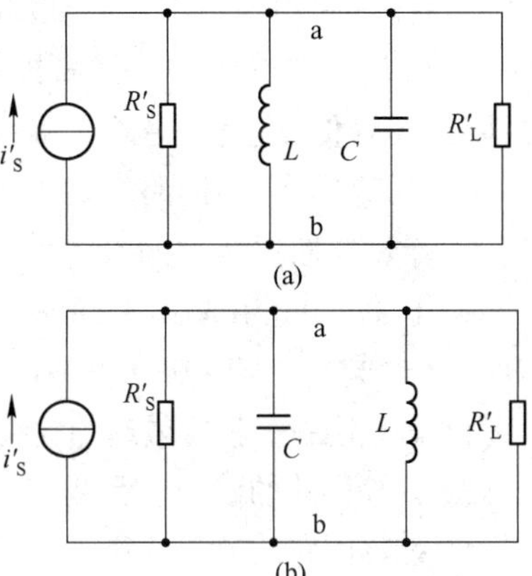

图 1.16 等效后的部分接入并联谐振回路

当回路谐振时，利用功率等效的关系，可得

$$\frac{u_{ab}^2}{R'_S}=\frac{u_{cb}^2}{R_S},\quad i'_Su_{ab}=i_Su_{cb},\quad \frac{u_{ab}^2}{R'_L}=\frac{u_{db}^2}{R_L}$$

因此
$$\frac{1}{R'_S}=\left(\frac{u_{cb}}{u_{ab}}\right)^2\frac{1}{R_S},\quad i'_S=\left(\frac{u_{cb}}{u_{ab}}\right)i_S,\quad \frac{1}{R'_L}=\left(\frac{u_{db}}{u_{ab}}\right)^2\frac{1}{R_L}$$

于是可得
$$g'_S=p_1^2g_S,\quad i'_S=p_1i_S,\quad G'_L=p_2^2G_L \tag{1-50}$$

式中，$g'_S=1/R'_S$，$G'_L=1/R'_L$，p 为接入系数（或抽头系数）。通常定义

$$p=\frac{\text{部分接入电压}(u_{cb}\text{或}u_{db})}{\text{回路电压}(u_{ab})} \tag{1-51}$$

当回路处于谐振或失谐不大，且外电路分流很小可以忽略（$i\ll i_L$）的条件下，电感线圈抽头回路的接入系数，可根据如图 1.17 所示的电路分为以下几种情况进行讨论。

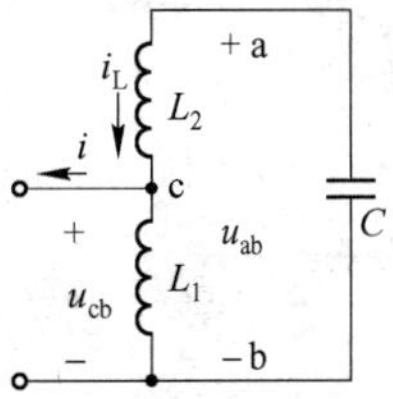

① 当忽略线圈抽头两部分之间的互感时

$$p=\frac{u_{cb}}{u_{ab}}=\frac{L_1}{L} \tag{1-52}$$

式中，$L=L_1+L_2$。

② 若设线圈抽头两部分之间的互感为 M 时，则

$$p=\frac{L_1\pm M}{L} \tag{1-53}$$

图 1.17 电感线圈抽头的回路

式中，$L=L_1+L_2\pm 2M$。

③ 对紧耦合的线圈（互感变压器），若设线圈 L_1 的匝数为 N_1，总匝数为 N，则

$$p=N_1/N \tag{1-54}$$

式中，$N=N_1+N_2$。

同理,在外电路分流较小($i \ll i_C$)的条件下,对于电容分压的部分接入回路(如图 1.18 所示),可得

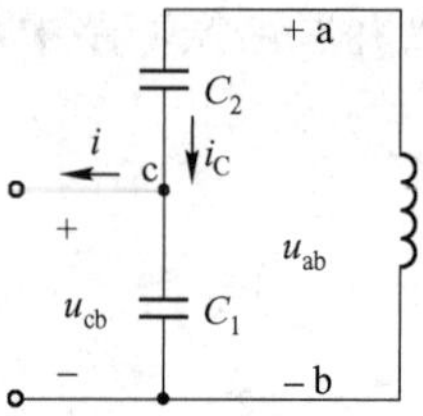

$$p = \frac{u_{cb}}{u_{ab}} = \frac{\dfrac{1}{\omega C_1}}{\dfrac{1}{\omega C}} = \frac{C}{C_1} = \frac{C_2}{C_1 + C_2} \qquad (1\text{-}55)$$

图 1.18　电容分压的回路

式中, $C = \dfrac{C_1 C_2}{C_1 + C_2}$。

由以上分析可以看出,通过改变部分接入并联谐振回路的抽头位置,可以进行阻抗变换,实现回路与信号源内阻及负载之间的阻抗匹配。由式(1-51)可以看出,通常 $p<1$,所以 R'_S 和 R'_L 总是大于 R_S 和 R_L。**即由低抽头向高抽头转换时,等效阻抗提高了 $1/p^2$ 倍,由高抽头向低抽头转换时,等效阻抗会降低 p^2 倍**。另外必须指出,在上面的分析中曾假设 $i \ll i_L$,当 p 较小时将不能满足该条件。在实际应用中,当回路失谐不大,上述使用条件为 $i_L/i = pQ \gg 1$ 时,c、b(或 d、b)端口的外接阻抗 Z_{cb} 与等效到回路两端的阻抗 Z_{ab} 也有类似式(1-50)的关系,即 $Z_{cb} = p^2 Z_{ab}$(或 $Y_{ab} = p^2 Y_{cb}$)。

[例 1-3]　LC 并联谐振回路如图 1.19 所示。已知,$L = 10\ \mu H$, $C_1 = 100\ pF$, $C_2 = 300\ pF$,电感损耗电阻 $R = 10\ \Omega$,负载电阻 $R_L = 5\ k\Omega$。

(1) 画出阻抗变换等效后的电路图; (2) 计算回路的谐振频率 f_o;

(3) 计算回路的谐振电阻 R_P;　　(4) 计算回路的有载品质因数 Q_L;

(5) 计算回路的通频带 B;　　(6) 要使回路通频带加倍,需要在负载两端并联多大的电阻 R?

解:(1) 部分接入等效后的电路如图 1.20(a)所示。图中,接入系数 $p = \dfrac{C_1}{C_1 + C_2} = \dfrac{1}{4}$, $R'_L = R_L/p^2 = 80\ k\Omega$,回路总电容 $C = \dfrac{C_1 C_2}{C_1 + C_2} = 75\ pF$

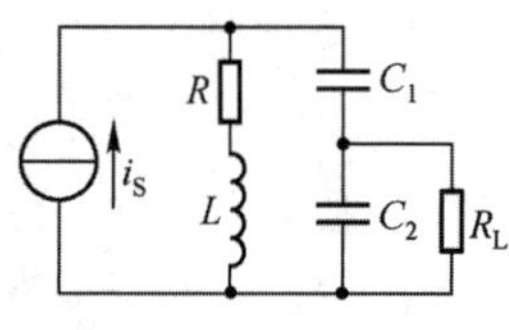

图 1.19　例 1-3

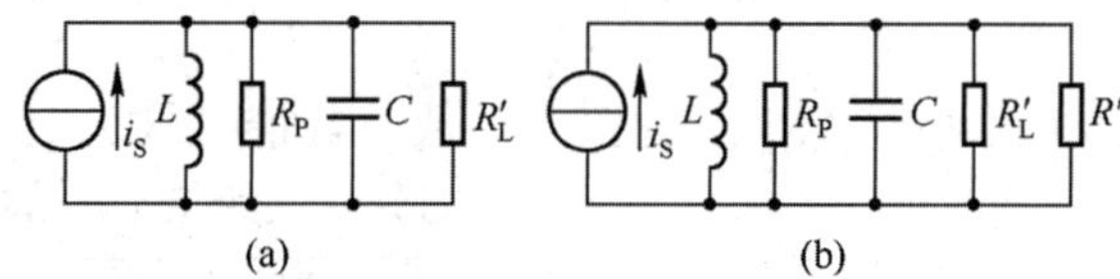

图 1.20　图 1.19 的等效电路

(2) 回路谐振频率: $f_o = \dfrac{1}{2\pi\sqrt{LC}} = \dfrac{1}{2\pi\sqrt{10 \times 10^{-6} \times 75 \times 10^{-12}}} \approx 5.81 \times 10^6 (Hz)$

(3) 回路谐振电阻: $R_P = \dfrac{L}{CR} = \dfrac{10 \times 10^{-6}}{75 \times 10^{-12} \times 10} \approx 13.33 \times 10^3 (\Omega)$

(4) 回路的总电阻: $R_\Sigma = R_P // R'_L = 13.33 // 80 \approx 11.43 (k\Omega)$

$$Q_L = \frac{R_\Sigma}{\omega_o L} = \frac{R_\Sigma}{2\pi f_o L} = \frac{11.43 \times 10^3}{2\pi \times 5.81 \times 10^6 \times 10 \times 10^{-6}} \approx 31.31$$

(5) 回路的通频带: $B = f_o / Q_L = 5.81 \times 10^6 / 31.31 \approx 185.56 \times 10^3 (Hz) = 185.56 (kHz)$

(6) 要使回路的通频带加倍(B 变成 $2B$),需要将有载品质因数减半(Q_L 变成 $Q_L/2$),即回路总电阻减半(R_Σ 变成 $R_\Sigma/2$)。电阻 R 等效到谐振回路两端后的电路如图 1.20(b)所示。

图 1.20(b)的电阻 $R' = R_\Sigma = \dfrac{R}{p^2}$, $R = p^2 R_\Sigma = \dfrac{11.43}{16} \times 10^3 \approx 714.38 (\Omega)$

[**例 1-4**]　谐振回路如图 1.21 所示，信号源 i_S 的幅度为 5 mA，信号源内阻 $R_S=10\ \text{k}\Omega$，$C_1=20\ \text{pF}$，$C_2=10\ \text{pF}$，$L_1=L_2=4\ \mu\text{H}$，$R_L=20\ \text{k}\Omega$，$C_L=10\ \text{pF}$，$Q_o=100$。

(1) 计算回路的谐振频率 f_o；
(2) 画出阻抗变换等效后的电路图；
(3) 计算回路的谐振电阻 R_P；
(4) 计算回路的总电导 g_Σ；
(5) 计算回路的有载品质因数 Q_L；
(6) 计算回路的通频带 B；
(7) 计算回路谐振时两端电压 u 的幅度 U_m。

解：(1) 回路总电容：　$C_\Sigma=\dfrac{C_1(C_2+C_L)}{C_1+C_2+C_L}=\dfrac{20\times(10+10)}{20+10+10}=10(\text{pF})$

回路总电感：　$L=L_1+L_2=8\ \mu\text{H}$

则谐振频率：　$f_o=\dfrac{1}{2\pi\sqrt{LC_\Sigma}}=\dfrac{1}{2\pi\sqrt{8\times10^{-6}\times10\times10^{-12}}}\approx17.79\times10^6(\text{Hz})$

(2) 其等效电路如图 1.22 所示。

接入系数：$p_1=\dfrac{L_2}{L_1+L_2}=\dfrac{1}{2}$，$p_2=\dfrac{C_1}{C_1+C_2+C_L}=\dfrac{20}{20+10+10}=\dfrac{1}{2}$

$g'_S=\dfrac{p_1^2}{R_S}$，$g'_L=\dfrac{p_2^2}{R_L}$，$i'_S=p_1 i_S$，谐振电导 $g_o=1/R_P$。

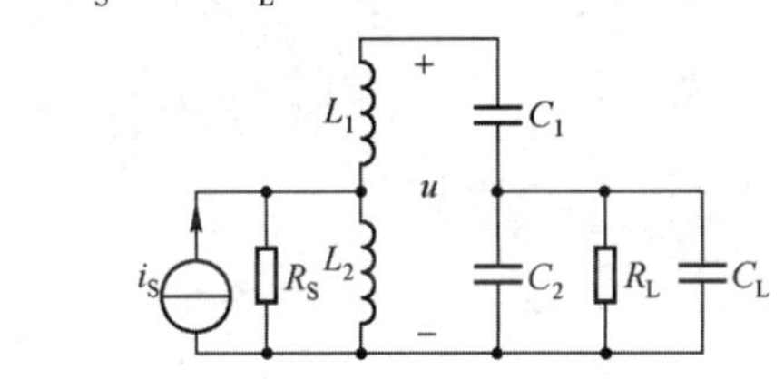

图 1.21　例 1-4

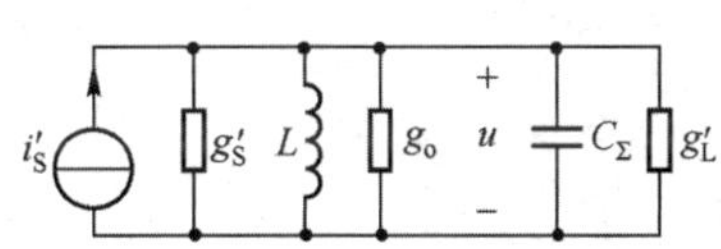

图 1.22　图 1.21 的等效电路

(3) 根据 $Q_o=\dfrac{R_P}{\omega_o L}$，有 $R_P=Q_o\omega_o L=100\times2\pi\times17.79\times10^6\times8\times10^{-6}\approx89.42\times10^3(\Omega)$

(4) 回路总电导：$g_\Sigma=g'_S+g_o+g'_L=\dfrac{(1/2)^2}{10\times10^3}+\dfrac{1}{89.42\times10^3}+\dfrac{(1/2)^2}{20\times10^3}\approx48.68\times10^{-6}(\text{S})$

(5) 有载品质因数：$Q_L=\dfrac{1}{g_\Sigma\omega_o L}=\dfrac{1}{48.68\times10^{-6}\times2\pi\times17.79\times10^6\times8\times10^{-6}}\approx22.97$

(6) 通频带：$B=\dfrac{f_o}{Q_L}=\dfrac{17.79\times10^6}{22.97}\approx0.77\times10^6(\text{Hz})$

(7) 谐振时两端电压 u 的幅度 U_m：$U_m=\dfrac{I'_m}{g_\Sigma}=\dfrac{p_1 I_m}{g_\Sigma}=\dfrac{2.5\times10^{-3}}{48.68\times10^{-6}}\approx51.36(\text{V})$

*1.1.4　双耦合谐振回路及其选频特性

单谐振回路的选频特性不够理想：带内不平坦，带外衰减变化很慢，频带较窄，选择性较差，有时不能满足实际需要。另外，单谐振回路阻抗变换功能也不灵活。当频率较高时，电感线圈圈数很少(由式(1-54)可以看出)，接入系数$\left(\dfrac{N_1}{N}\right)$很小，负载阻抗可能很低，结构上难以实现阻抗变换功能。为此，引出双耦合回路。它是由两个或两个以上的单回路，通过不同的耦合方式组成的选频网络。

最常用的双耦合回路由两个单谐振回路通过互感或电容耦合组成，如图 1.23 所示。接有激励信号源的回路，称为初级回路；与负载相连接的回路，称为次级回路。在图 1.23 中，(a)和(c)是通过互感 M

耦合的串联型和并联型双耦合回路,称为互感双耦合回路;(b)和(d)是通过电容 C_M 耦合的串联型和并联型双耦合回路,称为电容耦合回路。改变 M 或 C_M 就可改变其初、次级回路之间的耦合程度,通常用耦合系数来表征。下面以互感耦合回路为例,分析它的选频特性,其结论也适用于电容耦合回路。

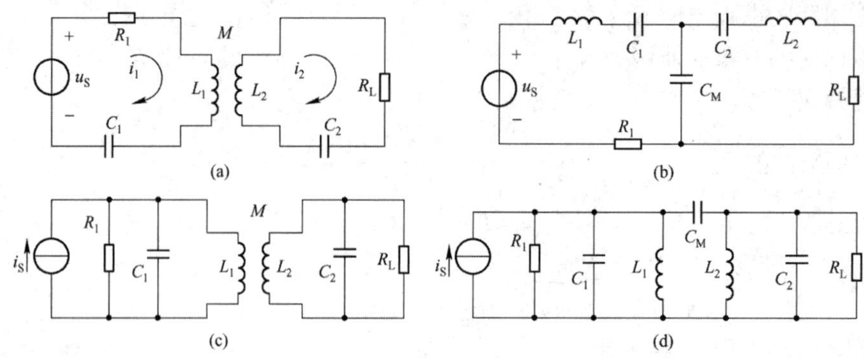

图 1.23　双耦合谐振回路

1. 耦合系数

耦合系数的定义是:耦合元件电抗的绝对值,与初、次级回路中同性质元件电抗值的几何中项之比,常以 k 表示。有

互感耦合回路:

$$k=\frac{M}{\sqrt{L_1L_2}}$$

电容耦合回路:

$$k=\frac{C_M}{\sqrt{(C_1+C_M)(C_2+C_M)}} \tag{1-56}$$

k 是无量纲的常数。一般地,$k<1\%$,称很弱耦合;$k=1\%\sim5\%$,称弱耦合;$k=5\%\sim90\%$,称强耦合;$k>90\%$,称很强耦合;$k=100\%$,称全耦合。k 值大小,能极大地影响耦合回路频率特性曲线的形状。

2. 互感耦合回路的谐振特性曲线

根据图 1.23 (a)可列出初、次级回路的基尔霍夫方程式

$$u_S(j\omega)=i_1(j\omega)(R_1+j\omega L_1+\frac{1}{j\omega C_1})-j\omega Mi_2(j\omega)=i_1(j\omega)Z_{11}-j\omega Mi_2(j\omega) \tag{1-57}$$

$$0=i_2(j\omega)\left(R_L+j\omega L_2+\frac{1}{j\omega C_1}\right)-j\omega Mi_1(j\omega)=i_2(j\omega)Z_{22}-j\omega Mi_1(j\omega) \tag{1-58}$$

式中,Z_{11}、Z_{22}分别是初、次级回路的自阻抗。其中

$$\begin{cases}Z_{11}=R_1+j\left(\omega L_1-\dfrac{1}{\omega C_1}\right)=R_1(1+j\xi_1)\\ Z_{22}=R_L+j\left(\omega L_2-\dfrac{1}{\omega C_2}\right)=R_L(1+j\xi_2)\end{cases} \tag{1-59}$$

解由式(1-57)和式(1-58)组成的方程组,可得初、次级回路电流表示式分别为

$$\begin{cases}i_1(j\omega)=\dfrac{u_S(j\omega)}{Z_{11}+\dfrac{(\omega M)^2}{Z_{22}}}=\dfrac{u_S(j\omega)}{Z_{11}+Z_{f1}}\\ i_2(j\omega)=-\dfrac{\dfrac{j\omega M}{Z_{11}}u_S(j\omega)}{Z_{22}+\dfrac{(\omega M)^2}{Z_{11}}}=-\dfrac{\dfrac{j\omega M}{Z_{11}}u_S(j\omega)}{Z_{22}+Z_{f2}}\end{cases} \tag{1-60}$$

式中，$Z_{f1}=(\omega M)^2/Z_{22}$是次级反映到初级回路的反映阻抗；$Z_{f2}=(\omega M)^2/Z_{11}$是初级反映到次级回路的反映阻抗。$-j\omega M u_S/Z_{11}$是次级开路时，初级电流 i_1 在次级电感 L_2 两端所感应的电势。初、次级回路的等效电路如图 1.24 所示。

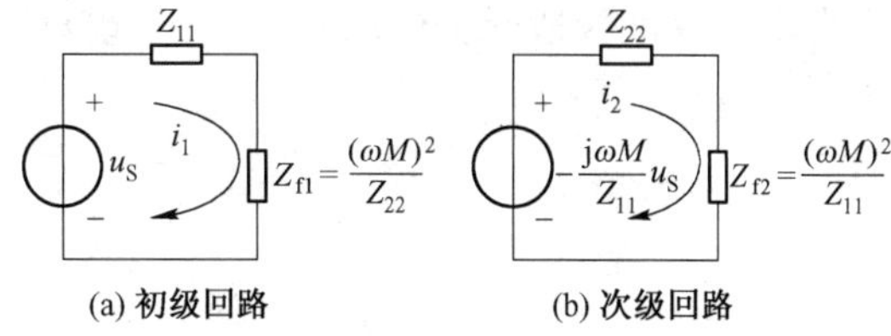

图 1.24　初、次级回路的等效电路

当耦合回路作为端口网络应用时，我们更感兴趣的是它的输出回路电流 i_2 与输入信号 u_S 比值（转移导纳）的频率特性。由式(1-60)可得

$$Y_{21}=\frac{i_2(j\omega)}{u_S(j\omega)}=-\frac{j\omega M}{Z_{11}Z_{22}+(\omega M)^2}=-\frac{j\omega M}{R_1R_L(1+j\xi_1)(1+j\xi_2)+(\omega M)^2} \tag{1-61}$$

式中，$\xi_1=2Q_1\dfrac{\Delta\omega}{\omega_{o1}}$，$\xi_2=2Q_2\dfrac{\Delta\omega}{\omega_{o2}}$分别为初、次级回路的广义失谐因子。

为简化分析，假设初、次回路元件参数对应相等，即 $L_1=L_2=L$，$C_1=C_2=C$，$R_1=R_L=R$。则有 $\omega_{o1}=\omega_{o2}=\omega$，$Q_1=Q_2=Q$，$\xi_1=\xi_2=\xi$。式(1-61)可重写成

$$Y_{21}=\frac{-j\omega M}{R_1R_L(1+j\xi_1)(1+j\xi_2)+(\omega M)^2}=\frac{-j\omega M/R}{R[(1+j\xi)^2+(\omega M/R)^2]} \tag{1-62}$$

令 $\eta=kQ=\dfrac{M}{L}\dfrac{\omega L}{R}=\dfrac{\omega M}{R}$，称为耦合因数，将其代入式(1-62)可得

$$Y_{21}=-\frac{1}{R}\frac{j\eta}{(1+j\xi)^2+\eta^2}=-\frac{1}{R}\frac{j\eta}{(1+\eta^2-\xi^2)+2j\xi}$$

显然，当 $\eta=1$，$\xi=0$ 时，Y_{21}取最大值 $Y_{21\max}=-\dfrac{j}{2R}$，于是可得转移导纳的归一化值

$$\alpha(\xi,\eta)=\frac{Y_{21}}{Y_{21\max}}=\frac{2\eta}{(1+\eta^2-\xi^2)+2j\xi}$$

其幅频特性为

$$|\alpha(\xi,\eta)|=\frac{2\eta}{\sqrt{(1+\eta^2-\xi^2)^2+4\xi^2}}=\frac{2\eta}{\sqrt{(1+\eta^2)^2+2(1-\eta^2)\xi^2+\xi^4}} \tag{1-63}$$

由式(1-63)可以看出，归一化谐振曲线 $|\alpha(\xi,\eta)|$ 的表示式是 ξ 的偶函数。因此，谐振曲线相对于纵坐标轴而言是对称的。若以 ξ 为变量，η 为参变量，由式(1-63)可画出转移导纳的归一化谐振特性曲线，如图 1.25 所示。可看出 η 的值不同，曲线形状也不同。讨论如下：

(1) $\eta=1$，即 $kQ=1$，称为临界耦合。由图 1.25 可见临界耦合谐振曲线是单峰曲线。在谐振点上($\xi=0$)，$|\alpha(\xi,\eta)|_{\xi=0}=1$，次级回路电流达到最大值。此时，式(1-63)变为

$$|\alpha(\xi,\eta)|_{\eta=1}=\frac{2}{\sqrt{4+\xi^4}} \tag{1-64}$$

若令 $\alpha=1/\sqrt{2}$，代入式(1-64)可得，$\xi=\sqrt{2}$。据此求得通频带

$$B=\sqrt{2}f_o/Q \tag{1-65}$$

与式(1-36)比较可以看出，在 Q 值相同情况下，临界耦合双回路的通频带是单回路的$\sqrt{2}$倍。

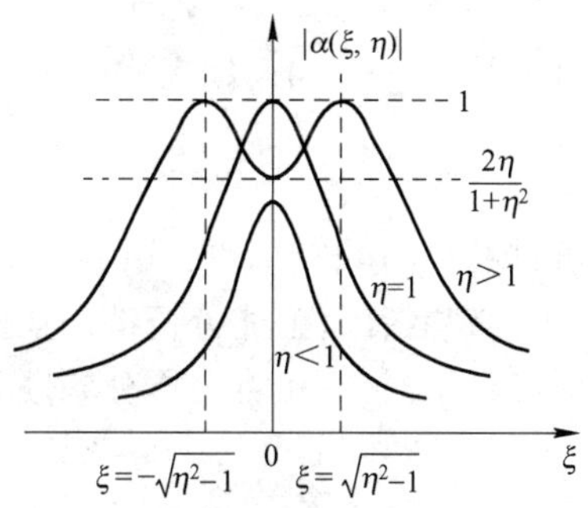

图 1.25　耦合回路转移导纳的归一化谐振特性曲线

为求临界耦合情况下的矩形系数,令式(1-64)中的 $|\alpha(\xi,\eta)|_{\eta=1}=0.1$,可解得

$$2\Delta f_{0.1}=\sqrt[4]{100-1}\frac{\sqrt{2}f_o}{Q}$$

故
$$K_{0.1}=\frac{2\Delta f_{0.1}}{B}=\sqrt[4]{100-1}=3.16 \tag{1-66}$$

与单回路比较,可见矩形系数小得多。因此,临界耦合双回路的通频带较宽,选择性也较好。

(2) $\eta<1$,为弱耦合状态。由式(1-63)可知,其分母中各项均为正值,随着 $|\xi|$ 的增大,分母也随着增大,所以 α 减小。在 $\xi=0$ 时

$$\alpha\Big|_{\substack{\eta<0\\ \xi=0}}=\frac{2\eta}{1+\eta^2}<1 \tag{1-67}$$

可见,当 $\eta<1$ 时,η 的值越小,则 α 的值越小,通频带也变得越窄。

(3) $\eta>1$ 为过耦合情况。式(1-63)分母中的第二项 $2(1-\eta^2)\xi^2$ 为负值,随 $|\xi|$ 增大此负值也随着增大,但第三项 ξ^4 随 $|\xi|$ 的增大会增大得更快。因此,当 $|\xi|$ 较小时,分母随 $|\xi|$ 增大而减小;当 $|\xi|$ 较大时,分母又随 $|\xi|$ 增大而增大。所以,随着 $|\xi|$ 的增大,α 的值先是增大,而后又减小,在 $\xi=0$ 处的两边必然形成双峰,$\xi=0$ 处为谷点。正如图 1.25 中 $\eta>1$ 的曲线所示,η 值越大,两峰点相距越远,谷点下凹也越厉害。由于特性曲线的最大值应位于 $\alpha=1$ 处,若令

$$|\alpha(\xi,\eta)|=\frac{2\eta}{\sqrt{(1+\eta^2-\xi^2)^2+4\xi^2}}=1 \tag{1-68}$$

可得
$$(1+\eta^2-\xi^2)^2+4\xi^2=(2\eta)^2$$

整理得
$$1-\eta^2+\xi^2=0$$

解得
$$\xi=\pm\sqrt{\eta^2-1} \tag{1-69}$$

上式表明,特性曲线呈双峰,峰值点分别位于 $\xi=\pm\sqrt{\eta^2-1}$ 处。而在 $\xi=0$ 处,曲线处于谷值,其值为

$$|\alpha(\xi,\eta)|_{\xi=0}=\frac{2\eta}{1+\eta^2}<1 \tag{1-70}$$

可以看出耦合因数 η 越大,峰值距离越大,相应的谷值越小。但通常 η 的最大取值不应使 $|\alpha(\xi,\eta)|_{\xi=0}=\frac{2\eta}{1+\eta^2}<\frac{1}{\sqrt{2}}$,这样会使幅频特性曲线双峰间的谷值过小,通频带内响应不均匀。

如果令
$$|\alpha(\xi,\eta)|_{\xi=0}=\frac{2\eta_{max}}{1+\eta_{max}^2}=\frac{1}{\sqrt{2}} \tag{1-71}$$

可求得 $\eta_{max}=2.41$,代入式(1-63)中,令 $\alpha=1/\sqrt{2}$,可得

$$B=3.1f_o/Q \tag{1-72}$$

可见在相同的 Q 值下,式(1-72)所表示的通频带是单谐振回路通频带的 3.1 倍。

必须指出,上述分析都是在假定初、次级元件参数相同情况下所得出的结论。如果初、次级元件参数不同,分析将会十分繁琐,实际电路又不常见,故不再讨论。

1.2 高频小信号调谐放大器

本节重点讨论晶体管单级窄带谐振放大器。对其他器件的单级谐振放大器、各种级联放大器也

略加讨论。所谓谐振放大器,就是采用谐振回路(并联及耦合回路)作负载的调谐放大器。根据谐振回路的特性,谐振放大器对于靠近谐振频率的信号,有较大的增益;对于远离谐振频率的信号,增益迅速下降。所以,谐振放大器不仅有放大作用,而且也具有滤波或选频的作用。

对高频小信号谐振放大器来说,由于信号较弱,可以认为它工作在晶体管的线性范围内,这就允许把晶体管看成线性元件,因此可利用晶体管的高频小信号线性模型来分析。

1.2.1 晶体管的高频小信号等效模型

晶体管是非线性元件。一般情况下,必须考虑其非线性特点,但是,在小信号运用或动态范围不超出晶体管特性曲线线性区的情况下,可将晶体管视为线性元件,并可用线性元件组成的等效模型来模拟晶体管。

另外,晶体管在高频段运用时,必须考虑 PN 结结电容的影响。频率更高时,还须考虑引线电感和载流子渡越时间的影响。显然高频等效电路与低频等效电路是不同的。

晶体管高频小信号等效模型可从两种不同途径得到:一是根据晶体管内部发生的物理过程来拟定的模型;二是把晶体管视为一个二端口网络,列出电流、电压方程式,拟定满足方程的网络模型。由此便可得到两类模型等效电路,前者称为物理参数模型等效电路,后者称为网络参数模型等效电路。同一个晶体管应用在不同场合可用不同的等效电路来表示,这是人为的,是人们用不同的形式表达同一事物的方法。当然,同一晶体管的各种等效电路之间又应该是互相等效的,各等效电路中的参数应能互相转换,不过转换公式有的简单、有的较复杂而已。

1. 物理参数模型

晶体三极管(BJT)由两个 PN 结组成,且具有放大作用,其结构示意图如图 1.26(a)所示。如忽略集电区和发射区体电阻 r_{cc} 和 r_{ee},则电路如图 1.26(b)所示,称为混合 π 型等效电路。

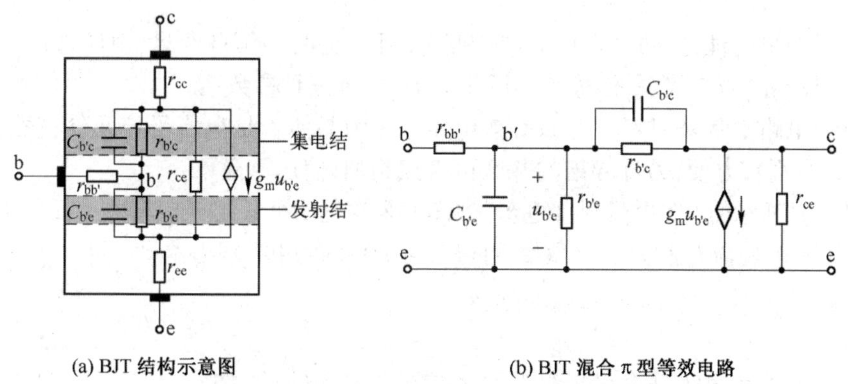

(a) BJT 结构示意图　　(b) BJT 混合 π 型等效电路

图 1.26　BJT 的共射混合 π 型等效电路

这个等效电路考虑了结电容效应,因此它适用的频率范围可以到高频段。如果频率再高,引线电感和载流子渡越时间不能忽略,这个等效电路也就不适用了。一般来说它适用的最高频率约为 $f_T/5$ 。f_T 为晶体管的特征频率,可从晶体管手册中查得。

由模拟电子电路的课程可知,混合 π 型等效电路中各元件参数的物理意义:

(1) 基极体电阻 $r_{bb'}$,是基区纵向体电阻,其值在几十欧姆到一百欧姆,甚至更大。

(2) $r_{b'e}$是发射结的正向偏置电阻 r_e 折合到基极回路的等效电阻,反映了基极电流受控于发射结电压的物理过程。$r_{b'e}$与 r_e 之间的关系为

$$r_{b'e} \approx \frac{u_{b'e}}{i_b} = (1+\beta)\frac{u_{b'e}}{i_e} \approx (1+\beta)r_e \approx (1+\beta)\frac{U_T}{I_E} \tag{1-73}$$

式中，I_E 是发射极的静态工作点电流，单位为 mA，常温（27℃）下 U_T 的值为 26 mV。由于发射结正向偏置电阻 r_e 较小，因此 $r_{b'e}$ 也不很大，一般在几十欧姆到几百欧姆之间。

（3）集-射极间电阻 r_{ce} 的大小，反映了电压 u_{CE} 的增量通过基区宽调效应（也称 early 效应）产生 i_C 增量的大小。r_{ce} 越大，i_C 受基区宽调效应影响越小。一般晶体管工作在放大区时 i_C 受 u_{CE} 的影响较小，r_{ce} 的值较大，通常在几十千欧姆以上。

（4）集电结电阻 $r_{b'c}$ 反映了集电结反偏电压的变化对基极电流的影响。BJT 在线性运用时由于集电结反偏，因此 $r_{b'c}$ 很大，在 100 kΩ～10 MΩ 之间。通常可近似估算为 $r_{b'c} \approx \beta r_{ce}$。

（5）发射结电容 $C_{b'e}$ 包括发射结的势垒电容 C_T 和扩散电容 C_D，由于发射结正偏，所以 $C_{b'e}$ 主要是指扩散电容 C_D，其值一般在 100～500 pF 之间。

（6）集电结电容 $C_{b'c}$ 由集电结的势垒电容 C_T 和扩散电容 C_D 两部分组成，因集电结反偏，所以 $C_{b'c}$ 主要是指势垒电容 C_T，其值一般在 2～10 pF 之间。

（7）跨导 g_m 反映了发射结电压对集电极电流的控制能力。受控电流源 $g_m u_{b'e}$，它模拟了晶体管的放大作用。在低频情况下 g_m 的近似估算值为

$$g_m = \left.\frac{I_C}{U_T}\right|_Q \approx \frac{1}{r_e} \tag{1-74}$$

需要注意的是，$C_{b'c}$ 和 $r_{bb'}$ 的存在对晶体管的高频运用是十分不利的。$C_{b'c}$ 将输出交流电流反馈到输入端，降低了放大器的稳定性，可能会引起放大器的自激。$r_{bb'}$ 在共基极电路中会引起高频负反馈，降低晶体管的电流放大系数。

混合 π 型等效电路的突出优点是各参数与频率无关，是晶体管的宽频带模型。在晶体管手册中可以查到晶体管的混合 π 参数，它很适用于宽频带放大器的分析。其缺点主要是电路复杂，计算麻烦。

2. 网络参数等效电路

根据二端口网络的理论，两个端口的四个变量，可任选两个作自变量，由所选的不同自变量和参变量，可得六种不同的参数系，但最常用的只有 H，Y，Z 三种参数系。

在高频电子电路中常采用 Y 参数系等效电路。因为晶体管是电流受控元件，输入和输出都有电流，采用 Y 参数系较方便，另外导纳的并联可直接相加，使运算简单。

如果在图 1.27 所示的 BJT 共发射极组态有源双口网络的四个参数中选择电压 u_{be} 和 u_{ce} 为自变量，电流 i_b 和 i_c 为参数量，可得 Y 参数系的约束方程为

$$\begin{cases} i_b = y_{ie}u_{be} + y_{re}u_{ce} \\ i_c = y_{fe}u_{be} + y_{oe}u_{ce} \end{cases} \tag{1-75}$$

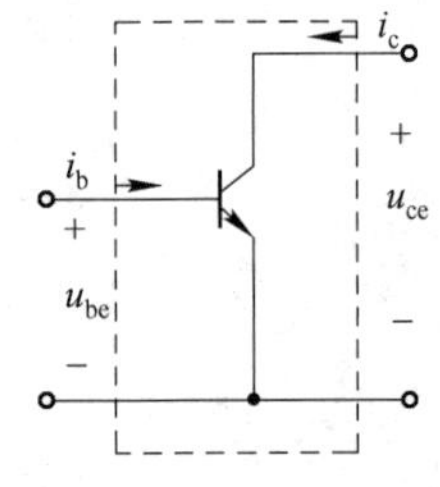

图 1.27　共发射极组态的双口网络

式中，y_{ie}，y_{re}，y_{fe}，y_{oe} 称为 BJT 共发射极组态的 Y 参数。利用式（1-75）可以直接模拟出 BJT 共发射极组态的 Y 参数（模型）等效电路，如图 1.28 所示。由此可求出各 Y 参数为

$y_{ie} = \left.\dfrac{i_b}{u_{be}}\right|_{u_{ce}=0}$　输出短路时的输入导纳

$y_{re} = \left.\dfrac{i_b}{u_{ce}}\right|_{u_{be}=0}$　输入短路时的反向传输导纳

$y_{fe} = \left.\dfrac{i_c}{u_{be}}\right|_{u_{ce}=0}$　输出短路时的正向传输导纳

$y_{oe} = \left.\dfrac{i_c}{u_{ce}}\right|_{u_{be}=0}$　输入短路时的输出导纳

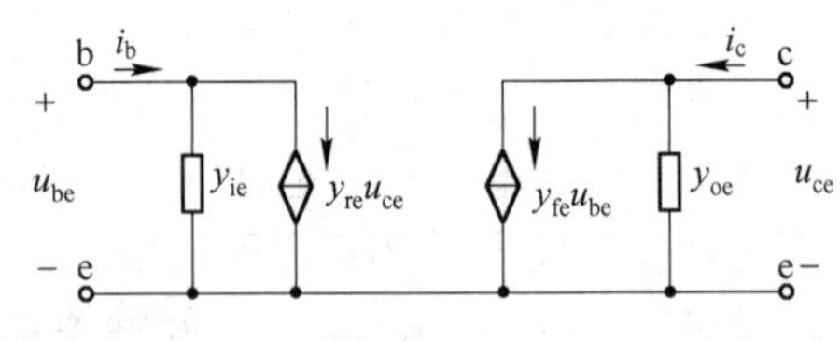

图 1.28　共发射极组态 Y 参数等效电路

注意：以上短路参数为晶体管本身的参数，只与晶体管的特性有关，与外电路无关，又称为内参数。由以上说明，可得到晶体管共发射极 Y 参数等效电路如图 1.28 所示。图中 $y_{fe}u_{be}$ 表示输入电压 u_{be} 作用在输出端引起的受控电流源，它代表了晶体管的正向传输能力。正向传输导纳 y_{fe} 越大，则晶体管的放大能力越强。$y_{re}u_{ce}$ 表示输出电压 u_{ce} 反馈到输入端引起的受控电流源，它代表晶体管的内部反馈作用。反馈导纳 y_{re} 越大，表明内部反馈越强。y_{re} 的存在，给实际工作带来很大的危害，应尽可能减小它的影响。**一般情况下 y_{re} 的值很小，理想时 $y_{re}=0$，在实际应用中为了简化问题的分析通常可以忽略 y_{re}**，其简化的共发射极 Y 参数等效电路如图 1.29 所示。

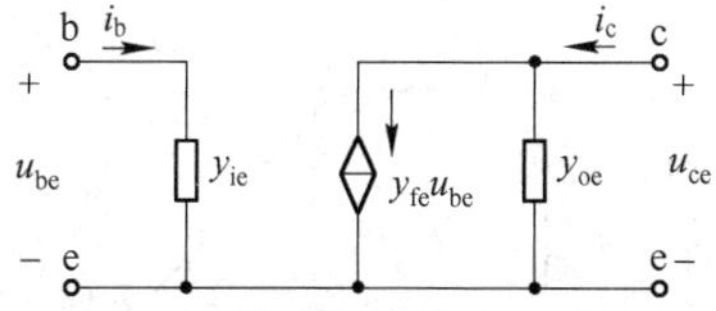

图 1.29　简化的共发射极 Y 参数等效电路

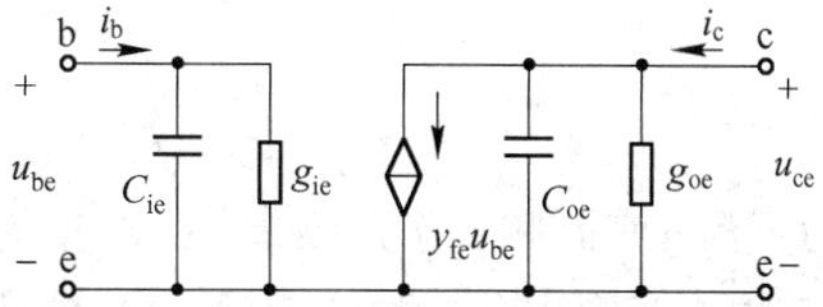

图 1.30　用电容和电导表示的 Y 参数等效电路

Y 参数等效电路的优点是电路简单，计算方便。其缺点是参数随频率而变。因 Y 参数属短路参数，对高频而言，参数的测量很方便。再加上谐振电路与晶体管都是并联的，利用导纳可直接相加，使计算更加方便。由于其参数随频率而变，晶体管手册无法给出所有频率的 Y 参数。所以，Y 参数等效电路属于晶体管的窄带模型，一般只适用于对谐振放大器的分析。

3. 混合 π 参数与 Y 参数间的关系

显然，四个 Y 参数都是复数，通常为了计算方便，Y 参数可表示为

$$y_{ie}=g_{ie}+j\omega C_{ie},\qquad y_{fe}=|y_{fe}|e^{j\varphi_{fe}}$$
$$y_{oe}=g_{oe}+j\omega C_{oe},\qquad y_{re}=|y_{re}|e^{j\varphi_{re}} \tag{1-76}$$

式中，g_{ie} 和 g_{oe} 分别为输入、输出电导；C_{ie} 和 C_{oe} 分别为输入、输出电容；$|y_{fe}|$ 和 $|y_{re}|$ 分别为正向、反向传输幅频特性；φ_{fe} 和 φ_{re} 分别为相频特性。用 g_{ie}，g_{oe}，C_{ie}，C_{oe} 表示的简化共发射极 Y 参数等效电路如图 1.30 所示。

通常，当晶体管直流工作点选定后，混合 π 型等效电路的各参数便确定了。但在高频小信号放大电路中，为了简化分析，常以 Y 参数等效电路作为分析基础。因此有必要讨论混合 π 型等效电路与 Y 参数的转换关系。晶体管的 Y 参数，除根据定义通过测量求出外，也可通过混合 π 型等效电路的参数来计算。例如，对共发射极电路，根据 Y 参数的定义，将图 1.26(b) 所示的混合 π 型等效电路（忽略 $r_{b'c}$）的输入或输出端短路，并考虑到一般晶体管的混合 π 参数通常满足 $C_{b'e}\gg C_{b'c}$，则可以推算出晶体管共发射极 Y 参数与混合 π 参数间的近似关系如下。

$$y_{ie}\approx\frac{j\omega C_{b'e}}{1+j\omega C_{b'e}r_{bb'}} \tag{1-77}$$

$$y_{re}\approx-\frac{j\omega C_{b'c}}{1+j\omega C_{b'e}r_{bb'}} \tag{1-78}$$

$$y_{fe}\approx\frac{g_m}{1+j\omega C_{b'e}r_{bb'}} \tag{1-79}$$

$$y_{oe}\approx j\omega C_{b'c}+\frac{j\omega C_{b'c}r_{bb'}g_m}{1+j\omega C_{b'e}r_{bb'}} \tag{1-80}$$

式中，y_{ie}，y_{re}，y_{fe}，y_{oe} 的大小和晶体管的型号、接法、工作状态及运用频率有关。一般晶体管手册上只给出共发射极组态的 Y 参数。

4. 晶体管的高频参数

为了分析和设计各种高频等效电路，必须了解晶体管的高频特性。下面介绍几个表征晶体管高频特征的参数。

(1) 截止频率 f_β

由于发射结与集电结电容等因素的影响，当工作频率较高时，晶体管电流放大系数 β 将随信号频率变化，是频率的函数。β 与工作频率 f 之间的关系可近似表示为

$$\beta(f) = \frac{\beta_o}{1 + j\dfrac{f}{f_\beta}} \tag{1-81}$$

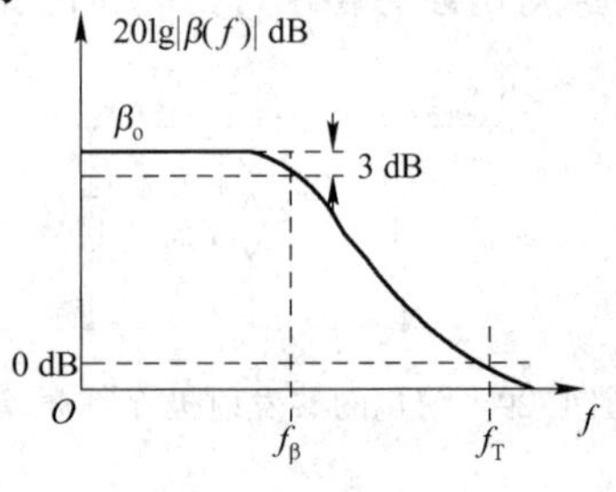

图 1.31　β 的频率特性

式中，β_o 为直流（或低频）电流放大系数；f_β 为共发射极电流放大系数的截止频率，表示共发射极电流放大系数由 β_o 下降 3 dB（$1/\sqrt{2}$ 倍）时所对应的频率。晶体管电流放大系数 β 的频率特性如图 1.31所示。

(2) 特征频率 f_T

特征频率 f_T 是双极型晶体管最重要的频率参数。定义：**当高频 β 的模等于 1（或 0 dB）时所对应的频率称为双极型晶体管的特征频率 f_T**。也就是说，当 $|\beta(f)| = 1$时，集电极电流增量与基极电流增量相等，共发射极接法的晶体管失去电流放大能力。利用式(1-81)，根据 f_T 的定义可知

$$|\beta(f_T)| = \frac{\beta_o}{\sqrt{1 + \left(\dfrac{f_T}{f_\beta}\right)^2}} = 1$$

由此可得

$$\left(\frac{f_T}{f_\beta}\right)^2 = \beta_o^2 - 1 \tag{1-82}$$

由于大部分晶体管的 β_o 均大于 10，因此(1-82)式可近似表示为

$$f_T \approx \beta_o f_\beta \tag{1-83}$$

根据 f_T 的不同，晶体管可以分为低频管、高频管和微波管。目前，先进的硅半导体工艺已经可以将双极型晶体管的 f_T 做到 10 GHz 以上。另外，特征频率也与工作点电流有关。f_T 的值可以测量，也可以用晶体管高频小信号模型来估算。

(3) 最高振荡频率 f_{max}

晶体管的功率增益 $A_P = 1$ 时的工作频率称为晶体管的最高振荡频率 f_{max}。f_{max} 表示一个晶体管所能适用的最高极限频率。在此频率工作时，晶体管已得不到功率放大。一般当 $f > f_{max}$ 时，无论用什么方法都不能使晶体管产生振荡。可以证明：

$$f_{max} \approx \frac{1}{2\pi}\sqrt{\frac{g_m}{4r_{bb'}C_{b'e}C_{b'c}}} \tag{1-84}$$

以上三个频率参数的大小顺序为：$f_{max} > f_T > f_\beta$。

1.2.2　高频小信号调谐放大器

1. 电路结构

一个典型的共发射极高频小信号调谐放大器的实用电路如图 1.32 所示。

(1) 直流偏置电路

如果把图 1.32 所示**电路中的所有电容开路，电感短路，可得该放大器的直流偏置电路**，如

图 1.33所示。可以看出,R_{b1},R_{b2}为基极分压式偏置电阻;R_e 为发射极负反馈偏置电阻,用于稳定静态工作点;C_b,C_e 为旁路电容。

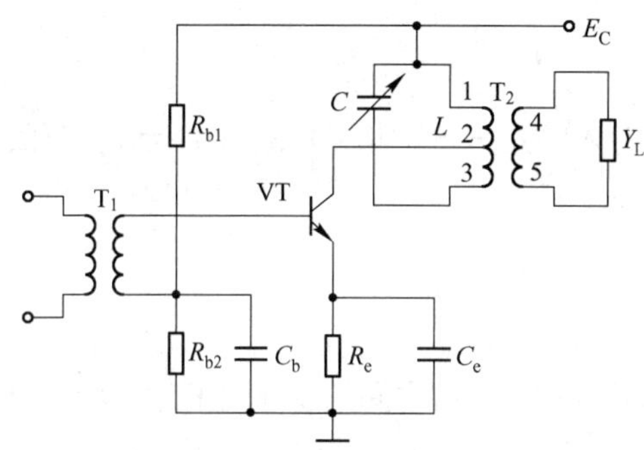

图 1.32　典型的共发射极高频调谐放大器

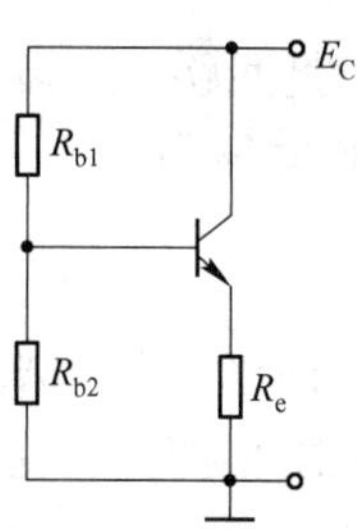

图 1.33　调谐放大器偏置电路

(2) 高频交流通道

如果把图 1.32 所示**电路中的旁路电容(大电容)短路,直流电源 E_C 对地短路,可得该放大器的交流通道**,如图 1.34 所示。可以看出,该放大电路由三部分组成:

① 输入回路。主要由输入变压器 T_1 构成,其作用是能隔离信号源与放大器之间的直流联系,能耦合交流信号,同时还能实现阻抗的匹配与变换。当然在电路中采用耦合电容也可以实现"隔直通交"的作用,但耦合电容不能实现阻抗的匹配与变换。

② 晶体管 VT 是放大器的核心,起电流控制和放大作用。

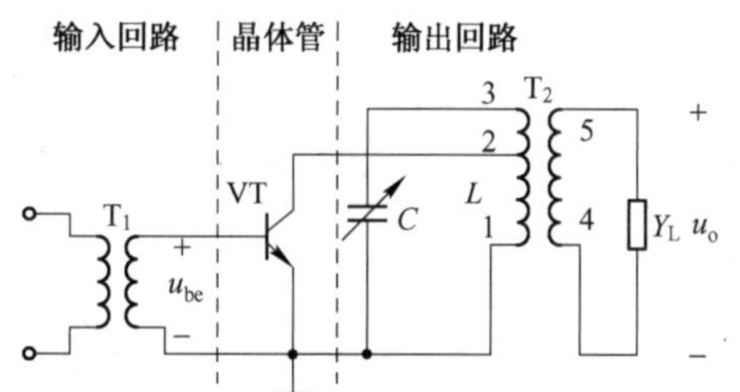

图 1.34　调谐放大器交流通道

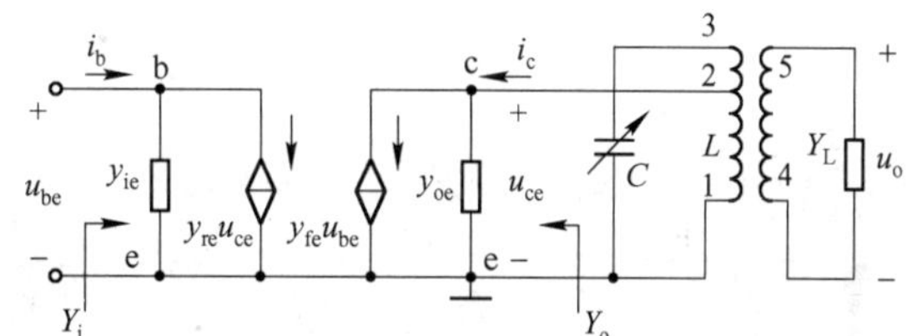

图 1.35　调谐放大器的微变等效电路

③ 输出回路。由 LC 并联谐振回路、输出变压器 T_2 及负载导纳 Y_L 构成。电容 C 与变压器 T_2 的初级绕组电感 L 构成并联谐振回路,承担选频和阻抗变换双重任务。负载导纳 Y_L 通常为下级放大器的输入导纳。为了实现晶体管输出阻抗与负载之间的阻抗匹配,减小晶体管输出阻抗与负载对回路品质因素的影响,负载和谐振回路之间采用了变压器耦合,其接入系数 $p_2=u_{54}/u_{31}=N_2/N$。另外,晶体管集、射回路与谐振回路之间采用抽头接入方式,接入系数 $p_1=u_{21}/u_{31}=N_1/N$。其中,N_1,N_2,N 为输出变压器 T_2 各绕组的匝数。

如果用图 1.28 所示的晶体管 Y 参数等效模型取代图 1.34 电路中的晶体管,则可得谐振放大器的高频 Y 参数微变等效电路,如图 1.35 所示。图中

$$y_{ie}=g_{ie}+j\omega C_{ie},\quad y_{oe}=g_{oe}+j\omega C_{oe},\quad Y_L=g_L+j\omega C_L$$

2. 放大器性能参数分析

下面利用图 1.35 所示的调谐放大器的高频微变等效电路来分析放大器的性能参数。

(1) 放大器输入导纳 Y_i

放大器的输入导纳,就是在考虑有负载 Y_L 时,输入端口电流 i_b 与电压 u_{be} 的比,即 $Y_i=i_b/u_{be}$。

由图 1.35 可以列写出高频微变等效电路输入和输出回路的电流方程

$$i_{\mathrm{b}} = u_{\mathrm{be}}y_{\mathrm{ie}} + y_{\mathrm{re}}u_{\mathrm{ce}} \tag{1-85}$$

$$i_{\mathrm{c}} = y_{\mathrm{fe}}u_{\mathrm{be}} + u_{\mathrm{ce}}y_{\mathrm{oe}} \tag{1-86}$$

$$i_{\mathrm{c}} = -Y'_{\mathrm{L}}u_{\mathrm{ce}} \tag{1-87}$$

式(1-87)中的 Y'_{L} 是回路 2、1 端之间向右方电路看入的总电导，如图 1.36(a)所示。而回路 3、1 端之间所接电路的总电导为

$$Y''_{\mathrm{L}} = g_{\mathrm{o}} + p_2^2Y_{\mathrm{L}} + \mathrm{j}\omega C + \frac{1}{\mathrm{j}\omega L} \tag{1-88}$$

式中，g_{o} 为 LC 谐波回路固有的谐振电导或称为自损耗电导，$p_2^2Y_{\mathrm{L}}$ 为负载导纳 Y_{L} 经输出变压器 T_2 折合到 3、1 端的等效导纳，如图 1.36(b)所示。显然可以把回路 3、1 端之间的总导纳 Y_{L}''等效到 2、1 端，即得

$$Y'_{\mathrm{L}} = \frac{1}{p_1^2}Y''_{\mathrm{L}} = \frac{1}{p_1^2}\left(g_{\mathrm{o}} + p_2^2Y_{\mathrm{L}} + \mathrm{j}\omega C + \frac{1}{\mathrm{j}\omega L}\right) \tag{1-89}$$

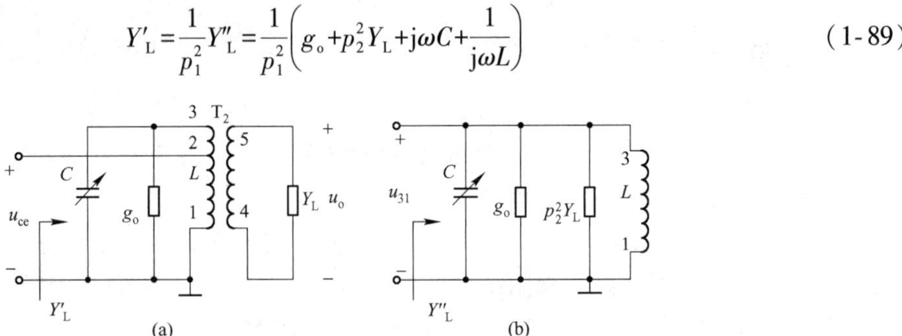

图 1.36　求输入导纳时电路的等效变换

由式(1-86)、式(1-87)可求出

$$u_{\mathrm{ce}} = -\frac{y_{\mathrm{fe}}}{y_{\mathrm{oe}} + Y'_{\mathrm{L}}}u_{\mathrm{be}} \tag{1-90}$$

代入式(1-85)可求出放大器的输入导纳为

$$Y_{\mathrm{i}} = y_{\mathrm{ie}} - \frac{y_{\mathrm{re}}y_{\mathrm{fe}}}{y_{\mathrm{oe}} + Y'_{\mathrm{L}}} \approx y_{\mathrm{ie}} \tag{1-91}$$

可见上式中第一项 y_{ie}为晶体管输出端短路时的输入导纳；第二项是由反馈系数 y_{re}引入的输入导纳，反映了晶体管内反馈电容 $C_{\mathrm{b'c}}$的作用，另外其大小还与 Y'_{L} 有关。一般情况下，如果不考虑 y_{re}的反馈作用(即 $y_{\mathrm{re}}\to 0$)，则 $Y_{\mathrm{i}}\approx y_{\mathrm{ie}}$，这是电路分析中经常应用的一个工程结果。

(2) 放大器输出导纳

放大器的输出导纳，就是在考虑到信号源内导纳 Y_{S} 时 $i_{\mathrm{S}}=0$，晶体管输出端口电流 i_{c} 与电压 u_{ce}的比，即 $Y_{\mathrm{o}}=\left.\frac{i_{\mathrm{c}}}{u_{\mathrm{ce}}}\right|_{i_{\mathrm{s}}=0}$。求放大器的输出导纳的等效电路如图 1.37 所示。列写输出、输入回路的电流方程

$$i_{\mathrm{c}} = y_{\mathrm{fe}}u_{\mathrm{be}} + u_{\mathrm{ce}}y_{\mathrm{oe}} \tag{1-92}$$

$$y_{\mathrm{re}}u_{\mathrm{ce}} = -u_{\mathrm{be}}(Y_{\mathrm{S}} + y_{\mathrm{ie}}) \tag{1-93}$$

由式(1-93) 可得　$u_{\mathrm{be}} = -\frac{y_{\mathrm{re}}}{Y_{\mathrm{S}} + y_{\mathrm{ie}}}u_{\mathrm{ce}}$

代入式(1-92)得　$Y_{\mathrm{o}} = y_{\mathrm{oe}} - \frac{y_{\mathrm{re}}y_{\mathrm{fe}}}{Y_{\mathrm{S}} + y_{\mathrm{ie}}} \approx y_{\mathrm{oe}}$　(1-94)

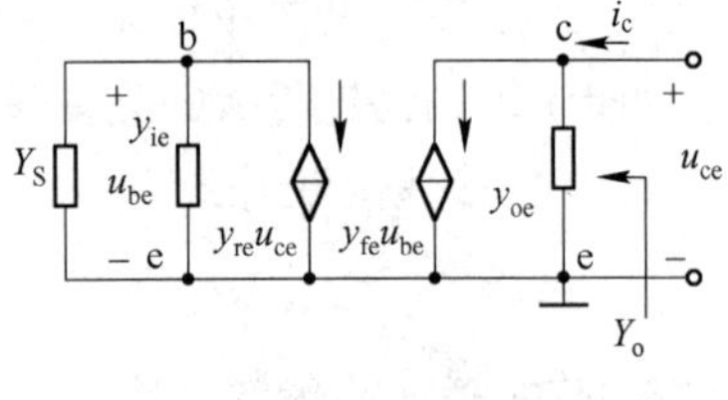

图 1.37　求输出导纳的等效电路

可见上式中第一项 y_{oe}为晶体管输入端的短路输出导纳，第二项是由 y_{re}引起的输出导纳，且与信号源的内导纳 Y_{S} 有关。同样，在忽略 y_{re}的作用时(即 $y_{\mathrm{re}}\to 0$)，$Y_{\mathrm{o}}\approx y_{\mathrm{oe}}$。

(3) 电压放大倍数

可以通过两种方法来求解电压放大倍数。

① 解法一

利用上述求输入导纳的方法，把 LC 谐振回路(3、1 端之间的电路)等效到晶体管集电极回路(2、1 端)中去，其折合后的等效电路如图 1.38 所示。

根据电压放大倍数的定义： $A_u=u_o/u_i$

而 $u_i=u_{be}$， $u_o=u_{54}=p_2u_{31}$， $u_{ce}=u_{21}=p_1u_{31}$

所以 $$u_o=\frac{p_2}{p_1}u_{ce}$$

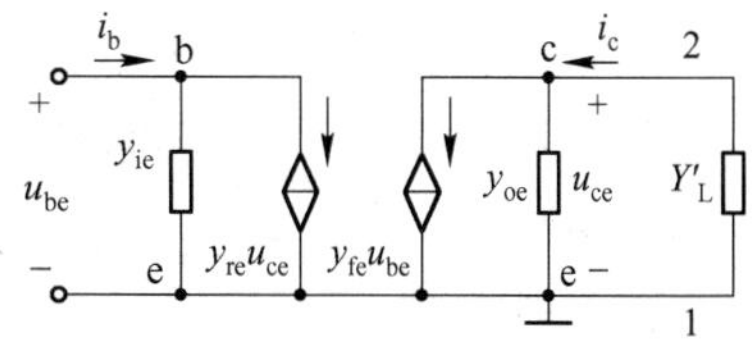

图 1.38 解法一的等效电路

根据以上分析，由图 1.34 所示的等效电路可得

$$u_{ce}=-\frac{y_{fe}}{y_{oe}+Y'_L}u_{be}$$

故可得 $$A_u=-\frac{p_2y_{fe}}{p_1(y_{oe}+Y'_L)} \tag{1-95}$$

② 解法二

如果把晶体管集电极回路(2、1 端)和负载 Y_L(4、5 端)都等效到谐振回路两端(3、1 端)，且假设 $y_{re}\approx0$，如图 1.39(a)所示，相应的等效电路如图 1.39(b)所示，也可以很方便地计算出放大器的电压放大倍数。

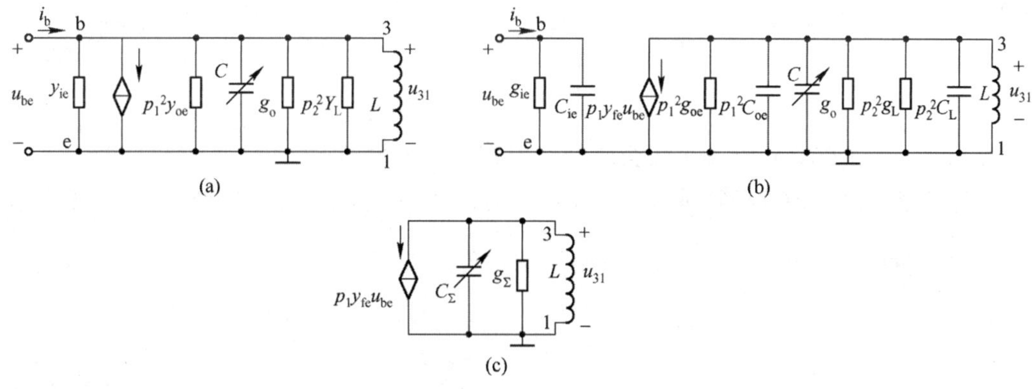

图 1.39 解法二的等效电路

由图 1.39(a)可得 $$A_u=u_o/u_{be}=p_2u_{31}/u_{be} \tag{1-96}$$

而图 1.39(c)是图 1.39(b)的输出回路中同性质元件等效合并后的电路，显然这是一个标准的 LC 并联谐振回路。由此可以得出

$$u_{31}=-\frac{p_1y_{fe}u_{be}}{g_\Sigma+j\omega C_\Sigma+\dfrac{1}{j\omega L}} \tag{1-97}$$

式中 $$\begin{cases}g_\Sigma=g_o+p_1^2g_{oe}+p_2^2g_L\\ C_\Sigma=C+p_1^2C_{oe}+p_2^2C_L\end{cases},\quad \begin{cases}y_{oe}=g_{oe}+j\omega C_{oe}\\ Y_L=g_L+j\omega C_L\end{cases}$$

把式(1-97)代入式(1-96)可得

$$A_u=-\frac{p_1p_2y_{fe}}{g_\Sigma+j\omega C_\Sigma+\dfrac{1}{j\omega L}}=-\frac{p_1p_2y_{fe}}{g_\Sigma\left(1+jQ_L\dfrac{2\Delta f}{f_o}\right)} \tag{1-98}$$

式中，$f_o=\dfrac{1}{2\pi\sqrt{LC_\Sigma}}$为调谐放大器的谐振频率。$Q_L=\dfrac{\omega_o C_\Sigma}{g_\Sigma}=\dfrac{1}{\omega_o L g_\Sigma}$为谐振回路的有载品质因数。另外，当谐振（常用的工作状态）时，$f=f_o$，$\Delta f=0$，则有

$$A_{uo}=\frac{-p_1p_2y_{fe}}{g_\Sigma}=\frac{-p_1p_2y_{fe}}{g_o+p_1^2g_{oe}+p_2^2g_L} \tag{1-99}$$

由上式可以看出：一般情况下，放大器在回路谐振时，输出电压与输入电压之间的相位差并不是180°，原因是y_{fe}通常是一个复数。

（4）放大器的频率特性

由式（1-98）和式（1-99）可得放大器的归一化电压增益为

$$\frac{A_u}{A_{uo}}=\frac{1}{1+\mathrm{j}Q_L\dfrac{2\Delta f}{f_o}}=\frac{1}{1+\mathrm{j}\xi} \tag{1-100}$$

式中，$\xi=Q_L\dfrac{2\Delta f}{f_o}$为广义失谐因子。归一化电压增益的幅频特性为

$$\left|\frac{A_u}{A_{uo}}\right|=\frac{1}{\sqrt{1+\xi^2}} \tag{1-101}$$

由式（1-101）可画出放大器的幅频特性曲线如图1.40所示。

如果令
$$\left|\frac{A_u}{A_{uo}}\right|=\frac{1}{\sqrt{1+\xi^2}}=\frac{1}{\sqrt{2}}$$

即可求出放大器的通频带为

$$B=2\Delta f_{0.7}=f_o/Q_L \tag{1-102}$$

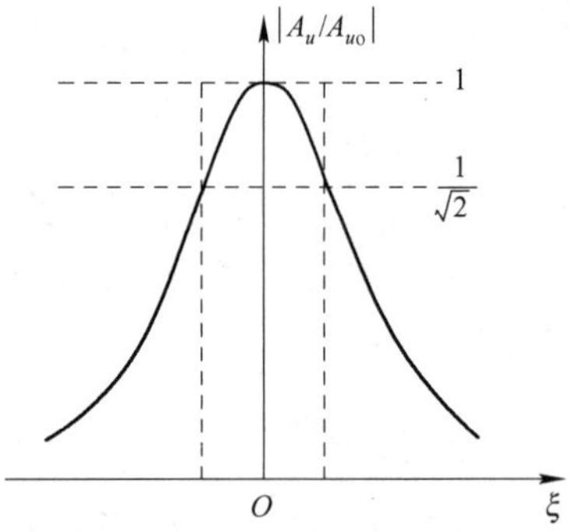

图1.40　放大器的幅频特性曲线

可见，**单调谐放大器的幅频特性与LC并联谐振回路的幅频特性是相同的，即调谐放大器的选频特性决定于LC谐振回路的幅频特性**。同样也可以用矩形系数来表示放大器的选择性，如果令$\left|\dfrac{A_u}{A_{uo}}\right|=0.1$，即

$$\frac{1}{\sqrt{1+\left(Q_L\dfrac{2\Delta f_{0.1}}{f_o}\right)^2}}=0.1$$

可得
$$2\Delta f_{0.1}=\sqrt{10^2-1}\,\frac{f_o}{Q_L}$$

所以有
$$K_{0.1}=\frac{2\Delta f_{0.1}}{2\Delta f_{0.7}}=\sqrt{10^2-1}\approx 9.95\gg 1 \tag{1-103}$$

说明**单调谐放大器的谐振曲线与矩形相差较远，选择性较差，这是单调谐放大器的缺点**。

（5）放大器的功率增益

由于在非谐振点上计算功率十分复杂，且由于调谐放大器通常工作在谐振状态，因此**调谐放大器的功率增益一般是指放大器谐振时的功率增益**。谐振时单调谐放大器输出回路的简化等效电路如图1.41所示。

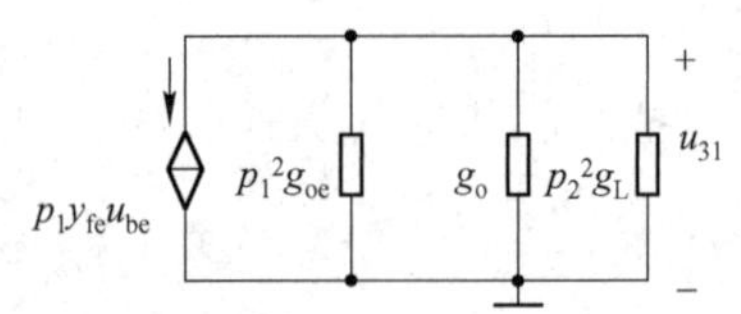

图1.41　谐振时的简化等效电路

根据功率增益的定义　　$G_{Po}=P_o/P_i$

式中，P_i为放大器的输入功率，P_o为输出端负载g_L上获得的功

率。所以有

$$P_{\mathrm{i}}=g_{\mathrm{ie}}u_{\mathrm{be}}^2,\quad P_{\mathrm{o}}=u_{31}^2p_2^2g_{\mathrm{L}}=\left(-\frac{p_1y_{\mathrm{fe}}u_{\mathrm{be}}}{g_{\Sigma}}\right)^2p_2^2g_{\mathrm{L}}$$

因此

$$G_{P_{\mathrm{o}}}=\frac{p_1^2p_2^2\,|\,y_{\mathrm{fe}}\,|^2g_{\mathrm{L}}}{g_{\Sigma}^2\qquad g_{\mathrm{ie}}}=(A_{u\mathrm{o}})^2\frac{g_{\mathrm{L}}}{g_{\mathrm{ie}}}\tag{1-104}$$

下面讨论在满足输出回路传输匹配条件下的最大功率增益。

① 如果设 LC 调谐回路自身元件无损耗，且输出回路传输匹配，即$\begin{cases}g_{\mathrm{o}}=0\\p_1^2g_{\mathrm{oe}}=p_2^2g_{\mathrm{L}}\end{cases}$，则可得最大功率增益为

$$(G_{P_{\mathrm{o}}})_{\max}=\frac{p_1^2p_2^2\,|\,y_{\mathrm{fe}}\,|^2}{(p_1^2g_{\mathrm{oe}}+p_2^2g_{\mathrm{L}})^2}\frac{g_{\mathrm{L}}}{g_{\mathrm{ie}}}=\frac{p_1^2p_2^2\,|\,y_{\mathrm{fe}}\,|^2g_{\mathrm{L}}}{4g_{\mathrm{ie}}p_1^2g_{\mathrm{oe}}p_2^2g_{\mathrm{L}}}=\frac{|\,y_{\mathrm{fe}}\,|^2}{4g_{\mathrm{ie}}g_{\mathrm{oe}}}\tag{1-105}$$

上式中的$(G_{P_{\mathrm{o}}})_{\max}$是放大器输出端达到共轭匹配时，在给定工作频率上放大能力的极限值。在实际应用中，因放大倍数太大，工作反而不稳定，电路调节也较麻烦。

② 考虑到 g_{o} 的存在，且输出回路传输匹配，即$\begin{cases}g_{\mathrm{o}}\neq0\\p_1^2g_{\mathrm{oe}}=p_2^2g_{\mathrm{L}}\end{cases}$，可得最大功率增益为

$$(G_{P_{\mathrm{o}}})'_{\max}=\frac{|\,y_{\mathrm{fe}}\,|^2}{4g_{\mathrm{ie}}g_{\mathrm{oe}}}\left(1-\frac{Q_{\mathrm{L}}}{Q_{\mathrm{o}}}\right)^2=\left(1-\frac{Q_{\mathrm{L}}}{Q_{\mathrm{o}}}\right)^2(G_{P_{\mathrm{o}}})_{\max}\tag{1-106}$$

式中，$\left(1-\dfrac{Q_{\mathrm{L}}}{Q_{\mathrm{o}}}\right)^2$ 为回路的插入损耗；$Q_{\mathrm{L}}=\dfrac{\omega_{\mathrm{o}}C_{\Sigma}}{g_{\Sigma}}=\dfrac{1}{\omega_{\mathrm{o}}L\,g_{\Sigma}}$为回路的有载品质因数；$Q_{\mathrm{o}}=\dfrac{1}{\omega_{\mathrm{o}}Lg_{\mathrm{o}}}$为回路的空载品质因数。

[例 1-5] 图 1.42(a)中，设工作频率$f_{\mathrm{o}}=30\,\mathrm{MHz}$，晶体管用 3DG47 型 NPN 高频管。当 $U_{\mathrm{CE}}=6\,\mathrm{V}$，$I_{\mathrm{E}}=2\,\mathrm{mA}$ 时，其 Y 参数是：$g_{\mathrm{ie}}=1.2\,\mathrm{mS}$，$C_{\mathrm{ie}}=12\,\mathrm{pF}$，$g_{\mathrm{oe}}=400\,\mu\mathrm{S}$，$C_{\mathrm{oe}}=9.5\,\mathrm{pF}$，$|\,y_{\mathrm{fe}}\,|=58.3\,\mathrm{mS}$，$\varphi_{\mathrm{fe}}=-2.2°$，$|\,y_{\mathrm{re}}\,|=310\,\mu\mathrm{S}$，$\varphi_{\mathrm{re}}=-88.8°$，回路电感 $L=1.4\,\mu\mathrm{H}$；接入系数 $p_1=N_{13}/N_{14}=2/3$，$p_2=N_{12}/N_{14}=1/3$，回路空载品质因数 $Q_{\mathrm{o}}=100$。

求：(1)单级放大器谐振时的电压增益 $A_{u\mathrm{o}}$；(2)回路电容 C 为多少，才能使回路谐振；(3)通频带$2\Delta f_{0.7}$。

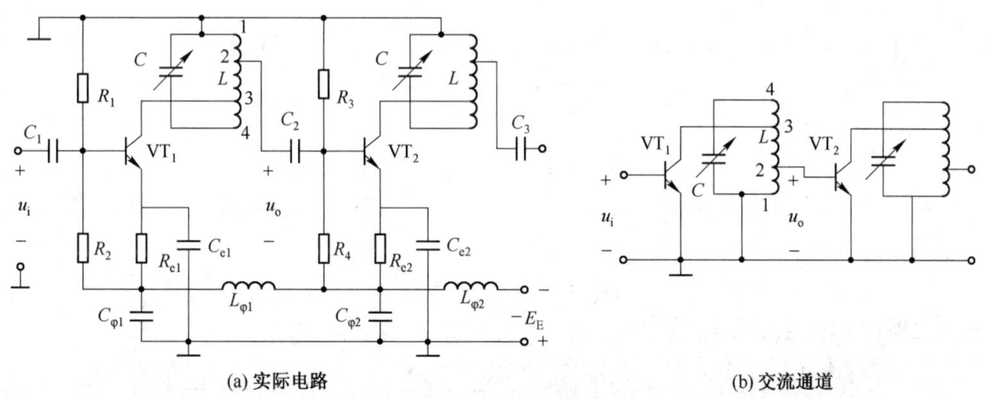

图 1.42　两级单调谐共发射极放大器

解： 设不考虑 y_{re}的作用(即 $y_{\mathrm{re}}=0$)，且在忽略基极偏置电阻的情况下，可得两级放大器的交流通道如图 1.43(b)所示。单级放大器的 Y 参数微变等效电路如图 1.43(a)所示；图 1.43(b)是把晶体管集电极回路和负载都折合到谐振回路两端后的微变等效电路。其中

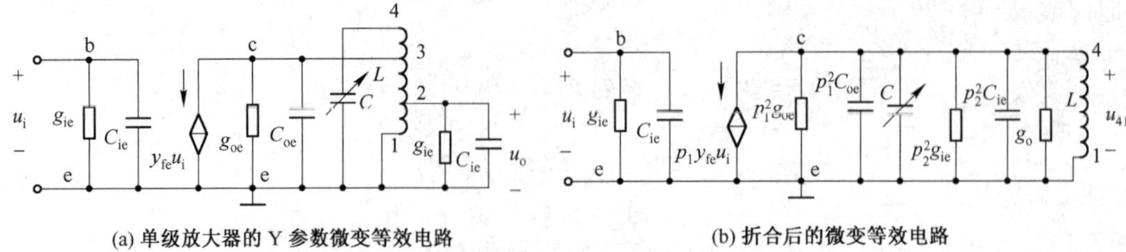

图 1.43　单级放大器的 Y 参数微变等效电路

$$g_o=\frac{1}{R_o}=\frac{1}{Q_o\omega_oL}=\frac{1}{100\times6.28\times30\times1.4}\approx3.84\times10^{-5}\text{ S}$$

由图 1.43(b)可得回路总电导

$$g_{\sum}=g_o+p_1^2g_{oe}+p_2^2g_{ie}$$

如果下一级采用相同的晶体管时,则

$$g_{\sum}=3.84\times10^{-5}+(2/3)^2\times0.4\times10^{-3}+(1/3)^2\times1.2\times10^{-3}=0.35\ (\text{mS})$$

(1) 单级放大器谐振时的电压增益

$$|A_{uo}|=\frac{p_1p_2|y_{fe}|}{g_{\sum}}=\frac{0.2\times58.3}{0.35}\approx33.3$$

(2) 回路总电容为

$$C_{\sum}=\frac{1}{(2\pi f)^2L}=\frac{1}{(2\times3.14\times30\times10^6)^2\times1.4\times10^{-6}}\approx20\ (\text{pF})$$

故外加电容应为　$C=C_{\sum}-(p_1^2C_{oe}+p_2^2C_{ie})=20-(0.44\times9.5+0.11\times12)\approx14.72\ (\text{pF})$

(3) 通频带为

$$2\Delta f_{0.7}=\frac{f_o}{Q_L}=\frac{\omega_o/2\pi}{\omega_oC_{\sum}/g_{\sum}}=\frac{p_1p_2|y_{fe}|}{2\pi C_{\sum}|A_{uo}|}=\frac{0.22\times58.3\times10^{-3}}{2\times3.14\times20\times10^{-12}\times33.3}\approx3.07\ (\text{MHz})$$

1.2.3　多级单调谐放大器

若单级放大器不能满足增益的要求,就要采用多级级联放大器。级联后的放大器,其增益、通频带和选择性都将发生变化。

设放大器有 n 级,各级的电压增益分别为 $A_{u1},A_{u2},A_{u3},\cdots,A_{un}$,则总电压增益为

$$A_u=A_{u1}A_{u2}A_{u3}\cdots A_{un}\tag{1-107}$$

而谐振时的电压总增益为

$$A_{uo}=A_{uo1}A_{uo2}A_{uo3}\cdots A_{uon}\tag{1-108}$$

如果各级放大器的参数及增益相同,即 $A_{uo1}=A_{uo2}=A_{uo3}=\cdots=A_{uon}$;且通频带相同,即 $B_1=B_2=B_3=\cdots=B_n=f_o/Q_L$。则有

$$A_u=A_{u1}^n,\quad A_{uo}=A_{uo1}^n\tag{1-109}$$

n 级放大器的归一化电压增益为

$$\left|\frac{A_u}{A_{uo}}\right|=\left|\left(\frac{A_{u1}}{A_{uo1}}\right)^n\right|=\left|\frac{A_u}{A_{uo}}\right|^n=\frac{1}{\left[1+\left(Q_L\frac{2\Delta f}{f_o}\right)^2\right]^{n/2}}=\left(\frac{1}{1+\xi^2}\right)^{n/2}\tag{1-110}$$

(1) n 级放大器的通频带

令$\left(\frac{1}{1+\xi^2}\right)^{n/2}=\frac{1}{\sqrt{2}}$,可得 $1+\xi^2=2^{1/n}$,所以有 $\xi=\sqrt{2^{1/n}-1}$。则

$$B_n = (2\Delta f_{0.7})_n = \sqrt{2^{1/n} - 1}\,\frac{f_o}{Q_L} \qquad (1\text{-}111)$$

可见，n 级放大器级联后，总的通频带是单级放大器的通频带的$\sqrt{2^{1/n}-1}$倍。其中，$\sqrt{2^{1/n}-1}$称为频率缩小系数。多级单调谐放大器的幅频特性曲线如图 1.44 所示。

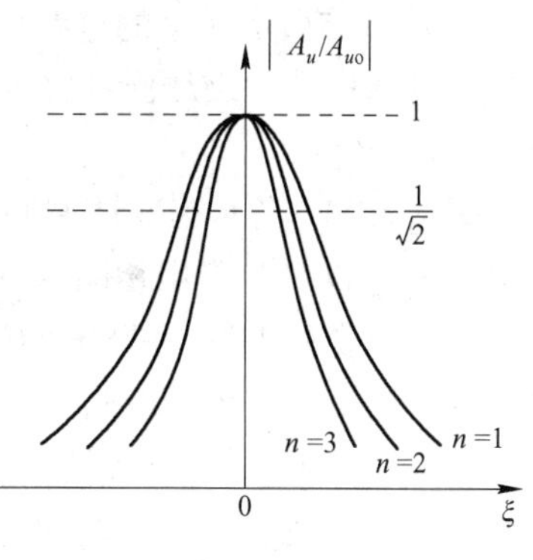

图 1.44　多级单调谐放大器的幅频特性曲线

(2) n 级放大器的矩形系数

如果令$\left(\frac{1}{1+\xi^2}\right)^{n/2}=0.1$，即 $\xi=\sqrt{100^{1/n}-1}$，则得 $2\Delta f_{0.1}=\frac{f_o}{Q_L}\sqrt{100^{1/n}-1}$。所以，由矩形系数的定义可得

$$K_{0.1} = \frac{2\Delta f_{0.1}}{2\Delta f_{0.7}} = \sqrt{100^{1/n} - 1}/\sqrt{2^{1/n} - 1} \qquad (1\text{-}112)$$

可见，当级数 n 增加时，放大器的矩形系数有所改善，但这种改善是有限度的，一般级数越多，$K_{0.1}$的改善越缓慢。当 $n\to\infty$ 时，$K_{0.1}$也只有 2.56，与理想矩形仍有一定距离。 表 1.2列出了 $K_{0.1}$与 n 的关系。

表 1.2　$K_{0.1}$与 n 的关系

n	1	2	3	4	5	6	7	8	9	10	∞
$K_{0.1}$	9.95	4.7	3.75	3.4	3.2	3.1	3.0	2.94	2.92	2.9	2.56

*1.2.4　双调谐回路谐振放大器

图 1.45 所示是一种常用的双调谐回路放大器电路。集电极电路采用互感耦合的双谐振回路作负载，被放大的信号通过互感耦合加到次级放大器的输入端。

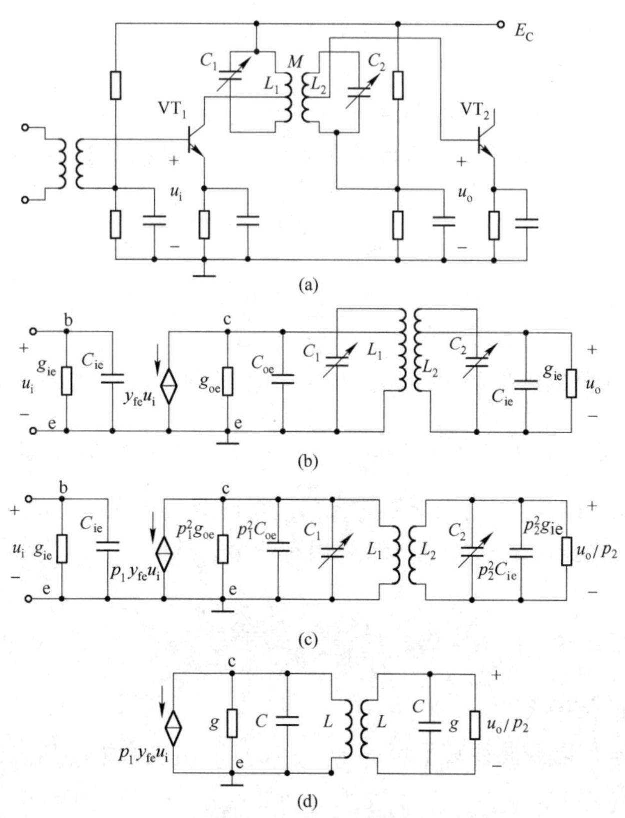

图 1.45　双调谐回路放大器及其等效电路

在图 1.45(a) 所示的电路中，晶体管 VT_1 的集电极在初级线圈的接入系数为 p_1，下一级晶体管 VT_2 的基极在次级线圈的接入系数为 p_2。另外，假设初、次级回路本身的损耗都很小（即回路 Q 较大），可以忽略。

图 1.45(b) 所示为双调谐回路放大器的 Y 参数微变等效电路，图中忽略了晶体管参数 y_{re}，并且假定 VT_1 与 VT_2 采用相同的晶体管。为了讨论方便，把图 1.45(b) 的电流源 $y_{fe}u_i$ 及输出导纳 (g_{oe}、C_{oe}) 折合到 L_1C_1 回路的两端，负载导纳（即下一级 VT_2 的输入导纳 g_{ie}、C_{ie}）折合到 L_2C_2 回路的两端。变换后的等效电路和元件数值如图 1.45(c) 所示。

在实际应用中，初、次级回路都调谐到同一中心频率 f_o。为了分析方便，假设两个回路元件参数都相同，即电感 $L_1=L_2=L$；初、次级回路总电容 $C_1+p_1^2C_{oe}\approx C_2+p_2^2C_{ie}=C$；折合到初、次级回路的导纳 $p_1^2g_{oe}=p_2^2g_{ie}=g$；回路谐振角频率 $\omega_{o1}=\omega_{o2}=\omega_o=1/\sqrt{LC}$；初、次级回路有载品质因数 $Q_{L1}=Q_{L2}=Q_L\approx\dfrac{1}{g\omega_oL}=\dfrac{\omega_oC}{g}$。这样，得到如图 1.45(d) 所示的等效电路。它是一个典型的互感双耦合并联回路。

为了直接引用有关耦合双谐振电路的结论，应用戴维南定理，将图 1.45(d) 电路中的电导与电容的并联导纳转换成串联阻抗的形式，便得到如图 1.46 所示的典型双耦合串联谐振电路。其中

$$u_i'=\frac{p_1y_{fe}u_i}{g+j\omega C} \tag{1-113}$$

通常 $g\ll\omega C$，则

$$u_i'\approx\frac{p_1y_{fe}u_i}{j\omega C} \tag{1-114}$$

另外由式(1-47)可得

$$C_1\approx C_2\approx C,\quad R_1\approx R_2\approx\frac{g}{\omega^2C^2}$$

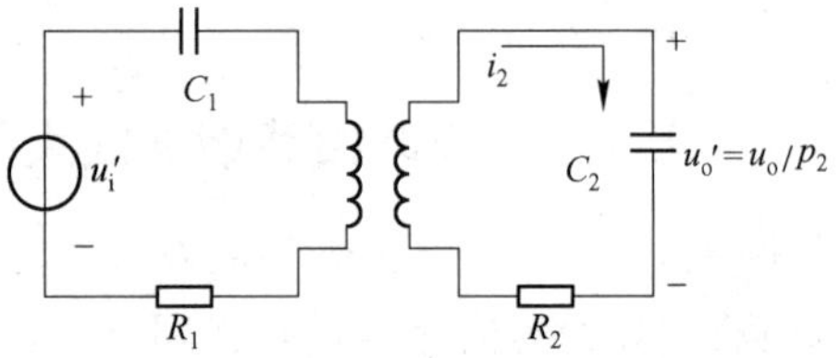

图 1.46　典型双耦合串联谐振电路

由双耦合谐振回路的分析可得，图 1.45 所示的双调谐回路放大器的电压增益为

$$A_u=u_o/u_i=p_2u'_o/u_i \tag{1-115}$$

式中，$u'_o=u_o/p_2$，为 i_2 流过 C_2 的压降。因此参考式(1-62)、式(1-63)及式(1-64)的结果可得

$$|A_u|=\frac{p_1p_2|y_{fe}|}{g}\frac{\eta}{\sqrt{(1-\xi^2+\eta^2)^2+4\xi^2}} \tag{1-116}$$

谐振时，$\xi=0$，可得

$$|A_{uo}|=\frac{\eta}{1+\eta^2}\frac{p_1p_2|y_{fe}|}{g} \tag{1-117}$$

可以看出，双调谐回路放大器的电压增益也与晶体管的正向传输导纳 $|y_{fe}|$ 成正比，与回路的电导 g 成反比。另外，$|A_{uo}|$ 与耦合参数有关。当 $\eta=1$ 时，$|A_{uo}|$ 达到最大值，$|A_{uo}|=\dfrac{p_1p_2|y_{fe}|}{2g}$。与耦合双调谐电路的情况相同，耦合的强弱对放大器谐振曲线有很大的影响。

① 弱耦合 $\eta<1$ 时，谐振曲线在 $f_o(\xi=0)$ 处出现峰值。此时

$$|A_{uo}|=\frac{\eta}{1+\eta^2}\frac{p_1p_2|y_{fe}|}{g} \tag{1-118}$$

随着 η 的增大，$|A_{uo}|$ 的值增大。

② 临界耦合时，$\eta=1$，谐振曲线较平坦，在 $f_o(\xi=0)$ 处，出现最大峰值。此时

$$|A_{uo}|=\frac{p_1p_2|y_{fe}|}{2g} \tag{1-119}$$

③ 强耦合时，$\eta>1$，谐振曲线出现双峰，两个峰点位置为

$$\xi=\pm\sqrt{\eta^2-1} \tag{1-120}$$

此时

$$|A_{uo}|=\frac{p_1p_2|y_{fe}|}{2g} \tag{1-121}$$

三种情况下的谐振特性曲线如图 1.47 所示。

较常用的是 $\eta=1$ 时的临界耦合状态，临界耦合时双调谐回路放大器的归一化电压增益

$$\left|\frac{A_u}{A_{uo}}\right|=\frac{2}{\sqrt{4+\xi^4}} \tag{1-122}$$

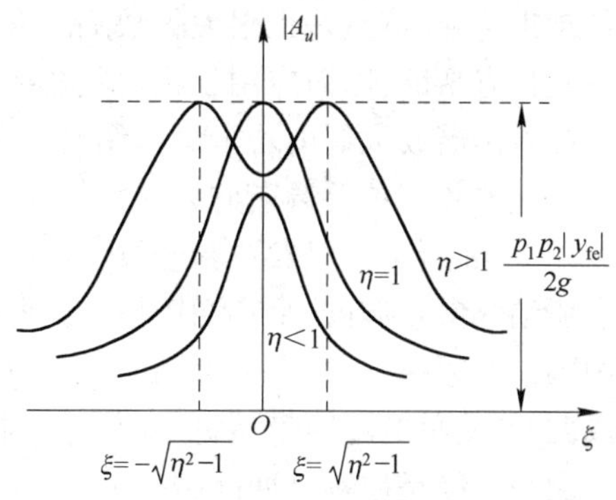

图 1.47　双调谐回路放大器的谐振特性曲线

令 $\left|\frac{A_u}{A_{uo}}\right|=\frac{1}{\sqrt{2}}$，则很容易求出临界耦合时双调谐回路放大器的通频带

$$B=2\Delta f_{0.7}=\sqrt{2}\,\frac{f_o}{Q_L} \tag{1-123}$$

可见，在回路有载品质因数 Q_L 相同的情况下，临界耦合双调谐回路放大器的通频带为单调谐回路放大器通频带的$\sqrt{2}$倍。

按矩形系数的定义，令 $\left|\frac{A_u}{A_{uo}}\right|=\frac{1}{10}$，代入式(1-122)得

$$\frac{2}{\sqrt{4+\left(2Q_L\frac{\Delta f_{0.1}}{f_o}\right)^4}}=\frac{1}{10}$$

解上式可得

$$2\Delta f_{0.1}=\sqrt[4]{100-1}\,\sqrt{2}\frac{f_o}{Q_L}$$

所以临界耦合双调谐回路放大器的矩形系数为

$$K_{0.1}=\frac{2\Delta f_{0.1}}{2\Delta f_{0.7}}=\sqrt[4]{100-1}=3.16 \tag{1-124}$$

同样，对于多级（n 级）临界耦合双调谐回路，放大器的归一化电压增益为

$$\left(\frac{A_u}{A_{uo}}\right)^n=\left(\frac{2}{\sqrt{4+\xi^4}}\right)^n \tag{1-125}$$

n 级临界耦合双调谐回路放大器的通频带为

$$B_n=(2\Delta f_{0.7})_n=\sqrt[4]{2^{1/n}-1}\,\frac{\sqrt{2}f_o}{Q_L} \tag{1-126}$$

n 级临界耦合双调谐回路放大器的矩形系数为

$$(K_{0.1})_n=\sqrt[4]{\frac{100^{1/n}-1}{2^{1/n}-1}} \tag{1-127}$$

表 1.3 给出了与不同的 n 值相对应的 $(K_{0.1})_n$ 的值。

表 1.3　$(K_{0.1})_n$ 与 n 的关系

n	1	2	3	4	5	6	7	8
$(K_{0.1})_n$	3.2	2.2	1.95	1.85	1.78	1.76	1.72	1.72

从以上分析可以看出：双调谐回路谐振放大器的频带较宽、选择性较好。它的缺点是调整相当困难。

*1.2.5　参差调谐放大器

如前所述，多级单调谐放大器可以提高电压增益并适当改善矩形系数。但随着级数的增加，通

频带越来越窄,这是一个很大的缺陷。采用参差调谐放大器,可以有效地加宽频带,并且对改善矩形系数也有帮助,因而应用于相对频宽要求较大的放大电路中。

参差调谐放大器由若干级单调谐放大器组成,每级回路的谐振频率参差错开,常用的有双参差调谐放大器和三参差调谐放大器。

图 1.48 所示为双参差调谐放大器的高频等效电路,它由两级电路结构相同的单调谐放大器组成。所谓双参差调谐,是将两级单调谐回路放大器的谐振频率(f_1 和f_2),分别调整到略高于和略低于中频谐振频率f_o,如图 1.49(a)所示;两级的总增益等于各级增益相乘,得到图 1.49(b)所示的合成曲线,使总的通频带展宽,幅频特性曲线更接近于矩形。

因为各级是单调谐回路的放大器,所以由式(1-101)可得

$$\left|\frac{A_u}{A_{uo}}\right|=\frac{1}{\sqrt{1+\left(2Q_L\dfrac{\Delta f}{f_o}\right)^2}}=\frac{1}{\sqrt{1+\xi^2}}$$

所以

$$|A_u|=|A_{uo}|\frac{1}{\sqrt{1+\xi^2}} \tag{1-128}$$

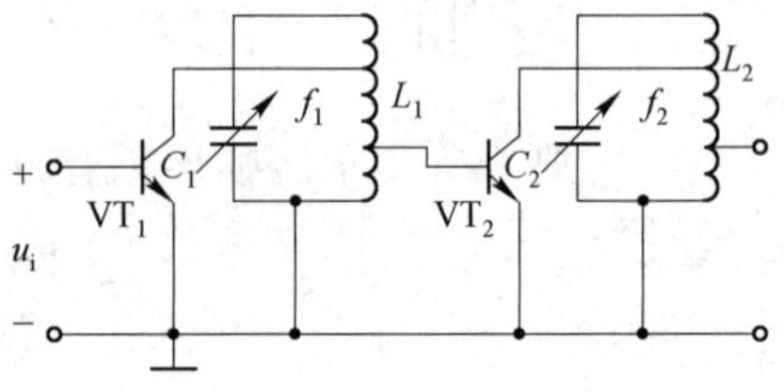

图 1.48　双参差调谐放大器

由于各级单调谐回路放大器的谐振频率 f_1 和 f_2 分别与中频谐振频率f_o 相差 Δf_e,即

$$f_1=f_o+\Delta f_e,\quad f_2=f_o-\Delta f_e$$

所以,各级单调谐回路放大器的广义失谐分别为

$$\xi_1\approx2\frac{f-f_1}{f_1}Q_L=2\frac{f-f_o-\Delta f_e}{f_o}Q_L=\xi-\eta_e$$

$$\xi_2\approx2\frac{f-f_2}{f_2}Q_L=2\frac{f-f_o+\Delta f_e}{f_o}Q_L=\xi+\eta_e$$

式中,$\xi=2\dfrac{f-f_o}{f_o}Q_L$,$\eta_e=2\dfrac{\Delta f_e}{f_o}Q_L$。$\eta_e$ 称为偏调系数。

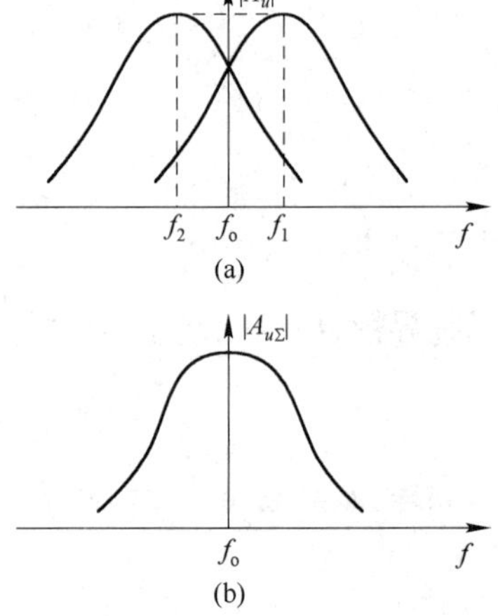

图 1.49　双参差调谐放大器的频率特性

将 ξ_1 与 ξ_2 代入式(1-128)中,即得两级单调谐回路放大器各自的电压增益为

$$|A_{u1}|=\frac{|A_{uo}|}{\sqrt{1+(\xi-\eta_e)^2}},\quad |A_{u2}|=\frac{|A_{uo}|}{\sqrt{1+(\xi+\eta_e)^2}}$$

总电压增益为

$$|A_{u\Sigma}|=|A_{u1}|\,|A_{u2}|=\frac{(A_{uo})^2}{\sqrt{(1-\xi^2+\eta_e^2)^2+4\xi^2}} \tag{1-129}$$

将式(1-129)与表示双调谐回路放大器电压增益的式(1-116)比较,可以看出,两式的分母是相似的。因此对于不同的 η_e 值,也可以出现三种情况:当 $\eta_e<1$ 时,谐振曲线为单峰,在 $\xi=0$ 处($f=f_o$),$|A_{u\Sigma}|$达到最大值;当 $\eta_e=1$ 时,谐振曲线仍为单峰,在 $\xi=0$ 处,$|A_{u\Sigma}|$达到最大值,但通频带较宽,矩形系数较好;当 $\eta_e>1$ 时,谐振曲线出现双峰。以上三种情况的参差调谐合成谐振曲线,如图 1.50 所示。

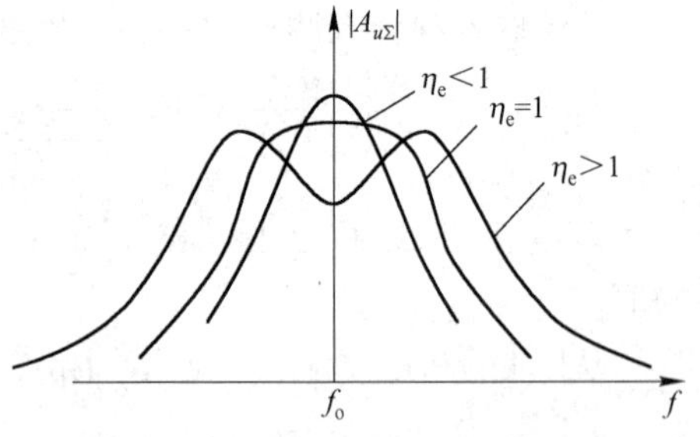

图 1.50　双参差调谐放大器的合成谐振曲线

由以上讨论可见,双参差调谐放大器的偏调系数 η_e 和双调谐回路放大器的耦合系数 η 是对应的。但二者的

物理意义不同。改变 η_e 即改变了各级放大器的谐振频率,从而改变了对各个频率的电压增益,使总的放大曲线出现单峰、双峰等不同情况。改变 η,则改变了放大器双回路之间的耦合程度,但两个回路仍然都谐振于信号的中心频率。耦合程度的不同,改变了反射电阻和电抗的大小,从而改变了回路的复谐振点,使曲线出现单峰、双峰等不同情况。

此外,随着 η_e 的值由小变大,曲线顶部逐渐变得平坦,当 $\eta_e>1$ 后,出现双峰。η_e 越大,双峰之间的距离越远,并且随着 η_e 值的增大,曲线的峰值高度随之下降。这不像双回路放大器那样,峰值的高度在 $\eta=1$ 和 $\eta>1$ 后维持不变(比较图 1.50 和图 1.47)。这是由于在双参差调谐时,虽然每级的谐振峰高度不变,即在谐振峰处的增益不变(采用相同的晶体管和元件时),但因每一级是对中心频率失谐的,总的增益是每级增益的乘积。随着偏调系数 η_e 的增大,每级在中心频率 f_o 处($\xi=0$)的增益越来越小,因而二者的乘积也就随着 η_e 的增大而减小。

当 $\eta_e=1$ 时,由 $\eta_e=2\dfrac{\Delta f_e}{f_o}Q_L$,可得 $\Delta f_e=\dfrac{1}{2}\dfrac{f_o}{Q_L}=\dfrac{1}{2}(2\Delta f_{0.7})$,即每一级回路的谐振频率 f_1 和 f_2 分别与中频谐振频率 f_o 相差半个单调谐放大器的带宽。这种情况称为临界偏调。这时的电压增益为

$$|A_{u\Sigma}|=\frac{A_{uo}^2}{\sqrt{4+\xi^4}} \tag{1-130}$$

在中频谐振频率 f_o 处 $\xi=0$,所以 $|A_{u\Sigma o}|=A_{uo}^2/2$。由此可得两级参差调谐放大器在临界偏调时的归一化电压增益为

$$\left|\frac{A_{u\Sigma}}{A_{u\Sigma o}}\right|=\frac{2}{\sqrt{4+\xi^4}}=2\Bigg/\sqrt{4+\left(Q_L\frac{2\Delta f}{f_o}\right)^4} \tag{1-131}$$

显然,若令 $\left|\dfrac{A_{u\Sigma}}{A_{u\Sigma o}}\right|=\dfrac{1}{\sqrt{2}}$,即可得两级参差调谐放大器在临界偏调时的通频带

$$B_e=\sqrt{2}\frac{f_o}{Q_L} \tag{1-132}$$

式(1-132)表明,两级参差调谐放大器的通频带也等于单级单调谐回路放大器通频带的$\sqrt{2}$倍,和单级双调谐回路放大器的通频带相同。

令 $\left|\dfrac{A_{u\Sigma}}{A_{u\Sigma o}}\right|=\dfrac{1}{10}$,可求出$(2\Delta f_{0.1})_e$,于是可得两级参差调谐放大器在临界偏调时的矩形系数

$$(K_{0.1})_e=\frac{(2\Delta f_{0.1})_e}{(2\Delta f_{0.7})_e}=\sqrt[4]{100-1}=3.16 \tag{1-133}$$

同样可以证明,多级(n 级)临界偏调双参差调谐放大器的通频带和矩形系数分别为

$$(B_e)_n=\sqrt[4]{2^{\frac{1}{n}}-1}\,\frac{\sqrt{2}f_o}{Q_L},\qquad (K_{0.1})_{en}=\sqrt[4]{\frac{100^{1/n}-1}{2^{1/n}-1}} \tag{1-134}$$

对照工作于临界耦合状态的双调谐放大器和临界偏调的双参差放大器可以发现,二者的谐振曲线是相同的。它们均由两个谐振回路组成,但前者的两个回路调谐于同一个频率,后者的两个回路调谐于不同频率。前者仅一级放大,增益较小,后者为两级放大,增益较大。

另外,当偏调系数 $\eta_e>1$ 时,双参差放大器谐振曲线的中部将出现凹陷。如果再后接一个调谐在中心频率 f_o 处的单调谐放大器,以补偿中心的凹陷,可以使合成谐振曲线中部比较平坦,这样就组成了三参差调谐放大器。有关三参差放大器的情况本书不做介绍,可参看其他文献。

[例 1-6]　由两级相同结构的单调谐放大器组成工作于临界偏调的双参差放大器,其中心频

率 $f_o=10.7\,\text{MHz}$。每级单调谐放大器的谐振电压增益振幅 $|A_{uo}| = 20$，带宽 $B_{W0.7}=400\,\text{kHz}$。试求参差放大器的最大电压增益振幅 $|A_{u\Sigma o}|$，通频带 B_e 和每级单调谐放大器的谐振频率。

解： 由图 1.49(a)和式(1-130)可知，处于临界偏调时，每级单调谐放大器在 f_o 处的电压增益为其谐振电压增益的 $1/\sqrt{2}$ 倍。因此

$$|A_{u\Sigma o}| = (A_{uo})^2/2 = 20^2/2 = 200$$

由式(1-132)可求得参差放大器的通频带

$$B_e = \sqrt{2}\frac{f_o}{Q_L} = \sqrt{2}B_{W0.7} = \sqrt{2}\times 400 \approx 566\ (\text{kHz})$$

因为临界偏调时，$\Delta f_e = \dfrac{1}{2}\dfrac{f_o}{Q_L} = \dfrac{1}{2}(2\Delta f_{0.7}) = \dfrac{1}{2}B_{W0.7} = 0.2(\text{MHz})$

所以每级单调谐放大器的谐振频率为

$$f_1 = f_o + \Delta f_e = 10.7+0.2 = 10.9(\text{MHz})$$

$$f_2 = f_o - \Delta f_e = 10.7-0.2 = 10.5(\text{MHz})$$

1.2.6 谐振放大器的稳定性

以上在讨论谐振放大器时，都假定了反向传输导纳 $y_{re}=0$，即晶体管单向工作，输入电压可以控制输出电流，而输出电压不影响输入电流。实际上 $y_{re}\neq 0$，即输出电压可以反馈到输入端，引起输入电流的变化，从而可能使放大器工作不稳定。如果这个反馈足够大，且在相位上满足正反馈条件，则会出现自激振荡现象。

1. 共发射极放大器的最大稳定增益

考虑晶体管内反馈后的高频放大器等效电路如图 1.51 所示。由于内反馈的存在，在放大器的输入端将产生一个反馈电压u'_{be}。现定义放大器输入端电压$u_{be}(j\omega)$与反馈电压$u'_{be}(j\omega)$的比值为放大器的稳定系数 S，即 $S=u_{be}(j\omega)/u'_{be}(j\omega)$。由图 1.50 可得

$$u'_{be}(j\omega) = -y_{re}u_{ce}/(Y_S+y_{ie}) = -y_{re}u_{ce}/y_1$$

$$u_{ce}(j\omega) = -y_{fe}u_{be}/(Y'_L+y_{oe}) = -y_{fe}u_{be}/y_2$$

$$S = u_{be}(j\omega)/u'_{be}(j\omega) = y_1 y_2/y_{fe}y_{re}$$

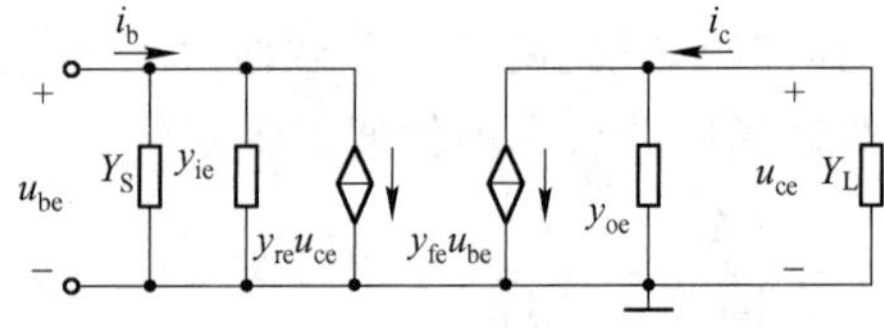

图 1.51 高频放大器等效电路

当 S 为正实数时，表明 $u_{be}(j\omega)/u'_{be}(j\omega)$同相，满足自激振荡的相位条件。当 $|S|>1$ 时，$|u_{be}(j\omega)|>|u'_{be}(j\omega)|$，不满足自激振荡的振幅条件，放大器不会自激；当 $|S|\leqslant 1$ 时，$|u_{be}(j\omega)|\leqslant|u'_{be}(j\omega)|$，满足自激振荡的振幅条件，放大器会自激振荡。为使放大器远离自激状态而稳定地工作，单级放大器通常选 $|S|=5\sim10$。若 $|S|$ 过大，将导致增益下降太多。

当晶体管的工作频率远低于特征频率f_T 时，通常 $y_{fe}\approx|y_{fe}|\approx g_m$，设反向传输导纳中电纳起主要作用，即 $y_{re}\approx j\omega C_{b'c}$，$\varphi_{re}=90°$，经理论推导得

$$|A_{uo}| = \sqrt{\frac{2g_m}{S\omega_o C_{b'c}}}$$

上式说明，放大器的电压增益与稳定系数 S 的平方根成反比，S 愈大，稳定性愈高，而增益愈小。当取 $S=1$ 时，称为临界稳定，其电压增益称为临界稳定电压增益。为保证放大器获得稳定可靠的电压增益，实际中常取 $S=5$。此时的电压增益称为最大稳定增益，即

$$|A_{uo}|_{\max} = \sqrt{\frac{g_m}{2.5\omega_o C_{b'c}}}$$

2. 提高放大器的稳定性的方法

为了提高放大器的稳定性,通常从两个方面着手。一是从晶体管本身想办法,减小其反向传输导纳 y_{re}的值。y_{re}值的大小主要取决于集电极与基极间的结电容 $C_{b'c}$(由混合 π 型等效电路可知,$C_{b'c}$跨接在输入、输出端之间),所以制作晶体管时应尽量使 $C_{b'c}$减小,使反馈容抗增大,反馈作用减弱。二是从电路上设法消除晶体管的反向作用,使它单向化,具体方法有中和法与失配法。

(1) 中和法

中和法通过在晶体管的输出端与输入端之间引入一个附加的外部反馈电路(中和电路),来抵消晶体管内部参数 y_{re}的反馈作用。由于 y_{re}的实部(反馈电导)通常很小,可以忽略,所以常常只用一个电容 C_N 来抵消 y_{re}的虚部(反馈电容 $C_{b'c}$)的影响,就可达到中和的目的。为了使通过 C_N 的外部电流和通过 $C_{b'c}$的内部反馈电流相位相差 180°,从而能互相抵消,通常在晶体管输出端添加一个反相的耦合变压器。图 1.52(a)所示为收音机中常用的中和电路,图 1.52(b)是其交流等效电路。为了直观,把晶体管内部电容 $C_{b'c}$画在了晶体管外部。

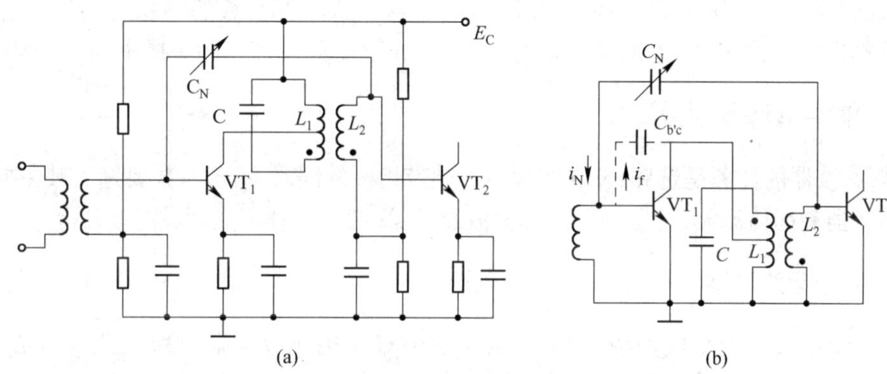

图 1.52 谐振放大器的常用中和电路

由于 y_{re}是随频率而变的,所以**固定的中和电容 C_N 只能在某一个频率点起到完全中和的作用,对其他频率只能有部分中和作用**。又因为实际中 y_{re}是一个复数,所以中和电路也应该是一个由电阻和电容组成的电路,这显然增大了调试的难度。另外,如果再考虑到分布参数的作用和温度变化等因素的影响,实际上中和电路的效果很有限。

(2) 失配法

失配法通过增大负载电导 Y_L,进而增大总回路电导,使输出电路严重失配,输出电压相应减小,从而使输出端反馈到输入端的电流减小,对输入端的影响也就减小。可见,**失配法以牺牲增益来换取电路的稳定**。

用两只晶体管按共发-共基方式连接成一个组合电路是经常采用的一种失配法。图 1.53 是其原理图。

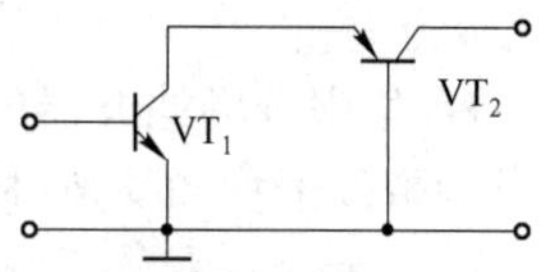

图 1.53 共发-共基组合电路原理图

由于共基极电路的输入导纳较大,当它和输出导纳较小的共发射极电路相连接时,相当于增大了共发射极电路的负载导纳而使之失配,从而使共发射极晶体管的内部反馈减弱,稳定性大大提高。共发射极电路在负载导纳很大的情况下,虽然电压增益会减小,但电流增益仍较大;虽然共基极电路的电流增益接近于 1,但电压增益却较大。所以二者级联后,互相补偿,电压增益和电流增益都比较大,而且共发-共基极电路的上限频率很高(相关内容可参考《模拟电子技术基础》教材)。

1.3 集中选频放大器

为了提高增益,一般常采用多级调谐放大器。对于多级调谐放大器,要求每级均有其谐振回路,故调谐不方便,不易获得较宽的通频带,选择性也不够理想;由于回路直接与有源器件连接,频率特性常会受到晶体管参数及工作点变化的影响。如采用参差放大器或双调谐放大器,则调试较复杂。另外,在高增益的多级放大器中,即使放大器内部反馈很小,也可能由于布线之间的寄生反馈而产生自激,影响稳定性和可靠性。

随着电子技术的发展,目前,高增益的宽带集成放大器已被广泛地应用于选频放大电路中。前几节介绍的各种谐振放大器既可采用晶体管或场效应管,也可采用宽带集成电路。当采用集成电路时,由于在集成电路基片上制作电感和较大的电容很困难,所以谐振回路元件 L、C 需外接。因此,需将高频放大器的两个任务——放大和选频分开,即先采用矩形系数较好的集中选频滤波器来完成信号的选择,然后利用集成宽带电路进行信号放大,这样就组成了集中选频放大器。

集中选频放大器以集中选频代替了逐级选频,可减小晶体管参数的不稳定性对选频回路的影响,保证放大器指标的稳定,减小调试的难度,而且有利于充分发挥线性集成电路的优势。

1.3.1 集中选频滤波器

集中选频滤波器的任务是选频,要求在满足通频带指标的同时,矩形系数要好。其主要类型有集中选频 LC 滤波器和固体滤波器(如石英晶体滤波器、陶瓷滤波器和声表面波滤波器等)。

1. LC 集中选频滤波器

LC 集中选频放大器的组成如图 1.54 所示。图中宽带集成放大器一般由线性集成电路构成;当工作频率较高,找不到合适的线性集成电路时,也可采用分立元件宽带放大器,这些放大器可以是共基极电路、差分电路、负反馈电路等。LC 集中选频滤波器通常由一节或若干节 LC 网络组成。这些滤波器可根据系统要求,利用网络理论,按照带宽、衰减特性等要求进行精确的设计,因而其选频特性可以更接近理想要求。

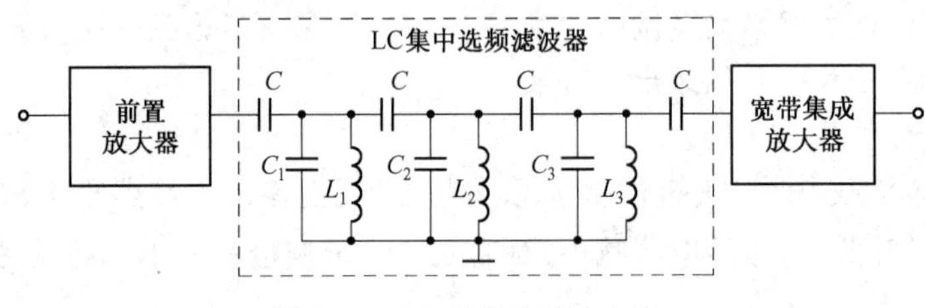

图 1.54 LC 集中选频放大器

LC 集中选频滤波器的位置,一般设置于放大系统输入信号的低电平端,以对可能进入宽带放大器的带外干扰和噪声进行必要的衰减,改善传输信号的质量。

2. 石英晶体滤波器

(1) 物理特性

石英是一种天然矿物质(也可人工制造),其形状为结晶的六角锥体,因而人们称它为石英晶体。它的化学成分是 SiO_2。**石英晶体具有一种特殊的物理性能,即正、反两种压电效应**:如沿某一特定方向施加拉伸或压缩的机械力,则在晶体的某表面上就会产生正或负的异号电荷 $\pm q$,其值基本上与拉力或压力引起的变形成正比,这种效应称为正压电效应。反之,若在晶体两端能产生电荷的两个面上加以交变电压,则石英晶体就会发生周期性的机械振动,同时由于电荷的周期变化,又会有交流电流流过晶体,振动的大小与所加交变电场强度成正比,这种效应叫做反压电效应。这就是说,**石英晶体具有把机械振动转换成交变电压,或把交变电压转换为机械振动的作用。**

由于晶体是有弹性的固体,对于某一种振动方式,有一个机械的谐振频率。当外加电信号频率在此自然谐振频率附近时,就会发生谐振现象。它既表现为晶片的机械共振,又在电路上表现出电谐振。这时具有最大的机械振动的振幅,外电路中也将有很大的电流流过晶体,产生电能和机械能的转换。因而,**石英晶体具有谐振电路的特性,故称为石英晶体谐振器。**

在高频电路中,石英晶体谐振器是一个重要的高频元件,它广泛用于高频率、高稳定性的振荡器中,也用做高性能的窄带滤波器。石英晶体谐振器是由天然或人工生成的石英晶体切片组成的,晶片经制作金属电极,安放于支架并封装,即成为石英晶体谐振器元件。

晶片的谐振频率与晶片的几何尺寸及振动方式(取决于切片方式)有关。用于高频的晶体切片,其谐振频率与晶片厚度成反比。对于一定形状和尺寸的某一晶体,它既可以在某一基频上谐振,也可以在高次谐波上谐振。通常把利用晶片基频共振的谐振器称为基频谐振器;利用晶片各次谐频共振的谐振器称为泛音谐振器。通常能利用的是3,5,7之类的奇次泛音。同一尺寸的晶片,泛音工作时的频率比基频工作时要高3,5,7倍。应该指出,由于是机械振动时的谐频,它们的电谐振频率之间并不是准确的3,5,7倍的整数关系。由于机械强度和加工的限制,通常基频谐振器的最高频率为几十兆赫,而泛音谐振器最高工作频率可达100 MHz以上。当然,在几兆赫的较低频率上也可以用泛音晶体。

(2) 等效电路及阻抗特性

石英晶体的电气符号和其等效电路如图1.55所示。图1.55(b)是考虑基频及各次泛音的等效电路,由于各谐波频率相隔较远,互相影响很小。对于某一具体应用(如工作于基频或工作于泛音),只需考虑此频率附近的电路特性,因此可以用图1.54(c)等效。图中,C_o是以石英晶体作为电介质的静电容,其数值一般在几个皮法至几十皮法之间。L_q,C_q,r_q为对应于机械共振经压电转换而呈现的电参数。L_q为等效电感,决定于晶体质量(惯性);C_q为等效电容,决定于晶体弹性模数(刚性);r_q为等效电阻,决定于机械振动中的摩擦和空气阻尼引起的损耗。

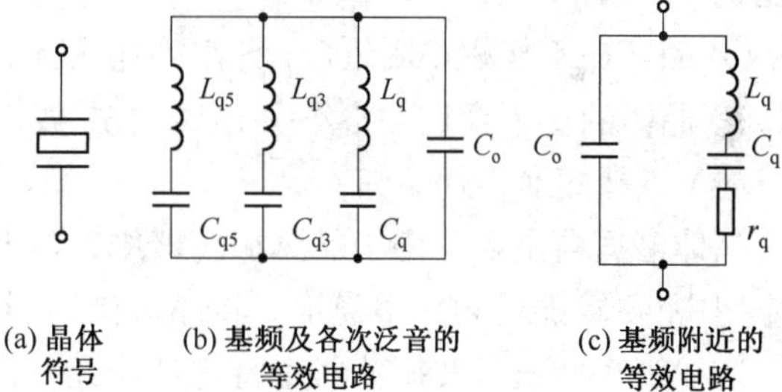

图1.55 晶体谐振器的等效电路及符号

由图1.54(c)可看出,晶体谐振器是一串、并联的谐振回路。它的串、并联谐振频率为

串联回路的谐振频率
$$f_q=\frac{1}{2\pi\sqrt{L_qC_q}} \tag{1-135}$$

并联回路的谐振频率
$$f_p=\frac{1}{2\pi\sqrt{L_q\dfrac{C_oC_q}{C_o+C_q}}}=\frac{1}{2\pi\sqrt{L_qC_q}}\sqrt{1+\frac{C_q}{C_o}}=f_q\sqrt{1+\frac{C_q}{C_o}} \tag{1-136}$$

由于石英晶体的等效电容C_q很小(一般为0.005~0.1 pF),而等效电感L_q很大(频率约100 kHz时,L_q约为100 H;频率约为1 MHz时,L_q约为1 H;频率约为10 MHz时,L_q约为10 mH)。等效电阻r_q也较小。现举一例,国产B45 1 MHz中等精度晶体的等效参数如下:L_q=4.00 H,C_q=0.0063 pF,$r_q\leqslant$100~200 Ω,C_o=2~3 pF。因而晶体的品质因数Q_q很大,一般为几万至几百万,这是普通LC回路所望尘莫及的。上例中

$$Q_q=\frac{\omega_q L_q}{r_q}=\frac{1}{r_q}\sqrt{\frac{L_q}{C_q}}\geqslant 12\,500\sim 25\,000$$

由于 $C_o \gg C_q$，晶体谐振器的 f_p 与 f_q 相差很小。由式(1-136)，并考虑 $C_q/C_o \ll 1$，可得

$$f_p \approx f_q\left(1+\frac{1}{2}\frac{C_q}{C_o}\right) \tag{1-137}$$

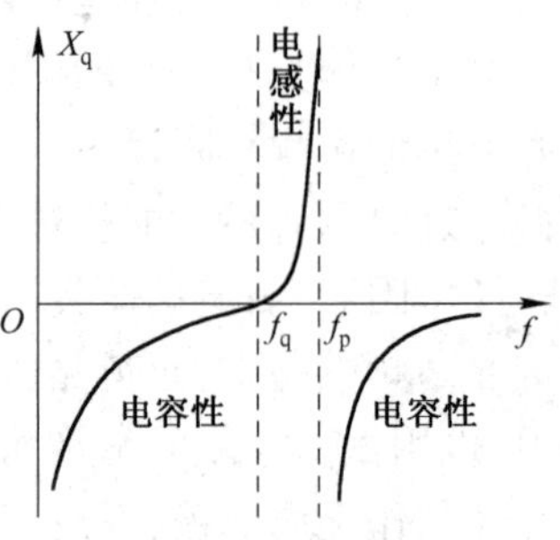

图 1.56　晶体谐振器的电抗特性曲线

上例中，$C_q/C_o=0.002\sim 0.003$，相对频率间隔

$$\frac{f_p-f_q}{f_q}=\frac{1}{2}\frac{C_q}{C_o}$$

可见，f_p 与 f_q 的相对频率间隔仅为千分之一二，所以 $f_p \approx f_q$。

图 1.56 是忽略晶体电阻 r_q 后所得出的晶体谐振器电抗（X_q）的频率特性曲线。由于晶体的 Q_q 值非常高，除了并联谐振频率附近外，此曲线与实际电抗曲线（即不忽略 r_q）很接近。

由图 1.56 可以看出，当频率很低时，两个支路均呈电容性，等效电抗也呈电容性。随着 f 的增大，容抗减小；当 $f=f_q$ 时，L_q、C_q 支路串联谐振，$X_q=0$；当 $f_q<f<f_p$ 时，电路呈电感性，X_q 为正值；当 $f=f_p$ 时，产生并联谐振，$X_q \to \infty$；当 $f>f_p$ 以后，C_o 起主要作用，所以呈电容性，X_q 为负值。由此可见，石英晶体只在 f_q 和 f_p 很窄的频率范围内呈电感性，且 Q_q 值非常高。

晶体谐振器与一般 LC 谐振回路比较，有几个明显的特点：

① 晶体的谐振频率 f_p 和 f_q 非常稳定。这是因为 L_q、C_q、C_o 由晶体尺寸决定，由于晶体的物理特性，它们受外界因素（如温度、震动等）的影响小。

② 有非常高的品质因数。一般很容易得到数值上万的 Q_q 值，而普通线圈回路的 Q 值最大也只能到一二百。

③ 晶体在工作频率附近（$f_q<f<f_p$）阻抗变化率大，有很高的并联谐振阻抗。

④ 晶体的接入系数非常小，一般在 10^{-3} 数量级，所以外电路对晶体性能的影响很小。

(3) 晶体谐振器的应用

晶体谐振器主要应用于晶体振荡器中。振荡器的振荡频率决定于其中振荡回路的频率。在许多应用中，要求振荡频率很稳定。将晶体谐振器用做振荡器的振荡回路，就可以得到稳定的工作频率。这在第 3 章正弦波振荡器中将详细研究。

晶体谐振器的另一种应用是，用它做成高频窄带滤波器。下面简介石英晶体滤波器的实用电路。图 1.56 所示为某通信机的中放级所采用的窄带桥型晶体滤波器电路。

图中 R_1，R_2，R_3 和 C_1，C_2 组成直流偏置电路；R_4，C_3 为电源去耦电路。$Z_1\sim Z_4$ 组成滤波电路。Z_1 为石英晶体；Z_2 为调节电容，也可为石英晶体；Z_3，Z_4 为调谐回路的对称线圈；Z_5 为第二调谐负载回路。

现将 $Z_1\sim Z_4$ 组成的滤波电路改画成阻抗电桥形式，如图 1.57(b)所示。负载阻抗 Z_5 与信号源处于桥路的两对角线上。对于这种电路，根据二端口网络理论的电桥平衡条件，定性讨论晶体滤波器相对中心频率的通带与阻带问题。如果输入端信号的频率使 Z_1 和 Z_2 异号（即一个为感性，另一个为容性），那么电桥就永远不能平衡，这时输出端可得到足够大的电压输出，这一频率就应该是通频带内的某一频率。如果输入端信号电压的频率使 Z_1 和 Z_2 同号（即同为容性），且 $Z_1=Z_2$，则电桥完全平衡，这时电桥的衰减最大，输出端电压最小。若 Z_1 和 Z_2 同号，但 $Z_1\neq Z_2$ 时，产生一定程度的衰减，相应电压输出较小，且 Z_1 和 Z_2 相差越大，则衰减越小。

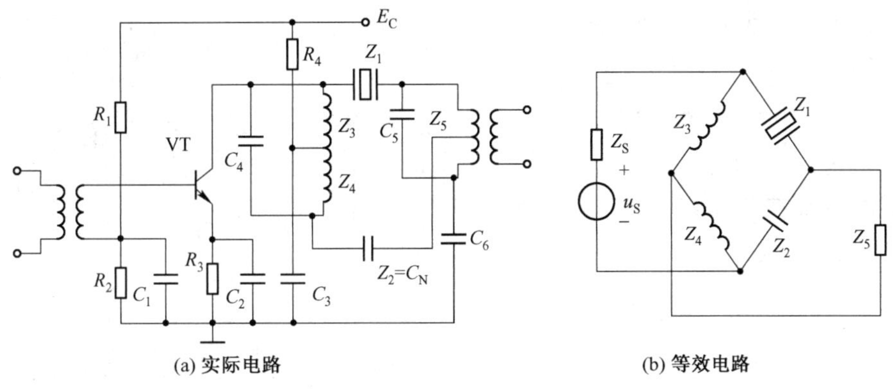

图 1.57　窄带桥型晶体滤波器电路

在图 1.57(a)中,若 Z_1 是石英晶体,Z_2 是电容 C_N,那么要使 Z_1 和 Z_2 为异号的频率范围,只有在晶体的两个谐振频率 f_q 与 f_p 之间时,Z_1 才能表现为电感性,如图 1.57 所示。也就是说,上述晶体滤波器相对中心频率的通频带宽度为 $\Delta f=f_p-f_q$,可见是很窄的。晶体滤波器的特点是中心频率很稳定,带宽很窄,阻带内有陡峭的衰减特性。晶体滤波器相对中心频率的通带宽度只有千分之几,在许多情况下限制了它的应用。

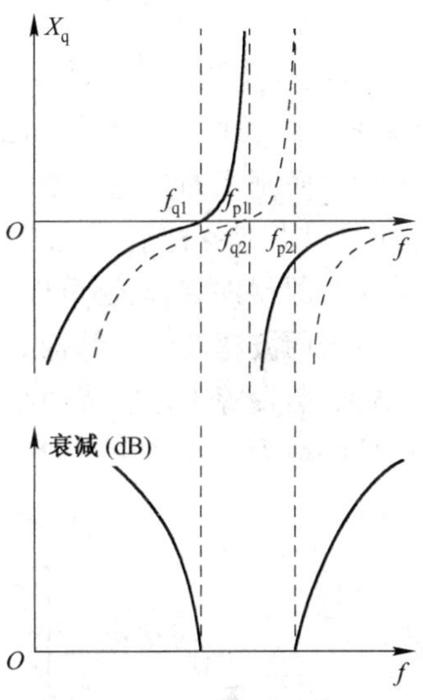

图 1.58　晶体滤波器通带的展宽

若在图 1.57 电路中将 Z_2 也改用晶体(即 Z_1 和 Z_2 都用晶体),并使两者的谐振频率 f_q 与 f_p 错开,即使 Z_2 的串联谐振频率 f_{q2} 等于 Z_1 晶体的并联谐振频率 f_{p1},也可以将滤波器的通频带展宽 1 倍,如图 1.58 所示。

3. 陶瓷滤波器

某些陶瓷材料(如常用的锆钛酸铅 $P_b(ZrTi)O_3$)经直流高压电场极化后,可以得到类似于石英晶体中的压电效应。它们与石英晶体有相似的电气符号和等效电路,因而压电陶瓷也可制成滤波器,称为陶瓷谐振器。陶瓷谐振器的等效电路也和晶体谐振器相同。但它的品质因数较晶体谐振器小得多(约为数百),串、并联频率间隔也较大。因而选择性比石英晶体滤波器差些。简单的陶瓷滤波器由单片压电陶瓷上形成双电极或三电极,它们相当于单振荡回路或耦合回路。性能较好的陶瓷滤波器通常是将多个陶瓷谐振器接成梯形网络而构成的,它是一种多极点的带通(或带阻)滤波器。图 1.59(a)及(b)是一种二端口的陶瓷滤波器的原理电路。由于陶瓷容易焙烧,可制成各种形状,适合小型化要求,而且耐热耐湿性能好,很少受外界因素影响,它的等效品质因数 Q_L 为几百,比 LC 滤波器高;滤波器的通带衰减小,带外衰减大,矩形系数较小。这类滤波器通常都封装成组件供应。高频陶瓷滤波器的工作频率可以从几兆赫至一百兆赫,相对工作频率的带宽为千分之几至百分之几。

目前陶瓷滤波器广泛应用于接收机和其他仪器中,实用电路如图 1.59(c)所示。单片陶瓷滤波器接在中频放大器的发射极电路里,取代旁路电容作用。陶瓷滤波器对中频信号呈现极小的阻抗;此时负反馈最小,增益最大。而离开中频,滤波器呈现较大阻抗,使放大器负反馈加大,增益下降,从而提高了中频级的选择性。

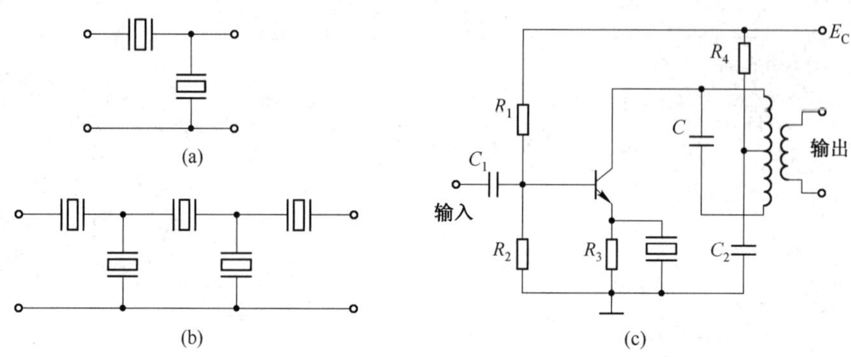

图 1.59　陶瓷滤波器电路

4. 声表面波滤波器

目前,应用最普遍的集中滤波器是声表面波滤波器。声表面波滤波器 SAWF(Surface Acoustic Wave Filter)是利用晶体(如铌酸锂或石英晶体)的压电效应和沿弹性固体表面传播机械振动波的物理特性而制成的一种新型的微声器件。通常,通过机电耦合,它可以作为电信号的滤波器和延迟线,还可以做成各种信号处理器,如匹配滤波器(对某种高频已调波信号的匹配器)、信号卷积器。如果与有源器件结合,还可以做成声表面波振荡器和声表面波放大器等。

声表面波滤波器的结构如图 1.60 所示。它是以具有压电效应的材料为基片,在其表面上用光刻、腐蚀、蒸发等工艺制成两组叉指状的电极对。其中与信号源连接的称为发送叉指换能器,与负载连接的称为接收叉指换能器。

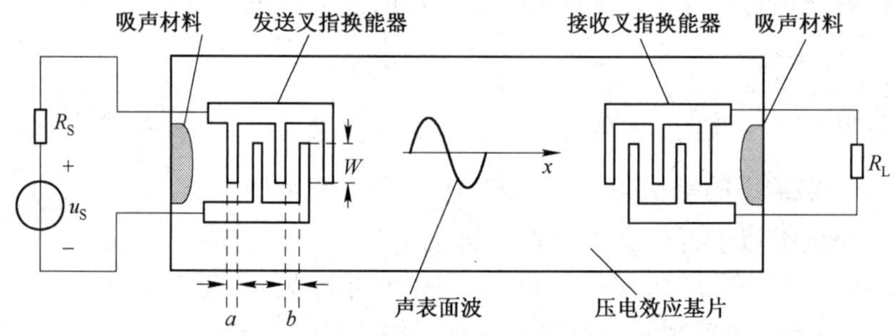

图 1.60　声表面波滤波器的结构示意图

在图 1.60 所示的声表面波滤波器的结构示意图中,每个换能器由 5 个电极(即 5 个金属条构成的叉指分布)组成,每个电极宽度为 a,极间距离为 b,相邻叉指对的重叠长度 W 称为“叉指孔径”。图中各叉指对的叉指孔径相同,称为“均匀叉指换能器”。

当交变电压信号加到发送换能器两电极上时,由于晶体的反压电效应,基片将产生周期性的形变(收缩或扩张),形成横向表面波(声表面波),这种表面波沿垂直于电极方向的 x 轴向左、右两个方向传播,向左侧方向的表面波被吸声材料吸收;向右侧方向传播的表面波到接收叉指换能器,通过基片的正压电效应,在接收换能器两端产生电信号。

如果换能器叉指对由 $n+1$ 个电极组成(图 1.60 中只画出 5 个电极),并且各叉指对参数 a,b,W 都相同,于是可把换能器分为 n 节或 N 个周期段($N=n/2$,图 1.60 中的换能器有 2 个周期段)。实践证明,叉指对的宽度 a 和叉指之间的间隔 b 决定声表面波的波长。假如表面声波传播的速度是 v,可得 $f_o=v/d$,$d=2(a+b)$,d 称为周期段长。即换能器的频率为 f_o 时,表面声波的波长是 λ_o,它等于换能器周期段长 d，如图 1.60 所示。

当外来电信号的频率 f 等于换能器的 f_o 时，各节所激发的声表面波同相叠加，振幅最大，可写成

$$A_S = nA_o \tag{1-138}$$

式中，A_o 是每节所激发的声表面波强度的振幅，A_S 是总振幅。这时的信号频率即为换能器的频率 f_o，称为谐振频率。当信号频率偏离 f_o 时（如 $\Delta f=f-f_o$），换能器各节电极所激发的声波强度振幅值基本不变，但相位变化。分析指出，这时声表面波滤波器的幅频特性曲线出现熟知的 $\sin X/X$ 函数形式，即

$$H(\omega) \approx \left|2NA_o \frac{\sin X}{X}\right| = \left|2NA_o \frac{\sin N\pi \dfrac{\Delta\omega}{\omega_o}}{N\pi \dfrac{\Delta\omega}{\omega_o}}\right| \tag{1-139}$$

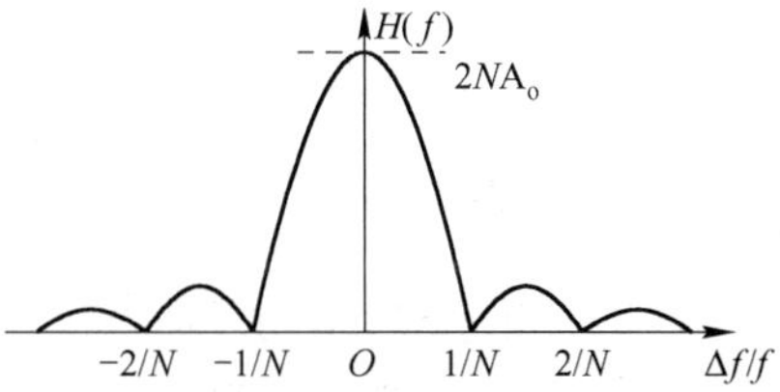

式中，$X = N\pi \dfrac{\Delta\omega}{\omega_o} = N\pi \dfrac{\Delta f}{f_o}$。最大幅度为 $2NA_o$。

图 1.61　均匀叉指换能器幅频特性曲线

幅频特性曲线如图 1.61 所示。由图可见，主峰宽度约为 $2/N$，3 dB 相对带宽（$\Delta f/f$）约为 $1/N$。如用两个相同形式的换能器组成滤波器，则其频率特性曲线由函数 $(\sin X/X)^2$ 描绘，它是单个换能器的频率特性曲线表示式 $\sin X/X$ 的自乘。这时，滤波器的相对带宽约为 $0.65/N$。通常，第一旁瓣最大值比主峰幅度约低 26 dB。

由信号分析的理论知道，矩形脉冲信号的傅里叶变换是 $\sin X/X$ 的函数形式。由上述分析可知，如果叉指换能器的电极形状是均匀的（即矩形状的），其幅频特性也是 $\sin X/X$ 的函数形式。从理论上可以推出，叉指换能器的电极形状与其幅频特性之间近似存在着傅里叶变换的关系。因此，为了得到不同形状的幅频特性曲线，方法之一就是改变叉指换能器的电极形状，即构成一个非均匀的叉指换能器。这种叉指换能器的指宽是相等的，各指的指距也是相等的，但重叠部分的长度按某一函数规律变化，称为加权叉指换能器。图 1.62 示出了具有不同形状的加权电极（Weighting Electrode）及相应结构叉指换能器的频率特性曲线。当然，如果改变加至电极的电压或者改变压电介质的机电耦合系数，也能达到改变叉指换能器频率特性的目的。

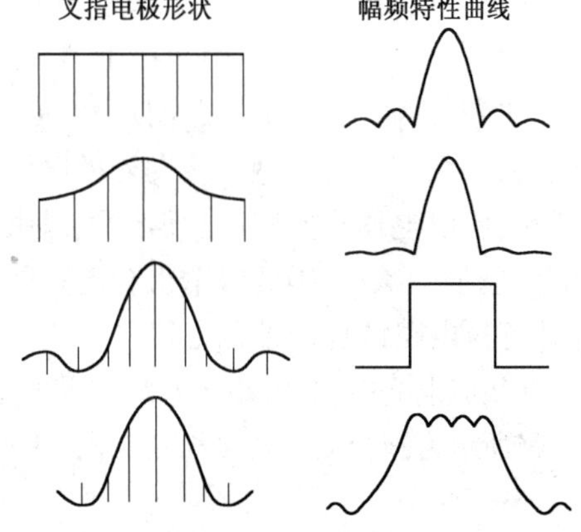

图 1.62　叉指电极结构形状与频率特性

另外，声表面波滤波器不宜用做低频及带宽很窄的滤波器，因为这时将要求叉指宽度很宽、叉指对数很多，器件尺寸也就变得很大。此外，声表面波滤波器也不能起到低通滤波器和高通滤波器的作用。

声表面波滤波器的主要缺点是它的损耗较大，主要包括插入损耗、失配损耗、传播损耗、散射损耗等。为了补偿这些损耗，一般将信号进行预放大，或者采用具有特殊结构的低损耗声表面波滤波器。

SAWF 在电路中的画法如图 1.63 所示。通常有 5~6 根引线，输入、输出用 4 根，另 2 根是屏蔽极、接地线。它的等效电路如图 1.64 所示。

图 1.64(a) 说明：SAWF 的输入、输出阻抗为容性，主要是由叉指换能器的静态电容引起的；图 1.64(b) 说明：在使用时常常在输入、输出端并联一个电感和电阻，以便与输入、输出电容构成品

质因数 Q 值较低的调谐回路，抵消电抗作用，实现纯阻匹配。注意，调谐回路的频带应比 SAWF 的频带宽，否则会影响总频率特性。

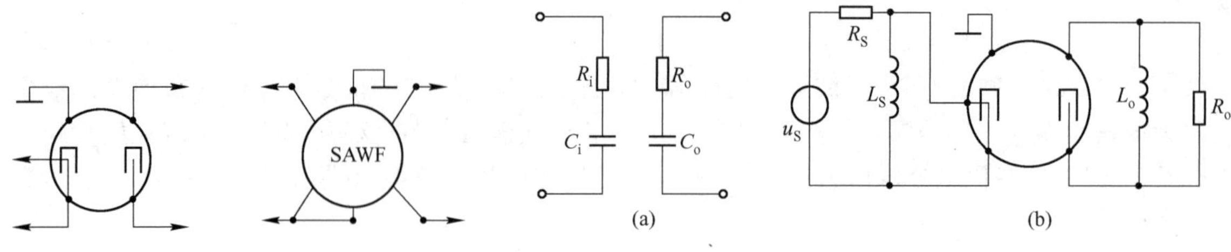

图 1.63　SAWF 在电路中的画法　　　　图 1.64　SAWF 的等效电路

1.3.2　集成宽带放大器

随着集成电路技术的飞速发展，许多具有不同功能特点的新的集成放大电路不断出现，给电子电路的开发与应用提供了极为有利的条件。对于采用集成放大电路构成的高频选频放大器来说，通常采用集中滤波和宽带集成放大电路相结合的方式来实现。目前，宽带集成放大电路的型号很多，各自的性能和适应范围也有所不同。使用时可根据放大器的技术指标要求，查阅有关的集成电路手册。

在集成宽带放大器中，展宽放大器频带的主要方法有共射-共基组合法和反馈法。

1. 共射-共基组合集成宽频带放大器

在集成宽带放大器中广泛采用共发-共基组合电路。由模拟电子电路基础课程的知识可知，在共发-共基组合电路中，上限频率由共发射极电路的上限频率决定。利用共基极电路输入阻抗小的特点，将它作为共发射极电路的负载，使共发射极电路输出的总电阻大大减小，进而使高频性能有所改善，从而有效地扩展了共发射极电路亦即整个组合电路的上限频率。由于共发射极电路的负载减小，所以电压增益减小。但这可以由电压增益较大的共基极电路进行补偿。共发射极电路的电流增益不会减小，因此整个组合电路的电流增益和电压增益都较大。另外，在前面曾介绍过，共发-共基极电路的稳定性也是很好的。

在集成电路中，常用差分电路代替组合电路中的单个晶体管，可以组成共发-共基差分对电路。图 1.65所示为国产宽带放大器集成电路 ER4803（与国外产品 U2350，U2450 相当），其带宽为 1 GHz。

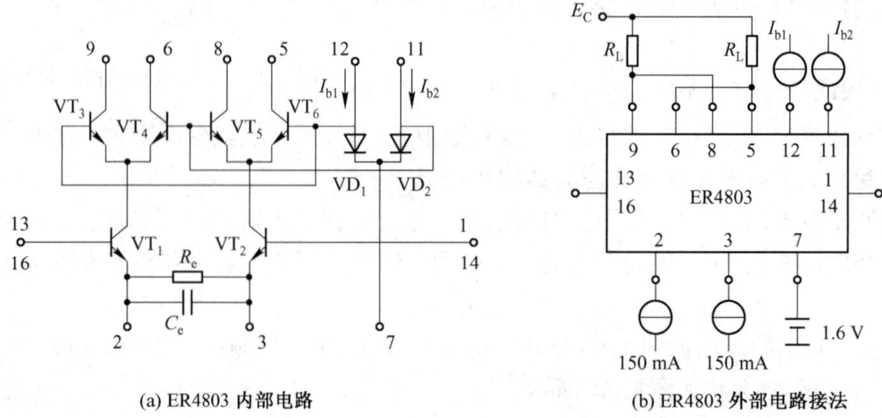

(a) ER4803 内部电路　　　　(b) ER4803 外部电路接法

图 1.65　宽带集成放大器 ER4803

该电路由 VT_1、VT_3(或 VT_4)与 VT_2、VT_6(或 VT_5)组成共发-共基差分对,输出电压特性由外电路控制。如外电路使 $I_{b2}=0$,$I_{b1}\neq 0$ 时,VD_2 和 VT_4、VT_5 截止,信号电流由 VT_1、VT_2 流入 VT_3、VT_6 后输出。如外电路使 $I_{b1}=0$,$I_{b2}\neq 0$ 时,VD_1 和 VT_3、VT_6 截止,信号电流由 VT_1、VT_2 流入 VT_4、VT_5 后输出,输出极性与第一种情况相反。如外电路使 $I_{b1}=I_{b2}$时,通过负载 R_L 的电流则互相抵消,输出为 0。C_e 是 CMOS 电容,用于高频补偿,因高频时容抗减小,发射极反馈深度减小,使频带展宽。这种集成电路常用做 350 MHz 以上的宽带高频、中频和视频放大。

2. 负反馈集成宽频带放大器

在负反馈电路中可以通过改变反馈深度,调节负反馈放大器的增益和频带宽度。如果以牺牲增益为代价,则可以扩展放大器的带宽。

另外,由于电流串联负反馈电路的特点是输入、输出阻抗高,而电压并联负反馈电路的特点是输入、输出阻抗低,所以如果将电流串联负反馈电路和电压并联负反馈电路级联,即可展宽级联后放大电路的上限频率。

图 1.66(a)是一种典型的负反馈集成宽频带放大器 F733 的内部电路图。由于在集成电路中,常用差分电路代替单管电路,因此图 1.66 中 VT_1、VT_2 组成电流串联负反馈差分放大器,VT_3 ~ VT_6 组成电压并联负反馈差分放大器(其中 VT_5 和 VT_6 兼做输出级),VT_7 ~ VT_{11} 为恒流源电路。改变第一级差分放大器的负反馈电阻,可调节整个电路的电压增益。将引出端的第 9 脚和第 4 脚短接,增益可达 400;将引出端的第 10 脚和第 3 脚短接,增益可达 100;各引出端均不短接,增益为 10。以上三种情况下的上限频率依次为 40 MHz、90 MHz 和120 MHz。

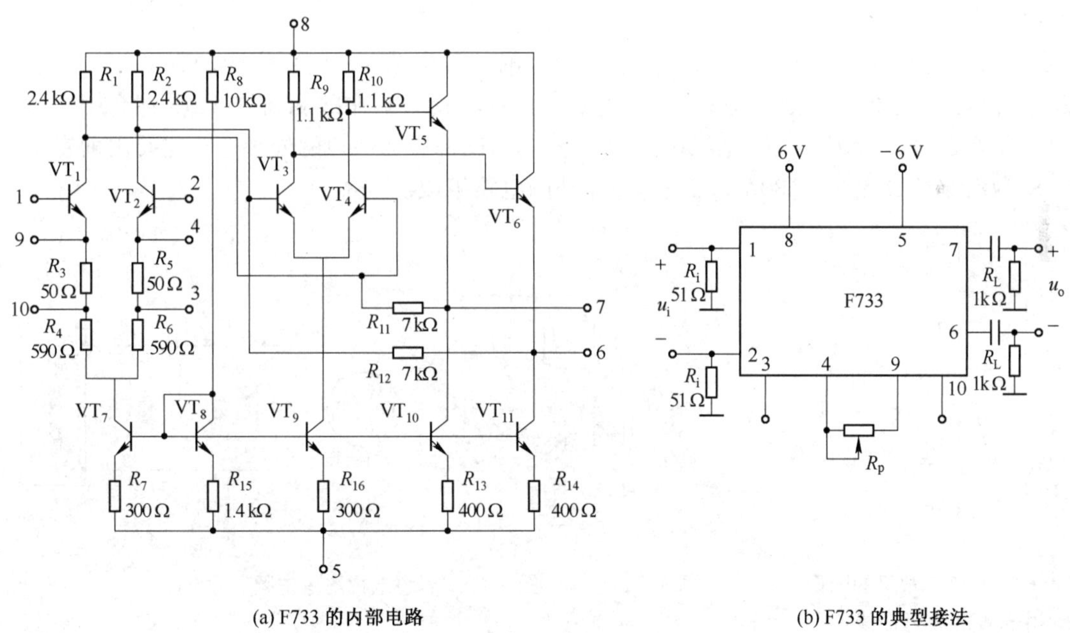

(a) F733 的内部电路

(b) F733 的典型接法

图 1. 66　典型的负反馈集成宽频带放大器 F733

图 1. 66(b)为 F733 用做可调增益放大器时的典型接法。图中,电位器 R_P 用于调节电压增益和带宽,当 R_P调到 0 时,第 4 脚与第 9 脚短接,片内 VT_1 与 VT_2 发射极短接,增益最大,上限截止频率最低;当 R_P调到最大时,片内 VT_1 与 VT_2 发射极之间共并联了 5 个电阻,即片内 R_3 ~ R_6 和外接电位器 R_P,这时交流负反馈最强,增益最小,上限截止频率最高。可见这种接法使得电压增益和带宽连续可调。

另外,采用电流并联和电压串联负反馈形式,同样也可以扩展放大器的通频带。

3. 新型集成宽带放大器 OPA843

OPA843 是德州仪器公司生产的新型宽带放大器集成电路。图 1.67 所示为 OPA843 宽带同相电压放大电路,其电压增益为 5 倍。当输出电压的峰峰值为 0.2 V 时,放大器带宽可达 260 MHz;当输出电压的峰峰值为 2 V 时,放大器带宽可达 230 MHz。当电压增益设计为 3 倍、放大器小信号放大时的带宽可高达 500 MHz。

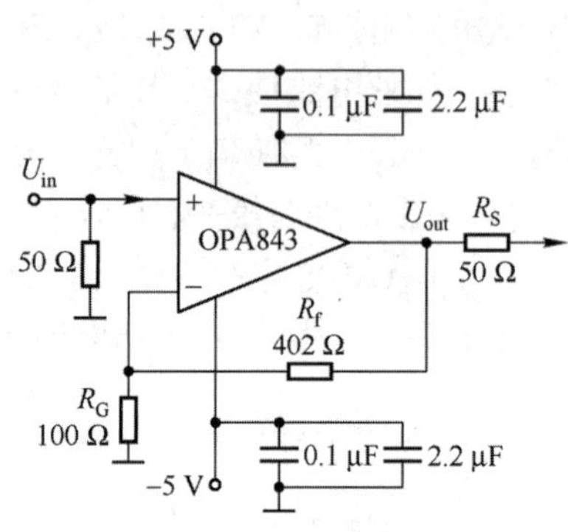

图 1.67　OPA843 宽带同相电压放大电路

[思考]　图 1.67 所示宽带放大电路的电压增益、输入及输出阻抗如何确定?

1.3.3　集成选频放大器的应用

目前一些规模较大、功能较多的集中选频集成放大电路在各类通信系统中得到广泛应用。例如,在彩色电视机的图像处理中频电路中,为了获得理想的中放幅频特性曲线(如图 1.68 所示),必须在高频调谐器和中频放大器之间插入中频滤波器。现在常采用声表面波滤波器做中频滤波器。SAWF 的优点为体积小、重量轻、可靠性高,尤其是使用中不需调整;而且幅频、相频特性很好,可以使色度、图像、伴音三者的载波处在频率特性的最佳位置。SAWF 的缺点是插入损耗大。为了克服它的插入损耗,常加一级宽带放大器给以补偿。

图 1.69 是长虹彩电 C2588A 的图像中频通道的部分电路,其中采用了 TA7680AP 集成电路。该集成电路可完成图像中放、视频检波、预视放、噪声抑制、AFT、中放和高放 AGC、伴音中频放大与鉴频、电子音量衰减(ATT)、音频激励放大等功能。其图像中频通道的处理电路主要由前置中频放大器、SAWF、集成电路 TA7680AP 的一部分及外围电路组成。

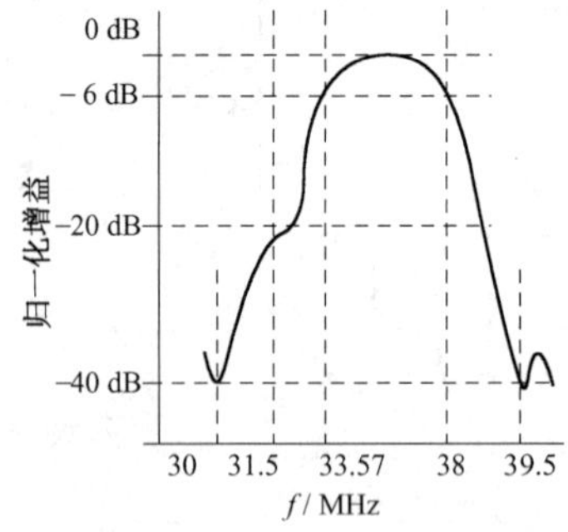

图 1.68　彩色电视机的图像中放幅频特性曲线

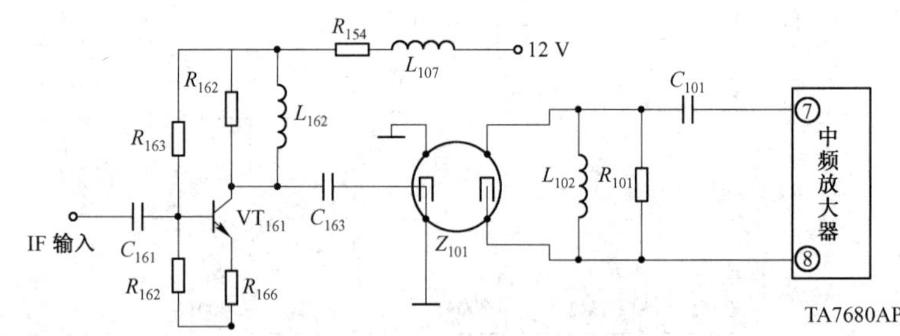

图 1.69　彩色电视图像中频放大电路

1. 前置中频放大器和 SAWF

从高频调谐器送来的中频电视信号(IF)经耦合电容 C_{161} 送往由 VT_{161} 等组成的图像中频前置放大电路,对中频信号进行预中放,电压增益约 20 dB,目的是补偿声表面波滤波器(Z_{101})的插入损耗。L_{162} 为高频扼流圈,与 VT_{161} 输出分布电容构成谐振电路,以提高图像中频放大电路的中频增益。中频信号经 C_{163} 耦合至 Z_{101},进行中频滤波,获得理想的中放幅频特性(如图 1.68 所示),然后对称输出到 TA7680AP 的第 7、8 脚内部的中频放大电路。C_{101} 为隔直耦合电容，L_{102} 为 Z_{101} 输出与 TA7680AP 输入之间的匹配电感。

2. 图像中频放大器

图像中频放大器由 TA7680AP 内部具有 AGC 控制的三级高增益、宽频带直接耦合的差动放大器组成，外部无可调元件。集中的三级中放的总增益约为 50 dB，满足中放对增益的要求。

1.4 电 噪 声

人们收听广播时，常常会听到“沙沙”声，观看电视时，常会看到“雪花”似的背景或波纹线，这些都是接收机中的放大器和其他元器件存在噪声的结果。噪声会对有用信号的接收产生干扰。特别是当有用信号较弱时，噪声的影响就更为突出，严重时会使有用信号淹没在噪声之中而无法接收。噪声的种类很多，有的是从器件外部串扰进来的，称为外部噪声；有的是器件内部产生的，称为内部噪声。本书只讨论内部噪声。内部噪声源主要有电阻热噪声、晶体管噪声和场效应管噪声三种。

1.4.1 电阻热噪声

电阻热噪声是由电阻内部自由电子的热运动而产生的。自由电子在运动中经常相互碰撞，因而其运动速度的大小和方向都是不规则的。温度越高，运动越剧烈。只有当温度下降到绝对零度时，运动才会停止。自由电子的热运动在导体内会形成非常微弱的电流，电流呈杂乱起伏的状态，称为起伏噪声电流。起伏噪声电流流过电阻就会在其两端产生起伏噪声电压。

由于起伏噪声电压的变化是不规则的，其瞬时振幅和瞬时相位是随机的，所以无法计算其瞬时值。起伏噪声电压的平均值为 0，正是噪声电压不规则地偏离此平均值而起伏变化的。但是，起伏噪声的均方根值是确定的，可以用功率计测量出来。实验发现，在整个无线电频段内，当温度一定时，单位电阻上所消耗的平均功率在单位频带内几乎是一个常数，即其功率频谱密度是一个常数。对照白光内包含了所有可见光波长这一现象，人们把这种在整个无线电频段内具有均匀频谱的起伏噪声称为白噪声。

由理论和实验证明，当温度为 T(K)时，阻值为 R 的电阻所产生的噪声电流功率频谱密度和噪声电压功率频谱密度分别为

$$S_I(f)=4kT/R \tag{1-140}$$

$$S_U(f)=4kTR \tag{1-141}$$

式中，k 是玻耳兹曼常数。

在频带宽度 B 内产生的热噪声电流均方根值和电压均方根值分别为

$$I_{\rm n}^2=S_I(f)B \tag{1-142}$$

$$U_{\rm n}^2=S_U(f)B \tag{1-143}$$

所以，一个实际电阻可以分别用噪声电流源与理想电阻的并联或噪声电压源与理想电阻的串联来表示，如图 1.70 所示。

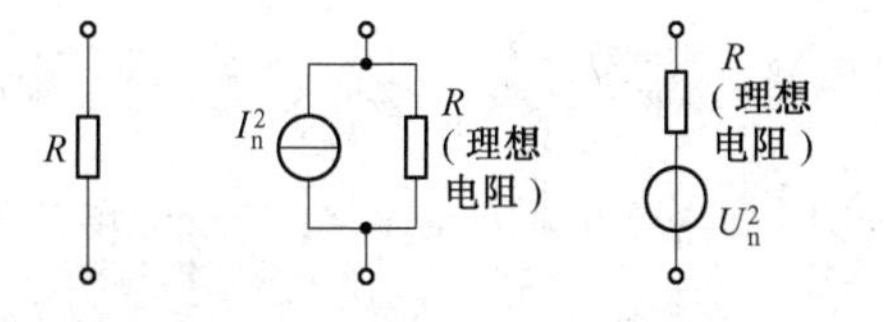

图 1.70 电阻热噪声等效电路

一般来说，理想电抗元件不会产生噪声，但实际电抗元件是有损耗电阻的，这些损耗电阻会产生噪声。对于实际电感的损耗电阻一般不能忽略，而对于

实际电容的损耗电阻一般可以忽略。

[例 1-7] 试计算 510 kΩ 电阻的噪声均方根电压和均方根电流各是多少？设 $T=290\,\text{K}$，$B=100\,\text{kHz}$。

解：

$$U_{\text{n}}^2=4kTRB=4\times1.38\times10^{-23}\times290\times510\times10^3\times10^5\approx8.16\times10^{-10}\quad(\text{V}^2)$$

$$I_{\text{n}}^2=4kTB/R=4\times1.38\times10^{-23}\times290\times10^5/510\times10^3\approx3.14\times10^{-21}\quad(\text{A}^2)$$

当数个元件相串联时，一般用电压源等效电路比较方便；当数个元件并联时，用电流源等效电路比较方便。当实际电路中包括多个电阻时，每一个电阻都将引入一个噪声源。对于线性网络的噪声，适用均方叠加法则。多个电阻串联时，总噪声电压等于各个电阻所产生的噪声电压的方均根值的相加。多个电阻并联时，总噪声电流等于各个电导所产生的噪声电流的均方根值的相加。这是由于每个电阻的噪声都是由电子无规则热运动所产生的，任何两个噪声电压必然是独立的，所以只能按功率相加（用均方根电压或均方根电流相加）。总的噪声输出功率是每个噪声源单独作用在输出端所产生的噪声功率之和。

[例 1-8] （1）计算如图 1.71（a）所示并联电阻两端的噪声电压均方根值。设 R_1 和 R_2 所处的温度 T 相同。

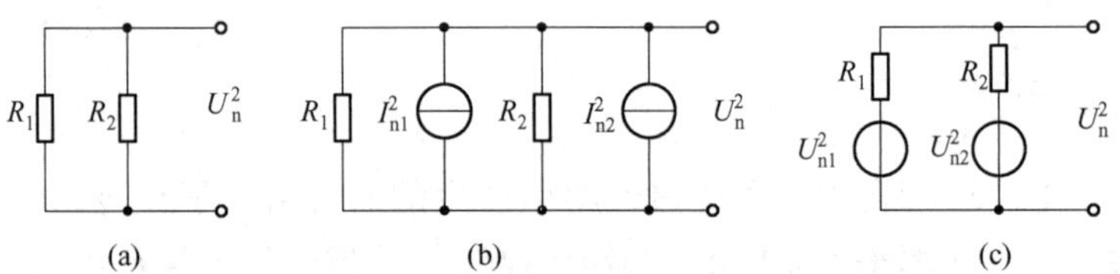

图 1.71 并联电阻两端的噪声电压

解：（1）先利用电流源进行计算，如图 1.71（b）所示。由式（1-140）得

$$I_{\text{n1}}^2=S_{I1}(f)B=4kTG_1B,\ I_{\text{n2}}^2=S_{I2}B=4kTG_2B$$

式中，$G_1=1/R_1$，$G_2=1/R_2$，由均方叠加法则得

$$I_{\text{n}}^2=I_{\text{n1}}^2+I_{\text{n2}}^2=4kT(G_1+G_2)B$$

所以，电路输出端的噪声电压均方根值为

$$U_{\text{n}}^2=\frac{I_{\text{n}}^2}{(G_1+G_2)^2}=4kT\frac{R_1R_2}{R_1+R_2}B$$

（2）再利用电压源进行计算，如图 1.71（c）所示。由式（1-143）得

$$U_{\text{n1}}^2=S_{U1}(f)B=4kTR_1B,\ U_{\text{n2}}^2=S_{U2}(f)B=4kTR_2B$$

由均方叠加法则，U_{n1}^2 在输出端噪声电压均方根值为

$$(U_{\text{u1}}^2)'=\frac{U_{\text{n1}}^2}{(R_1+R_2)^2}R_2^2$$

同理，U_{n2}^2 在输出端噪声电压均方根值为

$$(U_{\text{n2}}^2)'=\frac{U_{\text{n2}}^2}{(R_1+R_2)^2}R_1^2$$

所以，电路输出端的噪声电压均方根值为

$$U_{\text{n}}^2=(U_{\text{n1}}^2)'+(U_{\text{n2}}^2)'=4kT\frac{R_1R_2}{R_1+R_2}B$$

显然，两种方法的计算结果是相同的。

1.4.2 晶体三极管噪声

晶体三极管噪声是放大电路内部固有噪声的一个重要来源。主要包括以下四部分。

1. 热噪声

构成晶体管发射区、基区、集电区的体电阻和引线电阻均会产生热噪声。其中以基区体电阻 $r_{bb'}$的影响为主。

2. 散弹噪声

散弹噪声是晶体管的主要噪声源。它是由单位时间内通过 PN 结载流子数目的随机起伏而造成的。在晶体管的 PN 结中(包括二极管的 PN 结),每个载流子都是随机地通过 PN 结的(包括随机注入、随机复合)。大量载流子流过 PN 结时的平均值(单位时间内平均)决定了它的直流电流 I_o,因此真实的结电流是围绕 I_o 起伏的。这种由于载流子的随机起伏流动而产生的噪声称为散弹噪声,或散粒噪声。这种噪声也存在于电子管、光电管之类的器件中,是一种普遍的物理现象。由于散弹噪声是由大量载流子引起的,每个载流子通过 PN 结的时间很短,因此它们的噪声谱和电热噪声相似,具有平坦的噪声功率谱。也就是说散弹噪声也是白噪声。根据理论分析和实验表明,散弹噪声引起的电流起伏均方根值与 PN 结的直流电流成正比。其电流功率频谱密度为

$$S_I(f)=2qI_o \tag{1-144}$$

式中,I_o 是通过 PN 结的平均电流值;q 是每个载流子所载的电荷量,$q=1.59\times10^{-19}$C(库仑)。

一般情况下,散弹噪声大于电阻热噪声,散弹噪声和电阻热噪声都是白噪声。在 $I_o=0$ 时,散弹噪声为 0,但是只要不是绝对零度,热噪声总是存在的。这是散弹噪声与热噪声的区别。

另外,晶体管中有发射结和集电结,发射结工作于正偏,结电流大;集电结工作于反偏,除了基极来的传输电流外,只有反向饱和电流(它也产生散弹噪声)。因此发射结的散弹噪声起主要作用,而集电结的噪声可以忽略。

3. 分配噪声

晶体管中通过发射结的非平衡少数载流子,大部分由集电极收集,形成集电极电流;少部分载流子被基极流入的多数载流子复合,产生基极电流。基极中载流子的复合也具有随机性,即单位时间内复合的载流子数目是起伏变化的。晶体管的电流放大系数 α、β 只是反映平均意义上的分配比。这种因分配比起伏变化而产生的集电极电流、基极电流在静态值上下起伏的噪声,称为晶体管的分配噪声。

分配噪声实际上也是一种散弹噪声,但由于渡越时间的影响,当三极管的工作频率高到一定值后,这类噪声的功率谱密度是随频率变化的,频率越高,噪声越大。其功率频谱密度也可近似地按式(1-144)计算。

4. 闪烁噪声

由于半导体材料及制造工艺水平造成表面清洁处理不好而引起的噪声称为闪烁噪声。它与半导体表面少数载流子的复合有关,表现为发射极电流的起伏,其电流噪声谱密度与频率近似成反比,又称 $1/f$ 噪声。因此,它主要在低频范围内起作用。其特点是频谱集中在约几千赫以下的低频范围,且功率频谱密度随频率降低而增大。在高频工作时,可以忽略闪烁噪声。这种噪声也存在于其他电子器件中,某些实际电阻器中就有这种噪声。晶体管在高频应用时,除非考虑它的调幅、调相作用,一般这种噪声的影响也可以忽略。

1.4.3　场效应管噪声

在场效应管中,由于其工作原理不是靠少数载流子的运动,因而散弹噪声的影响很小。场效应管的噪声有以下两个方面的来源:① 场效应管是依靠多子在沟道中的漂移运动而工作的,沟道中多子的不规则热运动会在场效应管的漏极电流中产生类似电阻的热噪声,称为沟道热噪声,这是场效应管的主要噪声源。② 栅极漏电流产生的散弹噪声。在高频时同样可以忽略场效应管的闪烁噪声。

沟道热噪声和栅极漏电流散弹噪声的电流功率频谱密度分别为

$$S_I(f)=4kT\left(\frac{2}{3}g_{\mathrm{m}}\right),\quad S_I(f)=2qI_{\mathrm{g}} \tag{1-145}$$

式中,g_{m} 是场效应管的跨导,I_{g} 是栅极漏电流。

必须指出,前面讨论的晶体管中的几种噪声,在实际放大器中将同时起作用并参与放大。有关晶体管的噪声模型和晶体管放大器的噪声比较复杂,这里就不讨论了。

1.4.4　噪声系数

在高频电路中,为了使放大器能够正常工作,除了要满足增益、通频带、选择性等要求之外,还应对放大器的内部噪声进行限制。一般是对放大器的输出端提出满足一定信噪比的要求。

所谓信噪比是指放大器输入或输出端口处信号功率与噪声功率之比。信噪比通常用分贝(dB)数表示,可写为

$$S/N=10\lg\frac{P_{\mathrm{S}}}{P_{\mathrm{n}}}\quad(\mathrm{dB}) \tag{1-146}$$

式中,P_{S},P_{n} 分别为信号功率与噪声功率。

1. 放大器噪声系数的定义

如果放大器内部不产生噪声,当输入信号与噪声通过它时,二者都将得到同样的放大,则放大器的输出信噪比与输入信噪比相等。而实际放大器是由晶体管和电阻等元器件组成的,热噪声和散弹噪声构成其内部噪声,所以输出信噪比总是小于输入信噪比。为了衡量放大器噪声性能的好坏,提出了噪声系数这一性能指标。

放大器的噪声系数 N_{F}(Noise Figure)定义为输入信噪比与输出信噪比的比值,即

$$N_{\mathrm{F}}=\frac{P_{\mathrm{Si}}/P_{\mathrm{ni}}}{P_{\mathrm{So}}/P_{\mathrm{no}}} \tag{1-147}$$

上述定义可推广到所有线性二端口网络。如果用分贝数表示,则写为

$$N_{\mathrm{F}}=10\lg\frac{P_{\mathrm{Si}}/P_{\mathrm{ni}}}{P_{\mathrm{So}}/P_{\mathrm{no}}}\quad(\mathrm{dB}) \tag{1-148}$$

从式(1-147)可以看出,N_{F} 是一个大于或等于 1 的数。其值越接近于 1,则表示该放大器的内部噪声性能越好。

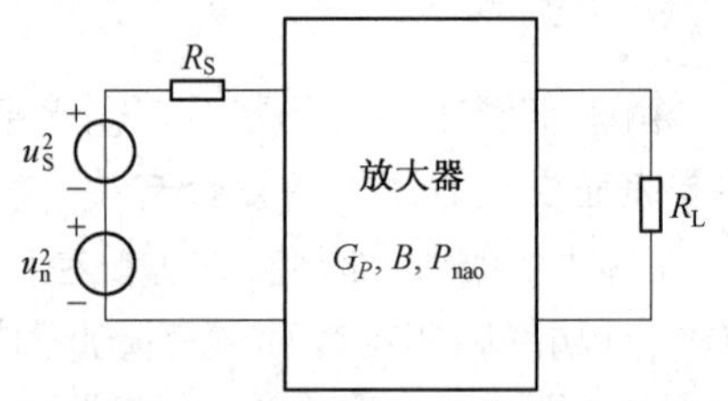

图 1.72　放大器噪声系数的等效电路

图 1.72 是描述放大器噪声系数的等效电路。设 P_{Si} 为信号源的输入信号功率,P_{ni} 为信号源内阻 R_{S} 产生的噪声功率;设放大器的功率增益为 G_P,带宽为 B,其内部噪声在负载上产生的功率为 P_{nao};而 P_{So} 和 P_{no} 分别为信号和信号源内阻在负载 R_{L} 上所产生的输出功率和输出噪声功率。任何放大系统都是由导体、电阻、电子器件等构成的,其内部一定存在噪

声。由此不难看出,放大器以功率放大增益 G_P 放大信号功率 P_{i} 的同时,它也以同样的增益放大输入噪声功率 P_{ni}。此外,由于放大器系统内部有噪声,它必然在输出端造成影响。因此,输出信噪比要比输入信噪比低。N_{F} 反映了放大系统内部噪声的大小。

噪声系数通常只适用于线性放大器。非线性电路会产生信号和噪声的频率变换,噪声系数不能反映系统附加的噪声性能。由于线性放大器的功率增益 $G_P=P_{\mathrm{So}}/P_{\mathrm{Si}}$,所以式(1-147)可写成

$$N_{\mathrm{F}}=\frac{P_{\mathrm{Si}}/P_{\mathrm{ni}}}{P_{\mathrm{So}}/P_{\mathrm{no}}}=\frac{P_{\mathrm{Si}}}{P_{\mathrm{So}}}\frac{P_{\mathrm{no}}}{P_{\mathrm{ni}}}=\frac{P_{\mathrm{no}}}{G_P P_{\mathrm{ni}}} \tag{1-149}$$

式中,$G_P P_{\mathrm{ni}}$ 为信号源内阻 R_{S} 产生的噪声经放大器放大后,在输出端产生的噪声功率。放大器输出端的总噪声功率 P_{no} 应等于 $G_P P_{\mathrm{ni}}$ 和放大器内部噪声在输出端产生的噪声功率 P_{nao} 之和,即

$$P_{\mathrm{no}}=P_{\mathrm{nao}}+G_P P_{\mathrm{ni}} \tag{1-150}$$

显然,$P_{\mathrm{no}}>G_P P_{\mathrm{ni}}$。故放大器的噪声系数总是大于 1 的。理想情况下 $P_{\mathrm{nao}}=0$,噪声系数 N_{F} 才可能等于 1。将式(1-150)代入式(1-149)则得

$$N_{\mathrm{F}}=1+\frac{P_{\mathrm{nao}}}{G_P P_{\mathrm{ni}}} \tag{1-151}$$

2. 多级放大器噪声系数的计算

先考虑两级放大器,其噪声系数的等效电路如图 1.73 所示。设两级放大器匹配,它们的噪声系数和功率增益分别为 N_{F1}、N_{F2} 和 G_{P1}、G_{P2},且假定通频带也相同。利用式(1-150)和式(1-151),式中 N_{F} 和 G_P 分别看作是两级放大器总的噪声系数和总的功率增益,而总输出噪声功率 P_{no} 由三部分组成,即

$$P_{\mathrm{no}}=P_{\mathrm{ni}}G_{P1}G_{P2}+P_{\mathrm{nao1}}G_{P2}+P_{\mathrm{nao2}} \tag{1-152}$$

式中,P_{nao1} 和 P_{nao2} 分别是第一级放大器和第二级放大器的内部噪声功率。

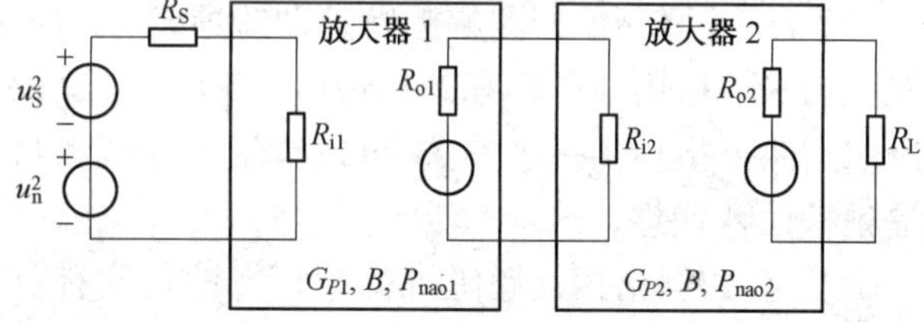

图 1.73 两级放大器噪声系数的等效电路

由式(1-150)可写出

$$P_{\mathrm{nao1}}=(N_{\mathrm{F1}}-1)G_{P1}P_{\mathrm{ni1}} \tag{1-153}$$

$$P_{\mathrm{nao2}}=(N_{\mathrm{F2}}-1)G_{P2}P_{\mathrm{ni2}} \tag{1-154}$$

式中,P_{ni1} 和 P_{ni2} 分别表示信号源内阻 R_{S} 与 R_{o1} 产生的热噪声功率。由于设电路匹配,则 $P_{\mathrm{ni1}}=P_{\mathrm{ni2}}=kTB$。将式(1-153)、式(1-154)代入式(1-152)中,最后由式(1-149)可求得两级放大器总噪声系数为

$$N_{\mathrm{F}}=N_{\mathrm{F1}}+\frac{N_{\mathrm{F2}}-1}{G_{P1}} \tag{1-155}$$

对于 n 级放大器,将其前$(n-1)$级看成是第一级,第 n 级看成是第二级,利用式(1-155)可推导出 n 级放大器总的噪声系数为

$$N_{\mathrm{F}}=N_{\mathrm{F1}}+\frac{N_{\mathrm{F2}}-1}{G_{P1}}+\frac{N_{\mathrm{F3}}-1}{G_{P1}G_{P2}}+\cdots+\frac{N_{\mathrm{F}n}-1}{G_{P1}G_{P2}\cdots G_{P(n-1)}} \tag{1-156}$$

可见,在多级放大器中,各级噪声系数对总噪声系数的影响是不同的,前级的影响比后级的影响大,而且总噪声系数还与各级的功率增益有关。所以,为了减小多级放大器的总噪声系数,必须降低前级放大器(尤其是第一级)的噪声系数,并增大前级放大器(尤其是第一级)的功率增益。以上关于放大器噪声系数的分析结果也适用于所有线性二端口网络。

[例 1-9] 某接收机由高放、混频、中放三级电路级联组成。已知混频器的功率增益 $G_{P2}=0.2$,噪声系数 $N_{\mathrm{F2}}=10\,\mathrm{dB}$,中放噪声系数 $N_{\mathrm{F3}}=6\,\mathrm{dB}$,高放噪声系数 $N_{\mathrm{F1}}=3\,\mathrm{dB}$。如要求加入高放后使整个接收机总噪声系数降低为加入前的 1/10,则高放的功率增益 G_{P1} 应为多少?

解：先将噪声系数的分贝数进行转换。已知 $N_{F1}=3\,\text{dB}$，$N_{F2}=10\,\text{dB}$，$N_{F3}=6\,\text{dB}$ 分别对应为 $N_{F1}=2$，$N_{F2}=10$，$N_{F3}=4$。

因为未加高放时接收机噪声系数为

$$N_F=N_{F2}+\frac{N_{F3}-1}{G_{P2}}=10+\frac{4-1}{0.2}=25$$

所以加高放后接收机噪声系数应为

$$N'_F=\frac{1}{10}N_F=2.5$$

又

$$N'_F=N_{F1}+\frac{N_{F2}-1}{G_{P1}}+\frac{N_{F3}-1}{G_{P1}G_{P2}}$$

所以

$$G_{P1}=\frac{(N_{F2}-1)+(N_{F3}-1)/G_{P2}}{N'_F-N_{F1}}=\frac{(10-1)+(4-1)/0.2}{2.5-2}=48=16.8\,(\text{dB})$$

由例 1.6 可以看到，加入一级高放后可以使整个接收机的噪声系数大幅度地下降，其原因在于整个接收机的噪声系数并非只是各级噪声系数的简单叠加，而是各有一个不同的加权系数，这从式(1-156)很容易看出。如果接收机未加高放电路，作为第一级的混频器的噪声系数较大，功率增益小于 1；而加入第一级高放后的噪声系数小，功率增益大。由此可见，第一级采用低噪声高增益电路是极其重要的。

本章小结

(1) LC 并联谐振回路幅频特性曲线所显示的选频特性在高频电路中有非常重要的作用，其选频性能的好坏可由通频带和选择性(回路 Q 值)这两个相互矛盾的指标来衡量。矩形系数则是综合说明这两个指标的一个参数，可以衡量实际幅频特性接近理想幅频特性的程度。矩形系数越小，则幅频特性越理想。

(2) LC 并联谐振回路阻抗的相频特性是具有负斜率的单调变化曲线，这一点在分析 LC 正弦波振荡电路的稳定性时有很大作用，而且可以利用曲线的线性部分进行频率与相位的线性转换，这在相位鉴频电路中得到了应用。同样，LC 并联谐振回路阻抗的幅频特性曲线中的线性部分也为频率与幅度转换提供了依据，这在斜率鉴频电路里得到了应用。

(3) LC 串联谐振回路的选频特性在高频电路中也有应用，比如在 LC 正弦波电路中可作为短路元件工作于振荡频率点，但其用途不如并联回路广泛。LC 并联回路与串联谐振回路的参数具有对偶关系，在分析和应用时要注意这一点。

(4) LC 阻抗变换和匹配电路可以实现信号源内阻或负载的阻抗变换，可以减小信号源内阻或负载的阻抗对 LC 谐振回路参数的影响，这对于提高放大电路的增益和选频特性都是必不可少的。

(5) 在分析高频小信号谐振放大器时 Y 参数等效电路是描述晶体管工作状况的重要模型，使用时必须注意 Y 参数不仅与静态工作点有关，而且是工作频率的函数。在分析宽频带放大器时，混合 Π 型等效电路是描述晶体管工作状态的重要模型。

(6) 单管单调谐放大电路是谐振放大器的基本电路。为了增大回路的有载 Q 值，提高电压增益，减少对回路谐振频率特性的影响，谐振回路与信号源和负载的连接大都采用部分接入方式，即采用 LC 分压式阻抗变换电路。

(7) 采用参差调谐放大器和双调谐放大电路可以改善单级单调谐放大器的矩形系数。采用多级单调谐放大电路既可以提高单级单调谐放大电路的增益，也可以改善其矩形系数，但通频带却变窄了。

(8) 集中选频放大器由集中滤波器和集成宽带放大器组成，其性能指标优于由分立元件组成的多级谐振放大器，且调试简单。展宽集成放大器工作频带的主要方法有组合法与反馈法。

（9）放大器的内部噪声对信号的接收和处理会产生严重的干扰作用。内部噪声主要有电阻热噪声、晶体管噪声和场效应管噪声三种，噪声系数是衡量放大器及所有线性二端口网络噪声性能好坏的一个重要指标。在多级放大器中，各级噪声系数对总噪声系数的影响是不同的。降低前级放大器（尤其是第一级）的噪声系数，提高前级放大器（尤其是第一级）的功率增益是减小多级放大器总噪声系数的重要措施。

习题 1

1.1　给定串联谐振回路的$f_o=1.5\,\text{MHz}$，$C_o=100\,\text{pF}$，谐振时电阻$R=5\,\Omega$，试求Q_o和L_o。又若信号源电压振幅$U_{ms}=1\,\text{mV}$，求谐振时回路中的电流I_o以及回路上的电感电压振幅U_{Lom}和电容电压振幅U_{Com}。

1.2　在图题 1.2 所示电路中，信号源频率$f_o=1\,\text{MHz}$，信号源电压振幅$U_{ms}=0.1\,\text{V}$，回路空载Q值为 100，r是回路损耗电阻。将 1—1 端短路，电容C调至 100 pF 时回路谐振。如将 1—1 端开路后再串接一阻抗Z_x（由电阻R_x与电容C_x串联），则回路失谐；C调至 200 pF 时重新谐振，这时回路有载Q值为 50。试求电感L、未知阻抗Z_x。

1.3　在图题 1.3 所示电路中，已知回路谐振频率$f_o=465\,\text{kHz}$，$Q_o=100$，$N=160$匝，$N_1=40$匝，$N_2=10$匝，$C=200\,\text{pF}$，$R_S=16\,\text{k}\Omega$，$R_L=1\,\text{k}\Omega$。试求回路电感L、有载Q值和通频带B。

1.4　在图题 1.4 所示电路中，$L=0.8\,\mu\text{H}$，$C_1=C_2=20\,\text{pF}$，$C_S=5\,\text{pF}$，$R_S=10\,\text{k}\Omega$，$C_L=20\,\text{pF}$，$R_L=5\,\text{k}\Omega$，$Q_o=100$。试求回路在有载情况下的谐振频率f_o、谐振电阻R_P（不计R_S和R_L）、Q_L值和通频带B。

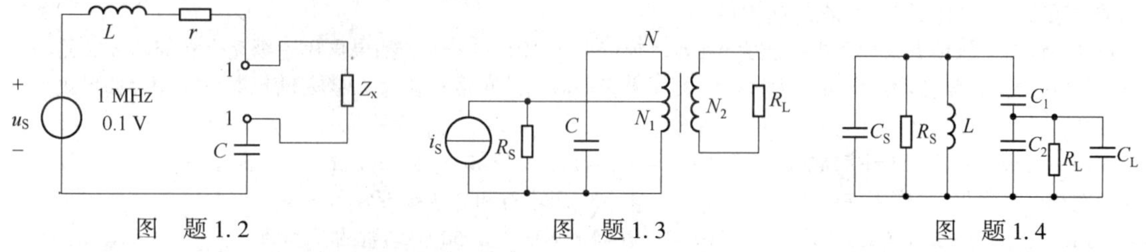

图　题 1.2　　　　图　题 1.3　　　　图　题 1.4

1.5　设计一个 LC 选频匹配网络，使 50 Ω 的负载与 20 Ω 的信号源电阻匹配。如果工作频率是 20 MHz，则各元件值是多少？

1.6　（1）并联谐振回路如图题 1.6 所示。已知通频带$B=2\Delta f_{0.7}$，电容为C，若回路总电导$g_\Sigma=g_S+G_P+G_L$。试证明：$g_\Sigma=4\pi\Delta f_{0.7}C$。

（2）若给定$C=20\,\text{pF}$，$2\Delta f_{0.7}=6\,\text{MHz}$，$R_P=10\,\text{k}\Omega$，$R_S=10\,\text{k}\Omega$，求$R_L$。

1.7　并联谐振回路与负载间采用部分接入方式，如图题 1.7 所示，已知$L_1=4\,\mu\text{H}$，$L_2=4\,\mu\text{H}$（L_1、L_2间互感可以忽略），$C=500\,\text{pF}$，空载品质因数$Q_o=100$，负载电阻$R_L=1\,\text{k}\Omega$，负载电容$C_L=10\,\text{pF}$。试计算谐振频率f_o及通频带B。

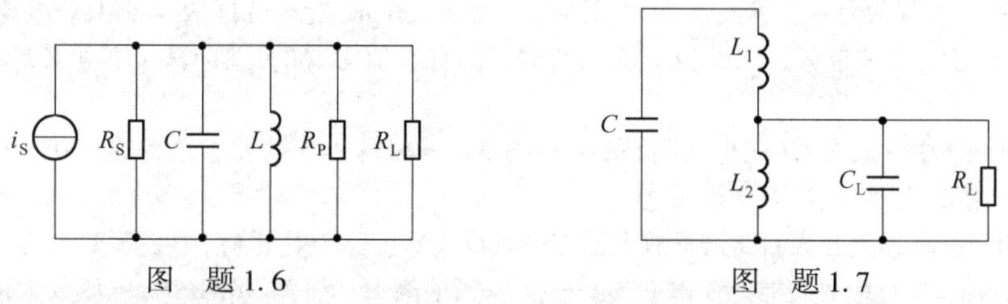

图　题 1.6　　　　图　题 1.7

1.8　已知高频晶体管 CG322A，当$I_E=2\,\text{mA}$，$f_o=39\,\text{MHz}$时测得 Y 参数如下：

$y_{ie}=(2.8+\text{j}3.5)\,\text{mS}$，$y_{re}=(-0.08-\text{j}0.3)\,\text{mS}$，$y_{fe}=(36-\text{j}27)\,\text{mS}$，$y_{oe}=(0.2+\text{j}2)\,\text{mS}$

试求g_{ie}，C_{ie}，g_{oe}，C_{oe}，$|y_{fe}|$，φ_{fe}，$|y_{re}|$，φ_{re}的值。

1.9　在图题 1.9 所示调谐放大器中，工作频率$f_o=10.7\,\text{MHz}$，$L_{1\text{-}3}=4\,\mu\text{H}$，$Q_o=100$，$N_{1\text{-}3}=20$匝，$N_{2\text{-}3}=5$匝，$N_{4\text{-}5}=5$匝。晶体管 3DG39 在$I_E=2\,\text{mA}$，$f_o=10.7\,\text{MHz}$时测得：$g_{ie}=2860\,\mu\text{S}$，$C_{ie}=18\,\text{pF}$，$g_{oe}=200\,\mu\text{S}$，$C_{oe}=7\,\text{pF}$，$|y_{fe}|=$

45 mS, $|y_{re}|=0$。画出用 Y 参数表示的放大器微变等效电路，试求放大器电压增益 A_{uo} 和通频带 B。

1.10 图题 1.10 是中频放大器单级电路图。已知工作频率 $f_o=30\,\text{MHz}$，回路电感 $L=1.5\,\mu\text{H}$，$Q_o=100$，$N_1/N_2=4$，$C_1\sim C_4$ 均为耦合电容或旁路电容。晶体管采用 CG322A，Y 参数与题 1.8 的相同。

（1）画出用 Y 参数表示的放大器微变等效电路。

（2）求回路总电导 g_{Σ}。

（3）求回路总电容 C_{Σ} 的表达式。

（4）求放大器电压增益 A_{uo}。

（5）当要求该放大器通频带为 10 MHz 时，应在回路两端并联多大的电阻？

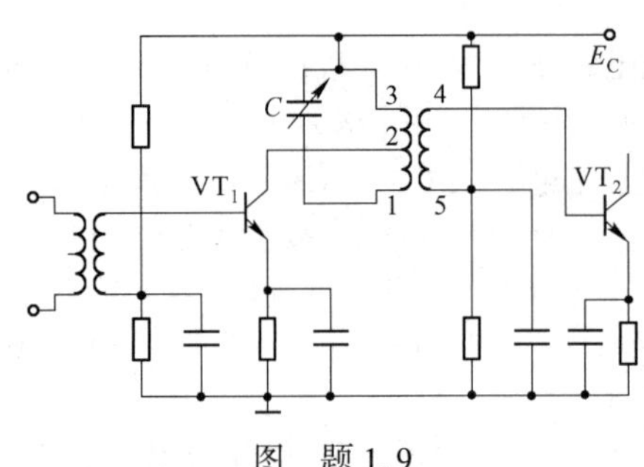

图 题 1.9

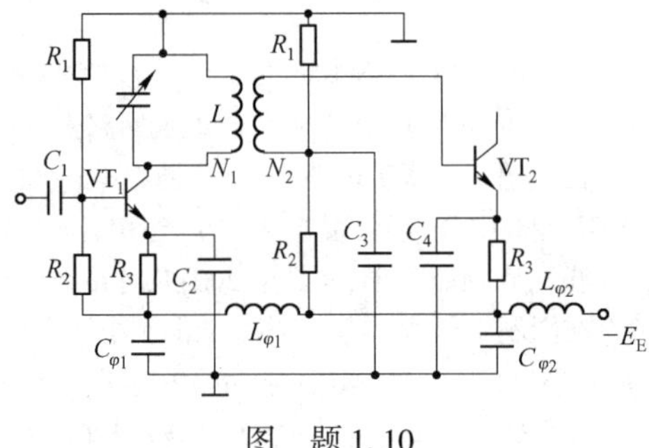

图 题 1.10

1.11 在三级单调谐放大器中，工作频率为 465 kHz，每级 LC 回路的 $Q_L=40$，试问总的通频带是多少？如果要使总的通频带为 10 kHz，则允许最大 Q_L 为多少？

1.12 设有一级单调谐回路中频放大器，其通频带 $B=4\,\text{MHz}$，$A_{uo}=10$，如果再用一级完全相同的放大器与之级联，这时两级中放总增益和通频带各为多少？若要求级联后的总频带宽度为 4 MHz，问每级放大器应如何改变？改变后的总增益是多少？

1.13 已知一级单调谐中频放大器增益 $A_{uo1}=10$，通频带为 2 MHz，如果再用一级电路结构相同的中放与其组成双参差调谐放大器，工作于临界偏调状态 $\eta_e=1$，求总电压增益和总通频带各为多少？

1.14 已知电路如图题 1.14 所示。$f_o=10\,\text{MHz}$，$B=100\,\text{kHz}$，$A_{uo}=50$，晶体管的 Y 参数为：$y_{ie}=(2.0+j0.5)\,\text{mS}$，$y_{re}=(-1.0-j0.5)\,\text{mS}$，$y_{fe}=(2.0-j0.5)\,\text{mS}$，$y_{oe}=(0.02+j4.0)\,\text{mS}$。

求谐振回路参数 G_L、L、C。

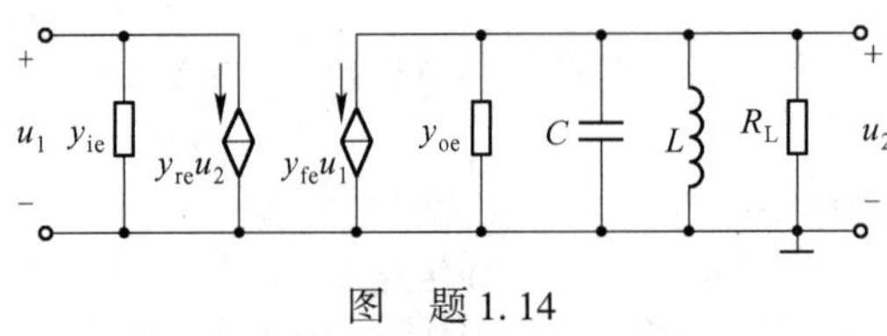

图 题 1.14

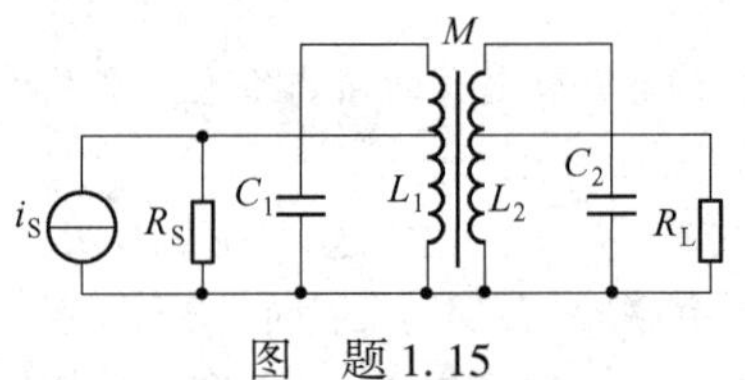

图 题 1.15

1.15 如图题 1.15 所示为一互感耦合回路，图中 $C_1=C_2=100\,\text{pF}$，$R_S=5\,\text{k}\Omega$，$R_L=5\,\text{k}\Omega$。电路设计为临界耦合状态。已知 $f_o=1.5\,\text{MHz}$，要求带宽 $B=100\,\text{kHz}$，电感线圈的固有 Q 值为 100。试计算回路电感 L_1、L_2，耦合系数 k 及初次级接入系数。

1.16 三级单调谐中频放大器（三个回路）的中心频率 $f_o=465\,\text{kHz}$。若要求总的带宽 $B=8\,\text{kHz}$，求每一级的 3 dB带宽和有载 Q_L 值。

1.17 若采用三级临界耦合双回路谐振放大器作中频放大器（三个双回路），中心频率为 $f_o=465\,\text{kHz}$。当要求 3 dB 的总带宽为 8 kHz 时，每级放大器的 3 dB 带宽有多大？当偏离中心频率 10 kHz 时，电压放大倍数与中心频率时的放大倍数相比，下降了多少分贝？

1.18 某接收机高频放大器的交流通道如图题 1.18 所示，放大器的工作频率为 145~155 MHz，该高频放大器采用共射-共基组合电路的目的是什么？如果 $L=0.2\,\mu\text{H}$，忽略极间电容和分布电容，试计算可变电容的变化范围。

1.19 集中选频放大器与普通调谐放大器相比有什么优点？

1.20 图题 1.20 所示网络的 R_1 为扩展频带用的阻尼电阻，R 为电感线圈的损耗电阻。试画出其噪声等效电路，求其噪声系数。

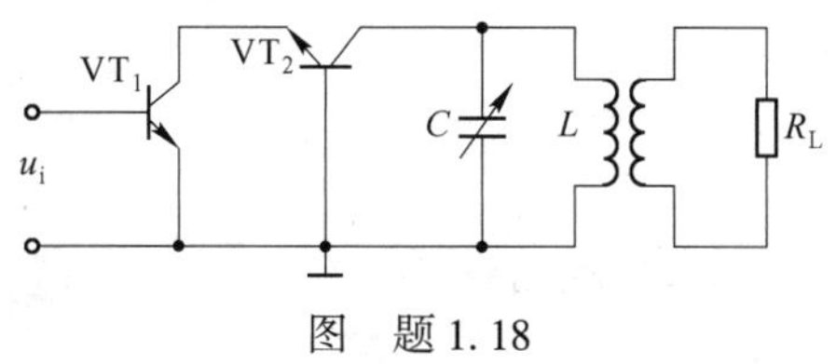

图 题1.18

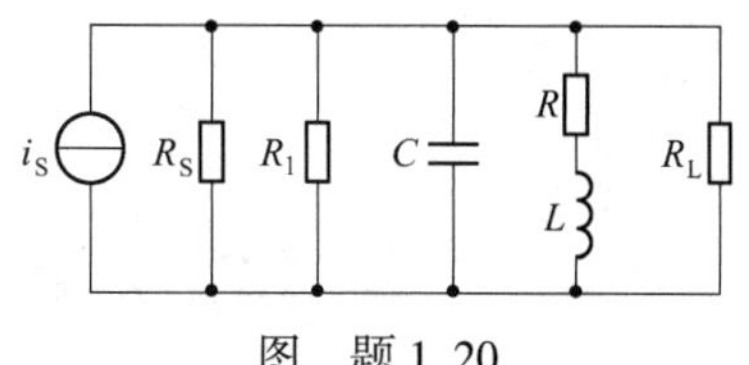

图 题1.20

1.21 某接收机线性部分由A、B、C三个匹配放大器组成,其中三部分的功率增益分别是 $G_{PA}=6\text{ dB}$,$G_{PB}=12\text{ dB}$,$G_{PC}=20\text{ dB}$;噪声系数分别是 $N_{FA}=1.7$,$N_{FB}=2.0$,$N_{FC}=4.0$。试求级联后的总噪声系数。

1.22 填空题

(1) 高频电路中,LC谐振回路可分为________回路和________回路。LC单谐振回路又可分为________谐振回路和________谐振回路。

(2) 选频网络的通频带指归一化幅频特性由1下降到________时的两边界频率之间的宽度。理想选频网络的矩形系数 $K_{0.1}=$________。

(3) 所谓谐振是指LC谐振回路的________(串联回路)或________(并联回路)为0。

(4) 设 f_o 为串联和并联谐振回路的谐振频率,当工作频率 $f<f_o$ 时,串联谐振回路呈________性;当工作频率 $f>f_o$ 时,串联谐振回路呈________性;当工作频率 $f=f_o$ 时,串联谐振回路呈________性。当工作频率 $f<f_o$ 时,并联谐振回路呈________性;当工作频率 $f>f_o$ 时,并联谐振回路呈________性;当工作频率 $f=f_o$ 时,并联谐振回路呈________性。

(5) 串并谐振回路的 Q 值越大,回路损耗越________,谐振曲线就越________,通频带就越________。当考虑LC谐振回路的信号源内阻和负载后,其回路的损耗________,品质因数________。

(6) 串并谐振回路的矩形系数 $K_{0.1}=$________,所以频率的选择性________。

(7) 设 R 为LC并联谐振回路中电感L的损耗电阻,则该谐振回路谐振电阻为________,品质因数为________,谐振频率为________。谐振时流过电感或电容的谐振电流是信号源电流的________倍。

(8) 设 R 为LC串联谐振回路中电感L的损耗电阻,则品质因数为________,谐振频率为________。谐振时电感或电容两端的谐振电压是信号源电压的________倍。

(9) Q 值相同时,临界耦合时双谐振回路的通频带是单谐振回路的________倍,矩形系数 $K_{0.1}=$________,选择性比单谐振回路________。

(10) 高频小信号放大器采用________作负载,因此,该放大器不仅有放大作用,而且也具有________的作用。而且由于输入信号较弱,因此放大器中的晶体管可视为________元件。高频电子电路中常采用________参数等效电路进行分析。衡量高频小信号放大器选择性两个重要参数分别是________、________。

(11) 不考虑晶体管 y_{re} 的作用,高频小信号调谐放大器的输入导纳 $Y_i=$________,输出导纳 $Y_o=$________。

(12) 单级单调谐放大器的通频带 $B=$________,矩形系数 $K_{0.1}=$________。

(13) 随着级数的增加,多级单调谐放大器(各级的参数相同)的增益变________,通频带变________,矩形系数变________,选择性变________。

(14) 高频小信号谐振放大器不稳定的原因是Y参数中________参数的存在。

(15) 由于晶体管存在着 y_{re} 的内反馈,使晶体管成为一个"双向元件",从而导致电路的不稳定。为了消除 y_{re} 的反馈作用,常采用单向化的办法变"双向元件"为"单向元件"。单向化的方法主要有:________法和________法。

(16) 晶体管单向化方法中的失配法是以牺牲________来换取电路的稳定的,常用的失配法是________。

本章的习题解答请扫二维码1。

二维码1

第 2 章　高频功率放大器

本章主要介绍丙类高频功率放大器的组成、工作原理及理论上的分析方法，在此基础上讨论实际的高频功率放大器电路、调谐匹配网络的分析和设计方法，最后将介绍宽带传输线变压器和功率合成器。授课时间需要 8~10 学时。

2.1　概　　述

在广播、电视、通信等系统中，都需要将有用的信号调制（即携带在）在高频载波信号上，通过无线电发射机发射出去。高频载波信号由高频振荡器产生，一般情况下，高频振荡器所产生的高频振荡信号的功率很小，不能满足发射机天线对发射功率的要求，所以在发射之前需要经过功率放大后才能获得足够的输出功率。在发射机中完成功率放大的电路称作高频功率放大器。

根据已学过的电路基础知识，要使发射机的输出功率大，必须使发射机内部各级电路之间信号功率能有效地传输，这就要求放大器输入端和输出端都能实现阻抗匹配，即放大器输入端阻抗和信号源阻抗匹配，放大器输出端阻抗和负载阻抗匹配，末级功率放大器输出阻抗和天线阻抗匹配。阻抗匹配能使信号在传输过程中无反射损耗，以达到最大的功率传输和辐射。

根据高频功率放大器输出功率大小的不同，有输出功率很小的便携式毫瓦级发射机，还有输出功率很大的几十千瓦甚至兆瓦级的无线电广播电台发射机。但根据能量守恒的原则，无论是小功率发射机还是大功率发射机，其输出高频信号的功率都是由功率放大器将直流电源的能量转换成高频信号的能量输出的。由于在能量的转换过程中存在着能量的损耗，高的能量发射必然有高的能量损耗，因此要求功率放大器应该在尽可能低的能量损耗下具有尽可能高的能量转换和能量发射，即要求功率放大器应具有高的能量转换效率。实践证明，功率放大器工作在甲类（A）状态效率最低，乙类（B）状态效率比甲类高，丙类（C）状态效率更高。为了获得高效率，高频功率放大器通常工作于丙类状态，属于非线性电子电路，因此不能采用第 1 章所介绍的晶体管高频小信号线性等效电路来分析，常用图解法——折线法来进行分析。

无线电台发射的载波频率一般很高，从几百千赫兹到几百兆赫兹，甚至几万兆赫兹。但是被发射高频信号中携带的有用信息所占有的带宽却很窄，因此高频功放与高频（中放）小信号放大器一样也属于高频窄带的调谐放大器，即高频功放一般都采用选频网络作为负载。

近年来，出现了中心频率变化的通信电台，尤其在军事上，为了保密和反敌方干扰，常采用中心频率变化的通信电台，这就要求设计宽带高频功放，其负载多采用传输线变压器或其他匹配电路。

调谐、匹配和高效率将是高频放大器讨论的要点，也是高频功放工程设计的重点。下面从丙类（C）状态的功率放大器入手进行各类问题的讨论。

2.2　高频功率放大器的工作原理

2.2.1　工作原理分析

1. 电路结构

高频功率放大器的工作原理电路如图 2.1(a) 所示。由于集电极接谐振回路，因此常称为高频谐振功率放大器。从电路结构上看,它由功率放大管、输入回路和输出谐振回路、集电极电源和基极偏置电路等几部分组成。另外,其基本的电路结构与第 1 章所介绍的高频(中频)小信号调谐放大器也很相似,区别在于:

(1) 放大管是高频大功率晶体管,常采用平面工艺制造,集电极直接与散热片连接,能承受高电压和大电流。

(2) 输入回路通常为调谐回路,既能实现调谐选频,又能使信号源与放大管输入端匹配。

(3) 输出端的负载回路也为 LC 调谐回路,要求既能完成调谐选频功能,又能实现放大器输出端与负载的匹配。

(4) 基极偏置电路为晶体管发射结提供负偏压($-U_{BB}$),常使电路工作在丙(C)类状态。

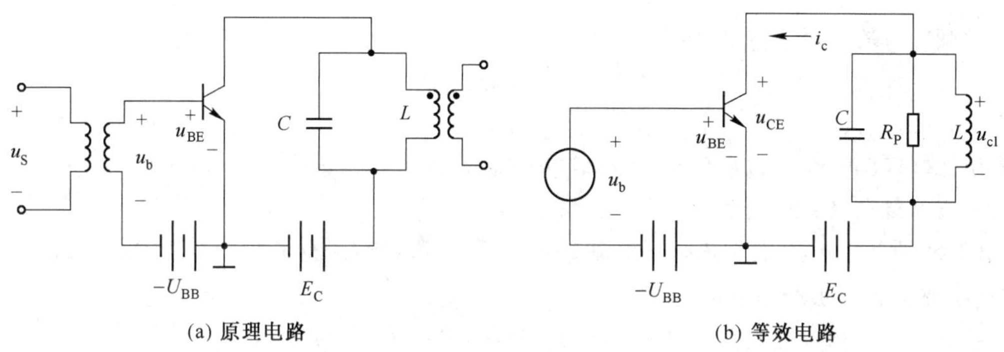

图 2.1　高频功率放大器

2. 工作原理

图 2.2 示出了晶体管的转移特性曲线。图中将放大区的转移特性曲线理想化为一条直线(折线),与横轴的交点为 U_{BZ},U_{BZ}为晶体管的开启电压;g_c 为折线的斜率,即晶体管的跨导。根据图 2.1(b)所示高频功率放大器的等效电路,晶体管基极回路的反向偏置电压为$-U_{BB}$,如果输入的交流信号为 $u_b(t)=U_{bm}\cos\omega t$,那么加到晶体管基极、发射极之间的有效电压为

$$u_{BE}=u_b(t)-U_{BB}=-U_{BB}+U_{bm}\cos\omega t \tag{2-1}$$

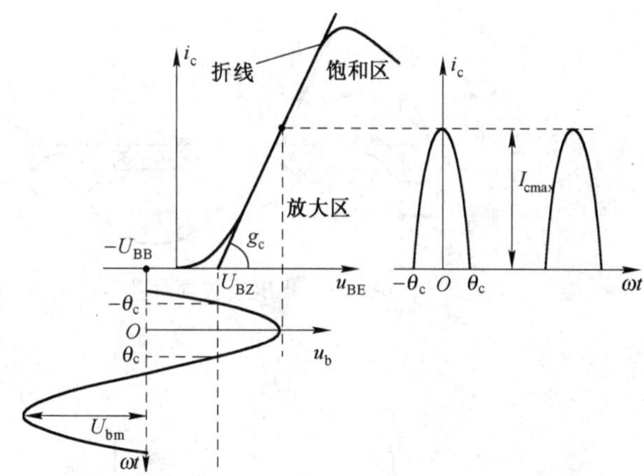

图 2.2　晶体管转移特性曲线

(1) 集电极电流 i_c

由图 2.2 所示的晶体管转移特性曲线可以看出:当输入信号 $u_b(t)<U_{BB}+U_{BZ}$时,晶体管截止,集电极电流 $i_c=0$;当输入信号 $u_b(t)>U_{BB}+U_{BZ}$时,发射结才能导通,集电极电流 i_c 可表示为

$$i_c=g_c(u_{BE}-U_{BZ}) \tag{2-2}$$

式中,g_c 为晶体管跨导,即折线的斜率,$g_c=\left.\dfrac{\Delta i_c}{\Delta u_{BE}}\right|_{U_{ce}=\text{常数}}$。

把式(2-1)代入式(2-2)可得

$$i_c=g_c(-U_{BB}+U_{bm}\cos\omega t-U_{BZ}) \tag{2-3}$$

又由于当 $\omega t=\theta_c$ 时，$i_c=0$，所以由式(2-3)可得

$$\cos\theta_c=\frac{U_{BB}+U_{BZ}}{U_{bm}} \tag{2-4}$$

式中，U_{BZ}为晶体管的开启电压；θ_c 称为晶体管导通角，即

$$\theta_c=\arccos\frac{U_{BB}+U_{BZ}}{U_{bm}}$$

把式(2-4)代入式(2-3)可得

$$i_c=g_c[U_{bm}\cos\omega t-(U_{BB}+U_{BZ})]=g_c[U_{bm}\cos\omega t-U_{bm}\cos\theta_c]=g_cU_{bm}[\cos\omega t-\cos\theta_c] \tag{2-5}$$

当 $\omega t=0$ 时，$i_c=I_{cmax}=g_cU_{bm}(1-\cos\theta_c)$，所以 $g_cU_{bm}=\frac{I_{cmax}}{1-\cos\theta_c}$。将其代入式(2-5)，可得集电极尖顶余弦脉冲电流 i_c 的表达式为

$$i_c=I_{cmax}\frac{\cos\omega t-\cos\theta_c}{1-\cos\theta_c} \tag{2-6}$$

可以看出，式(2-6)完全可以由尖顶余弦脉冲电流的高度 I_{cmax} 和导通角 θ_c 来决定。

(2) 集电极电流 i_c 的傅里叶分析

式(2-6)所表示的尖顶余弦脉冲电流 i_c 可用傅里叶级数分解为直流分量、基波、二次谐波、三次谐波、……、n 次谐波分量，即

$$i_c=I_{co}+I_{cm1}\cos\omega t+I_{cm2}\cos2\omega t+\cdots+I_{cmn}\cos n\omega t+\cdots \tag{2-7}$$

图 2.3 给出了集电极尖顶余弦脉冲电流 i_c 与其各次谐波的波形示意图。图 2.4 为尖顶余弦脉冲电流 i_c 的频谱图。

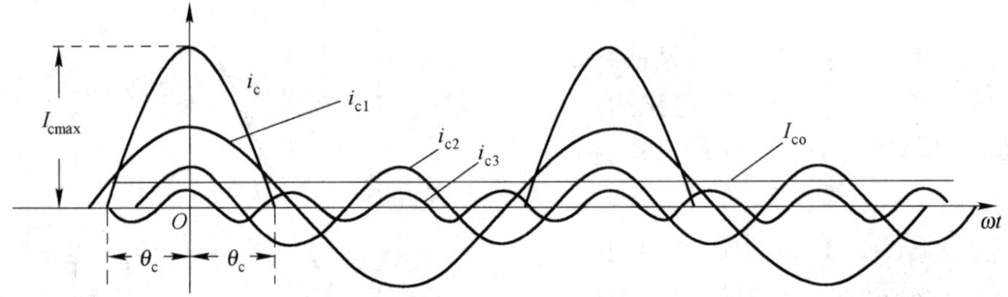

图 2.3　集电极尖顶余弦脉冲电流 i_c 及各次谐波的波形示意图

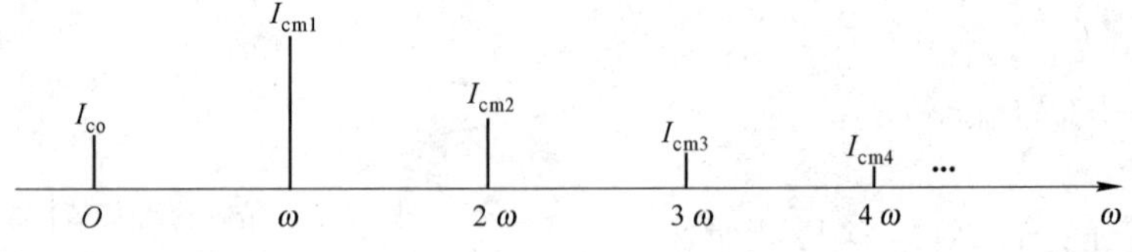

图 2.4　集电极电流 i_c 的频谱

式(2-7)中的 $I_{co},I_{cm1},I_{cm2},\cdots,I_{cmn}$ 为直流、基波和各次谐波分量的振幅，由傅里叶级数的求系数法可分别得

$$I_{co}=\frac{1}{2\pi}\int_{-\theta_c}^{\theta_c}i_c\mathrm{d}(\omega)=\frac{I_{cmax}}{\pi}\frac{\sin\theta_c-\theta_c\cos\theta_c}{1-\cos\theta_c}=I_{cmax}\alpha_o(\theta_c) \tag{2-8}$$

$$I_{cm1}=\frac{1}{\pi}\int_{-\theta_c}^{\theta_c}i_c\cos\omega t\mathrm{d}(\omega t)=I_{cmax}\left(\frac{1}{\pi}\frac{\theta_c-\sin\theta_c\cos\theta_c}{1-\cos\theta_c}\right)=I_{cmax}\alpha_1(\theta_c) \tag{2-9}$$

$$I_{cmn}=\frac{1}{\pi}\int_{-\theta_c}^{\theta_c} i_c\cos n\omega t\mathrm{d}(\omega t)=I_{cmax}\left[\frac{2}{\pi}\frac{\sin n\theta_c\cos\theta_c-n\cos n\theta_c\sin\theta_c}{n(n^2-1)(1-\cos\theta_c)}\right]=I_{cmax}\alpha_n(\theta_c) \tag{2-10}$$

以 $n=2,3,\cdots$ 值代入式(2-10),即可得到二次、三次、…… 谐波分量的振幅。另外,在式(2-8)~式(2-10)中,$\alpha_o(\theta_c)$,$\alpha_1(\theta_c)$,…,$\alpha_n(\theta_c)$称为尖顶余弦脉冲的分解系数。实际中为了理论研究和工程分析应用的方便,将余弦电流分解系数绘制成如图2.5所示的图表。一般可以根据 θ_c 的数值查表求出各分解系数的值。另外,图中还有一条称为波形系数 $g_1(\theta_c)=\alpha_1(\theta_c)/\alpha_o(\theta_c)$ 的曲线,**波形系数曲线是与放大器的效率密切相关的曲线,**下面会进一步讨论这个问题。

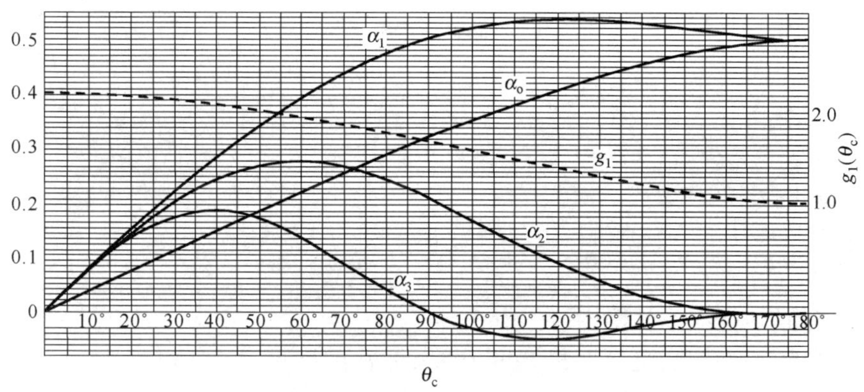

图2.5 尖顶余弦脉冲的分解系数 $\alpha_n(\theta_c)$ 与波形系数 $g_1(\theta_c)$ 曲线

由图2.5可以看出,集电极脉冲电流 i_c 的直流分量 I_{co} 并不是常数,随着导通角 θ_c 的增大,$\alpha_o(\theta_c)$ 将增大,$I_{co}=I_{cmax}\alpha_o(\theta_c)$ 也将增大。**由于 I_{co} 会影响电路的直流工作点,所以导通角 θ_c 不同,电路的直流静态工作点将会不同,功率放大器可能会工作在不同的工作状态。当导通角 $\theta_c=\pi$ 时,功率放大器将工作于甲(A)类工作状态;当导通角 $\theta_c=\pi/2$ 时,功率放大器将工作于乙(B)类工作状态;当导通角 $\theta_c<\pi/2$ 时,功率放大器将工作于丙(C)类工作状态。**

另外基波和各次谐波的幅度 I_{cm1}、I_{cm2}、…、I_{cmn} 均随导通角 θ_c 的变化而变化。

(3) 集电极输出电压 u_{CE}

由于高频谐振功率放大器的输出端接LC谐振回路,因此只要调节LC回路的电抗元件值,即可使LC回路谐振于输入信号的频率(即基波频率 ω)。如果LC回路的谐振电阻为 R_p,则集电极电流 i_c 流经LC并联谐振回路时,对基波电流 $I_{cm1}\cos\omega t$ 呈现的谐振电阻为 R_p(最大值),使回路两端的电压为 $u_{c1}=-R_pI_{cm1}\cos\omega t$,而对直流分量 I_{co} 和各高次谐波电流 $I_{cm2}(2\omega)$、$I_{cm3}(3\omega)$、…分量所呈现的失谐阻抗为零或极小,如图2.6所示。因此LC谐振回路可选出基波电压 $u_{c1}=-R_pI_{cm1}\cos\omega t=-U_{cm1}\cos\omega t$,而滤除各次谐波电压。集电极输出电压的瞬时值 $u_{CE}=E_C-R_pI_{cm1}\cos\omega t$(可参考电路图2.1(b)得到此结果)。因此虽然高频谐振功率放大器的集电极电流是尖顶余弦脉冲,但放大器的输出回路电压仍只有输入信号频率分量,即相对于输入信号没有失真。

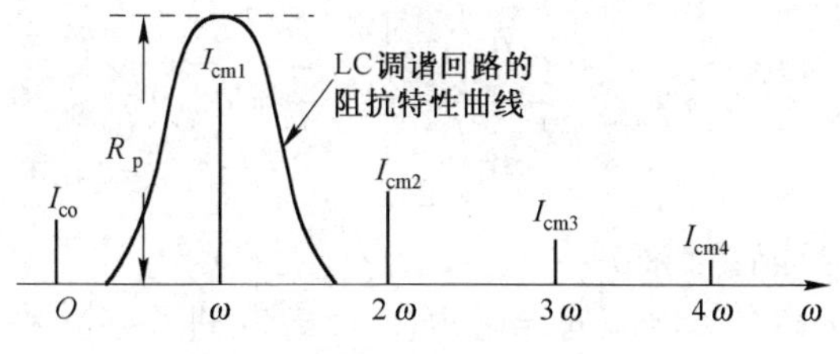

图2.6 集电极电流 i_c 的频谱

以上对高频功放工作特点的论述也可以用有关电压、电流的波形图说明。图 2.7 画出了输入电压、基极电流、集电极电流、集电极电压的波形图。

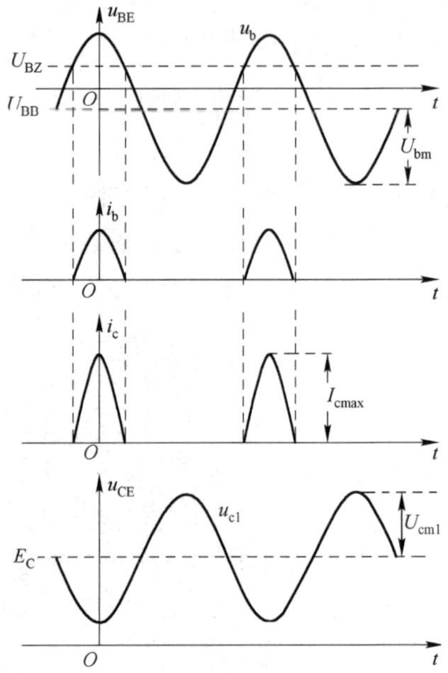

图 2.7　丙类功放各极电压、电流的波形图

2.2.2　功率和效率分析

根据上述理论分析,可进一步求出高频功率放大器集电极直流电源 E_C 所提供的直流功率

$$P_D = E_C I_{co} \tag{2-11}$$

谐振功放集电极输出回路得到的高频交流输出功率

$$P_o = \frac{1}{2} I_{cm1} U_{cm1} = \frac{1}{2} I_{cm1}^2 R_p = \frac{1}{2} \frac{U_{cm1}^2}{R_p} \quad (U_{cm1} = R_p I_{cm1}) \tag{2-12}$$

集电极的功耗　$P_C = P_D - P_o$　(2-13)

集电极回路的能量转换效率

$$\eta = \frac{P_o}{P_D} = \frac{I_{cm1} U_{cm1}}{2 I_{co} E_C} = \frac{1}{2} \xi g_1(\theta_c) \tag{2-14}$$

式中,$\xi = U_{cm1}/E_C$ 为集电极电压利用系数;$g_1(\theta_c) = I_{cm1}/I_{co} = \alpha_1(\theta_c)/\alpha_o(\theta_c)$ 称为波形系数,是导通角 θ_c 的函数,通常可查表求出(如图 2.5 所示)。

由式(2-14)可以看出,提高电压利用系数 ξ 就是要提高 U_{cm1},这通常靠提高回路谐振阻抗 R_p 来实现。如何选择合适的 R_p 是下面要研究的一个重要问题。波形系数 g_1 与导通角 θ_c 有关,即与放大器的工作类型有关。

当放大器工作在 A 类工作状态时,$\theta_c = \pi$。为了保证不失真,必须满足 $I_{cm1} \leqslant I_{co}$, $U_{cm1} \leqslant E_C$ ($\xi \leqslant 1$),即使电压利用系数 $\xi = 1$,A 类放大器的最高效率仅为

$$\eta_{甲\max} \leqslant \frac{1}{2} \frac{I_{cm1} U_{cm1}}{I_{co} E_C} \leqslant 50\%$$

A 类放大器的理想效率为 50%,实际只能达到 35%。

再看 B 类放大器,设 i_c 为理想的半波余弦波,$\theta_c = \pi/2$,利用式(2-8)~式(2-10)可得

$$\alpha_o\left(\frac{\pi}{2}\right) = \frac{1}{\pi} \frac{\sin\theta_c - \theta_c \cos\theta_c}{1-\cos\theta_c} = \frac{1}{\pi} \frac{\sin\frac{\pi}{2} - \frac{\pi}{2}\cos\frac{\pi}{2}}{1-\cos\frac{\pi}{2}} = \frac{1}{\pi} \tag{2-15}$$

$$\alpha_1\left(\frac{\pi}{2}\right) = \frac{1}{\pi} \frac{\theta_c - \sin\theta_c \cos\theta_c}{1-\cos\theta_c} = \frac{1}{\pi} \frac{\frac{\pi}{2} - \sin\frac{\pi}{2}\cos\frac{\pi}{2}}{1-\cos\frac{\pi}{2}} = \frac{1}{2} \tag{2-16}$$

因此,当 $\xi = 1$ 时,$U_{cm} = E_C$,B 类放大器的理想效率为

$$\eta_{乙\max} = \frac{1}{2} \frac{\alpha_1\left(\frac{\pi}{2}\right)}{\alpha_o\left(\frac{\pi}{2}\right)} \xi = \frac{\pi}{4} = 78.5\% \tag{2-17}$$

实际中 B 类放大器的效率只能达到 60%。

对于 C 类放大器,由于集电极电流的导通角($\theta_c \leqslant \pi/2$)进一步减小,波形系数 g_1 还会加大,集电极效率还可以进一步提高。这里取 $\theta_c = 60° = \pi/3$,可计算出

$$\alpha_o\left(\frac{\pi}{3}\right)=\frac{1}{\pi}\frac{\sin\frac{\pi}{3}-\frac{\pi}{3}\cos\frac{\pi}{3}}{1-\cos\frac{\pi}{3}}=\frac{1}{\pi}\left(\sqrt{3}-\frac{\pi}{3}\right)=0.218 \tag{2-18}$$

$$\alpha_1\left(\frac{\pi}{3}\right)=\frac{1}{\pi}\frac{\frac{\pi}{3}-\sin\frac{\pi}{3}\cos\frac{\pi}{3}}{1-\cos\frac{\pi}{3}}=\frac{1}{\pi}\left(\frac{2\pi}{3}-\frac{\sqrt{3}}{2}\right)=0.39 \tag{2-19}$$

如果取 $U_{cm1}=E_C$，即 $\xi=1$，可得效率为

$$\eta_c=\frac{1}{2}\frac{\alpha_1\left(\frac{\pi}{3}\right)}{\alpha_o\left(\frac{\pi}{3}\right)}\xi=\frac{1}{2}\times\frac{0.39}{0.218}=0.894=89.4\% \tag{2-20}$$

由上面的计算可见，**功率放大器在 B 类工作状态时，其工作效率比 A 类工作状态的效率高；在 C 类工作状态时的效率又比 B 类工作状态的效率高。因而高频功率放大器一般选取在 C 类工作状态**。另外由式(2-14)，并根据图 2.5 可以看出，波形系数 $g_1(\theta_c)=\alpha_1(\theta_c)/\alpha_o(\theta_c)$ 的曲线是随导通角 θ_c 的增大而逐渐降低的，相应的放大器效率 η 也是随导通角 θ_c 的增大而逐渐降低的；反过来说，随着导通角 θ_c 的降低，功率放大器效率升高。在 A 类工作状态，导通角($\theta_c=\pi$)，$g_1(\theta_c)$ 最小，效率最低；B 类工作状态，导通角减小为 $\theta_c=\pi/2$，$g_1(\theta_c)$ 增大，效率也比甲类工作状态高；在 C 类工作状态，导通角进一步减小 $\theta_c<\pi/2$，$g_1(\theta_c)$ 更大，效率也更高。这就是为什么高频功率放大器通常要选择在 C 类工作的原因。

增大 ξ 和 $g_1(\theta_c)$ 的值是提高高频功率放大器效率的两个措施，而增大 $\alpha_1(\theta_c)$ 是提高输出功率 P_o 的措施。然而由图 2.5 可以看出，**增大 $g_1(\theta_c)$ 与增大 $\alpha_1(\theta_c)$ 是相互矛盾的。由于导通角 θ_c 越小，$g_1(\theta_c)$ 越大，效率越高，但 $\alpha_1(\theta_c)$ 却越小，输出功率也就越低。所以要兼顾效率和输出功率两个方面，必须选取合适的导通角 θ_c**。当取 $\theta_c=120°$ 时，$\alpha_1(\theta_c)$ 达到最大值，输出功率最大，但 $g_1(\theta_c)$ 的值相对较小，集电极效率仅为 64%左右。而当取 $\theta_c=70°$ 时，此时虽然 $\alpha_1(\theta_c)$ 的值相对减小，输出功率有一定程度的降低，但集电极效率可达到 85.9%。因此，**在工程设计中一般以 $\theta_c=70°$ 左右作为最佳导通角，这样可以兼顾效率和输出功率两个重要指标。**

[例 2-1] 高频谐振功率放大电路处于临界状态，$I_{co}=100\ \text{mA}$，$E_C=30\ \text{V}$，$\theta_c=70°$，$U_{cm1}=27\ \text{V}$。试计算：

(1) 尖顶余弦脉冲电流的高度 I_{cmax}；
(2) 尖顶余弦脉冲电流的基波幅度 I_{cm1}；
(3) 集电极高频交流输出功率 P_o；
(4) E_C 提供的直流功率 P_D；
(5) 集电极回路的能量转换效率 η；
(6) 集电极的功耗 P_C；
(7) 负载电阻 R_P；
(8) 集电极电压利用系数 ξ。

解：查附录 A 得：$\alpha_0(70°)=0.253$，$\alpha_1(70°)=0.436$

(1) $I_{cmax}=I_{co}/\alpha_0(\theta_c)=100/0.253\approx395.26(\text{mA})$

(2) $I_{cm1}=I_{cmax}\alpha_1(\theta_c)=395.26\times0.436\approx172.33(\text{mA})$

(3) $P_o=I_{cm1}U_{cm1}/2=172.33\times10^{-3}\times27/2\approx2.33(\text{W})$

(4) $P_D=E_CI_{co}=3\ \text{W}$

(5) $\eta=\dfrac{P_o}{P_D}\times 100\%=\dfrac{2.33}{3}\times 100\%\approx 77.67\%$

(6) $P_C=P_D-P_o-0.67\ \text{W}$

(7) $R_P=U_{cm1}/I_{cm1}=27/172.33\times 10^{-3}\approx 156.68(\Omega)$

(8) $\xi=U_{cm1}/E_C=0.9$

2.2.3 D 类和 E 类功率放大器简介

如前所述,功率放大器效率低的主要原因是功率被消耗在晶体管中,且功耗的大小与管子的导通角 θ_c 的大小有关。为了提高效率,可以减小导通角;但如果要保持输出功率不变,就必须增大输入激励信号的振幅。实际上,**提高功放效率的更有效措施是,在不减小管子的导通时间的情况下,通过减小管子导通期间的瞬时功耗来实现**。如果使放大器工作在开关状态,管子在饱和导通期间虽然有电流流过,但其集—射极间的饱和压降却很小(接近于零),则相应的瞬时管耗也就很小,可以近似为零,从而使功放效率可近似达到 100%,这就是设计 D(丁)类、E(戊)类、S 类等高效率功率放大器的基本考虑。

1. D 类功率放大器的原理分析

D 类功率放大器有电压开关型和电流开关型两种基本电路。现简单介绍电压开关型电路。电压开关型 D 类功率放大器是已推广应用的电路,其原理电路如图 2.8 所示。

图 2.8 所示电路中,u_{b1} 和 u_{b2} 是由 u_i 通过变压器 T_1 产生的两个极性相反的输入激励电压,分别加到两个特性配对的同型功率管 VT_1 和 VT_2 的输入端。若输入激励电压 u_i 是角频率为 ω 的余弦波,且其幅值足够大,足以使 u_i 正半周时 VT_1 饱和导通,VT_2 截止;u_i 负半周时 VT_2 饱和导通,VT_1 截止。当 VT_1 饱和导通,VT_2 截止时,电源 E_C 对电容 C 充电,电容上的电压很快充至 E_C-U_{CES1},A 点对地的电压 $u_A=E_C-U_{CES1}$。而当 VT_1 截止,VT_2 饱和时,E_C 被 VT_1 截止隔断,VT_2 的直流电源由电容 C 上充的电荷供给。由于 VT_2 饱和导通时的饱和压降为 U_{CES2},因而 $u_A=U_{CES2}\approx 0$。因此 u_A 近似为矩形波电压,幅值为 E_C-2U_{CES},其波形如图 2.9 所示。该电压加到由 L、C 和 R_L 组成的串联谐振回路上,若谐振回路调谐在输入信号的角频率 ω 上,且回路的 Q 值足够高,则串联谐振回路可选择出方波电压 u_A 中的基波分量,即可近似认为通过回路的电流 i_{c1} 或 i_{c2} 是角频率为 ω 的余弦波,R_L 上可获得相对输入信号不失真的输出功率。

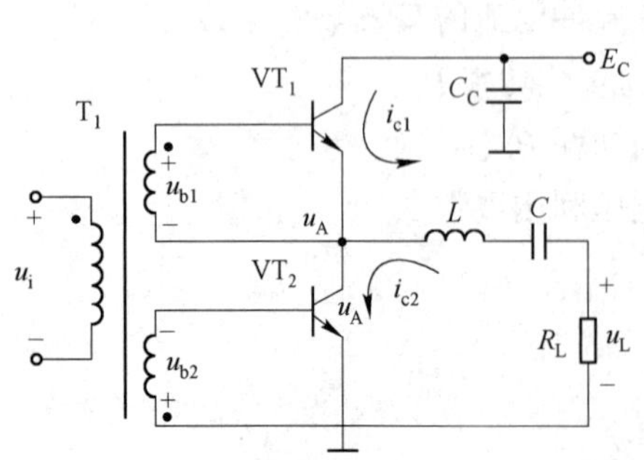

图 2.8 D 类功率放大器的原理电路

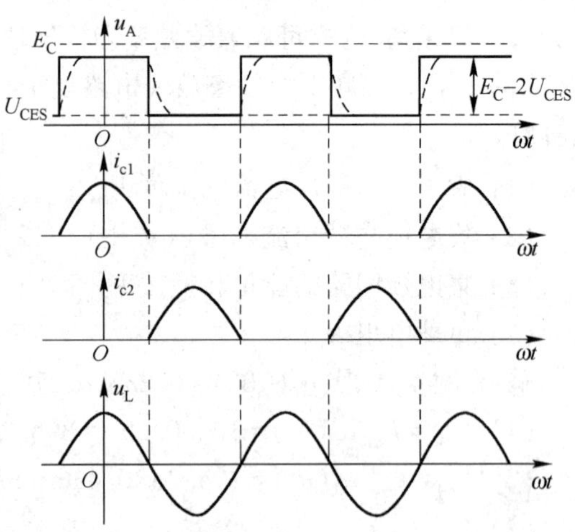

图 2.9 D 类功率放大器电压、电流波形图

实际上,流过负载 R_L 上的电流 i_L 是由上、下两管饱和导通时的电流合成的,因而,当 u_i 正半周时 VT_1 饱和导通,有电流 i_{c1},但由于其饱和压降 U_{CES1} 近似为零,使 VT_1 的功耗也近似为零;此时 VT_2 截止,电流 i_{c2} 为零,VT_2 的功耗也为零。同理,VT_2 在 u_i 负半周导通时,有电流 i_{c2},饱和压降 U_{CES2} 近似为零,VT_2 的功耗近似为零,VT_1 由于截止功耗也为零。可见,尽管每管饱和导通时的电流很大,但相应的管压降很小,这样,每管的管耗就很小,放大器的效率也就很高(理想情况下效率可达到 100%)。

2. 输出功率及效率计算

由于 u_A 为矩形方波,用傅里叶级数展开后可求得其基波分量的振幅为 $U_{A1m}\approx\frac{4}{\pi}E_C$。在 LC 回路 Q 值较高且谐振于角频率 ω 时,VT_1 电流 i_{c1}(或 VT_2 电流 i_{c2})的直流分量为

$$I_D=\frac{1}{R_LT}\int_0^{T/2}\frac{4E_C}{\pi}\sin\omega t\mathrm{d}t=\frac{4E_C}{\pi^2R_L} \tag{2-21}$$

注意上式积分的上限为 $T/2$,是因为 VT_1、VT_2 只在半个周期内有电流通过。

电源供给的直流功率 $P_D=2E_CI_D$,将式(2-21)代入,可得

$$P_D=\frac{8E_C^2}{\pi^2R_L} \tag{2-22}$$

放大器的输出功率为

$$P_o=\frac{1}{2}\frac{U_{A1m}^2}{R_L}=\frac{8E_C^2}{\pi^2R_L} \tag{2-23}$$

效率 $\eta=P_o/P_D$,代入以上两式,可得 $\eta=100\%$。

应当指出的是,实际晶体管的饱和压降不可能为零,又考虑到管子结电容、电路分布电容的影响(使管压降 u_A 的波形有一定上升沿和下降沿),从而使 D 类功的效率小于 100%,典型值大于 90%。

实际上,考虑到管子结电容和电路分布电容等的影响,管子自导通到截止或截止到导通都需经历一段过渡时间,如图 2.9 中 u_A 波形上的虚线所示。这样,管子的动态管耗增大,因而限制了其实际应用中上限频率的提高。为了克服这个缺点,在开关工作的基础上采用一种特殊设计的集电极回路,以保证 u_{CE} 为最小值的一段期间内才有集电极电流流通,如图 2.10 所示。这就是目前正在发展的 E 类(戊)放大器。

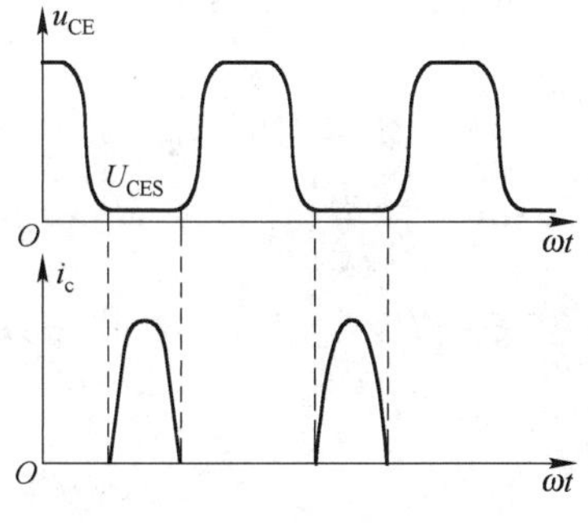

图 2.10　戊类放大器的波形

2.2.4　丙类倍频器

已知丙类放大器集电极电流 i_c 为尖顶余弦脉冲,即

$$i_c=I_{co}+I_{cm1}\cos\omega t+I_{cm2}\cos2\omega t+\cdots+I_{cmn}\cos n\omega t+\cdots$$

如果集电极回路不是调谐于基波,而是调谐于 n 次谐波上(n 为正整数),那么输出谐振回路对基波和其他谐波的阻抗很小,仅对 n 次谐波的阻抗达到最大值,且呈电阻性。于是输出谐振回路仅有 i_c 的 n 次谐波分量产生的高频电压,而其他频率分量产生的电压均可忽略,因而,在谐振阻抗 R_{p_n} 上可得到频率为输入信号频率 n 倍的输出信号功率。这种将输入信号频率倍增 n 倍的电路称为倍频器,它广泛应用于无线电发射机等电子设备中。

图 2.11 是二次谐波倍频工作时,倍频器谐振回路的阻抗特性曲线与集电极电流 i_c 的频谱图。

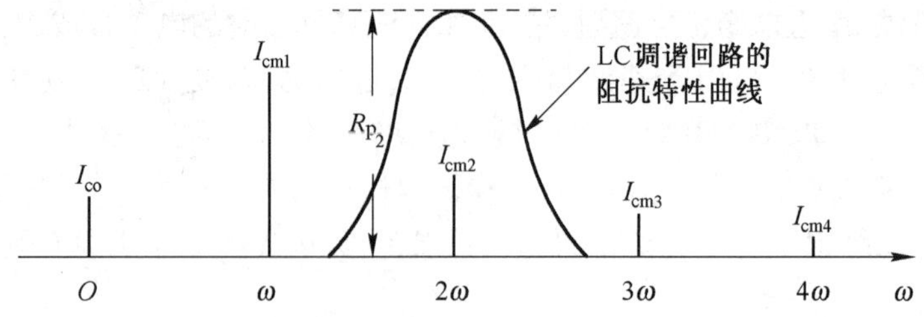

图 2.11　二次谐波倍频器谐振回路的阻抗特性曲线及 i_c 的频谱图

根据上述原理构成的三极管倍频器，由于下述因素，它的倍频次数不可能太高，故丙类倍频器一般只限于二倍频和三倍频的应用。

首先，在有 i_c 流通的时间内，倍频器的集电极瞬时电压上升速度比较快，故倍频器的集电极耗散功率 P_C 比正常工作于基波状态时大得多，即集电极效率 η 较低，且倍频次数 n 值越高，损耗越大，效率越低。

集电极电流脉冲中包含的谐波分量幅度总是随着谐波次数 n 的增大而迅速减小。因而，倍频次数过高，三极管倍频器的输出功率和效率就会过低。

其次，倍频器的输出谐振回路需要滤除高于 n 和低于 n 的各次分量。一般低于 n 的分量的(包括 $n=1$ 的基波分量)幅度比有用分量大，要将它们滤除较为困难。显然，**倍频次数过高，倍频器对输出谐振回路提出的滤波要求就会过于苛刻而难以实现。**

由于倍频器主要是利用了余弦尖顶脉冲的谐波分量，即

$$I_{cn}=\alpha_n(\theta_c)I_{cmax}$$

在作倍频器应用时，为使输出电流 I_{cn} 最大，一般应选择使 $\alpha_n(\theta_c)$ 为最大值的导通角。根据余弦脉冲分析，此最佳导通角为

$$\theta_c=120°/n(n=2,\theta_c=60°;n=3,\theta_c=40°) \tag{2-24}$$

如果设倍频器的导通角为 θ_c，则 n 次倍频器的输出功率为

$$P_{on}=\frac{1}{2}U_{cn}I_{cmn}=\frac{1}{2}(\xi_n E_C)i_{cmax}\alpha_n(\theta_c) \tag{2-25}$$

式中，$\xi_n=U_{cn}/E_C$ 为电压利用系数。n 次倍频器的效率为

$$\eta_n=\frac{P_{on}}{P_D}=\frac{\frac{1}{2}U_{cn}I_{cmn}}{E_C I_{co}}=\frac{1}{2}\xi_n g_n(\theta_c) \tag{2-26}$$

式中，$g_n(\theta_c)=\dfrac{I_{cmn}}{I_{co}}=\dfrac{\alpha_n(\theta_c)}{\alpha_o(\theta_c)}$。可见，$n$ 次谐波倍频器的输出功率正比于 n 次谐波的分解系数 $\alpha_n(\theta_c)$。

工作在 C 类状态的倍频器，其输出电压振幅正比于集电极脉冲电流中的谐波分量幅度，与输入电压振幅之间的关系不是线性关系，因而倍频器不适合于对调幅信号进行倍频。但对于振幅不变的窄频带调频信号和调相信号，可以进行倍频。

当倍频次数较高时，一般都采用变容二极管、阶跃二极管构成的参量倍频器，它们的倍频次数可以高达数十倍以上。

2.3　高频功率放大器的动态分析

由于高频功放工作在大信号的非线性状态，显然晶体管小信号等效电路的分析方法已不适用，

所以一般可以利用晶体管的静态特性曲线进行分析。但由于晶体管的发射结与集电结电容等因素的影响,当工作频率较高时,晶体管电流放大系数β将随信号频率而变化,是频率的函数。如BJT的电流放大系数β与工作频率f之间的关系可近似表示为

$$\beta(f)=\frac{\beta_o}{1+\mathrm{j}f/f_\beta} \tag{2-27}$$

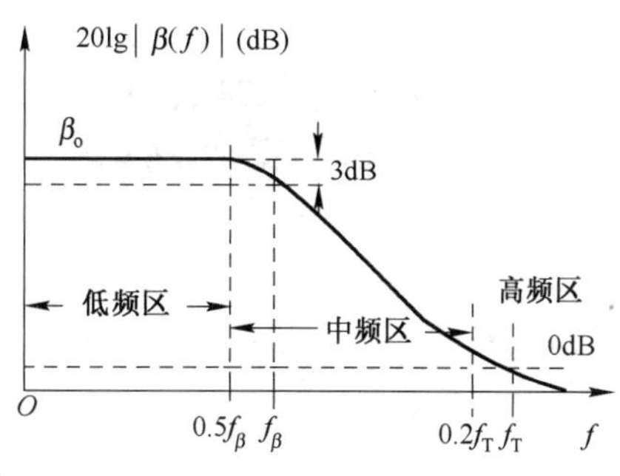

图 2.12　β的频率特性

式中,β_o为直流(或低频)电流放大系数;f_β为共发射极电流放大系数的截止频率,表示共发射极电流放大系数由β_o下降3 dB($1/\sqrt{2}$倍)时所对应的频率。图2.12示出了BJT电流放大系数β的频率特性。图中f_T是晶体管的特征频率,表示高频β的模等于1(0 dB)($|\beta(f)|=1$)时所对应的频率。

显然通常所说的静态特性曲线只适用于β近似等于β_o的低频区,它相当于$f<0.5f_\beta$的范围。实际的高频功放一般都工作于$|\beta(f)|$曲线的下降区域,比如$0.5f_\beta<f<0.2f_T$的中频区。故直接进行高频区或中频区的分析和计算是相当困难的。本节将以低频区的静态特性来近似解析晶体管高频功放的工作特性,当然解析的过程会带来相当大的误差,但实践表明,由它对高频功放进行定性分析是完全可行的。

2.3.1　高频功率放大器的动态特性

1. 放大区动态特性方程

图2.13所示为高频功放的原理电路。若设输入信号电压$u_b=U_{bm}\cos\omega t$,当放大器工作在谐振状态时,其外部电路输入端的电压方程为

$$u_{BE}=-U_{BB}+U_{bm}\cos\omega t \tag{2-28}$$

输出端的电压方程为

$$u_{CE}=E_C-U_{cm1}\cos\omega t \tag{2-29}$$

式中,$u_{c1}=-U_{cm1}\cos\omega t$。从上两式中消去$\cos\omega t$,可得

$$u_{BE}=-U_{BB}+U_{bm}\frac{E_C-u_{CE}}{U_{cm1}} \tag{2-30}$$

利用晶体管在放大区的折线方程

$$i_c=g_c(u_{BE}-U_{BZ}) \tag{2-31}$$

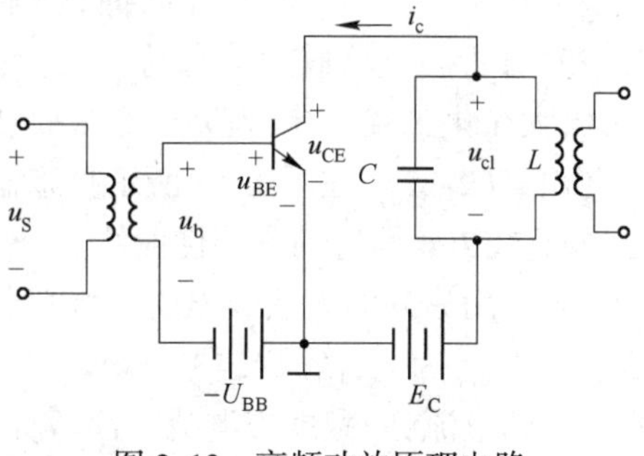

图 2.13　高频功放原理电路

把式(2-30)代入式(2-31)可得

$$\begin{aligned}i_c&=g_c\left(-U_{BB}+U_{bm}\frac{E_C-u_{CE}}{U_{cm1}}-U_{BZ}\right)=-g_c\frac{U_{bm}}{U_{cm1}}\left[u_{CE}-\left(E_C-U_{cm1}\frac{U_{BB}+U_{BZ}}{U_{bm}}\right)\right]\\&=g_d(u_{CE}-U_o)\end{aligned} \tag{2-32}$$

上式反映了放大区i_c与u_{CE}之间的关系,称为放大区动态特性曲线方程。式中,$g_d=-g_c\dfrac{U_{bm}}{U_{cm1}}$,表示动态特性曲线的斜率;$U_o=E_C-U_{cm1}\dfrac{U_{BB}+U_{BZ}}{U_{bm}}=E_C-U_{cm1}\cos\theta_c$,表示动态特性曲线在$u_{CE}$轴上的截距,如图2.14所示。其中,$\cos\theta_c=\dfrac{U_{BB}+U_{BZ}}{U_{bm}}$。

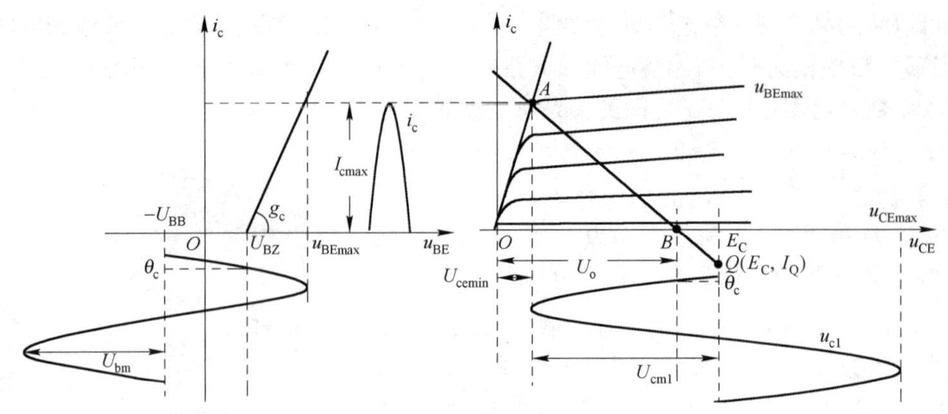

图 2.14　动态特性曲线的画法

2. 动态特性曲线的画法

高频功放中电流波形可以从晶体管的动态特性曲线上获得。所谓动态特性曲线就是指当加上激励信号及接上负载阻抗时，晶体管电流（主要是 i_c）与电压（u_{CE}或 u_{BE}）的关系曲线，它在$i_c \sim u_{CE}$或 $i_c \sim u_{BE}$坐标系中是一条曲线（而静态特性是一簇曲线）。

高频功放中动态特性曲线的画法与低频放大器有些不同，在高频功放中，由于负载是有储能功能的谐振回路，当已知回路参数（如 ω_o、R_p、Q）时，并不存在回路两端电压与流过的电流之间唯一确定的关系式，或者说并不存在确定的负载线。实际上求解 i_c 的过程是解 $i_c=f(u_{CE}, u_{BE})$ 的静态特性方程和回路的 $i_c=f(u_{CE})$ 微分方程的联立方程组，因此实际的动态特性曲线比较复杂，并不是一条直线。

但是，当晶体管的静态特性曲线理想化为折线，而且高频功放工作于负载回路的谐振状态（即负载呈纯电阻性）时，动态特性曲线也可近似为一条如式（2-32）所描述的直线。尽管利用式（2-32）分析高频功放的动态特性会带来一些误差，但从工程估算的角度来考虑高频功放的计算，可大大简化工程计算，是完全有必要和允许的。

利用式（2-32），在图 2.14 所示静态输出特性曲线的 u_{CE}轴上取 B 点，使 $OB=U_o$，由 B 点作斜率为 g_d 的直线 BA，即得动态特性曲线。

也可以用另外的方法画出动态特性曲线。作静态工作点 Q：令 $\omega t=90°$，由式（2-29）可得 $u_{CE}=E_C$，$u_{BE}=-U_{BB}$，因此，由式（2-31）可知，$i_c=I_Q=g_c(-U_{BB}-U_{BZ})$。注意，在丙类工作状态时，$I_Q$ 是实际上不存在的电流，叫做虚拟电流。I_Q 仅是用来确定工作点 Q 的位置。在 A 点：$\omega t=0$，$u_{CE}=U_{cemin}=E_C-U_{cm1}$，由式（2-28）可得 $u_{BE}=u_{BEmax}=-U_{BB}+U_{bm}$。求出 A、Q 两点，即可画出放大区的动态特性直线。

画出动态特性曲线后，由它和静态特性曲线的相应交点，即可求出对应各种不同 ωt 值的 i_C 值，绘出相应的 i_C 脉冲波形及 u_{CE}的波形，如图 2.14 所示。

2.3.2　高频功率放大器的负载特性

高频功放的负载特性表现为输出 LC 回路的谐振电阻对工作状态的影响。由上述分析可知，动态特性曲线的关系式为

$$i_c=g_d(u_{CE}-U_o)$$

式中，斜率 $g_d=-g_c U_{bm}/U_{cm1}$，截距 $U_o=E_C-U_{cm1}\cos\theta_c$，负载回路的电压幅度 $U_{cm1}=I_{cm1}R_p$，R_p 为负载 LC 回路的谐振电阻。可见**动态特性曲线的斜率和负载 R_p 有关，放大器的工作状态将随负载的不**

同而变化。下面讨论当 E_C、U_{BB}、U_{bm} 等不变时，动态特性曲线及工作状态与负载 R_p 的关系。

1. 欠压工作状态

当 R_p 较小时，由于 $U_{cm1}=I_{cm1}R_p$ 也比较小，动态特性曲线的斜率 $|g_d|=g_cU_{bm}/U_{cm1}$ 较大，所以动态特性曲线①与 u_{BEmax} 所对应的静态特性曲线的交点 A_1 位于放大区，如图 2.15 所示。可以看出，这时 i_c 的波形为尖顶余弦脉冲，脉冲幅度比较大，负载回路的输出电压 U_{cm1} 较小，晶体管的工作范围在放大区和截止区。通常称这种状态为高频功放的欠压工作状态。

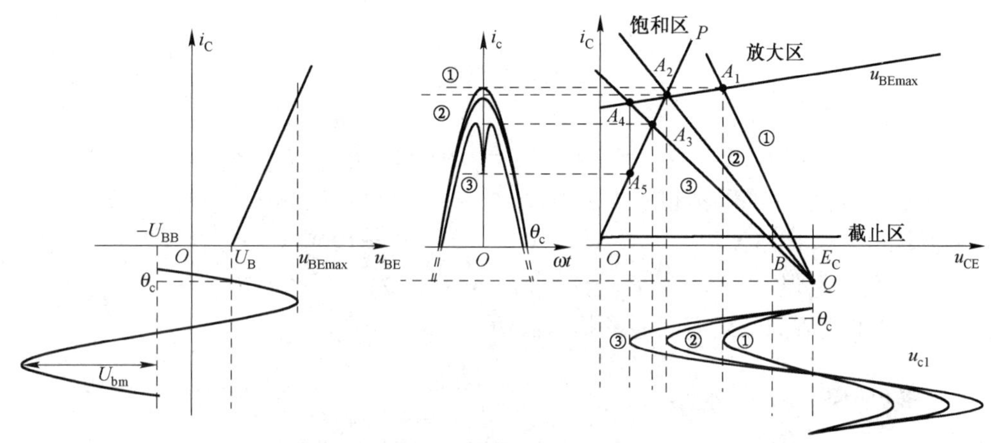

图 2.15 高频功放的工作状态与负载 R_p 的关系

2. 临界工作状态

如果增大 R_p 的数值，$U_{cm1}=I_{cm1}R_p$ 将增大，动态特性曲线的斜率 $|g_d|=g_cU_{bm}/U_{cm1}$ 将随之减小，动态特性曲线②与 u_{BEmax} 所对应的静态特性曲线的交点将沿静态特性曲线向左移动，**当动态特性曲线②与临界饱和线 OP，以及 u_{BEmax} 对应的静态特性曲线，三线相交于一点 A_2 时，高频功放工作于临界状态**。此时 i_c 的波形仍为尖顶余弦脉冲，脉冲幅度相对于欠压工作状态略有减小，但负载回路的输出电压 U_{cm1} 却增大较多。

如果设临界饱和线的斜率为 g_{cr}，由图 2.16 可以看出，尖顶余弦脉冲的幅度为

$$I_{cmax}=g_{cr}U_{cemin}=g_{cr}(E_C-U_{cm1}) \tag{2-33}$$

式中，$U_{cemin}\approx U_{ces}$。令 $\xi_{cr}=U_{cm1}/E_C$，ξ_{cr} 称为临界状态的电压利用系数，代入式(2-33)，则有

$$I_{cmax}=g_{cr}E_C(1-\xi_{cr}) \tag{2-34}$$

由式(2-34)可得临界状态的电压利用系数

$$\xi_{cr}=1-\frac{I_{cmax}}{g_{cr}E_C} \tag{2-35}$$

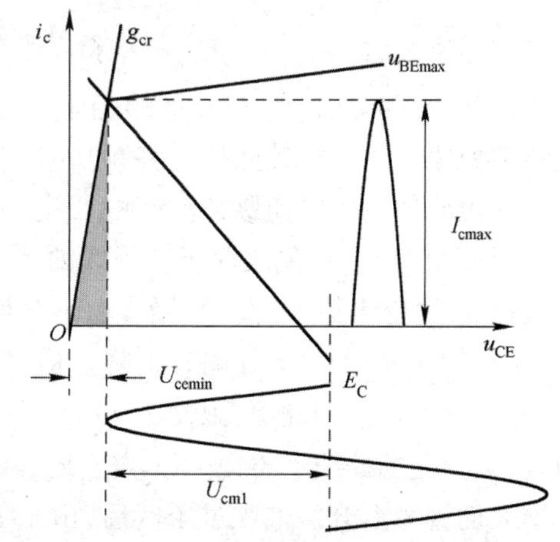

图 2.16 临界状态的动态特性

由上可以看出高频功放工作在临界状态时，有较大的集电极电流 i_c（基波电流 $I_{cm1}=I_{cmax}\alpha_1(\theta_c)$ 也较大）和较大的回路电压 U_{cm1}，故晶体管输出功率 P_o 最大。高频功放通常选择这种工作状态。这种工作状态下所需的集电极负载电阻 R_{pcr} 称为最佳负载电阻。即

$$R_{pcr}=\frac{U_{cm1}}{I_{cm1}}=\xi_{cr}\frac{E_C}{I_{cmax}\alpha_1(\theta_c)} \tag{2-36}$$

［**例 2-2**］ 要求设计一高频功率放大器，输出功率为 30 W，选用高频大功率管 3DA77，已知 $E_C = 24\ \text{V}$，$g_{cr} = 1.67\ \text{A/V}$，集电极最大允许损耗 $P_{CM} = 50\ \text{W}$，集电极最大电流 $I_{CM} = 5\ \text{A}$。试计算集电极的电流、电压、功率、效率和临界负载电阻。

解：此功放应设计在临界状态工作，为提高效率选择导通角 $\theta_c = 75°$，查附录 A，对应的分解系数为 $\alpha_o(\theta_c) = 0.269$，$\alpha_1(\theta_c) = 0.455$。已知临界状态时输出功率为 $P_o = 30\ \text{W}$，而

$$P_o = \frac{1}{2} I_{cm1} U_{cm1} = \frac{1}{2} I_{cmax} \alpha_1(\theta_c) E_C \xi_{cr}$$

将式(2-34)代入上式得
$$\xi_{cr} = \frac{1}{2} + \sqrt{\frac{1}{4} - \frac{2P_o}{g_{cr}\alpha_1(\theta_c)E_C^2}} = 0.84$$

其他电压、电流计算如下。

$$U_{cm1} = E_C \xi_{cr} = 20.2\ \text{V},\quad I_{cm1} = 2P_o/U_{cm1} = 2.97\ \text{A},\quad I_{cmax} = I_{cm1}/\alpha_1(\theta_c) = 6.52\ \text{A}$$

因 I_{cmax} 是瞬时电流，它可以稍超过 I_{CM}，所以

$I_{co} = I_{cmax}\alpha_o(\theta_c) \approx 1.75\ \text{A}$，$P_D = I_{co}E_C \approx 42\ \text{W}$，$P_C = P_D - P_o \approx 12\ \text{W}$，$\eta = P_o/P_D = 71.4\%$

临界状态的负载电阻 $R_{pcr} = U_{cm1}/I_{cm1} = 6.8(\Omega)$

实际上，大功率功放的负载电阻通常是很低的。

3. 过压工作状态

如果在临界状态下继续增大 R_p 的数值，动态特性曲线的斜率 $|g_d| = g_c U_{bm}/U_{cm1}$ 将进一步减小，动态特性曲线③与 u_{BEmax} 所对应的静态特性曲线的交点将沿临界饱和线 OP 向下移动，交点 A_3 位于饱和区。由于晶体管的动态范围延伸到了饱和区，$U_{cemin} < U_{ces}$，集电极电流沿临界饱和线 OP 下降，i_c 的波形顶部为下凹的余弦脉冲。顶部下凹的程度可由动态特性曲线③与 u_{BEmax} 所对应的静态特性曲线反向延长线的交点 A_4 作垂线，并与临界饱和线相交点 A_5 的纵坐标来确定，如图 2.15 所示。

4. 负载特性曲线

综上所述，当 E_C、U_{BB}、U_{bm} 等维持不变时，变动回路的谐振电阻 R_p 会引起集电极脉冲电流 i_c 的变化，同时引起 U_{cm1}、P_o 与 η 等的变化。各个**电流、电压、功率与效率等随 R_p 而变化的曲线就是负载特性曲线**。负载特性曲线是高频功率放大器的重要特性之一。可以借助于动态特性曲线以及由此而产生的集电极电流脉冲波形的变化，来定性地说明负载特性。

观察图 2.15，在欠压区至临界线的范围内，当 R_p 逐渐增大时，集电极电流脉冲的振幅 I_{cmax} 以及导通角 θ_c 的变化都不大。R_p 增大，仅仅使 I_{cmax} 略有减小。因此，在欠压区内的 I_{co} 与 I_{cm1} 几乎维持为常数，仅随 R_p 的增大而略有下降。但进入过压区后，集电极电流脉冲开始下凹，而且凹陷程度随着 R_p 的增大而急剧加深，致使 I_{co} 与 I_{cm1} 也急剧下降。这样，就得到了如图 2.17(a)所示的 I_{co}、I_{cm1} 随 R_p 而变化的曲线。再由 $U_{cm1} = I_{cm1}R_p$ 的关系式看出，在欠压区由于 I_{cm1} 变化很小，因此 U_{cm1} 随 R_p 的增大而直线上升。进入过压区后，由于 I_{cm1} 随 R_p 的增大而显著下降，因此 U_{cm1} 随 R_p 的增大而缓慢地上升。近似地说，**欠压时 I_{cm1} 几乎不变，过压时 U_{cm1} 几乎不变。因而可以把欠压状态的放大器当作一个恒流源；把过压状态的放大器当作一个恒压源。**

直流输入功率 $P_D = E_C I_{co}$。由于 E_C 不变，因此 P_D 曲线与 I_{co} 曲线的形状相同。

交流输出功率 $P_o = \frac{1}{2}U_{cm1}I_{cm1}$，因此 P_o 曲线可以从 U_{cm1} 与 I_{cm1} 两条曲线相乘求出。由图 2.17

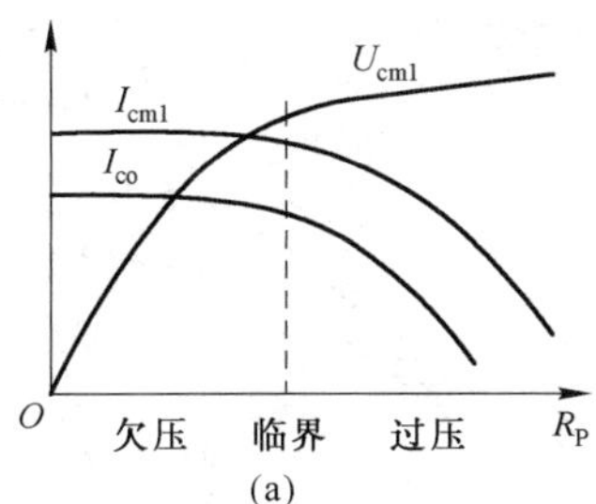

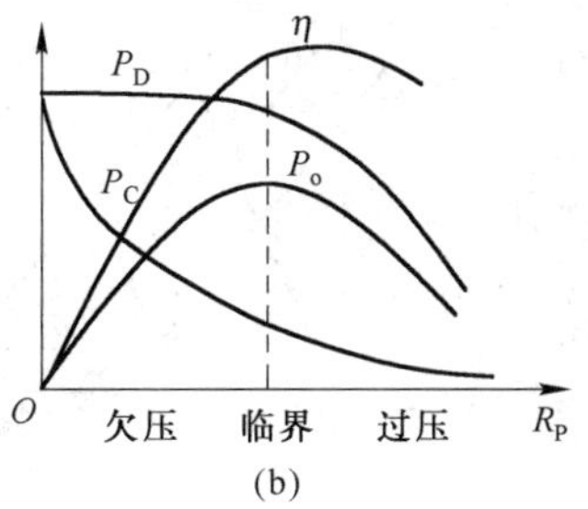

图 2.17　负载特性曲线

(b)看出,在临界状态,P_o 达到最大值。这就是为什么**在设计高频功率放大器时,如果从输出功率最大着眼,应力求它工作在临界状态的原因。**

集电极耗散功率 $P_C=P_D-P_o$,故 P_C 曲线可由 P_D 与 P_o 曲线相减而得。由图 2.17 (b)知,在欠压区内,当 R_p 减小时,P_C 上升很快。**当 $R_p=0$ 时,P_C 达到最大值,可能使晶体管烧坏。必须避免发生这种情况。**

效率 $\eta=P_o/P_D$,在欠压时,P_D 变化很小,所以 η 随 P_o 的增大而增大;到达临界状态后,开始时因为 P_o 的下降不如 P_D 下降得快,因而 η 继续增大,但增大很缓慢。随着 R_p 的继续增大,P_o 因 I_{cm1} 的急速下降而下降,因而 η 略有减小。由此可知,在靠近临界的弱过压状态出现 η 的最大值。

三种工作状态的优缺点综合如下:

- 临界状态的优点是输出功率 P_o 最大,效率 η 也较高,可以说是最佳工作状态。这种工作状态主要用于发射机末级。
- 过压状态的优点是,当负载阻抗变化时,输出电压比较平稳;在弱过压时,效率可达最高,但输出功率有所下降。它常用于需要维持输出电压比较平稳的场合,如发射机的中间放大级。集电极调幅也工作于这种状态,这将在第 5 章讨论。
- 欠压状态的输出功率与效率都比较低,而且集电极耗散功率大,输出电压又不够稳定,因此一般较少采用。但在某些场合,例如基极调幅,则需采用这种工作状态。这也将在第 5 章讨论。应当说明,掌握负载特性,对于实际调整谐振功率放大器的工作状态是很有用的。

2.3.3　高频功率放大器的调制特性

高频功率放大器的调制特性有基极调制特性和集电极调制特性。

1. 集电极调制特性

集电极调制是指 U_{BB}、R_p 和 U_{bm} 保持一定时,放大器的性能随集电极偏置电压 E_C 变化的特性。由于 U_{BB} 和 U_{bm} 一定,也就是 u_{BEmax} 和 i_c 的脉冲宽度(θ_c),以及动态特性曲线的斜率 g_d 保持一定,因而当 E_C 由大变小时,相应的静态工作点 Q 向左平移,动态特性曲线与 u_{BEmax} 所对应的静态特性曲线的交点 A 在 u_{BEmax} 对应的那条输出特性曲线上向左移动,放大器的工作状态将由欠压进入过压,i_c 的波形也将由余弦变化的脉冲波变为中间凹陷的脉冲波,如图 2.18(a)所示。相应得到的 I_{co}、I_{cm1} 和 U_{cm1} 随 E_C 变化的特性如图 2.18(b)所示。由图可见,**在欠压状态下,随着 E_C 的减小,**集电极电流脉冲的高度略有减小,因而 I_{co}、I_{cm1} 和相应的 U_{cm1} 也将略有减小。在过压状态下,随着 E_C 的减小,集电极电流脉冲的高度随之降低,凹陷加深,因而 I_{co}、I_{cm1} 和相应的 U_{cm1} 将迅速减小。

由图 2.17(b)可以看到,**在欠压状态时,当集电极电压 E_C 改变时,U_{cm1} 几乎不变。在过压状态时,U_{cm1} 随 E_C 单调变化。所以,高频功放只有工作在过压区才能有效地实现 E_C 对输出电压 U_{cm1} 的调制作用。故集电极调幅电路应工作在过压区。**有关集电极调幅电路将在第 5 章中讨论。

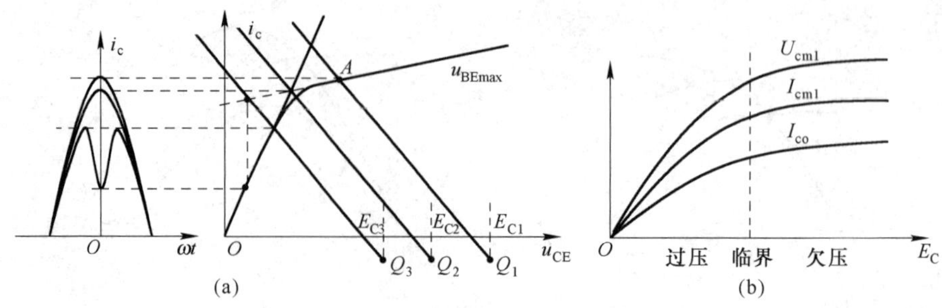

图 2.18　集电极调制特性

2. 基极调制特性

基极调制特性是指 U_{bm}、E_C 和 R_p 保持一定时，放大器性能随基极偏置电压 U_{BB} 变化的特性。 当 U_{bm} 固定，U_{BB} 由负值向正值方向增大时，集电极脉冲电流 i_c 的导通角 θ_c 增大，同时使发射结输入电压 u_{BEmax} 随之增大，从而使集电极脉冲电流 i_c 的幅度和宽度均增大，如图 2.19(a)所示。相应的 I_{co}、I_{cm1} 和 U_{cm1} 增大，结果使放大器的工作状态由欠压区进入过压区。进入过压状态后，随着 U_{BB} 向正值方向增大，集电极脉冲电流的宽度增加，幅度几乎不变，但凹陷加深，结果使 I_{co}、I_{cm1} 和相应的 U_{cm1} 增大得十分缓慢，可认为近似不变，如图 2.19(b)所示。

由基极调制特性可以看出，**在过压状态下，当基极电压 U_{BB} 改变时，U_{cm1} 几乎不变。只有在欠压状态时，U_{cm1} 随 U_{BB} 单调变化。所以，高频功放只有工作在欠压区才能有效地实现 U_{BB} 对输出电压 U_{cm1} 的调制作用，故基极调幅电路应工作在欠压区。** 有关基极调幅电路将在第 5 章中讨论。

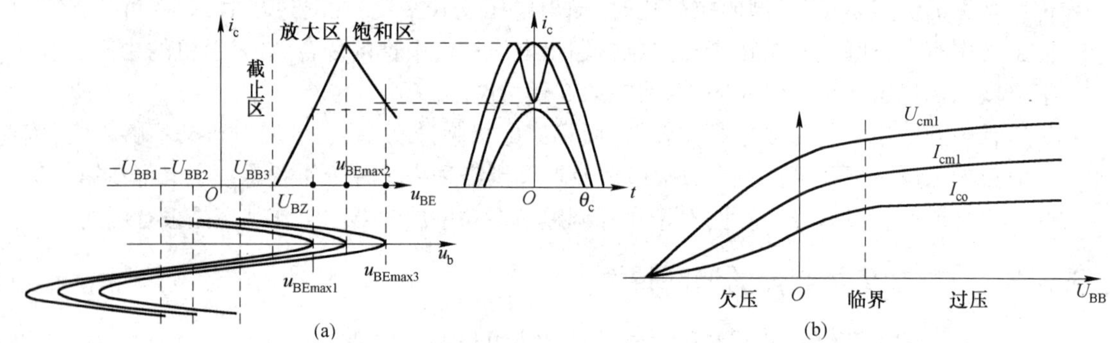

图 2.19　基极调制特性

2.3.4　高频功率放大器的放大特性

高频功放的放大特性是指 U_{BB}、E_C、R_p 保持一定时，放大器的输出功率、电压、效率随输入信号的电压幅值 U_{bm} 的变化关系。 实际上，固定 U_{BB}、增大 U_{bm}，与上述固定 U_{bm}、增大 U_{BB} 的情况相类似，它们都使发射结输入电压 u_{BEmax} 随之增大，u_{BEmax} 所对应的集电极脉冲电流 i_c 的幅度和宽度均增大，放大器的工作状态由欠压进入过压，如图 2.20(a)所示。进入过压状态后，随着 U_{bm} 的增大，集电极电流脉冲出现中间凹陷，且脉冲宽度增加，凹陷加深。因此，I_{co}、I_{cml} 和相应的 U_{cm1} 随 U_{bm} 变化的特性与基极调制特性类似，如图 2.20(b)所示。

讨论放大特性是为了正确选择谐振功放的工作状态，不引入放大失真。由图 2.20 可以看到，在欠压区随着输入信号振幅 U_{bm} 的变化，输出信号振幅 U_{cm1} 近似线性变化；但在过压区输出信号的振幅 U_{cm1} 基本不随输入信号振幅 U_{bm} 变化。所以，当谐振功率放大器作为线性功率放大器，用来放大振幅按调制信号规律变化的调幅信号时，其放大特性如图 2.21(a)所示。为了使输出信号振幅

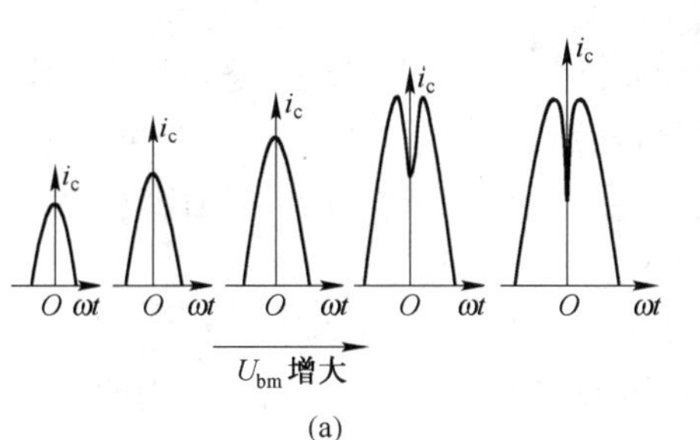

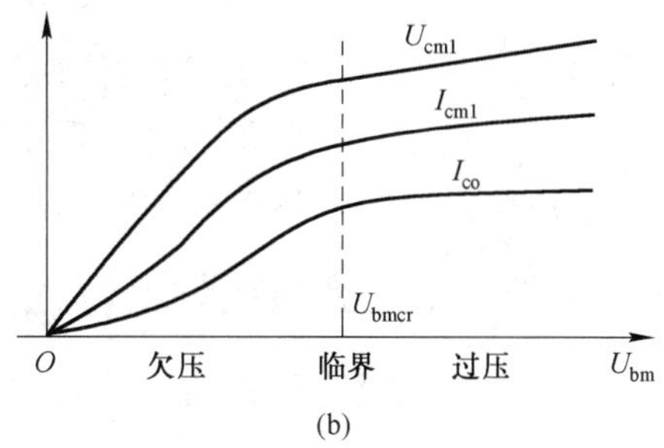

图 2.20　放大特性

U_{cm1}反映输入信号振幅U_{bm}的变化,放大器必须在U_{bm}变化范围内工作在欠压状态。不过,丙类工作时,由于U_{bm}增大时集电极电流脉冲的高度和宽度均增大,因而导致放大特性上翘,产生失真。为了消除上翘,使放大特性接近于线性,除了采用负反馈等措施外,还普遍采用乙类工作的推挽电路,以使集电极电流脉冲保持半个周期,仅脉冲高度随U_{bm}变化。

当谐振功率放大器用作振幅限幅器时,即将振幅U_{bm}在较大范围内变化的输入信号变换为振幅恒定的输出信号时,其输入/输出波形如图 2.21 (b)所示。放大器必须在U_{bm}变化的范围内工作在过压状态。或者说输入信号振幅的最小值应大于临界状态所对应的U_{bmcr}值。通常将该值称为限幅门限值。

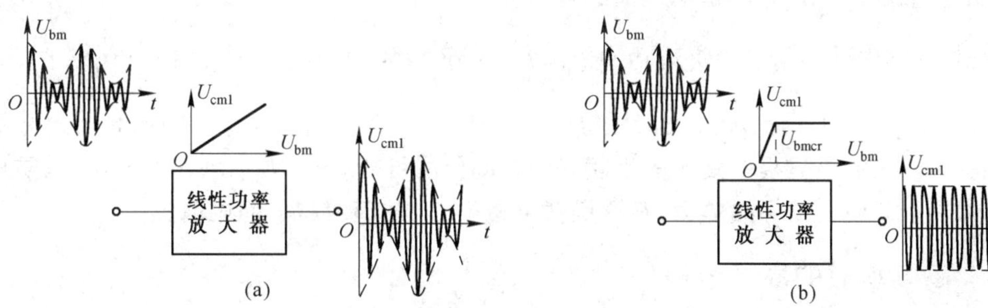

图 2.21　放大特性的应用

[例 2-3]　有一个用硅 NPN 外延平面型高频功率管 3DAl 做成的谐振功率放大器。已知E_C=24 V,P_o=2 W,集电极饱和压降$U_{ces}\geqslant$1.5 V,P_{CM}=1 W,I_{CM}=750 mA,工作频率等于1 MHz。试求它的能量关系。

解:由上述讨论已知,工作状态最好选用临界状态。作为工程近似估算,可以认为此时集电极最小瞬时电压$U_{cemin}=U_{ces}=1.5$ V。于是

$$U_{cm1}=E_C-U_{ces}=24-1.5=22.5(\text{V})$$

由式(2-12)可得　　$R_p=U_{cm1}^2/2P_o=126.5(\Omega)$

$$I_{cm1}=U_{cm1}/R_p=178(\text{mA})$$

若选取$\theta_c=70°$,则由图 2.5 或查附录 A 的余弦脉冲分解系数表,得

$$\alpha_o(\theta_c)=0.253,\quad \alpha_1(\theta_c)=0.463$$

由式(2-9)可得:$I_{cmax}=I_{cm1}/\alpha_1(\theta_c)=408(\text{mA})$,未超过电流安全工作范围。

$$I_{co}=I_{cmax}\alpha_o(\theta_c)=103(\text{mA})$$

由以上结果可得　　$P_D=E_CI_{co}=2.472$ W

$$P_C=P_D-P_o=0.472\text{ W}<P_{CM}$$

$$\eta = P_o / P_D = 81\%$$

以上估算的结果可以作为实际调试的依据。对于晶体管来说,折线法只适用于工作频率较低的场合。当工作频率较高时,由于它的内部物理过程相当复杂,使实际数值与计算数值有很大的不同。因此在晶体管电路中使用折线法时,必须注意这一点。下面讨论晶体管在高频运用时的一些特点。

2.3.5 高频功率放大器的调谐特性

在上面讨论高频功放的各种特性时,都认为其负载回路是处于谐振状态的,因而呈现为一个纯电阻 R_p。实际回路在调谐过程中,其负载是一阻抗 Z_p,当改变回路的元件数值,如改变回路的电容 C 时,功放的外部电流 I_{co}、I_{cm1} 和相应的 U_{cm1} 等随 C 变化的特性称为调谐特性。利用这种特性可以指示放大器是否调谐。

当回路失谐时,不论是容性失谐还是感性失谐,阻抗 Z_p 的模值均要减小,而且会出现一幅角 φ,工作状态将发生变化。设谐振时功放工作在弱过压状态,当回路失谐后,由于阻抗 Z_p 的模值减小,根据负载特性可知,功放的工作状态将向临界及欠压状态变化,此时 I_{co} 和 I_{cm1} 要增大,而 U_{cm1} 将下降,如图 2.22 所示。由图可知,可以利用 I_{co} 或 I_{cm1} 出现的最小值,或者利用 U_{cm1} 出现的最大值来指示放大器的调谐。通常因 I_{co} 变化比较明显,又只用直流电流表示,故采用 I_{co} 指示调谐的较多。

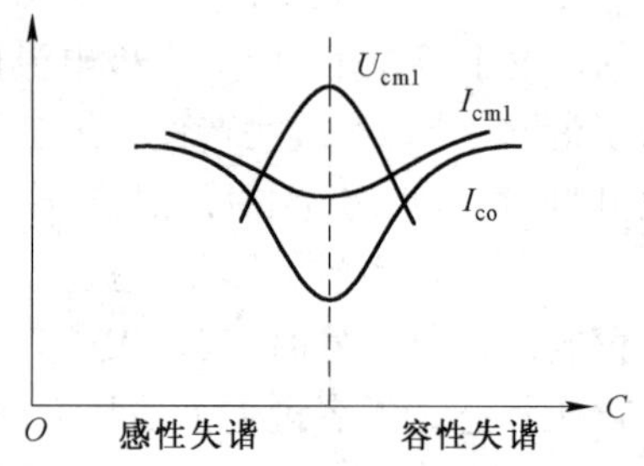

图 2.22 高频功放的调谐特性

应该指出,回路失谐时集电极直流功率 $P_D = I_{co} E_C$ 随 I_{co} 的增大而增大,而输出功率 $P_o = \frac{1}{2} U_{cm1} I_{cm1} \cos\varphi$ 将因 $\cos\varphi$ 因子而下降,因此失谐后集电极功耗 P_C 将迅速增大。这表明**高频功放必须经常保持在谐振状态。在调谐过程中处于失谐状态的时间要尽可能地短,调谐动作要迅速,以防止晶体管因过热而损坏。为防止损坏晶体管,在调谐时可减小 E_C 的值或减小激励电压。**

2.3.6 高频功放的高频效应

以上对高频功放的分析是以静态特性为基础的,只能近似说明和估计高频功放的工作原理,无法反映高频工作时的其他现象。实际的高频功放电路,晶体管工作在"中频区"甚至"高频区",通常会出现输出功率下降,效率降低。功率增益降低,以及输入、输出阻抗为复阻抗等现象。所有这些现象的出现,主要是由于功放管性能随频率变化而引起的,通常称它为功放管的高频效应。功放管的高频效应主要表现在以下几个方面。

1. 少数载流子的渡越时间效应

晶体管在本质上是电荷控制器件。载流子的注入和扩散是晶体管能够进行放大的基础。载流子在基区扩散而到达集电极需要一定的时间 τ,称 τ 为载流子渡越时间。晶体管在低频工作时,渡越时间远小于信号周期($T=1/f \gg \tau$),因此载流子的基区渡越时间可以忽略不计。基区载流子分布与外加瞬时电压是一一对应的,因而晶体管各极电流的大小与外加电压也一一对应,静态特性就反映了这一关系。

功放管在高频工作时,少数载流子的渡越时间 τ 可以与信号周期 $T=1/f$ 相比较,某一瞬间的基区载流子分布决定于这以前的外加电压。因而各极电流的大小并不取决于此刻的外加电压。

基区非平衡少数载流子渡越时间效应,如图 2.23 所示。其中图(a)表示发射结上的激励电压 u_{be},U_{BZ} 为晶体管的导通电压。放大器在欠压或临界状态下的各极电流波形如图(b)和(c)所示。

图(b)为低频区时的波形,由于频率低,在 u_{be} 的作用下,任何时刻,从发射结进入基区的非平衡少数载流子几乎在同一时刻到达集电结,因此,各极电流均将同步变化。图(c)是高频时考虑了载流子渡越时间后的各极电流波形,由于频率高,波形变化速度快,当晶体管由放大区进入截止区时($u_{be}<U_{BZ}$),虽然发射结上的电压已改变方向,但是,由于少数载流子在基区的渡越时间使基区内的电荷具有一定的储存效应。当发射结电压由正偏转为反偏时,在 $u_{be}>U_{BZ}$ 期间注入到基区的还未到达集电结的少数载流子,将受到发射结上反向电压的作用,使得其中一部分被反向偏置电压所形成的电场重新推斥回发射极,形成发射极电流 i_e 的反向负脉冲,同时主脉冲高度降低。其余部分继续向集电结运动,形成集电极电流,结果使集电极电流 i_c 的脉冲展宽。集电极电流脉冲峰点滞后的角度为 $\theta=\omega t$。另外,由于 $i_b=i_e-i_c$,所以基极电流的波形也变得复杂,脉冲值增高,其最大值超前于 u_{be},而且也会出现反向脉冲。

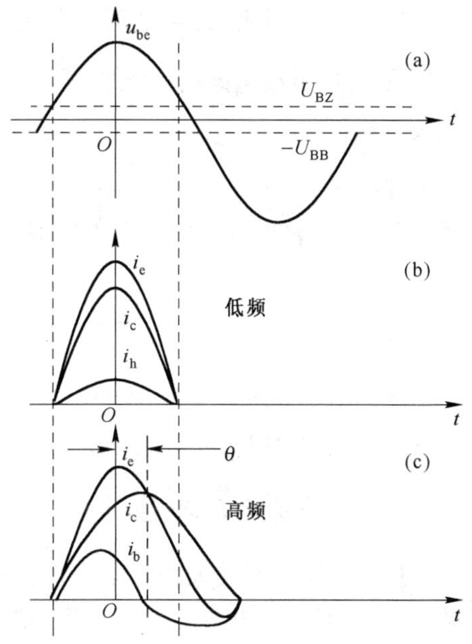

图 2.23　少数载流子的渡越时间效应

通过上面的讨论可见,随着工作频率的增高,集电极电流脉冲的峰值相应减小,从而导致 I_{cm1} 减小。而基极电流脉冲值则相应增大,从而导致 I_{bm1} 增大。结果使输出功率减小,输入功率剧增,从而使功率增益减小,集电极效率降低。

2. $r_{bb'}$ 的影响

当频率增高时,I_{bm1} 增大,致使发射结(b′与 e 之间)呈现的等效阻抗显著减小。因此,$r_{bb'}$ 的影响便相对地增大。若要求加到发射结上的输入电压保持不变,则实际加到基极上的输入电压就要增大,相应的输入功率增大,从而使放大器的功率增益进一步减小。

3. 饱和压降 U_{ces} 的影响

由于高频效应的影响,晶体管的静态特性与低频工作时的静态特性将有较大的差异,最突出的是曲线簇呈扇形展开,其饱和压降随频率升高而增大。图 2.24 画出了不同频率时的饱和特性。在同一电流处,高频饱和压降 U'_{ces} 大于低频时的饱和压降 U_{ces}。由图 2.24 可看出,饱和压降增大的结果,是使放大器在高频工作时的电压利用系数 $\xi=U_{cm1}/E_C$ 减小。由前面分析可知,这使功放的效率降低,最大输出功率减小。

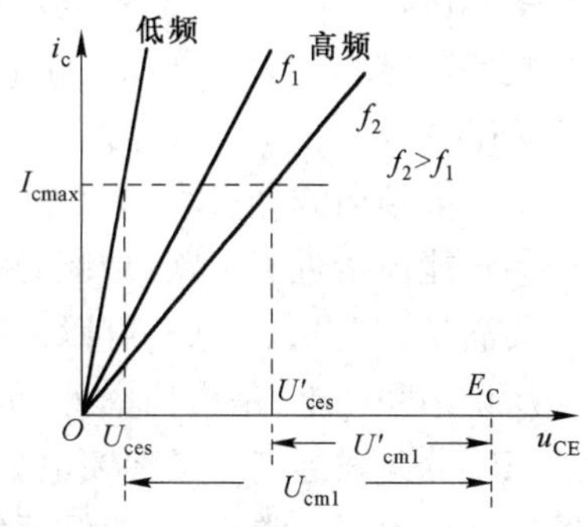

图 2.24　晶体管的饱和特性

4. 非线性电抗效应

高频功放除了输入端有非线性输入阻抗外,还有集电结电容。这个电容是随集电结电压 u_{CB} 变化的非线性势垒电容。在高频大功率晶体管中它的数值可达几十至一二百皮法。它对放大器的工作主要有两个影响:一个影响是构成放大器输出端与输入端之间的一条反馈支路,频率越高,反馈越大。这个反馈在某些情况下会引起放大器工作不稳定,甚至会产生自激振荡。另一个影响是,通过它的反馈会在输出端形成一个输出电容 C_o。考虑到非线性变化,根据经验,输出电容 $C_o\approx$

$2C_c$。式中,C_c 为对应 $u_{CE}=E_C$ 时的集电结的静电容。

5. 发射极引线电感的影响

当晶体管工作在很高频率时,发射极的引线电感产生的阻抗 ωL_e 不能忽略。此引线既包括管子本身的引线,也包括外部电路的引线。在通常的共发射极组态功放中,ωL_e 构成输入、输出之间的射极负反馈耦合,通过它的作用使增益降低;同时,又使输入阻抗增加了一附加的电感分量。

2.4 高频功率放大器的实用电路

实用的谐振功率放大器中,还应有输入匹配电路及合适的直流馈电电路,以使放大器的功率传输效率高,静态工作电流、电压合理地加给功放管。下面分别讨论这些问题。

2.4.1 直流馈电电路

要想使高频功率放大器正常工作,各电极必须接有相应的馈电电源。无论是集电极电路还是基极电路,它们的馈电方式都可分为串联馈电与并联馈电两种基本形式。无论哪一种馈电方式,都是按照一定的原则组成的;这些原则决定于放大器的工作原理。

1. 馈电电路的组成原则

对于集电极电路,已知它的电流是尖顶余弦脉冲,其中包含各种频率成分,电路的组成原则是:

(1) 由于直流分量 I_{co} 是产生功率的源泉,I_{co} 由 E_C 经过管外电路供给集电极,在 I_{co} 流过的通道中除了晶体管的内阻外,应该没有其他电阻消耗能量。因此,要求集电极管外电路对直流分量 I_{co} 的等效电路如图 2.25(a)所示。

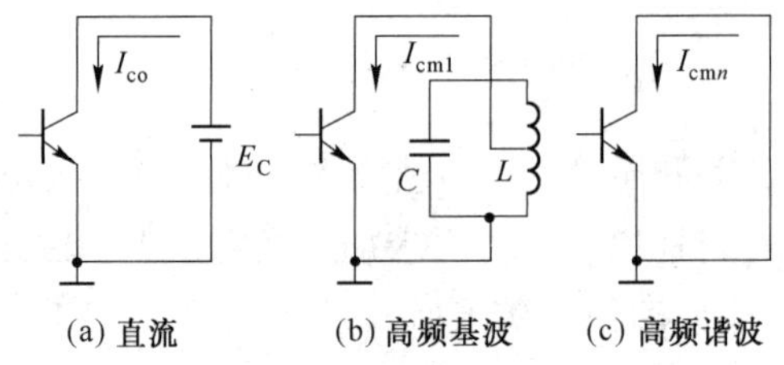

(a) 直流　(b) 高频基波　(c) 高频谐波

图 2.25　集电极电路对不同频率电流的等效电路

(2) 高频基波分量 I_{cm1} 应通过负载回路,以产生所需要的高频输出功率。因此,I_{cm1} 应只在负载回路上产生电压降,其余部分的外电路对于 I_{cm1} 来说,都应该是短路(或断路)的。所以,对于 I_{cm1} 的等效电路如图 2.25(b)所示。

(3) 高频谐波分量 I_{cmn} 是"副产品",不应消耗功率(倍频器除外)。因此管外电路对 I_{cmn} 来说,应该尽可能地接近于短路(或断路),如图 2.25(c)所示。

要满足以上几条原则,可以采用串联馈电与并联馈电两种电路,简称串馈与并馈。

所谓串联馈电,是指功率管、负载回路和直流电源三部分是串联起来的。所谓并联馈电,就是将这三部分并联起来。两种馈电方式虽然电路结构不同,但对电路来说,总应保证在集电极和基极回路能使放大器正常工作,即保证集电极回路电压 $u_{CE}=E_C-u_{c1}$,基极回路电压 $u_{BE}=-U_{BB}+u_b$。电路的组成应满足上述的三个原则。下面结合集电极馈电电路和基极馈电电路来说明。

2. 集电极馈电电路

图 2.26 示出了两种集电极馈电电路。图(a)为串联馈电电路,L_C 为高频扼流圈,它对于直流可认为是短路的,但对高频则呈现很大的阻抗,可以认为是开路的,以阻止高频电流通过电源(避免各级间由于公用电源所产生的寄生耦合和在电源内阻上产生高频损耗)。C_C 是高频旁路电容,容抗很小,对高频应呈现很小的阻抗,相当于短路。L_C 与 C_C 构成电源滤波电路。图中 LC 是负载

回路。显然可以看出，功率管、负载回路和直流电源三部分是串联起来的。加入 L_C、C_C 这些附属元件的目的，就是为了使电路能满足上述组成馈电电路的三条原则。

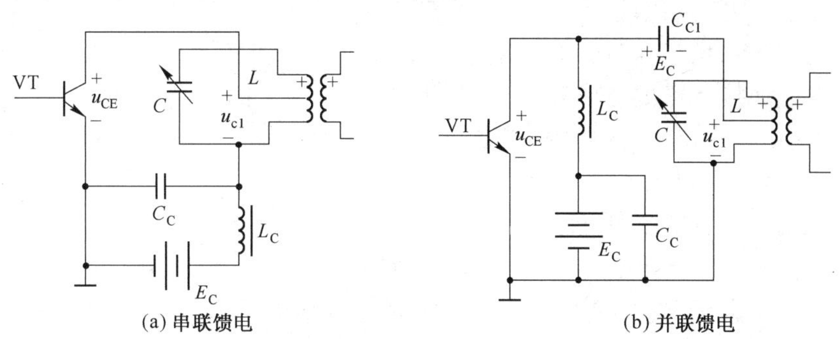

图 2.26　集电极馈电电路

图 2.26(b) 为并联馈电电路，L_C、C_C的作用与串联馈电电路中的相同，用于构成电源滤波电路。C_{C1}是隔直电容，阻止直流信号通过，防止电源被电感 L 短路，C_{C1}两端加有直流电压 E_C。对高频 C_{C1}应呈现很小的阻抗，相当于短路。采用这种馈电方式时，虽然直流电源与 LC 负载回路在电路形式上是并接的，但实际上，由于 LC 负载回路两端的信号电压 u_{c1} 直接反映在 L_C 上，因而加到功率管集电极上的电压 $u_{CE}=E_C-u_{c1}$，与串馈电路的相同。也就是说，对这两种电路的工作状态的分析和计算没有什么不同。

由图可见，两种馈电方式有相同的直流通路，E_C 都能全部加到集电极上，不同的仅是 LC 负载回路的接入方式。在串馈电路中，LC 负载回路处于直流高电位上，网络元件不能直接接地；而在并馈电路中，由于 C_{C1}隔断直流，LC 负载回路处于直流地电位上，因而网络元件可以直接接地，这样，它们在电路板上的安装就比串馈电路方便。但 L_C 和 C_{C1}并接在 LC 负载回路上，它们的分布参数将直接影响网络的调谐。

阻隔元件 L_C、C_C、C_{C1}等都是为了使电路正常工作所必不可少的辅助元件，它们的数值视工作频率范围而定。原则上应使 L_C 远大于回路的电感 L，C_C与 C_{C1}的阻抗则应尽可能地小。

3. 基极馈电电路

对于基极电路来说，同样也有串馈与并馈两种形式。图 2.27(a) 是串馈电路，图(b) 是并馈电路。图中，C_B 为高频旁路电容；C_{B1}为隔直电容；L_B 为高频扼流圈，用来阻止输入的高频信号进入基极偏置电路，同时为功率管基极电路提供直流通路。在实际电路中，工作频率较低或工作频带较宽的功率放大器往往采用互感耦合，可采用图(a) 所示的形式。对于甚高频段的功率放大器，由于采用电容耦合比较方便，所以几乎都是采用图(b) 所示的馈电形式。

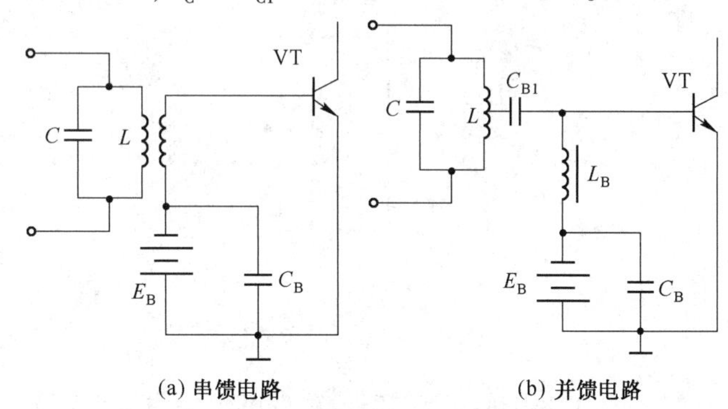

图 2.27　基极馈电的两种形式

在以上的基极馈电电路中，偏置电压 E_B 都用电池的形式来表示。实际上，E_B 单独用电池供给是很不方便的，因而常采用如图 2.28 所示的自给偏压电路来产生 E_B。

图 2.28(a) 是利用基极电流的直流分量 I_{Bo} 在基极偏置电阻 R_B 上产生所需要的偏置电压$U_{BB}=-R_BI_{Bo}$。

图 2.28(b)是利用基极电流 I_{Bo} 在基极区电阻 $r_{bb'}$ 上产生所需要的 $U_{BB}=-r_{bb'}I_{Bo}$。由于 $r_{bb'}$ 很小,因此所得到的 U_{BB} 也小,且不够稳定。因而一般只在需要小的 U_{BB}(接近乙类工作)时,才采用这种电路。

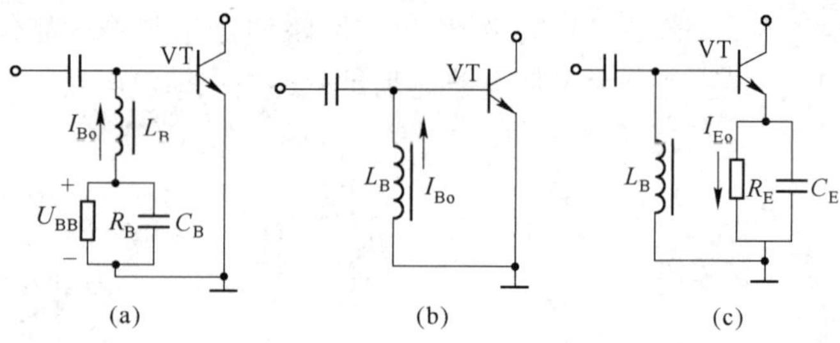

图 2.28　几种常用的基极馈电电路

图 2.28(c)是利用发射极电流的直流分量 I_{Eo} 在发射极偏置电阻 R_E 上产生所需要的 $U_{BB}=-R_EI_{Eo}$。这种自给偏置的优点是能够自动维持放大器的工作稳定。当激励加大时,I_{Eo} 增大,使偏压 $|U_{BB}|$ 加大,因而又使 I_{Eo} 的相对增加量减小;反之,当激励减小时,I_{Eo} 减小,偏压 $|U_{BB}|$ 也减小,因而 I_{Eo} 的相对减小量也减小。这就使放大器的工作状态变化不大。

在图 2.28 的电路中,图(a)、(b)为并馈,图(c)为串馈。必须指出,当功放工作在丙类状态时,I_{Bo} 随输入信号电压振幅的大小而变化。因此,上述基极偏置电路中,加到发射结上的直流偏置电压也均随输入信号电压振幅大小而变化。当未加输入信号电压时,三种电路的偏置均为零。当输入信号电压由小增大时,由于 I_{Bo} 相应增大,加到发射结上的偏置均将向负值方向增大。这种偏置电压随输入信号电压振幅而变化的效应称为自给偏置效应。

对于放大等幅载波信号的谐振功率放大器来说,利用自给偏置效应可以在输入信号振幅变化时起到自动稳定输出电压振幅的作用。在下一章讨论正弦波振荡器时,将会发现,这种效应可以用来提高振荡幅度的稳定性。但是,在放大振幅调制信号的线性功率放大器中,这种效应会使输出信号失真,这是应该力求避免的。

2.4.2　滤波匹配网络

高频功率放大器中都要采用一定形式的匹配回路,以使它的输出功率能有效地传输到负载(下级输入回路或者天线回路)。一般说来,放大器与负载之间所用的匹配回路可以用如图 2.29 所示的二端口网络来表示。这个二端口网络应完成的任务是:

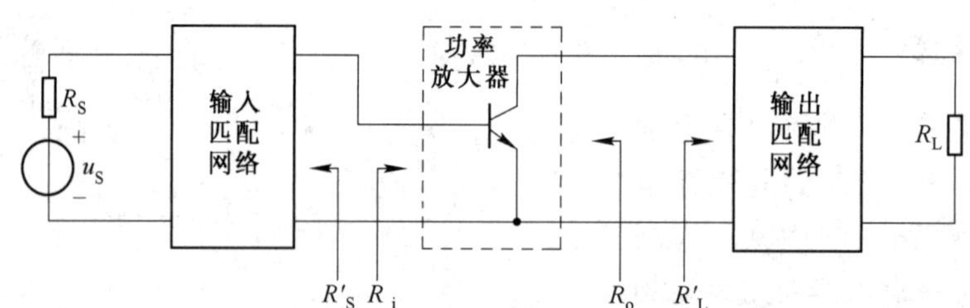

图 2.29　高频功率放大器的匹配网络

(1) 使负载阻抗与放大器所需要的最佳阻抗相匹配,以保证放大器传输到负载的功率最大,即它起着匹配网络的作用。

(2) 抑制工作频率范围以外的不需要的频率,即应具有良好的滤波作用。

(3) 在有几个电子器件同时输出功率的情况下,保证它们都能有效地将功率传送到公共负载,同时又尽可能地使这几个电子器件彼此隔离,互不影响。

本节主要研究采用什么网络形式来完成前两个任务(即匹配与滤波作用)。至于第三个任务,则在 2.6 节中讨论。

如果这个二端口网络用以与下级放大器的输入端相连接,则叫做输入匹配网络或级间耦合网络;如果用以输出功率至天线或其他负载,则叫做输出匹配网络。对于输入网络与输出网络的要求有所不同,以下重点讨论输出匹配网络,对输入匹配网络与极间耦合网络也做介绍。

匹配电路的形式是很多的,但归纳起来主要有两种类型:具有并联谐振回路形式的匹配电路和具有滤波器形式的匹配电路(又叫匹配网络)。前者多用于前级、中间级放大器,以及某些需要可调回路的输出级。后者多用于大功率、低阻抗的宽带输出级。

1. 输出匹配电路

(1) 并联谐振回路型匹配电路

根据负载(天线)接入集电极回路的方式不同,输出回路可分为简单输出回路与复合输出回路两大类。简单输出回路是将负载直接接入集电极电路,成为并联谐振回路的一臂。这种方式的优点是电路简单,缺点是阻抗匹配不易调整,滤波性能不好,现已很少采用。另一种是复合输出回路。这种电路是将天线(负载)回路通过互感或其他电抗元件与集电极调谐回路相耦合,它的形式很多。一种互感耦合式复合回路如图 2.30(a)所示。图中,介于放大器与天线回路之间的 L_1C_1 回路叫做中介并联谐振回路。图中,R_A、C_A 分别代表天线的辐射电阻与等效电容;L_2、C_2 为天线回路的调谐元件,它们的作用是使天线回路处于串联谐振状态,以使天线回路的电流 I_A 达到最大值,亦即使天线幅射功率达到最大。

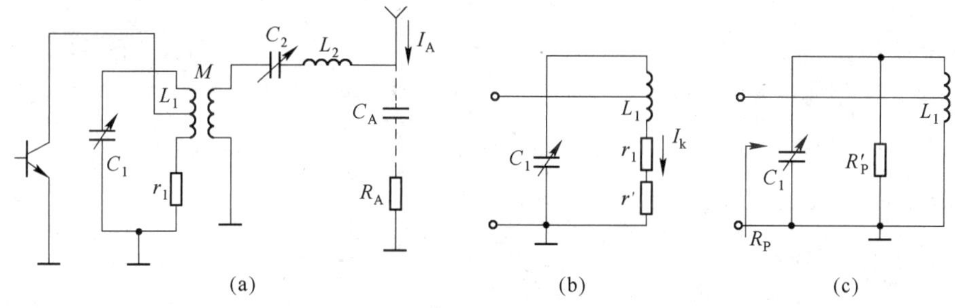

图 2.30 互感耦合式复合回路

在图 2.30(a)所示的电路中,从集电极向右方看去可以等效为一个并联谐振回路,如图 2.30(b)所示。由互感耦合电路的理论可知,当天线回路调谐到串联谐振状态时,它反映到 L_1C_1 中介回路的等效电阻为

$$r'=\omega^2M^2/R_A \tag{2-37}$$

如图 2.30(c) 所示,L_1C_1 中介回路的等效谐振阻抗为

$$R'_p=Q_L\omega L_1=\frac{Q_L}{\omega C_1} \tag{2-38}$$

式中,$Q_L=\dfrac{\omega L_1}{r_1+r'}$,为有载品质因数。所以

$$R'_p=\frac{L_1}{C_1(r_1+r')}=\frac{L_1}{C_1(r_1+\omega^2M^2/R_A)} \tag{2-39}$$

如果设初级回路的接入系数为 p,则晶体管的输出回路的等效谐振负载为

$$R_p=p^2R'_p=p^2\frac{L_1}{C_1(r_1+\omega^2M^2/R_A)} \tag{2-40}$$

由上式可知,改变互感系数 M 和接入系数 p,就可以在不影响回路调谐的情况下,调整晶体管输出回路的等效负载电阻 R_p,以达到阻抗匹配的目的。耦合得越紧,即互感系数 M 越大,则反射电

阻 r'越大，回路的等效阻抗 R'_p 也就下降得越多。在复合输出回路中，即使负载（天线）断路，对电子器件也不致造成严重的损害，而且它的滤波作用要比单回路优良，因而得到广泛的应用。

这里应该说明，**由于高频功率放大器工作于非线性状态，因此线性电路的阻抗匹配（负载阻抗与电源内阻相等）概念已不适用。在非线性（丙类）工作时，放大器的内阻变动剧烈：导通时，内阻很小；截止时内阻趋于无穷大。因此输出电阻不是常数。所谓匹配时内阻等于外阻，也就失去了意义**。因此高频功率放大器的阻抗匹配概念是：在给定的电路条件下，通过改变负载回路的可调元件，使放大器送出额定的输出功率 P_o 至负载，这就叫做达到了匹配状态。

为了使放大器输出功率的绝大部分能送到负载 R_A 上，希望反射电阻 r'远远大于回路损耗电阻 r_1。衡量回路传输能力优劣的标准，通常以输出至负载的有效功率与输入到回路的总交流功率之比来代表。这个比值叫做中介回路的传输效率 η_k，简称中介回路效率。由图 2. 30(b)可知

$$\eta_k=\frac{\text{回路送到负载的功率 }P_A}{\text{电子元件送至回路的总功率 }P_o}=\frac{I_k^2r'}{I_k^2(r_1+r')}=\frac{r'}{r_1+r'} \tag{2-41}$$

另外，如果设空载回路的谐振阻抗 $R'_{po}=\dfrac{L_1}{C_1r_1}$

有载回路谐振阻抗 $R'_p=\dfrac{L_1}{C_1(r_1+r'_1)}$

空载回路 Q 值 $Q_o=\dfrac{\omega L_1}{r_1}$

有载回路 Q 值 $Q_L=\dfrac{\omega L_1}{r_1+r'_1}$

将以上各式代入式(2-41)，可得

$$\eta_k=\frac{r'}{r_1+r'}=1-\frac{r_1}{r_1+r'}=1-\frac{R'_P}{R'_{Po}}=1-\frac{Q_L}{Q_o} \tag{2-42}$$

式(2-42)说明，要想使回路的传输效率高，则空载 Q 值(Q_o)越大越好，有载 Q 值(Q_L)越小越好。也就是说，中介回路本身的损耗越小越好。在广播波段，线圈的 Q_o 值约为 100~200。从回路传输效率高的观点来看，有载 Q 值(Q_L)应尽可能地小。但从要求回路滤波作用良好来考虑，则 Q_L 值又应该足够大。从兼顾这两方面出发，Q_L 值一般不应小于 10。在功率很大的放大器中，Q_L 也有低到 10 以下的。

[例 2-4]　在图 2. 30 所示的电路中，假设初、次级回路都谐振于工作频率 1 MHz，R_A 为天线辐射电阻，其值为 37 Ω。此处放大器用晶体管 3DAl，其工作条件与[例 2-2]相同。

试求 M、L_1 与 C_1 之值应为多大，才能使天线与 3DAl 相匹配。设 $Q_o=100$，$Q_L=10$，假设回路的接入系数 $p=0.2$。

解：为实现最佳耦合条件，输出回路等效负载 $R_p=R_{pcr}$（临界状态的最佳负载电阻）。由[例 2-2]已知，最佳负载电阻 $R_{pcr}=126.5\ \Omega$，所以 $R_p=R_{pcr}=126.5\ \Omega$。

根据谐振回路的理论可知

$$R_p=p^2Q_L\omega L_1=p^2\frac{Q_L}{\omega C_1}$$

因此得 $$L_1=\frac{R_P}{p^2\omega Q_L}=\frac{126.5}{0.2^2\times2\pi\times10^6\times10}=50.3(\mu\text{H})$$

于是 $$C_1=\frac{1}{\omega^2L_1}=\frac{1}{(2\pi\times10^6)^2\times50.3\times10^{-6}}=504(\text{pF})$$

由于次级回路处于谐振状态，因此它反映到初级的耦合电阻为

$$r'=\omega^2M^2/R_{\mathrm{A}}，或\ \omega M=\sqrt{r'R_{\mathrm{A}}}$$

但由式(2-42)知

$$Q_{\mathrm{o}}/Q_{\mathrm{L}}=1+r'/r_1$$

因此得

$$\frac{r'}{r_1}=\frac{Q_{\mathrm{o}}}{Q_{\mathrm{L}}}-1=10-1=9$$

将 $Q_{\mathrm{o}}=100$ 代入 $Q_{\mathrm{o}}=\omega L_1/r_1$，得

$$r_1=\omega L_1/Q_{\mathrm{o}}=2\pi\times10^6\times50.3\times10^{-6}/100=3.15(\Omega)$$

因此得

$$r'=9r_1=9\times3.15=28.35(\Omega)$$

最后得

$$M=\sqrt{r'R_{\mathrm{A}}}/\omega=\sqrt{28.35\times37}/2\pi\times10^6=5.15(\mu\mathrm{H})$$

应当指出，由实验来确定所需的 M 值更方便些，但定量估算仍是不可缺少的。

(2) 滤波器型匹配网络

在大功率输出级，放大器的最佳负载电阻值较小，采用并联谐振回路进行匹配，往往回路的有载品质因数都较小(一般在 10 以下)。因而 T 形、Π 形等滤波器型的匹配网络就得到了广泛的应用。下面仅就滤波器型匹配网络的阻抗变换特性做一分析。

图 2.31 表示两种 Π 形匹配网络。图中的 R_2 一般代表终端(负载)电阻，R_1 则代表由 R_2 折合到左端的等效电阻，故接线用虚线表示。现以图 2.31 (a)为例进行计算公式的推导；图(b)的解法相似，不再重复。

将图 2.31(a)的并联回路 R_1C_1 与 R_2C_2 变换为串联形式，如图 2.32 所示。为了方便起见，图中不再绘出虚线。由串、并联阻抗转换公式(式(1-45))可得

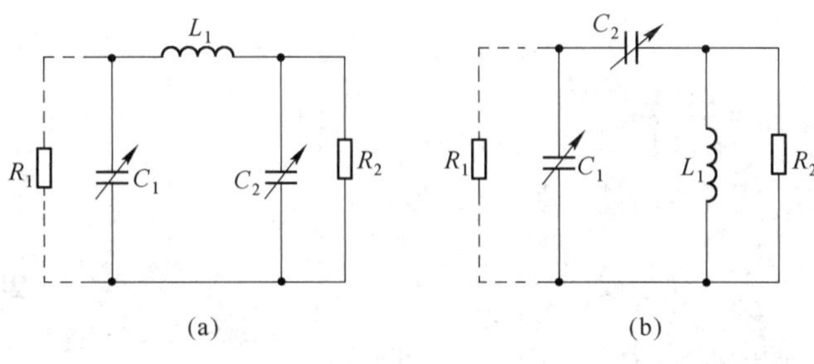

图 2.31 两种 Π 形匹配网络

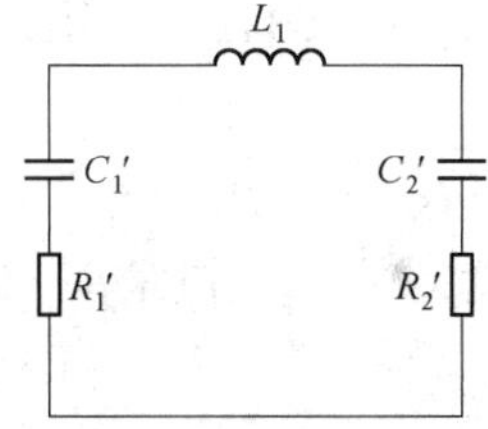

图 2.32 阻抗变换等效电路

$$R_1'=\frac{R_1}{1+Q_1^2}$$

式中，$Q_1=R_1/X_{\mathrm{C1}}$，为 R_1C_1 并联回路的 Q 值。将其代入上式可得

$$R_1'=\frac{X_{\mathrm{C1}}^2}{X_{\mathrm{C1}}^2+R_1^2}R_1 \tag{2-43}$$

同理可得

$$R_2'=\frac{X_{\mathrm{C2}}^2}{X_{\mathrm{C2}}^2+R_2^2}R_2 \tag{2-44}$$

由串、并联阻抗转换公式(式(1-42))可得

$$X_{\mathrm{C1}}'=\frac{R_1^2}{R_1^2+X_{\mathrm{C1}}^2}X_{\mathrm{C1}} \tag{2-45}$$

$$X_{\mathrm{C2}}'=\frac{R_2^2}{R_2^2+X_{\mathrm{C2}}^2}X_{\mathrm{C2}} \tag{2-46}$$

在实际设计图 2.31(a)所示的 Π 形匹配网络时,关键问题是要求出 L_1、C_1、C_2 的值。一般 R_2 代表终端(负载)电阻;而 R_1 是功率放大器所要求的匹配电阻(即由式(2-36)算出所需的负载阻抗 R_p,就是此处的 R_1 值)。根据匹配网络必须满足阻抗匹配与回路谐振两个条件,即可解出图 2.31(a)的 C_1、C_2、L_1 之值。具体推导如下:

通常可设网络输入端的 $Q_1=R_1/X_{C1}$,则有

$$X_{C1}=R_1/Q_1 \tag{2-47}$$

当网络匹配时,$R'_1=R'_2$,由式(2-43)和式(2-44)可得

$$\frac{X_{C1}^2}{R_1^2+X_{C1}^2}R_1=\frac{X_{C2}^2}{R_2^2+X_{C2}^2}R_2 \tag{2-48}$$

或改写为

$$\frac{1}{Q_1^2+1}R_1=\frac{1}{\left(\frac{R_2}{X_{C2}}\right)^2+1}R_2$$

解之得

$$X_{C2}=R_2\Bigg/\sqrt{(1+Q_1^2)\frac{R_2}{R_1}-1} \tag{2-49}$$

由谐振条件得

$$X_{L1}=X'_{C1}+X'_{C2}=\frac{R_1^2}{R_1^2+X_{C1}^2}X_{C1}+\frac{R_2^2}{R_2^2+X_{C2}^2}X_{C2} \tag{2-50}$$

用 R_2/X_{C2}乘以式(2-48)的两端,得

$$\frac{R_2}{X_{C2}}\frac{X_{C1}^2}{R_1^2+X_{C1}^2}R_1=\frac{R_2^2}{R_2^2+X_{C2}^2}X_{C2} \tag{2-51}$$

将上式代入式(2-50),并应用式(2-47)的关系,得

$$X_{L1}=\frac{R_1^2}{R_1^2+X_{C1}^2}X_{C1}+\frac{R_2}{X_{C2}}\frac{X_{C1}^2}{R_1^2+X_{C1}^2}R_1=\frac{Q_1R_1}{Q_1^2+1}+\frac{R_1R_2}{X_{C2}}\frac{1}{(Q_1^2+1)}=\frac{Q_1R_1}{Q_1^2+1}\left(1+\frac{R_2}{Q_1X_{C2}}\right) \tag{2-52}$$

至此,X_{C1}、X_{C2}与 X_{L1}均已求出。由于 X_{C2}、X_{L1}等应为实数,由式(2-49)得

$$(1+Q_1{}^2)\frac{R_2}{R_1}-1>0,\ 或\ \frac{R_2}{R_1}>\frac{1}{1+Q_1^2} \tag{2-53}$$

上式就是适用于 Π 形网络的 R_1 与 R_2 之间应满足的关系。

[例 2-5] 有一个输出功率为 2W 的高频功率放大器,$R_L=50\,\Omega$,$E_C=24\,V$,$f=50\,MHz$,$Q_1=10$。试求 Π 形匹配网络的各元件值。

解:由式(2-12)可得 $$R_P=R_1=\frac{U_{cm1}^2}{2P_o}\approx\frac{E_C^2}{2P_o}=\frac{24^2}{2\times2}=144(\Omega)$$

由式(2-47)得

$$X_{C1}=R_1/Q_1=144/10=14.4(\Omega)$$

故得

$$C_1=\frac{1}{\omega X_{C1}}=\frac{1}{2\pi\times50\times10^6\times14.4}=221(pF)$$

由式(2-49)得 $$X_{C2}=R_2\Bigg/\sqrt{(1+Q_1^2)\frac{R_2}{R_1}-1}=50\Bigg/\sqrt{(1+10^2)\frac{50}{144}-1}=8.57(\Omega)$$

故得

$$C_2=\frac{1}{\omega X_{C2}}=\frac{1}{2\pi\times50\times10^6\times8.57}=371(pF)$$

由式(2-52)得 $$X_{L1}=\frac{Q_1R_1}{Q_1^2+1}\left(1+\frac{R_L}{Q_1X_{C2}}\right)=\frac{10\times144}{10^2+1}\times\left(1+\frac{50}{10\times8.75}\right)=22.6(\Omega)$$

故得 $$L_1=\frac{X_{L1}}{\omega}=\frac{22.6}{2\pi\times50\times10^6}=72(\text{nH})$$

注意,考虑到晶体管的输出电容 C_o 后,C_1 应减去 C_o 之值,才是所需外加的调谐电容值。一般当 L_1 确定之后,C_2 主要用于调匹配,C_1 主要用于调谐振。

除了这里所列举的电路外,实际还有其他各种形式的匹配网络。对它们的分析方法都很类似,即从匹配与谐振两个条件出发,再加上一个假设条件(通常都是假定 Q_1 值),即可求出电路元件的数值。表 2.1 列出了常用滤波匹配网络的结构及其元件表达式。

表 2.1 常用滤波匹配网络的结构及其元件表达式

电路结构	元件表达式	实现条件
R_o、C_o、X_{L1}、X_{C2}、X_{C1}、R_L	$X_{L1}=Q_1R_o-X_{Co}$ $X_{C2}=-AR_L$ $X_{C1}=-\frac{B}{Q_1-A}$ 式中: $A=\sqrt{\frac{R_o}{R_L}(1+Q_1^2)-1}$ $B=R_o(1+Q_1^2)$	$R_o>\frac{R_L}{1+Q_1^2}$
R_o、C_o、X_{L1}、X_{L2}、X_C、R_L	$X_{L1}=Q_1R_o-X_{Co}$ $X_{L2}=AR_L$ $X_C=-\frac{B}{A+Q_1}$ 式中: $A=\sqrt{\frac{R_o}{R_L}(1+Q_1^2)-1}$ $B=R_o(1+Q_1^2)$	$R_o>\frac{R_L}{1+Q_1^2}$
R_o、C_o、X_{C1}、X_{L1}、X_{C2}、R_L	$X_{C1}=-\frac{R_o}{Q_1}-X_{Co}$ $X_{C2}=-R_L\sqrt{\frac{R_o/R_L}{(Q_1^2+1)-(R_o/R_L)}}$ $X_L=\frac{Q_1R_o-(R_oR_L/X_{C2})}{1+Q_1^2}$	$R_o<R_L(1+Q_1^2)$
R_o、C_o、X_{C1}、X_{L2}、X_{L1}、X_{C2}、R_L	$X_{L1}=-X_{Co}$ $X_{C1}=-Q_1R_o$ $X_{C2}=-R_L\sqrt{\frac{R_o}{R_L-R_o}}$ $X_{L2}=-X_{C1}-\frac{R_oR_L}{X_{C2}}$	$R_o<R_L$
R_o、C_o、X_{C1}、X_{L1}、X_{C2}、R_L	$X_{C1}=-Q_1R_o-X_{Co}$ $X_{C2}=-R_L\sqrt{\frac{R_o}{R_L-R_o}}$ $X_L=-X_{C1}-\frac{R_oR_L}{X_{C2}}-X_{Co}$	$R_o<R_L$

2. 输入匹配电路与级间耦合电路

上面所讨论的输出匹配电路多用于发送设备的末级。末级以前的各级(主振级除外)都叫做中间级。虽然这些中间级的用途不尽相同,如可作为缓冲、倍频或功率放大等,但它们的集电极回路都是用来馈给下一级所需要的激励功率的。这些回路就叫做级间耦合回路。但对于下级被推动级来说,这些回路又可称为输入匹配网络。因此,在以下的讨论中,我们不再区分级间耦合回路与输入匹配网络。

由于末级和中间级的电平和负载状态不同,因而对它们的要求也就不同。末级的负载一般是天线或其他线性元件,其负载阻抗是恒定的;中间级的负载是下一级放大器的输入阻抗,它是非线性的,而且将随着下一级工作状态的变化而变化。因此,如果说对末级放大器的设计主要应注意提高效率和输出功率,那么对中间级的设计则主要考虑在不稳定的负载下提供稳定的推动电压。为此可采取下面两种措施:

(1) 中间放大级工作于过压状态,此时它等效为一个恒压源,其输出电压几乎不随负载变化。这样,尽管后级的输入阻抗是变化的,但后级所得到的激励电压仍然是稳定的。

(2) 有意识地降低级间回路的效率,也就是增加回路的损耗,使下一级输入阻抗的损耗相对于前者来说只是较小的一部分。这样,下一级输入阻抗的变化对前一级工作状态的影响就比较小。如果前一级是放大器,通常取 $\eta_k=0.3\sim0.5$;如果前一级是振荡器,为了减小下一级负载变化对振荡频率的影响,取 $\eta_k=0.1\sim0.3$。

图 2.33(a)所示为输入匹配电路的示例。图中的晶体三极管可用如图 2.33(b)所示的等效输入电路表示,图中 $r_{bb'}$ 为基区电阻,它的值与输出功率成反比。C_i 为晶体管的输入电容。通常对绝大多数功率晶体管来说,它的输入阻抗可以认为是由电阻 $r_{bb'}$ 与电容 C_i 串联组成的。功率晶体管的输入阻抗很低,而且功率越大,输入阻抗就越低,一般约为十分之几(大功率管)至几十欧姆(较小的功率管)。输入匹配电路的作用就是使晶体管的低输入阻抗 $R_2=r_{bb'}$ 能与前级高的输出阻抗 R_1 相匹配。

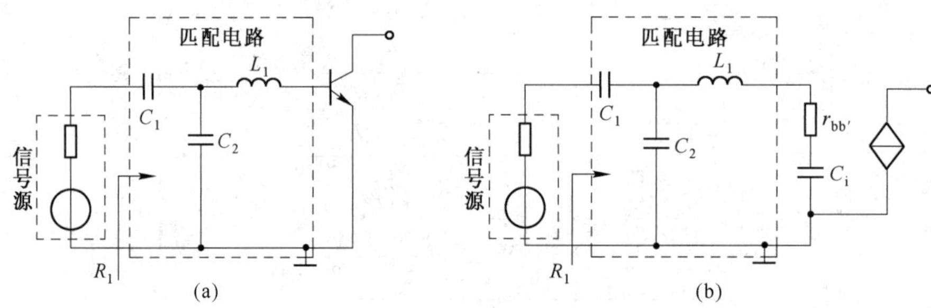

图 2.33 输入匹配电路

图中匹配电路中的 L_1 除用以抵消 C_i 的作用外,还与 C_1、C_2 谐振,因此要求 $X_{L1}\gg X_{Ci}$。C_1 用来调匹配,C_2 用来调谐振。这种电路只适用于使低的输入阻抗 R_2 与高的输出阻抗 R_1 相匹配。

同样也可以从匹配与调谐两个条件出发,再假设一个 Q_1 值。应用串、并联阻抗互换公式,可得

$$X_{L1}=Q_1R_2=Q_1r_{bb'} \tag{2-54}$$

$$X_{C1}=-R_1\sqrt{\frac{r_{bb'}(1+Q_1^2)}{R_1}-1} \tag{2-55}$$

$$X_{C2}=-\frac{r_{bb'}(1+Q_1^2)}{Q_1}\cdot\frac{1}{\left(1-\dfrac{X_{C1}}{Q_1R_1}\right)} \tag{2-56}$$

应当指出,匹配网络在高频功率放大器中占有很重要的地位。匹配网络设计和调整良好,能保证放大器工作于最佳状态。尤其是对于晶体管来说,正确设计与调整匹配网络,具有十分重要的意义。以上仅举一例。此外还有各种不同输入匹配网络的级间匹配网络形式,请参阅有关参考书籍。

2.4.3 高频谐振功率放大器设计举例

设计高频功率放大器时，首先应根据工作频率和输出功率等要求选择合适的高频功率管，并由器件手册或通过实测找到功率管的大信号输入和输出阻抗；而后，根据谐波抑制度、回路传输效率和元件数值等要求选择滤波匹配网络，并根据阻抗转换的要求确定网络的各元件值；最后，选定馈电电路，安装器件，并进行反复调试，直到达到设计要求。

当单级放大器不能满足设计要求时，还必须根据输出功率、输入功率、效率等要求确定所需级数，分配各级增益，而后再对各级放大器进行设计。

例如，设计一个高频功率放大器，用于调频发射机，输入和输出负载均为 50 Ω，输入信号频率为 80 MHz，输出信号频率为 160 MHz，要求输入功率为 4 mW 时，输出负载上的功率 $P_L \geqslant 700$ mW，二次谐波抑制度小于 −30 dB，放大器总效率大于 50%，电源电压为 15 V。

1. 确定电路组成方案

鉴于二次谐波抑制度的要求较高，功率放大器的输出滤波匹配网络必须采用多级组合网络，这就会影响网络的传输效率。现取 $\eta_k = 0.7$，则功放的输出功率为

$$P_o = P_L / \eta_k = 0.7 / 0.7 = 1(\text{W})$$

已知输入功率 $P_i = 4$ mW，放大器的功率增益为

$$A_P = 10\lg \frac{P_o}{P_i} = 10\lg \frac{1}{0.004} = 24(\text{dB})$$

通常，单级丙类工作时高频功率放大器的功率增益小于 12 dB，效率大于 60%，因此，根据题意要求，选定如图 2.34 所示的组成方案：第一级为二倍频器，乙类工作，将 80 MHz 的输入信号频率倍频增大到 160 MHz 的输出信号频率，它的功率增益较低，取 5~6 dB；第二级和第三级均为丙类工作的高频功率放大器，它们的功率增益分别取 10~11 dB 和 9~10 dB。

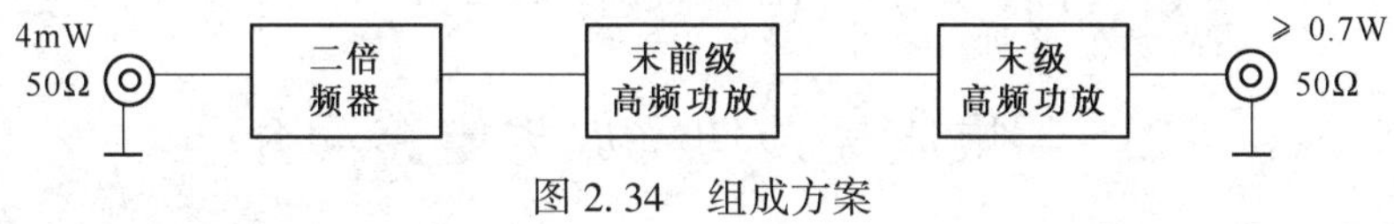

图 2.34　组成方案

2. 选定器件和电路

根据工作频率、输出功率、功率增益、电源电压、价格等要求，以及实际安装条件，选用三种型号的功率管：第一级选用小功率管 2SC2026，第二级选用 2SC2221，第三级选用 2SC1971。2SC1971 的 $U_{(BR)CBO} = 35$ V，$P_{CM} = 12.5$ W，$I_{CM} = 2$ A，$\eta = 60\%$。当 $E_C = 13.5$ V，$f = 160$ MHz 时 $P_o = 6$ W（选用过大输出功率的管子是为了适应设备中提出的其他要求。在本设计中，取 $P_o = 2$ W 的功率管已足够了），$A_P = 10$ dB。

选定的电路如图 2.35 所示。图中，前两级的集电极均采用串馈电路，基极均为分压式偏置电路；第三级的集电极采用并馈电路，基极为自给偏置电路，L_5、L_6 为高频扼流圈。由于谐波抑制度要求高，除第一级采用电容耦合的双调谐回路外，第二、第三级均采用多级组合网络，其中第二级为 Π 型和 L 型的二级组合，第三级为 L 型、Π 型和 Π 型三级组合。

3. 滤波匹配网络设计

以末级功放的输出滤波匹配网络为例，将它分割成三个网络组合，如图 2.36 所示。利用表 2.1 列出的常用滤波匹配网络的结构及其元件表达式，可得设计结果如下：

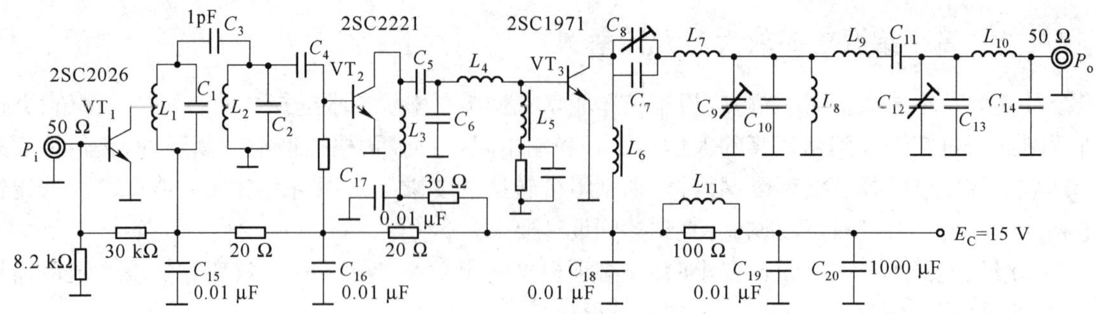

图 2.35　多级功率放大器

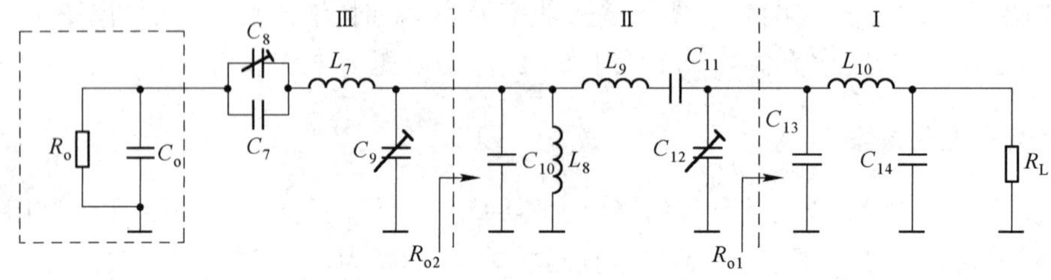

图 2.36　末级功放的输出滤波匹配网络

网络Ⅰ:取 $Q_1=3$,设 $R_{o1}=150\,\Omega$,求得

$X_{C14}=-33\,\Omega, C_{14}=30\,\text{pF}$;　$X_{C13}=-50\,\Omega, C_{13}=20\,\text{pF}$;　$X_{L10}=68\,\Omega, L_{10}=0.07\,\mu\text{H}$

网络Ⅱ:取 $Q_2=2, C_{10}=10\,\text{pF}$,并设 $R_{o2}=35\,\Omega$,求得

$X_{C11}=-70\,\Omega, C_{11}=14\,\text{pF}$;　$X_{C12}=-83\,\Omega, C_{12}=12\,\text{pF}$

$X_{L9}=133\,\Omega, L_9=0.13\,\mu\text{H}$;　$X_{L8}=-X_{C10}=99\,\Omega, L_8=0.1\,\mu\text{H}$

网络Ⅲ:取 $Q_3=3$,功率管的大信号输出阻抗为 $R_o=98\,\Omega$ 和 $C_o=20\,\text{pF}$ 的并接阻抗,求得

$X_{C7,8}=-20.7\,\Omega, C_7+C_8=48\,\text{pF}$;　$X_{C9}=-40.6\,\Omega, C_9=24.4\,\text{pF}$;$X_{L7}=77.55\,\Omega, L_7=0.08\,\mu\text{H}$

2.5　集成高频功率放大电路简介

在 VHF 和 UHF 频段,已经出现了一些集成高频功率放大器件。这些功放器件体积小,可靠性高,外接元件少,输出功率一般在几瓦至十几瓦之间。日本三菱公司的 M57704 系列、美国 Motorola 公司的 MHW 系列便是其中的代表产品。表 2.2 列出了 Motorola 公司集成高频功率放大器 MHW 系列中部分型号的电特性参数。

表 2.2　Motorola 公司 MHW 系列部分功放器件电特性　　$T=25$℃

型号	电源电压典型值(V)	输出功率(W)	最小功率增益(dB)	效　率(%)	最大控制电压(V)	频率范围(MHz)	内部放大器级数	输入/输出阻抗(Ω)
MHW105	7.5	5.0	37	40	7.0	68~88	3	50
MHW607-1	7.5	7.0	38.5	40	7.0	136~150	3	50
MHW704	6.0	3.0	34.8	38	6.0	440~470	4	50
MHW707-1	7.5	7.0	38.5	40	7.0	403~440	4	50
MHW803-1	7.5	2.0	33	37	4.0	820~850	4	50
MHW804-1	7.5	4.0	36	32	3.75	800~870	5	50
MHW903	7.2	3.5	35.4	40	3	890~915	4	50
MHW914	12.5	14	41.5	35	3	890~915	5	50

MHW 系列中有些型号是专为便携式射频应用而设计的,可用于移动通信系统中的功率放大,也可用于工商业便携式射频仪器。使用前,需调整控制电压,使输出功率达到规定值。在使用时,需在外电路中加入功率自动控制电路,使输出功率保持恒定,同时也可保证集成电路安全工作,避免损坏。控制电压与效率、工作频率也有一定的关系。

三菱公司的 M57704 系列高频功放是一种厚膜混合集成电路,同样也包括多个型号,频率范围为 335~512 MHz(其中 M57704H 为 450~470 MHz),可用于频率调制移动通信系统。它的电特性参数为:当 $E_C=12.5\text{ V}$, $P_{in}=0.2\text{ W}$, $Z_o=Z_L=50\ \Omega$ 时,输出功率 $P_o=13\text{ W}$,功率增益 $G_P=18.1\text{ dB}$,效率为 35%~40%。

图 2.37 所示为 M57704 系列功放的等效电路图。由图可见,它包括三级放大电路,匹配网络由微带线和 LC 元件混合组成。

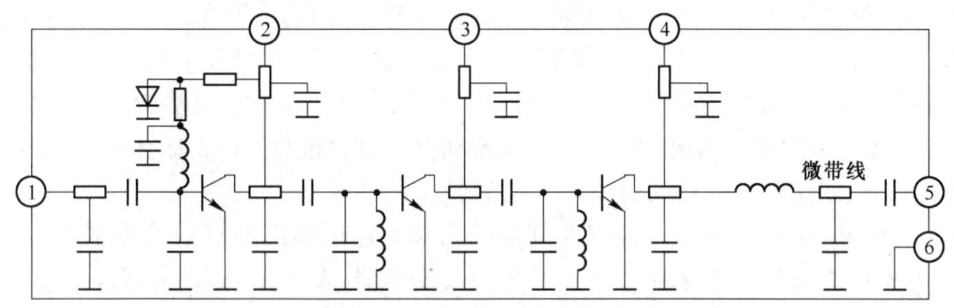

图 2.37　M57704 系列功放等效电路图

图 2.38 所示为 TW—42 超短波电台中发信机高频功放部分的电路图。此电路采用了日本三菱公司的高频集成功放电路 M57704H。

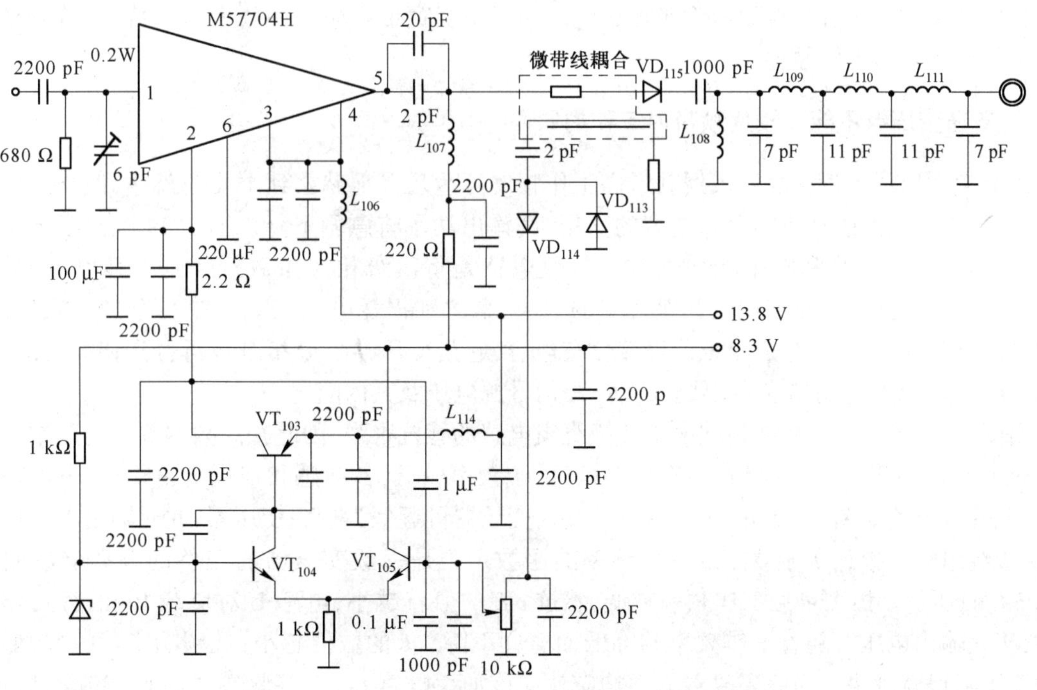

图 2.38　TW-42 超短波电台发信机高频功放部分电路图

TW-42 电台采用频率调制,工作频率为 457.7~458 MHz,发射功率为 5 W。由图 2.38 可见,输入等幅调频信号经 M57704H 功率放大后,一路经微带线匹配滤波后,再经过 VD_{115} 送入由多节 LC

组成的Π型网络，然后由天线发射出去；另一路由微带线耦合经 VD_{113}、VD_{114} 检波，VT_{104}、VT_{105} 直流放大后，送给 VT_{103} 调整管，然后作为控制电压从 M57704H 的第 2 脚输入，通过调节第一级功放的集电极电源的大小，可以稳定整个集成功放的输出功率。第二、三级功放的集电极电源是固定的 13.8 V。

2.6 宽带高频功率放大器与功率合成电路

2.6.1 宽带高频功率放大器

以 LC 谐振回路为输出电路的功率放大器，由于其相对通频带 B/f_0 的大小只有百分之几甚至千分之几，所以又称为窄带高频功率放大器。这种放大器比较适用于固定频率或频率变化较小的高频设备，如专用通信机、微波激励源。由于调谐系统复杂，窄带功率放大器的应用就受到了很大的限制。近年来一种新颖的能够在很宽的波段内实现不调谐工作的宽频带功率放大器得到了迅速推广。如近年来迅速发展的军用电台中，要求保密和抗干扰性能好，常常要求在较大的频率变化范围内转换电台频率，或实现电台中心频率的自动转换。

宽带功率放大器，实际上就是一种以非调谐单元作为输出匹配电路的功率放大器。它与低频放大器相似，但不同之处是以频率特性很宽的传输线变压器，来代替电阻、电容或电感线圈，作为其输出电路，从而使放大器的最高工作频率，从几千赫兹或几兆赫兹扩展至上千兆赫兹，并能覆盖几个频程的频带宽度，实现了在很宽的频率范围内改变工作频率时，放大器不用重新调谐频率的目的。由于宽频带功率放大器没有选频作用，因此谐波的抑制成了一个重要的问题。为此，放大器的工作状态就只能选在非线性畸变比较小的甲类或甲乙类状态，效率较低。也就是说**宽频带放大器是以牺牲效率作为代价来换取宽频带输出的**。为了说明宽带高频功率放大器的特点，首先必须了解传输线变压器的工作原理。

1. 普通变压器不能在较宽频带内工作的原因

以高频变压器为负载的放大器其最高工作频率可达几百千赫兹到十几兆赫兹，但当工作频率更高时，由于线圈漏感和匝间分布电容的作用，其输出功率将急剧下降。图 2.39 画出了该变压器的原理电路、等效电路和频率响应曲线。等效电路是将次级相应参数折合到初级以后的情况。图 2.39(b)中，L，L_{s1}，r_1 是变压器初级绕组的电感、漏感和损耗电阻；L_{s2}、r_2 是折合到初级后，次级绕组的漏感和损耗电阻；C 是变压器等效分布电容，它是变压器各分布电容折合到初级后的总和；R'_L 是折合到初级后的等效负载电阻；u_s、R_s 是信号源电压及其内阻。

由图 2.39(b)可见，在高频端由于初级绕组电感的感抗很强，因此在高频端等效电路中可以认为电感 L 开路，如图 2.39(c)所示；在低频端，由于频率较低，各漏感和损耗电阻很小，也可略去不计，因此等效电路如图 2.39(d)所示；在中频端，变压器可近似为理想变压器，此时输出电压仅仅与初、次级绕组的匝数比 n 有关，而不是频率的函数。于是一般变压器的完整的频率响应曲线如图 2.39(e)所示。由图可见工作频率越低，感抗 ωL 的值就越小，电感 L 对负载 R'_L 的旁路作用就越大，于是输出电压将随着工作频率的降低而急剧下降。L 的数值越小，低频响应就越差，低频输出幅度下降得就越快。为此要改善低频响应就应该加大电感 L。在高频端，如图 2.39(c)所示，负载 R'_L 接在由 L_s 和 C 组成的串联谐振回路中容抗元件的两端，因此输出特性具有串联谐振的特性，在串联谐振频率 f_s 的附近，负载两端的电压急剧增大，并在 f_s 上达到最大值，参看式(1-25)。但是，偏离谐振频率 f_s，电压将急剧减小，如图 2.39(e)所示。该串联谐振的角频率由变压器的分布

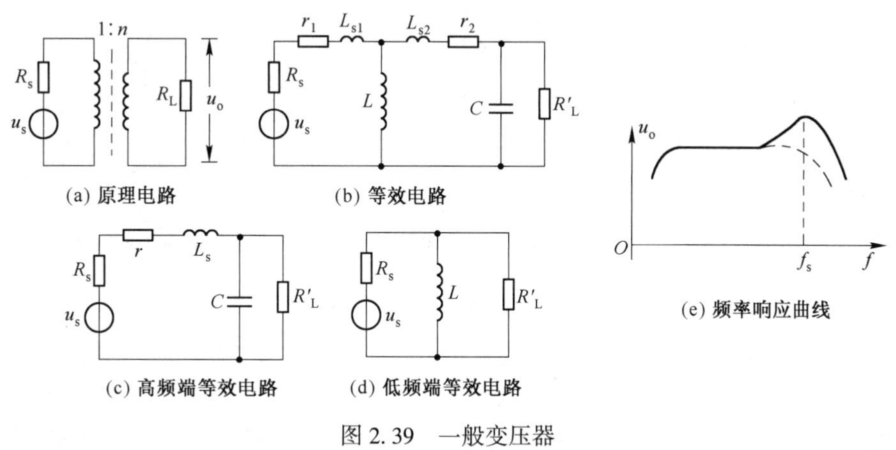

图 2.39　一般变压器

电容 C 和漏感 L_s 决定，即

$$\omega_s = 1/\sqrt{L_s C}$$

由于频率响应特性曲线在高端有一个峰起，且频率高于 f_s 后，信号的输出幅度急剧下降，这就是导致一般变压器高频响应变差，不能在更高的频率上工作的原因。

通过增加初级线圈匝数的办法，可以改善变压器的低频响应，但匝数的提高，势必使分布电容 C 加大，使高频响应恶化。近年来，高频变压器采用了对信号高、低频率响应均有改善作用的高 μ 值磁芯，使变压器的工作频带大大展宽。但在工作频带要求达到几个倍频程的宽带收发信机及其他电子仪器中，高 μ 值磁芯的使用仍然受到了限制。这是因为任何磁芯都有其最佳的工作频段，高于此频段工作时，磁芯的损耗将大大增加，使传输效率急剧降低。

综上所述，采用良好的高频磁芯可以使变压器的频率特性加宽，但由于分布电容和漏感的不可避免，使高频变压器的最高工作频率仍然只能达到几兆赫兹或十几兆赫兹，而不能工作到更高的频段。

2. 宽频带传输线变压器的工作原理

能不能设法减小分布电容和漏感的影响，从而把这个不利因素变为有利因素呢？宽带传输线变压器就是根据这种设想制作出来的。传输线变压器是将传输线绕在高磁导率低损耗的磁芯上构成的。磁芯常用锰锌或镍锌铁氧化磁环，频率较高时用镍锌环为宜。这种变压器的最高工作频率可扩展到几百兆赫兹甚至上千兆赫兹。

为了说明传输线变压器的工作原理，首先研究一种最简单的例子。图 2.40(a)所示为 1∶1 传输线变压器结构示意图。由图可见，它是将两根等长的导线紧靠在一起，并绕在磁环上构成的。用虚线表示其中的一根导线的一端(1)接信号源，另一端(2)接地；用实线表示另一根导线，一端(3)接地，另一端(4)接负载。图(b)是其原理电路，在这里可以清楚地看出信号源、负载和传输线变压器之间的关系。即信号电压 u_s 自 1、3 端把能量加到传输线变压器，经过传输线的传输，在 2、4 端将能量馈给负载。图(c)是普通变压器方式工作的原理电路，由于传输线变压器的 2 端和 3 端接地，所以这种变压器相当于一个倒相器，有时也叫倒相变压器。实际上传输线变压器与普通变压器在传输能量的方式上是不相同的。普通变压器信号电压加于初级绕组的 1、2 端，使初级线圈有电流流过，通过磁力线在次级(3、4 端)感应出相应的交变电压，将能量由初级传递到负载。而传输线变压器的信号电压却主要加于 1、3 端，能量在两导线间的介质中传输，自输入端到达输出端。也就是说加于负载两端的电压不是次级感应电压，而是传输线的终端电压。

为了说明传输线传输能量的原理，将图 2.40(b)中的传输线变压器部分，重新画于图 2.41。

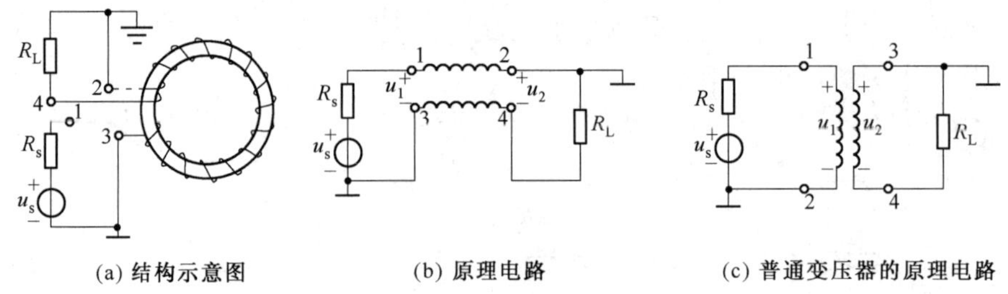

图 2.40　1∶1 传输线变压器的工作原理

由于两根导线紧靠在一起,所以导线任意长度处的线间电容都很大,且在整个线上是均匀分布的。其次,两根等长的导线同时绕在一个高 μ 值磁芯上,所以导线上每一段 ΔS 的电感量也很大,并且也是均匀分布在整个导线上的,这种电路通常又叫做分布参数电路。如果考虑到线间的分布电容和导线电感,这时传输线可以看成是由许多电感、电容组成的耦合链。

当信号源加于图 2.41 的输入端时,由于传输线间电容较大,因此信号源将向电容 C 充电,使 C 储能。C 又通过电感放电,使电感储能,即电能变为磁能;然后电感又与后面的电容进行能量交换,将磁能转换为电能。电容再与后面的电感进行能量交换,如此往复不已。输入信号就以电磁能交换的形式,自始端传输到终端,最后被负载所吸收。由于理想的电感和电容均不损耗高频能量,因此,如果忽略导线的欧姆损耗和导线间的介质损耗,则输出端的能量将等于输入端的能量。即通过传输线变压器,负载可以取得信号源供给的全部能量。

由此可见,在传输线变压器中,线间的分布电容不是影响高频能量传输的不利因素,反而是电磁能转换的必不可少的条件,即电磁波赖以传播的重要因素。此外电磁波主要是在导线间介质中传播的,因此,磁芯的铁磁损耗对信号传输的影响也就大为减小。传输线变压器的最高工作频率就可以有很大的提高,从而可以实现宽频带传输的目的。

传输线变压器的主要参数是传输线的特性阻抗和插入损耗。这些参数和所用导线长度、介质材料、线径和磁芯形式有关。下面先介绍一下传输线的特性阻抗的概念。

图 2.42 是用传输线变压器做成的宽带匹配电路。图中 u_s 为等效电源电压;R_s 为信号源内阻;R_L 为负载电阻;Z_o 为传输线等效阻抗,又称为特性阻抗。由传输线原理可知该特性阻抗为

$$Z_o=\sqrt{\frac{r+j\omega L}{G+j\omega C}} \tag{2-57}$$

式中,r 为单位线长的损耗电阻,G 为单位线长区间两线间的漏电导,L 为单位线长的分布电感;C 为单位线长区间两线间的分布电容。

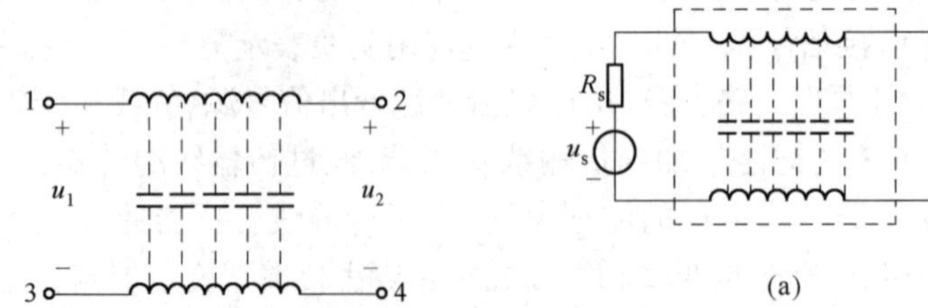

图 2.41　传输线变压器等效电路

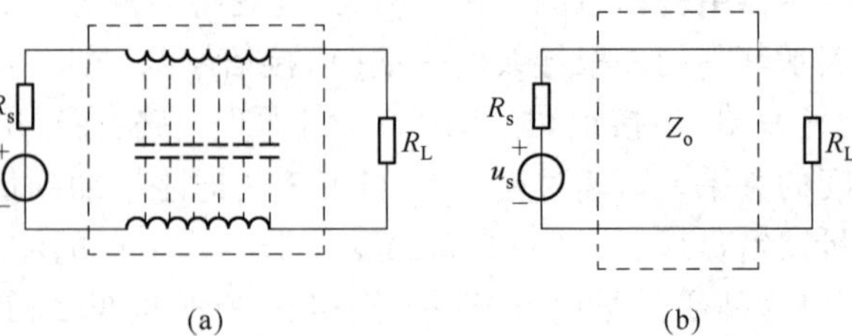

图 2.42　宽带匹配电路原理图

对于理想的、无损耗的传输线,一般满足:$r\ll\omega L$, $G\ll\omega C$。因此其特性阻抗可进一步简化为

$$Z_o=\sqrt{L/C} \tag{2-58}$$

由此可见,传输线的特性阻抗仅决定于导线的结构与两线间的介质,与其传输信号的电平无

关。图 2.42(b)说明了传输线在信号源与负载间起了一个阻抗变压器的作用。即负载电阻 R_L 经传输线变换后在输入端的等效电阻,应等于信号源内阻 R_s;或者信号源内阻 R_s 经传输线变换后在其输出端的等效电阻,应等于负载电阻 R_L。这样传输系统将达到匹配。根据传输线原理可知,当信号源内阻 R_s、负载电阻 R_L 已知时,满足最佳功率传输条件的传输线特性阻抗为

$$Z_o = \sqrt{R_s R_L} \tag{2-59}$$

式(2-59)说明,为了实现负载电阻 R_L 和信号内阻 R_s 的完全匹配,传输线本身的特性阻抗应为某一特定值。

这样当 R_L、R_s 已知后,传输线的特性阻抗 Z_o 就可确定,从而就可以选择满足该特性阻抗要求的磁芯类型、导线长度、线圈匝数、缠绕方式等。

3. 常用传输线变压器分析

(1) 1:1 传输线变压器

图 2.43 所示的传输线变压器称为 1:1 传输线变压器,又叫倒相变压器。由于传输线是由两根等长的导线,绞扭后缠绕在高 μ 值磁环上做成的,因此当传输线无损耗时,可以认为 $u_1 = u_2$ 和 $i_1 = i_2$,传输线输出端(2、4 端)的等效阻抗为

$$Z_{2-4} = u_2/i_2$$

输入端(1、3 端)的等效阻抗为

$$Z_{1-3} = u_1/i_1 = Z_{2-4}$$

为了实现变压器与负载的匹配,要求

$$Z_{2-4} = R_L$$

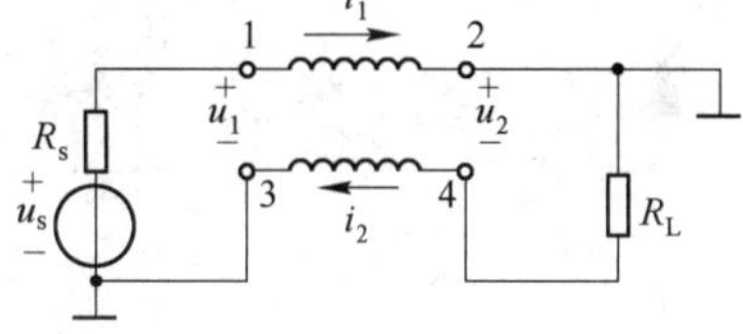

图 2.43　1:1 传输线变压器

为了实现信号源与传输线变压器的匹配,要求

$$Z_{1-3} = R_s$$

当传输线工作于匹配状态(即不存在反射波)时,线上任意位置的阻抗均是相等的,这个阻抗即为传输线的特性阻抗,用 Z_o 表示。因此,1:1 传输线变压器,最佳匹配状态应该满足

$$Z_o = Z_{1-3} = Z_{2-4} = R_L = R_s \tag{2-60}$$

显然,它也符合式(2-59)的条件,即 $Z_o = \sqrt{R_s R_L}$。

此时,1:1 传输线变压器具有最大的功率输出。但实际上,在各种放大电路中,R_L 正好等于信号源内阻的情况是很少的。因此,1:1 传输线变压器很少用作阻抗匹配元件,主要用作倒相器,或进行不平衡-平衡及平衡-不平衡转换。图 2.44 画出了这两种转换电路。

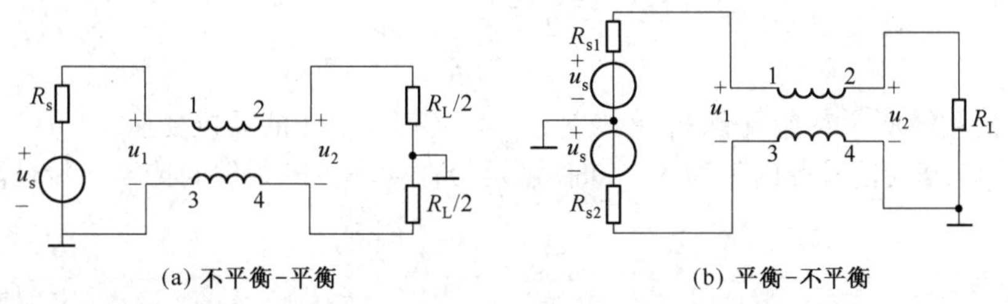

(a) 不平衡-平衡　　(b) 平衡-不平衡

图 2.44　转换器

(2) 1:4 和 4:1 传输线变压器

为了使放大器阻抗匹配,传输线变压器必须具有阻抗变换作用。普通变压器依靠改变初、次级绕组的匝数比,可以实现任何阻抗比的变换作用。传输线变压器是如何实现阻抗比的变换作用的呢?最常用的是 1:4 和 4:1 阻抗比的传输线变压器,如图 2.45 所示。下面介绍它们的

工作原理。

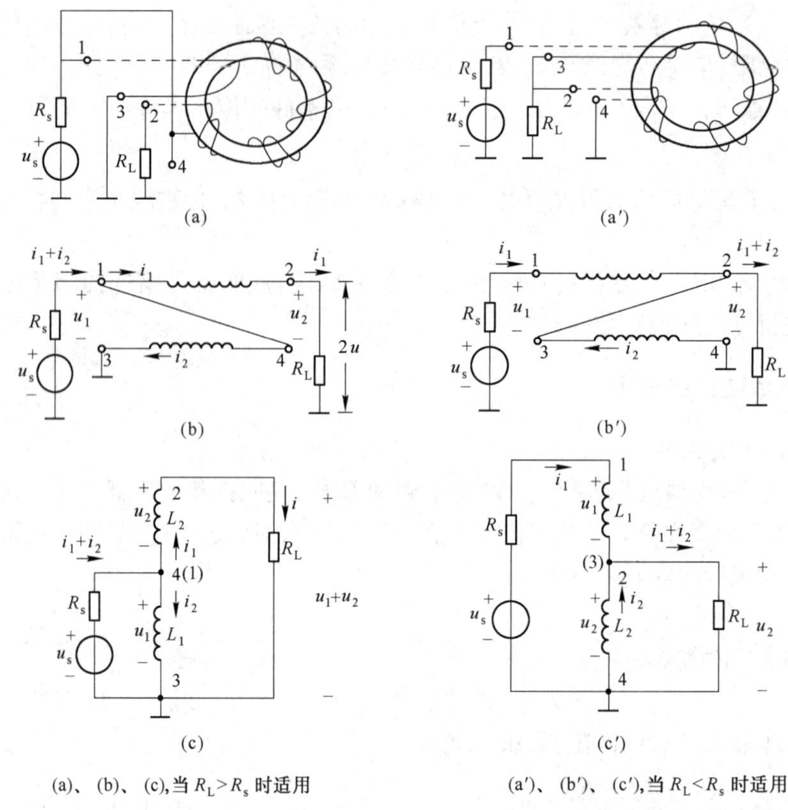

图 2.45　1:4 和 4:1 阻抗变换传输线变压器

图 2.45(a)是 1:4 变压器的连接示意图,图(b)是其等效电路图,1:4 变压器是 1、4 端相连(短接)。图(c)是画成普通变压器连接的形式,它可以帮助了解信号源和负载的关系。1:4 传输线变压器是把负载阻抗降为 1/4 倍,以便和信号源相匹配。它的阻抗变换原理可用图(b)的电压、电流关系来说明。在负载匹配的条件下,$u_1=u_2=u$,$i_1=i_2=i$。由于变压器的 1 端与 4 端相连,输入端(1、3 端)的电压为 $u_1=u$,负载 R_L 上的电压为 $u_1+u_2=2u$,1 端的流入电流为$i_1+i_2=2i$,且

$$i=2u/R_L \tag{2-61}$$

所以传输线变压器的输入阻抗为

$$Z_{1\text{-}3}=\frac{u_1}{2i}=\frac{u}{2\times\dfrac{2u}{R_L}}=\frac{R_L}{4} \tag{2-62}$$

式(2-62)说明传输线变压器把负载 R_L 变换为 $R_L/4$,实现了 1:4 的阻抗变换。

当负载电阻为 R_L,信号源内阻为 $R_L/4$ 时,满足最佳功率传输条件的传输线特性阻抗为

$$Z_o=\sqrt{R_sR_L}=\sqrt{\frac{R_L}{4}R_L}=\frac{R_L}{2} \tag{2-63}$$

对于图 2.45(a)所示的 1:4 传输线变压器,如果把输入端和输出端对调,就成为如图 2.45(a′)所示的 4:1 传输线变压器,图(b′)是其等效电路图,4:1 变压器则是 2、3 端相连(短接)。图(c′)是画成普通变压器连接的形式。4:1 传输线变压器把负载阻抗升高 4 倍以便和信号源匹配,由图(c′)所示电压、电流关系,不难证明该变压器具有 4:1 的阻抗变换作用。

尽管传输线变压器具有很宽的频率响应特性,但也不是说,它的最高工作频率可以无限制地提

高。这是由于当工作频率超过一定数值时，传输线变压器的插入损耗将显著增加，有效输出功率则明显减小。

影响插入损耗的因素，主要是传输线输出端电压和电流相对于输入端的相位移，以及负载与传输线的匹配情况。

前面已经指出，电磁波自始端传输到终端需要一定的时间。因此终端电压和电流总要滞后始端电压和电流一个相位 φ，这个相位与工作波长 λ 及导线长度 S 有关，即

$$\varphi = 2\pi S/\lambda = \alpha S \tag{2-64}$$

式中，$\alpha = 2\pi/\lambda$ 称为相移常数。显然，工作频率越高（波长越短），导线越长，输出端与输入端之间电压的相位差就越大。例如，1∶4 传输线变压器负载上的电压为这两个电压的矢量和，当 S 一定时，随着信号频率的提高，两个电压的相位差增大，从而使合成电压的模量减小，变压器的高频响应下降。而此时输出端的有效阻抗就不再是纯阻，而是与工作频率有关的复阻抗了。实际运用中，负载的数值一般是固定的。这样就不能满足最佳的匹配条件，也就是负载处于失配状态。当传输线变压器在失配状态下工作时，传输到终端的能量将只有一部分被负载所吸收，另一部分自负载反射回信号源，并在传输线介质和信号源的内阻上被消耗掉。这就是插入损耗。为了保证传输线变压器在较宽的工作频段有良好的传输特性，导线长度一般要比波长小得多。通常规定传输导线长度 S 不应超过工作频带上限频率波长的八分之一，即 $S \leqslant 0.125\lambda$。S 更短一些，插入损耗减小的程度就不那么明显了；S 过短，导线总的电感量就可能减小得太多，而导线电感的减小，将使低频传输特性变得恶化。因此 S 也不宜选得过短。

2.6.2 功率合成电路

利用多个功率放大电路同时对输入信号进行放大，然后设法将各个功放的输出信号相加，这样得到的总输出功率可以远远大于单个功放电路的输出功率，这就是功率合成技术。利用功率合成技术可以获得几百瓦甚至上千瓦的高频输出功率。

理想的功率合成器不但应具有功率合成的功能，还必须具有在输入端使前级的各功率放大器之间互相隔离的作用，即当其中某一个功率放大器损坏时，相邻的其他功率放大器的工作状态不受影响，仅仅是功率合成器的输出总功率减小一些。

图 2.46 给出了一个功率合成器原理方框图。由图可见，采用 7 个功率增益为 2、最大输出功率为 10 W 的高频功放（$A_1 \sim A_7$），利用功率合成器技术，可以获得 40 W 的功率输出。其中采用了 3 个一分为二的功率分配器和 3 个二合一的功率合成器。功率分配器的作用在于将前级功放的输出功率平分为若干份，然后分别提供给后级若干个功放电路。

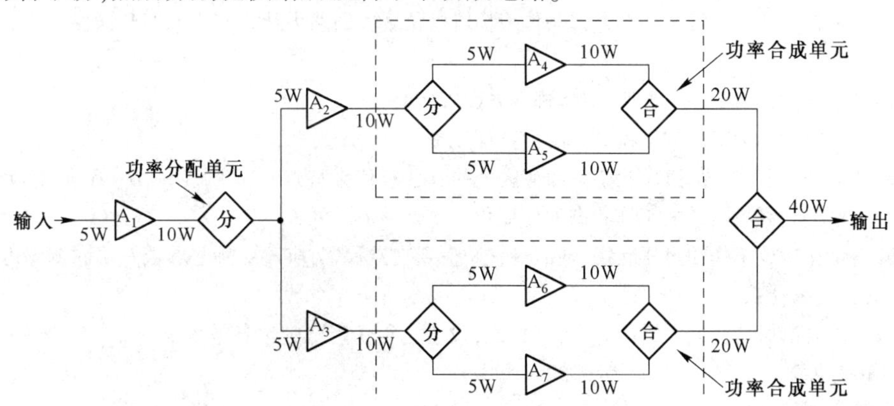

图 2.46　功率合成器原理方框图

利用传输线变压器可以组成各种类型的功率分配器和功率合成器,且具有频带宽、结构简单、插入损耗小等优点,然后可进一步组成宽频带大功率高频功放电路。

目前,我国已试制并生产了千瓦量级的全固态化的单边带通信机和调谐通信发射机。它们已经全部晶体管化,这些设备的发射机末级放大器就是采用了几个几百瓦的功率晶体管,经功率合成以后,将千瓦量级的高频功率发送到天线上去。

本章小结

调谐、选频、滤波、匹配,以获得输出高功率和高效率是本章的几个核心问题。

(1) 高频谐振功率放大电路可以工作在甲类、乙类或丙类状态。相比之下,丙类谐振功放的输出功率虽不及甲类和乙类的大,但效率高,节约能源,所以是高频功放中经常选用的一种电路形式。但同样可以对丙类谐振功放采取措施,以获得很大的输出功率。

(2) 丙类谐振功放效率高的原因在于导通角 θ 小,也就是晶体管导通时间短,集电极的功耗减小。导通角 θ_c 越小,将导致输出功率越小。所以选择合适的导通角 θ_c,是丙类谐振功放在兼顾效率和输出功率两个指标时的一个重要考虑。

(3) 在信号的一个周期中,丙类谐振功放只在导通角 θ_c 的 2 倍时间内导通。管子集电极电流 i_c 呈脉冲状态。理论上采用傅里叶级数分析计算出的余弦电流分解系数 $\alpha_o(\theta_c)$、$\alpha_1(\theta_c)$ 是设计和工程运用中的重要数据。

(4) 谐振功放的工作状态和性能分析常采用折线分析法,用以分析谐振功放的负载特性、放大特性、调制特性等,这些特性是理论设计和工程应用中的重要依据。

(5) 丙类谐振功放的基极偏压是负偏,常采用自给偏压来实现负偏,集电极供电有串馈和并馈两种形式。

(6) 谐振功放属于窄带功放。宽带高频功放采用非调谐方式,工作在甲类状态,采用具有宽频带特性的传输线变压器进行阻抗匹配,并利用功率合成技术增大输出功率。

(7) 目前出现的一些集成高频功放器件,如 M57704 系列和 MHW 系列等,属窄带谐振功放,输出功率不很大,效率也不太高,但功率增益较大,需外接的元件不多,使用方便,可广泛应用于一些移动通信系统和便携式仪器中。

习题 2

2.1 为什么低频功率放大器不能工作于丙类,而高频功率放大器则可工作于丙类?

2.2 丙类放大器为什么一定要用调谐回路作为集电极负载?回路为什么一定要调到谐振状态?回路失谐将产生什么结果?

2.3 提高高频放大器的效率与功率,应从哪几方面入手?

2.4 高频功率放大器中提高集电极效率的主要意义是什么?

2.5 高频功放的欠压、临界、过压状态是如何区分的?各有什么特点?当 E_C、U_{BB}、U_{bm} 和 R_p 四个外界因素中只有其中的一个变化时,高频功放的工作状态如何变化?

2.6 已知一谐振功放工作在过压状态,现欲将它调整到临界状态,应改变哪些参数?不同调整方法所得到的输出功率是否相同?为什么?

2.7 甲、乙、丙类谐振功率放大器的 E_C、I_{Cmax} 相同,设 $U_{cemin}\approx 0$。试画出各放大器的 u_{CE}、i_C 波形;比较乙类和丙类放大器的输出功率。

2.8 试回答下列问题:

(1) 利用功放进行振幅调制时,当调制的音频信号加在基极或集电极上时,应如何选择功放的工作状态?

(2) 利用功放放大振幅调制信号时,应如何选择功放的工作状态?

(3) 利用功放放大等振幅的信号时,应如何选择功放的工作状态?

2.9 晶体管放大器工作于临界状态,$R_p = 200\,\Omega$,$I_{co} = 90\,\text{mA}$,$E_C = 30\,\text{V}$,$\theta_c = 90°$。试求 P_o 与 η。

2.10 已知谐振功率放大电路的导通角 θ_c 分别为 180°、90°和 60°时,都工作在临界状态,且三种情况下的 E_C、I_{Cmax}也都相同。试计算三种情况下效率 η 的比值和输出功率 P_o 的比值。

2.11 已知谐振功率放大电路,$E_C = 24\,\text{V}$,$P_o = 5\,\text{W}$。当 $\eta = 60\%$时,试计算 P_C 和 I_{co}。若 P_o 保持不变,η 提高到 80%,则 P_C 和 I_{co}减小为多少?

2.12 实测一谐振功放,发现 P_o 仅为设计值的 20%,I_{co}却略大于设计值。试问该功放工作在什么状态?如何调整才能使 P_o 和 I_{co}接近于设计值?

2.13 已知一谐振功放原来工作在临界状态,后来其性能发生了变化:P_o 明显下降,η 反而增大,但 E_C、U_{cm1}和 u_{bemax}不变。试问此时功放工作在什么状态?导通时间是增大还是减小了?分析引起性能变化的原因。

2.14 某一晶体管谐振功率放大器,已知 $E_C = 24\,\text{V}$,$I_{co} = 250\,\text{mA}$,$P_o = 5\,\text{W}$,电压利用系数 $\xi = 1$。试求 P_D、η、R_p、I_{cm1}和电流导通角 θ_c。

2.15 一高频功放以抽头并联谐振回路作负载,谐振回路用可变电容调谐。工作频率 $f = 5\,\text{MHz}$,谐振时电容 $C = 200\,\text{pF}$,回路有载品质因数 $Q_L = 20$,放大器要求的最佳负载阻抗 $R_{pcr} = 50\,\Omega$。试计算回路电感 L 和接入系数 p_L。

2.16 某高频谐振功率放大器工作于临界状态,输出功率为 15 W,且 $E_C = 24\,\text{V}$,导通角 $\theta_c = 70°$。功放管参数为:$g_{cr} = 1.5\,\text{A/V}$,$I_{CM} = 5\,\text{A}$。试问:

(1) 直流电源提供的功率 P_D、功放管的集电极损耗功率 P_C、效率 η 和临界负载电阻 R_{pcr} 各是多少?(注:$\alpha_o(70°) = 0.253$,$\alpha_1(70°) = 0.436$。)

(2) 若输入信号振幅增大一倍,功放的工作状态将如何改变?此时的输出功率约为多少?

(3) 若负载电阻增大一倍,功放的工作状态将如何改变?

(4) 若回路失谐,会有何危险?如何指示调谐?

2.17 高频大功率晶体管 3DA4 的参数为 $f_T = 100\,\text{MHz}$,$\beta = 20$,额定输出功率 $P_o = 20\,\text{W}$,临界饱和线跨导 $g_{cr} = 0.8\,\text{A/V}$,用它做成 2 MHz 的谐振功率放大器,选定 $E_C = 24\,\text{V}$,$\theta_c = 70°$,$I_{Cmax} = 2.2\,\text{A}$,并工作于临界状态。试计算 R_p、P_o、P_c、η 与 P_D。

2.18 改正图题 2.18 电路中的错误,不得改变馈电形式,重新画出正确的电路。

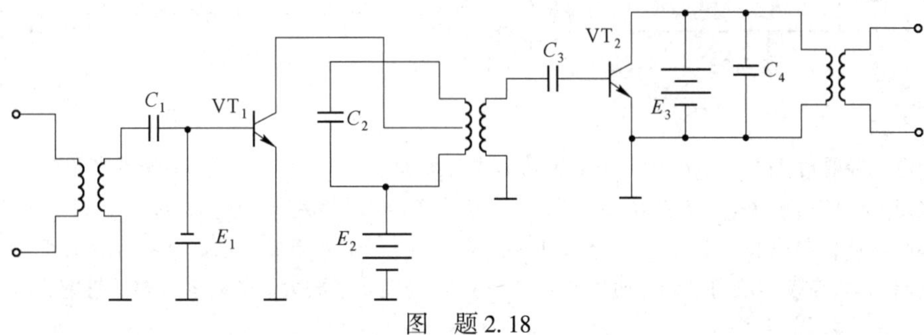

图 题 2.18

2.19 指出图题 2.19 中所示高频功率放大电路中的错误,在不改变馈电形式的条件下,重新画出正确的电路。

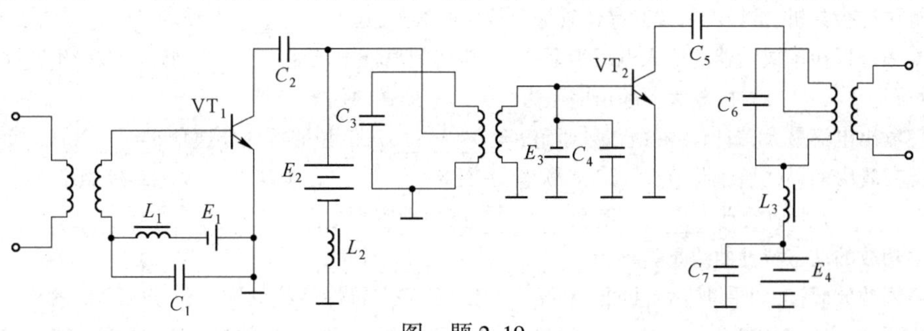

图 题 2.19

2.20 试画出两级谐振功放的实际线路,要求:

(1) 两级均采用 NPN 型晶体管,发射极直接接地;

(2) 第一级基极前级采用互感耦合,第二级基极采用零偏电路;

(3) 第一级集电极馈电电路采用并联形式,第二级集电极馈电电路采用串联形式;

(4) 两级间回路为 T 型网络,输出回路采用 Π 型匹配网络,负载为天线。

2.21 设计一谐振功率放大器,其输出回路采用变压器耦合式复合回路。若已知功率管的最大允许管耗 $P_{CM}=3\,W$,最大允许电流 $I_{CM}=5\,A$,$BU_{CEO}=25\,V$,饱和压降 $U_{CES}=1.2\,V$,取 $E_C=12\,V$,集电极电压利用系数 $\xi=0.9$,导通角 $\theta_c=70°$,$\alpha_1(70°)=0.436$,$\alpha_o(70°)=0.253$,中介回路和天线回路的效率 $\eta_K=0.95$。

(1) 画出只采用单电源 E_C,且集电极为并馈供电的功率放大器电路图(天线串联在天线回路中)。

(2) 若要求天线得到 5 W 的功率,问该放大器是否工作于安全区?

(3) 放大器正常工作时处于什么状态?若此时天线突然断开或突然短路,试问出现此两种情况时,功率管的工作状态如何变化?天线电流和 I_{C0} 如何变化?(放大器正常工作时,耦合回路处于临界耦合全谐振状态)。

(4) 画出基极电压 u_b、集电极电流 i_c、集电极电压 u_{CE} 的波形图(要求时间轴对齐)。

2.22 如图 2.31 (a)所示的 Π 型网络,两端的匹配阻抗分别为 R_{p1}、R_{p2}。证明下列公式:

$$X_{P1}=\frac{R_{P1}}{\sqrt{\frac{R_{P1}}{R_{P2}}(1+Q_2^2)-1}},\quad X_S=X_{S1}+X_{S2}=\frac{R_{P2}}{1+Q_2^2}\left[Q_2+\sqrt{\frac{R_{P1}}{R_{P2}}(1+Q_2^2)-1}\right]$$

并证明回路总品质因数 $Q=Q_1+Q_2$。

2.23 有一输出功率为 2 W 的晶体管高频功率放大器。采用如图题 2.23 所示的 Π 型匹配网络,负载电阻 $R_2=200\,\Omega$,$E_C=24\,V$,$f_o=50\,MHz$,设 $Q_1=10$。试求 L_1、C_1、C_2 之值。

2.24 一谐振功率放大器,已知工作频率 $f=300\,MHz$,负载 $R_L=50\,\Omega$,晶体管输出容抗 $X_{CO}=-25\,\Omega$,其并联谐振电阻 $R_o=50\,\Omega$。试设计如图题 2.24 所示 L 型匹配网络的 C_1、C_2、L 的值。设网络有载品质因数 $Q_1=5$。

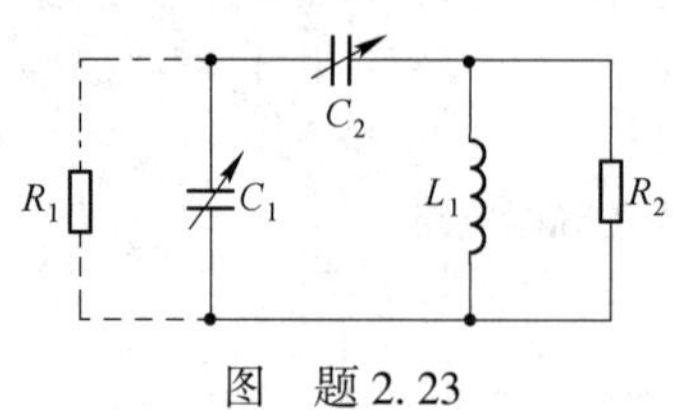

图　题 2.23

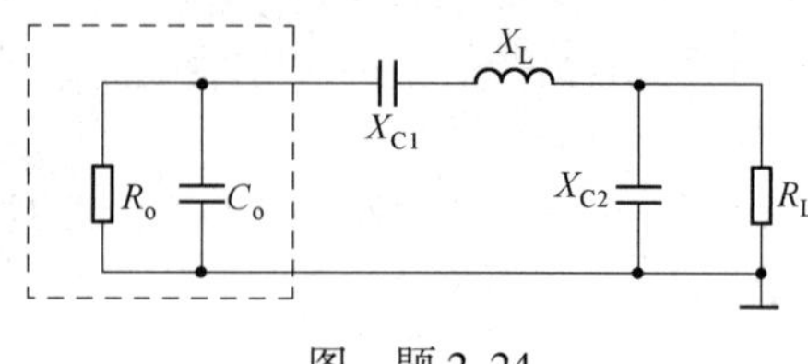

图　题 2.24

2.25 填空题

(1) 按照电流导通角 θ 来分类,$\theta=180°$ 的高频功率放大器称为________类功放,$\theta>90°$ 的高频功率放大器称为________类功放,$\theta=90°$ 的高频功率放大器称为________类功放,$\theta<90°$ 的高频功率放大器称为________类功放。

(2) 高频功率放大器一般采用________作为负载,属________类功率放大器。其电流导通角 θ________90°。兼顾效率和输出功率,高频功放的最佳导通角 $\theta=$________。高频功率放大器的两个重要的性能指标是________、________。

(3) 高频功放通常工作于丙类状态,因此其晶体管是________器件,常用________方法进行分析。对高频功放通常用图解法进行分析,常用的曲线除晶体管输入特性曲线外,还有________曲线和________曲线。

(4) 若高频谐振功率放大器的输入电压为余弦波,则其集电极电流是________脉冲,基极电流是________脉冲,发射极电流是________脉冲,放大器输出电压为________形式的信号。

(5) 为使输出电流最大,二倍频的最佳导通角 $\theta=$________;三倍频的最佳导通角 $\theta=$________。

(6) D 类功放中的晶体管工作在________状态,其效率________C 类功放的效率。理想情况下 D 类功放的效率 $\eta=$________。D 类功放有________型和________型两种基本电路。

(7) 高频功放的动态特性曲线是斜率为________的一条________。

(8) 对高频功放而言,如果动态特性曲线和 u_{BEmax} 对应的静态特性曲线的交点位于放大区就称为________工作状态;交点位于饱和区就称为________工作状态;动态特性曲线、u_{BEmax} 对应的静态特性曲线和临界饱和线三线交于一点就称为________工作状态。

(9) 高频功放的基极电源电压$-U_{BB}$(其他参数不变)由大到小变化时,功放的工作状态由________状态到临界状态到________状态变化。高频功放的集电极电源电压 E_C(其他参数不变)由小到大变化时,功放的工作状态由________状态到临界状态到________状态变化。高频功放的输入信号幅度 U_{bm}(其他参数不变)由小到大变化时,功放的工作状态由________状态到临界状态到________状态变化。高频功放的负载 R_p(其他参数不变)由小到大变化时,功放的工作状态由________状态到临界状态到________状态变化。

(10) C类功放在________工作状态相当于一个恒流源;而在________工作状态相当于一个恒压源。集电极调幅电路中的高频功放应工作在________工作状态;而基极调幅电路中的高频功放应工作在________工作状态。发射机末级通常是高频功放,此功放工作在________工作状态。

(11) 高频功率放大器在________工作状态时输出功率最大,在________工作状态时效率最高。

(12) 当高频功率放大器用作振幅限幅器时,放大器应工作在________工作状态;用作线性功率放大器时应工作在________工作状态。当高频功率放大器放大振幅调制信号时,放大器应工作在________工作状态,放大等振幅信号时应工作在________工作状态。

(13) 假设高频功放开始工作于临界状态,且负载回路处于谐振状态,当回路失谐时,功放会进入________工作状态。高频功率放大器通常采用________指示负载回路的调谐。

(14) 高频功放中需考虑的直流馈电电路有________馈电电路和________馈电电路两种。集电极馈电电路的馈电方式有________和________两种。基极馈电电路的馈电方式有________和________两种。对于基极馈电电路而言,通常采用________电路来产生基极偏置电压。

本章的习题解答请扫二维码 2。

二维码 2

第3章　正弦波振荡器

本章主要讨论正弦波振荡器的基本理论,分析各种正弦波振荡器的振荡与稳频原理,并对三点式振荡器和晶体振荡器的相位平衡条件判断准则和具体电路作重点分析。最后介绍提高正弦波振荡器频率稳定度的基本措施。本章的教学需要8~10学时。压控振荡器和集成振荡器可做简单介绍,RC振荡器和负阻振荡器不在课堂介绍,作为学生自学或选修内容。

3.1　概　　述

在通信及电子技术领域的各种电子设备中,广泛应用正弦波振荡器。例如,在广播、电视、雷达、遥控遥测系统中发射机的载波信号源,超外差式接收机中的本地振荡信号源,各种电子系统中的定时时钟信号源,电子测量仪器中的正弦波信号源等。在这些应用中,对振荡器提出的主要要求是振荡频率的准确性和频率的稳定性(度),其中尤其以频率稳定度最为重要。

与放大器一样,振荡器也是一种能量转换器,但不同的是振荡器无需外部激励,就能自动地将直流电源供给的功率转换为指定频率和振幅的交流信号功率输出。正弦波振荡器一般是由晶体管等有源器件和具有某种选频能力的无源网络组成的一个反馈系统。

振荡器的种类很多,从振荡电路中有源器件的特性和形成振荡的原理来看,可分为反馈式振荡器和负阻式振荡器;根据所产生的波形可分为正弦波振荡器和非正弦波(矩形波、三角波、锯齿波等)振荡器;根据选频网络所采用的器件可分为LC振荡器、晶体振荡器、RC振荡器及压控振荡器等。随着集成技术的发展,又出现了集成振荡器。本章重点讨论通信系统中最常用的高频正弦波反馈型振荡器,它主要包括LC振荡器和晶体振荡器。

3.2　反馈型自激振荡器的工作原理

3.2.1　产生振荡的基本原理

在反馈振荡器中,LC并联谐振回路是最基本的选频网络,所以先讨论LC并联回路的自由振荡现象,并以此为基础分析反馈振荡器的工作原理。

图3.1是一个并联谐振回路与一个直流电压U_S的连接图。R_p是并联回路的谐振电阻。在$t=0$以前开关S接通1端,使$u_C(0)=U_S$。在$t=0$时,开关S很快断开1端,接通2端。

根据电路分析基础知识可以求出,在$R_P>\frac{1}{2}\sqrt{L/C}$的情况下,回路将产生以电磁能交替变换为主要特征的自由振荡现象。即$t>0$以后,并联回路两端电压的表达式为

$$u_C(t)=U_S e^{-\alpha t}\cos\omega_o t \tag{3-1}$$

式中,振荡角频率$\omega_o=1/\sqrt{LC}$,衰减系数$\alpha=\frac{1}{2R_PC}$。

可见,当谐振电阻取值较大时,并联谐振回路两端的电压变化是一个振幅按指数规律衰减的正弦波振荡。其振荡波形如图3.2所示。

并联谐振回路中自由振荡衰减的原因在于损耗电阻的存在。若回路无损耗，即 $R_p \to \infty$，则衰减系数 $\alpha \to 0$，由式(3-1)可知，回路两端电压变化将是一个等幅正弦波振荡。由此可以产生一个设想，如果采用正反馈的方法，不断地适时给回路补充能量，使之刚好与 R_p 上损耗的能量相等，那么就可以获得等幅的正弦波振荡了。

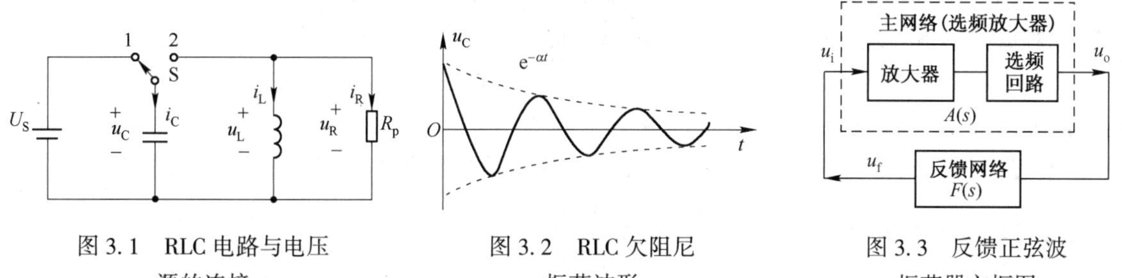

图 3.1　RLC 电路与电压源的连接

图 3.2　RLC 欠阻尼振荡波形

图 3.3　反馈正弦波振荡器方框图

选频放大器(或谐振放大器)在一定条件下通过正反馈可以产生自激振荡，由此构成的振荡装置称为反馈型正弦波振荡器，一般由放大器、选频回路和反馈网络组成，其方框图如图 3.3 所示。图中放大器和选频回路构成主网络，其增益函数用$A(s)$表示，其作用是对弱信号放大和选频的作用。反馈网络用其传递函数$F(s)$表示，它具有将部分输出信号能量回送到放大器输入端的功能。为了便于理解，对照图 3.3 画出了如图 3.4 所示的互感耦合 LC 振荡电路，由图可见，反馈振荡器的主网络就是谐振放大器，反馈网络是耦合线圈 L_f。

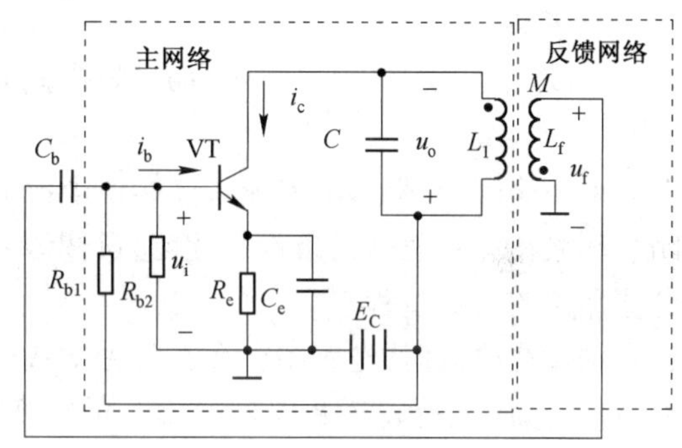

图 3.4　互感耦合 LC 振荡电路

反馈振荡器是一个非线性闭环系统，其特性需用非线性系统的分析方法来加以分析。但在振荡的初始起振阶段，系统内流通的信号比较微弱，因此可以引用线性系统的分析方法，来确定这一时期振荡器的工作状态。

图 3.5 给出了线性反馈系统的方框图。根据线性反馈系统的复频域分析方法，可得线性反馈系统的闭环传递函数的表达式为

$$A_f(s)=\frac{u_o(s)}{u_s(s)}=\frac{u_o(s)}{u_i(s)-u_f(s)}=\frac{A(s)}{1-A(s)F(s)} \tag{3-2}$$

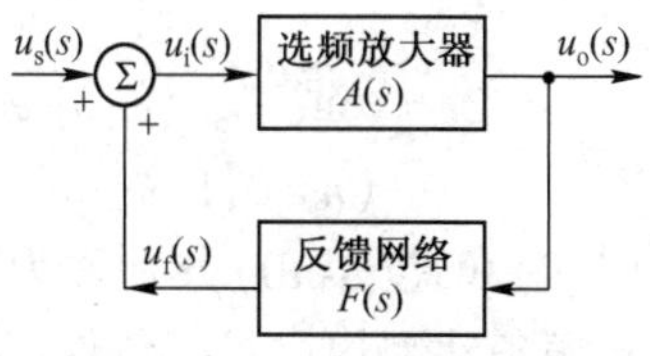

图 3.5　线性反馈系统的方框图

式中，$A(s)=u_o(s)/u_i(s)$为主网络的传递函数，$F(s)=u_f(s)/u_o(s)$为反馈网络的传递函数。如定义 $T(s)$ 为闭环网络开环时的环路传递函数(或环路增益)

$$T(s)=\frac{u_f(s)}{u_i(s)}=A(s)F(s) \tag{3-3}$$

则式(3-2)可改写为

$$A_f(s)=\frac{u_o(s)}{u_s(s)}=\frac{A(s)}{1-T(s)} \tag{3-4}$$

由此，即可求得环路产生振荡的条件为

$$1-T(s)=0 \tag{3-5}$$

式(3-5)说明，当 $T(s)=1$ 时，闭环传递函数 $A_f(s)$ 有极点存在，$A_f(s)\to\infty$。此时，系统即使在没有信号输入($u_s(s)=0$)的情况下，也有交变电压输出，即环路内部达到了能量平衡状态。这时图 3.3 所示的闭环电路即成为振荡器，能产生等幅的正弦波信号输出。

3.2.2 反馈振荡器的振荡条件

利用正反馈方法来获得等幅的正弦波振荡，这就是反馈振荡器的基本原理。反馈振荡器是由主网络和反馈网络组成的一个闭合环路，如图3.6所示。**其主网络一般由放大器和选频网络组成，反馈网络一般由无源器件组成。**

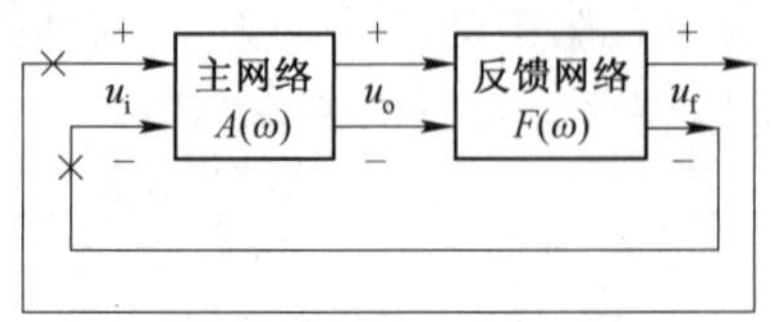

图3.6　反馈振荡器的组成

一个反馈振荡器必须满足三个条件：起振条件（保证接通电源后能逐步建立起振荡），平衡条件（保证进入维持等幅持续振荡的平衡状态）和稳定条件（保证平衡状态不因外界不稳定因素影响而受到破坏）。

1. 起振过程与起振条件

在图3.6所示闭合环路中，首先在"×"处断开，由式(3-3)可得环路增益

$$T(j\omega)=u_f(j\omega)/u_i(j\omega)=A(j\omega)F(j\omega) \tag{3-6}$$

式中，$u_f(j\omega)$，$u_i(j\omega)$，$A(j\omega)$，$F(j\omega)$分别是反馈电压、输入电压、主网络增益函数和反馈系数函数，均为复函数。

如果环路闭合，那么电路能否在接通电源后自动地建立起等幅持续振荡呢？或者说图3.6所示闭合环路在满足怎样的条件下才能自行起振。现以图3.5所示的互感耦合LC振荡电路为例来讨论振荡器的起振过程。

在刚接通电源时，电路中会存在各种电扰动，这些扰动在接通电源瞬间会引起电路电流的突变（如晶体管基极电流i_b或集电极电流i_c的突变），这些突变扰动的电流均具有很宽的频谱，由于集电极LC并联谐振回路的选频作用，其中只有谐振角频率ω_o的分量才能在谐振回路两端产生较大的电压$u_o(j\omega_o)$。通过变压器反馈后，加到放大器输入端的反馈电压$u_f(j\omega_o)$与原输入电压$u_i(j\omega_o)$同相，并且具有更大的振幅，则经过线性放大和正反馈的不断循环，振荡电压振幅就会不断增大。所以，要使振荡器在接通电源后振荡振幅能从小到大不断增长的条件是

$$u_f(j\omega_o)=T(j\omega_o)u_i(j\omega_o)>u_i(j\omega_o) \tag{3-7}$$

即

$$T(j\omega_o)>1 \tag{3-8}$$

由于$T(j\omega_o)$为复数，即$T(j\omega_o)=|T(j\omega_o)|e^{j\varphi_T(\omega_o)}$，所以上式可分别写成

$$|T(\omega_o)|>1 \quad 或 \quad |A(\omega_o)F(\omega_o)|>1 \tag{3-9}$$

$$\varphi_T(\omega_o)=2n\pi \quad 或 \quad \varphi_A(\omega_o)+\varphi_F(j\omega_o)=2n\pi \quad (n=0,1,2\cdots) \tag{3-10}$$

式(3-9)和式(3-10)分别称为反馈振荡器的振幅起振条件和相位起振条件。即说明在起振的过程中，**直流电源补充给电路的能量应该大于整个环路消耗的能量。**

如果在$u_o \sim u_i$坐标系中分别画出函数$|A(s)|$和$1/|F(s)|$的曲线，如图3.7所示。显然两条线的交点满足振荡的平衡条件$|A(s)F(s)|=1$（即$|A(s)|=1/|F(s)|$），称作平衡点。

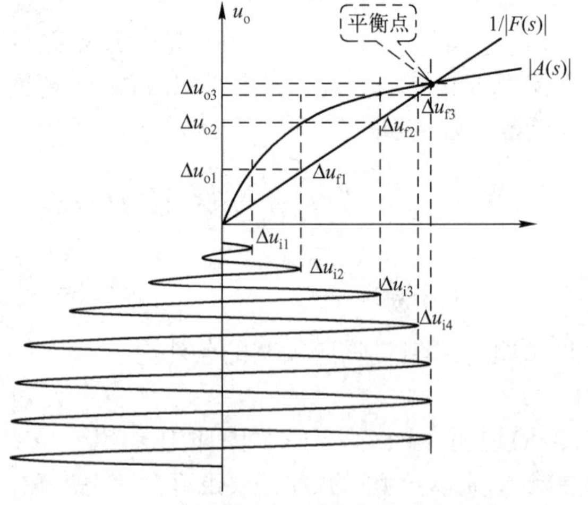

图3.7　自激起振过程振荡波形示意图

设振荡器在开启电源的瞬间在输入端产生了一个微弱的扰动电压Δu_{i1}，根据图3.6所示

信号的传输关系,并作图可描绘出振荡器起振时振荡波形的形成过程,如图 3.7 所示。由图可以看出信号的传输过程如下:

$$\Delta u_{i1} \to \Delta u_{o1} \to \Delta u_{f1} \to \Delta u_{i2} = \Delta u_{f1}$$
$$\Delta u_{i2} \to \Delta u_{o2} \to \Delta u_{f2} \to \Delta u_{i3} = \Delta u_{f2}$$
$$\Delta u_{i3} \to \Delta u_{o3} \to \Delta u_{f3} \to \Delta u_{i4} = \Delta u_{f3}$$

显然振荡器的起振是一个增幅的振荡过程,既有 $u_{i3} > u_{i2} > u_{i1}$,$u_{o3} > u_{o2} > u_{o1}$。同时放大器的工作状态也会随着信号波形的变化由甲类→甲乙类→乙类→最后可能进入丙类工作状态。

2. 平衡过程与平衡条件

振荡幅值的增长过程不可能无止境地延续下去,因为放大器的线性范围是有限的。随着振幅的增大,放大器逐渐由放大区进入饱和区或截止区,工作于非线性的甲乙类状态,甚至丙类状态,其增益逐渐下降。当放大器增益下降而导致环路增益下降到 1 时,振幅的增长过程将停止,振荡器达到平衡状态,即进入等幅振荡状态。振荡器进入平衡状态以后,直流电源补充的能量刚好抵消整个环路消耗的能量,振荡器环路中的信号能量达到一种平衡状态。所以,反馈振荡器的平衡条件为

$$T(\mathrm{j}\omega_o) = 1 \quad 或 \quad A(\mathrm{j}\omega_o)F(\mathrm{j}\omega_o) = 1 \tag{3-11}$$

又可分别写成:$|T(\omega_o)| = 1$ 或 $|A(\omega_o)F(\omega_o)| = 1$ (3-12)

$$\varphi_T(\omega_o) = 2n\pi \quad 或 \quad \varphi_A(\omega_o) + \varphi_F(\omega_o) = 2n\pi \quad (n = 0,1,2\cdots) \tag{3-13}$$

式(3-12)和式(3-13)分别称为振幅平衡条件和相位平衡条件。

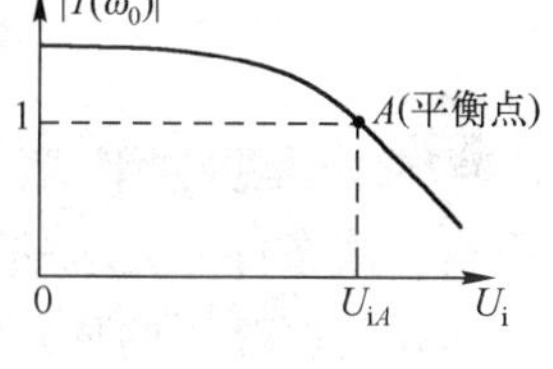

图 3.8 满足起振和平衡条件的环路增益特性

作为反馈振荡器,既要满足起振条件,又要满足平衡条件。为此,电源接通后,环路增益的模值 $|T(\omega_o)|$ 必须具有随振荡电压 u_i 振幅的增大而下降的特性,如图 3.8 所示。而环路增益的相位 $\varphi_T(\omega_o)$ 则必须维持在 $2n\pi$ 上,以保证放大器的反馈为正反馈。由图 3.8 可以看出,起振时,$|T(\omega_o)| > 1$,起振过程是一个增幅的振荡过程;随着 u_i 振幅的迅速增大,$|T(\omega_o)|$ 随之下降,u_i 振幅的增长速度变慢,直到 $|T(\omega_o)| = 1$ 时,u_i 的振幅停止增大,振荡器进入平衡状态,在相应的平衡振幅 U_{iA} 上维持等幅振荡。

3. 平衡状态的稳定性和稳定条件

振荡平衡条件只能说明振荡器起振后能工作在某一状态平衡,但并不能说明这个平衡状态是否稳定。也就是说,平衡条件只是建立振荡的必要条件,还不是充分条件。已建立的振荡是否能维持,还必需看平衡状态是否稳定。

什么是稳定的平衡状态?图 3.9 给出了稳定平衡与不稳定平衡状态的简单实例。如果将小球分别放置在大球壳顶部的平衡位置 A,以及大球壳底部的平衡位置 B。显然位置 A 处于不稳定的平衡状态,因为只要外界稍有干扰使小球偏离平衡点 A,小球即离开原位置滚下,不可能再自动回到原状态。但 B 位置的小球却处于稳定的平衡状态,因为即使外力使小球偏离 B 平衡点到达 B' 点,一旦外力消除,小球立即会自动的回到原来平衡位置的附近。由图 3.9 还可以看出,小球在 B 点位置上之所以能处于一种稳定的平衡状态,必须满足 B 点是一个下凹面。而 A 点位置是一个上凸面,不满足稳定平衡状态的基本条件,所以小球在 A 点位置上的平衡状态是不稳定的。

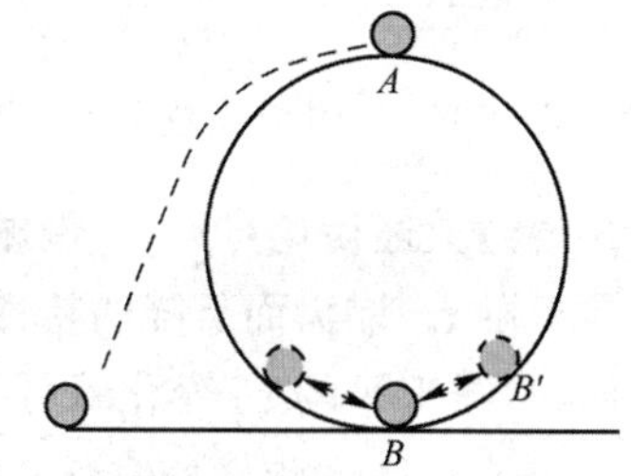

图 3.9 稳定平衡与不稳定平衡状态的简单实例

同样的道理,振荡器在工作过程中,不可避免地要受到各种外

界因素变化的影响，如电源电压波动、温度变化、噪声干扰等。这些不稳定因素将会引起放大器和回路的参数发生变化，结果使$T(\omega_o)$或$\varphi_T(\omega_o)$变化，将破坏原来的平衡状态。当振荡器的平衡状态受到干扰时，如果通过放大和反馈的不断循环，振荡器越来越偏离原来的平衡状态，从而导致振荡器停振或突变到新的平衡状态，则表明原来的平衡状态是不稳定的。反之，如果通过放大和反馈的不断循环，振荡器能够产生回到原平衡点的趋势，并且在原平衡点附近建立新的平衡状态，则表明原平衡状态是稳定的。振荡平衡状态的稳定条件也分为振幅平衡状态的稳定条件和相位平衡状态的稳定条件。以下分别讨论。

(1) 振幅平衡状态的稳定条件

要使振幅稳定，振荡器在其平衡点必须具有阻止振幅变化的能力。具体来说，在平衡点$U_i=U_{iA}$附近，当不稳定因素使u_i的振幅U_i增大时即$U_i>U_{iA}$，环路增益幅值$|T(\omega_o)|$应该减小($|T(\omega_o)|<1$)，使反馈电压振幅U_f减小，从而阻止U_i增大，如图3.10所示；反之，当不稳定因素使u_i的振幅U_i减小时即$U_i<U_{iA}$，$|T(\omega_o)|$应该增大($|T(\omega_o)|>1$)，使反馈电压振幅U_f增大，从而阻止U_i减小，如图3.10所示。这就**要求在平衡点附近，$|T(\omega_o)|$具有随U_i的变化率为负值(负斜率)的特性，即**

$$\left.\frac{\partial T(\omega_o)}{\partial U_i}\right|_{U_i=U_{iA}}<0 \tag{3-14}$$

式(3-14)就是振幅平衡的稳定条件。对照图3.8可以看出，满足这个条件的环路增益特性与满足起振和平衡条件所要求的环路增益特性是一致的。

如果某振荡器的环路增益特性曲线如图3.11所示，则该振荡器存在着两个平衡点A和B，其中，A点是稳定的，而B点处，由于$|T(\omega_o)|$具有随U_i增大而增大的特性(正斜率)，它是不稳定的。例如，若设该振荡器工作在B点的平衡状态下，当某种原因使U_i大于U_{iB}，则$|T(\omega_o)|>1$随之增大，势必使U_i进一步增大，从而更偏离平衡点B，最后到达平衡点A；反之，若某种原因使U_i小于U_{iB}，则$|T(\omega_o)|<1$随之减小，从而进一步加速U_i减小，直到停止振荡。在这种振荡器中，由于不满足振幅起振条件，因而必须外加大的电冲击(例如，用手拿金属棒接触基极)，产生大于U_{iB}的起始扰动电压后，才能进入平衡点A，产生持续等幅振荡。通常将这种依靠外加冲激而产生振荡的方式称为硬激励；相应地，将电源接通后自动进入稳定平衡状态的方式称为软激励。

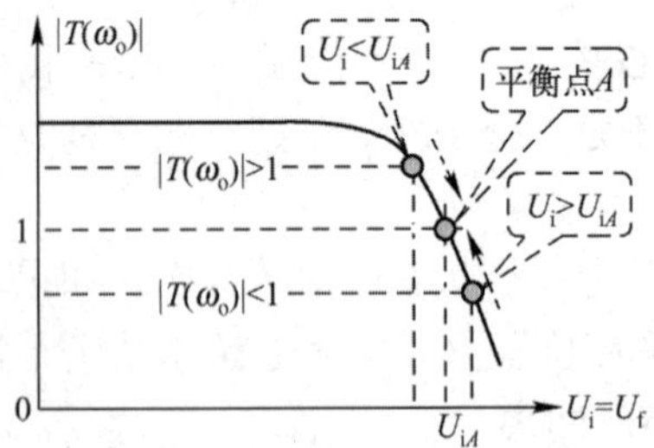

图3.10 振幅平衡状态稳定条件的示意图

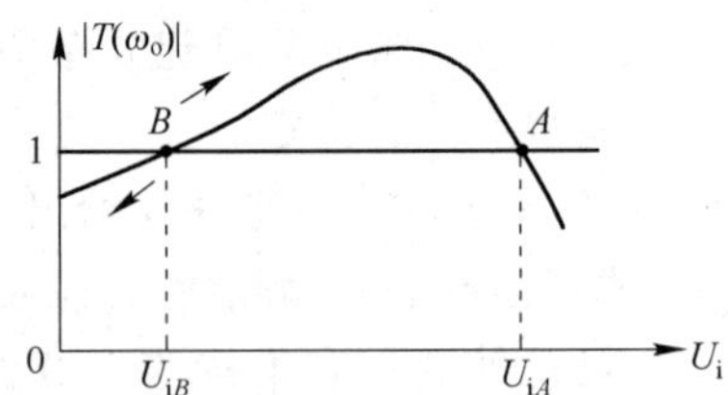

图3.11 满足幅度稳定条件的稳定点的判断

通过上述讨论可见，要使振幅平衡点稳定，$|T(\omega_o)|$必须在平衡点U_{iA}附近具有负斜率变化，即具有随U_i增大而下降的特性，且这个斜率越陡，表明由U_i的变化而产生的$|T(\omega_o)|$变化越大。这样，只需很小的U_i变化就可抵消外界因素引起的$|T(\omega_o)|$的变化，使环路重新回到平衡状态。

(2) 相位平衡状态的稳定条件

所谓相位平衡的稳定条件，是指当相位平衡条件遭到破坏时，振荡电路本身能自动恢复相位平衡点的条件。

由于振荡的角频率就是相位的变化率($\omega=\mathrm{d}\varphi/\mathrm{d}t$),当振荡器的相位变化时,频率也必然发生变化。所以**相位稳定条件也就是频率稳定条件**。

如果设由于某种外界因素的影响,振荡电路的相位平衡条件 $\varphi_T(\mathrm{j}\omega_o)=2n\pi$ 遭到破坏,环路增益 $T(\mathrm{j}\omega)=u_f(\mathrm{j}\omega)/u_i(\mathrm{j}\omega)$ 产生了一个很小的相位增量 $\Delta\varphi_T>0$,这就意味着反馈电压 u_f超前于原有输入电压 u_i(前一周期反馈电压)一个相角。相位超前就意味着信号周期缩短,将导致振荡信号频率的增加(即产生一个频率的增量 $\Delta\omega>0$),如图 3.12 所示。反之,如果相位增量 $\Delta\varphi_T<0$,反馈电压 u_f落后原输入电压 u_i一个相角,将导致振荡信号频率产生的增量 $\Delta\omega<0$。

从以上分析可知,外因引起的相位变化与频率的关系是:相位超前($\Delta\varphi_T>0$)导致频率升高($\Delta\omega>0$),相位滞后($\Delta\varphi_T<0$)导致频率降低($\Delta\omega<0$),说明外因引起的频率随相位的变化关系可表示为 $\Delta\varphi_T/\Delta\omega>0$。

因此,要保证振荡相位平衡点的稳定,振荡器本身应该具有恢复相位平衡的能力。必须要求振荡电路内部能够产生一个新的相位变化,而这个相位变化与外因引起的相位变化的符号应相反,以消弱或抵消由外因引起的相位 $\Delta\varphi_T$变化,亦即相位稳定条件应为 $\Delta\varphi_T/\Delta\omega<0$,写成偏微分形式,即 $\partial\varphi_T/\partial\omega<0$。

由于振荡器环路增益 $T(\mathrm{j}\omega)=u_f(\mathrm{j}\omega)/u_i(\mathrm{j}\omega)$ 的相位如图 3.13 所示,可表示为

$$\varphi_T=\varphi_Y+\varphi_Z+\varphi_F$$

其中,φ_Y为放大器集电极输出的基波电流 i_{c1}与输入电压 u_i之间的相位差;φ_Z为并联谐振回路阻抗相位角;φ_F为反馈网络反馈传输函数的相位角。所以,相位稳定条件可表示为

$$\frac{\partial\varphi_T}{\partial\omega}=\frac{\partial(\varphi_Y+\varphi_Z+\varphi_F)}{\partial\omega}<0$$

但是,一般 φ_Y和 φ_F对于频率变化的敏感性远小于 φ_Z对频率变化的敏感性,因此,上式可写为

$$\frac{\partial\varphi_T}{\partial\omega}\approx\frac{\partial\varphi_Z}{\partial\omega}<0 \tag{3-15}$$

式(3-15)就是振荡器的相位平衡的稳定条件。事实上,由第 1 章对并联谐振回路的讨论可知,它的相频特性正好具有负的斜率,如图 3.14 所示。因而 **LC 并联谐振回路不但能决定振荡频率,而且能稳定振荡频率**。下面利用图 3.14 说明相位平衡稳定条件的稳频原理。

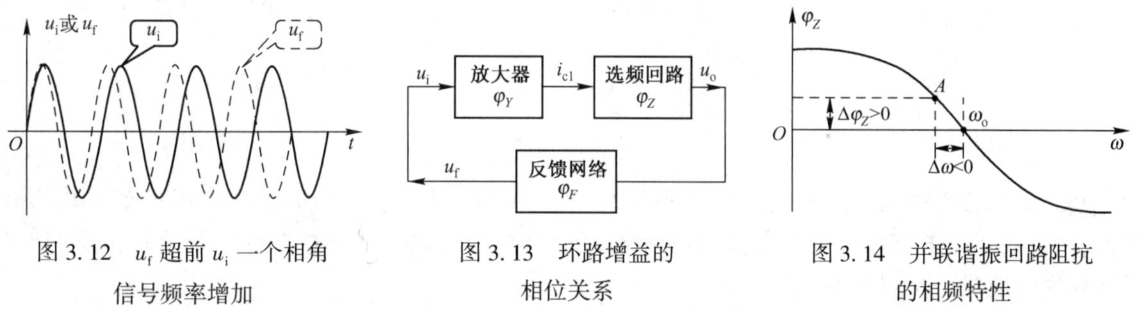

图 3.12 u_f 超前 u_i 一个相角信号频率增加

图 3.13 环路增益的相位关系

图 3.14 并联谐振回路阻抗的相频特性

若设某种外界因素使振荡器相位发生了变化,使振荡信号的频率产生一个负增量 $\Delta\omega<0$,见图 3.14 中的 A 点。由于频率降低使谐振回路产生正的相角增量 $\Delta\varphi_Z>0$,反馈电压 u_f将超前于输入电压 u_i一个相角。意味着振荡信号的周期缩短,将导致振荡信号频率的增加。从而抵消由外因引起的相位和频率变化,使振荡器重新回到原相位平衡稳定点,并满足平衡条件 $\varphi_T(\mathrm{j}\omega_o)=2n\pi$。

3.2.3 反馈振荡电路的判断

根据上述反馈振荡电路的基本原理和应当满足的起振、平衡和稳定三个条件,判断一个反馈振

荡电路能否正常工作,需考虑以下几点:

(1) 可变增益放大器件(晶体管,场效应管或集成电路)应有正确的直流偏置,起振开始时应工作在甲类状态,以便于起振。

(2) 开始起振时,环路增益幅值$|T(\omega_o)|=|A(\omega_o)F(\omega_o)|$应大于1。由于反馈网络通常由无源器件组成,反馈系数F通常小于1,故要求$|A(\omega_o)|$必须大于1。一般共发射极、共基极电路都可以满足这一条件。另外,为了增大$A(\omega_o)$,负载电阻不能太小。

(3) 环路增益的相位$\varphi_T(\omega_o)$在振荡频率点应为2π的整数倍,即环路应为正反馈。

(4) 选频网络在振荡频率点附近应具有负斜率的相频特性。由式(3-15)可知,振荡器相位平衡状态的稳定条件是,环路增益的相频特性在振荡频率点附近应具有负斜率,但一般的振荡电路中,$\varphi_T(\omega)$由三部分组成:放大器的相移$\varphi_A(\omega)$,选频谐振回路的相移$\varphi_Z(\omega)$,和反馈网络的相移$\varphi_f(\omega)$。即$\varphi_T(\omega)=\varphi_A(\omega)+\varphi_Z(\omega)+\varphi_f(\omega)$。在谐振频率$\omega_o$附近,通常放大管相移$\varphi_A(\omega)$为常数,而反馈网络通常由变压器、电阻分压器或电容分压器组成,其相移$\varphi_f(\omega)$随ω的变化比较缓慢,近似认为它也是与ω无关的常数。相比之下,选频谐振回路(通常为并联谐振回路)的相移$\varphi_Z(\omega)$随ω的变化较快,所以$\varphi_Z(\omega)$的变化特性可代表$\varphi_T(\omega)$随ω的变化。因此,**相位稳定条件应该由选频网络的相频特性来实现。但需注意,LC并联回路阻抗的相频特性和LC串联回路导纳的相频特性是负斜率,而LC并联回路导纳的相频特性和LC串联回路阻抗的相频特性是正斜率。**

以上第一点可根据直流等效电路进行判断,其余三点可根据交流等效电路进行判断。

[例3-1] 判断图3.15所示各反馈振荡电路能否正常工作。其中图(a)、(b)是交流等效电路,(c)是实用电路。

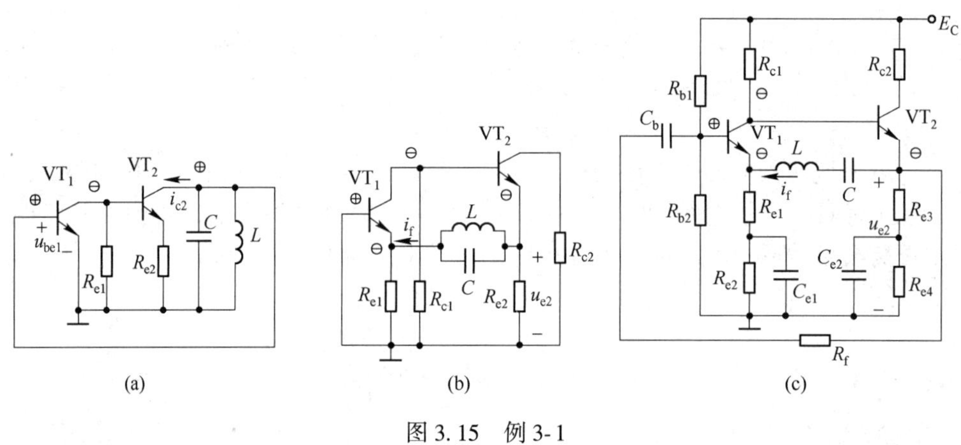

图3.15 例3-1

解: 图3.15中所示的三个电路均为两级反馈,且两级中至少有一级是共发射极电路或共基极电路,所以只要其电压增益足够大,振荡的振幅条件就容易满足。而相位条件一是要求正反馈,二是选频网络应具有负斜率特性。

图(a)所示电路由两级共发射极反馈电路组成,其瞬时极性如图中所标注,所以是正反馈。LC并联回路同时担当选频和反馈作用,且在谐振频率点上反馈电压最强。在讨论选频网络的相频特性时,一定要注意应采用其阻抗特性还是导纳特性。对于图(a),LC并联回路输入的是VT_2的集电极电流i_{c2},输出的是反馈到VT_1发射结的电压u_{be1},所以应采用其阻抗特性。根据图1.7可知并联回路的阻抗相频特性在谐振频率点上具有负斜率。综上所述,图(a)所示电路满足相位条件及其相位稳定条件,因此能够正常工作。

图(b)所示电路由共基-共集两级反馈电路组成。根据瞬时极性判断法,如把LC并联回路作为一个电阻看待,则为正反馈。但 LC 并联回路在谐振频率点的阻抗趋于无穷大,正反馈最弱。同时对于此 LC 并联回路来说,其输入是电阻 R_{e2}上的电压 u_{e2},输出是电流 i_f,所以应采用其导纳特性。由于并联回路导纳的相频特性在谐振频率点上是正斜率,所以不满足相位稳定条件。综上所述,图(b)电路不能正常工作。

图(c)与图(b)不同之处在于用串联回路置换了并联回路。由于 LC 串联回路在谐振频率点的阻抗趋于零,则 VT_1 输入端的正反馈最强,且其导纳的相频特性在谐振频率点上是负斜率,满足相位稳定条件,所以图(c)所示电路能正常工作。另外,图(c)中在 VT_2 的发射极与 VT_1 的基极之间增加了一条负反馈支路,用以稳定电路的输出波形。

3.3 LC 正弦波振荡电路

3.3.1 互感耦合 LC 振荡电路

图 3.16 是常用的一种集电极调谐型互感耦合 LC 振荡器电路。此电路采用共发射极组态,LC 回路接在集电极上。注意耦合电容 C_b 的隔直作用。如果将 C_b 短路,则基极通过变压器次级直流接地,振荡电路不可能起振。

互感耦合振荡器是依靠线圈之间的互感耦合来实现正反馈的,所以,应注意耦合线圈同名端的正确位置。同时,耦合系数 M 要选择合适,使之满足振幅起振条件 $AF>1$。

互感耦合振荡器的频率稳定度不高,且由于互感耦合元件分布电容的存在,限制了振荡频率的提高,所以只适用于较低频段。

[**例 3-2**] 判断如图 3.17 所示两级互感耦合振荡电路能否起振。

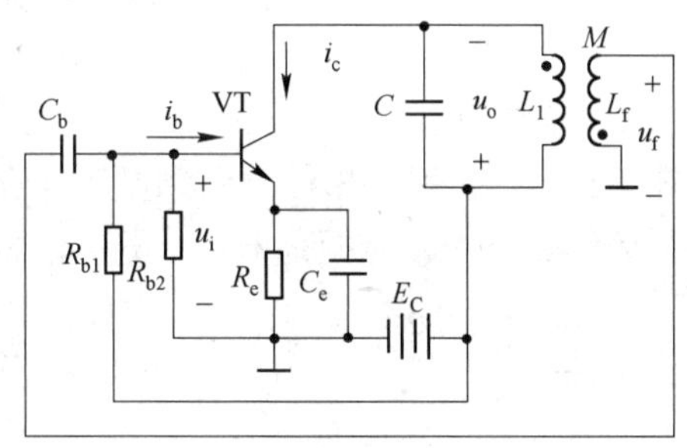

图 3.16 互感耦合 LC 振荡电路

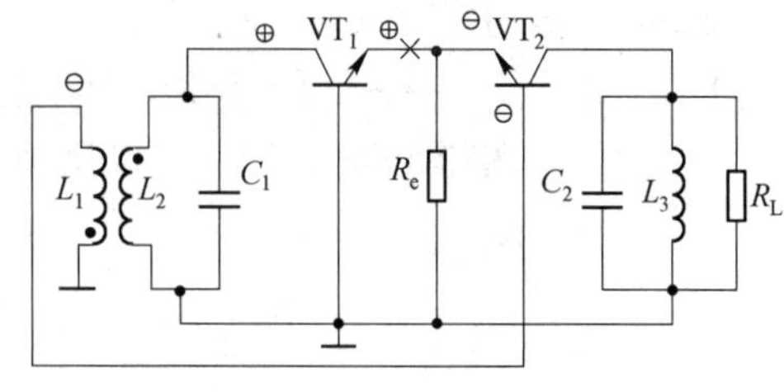

图 3.17 例 3.2

解: 在 VT_1 的发射极与 VT_2 的发射极之间断开。从断开处向左看,将 VT_1 的发射极作为输入端,VT_2 的发射极作为输出端,可知这是一个共基-共集反馈电路,振幅条件是可以满足的,所以只要相位条件满足,就可起振。

利用瞬时极性判断法,根据同名端位置,有:$u_{e1}{}^{\oplus} \to u_{c1}{}^{\oplus} \to u_{b2}{}^{\ominus} \to u_{e2}(u_{e1})^{\ominus}$,可见是负反馈,不能起振。

如果把变压器次级同名端位置换一下,则可改为正反馈。而变压器初级回路是并联 LC 回路,作为 VT_1 的负载,考虑到其阻抗特性满足相位稳定条件,因此可以起振。

3.3.2 三点式 LC 振荡电路

1. 电路组成原则

图 3.18 示出了两种基本类型的三点式振荡器的原理电路。其中图(a)为电容三点式振荡电

路，图(b)为电感三点式振荡电路。

为了便于分析，暂忽略回路中的损耗，并将三点式振荡器电路画成如图3.18(c)所示的一般形式。如果进一步忽略三极管的输入和输出阻抗，则当回路谐振，即 $\omega=\omega_o$ 时，谐振回路的总电抗 $X_1+X_2+X_3=0$，回路呈纯电阻性。由于，

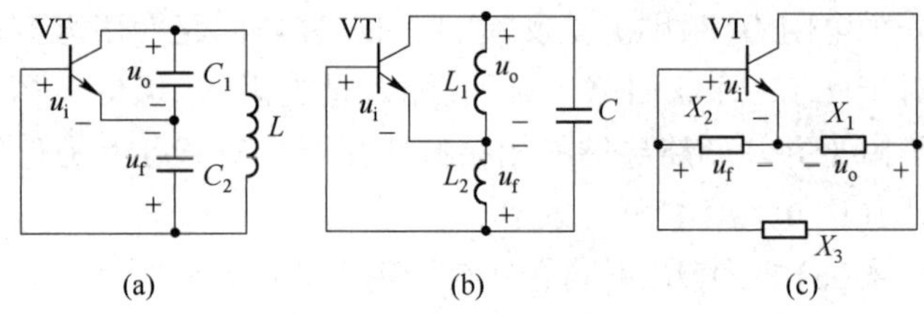

图 3.18　三点式振荡器的原理电路

放大器的输出电压 u_o 与其输入电压 u_i 反相，即 $\varphi_A(\omega_o)=-\pi$，而反馈电压 u_f 又是输出电压 u_o 在 X_3 和 X_2 支路中分配在 X_2 上的电压，即

$$u_f(j\omega)=u_i(j\omega)=\frac{jX_2}{j(X_2+X_3)}u_o(j\omega)=-\frac{X_2}{X_1}u_o(j\omega) \tag{3-16}$$

为了满足相位平衡条件 $|\varphi_A+\varphi_f|=2\pi n$，要求 $\varphi_f(\omega_o)=-\pi$，即 u_f 与 u_o 反相。由上式可见，X_2 必须与 X_1 为同性质电抗，而 X_3 应为异性质电抗。这时，振荡器的振荡频率可以利用谐振回路的谐振频率来估算。

如果考虑到回路损耗和三极管输入及输出阻抗的影响，那么上述结论仍可近似成立。在这种情况下，不同之处仅在于 u_o 与 u_i 不再反相，而是在$-\pi$ 上附加了一个相移。因而，为了满足相位平衡条件，u_o 对 u_f 的相移也应在$-\pi$ 上附加数值相等、符号反相的相移。为此，谐振回路对振荡频率必须是失谐的。换句话说，振荡器的振荡频率不是简单地等于回路的谐振频率，而是稍有偏离。

综上所述，三点式振荡器构成的一般原则可归纳为：

(1) **晶体管发射极所接的两个电抗元件 X_1 与 X_2 性质相同，而不与发射极相接的电抗元件 X_3 的电抗性质与前者相反。**

(2) **振荡器的振荡频率可利用关系式 $|X_1+X_2|=|X_3|$ 来估算。**

[例 3-3]　几种振荡器的高频交流等效电路如图 3.19 所示，利用相位条件判断哪个是可能振荡的，哪个是不可能振荡的？如果可以振荡，说明其满足什么条件才能振荡？

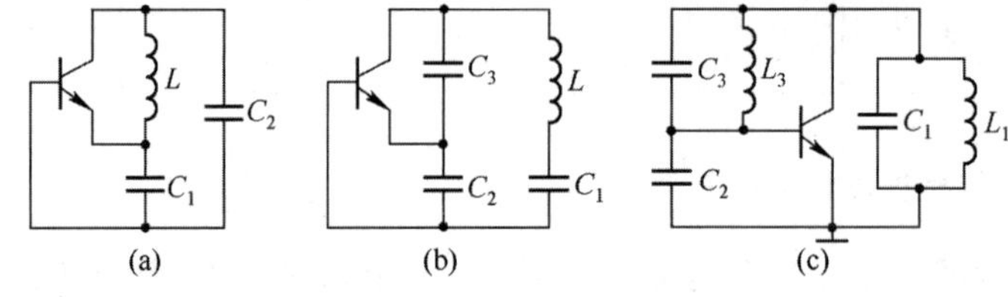

图 3.19　例 3-3

解：只要满足三点式振荡器的组成原则，该振荡器就能振荡。

图(a)，与三极管发射极相接的电抗元件分别是 L、C_1，电抗性质不同，因此不可能振荡；

图(b)，与三极管发射极相接的电抗元件是电容 C_2 与 C_3，因此要使振荡器振荡，LC_1 回路应呈感性。

图(c)，与三极管发射极相接的电抗元件是电容 C_2 与 L_1C_1 回路，不与发射极相接的是 L_3C_3 回路，因此要使振荡器振荡，L_1C_1 回路应呈容性，L_3C_3 回路应呈感性。

[例 3-4]　在如图 3.20 所示振荡器的交流等效电路中，三个 LC 并联回路的谐振频率分别是：$f_1=1/(2\pi\sqrt{L_1C_1})$，$f_2=1/(2\pi\sqrt{L_2C_2})$，$f_3=1/(2\pi\sqrt{L_3C_3})$

试问 f_1、f_2、f_3 满足什么条件时该振荡器能正常工作？且相应的振荡频率是多少？

解：由图3.20可知，只要满足三点式振荡器的组成原则，该振荡器就能正常工作。

若组成电容三点式，则在振荡频率f_{s1}处，L_1C_1回路与L_2C_2回路应呈现电容性，L_3C_3回路应呈现电感性。所以应满足

$$f_1 \leqslant f_2 < f_{s1} < f_3，或 f_2 \leqslant f_1 < f_{s1} < f_3。$$

若组成电感三点式，则在振荡频率f_{s2}处，L_1C_1回路与L_2C_2回路应呈现电感性，L_3C_3回路应呈现电容性，所以应满足

$$f_1 \geqslant f_2 > f_{s2} > f_3，\quad 或 f_2 \geqslant f_1 > f_{s2} > f_3$$

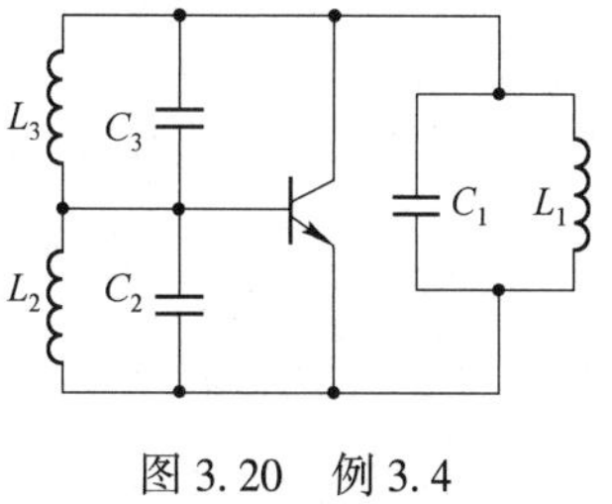

图3.20　例3.4

在以上两种情况下，振荡频率f_s的表达式可根据回路总电抗$\sum X=0$的基本原则，均可估算为

$$f_s=\frac{1}{2\pi\sqrt{L_\Sigma C_\Sigma}}$$

式中，$L_\Sigma=\dfrac{L_3(L_1+L_2)}{L_1+L_2+L_3}$，$C_\Sigma=C_3+\dfrac{C_1C_2}{C_1+C_2}$。

2. 电容三点式振荡电路(Colpitts Oscillator)

图3.21(a)是一电容三点式振荡器的实际电路。图中，R_{b1}、R_{b2}、R_e、C_e、C_b为偏置电阻和旁路电容及隔直流电容。在开始振荡时这些偏置电阻决定电路起振初期的静态工作点；当振荡产生以后，由于电阻R_e的自给偏压作用和晶体管的非线性特性，晶体管的工作状态将逐渐进入到截止区，从而可以自动地限制和稳定振荡信号的振幅。扼流电感L_c也可以用一较大的电阻代替，防止电源对高频振荡信号旁路。图3.21(b)是其高频等效电路，图中忽略了大电阻$R_{b1}//R_{b2}$的作用，与图3.18(a)比较，显然满足三点式振荡器的相位平衡条件。

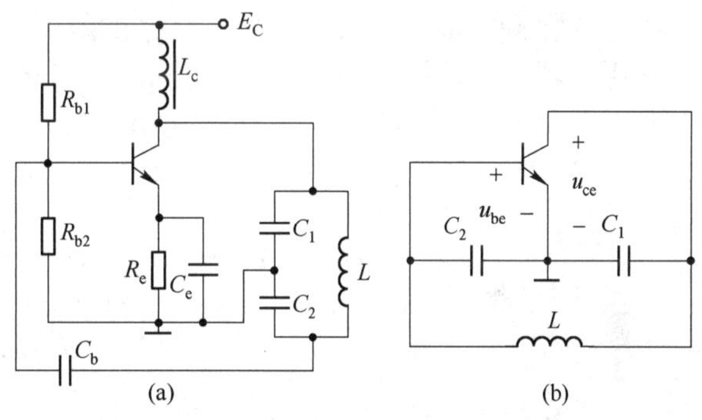

图3.21　电容三点式振荡电路

由于振荡器在起振初期工作在小信号甲类线性状态，为了分析振荡器的振荡频率及满足起振所需的反馈系数或晶体管的跨导，可以采用如图3.22(a)所示的小信号高频微变等效电路。这里已将晶体管共发射极的Y参数等效电路进行了简化：由于外部的反馈作用远大于晶体管的内部反馈，故可以忽略晶体管的内部反馈，即可令$y_{re}=0$。晶体管的输入电容C_{ie}、输出电容C_{oe}通常比回路反馈电容C_1、C_2小得多，可以将它们等效在电路的C_1、C_2中。如果忽略电流i_c对u_{be}的相移，y_{fe}可以用跨导g_m表示。等效电导g'_L代表回路线圈损耗和负载。

把图3.22(a)的小信号高频微变等效电路改画成如图3.22(b)所示的电路，为得到起振所需的条件，可以将输入电导g_{ie}折算到放大器的输出端，如图3.22(c)所示。由于晶体管部分接入LC并联谐振回路，如果谐振回路的有载Q_L较大($Q_L>10$)，那么电路谐振时的回路电流i将远大于外电路电流，即可近似认为流过C_1、C_2的电流相等。于是可求出反馈系数为

$$|F|=\left|\frac{u'_{be}(j\omega)}{u_{ce}(j\omega)}\right|=\frac{i\dfrac{1}{j\omega C_2}}{i\dfrac{1}{j\omega C_1}}=\frac{C_1}{C_2} \tag{3-17}$$

谐振回路谐振时，由图 3.22(c)可以估算出放大器的谐振电压放大倍数为

$$|A_{uo}|=\left|\frac{u_{ce}}{u_{be}}\right|=\frac{g_m}{g_\Sigma} \tag{3-18}$$

式中，$g_\Sigma=g_{oe}+g'_L+k_F^2g_{ie}$。根据等效关系：$g_{ie}$ 和 $k_F^2g_{ie}$ 的电功率应该相等，即 $(u'_{be})^2g_{ie}=(u_{ce})^2k_F^2g_{ie}$，所以 $k_F=u'_{be}/u_{ce}$，利用式(3-17)可得 $k_F=C_1/C_2=F$，为折合系数。根据起振条件：$|T(\omega)|=|A_{uo}||F|>1$ 可得

$$\frac{g_m}{g_{oe}+g'_L+k_F^2g_{ie}}k_F>1 \tag{3-19}$$

即要求起振时晶体管的 $$g_m>\frac{C_1}{C_2}g_{ie}+\frac{C_2}{C_1}(g_{oe}+g'_L) \tag{3-20}$$

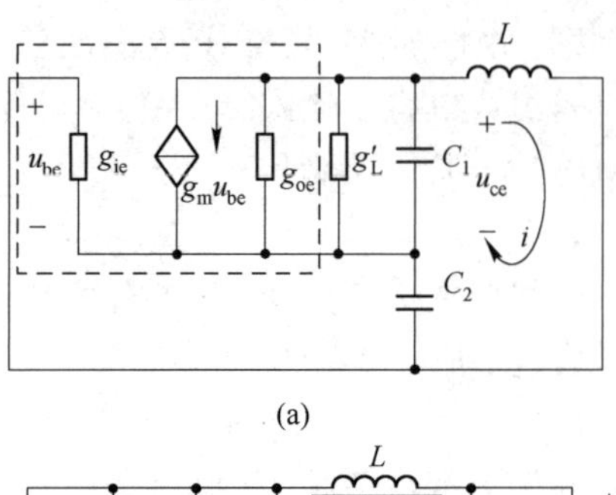

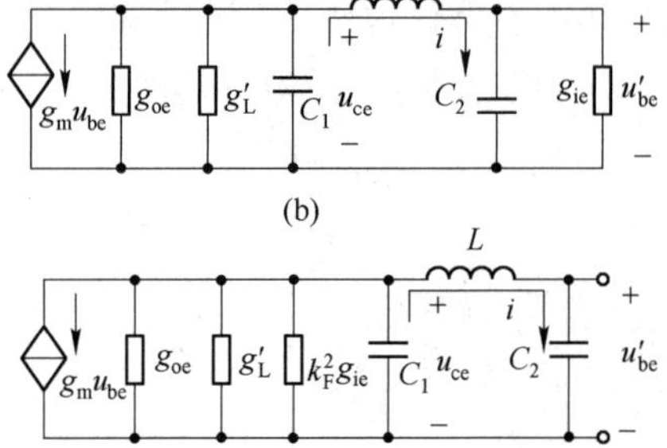

图 3.22 小信号高频微变等效电路

上式右边第一项表示输入电阻对振荡的影响，g_{ie} 和 k_F 越大，越不容易振荡，这是因为它使 $R_\Sigma=1/g_\Sigma$ 减小；第二项表示输出电导和负载电导对振荡的影响，k_F 越大，越容易振荡。因此考虑晶体管输入电阻对回路的加载作用时，反馈系数 k_F 的值并不是越大越容易起振。由式(3-20)还可以看出，在晶体管参数 g_m、g_{ie}、g_{oe} 一定的情况下，可以通过调节 g'_L、k_F 来保证起振。为保持振幅稳定，起振时 $g_mR_\Sigma k_F$ 的取值一般为 3～5。

振荡器的振荡频率一般可以利用相位平衡条件求出。即根据环路增益 $T(\omega)=AF=u'_{be}/u_{be}$ 的相位差为零或 u'_{be} 与 u_{be} 同相位求得，由图 3.22(b)可得

$$u'_{be}(\mathrm{j}\omega)=\frac{g_mu_{be}(\mathrm{j}\omega)}{g_{oe}+g'_L+\mathrm{j}\omega C_1+\dfrac{1}{\mathrm{j}\omega L+\dfrac{1}{g_{ie}+\mathrm{j}\omega C_2}}}\cdot\frac{\dfrac{1}{g_{ie}+\mathrm{j}\omega C_2}}{\mathrm{j}\omega L+\dfrac{1}{g_{ie}+\mathrm{j}\omega C_2}} \tag{3-21}$$

所以有

$$\frac{u'_{be}(\mathrm{j}\omega)}{u_{be}(\mathrm{j}\omega)}=\frac{g_m}{g_{oe}+g'_L+\mathrm{j}\omega C_1+\dfrac{1}{\mathrm{j}\omega L+\dfrac{1}{g_{ie}+\mathrm{j}\omega C_2}}}\cdot\frac{\dfrac{1}{g_{ie}+\mathrm{j}\omega C_2}}{\mathrm{j}\omega L+\dfrac{1}{g_{ie}+\mathrm{j}\omega C_2}} \tag{3-22}$$

简化上式，并令其虚部为零(注意：u'_{be} 和 u_{be} 相位相同，即表明比值 u'_{be}/u_{be} 为实数)，得

$$\omega(C_1+C_2)+\omega Lg_{ie}(g_{oe}+g'_L)-\omega^3LC_1C_2=0$$

可得振荡频率

$$\omega_s=\sqrt{\frac{1}{LC}+\frac{g_{ie}(g_{oe}+g'_L)}{C_1C_2}}\approx\sqrt{\frac{1}{LC}}=\omega_o \tag{3-23}$$

式中，$C=\dfrac{C_1C_2}{C_1+C_2}$ 为回路总电容；$\omega_o=\sqrt{\dfrac{1}{LC}}$ 为回路的谐振频率。通常根式中的第二项远小于第一项，即满足 $g_{ie}\ll\omega_oC_2$，$(g_{oe}+g'_L)\ll\omega_oC_1$，因此振荡频率 ω_s 可以近似为 ω_o。

3. 电感三点式振荡电路(Hartley Oscillator)

图 3.23(a)是电感三点式振荡器的实际电路。在高频交流通道中，因电源 E_C 处于高频地电

位,由于旁路电容 C_e 的作用,晶体管发射极对高频来说也是地电位,因此发射极与 L_1、L_2 的抽头是相连的。其高频电路如图 3.23(b)所示。同样在交流电路图中忽略了大电阻 $R_{b1}//R_{b2}$的作用,与图 3.18(b)比较,显然满足三点式振荡器的相位平衡条件。

为了分析这种振荡器的振荡条件,仿照电容三点式振荡器的分析方法可以作出如图 3.23(c)所示的小信号高频微变等效电路。仍定义 k_F 为不考虑 g_{ie}时的反馈系数,则有

$$k_F=\left|\frac{u'_{be}(j\omega)}{u_{ce}(j\omega)}\right|=\frac{i(L_2+M)}{i(L_1+M)}=\frac{L_2+M}{L_1+M}=F \tag{3-24}$$

回路谐振时,由图 3.23(c)可以估算出放大器的电压放大倍数为

$$|A_{uo}|=\left|\frac{u_{ce}}{u_{be}}\right|=\frac{g_m}{g_\Sigma}=g_m R_\Sigma$$

式中,$R_\Sigma=\dfrac{1}{g_{oe}+g'_L+k_F^2 g_{ie}}$。由起振条件知 $A_{uo}F>1$,同样可得

$$g_m>k_F g_{ie}+\frac{1}{k_F}(g_{oe}+g'_L) \tag{3-25}$$

当线圈绕在封闭磁芯的磁环上时,线圈两部分的耦合系数接近于 1,k_F 近似等于两线圈的匝比,即 $k_F=N_2/N_1$。

同理,令 $A(\omega)F(\omega)=u'_{be}/u_{bc}$ 的虚部为零,即可求出振荡频率为

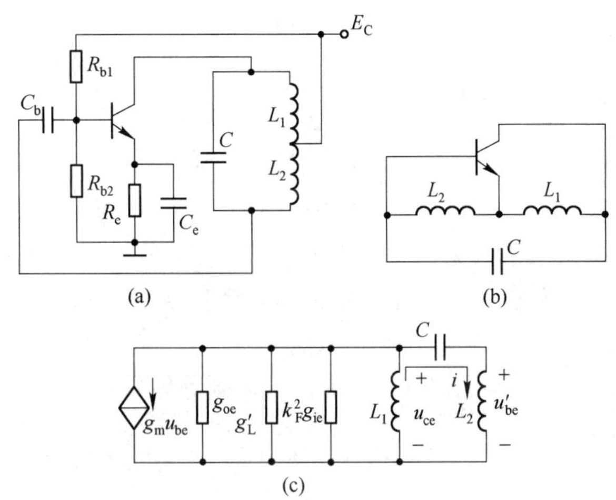

图 3.23 电感三点式振荡电路

$$\omega_s=\frac{1}{\sqrt{LC+(g_{oe}+g'_L)g_{ie}(L_1L_2-M^2)}}\approx\frac{1}{\sqrt{LC}}=\omega_o \tag{3-26}$$

式中,$L=L_1+L_2+2M$,M 为互感系数。

可见,振荡器的振荡频率 ω_s 同样近似等于回路的谐振频率 ω_o。一般 $\omega_s<\omega_o=1/\sqrt{LC}$。线圈耦合越紧,$\omega_s$ 越接近于 ω_o,当线圈耦合系数 $k=M/\sqrt{L_1L_2}=1$ 时(全耦合),有 $\omega_s=\omega_o$。

电容三点式振荡器和电感三点式振荡器各有其优缺点。

电容三点式振荡器的优点是:反馈电压取自 C_2,而电容对晶体管非线性特性产生的高次谐波呈现低阻抗,所以反馈电压中高次谐波分量很少,因而输出波形好,接近于正弦波。缺点是:因反馈系数与回路电容有关,如果用改变回路电容的方法来调整振荡频率,必将改变反馈系数,从而影响起振。

电感三点式振荡器的优点是:便于用改变电容的方法来调整振荡频率,而不会影响反馈系数。缺点是:反馈电压取自 L_2,而电感线圈对高次谐波呈现高阻抗,所以反馈电压中高次谐波分量较多,输出波形较差。

电容三点式振荡器能够振荡的最高频率通常较高,而电感三点式振荡器能够振荡的最高频率较低。这是因为在电感三点式振荡器中,晶体管的极间电容与 L_1、L_2 并联,当频率高时,极间电容影响加大,可能使支路电抗性质改变,从而不能满足相位平衡条件。而在电容三点式振荡器中,极间电容与 C_1,C_2 并联,频率变化时阻抗性质不变,相位平衡条件不会被破坏。

两种振荡器共同的缺点是:晶体管输入及输出电容分别和两个回路电抗元件并联,影响回路的等效电抗元件参数,从而影响振荡频率。由于晶体管输入及输出电容值随环境温度、电源电压等因素而变化,所以三点式电路的频率稳定度不高,一般在 10^{-3}量级。

[例 3-5] 在如图 3.24 所示的电容三点式振荡电路中，已知 $L=0.5\ \mu\mathrm{H}$，$C_1=51\ \mathrm{pF}$，$C_2=3\,300\ \mathrm{pF}$，$C_3=12\sim250\ \mathrm{pF}$，$R_L=5\ \mathrm{k\Omega}$，$g_m=50\ \mathrm{mS}$，回路 $Q_o=80$。试求能够振荡的频率范围。

题意分析：根据谐振回路可以计算出振荡器的振荡频率范围。但是题目中告诉了跨导 g_m 的大小，要求计算出频率范围后检查一下是否在整个频率范围内都能满足起振的振幅条件；若不能满足时，其频率范围要由起振条件决定。

解：一般情况下，振荡器的振荡频率由谐振回路决定，谐振回路的谐振频率为

$$f_o=\frac{1}{2\pi\sqrt{LC}}=\frac{1}{2\times3.14\times\sqrt{0.5\times10^{-6}\times C}}=\frac{225.2}{\sqrt{C}}$$

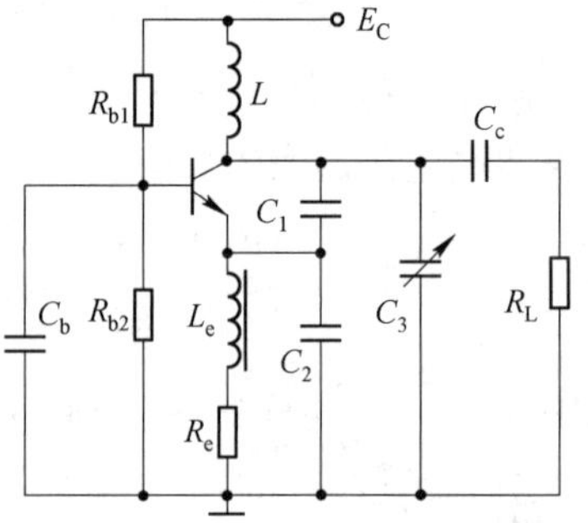

由图 3.20 可得：$C=C_3+\dfrac{1}{1/C_1+1/C_2}=\begin{cases}62\ \mathrm{pF} & C_3=12\ \mathrm{pF}\\300\ \mathrm{pF} & C_3=250\ \mathrm{pF}\end{cases}$

则有

$$f_o=\begin{cases}28.6\ \mathrm{MHz} & C_3=12\ \mathrm{pF}\\13.0\ \mathrm{MHz} & C_3=250\ \mathrm{pF}\end{cases}$$

反馈系数为 $F=C_1/C_2=51/3300=0.015$

判断在谐振频率范围内是否都能满足起振条件，即

$$g_m R'_L F>1$$

图 3.24 例 3.5

式中，R'_L 相当于把 $(R_L /\!/ R_P)$ 折合到晶体管的 c-e 端，即

$$R'_L=p^2(R_L /\!/ R_p)=\left(\frac{C_2}{C_1+C_2}\right)^2(R_L /\!/ Q_o\omega_o L)=\begin{cases}2.86\ \mathrm{k\Omega} & f_o=28.6\ \mathrm{MHz}\\1.93\ \mathrm{k\Omega} & f_o=13.0\ \mathrm{MHz}\end{cases}$$

所以

$$g_m R'_L F=\begin{cases}2.15 & f_o=28.6\ \mathrm{MHz}\\1.45 & f_o=13.0\ \mathrm{MHz}\end{cases}$$

由此可见，在谐振频率范围内都能满足起振条件，故谐振频率范围即为振荡器的工作频率范围。所以振荡器的工作频率范围为：13.0~28.6 MHz。

由回路的参数可以求得振荡器的可能振荡范围，但是否一定能够振荡还要看是否在所有的频率范围内均能满足起振的振幅条件。根据起振的振幅条件，也可以计算出该电路的振荡频率范围，取两个的交集即可。如果将题中的 g_m 改为 $g_m=30\ \mathrm{mS}$，则在频率范围的低端不能振荡。在频率范围的低端，g_m 的值应由起振的振幅条件决定。读者可以自行分析。

4. 克拉泼振荡电路(Clapp Oscillator)

上述电容三点式振荡器虽然有电路简单、能够振荡的频率范围宽、波形好的优点，在许多场合得到应用，但是若从提高振荡器的频率稳定性看，还存在一些有待克服的缺点。由于振荡器的频率基本上决定于回路的谐振频率，凡是能够引起回路谐振频率变化的因素，都会引起振荡频率的变化。在电容三点式振荡器中(在电感三点式振荡器中也一样)，由于晶体管的极间电容(主要是结电容)直接和回路元件 L、C_1、C_2 并联，而结电容又是随温度、电压、电流变化的不稳定的因素，因此如何减小晶体管的输入、输出电容对频率稳定度的影响仍是一个必须解决的问题。于是出现了改进型的电容三点式振荡电路——克拉泼电路。

图 3.25(a)是克拉泼电路的实用电路。如果忽略电阻 R_c 与 R_e 的影响可得其高频等效电路，如图 3.25(b)所示。与电容三点式电路相比较，克拉泼电路的特点是，在回路中增加了一个与 L 串联的电容 C_3，要求 C_3 和 L 的串联电路在振荡频率上等效为一个电感，因此整个电路仍属于电容三点式电路。

由图 3.25(b)的电路可以看出，电容 C_1 和 C_2(晶体管的极间电容 C_{ie}，C_{oe} 和它们并联)只是整

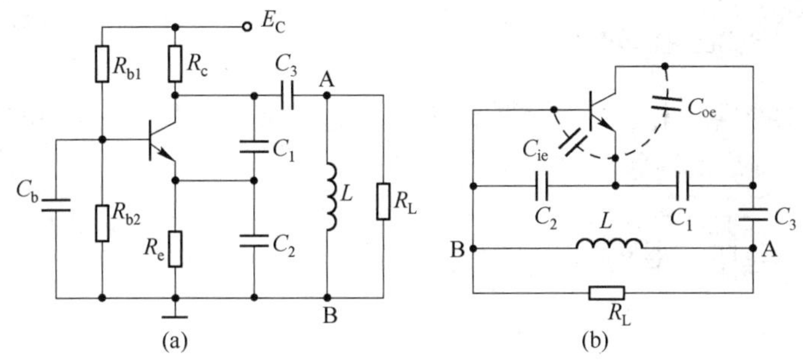

图 3.25　实用克拉泼振荡电路

个谐振回路电容的一部分,或者说,晶体管以部分接入的方式与回路连接,这就减弱了晶体管与回路的耦合。当 C_1 和 C_2 的电容值远大于 C_3(即 $C_3 \ll C_1, C_3 \ll C_2$)时,振荡回路的等效总电容

$$C=\frac{C_1C_2C_3}{C_1C_2+C_2C_3+C_1C_3}=\frac{C_3}{1+\frac{C_3}{C_1}+\frac{C_3}{C_2}}\approx C_3 \tag{3-27}$$

相比之下,C_1 和 C_2 对振荡频率的影响便大大减小了。而晶体管的极间电容 C_{oe}、C_{ie} 又直接并联在 C_1 和 C_2 上,它们只影响 C_1 和 C_2,不影响 C_3,可见 C_3 越小,晶体管极间电容对回路谐振频率的影响就越小。这样可使电路的振荡频率近似地只与 C_3、L 有关。于是,振荡角频率

$$\omega_o=1/\sqrt{LC}\approx 1/\sqrt{LC_3} \tag{3-28}$$

由此可见,**克拉泼电路的振荡频率几乎与 C_1、C_2 无关,克拉泼电路的频率稳定度比电容三点式电路要好**。克拉泼电路的电压反馈系数仍为

$$F=k_F=C_1/C_2 \tag{3-29}$$

从减小晶体管的极间电容的影响出发,必须满足 C_1 及 C_2 远远大于 C_3,也就是 C_1 和 C_2 都要选得较大。这样,虽然使频率稳定性得到了改善,但是晶体管 c-e 端与回路的接入系数 p_{ce} 却要下降,这就使折合到 c-e 端的等效负载阻抗减小,将影响振荡器的起振,振荡幅度将会降低。如果把 L 两端的负载阻抗 R_L 等效折合到 c-e 端,并以 R'_L 表示,则

$$R'_L=p_{ce}^2R_L \tag{3-30}$$

式中,p_{ce}为晶体管 c-e 端与回路中 A、B 端之间的接入系数

$$p_{ce}=C/C_1\approx C_3/C_1 \tag{3-31}$$

可见,C_1 越大,p_{ce}越小、R'_L 越小,振荡器的电压放大倍数$|A_{uo}|$越小,振荡输出电压幅度就越小。这是增大 C_1 所受到的限制。另外,如果通过调节电容 C_3 来改变振荡频率 f_s,可以看出,当 C_3 减小时,振荡频率 f_s 随之增高,但同时振荡幅度显著下降,甚至停振,这就使最高振荡频率受到限制。归结起来,此电路有以下缺点:

(1) C_1、C_2 如果过大,则振荡幅度就太低。

(2) 当减小 C_3 以提高 f_s 时,振荡幅度显著下降;当 C_3 减到一定程度时,可能停振。因此 f_s 的提高受到限制。

(3) 通常 LC 振荡器都是波段工作的,而且常用可变电容来改变其振荡频率。在克拉泼电路中 C_3 就是可变电容器。当改变 C_3 时,负载电阻 R'_L 在波段范围内变化很大,这会使振荡器在波段范围内振荡的振幅变化也较大,使所调波段范围内输出信号的幅度不平稳,因此可以调节的频率范围(也叫“频率覆盖”)不够宽。所以**克拉泼电路只能用作固定频率振荡器或波段覆盖系数较小的可变频率振荡器**。一般克拉泼电路的波段覆盖系数为 1.2~1.3。

5. 西勒振荡电路(Seiler Oscillator)

针对克拉泼电路的缺陷,出现了另一种改进型电容三点式电路——西勒电路。图 3.26(a)是其实用电路,图 3.26(b)是其高频等效电路。

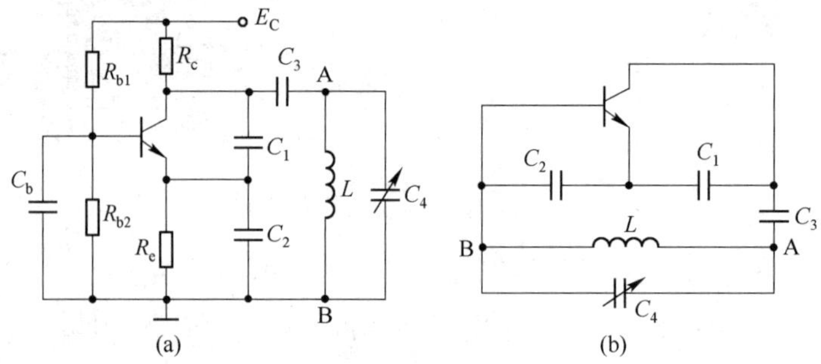

图 3.26　实用西勒振荡电路

西勒电路与克拉泼电路的不同点仅在于回路电感 L 两端并联了一个可变电容 C_4,而 C_3 为固定值的电容器,且满足 C_1、C_2 远大于 C_3,C_1、C_2 远大于 C_4,所以其回路的总等效电容

$$C=\frac{C_1C_2C_3}{C_1C_2+C_1C_3+C_2C_3}+C_4\approx C_3+C_4 \tag{3-32}$$

所以振荡频率

$$f_o=\frac{1}{2\pi\sqrt{LC}}\approx\frac{1}{2\pi\sqrt{L(C_3+C_4)}} \tag{3-33}$$

根据图 3.26(b)不难写出 c-e 端接入系数的表示式为

$$p_{ce}=\frac{C'}{C_1}=\frac{\frac{1}{C_1}}{\frac{1}{C_1}+\frac{1}{C_2}+\frac{1}{C_3}}\approx\frac{C_3}{C_1},\qquad C'=\frac{1}{\frac{1}{C_1}+\frac{1}{C_2}+\frac{1}{C_3}}\approx C_3 \tag{3-34}$$

可见,p_{ce}与 C_4 无关,即当调节 C_4 来改变振荡频率时,p_{ce}不变。如果把 R_L 等效折合到 c-e 端以 R'_L 表示,则 $R'_L=p_{ce}^2R_L$。

所以改变 C_4 的大小不会影响回路的接入系数,如果 C_3 固定,通过调节 C_4 来改变振荡频率,则晶体管 c-e 端等效负载 R'_L 在振荡频率变化时基本保持不变,从而使在波段范围内的幅度平稳性大为改善,输出电压振幅稳定。因此,**西勒电路可用作波段振荡器,其波段覆盖系数为 1.6~1.8。**

另外,因为频率是靠调节 C_4 来改变的,所以 C_3 不能选得过大,否则振荡频率主要由 C_3 和 L 决定,因而将限制频率调节的范围。此外这种电路之所以稳定度高,就是靠在电路中串有远小于 C_1、C_2 的 C_3 来实现的。若增大 C_3,该电路也就失去了频率稳定度高的优点。反之,C_3 选得太小的缺点是,使接入系数 p_{ce}降低,振荡幅度就比较小了。

由于西勒电路频率稳定性好,振荡频率可以较高,做可变频率振荡器时其频率覆盖范围宽,波段范围内幅度比较平稳,因此在短波、超短波通信机、电视接收机等高频设备中得到非常广泛的应用。

[例 3-6]　某三点式振荡电路如图 3.27(a)所示。图中,$C_1=500\text{ pF}$,$C_2=1000\text{ pF}$,$C_3=20\text{ pF}$,$L=5\ \mu\text{H}$。

(1) 分析元件 R_{b1}、R_{b2}、R_e、C_b、L_C、C_4 的作用;

(2) 画出该振荡器的高频交流等效电路,说明振荡器类型;

(3) 计算振荡频率 f_s;

(4) 计算反馈系数 F。

解:(1) R_{b1}、R_{b2}:基极偏置电阻;R_e:发射极负反馈电阻;C_b:高频旁路电容;L_C:高频扼流圈;C_4:耦合电容。

(2) 该振荡器的高频交流等效电路如图 3.27(b)所示。此振荡器属于克拉泼振荡电路。

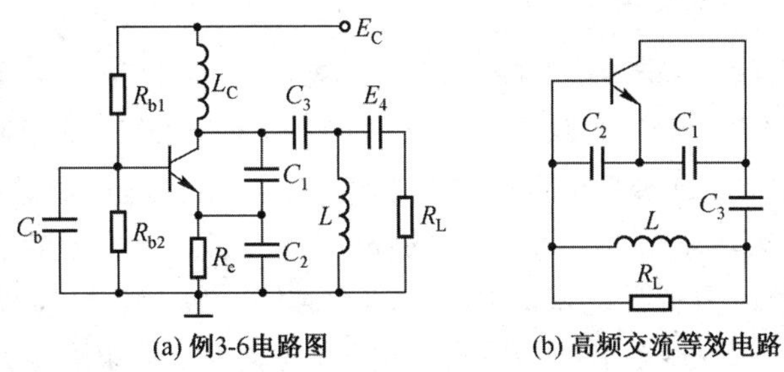

(a) 例3-6电路图　　(b) 高频交流等效电路

图 3.27　例 3-6 的图

(3) 回路总电容:$C_\Sigma=\dfrac{1}{\dfrac{1}{C_1}+\dfrac{1}{C_2}+\dfrac{1}{C_3}}\approx C_3=20\text{pF}$

振荡频率:$f_s=\dfrac{1}{2\pi\sqrt{LC_\Sigma}}=\dfrac{1}{2\pi\sqrt{5\times10^{-6}\times20\times10^{-12}}}\approx15.92\times10^6(\text{Hz})$

(4) 反馈系数:$F=C_1/C_2=0.5$

四种三点式振荡电路的性能对比见表 3.1。

表 3.1　四种三点式振荡电路的性能对比

性能 \ 类型		电感三点式振荡电路	电容三点式振荡电路	克拉泼振荡电路	西勒振荡电路
高频交流等效电路					
反馈元件		电感 L_2	电容 C_2	电容 C_2	电容 C_2
振荡频率		$f_s=\dfrac{1}{2\pi\sqrt{(L_1+L_2)C}}$	$f_s=\dfrac{1}{2\pi\sqrt{L(C_1+C_2)}}$	$f_s\approx\dfrac{1}{2\pi\sqrt{LC_3}}$ $(C_3\ll C_1,C_3\ll C_2)$	$f_s\approx\dfrac{1}{2\pi\sqrt{L(C_3+C_4)}}$ $(C_3\ll C_1,C_3\ll C_2)$
反馈系数		$F=\dfrac{L_2}{L_1}$(忽略互感 M)	$F=\dfrac{C_1}{C_2}$	$F=\dfrac{C_1}{C_2}$	$F=\dfrac{C_1}{C_2}$
特点	优点	改变电容可调整振荡频率,但反馈系数不变	输出波形好	输出波形好;改变电容可调整振荡频率,且反馈系数不变	输出波形好;改变电容可调整振荡频率,且反馈系数不变;波段覆盖范围大
	缺点	输出波形较差;频率稳定度不高	改变电容可调整振荡频率,但反馈系数变化,影响起振;频率稳定度不高	波段覆盖范围较小;频率稳定度不高	频率稳定度不高

3.4　振荡器的频率稳定度

3.4.1　频率稳定度的定义

反馈振荡器如满足起振、平衡、稳定三个条件，就能够产生等幅持续的振荡波形。**当受到外界不稳定因素影响或振荡器内部参数和状态变化时，振荡器的相位或振荡频率可能发生微量变化，虽然电路能自动回到平衡状态，但振荡频率在平衡点附近随机变化这一现象是不可避免的。**为了衡量实际振荡频率f相对于标称振荡频率f_s变化的程度，提出了频率稳定度这一性能指标。

频率稳定度是振荡器的重要性能指标之一。因为通信设备、无线电测量仪器等各种电子设备的频率是否稳定，都取决于这些设备中的主振器的频率稳定度。如果通信系统的频率不稳定，就会因漏失信号而联络不上；测量仪器的频率不稳定会引起较大的测量误差。特别是空间技术的发展，对振荡器频率稳定度的要求就更为严格。

对振荡器频率性能的要求，通常用频率准确度和频率稳定度来衡量。

频率准确度又称频率精度，是指振荡器实际工作频率f与标称频率f_s之间的偏差。通常有绝对频率准确度

$$\Delta f=f-f_s \tag{3-35}$$

相对频率准确度

$$\frac{\Delta f}{f_s}=\frac{f-f_s}{f_s} \tag{3-36}$$

振荡器的频率稳定度是指在一定的时间间隔内，频率准确度变化的最大值。通常也有两种表示方法，即绝对频率稳定度和相对频率稳定度。一般常用的是相对频率稳定度，简称频率稳定度，用δ表示。即

$$\delta=\left.\frac{|f-f_s|_{\max}}{f_s}\right|_{\text{时间间隔}} \tag{3-37}$$

应该指出，在准确度与稳定度两个指标中，稳定度更为重要。

由于频率的变化是随机的，所以不同的观测时段，测出的频率稳定度往往是不同的，而且有时还出现某个局部时段内频率的漂移远远超过其余时间在相同间隔内的漂移值的现象。因此用式(3-37)来表征频率稳定度并不十分合理。目前多用均方误差来表示频率稳定度，即

$$\delta_n=\sqrt{\frac{1}{n}\sum_{i=1}^{n}\left[\left(\frac{\Delta f}{f_s}\right)_i-\frac{\overline{\Delta f}}{f_s}\right]^2} \tag{3-38}$$

式中，n为测量次数；$\left(\frac{\Delta f}{f_s}\right)_i$为第$i(1\leqslant i\leqslant n)$次所测得的相对频率稳定度，$\frac{\overline{\Delta f}}{f_s}$为$n$个测量数据的平均值。

为了便于评价不同振荡器的性能，可根据观测时间的长短，将频率稳定度分为长期稳定度、短期稳定度和瞬时稳定度等几种。

(1) 长期频率稳定度

长期频率稳定度一般指一天以上，甚至几个月的时间间隔内的频率相对变化。这种变化通常是由振荡器中元器件老化而引起的。一般高精度的频率基准、时间基准（如天文观测台、国家计时台等）均采用长期频率稳定度来计量频率源的特性。

(2) 短期频率稳定度

短期频率稳定度一般指一天以内，以小时、分钟或秒计算的时间间隔内，频率的相对变化。产

生这种频率不稳定的因素有温度、电源电压等。短期频率稳定度常用于评价通信电子设备和仪器中振荡器的频率稳定度。

(3) 瞬时频率稳定度

瞬时频率稳定度用于衡量秒或毫秒时间内的频率相对变化。这种频率变化一般都具有随机性质并伴有相位的随机变化。这种频率不稳定有时也被看作振荡信号附近有相位噪声。

瞬时频率稳定度是高速通信设备、雷达设备,以及以相位信息为主要传输对象的电子设备的重要指标。由于频率的瞬时值实际上是无法测量的,其所测得的频率仅仅是在某一段时间内的平均值,为此一般用阿仑方差来描述这种频率的起伏,即

$$\sigma_y^2(\tau) = \lim_{n\to\infty} \frac{1}{n}\left(\frac{1}{2f_s^2}\right)\sum_{j=1}^{n}(f_{2j} - f_{2j-1})^2 \tag{3-39}$$

式中,τ 为每次测量的取样时间;f_s 为标称频率;j 为正整数($j=1,2,3,\cdots,n$);f_{2j}、f_{2j-1} 分别为第 $2j$ 次和第 $2j-1$ 次测量所测得的频率值。

每两次观测时间的中间可以有间歇,而且间隔时间可长可短,这样在进行测量和数据处理时,采用阿仑方差表示式就带来很大的方便。其中

第 i 次测试时的绝对频率偏差: $$(\Delta f)_i = |f_i - f_s| \tag{3-40}$$

绝对频率偏差的平均值: $$\overline{\Delta f} = \lim_{n\to\infty} \frac{1}{n}\sum_{i=1}^{n} |f_i - f_s| \tag{3-41}$$

也就是绝对频率准确度。

3.4.2 振荡器的稳频原理

在前面讨论的关于振荡器的工作原理中知道,振荡器的频率是由相位平衡条件 $\varphi_T(\omega)=0$ 决定的。一般的正弦波振荡电路中,其相位平衡条件的图解表示如图 3.28 所示。$\varphi_T(\omega)$ 由三部分组成,即 $\varphi_T(\omega)=\varphi_A(\omega)+\varphi_Z(\omega)+\varphi_f(\omega)$。其中 $\varphi_A(\omega)$ 为放大器正向转移导纳 i_{c1}/u_i 的相角,即输出基波电流 i_{c1} 相对于输入电压 u_i 的相移;$\varphi_Z(\omega)$ 为集电极选频谐振回路阻抗 Z_L 的辐角,即 u_o 相对 i_{c1} 的相移;$\varphi_f(\omega)$ 为反馈网络反馈电压 u_f 相对 u_o 的相移。所以振荡器的相位平衡条件可表示为

$$\varphi_A(\omega)+\varphi_Z(\omega)+\varphi_f(\omega)=0 \tag{3-42}$$

显然,满足相位平衡条件(式(3-42))的 ω 就是振荡器的振荡频率 ω_s,因此,凡是能引起 φ_A、φ_Z、φ_f 变化的因素都会引起振荡频率 ω_s 的变化。由式(3-42)所描述的相位平衡条件也可写为

$$-[\varphi_A(\omega)+\varphi_f(\omega)]=\varphi_Z(\omega) \tag{3-43}$$

图 3.29 表示了这一关系。由图可以看出,由 φ_Z 和 $-(\varphi_A+\varphi_f)$ 两条曲线交点的横坐标便决定了振荡器的振荡频率 ω_s,因而凡是能引起交点变化的因素都会引起振荡频率的变化。现将各种因素的影响讨论如下。

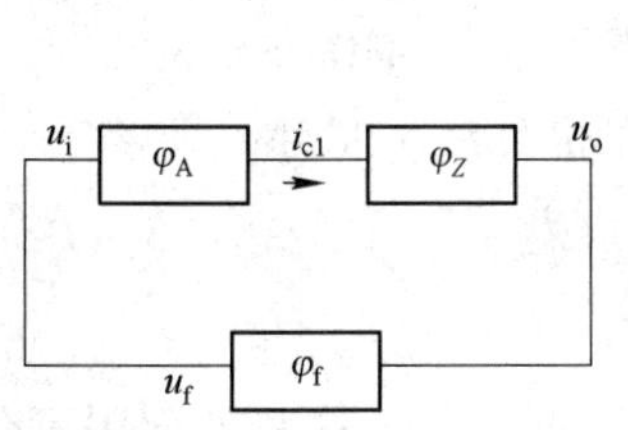

图 3.28 相位平衡条件的图解表示

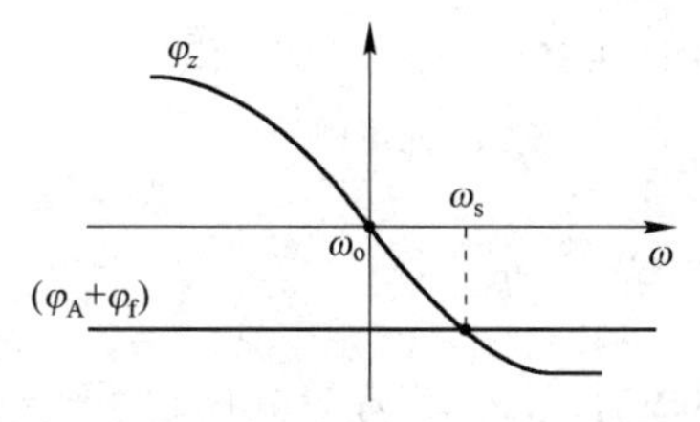

图 3.29 相位平衡条件的图解表示

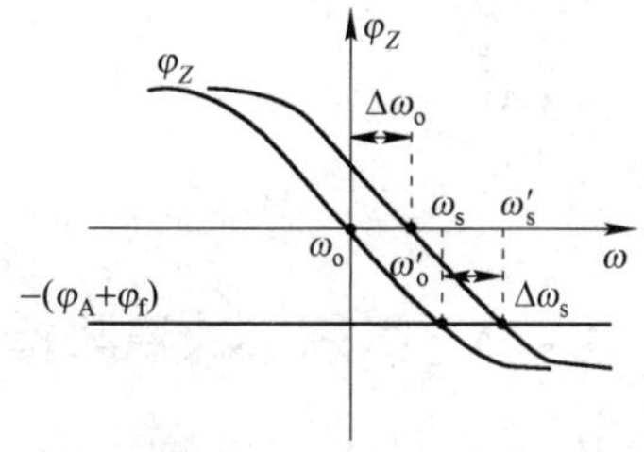

图 3.30 回路谐振频率 ω_o 对 ω_s 的影响

(1) 回路谐振频率 ω_o 对 ω_s 的影响

ω_o 的大小由构成谐振回路的电感 L 和电容 C 决定,它不但要考虑回路的线圈电感、调谐电容和反馈电路元件,而且也要考虑并在回路上的其他电抗,比如晶体管的极间电容,后级的负载电容(或电感)等。设回路电感和电容的总变化量分别为 ΔL 和 ΔC,由 $\omega_o=1/\sqrt{LC}$ 可得回路谐振频率的变化量为

$$\Delta\omega_o=\frac{\partial\omega_o}{\partial L}\Delta L+\frac{\partial\omega_o}{\partial C}\Delta C\approx-\frac{1}{2}\left(\frac{\Delta L}{L}+\frac{\Delta C}{C}\right)\omega_o \tag{3-44}$$

因此,由 ΔL、ΔC 引起回路谐振频率的变化量 $\Delta\omega_o$ 会使回路的相频特性曲线 φ_Z 沿 ω 轴平移,如图3.30所示。当 ω_o 变化到 $\omega'_o=\omega_o+\Delta\omega_o$ 时,振荡频率将由 ω_s 变化到 $\omega'_s=\omega_s+\Delta\omega_s$。显然可以看出,振荡频率的变化量 $\Delta\omega_s$ 与谐振回路固有谐振频率的变化量 $\Delta\omega_o$ 相等,即 $\Delta\omega_s=\Delta\omega_o$。因此为了提高频率稳定度,应采取措施保持 ω_o 稳定,即保持回路中的 L 和 C 稳定。

(2) 回路有载 Q_L 值对 ω_s 的影响

谐振回路有载 Q_L 值越大,回路的相频特性曲线 φ_Z 越陡,如图3.31所示。由图可见,如果 $-(\varphi_A+\varphi_f)$ 保持不变,回路的有载 Q_L 值由 Q_L 变化到 $Q'_L(Q'_L>Q_L)$,由于回路相频特性曲线 φ_Z 的斜率增大,使 φ_Z 与 $-(\varphi_A+\varphi_f)$ 两曲线的交点左移,振荡频率将由 ω_s 变化到 ω'_s,于是产生振荡频率的变化量 $\Delta\omega_s=\omega'_s-\omega_s$。因此为了减小 $\Delta\omega_s$,就应尽量减小 Q_L 的变化量 ΔQ_L。

(3) $(\varphi_A+\varphi_f)$ 的变化对 ω_s 的影响

当放大器正向转移导纳的相角 φ_A 和反馈网络的相角 φ_f 发生变化时,$-(\varphi_A+\varphi_f)$ 曲线将上下移动,如图3.32所示。如果 $-(\varphi_A+\varphi_f)$ 变化到 $-(\varphi_A+\varphi_f)'$,且 $|(\varphi_A+\varphi_f)'|>|(\varphi_A+\varphi_f)|$,可以看出,$\varphi_Z$ 与 $-(\varphi_A+\varphi_f)'$ 两曲线的交点向右移动,振荡频率将由 ω_s 变化到 ω'_s,于是产生振荡频率的变化量 $\Delta\omega_s=\omega'_s-\omega_s$。因此为了减小 $\Delta\omega_s$,就应尽量减小相角 $(\varphi_A+\varphi_f)$ 的变化量 $\Delta(\varphi_A+\varphi_f)$。

综上所述,**在同样的 $\Delta(\varphi_A+\varphi_f)$ 的情况下,回路的有载 Q_L 值越高,φ_Z 的斜率越陡,所产生的 $\Delta\omega_s$ 越小;在同样 ΔQ_L 值的情况下,相角 $|(\varphi_A+\varphi_f)|$ 越小,所产生的 $\Delta\omega_s$ 越小,**如图3.33所示。可见,要提高LC振荡器的频率稳定度,一方面要减小 $\Delta\omega_o$、ΔQ_L、$\Delta(\varphi_A+\varphi_f)$,**另一方面也要在电路上和工艺上设法增大回路的 Q_L 值和减小相角 $|(\varphi_A+\varphi_f)|$,以提高回路的稳频能力。**

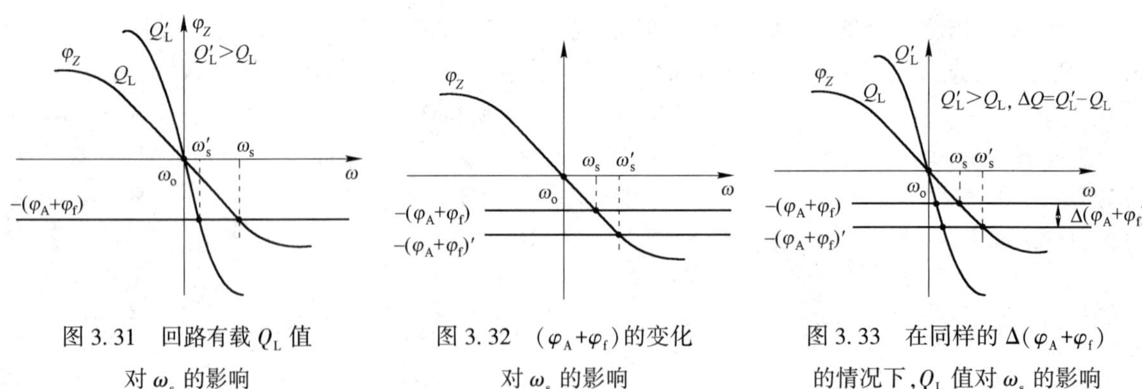

图3.31 回路有载 Q_L 值对 ω_s 的影响

图3.32 $(\varphi_A+\varphi_f)$ 的变化对 ω_s 的影响

图3.33 在同样的 $\Delta(\varphi_A+\varphi_f)$ 的情况下,Q_L 值对 ω_s 的影响

3.4.3 振荡器的稳频措施

从上面的分析可以看出,凡是影响 ω_o、φ_A、φ_f、Q_L 的外部因素都会引起 $\Delta\omega_s$。这些外部因素包括温度的变化、电源电压的变化,振荡器负载的变动、机械震动、湿度和气压的变化,以及外界电磁场的影响等。它们或者通过对回路元件L、C的作用,或者通过对晶体管的热状态、工作点及参数

的作用,直接或间接地引起频率不稳。稳频的措施归纳起来可从以下三方面着手。

(1) 采取各种措施,以减小甚至消除外界因素的变化。

(2) 采取各种措施减小外界因素变化对频率的影响。

(3) 利用各种因素之间的内部矛盾,使各种频率变化相互抵消。

所有这些都要牵涉到振荡器的设计和元件的制造工艺等各方面的问题。下面综合讨论稳频的主要措施。

1. 提高振荡器回路的标准性

所谓振荡器回路的标准性,是指其谐振频率 ω_o 在外界因素变化时保持稳定的能力。由式(3-44)可知,**提高回路的标准性,也就是提高回路元件 L、C 的标准性**。温度是引起 L、C 变化的主要因素。温度变化,电感线圈和电容器极板的几何尺寸就要变化,电容器介质材料的介电系数 ε 及磁性材料的磁导率 μ 也会变化,从而使 L、C 发生变化。***L* 和 *C* 随温度变化的大小通常可以用温度系数来表示,**它既可以表示单个元件的温度特性,也可以表示整个回路的温度特性。电感温度系数定义为温度每变化 1℃时,电感量变化的相对值,即

$$\alpha_L=\frac{\Delta L}{L\Delta T} \quad (1/℃) \tag{3-45}$$

同理,电容温度系数可表示为

$$\alpha_C=\frac{\Delta C}{C\Delta T} \quad (1/℃) \tag{3-46}$$

LC 回路的温度系数

$$\alpha_f=\frac{\Delta f}{f_s\Delta T}=\frac{1}{2}(\alpha_L+\alpha_C) \quad (1/℃) \tag{3-47}$$

可见,**为了稳频,振荡回路应采用温度系数小的元件。提高回路频率温度稳定性的另一个有效方法是采用温度补偿**。对大多数电感 L 和电容 C 来说,温度升高,L 和 C 的值增大(即有正的 α_L 和 α_C)。因此,若在回路中采用温度系数 α_C 为负的电容(选用专门的负温度系数的陶瓷电容器),由式(3-47)可以看出,就可以减小振荡回路的频率温度系数 α_f 的值。温度补偿电容的具体数值通常先经过设计,然后通过实验来确定。

2. 减小晶体管对振荡频率的影响

晶体管对振荡频率的影响有两方面,一方面是通过极间电容 C_{ie}、C_{oe}(如图 3.25(b)所示)对 ω_o 的影响,从而直接影响振荡频率;另一方面是通过工作点及内部状态的变化,对 φ_A 和 φ_f 产生影响,从而间接影响振荡频率。

晶体管极间电容 C_{ie}、C_{oe} 是振荡回路的一部分,受结温和工作电压、电流变化的影响,是一个很不稳定的因素。为了减小它们对 ω_o 的影响,一种方法是加大回路总电容,以减小它的相对影响。但这通常要受到其他因素的限制,如波段工作时,用可变电容调谐(改变谐振频率),大的回路电容将使调谐范围变窄。回路电容大,L 就小,则品质因数 Q_L 难以做得很高,这样反而不利于频率稳定度的提高。减小极间电容影响的另一种有效办法是减小晶体管和谐振回路的耦合,即晶体管以部分接入的方式接入谐振回路。前面介绍的克拉泼电路和西勒电路就是这样构成的。

为减小 φ_A 和 φ_f 的变化,主要措施是稳定晶体管的工作点,因此振荡器通常采用稳压电源供电和设计稳定的偏置点。此外,减小 φ_A 和 φ_f 的绝对值也有重要意义,因为当 φ_A 和 φ_f 的绝对值小时,电流、电压、参数等变化所引起的 $\Delta(\varphi_A+\varphi_f)$ 的绝对值也小。另外还可以采用相位补偿的方法使振荡器的$(\varphi_A+\varphi_f)$减小。

3. 减小负载的影响

振荡器产生的信号通常要供给后级进行放大。后级对振荡器的作用就是一个负载。负载对振荡器频率的影响：一是负载阻抗的某种变化会引起振荡回路的谐振频率 ω_o 及 Q_L 值的变化，二是使振荡器谐振回路的有载 Q_L 值下降，从而使它更容易受 $\Delta(\varphi_A+\varphi_f)$ 等因素的影响。

减小后级负载的影响，意味着负载对振荡器的加载要轻，主要应减少传输给负载的功率。通常应该在振荡器的后面接缓冲放大器。射极跟随器就是缓冲放大器的一种常用电路。

用电感线圈和电容器做成的 LC 振荡器，由于受到谐振回路标准性的限制，采用一般稳频措施时，其频率稳定度在 $10^{-3}\sim10^{-4}$之间。要想进一步提高振荡器的频率稳定度，应采用其他类型的高稳定度振荡器。

3.5 晶体振荡器

3.5.1 石英晶体谐振器概述

通过对振荡器的频率稳定度的分析可见，振荡器的频率稳定度主要取决于振荡回路的标准性和品质因数。LC 振荡器由于受到 LC 回路的标准性和品质因数的限制，它的频率稳定度只能达到 10^{-4}量级。但是，在许多应用场合要求振荡器能提供比 10^{-4}量级高得多的频率稳定度。例如，在广播发射机、单边带发射机及频率标准振荡器中，分别要求振荡频率稳定度高达 10^{-5}、10^{-6}、$10^{-8}\sim10^{-9}$量级。为了获得频率稳定度这样高的振荡信号，需要采用石英晶体振荡器。

石英晶体振荡器采用石英晶体谐振器来决定振荡器的频率。与 LC 回路相比，石英晶体谐振器具有很高的标准性和极高的品质因数，使石英晶体振荡器可以获得极高的频率稳定度。由于采用的石英晶体的精度和稳频措施不同，石英晶体振荡器可获得高达 $10^{-5}\sim10^{-9}$量级的频率稳定度。

在第 1 章中讲述了有关石英晶体谐振器的一些基本问题。这里从研究晶体振荡器的目的出发，将与晶体振荡器有关的问题作一简要的复习和概述。

石英晶体谐振器的固有频率十分稳定，它的温度系数（温度变化 1℃所引起的固有频率的相对变化量）在 10^{-6}以下。另外，石英晶振的振动具有多谐性，即除了基频振动外，还有奇次谐波泛音振动。对于石英晶振，既可利用其基频振动，也可利用其泛音振动。前者称为基频晶体，后者称为泛音晶体。晶片厚度与振动频率成反比，工作频率越高，要求晶片越薄，因而机械强度越差，加工越困难，使用中也易损坏。由此可见，在同样的工作频率下，泛音晶体的切片可以做得比基频晶体的切片厚一些。所以在工作频率较高时，常采用泛音晶体。通常在工作频率小于 20 MHz 时采用基频晶体，大于 20 MHz 时采用泛音晶体。

石英晶体谐振器的等效电路和电抗频率特性在第 1 章中已讨论过，为了便于研究晶体振荡器，将它们重画于图 3.34（a）~（c）。

在第 1 章中，根据石英晶体谐振器的等效电路导出的有关公式列举如下。

石英晶体谐振器的串、并联谐振频率分别为

$$f_q=\frac{1}{2\pi\sqrt{L_qC_q}} \tag{3-48}$$

$$f_p=\frac{1}{2\pi\sqrt{L_q\dfrac{C_oC_q}{C_o+C_q}}}=\frac{1}{2\pi\sqrt{L_qC_q}}\sqrt{1+\frac{C_q}{C_o}}=f_q\sqrt{1+\frac{C_q}{C_o}} \tag{3-49}$$

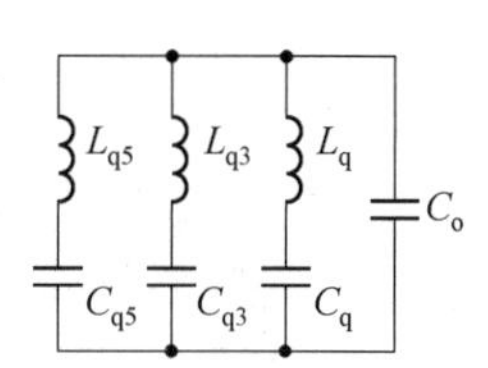

(a) 基频及各次泛音的等效电路

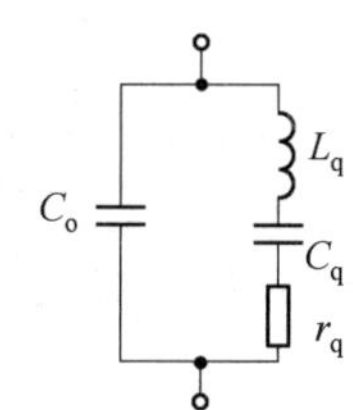

(b) 基频附近的等效电路

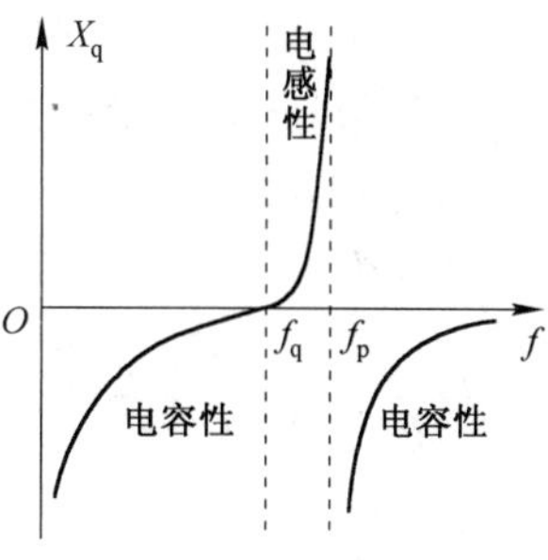

(c) 晶体谐振器的电抗特性曲线

图 3. 34　晶体谐振器的等效电路和电抗频率特性

由于石英晶体的等效电容 C_q 很小(一般为 0. 005～0. 1 pF),而等效电感 L_q 很大,等效电阻 r_q 也较小,因而晶体的品质因数 Q_q 很大,一般为几万至几百万,这是普通 LC 回路所望尘莫及的。另外由于 $C_o \gg C_q$,通常 $C_q/C_o=0.002 \sim 0.003$,由式(3-49),并考虑 $C_q/C_o \ll 1$,可得

$$f_p \approx f_q\left(1+\frac{1}{2}\frac{C_q}{C_o}\right) \tag{3-50}$$

可见,晶体谐振器的 f_p 与 f_q 相差很小,相对频率间隔

$$\frac{f_p-f_q}{f_q}=\frac{1}{2}\frac{C_q}{C_o} \tag{3-51}$$

f_p 与 f_q 的相对频率间隔仅为千分之一二,所以 $f_p \approx f_q$。

晶体谐振器与一般 LC 谐振回路比较,有几个明显的特点:

(1) 晶体的谐振频率 f_p 和 f_q 非常稳定。这是因为 L_q,C_q,C_o 由晶体尺寸决定,由于晶体的物理特性,它们受外界因素(如温度、震动等)的影响小。

(2) 有非常高的品质因数。一般很容易得到数值上万的 Q_q 值,而普通线圈回路的 Q 值只能达到一二百。

(3) 晶体在工作频率($f_q<f<f_p$)附近阻抗变化率大,有很高的并联谐振阻抗,且呈电感性。

(4) 晶体的接入系数非常小,一般在 10^{-3}数量级,因此外电路对晶体的影响很小。

3. 5. 2　晶体振荡器电路

将石英晶体谐振器作为高 Q 值谐振回路元件接入正反馈电路中,就组成了晶体振荡器。根据石英晶体谐振器在振荡器中作用的不同,晶体振荡器可分成两类。一类是将其作为等效电感元件,用在三点式振荡电路的谐振回路中,晶体工作在感性区($f_q<f<f_p$),称此类振荡电路为并联型晶体振荡器;另一类是将其作为一个短路元件,串接于振荡器的正反馈支路上,晶体工作在它的串联谐振频率 f_q 上,称此类振荡电路为串联型晶体振荡器。

1. 皮尔斯(Pierce)振荡电路

并联型晶体振荡器的工作原理和三点式振荡器相同,只要将其中一个电感元件换成石英晶振。石英晶振可接在晶体管 c、b 极之间或 b、e 极之间,这样组成的电路分别称为皮尔斯振荡电路和密勒振荡电路。

皮尔斯电路是最常用的并联型晶体振荡电路之一。图 3. 35(a)是皮尔斯电路,图(b)是其高频等效电路,其中虚线框内是石英晶体谐振器的等效电路。

由图 3. 35(b)可以看出,皮尔斯电路类似于克拉泼电路,但由于石英晶振中 C_q 极小,Q_q 极高,所以皮尔斯电路具有以下一些特点：

振荡回路与晶体管、负载之间的耦合很弱。晶体管 c、b 端，c、e 端和 e、b 端的接入系数分别为

$$p_{cb}=\frac{C_q}{C_q+C_o+C_L},\ C_L=\frac{C_1C_2}{C_1+C_2} \tag{3-52}$$

$$p_{ce}=\frac{C_2}{C_1+C_2}p_{cb} \tag{3-53}$$

$$p_{eb}=\frac{C_1}{C_1+C_2}p_{cb} \tag{3-54}$$

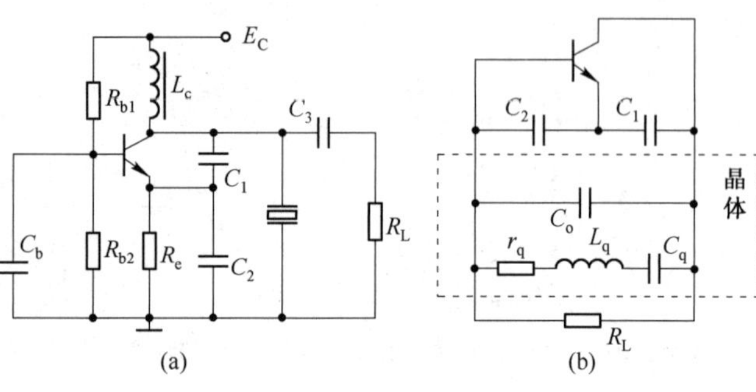

图 3.35 皮尔斯振荡电路

以上三个接入系数一般均小于 10^{-3}，所以外电路中的不稳定参数对振荡回路的影响很小，这就提高了回路的标准性。

振荡频率主要由石英晶振的参数决定，而石英晶振本身的参数具有高度的稳定性。即振荡频率为

$$f_o=\frac{1}{2\pi\sqrt{L_q\frac{C_q(C_o+C_L)}{C_q+C_o+C_L}}}=f_q\sqrt{1+\frac{C_q}{C_o+C_L}}\approx f_q\left[1+\frac{C_q}{2(C_o+C_L)}\right] \tag{3-55}$$

式中，C_L 是和晶振两端并联的外电路各电容的等效值。在实用时，一般需在电路中加入微调电容，用以微调回路的谐振频率，保证电路工作在晶振外壳上所注明的标称频率 f_N 上。

由于振荡频率 f_o 一般调谐在标称频率 f_N 上，位于晶振的感性区内，电抗曲线很陡，稳频性能极好。

由于晶振的 Q 值和特性阻抗 $\rho=\sqrt{L_q/C_q}$ 都很高，所以晶振的谐振电阻也很高，一般可达$10^{10}\ \Omega$ 以上。这样即使外电路接入系数很小，此谐振电阻等效到晶体管输出端的阻抗仍很大，使晶体管的电压增益能满足振幅起振条件的要求。

[例 3-7] 图 3.36(a)是一个数字频率计晶振电路，试分析其工作情况。

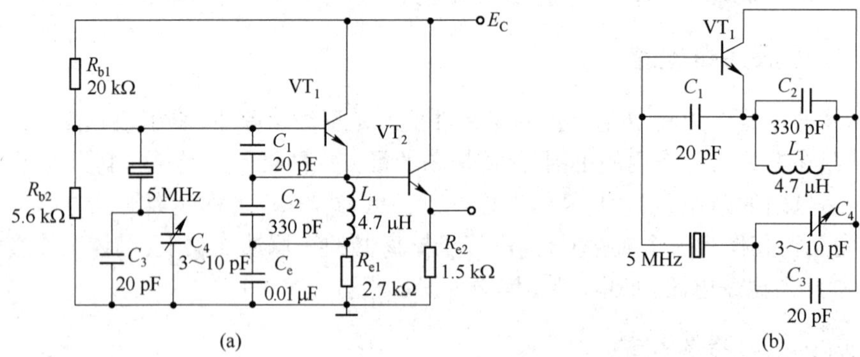

图 3.36 例 3-5

解： 先画出 VT_1 的高频交流等效电路，如图 3.36(b)所示。图 3.36(a)中，$C_e=0.01\ \mu F$，其值较大，作为高频旁路电容。VT_2 为射随器。

由高频交流等效电路可以看到，VT_1 的 c-e 极之间有一个 LC 回路，其谐振频率为

$$f_o=\frac{1}{2\pi\sqrt{4.7\times10^{-6}\times330\times10^{-12}}}\approx4.0(\text{MHz})$$

所以在晶振工作频率 5 MHz 处，此 LC 回路等效为一个电容。可见，这是一个皮尔斯振荡电路，晶体等效为电感，容量为 3~10 pF 的可变电容 C_4 起微调作用，使振荡器工作在晶振的标称频率5 MHz上。

2. 密勒(Miller)振荡电路

图 3.37(a)是场效应管密勒振荡电路，图 3.37(b)是其高频交流等效电路。石英晶体作为电感元件连接在栅极和源极之间，LC 并联谐振回路在振荡频率点上等效为电感，作为另一电感元件连接在漏极和源极之间，漏极和栅极之间的极间电容 C_{gd} 作为构成电感三点式电路中的电容元件。由于 C_{gd} 又称为密勒电容，故此电路有密勒振荡电路之称。

密勒振荡电路通常不采用双极型晶体管，原因是高频双极型晶体管发射结正向偏置电阻太小，虽然晶振与发射结的耦合很弱，但也会在一定程度上降低回路的标准性和频率的稳定性，所以通常采用输入阻抗高的场效应管。

3. 串联型晶体振荡器

在串联型晶体振荡器中，石英晶体谐振器接在振荡器中要求低阻抗的两个节点之间，通常接在正反馈支路中。图 3.38(a)是一串联型晶体振荡器的实际电路。

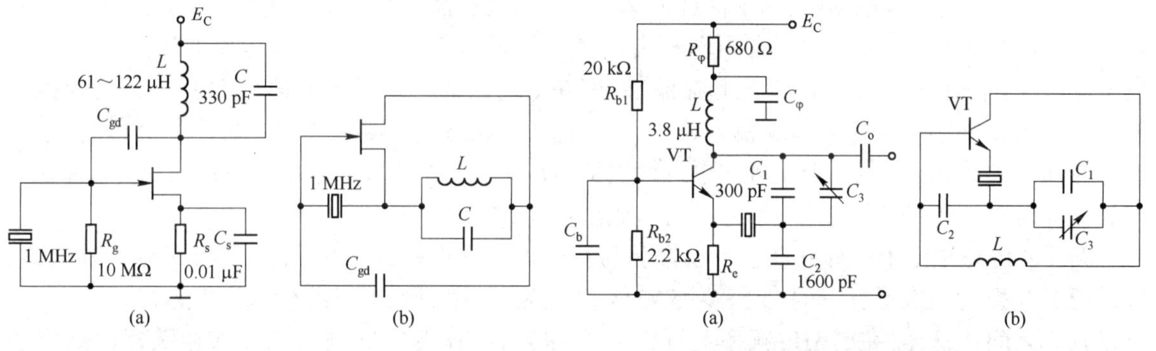

图 3.37　密勒振荡电路　　图 3.38　串联型晶体振荡器

由图 3.38(a)可见，若将晶体短路，它就是一个普通的电容反馈振荡器，L、C_1、C_2、C_3 构成谐振回路和反馈电路。图 3.38(b) 给出了其高频等效电路。为使晶体谐振器工作在串联频率 f_q 上，谐振回路应调谐在此频率附近。这时由于晶体串联谐振，阻抗很小，仅为 r_q，因此晶体等效为短路元件。当电路既满足相位条件又满足振幅条件时，就能产生振荡。

若由 L、C_1、C_2、C_3 组成的回路的谐振频率距 f_q 较远，则由于晶体阻抗增大，使正反馈减弱，因而不能产生振荡。

这种电路的稳频原理可以用相位平衡条件来说明。在一般 LC 振荡器中，LC 谐振回路的阻抗相位角 φ_z 在 ω_o 附近随 ω_o 变化显著，而$-(\varphi_A+\varphi_f)$则基本上不随频率变化，因此由相位平衡条件所决定的振荡频率基本上决定于 ω_o。而在串联型晶体振荡器中则不同，晶体串联在反馈电路中，在晶体的串联谐振频率 ω_q 附近反馈电路的阻抗变化很快，从而使振荡器的反馈系数的相位角 φ_f 随频率变化显著。这样，振荡频率主要决定于 ω_q，从而起到稳频作用。图 3.39 给出了利用相位平衡条件稳频的原理图。由图可知，由于晶体的 $|d\varphi_f/d\omega|$ 很大，使$-(\varphi_A+\varphi_f)$相频特性曲线在 ω_q 附近变

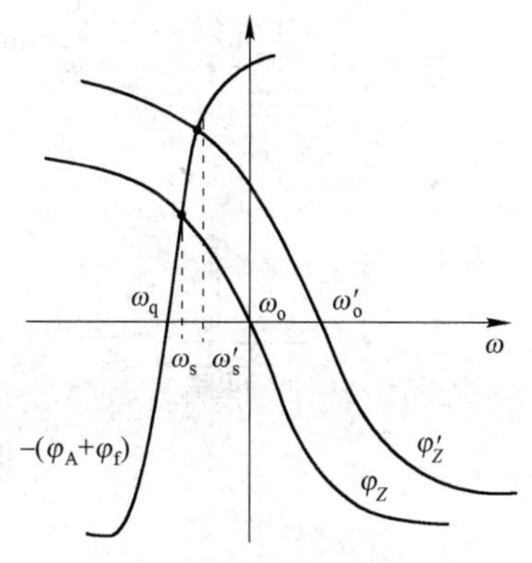

图 3.39　串联型晶体振荡器稳频原理

化很陡峭,故振荡频率 ω_s 总是在 ω_q 附近。而且当谐振回路频率 ω_o 变化时,振荡频率 ω_s 变化很小。为了得到更高的频率稳定性,最好将回路频率调谐到 $\omega_o = \omega_q$,因为此时 $|d\varphi_f/d\omega|$ 和 $|d\varphi_Z/d\omega|$ 最大。

4. 泛音晶振电路

石英晶体的基频越高,则晶片的厚度越薄。频率太高时,晶片的厚度太薄,加工困难,且易振碎。从图 3.34(a)中可以看到,在石英晶振的完整等效电路中,不仅包含了基频串联谐振支路,还包括了其他奇次谐波的串联谐振支路,这就是所谓石英晶振的多谐性。因此在要求以更高的频率工作时,可以令晶体工作于它的泛音频率上,构成泛音晶体振荡器。但需注意,**所谓泛音,是指石英晶片振动的机械谐波。它与电谐波的主要区别是:电谐波与基波是整数倍关系,且谐波与基波同时并存;晶体泛音则与基频不成整数倍关系,只是在基频奇数倍附近,且两者不能同时存在。**泛音晶体谐振器在应用时,要使其工作在所指定的泛音频率上,就要设计一种具有抑制非工作谐波的泛音振荡电路。另外,**泛音晶体所工作的奇次谐波的频率越高,可能获得的机械振荡和相应的电振荡越弱。**

在工作频率较高的晶体振荡器中,多采用泛音晶体振荡电路。泛音晶振电路与基频晶振电路有些不同。在泛音晶振电路中,为了保证振荡器能准确地振荡在所需要的奇次泛音上,要求电路必须能有效地抑制掉基频和低次泛音频率上的寄生振荡,而且必须正确地调节电路的环路增益,使其在工作的泛音频率上略大于 1,满足起振条件,而在更高次的泛音频率上都小于 1,不满足起振条件。在实际应用时,可在三点式振荡电路中,用一选频回路来代替某一支路上的电抗元件,使这一支路在基频和低次泛音频率上呈现的电抗性质不满足三点式振荡器的组成法则,不能起振;而在所需的泛音频率上呈现的电抗性质恰好满足组成法则,能够起振。

图 3.40(a)给出了一种并联型泛音晶体振荡器的实际电路,图(b)为其高频交流等效电路。假设泛音晶振为五次泛音,标称频率为 5 MHz,基频为 1 MHz,则 LC_1 回路必须调谐在三次和五次泛音频率之间。这样,在 5 MHz 频率上,LC_1 回路呈容性,振荡电路满足三点式振荡器的组成法则。对于基频和三次泛音频率来说,LC_1 回路呈感性,电路不符合三点式振荡器的组成法则,不能起振。而在七次及其以上泛音频率,LC_1 回路虽呈现容性,但等效容抗减小,从而使电路的电压放大倍数减小,环路增益小于 1,不满足振幅起振条件。LC_1 回路的电抗特性如图 3.40(c)所示。

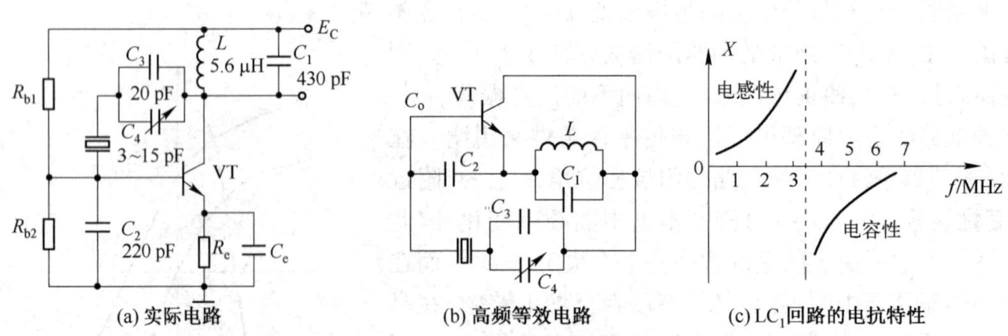

图 3.40 并联型泛音晶体振荡器

5. 高稳定度石英晶振电路

一般石英晶体振荡器在常温情况下,短期频率稳定度通常只能达到 10^{-5} 的数量级。因此要想

得到 $10^{-6}\sim10^{-7}$ 量级乃至更高的频率稳定度,就必须采取相应的措施。由于影响频率稳定度的主要因素是温度的变化,目前克服温度影响的高稳定度石英晶体振荡器主要有两种:一种是采用恒温控制的石英晶体振荡器,另一种是温度补偿石英晶体振荡器。

(1) *恒温控制高稳定度石英晶体振荡器*

提高稳定度的措施是将石英谐振器及其对频率有影响的一些电路元件放置在受控的恒温槽内。恒温槽的温度应高于最高环境温度。通常将恒温槽的温度精确地控制在所用谐振器频率-温度特性曲线的拐点处,因为在拐点处频率温度系数 $\alpha_f=\dfrac{\Delta f}{f\Delta T}$ 最小。由于恒温控制增加了电路的复杂性和功率消耗,所以这种恒温控制高稳定度石英晶体振荡器,主要用在大型高精密度的固定式设备中。

图 3.41 是具有双层恒温控制装置的高稳定度晶体振荡器原理电路。主振级 VT_1 为共发射极组态的皮尔斯电路,其振荡频率为 2.5 MHz。VT_2 为缓冲级,它将主振级与第三级隔离开,以减弱负载对主振级的影响。VT_2 的集电极回路对振荡频率处于失谐状态,使该级增益很低,并且将信号经变压器 T_1 耦合到次级,再经 R_7 衰减后加入 VT_3 的基极。第三级是具有较大功率增益的谐振放大器,它将一部分信号经变压器 T_2 加于其后的两级放大器 VT_4、VT_5 进一步进行放大,将另一部分信号经电容 C_{11} 耦合送入由两只二极管(2CK17)、R_{10} 和 C_7 组成的自动增益控制倍压检波电路,以便获得一个反映输出振幅大小的直流负电压,反馈到 VT_1 的基极,达到稳定振幅的目的。这种稳幅过程,比前述利用晶体管非线性工作特性来稳幅要好。因为这时 VT_1 可以以小信号工作于线性放大区,从而具有良好的输出波形,这就进一步提高了振荡器的频率稳定度。

(2) *温度补偿石英晶体振荡器*

上述恒温控制的晶体振荡器,其频率稳定度虽然可做得很高,但是它存在着电路复杂,功率消耗大,设备庞大笨重,以及工作前需要较长时间的预热等缺点,所以应用受到一定的限制。而温度补偿石英晶体振荡器,由于没有恒温槽装置,所以它具有体积小,重量轻,功耗小,可靠性高,特别是开机后能立即工作等优点,近年来广泛应用于单边带通信电台,中小型战术电台和各种测量仪器中。

采用温度补偿法,一般可以使晶体振荡器的频率稳定度提高 1~2 个数量级。即在 -40℃~+70℃的环境温度中,可以使晶体振荡器的频率稳定度达到 $\pm5\times10^{-7}$ 数量级。实现温度补偿的方法很多,下面以最常用的热敏电阻网络和变容二极管所组成的补偿电路,来说明温度补偿石英晶体振荡的工作原理,如图 3.42 所示。

图中,VT_1 接成皮尔斯晶体振荡器,VT_2 为共射放大器,VT_3 为射极跟随器。虚线方框为温度补偿电路,它是由 R_1、R_2、θ_1 和 θ_2、R_3 构成的电阻分压器,其中,θ_1 和 θ_2 为阻值随周围温度变化的热敏电阻,该电路的作用是使 θ_2 和 R_3 上的分压值 U_t 能反映周围温度的变化。将 U_t 加到与晶体相串接的变容二极管上,可控制变容二极管的电容量变化。由于当环境温度改变时,石英晶体的标称频率随温度改变而略有变化,因而振荡器的频率也就有所变化。如果 U_t 的温度特性与晶体的温度特性相匹配,当变容二极管的电容随 U_t 改变时,可补偿因温度变化而引起的晶体频率的变化,则整个振荡器频率受温度变化的影响便大大减小,从而得到较高的频率稳定度,振荡器的频率稳定度就可提高 1~2 个数量级。

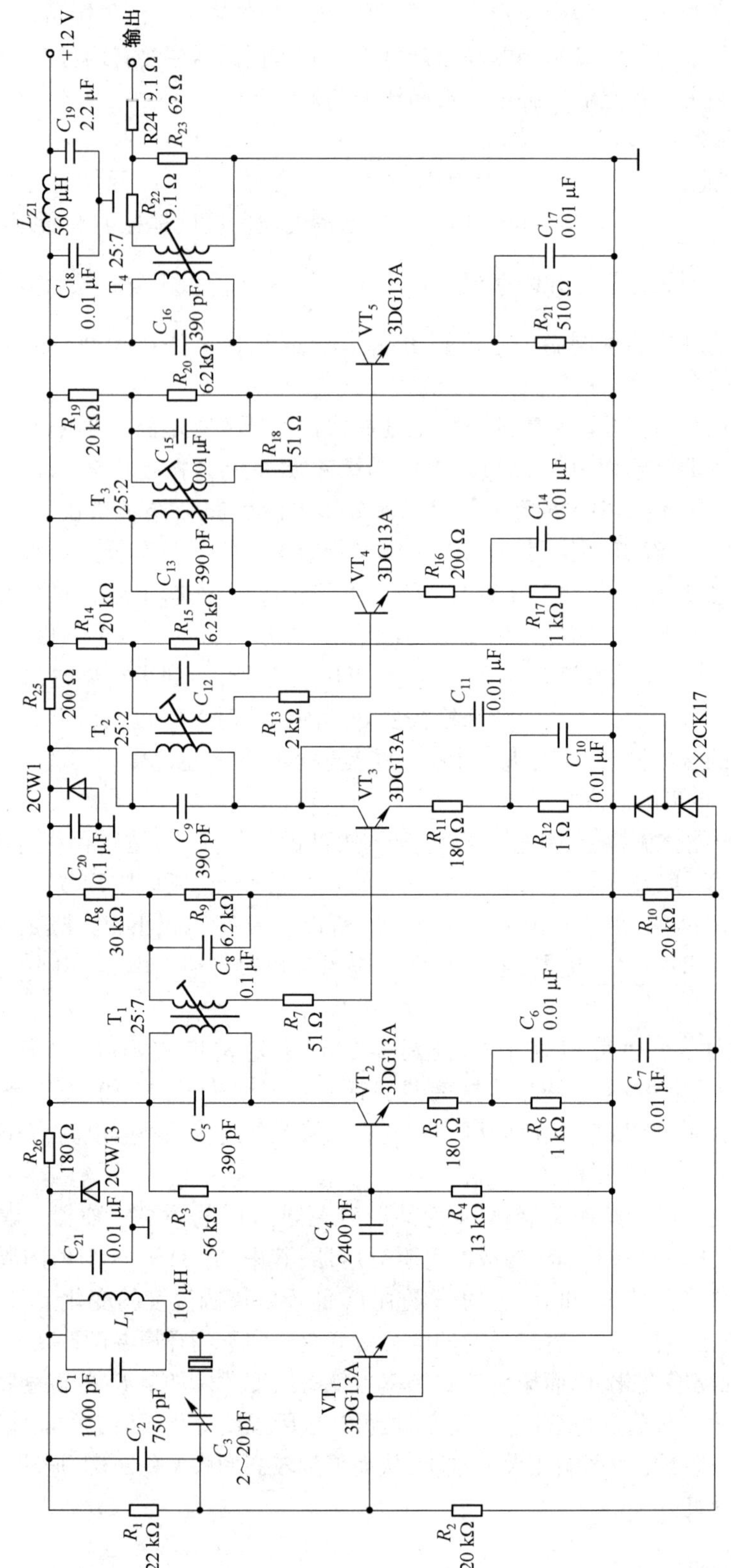

图3.41　2.5MHz高稳定晶体振荡器原理电路

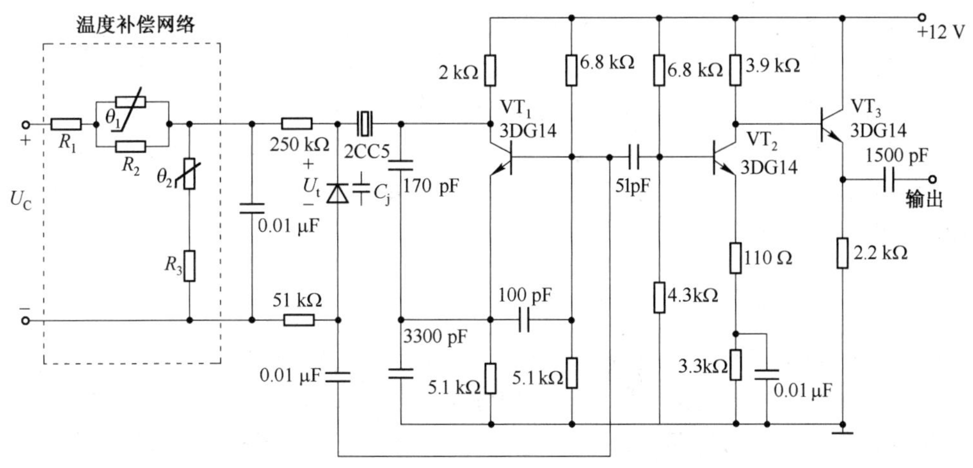

图 3.42　有温度补偿的晶体振荡器电路

3.6　集成电路振荡器

以上介绍的均为分立元件振荡器。利用集成电路也可以做成正弦波振荡器,包括压控正弦波振荡器。当然,集成电路振荡器需外接 LC 元件。

3.6.1　差分对管振荡电路

在集成电路振荡器里,广泛采用如图 3.43(a)所示的差分对管 LC 振荡电路。这个电路是日本索尼公司首次提出的,称为索尼振荡器(Sony Oscillator)。图中,VT_1 和 VT_2 为差分对管,其中 VT_2 的集电极上外接 LC 谐振回路,调谐在振荡频率上,并将其上的输出电压直接加到 VT_1 的基极上。接到 VT_2 基极上的直流电压 U_{BB} 又通过 LC 谐振回路(对直流近似短路)加到 VT_1 基极上,为两管提供等值的基极偏置电压;同时,U_{BB} 又作为 VT_2 的集电极电源电压,这样,就会使 VT_2 的集电极和基极直流同电位。因此,必须限制 LC 谐振回路两端的振荡电压振幅(一般在 200 mV 左右),以防止 VT_2 饱和导通。

图 3.43(b)为其交流等效电路。R_{ee} 为恒流源 I_o 的交流等效电阻。可见,这是一个共集-共基反馈电路。共集电路与共基极电路均为同相放大电路,且电压增益可调至大于 1,振幅条件是可以满足的,所以只要相位条件满足,就可起振。利用瞬时极性判断法,在 VT_1 的基极断开,有:$u_{b1}{}^{\oplus} \rightarrow u_{e1}(u_{e2})^{\oplus} \rightarrow u_{c2}{}^{\oplus} \rightarrow u_{b1}{}^{\oplus}$,所以是正反馈。在振荡频率点,并联 LC 回路阻抗最大,正反馈电压 $u_f(u_o)$ 最强,且满足相位稳定条件。综上所述,此振荡器电路能正常工作。

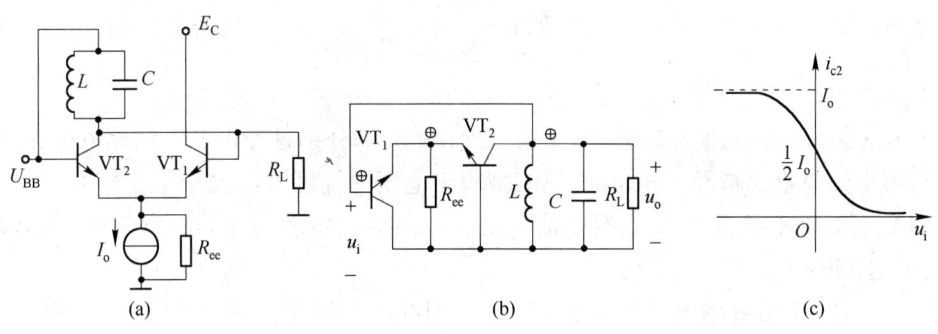

图 3.43　差分对管振荡电路

差分放大管的差动输出特性为双曲正切特性,如图 3.43(c)所示。起振时的振荡电压工作在差分放大特性的最大跨导处,很容易满足振荡振幅条件而起振。起振后,在正反馈条件下,振荡信号振幅将不断增大,随着振荡振幅的增大,差分放大器的放大倍数将减小,这使振荡振幅的增长渐趋缓慢,直至进入晶体管截止区(而不是饱和区)后振荡器进入平衡状态;此时由于晶体管工作在截止区,输出电阻较大,对 LC 回路的影响较小,这样就保证了回路有较高的有载品质因数,有利于提高频率稳定度。

3.6.2 单片集成振荡电路 E1648

单片集成振荡器 E1648 采用典型的差分对管振荡电路,其内部电路图如图 3.44 所示。该电路由三部分组成:差分对管振荡电路、放大电路和偏置电路。VT_7、VT_8、VT_9 与第 10 脚、第 12 脚之间外接的 LC 回路组成差分对管振荡电路,其中 VT_9 为可控恒流源。振荡信号由 VT_7 基极取出,经两级放大电路和一级射随后,从第 1 脚或第 3 脚输出。第一级放大电路由 VT_5 和 VT_4 组成共射-共基组合放大器,第二级由 VT_3 和 VT_2 组成单端输入、单端输出的差分放大器,VT_1 作射随器。偏置电路由 VT_{10}~VT_{14}组成。VT_{12}~VT_{14}组成电流源,为差分对管振荡电路提供偏置电压。VT_{12}与 VT_{13} 组成互补稳定电路,稳定 VT_8 基极电位。若 VT_8 基极电位受到干扰而升高,则有:$u_{b8}(u_{b13})\uparrow\rightarrow u_{c13}(u_{b12})\downarrow\rightarrow u_{e12}(u_{b8})\downarrow$,这一负反馈作用使 VT_8 基极电位 U_{BB}保持恒定。VT_{14}的输出电流在 R_{16}和 R_{17}上产生的压降,经 VT_{11}与 VT_{10}射极跟随后分别为两级放大电路提供偏置电压。

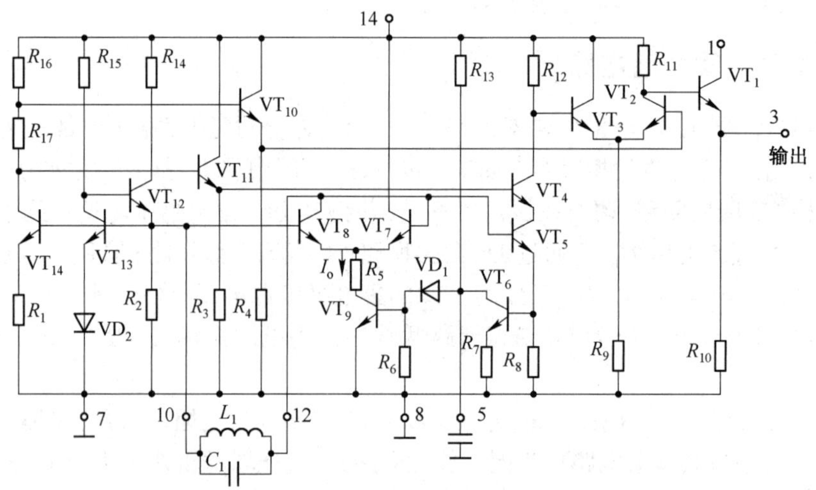

图 3.44 单片集成振荡器 E1648 内部电路图

E1648 单片集成振荡器的振荡频率 f_s 由第 10 脚和第 12 脚之间外接振荡电路的 L_1、C_1 决定,也与两脚之间的输入电容 $C_i\approx 6\,\mathrm{pF}$ 有关。即 $f_s=\dfrac{1}{2\pi\sqrt{L_1(C_1+C_i)}}$。改变外接回路元件 L_1、C_1 的值,可以决定 E1648 单片集成振荡器的振荡频率。它的最高振荡频率可达225 MHz。

利用 E1648 组成的正弦波振荡器,由于第 1 脚和第 3 脚分别是片内 VT_1 的集电极和发射极,所以 E1648 有第 1 脚与第 3 脚两个输出端,第 1 脚输出电压的幅度可以大于第 3 脚的输出。如果在第 1 脚接+5 V 电源电压时,放大后的振荡信号由 VT_1 组成的射随器的第 3 脚输出,输出振荡电压的峰-峰值可达 750 mV。

为了进一步增大 E1648 输出的振荡电压和功率,可在第 1 脚外接+9 V 的电源电压和外接并联谐振电路(R_2、L_2、C_2),如图 3.45 所示。并把外接并联谐振回路调到对振荡频率 f_s 谐振,这时 VT_1 作为一谐振功率放大器工作。在谐振条件下，若取负载电阻 $R_2=1\,\text{k}\Omega$，第 1 脚外接的谐振回路在振荡频率 $f_s=10\,\text{MHz}$ 时，输出功率 $P_o=13\,\text{mW}$；在 $f_s=100\,\text{MHz}$ 时，$P_o=5\,\text{mW}$。

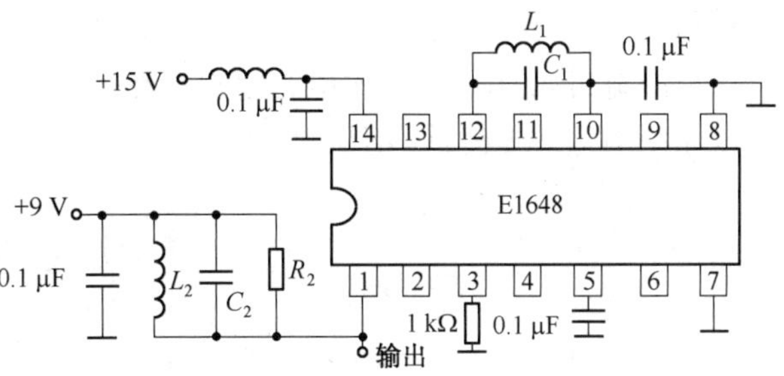

图 3.45　E1648 组成的正弦波振荡器

E1648 单片集成振荡器除了可以产生正弦波振荡电压输出外，还可以产生方波电压输出。在产生方波电压输出时，应在第 5 脚外加一正电压，使尾管 VT_9 供给的恒流源电流 I_o 增大，以及由 VT_7、VT_8、VT_9 组成的差分对振荡电路的输出振荡电压增大，经后级放大，特别是经 VT_2、VT_3 差分对放大器截止限幅，便可获得方波振荡电压输出。

如果第 10 脚与第 12 脚外接的 LC 谐振回路中包括有变容二极管元件，则可以构成压控振荡器。显然，利用 E1648 也可以构成晶体振荡器。

3.6.3　运放振荡器

由运算放大器代替晶体管可以组成运放振荡器，图 3.46 是电感三点式运放振荡器。其振荡频率 $f_o=\dfrac{1}{2\pi\sqrt{(L_1+L_2+2M)C}}$。

运放三点式电路的组成原则与晶体管三点式电路的组成原则相似，即同相输入端与反相输入端、输出端之间是同性质电抗元件，反相输入端与输出端之间是异性质电抗元件。

图 3.47 是晶体运放振荡器，图中晶体等效为一个电感元件，可见这是皮尔斯电路。运放振荡器电路简单，调整容易，但工作频率受运放上限截止频率的限制。

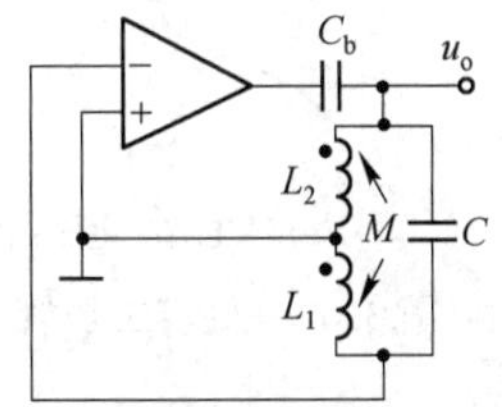

图 3.46　电感三点式运放振荡电路

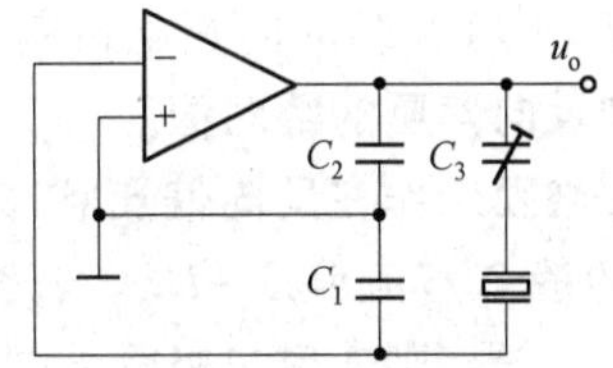

图 3.47　运放皮尔斯电路

3.6.4　集成宽带高频正弦波振荡电路

各种集成放大电路都可以用来组成集成正弦波振荡器，确定该振荡器振荡频率的 LC 元件需外接。为了满足振幅起振条件，集成放大电路的单位增益带宽 BW_G 至少应比振荡频率 f_o 大 1~2 倍。为了保证振荡器有足够高的频率稳定度，一般宜取 $BW\geqslant f_o$，或者 $BW_G>(3\sim10)f_o$。集成放大电路的最大输出电压幅度和负载特性也应满足荡振器的起振条件及振荡器平衡状态的稳定条件。利用晶振可以提高集成正弦波振荡器的频率稳定度。采用单片集成振荡电路如 E1648 等组成正弦波振荡器则更加方便，在 3.6.2 节中已有介绍。

用集成宽带放大电路 F733 和 LC 网络可以组成频率在 120 MHz 以内的高频正弦波振荡器，典型接法如图 3.48 所示。如在第 2 脚与回路之间接入晶振，可组成

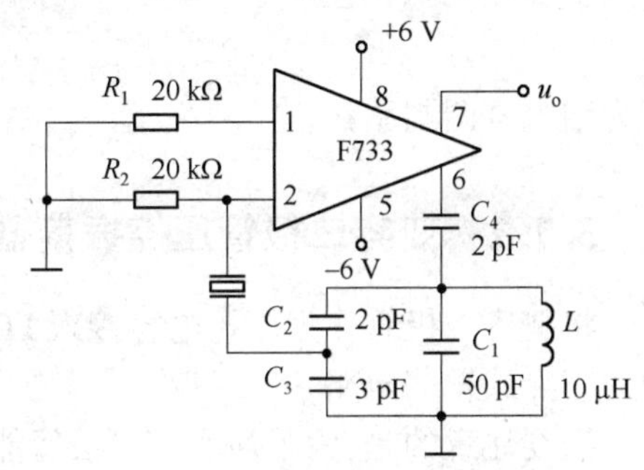

图 3.48　集成宽放高频正弦波振荡电路

晶体振荡器。

用集成宽带(或射频)放大电路组成正弦波振荡器时,LC 选频回路应正确接入反馈支路,其电路组成原则与运放振荡器的组成原则相似。

3.7 压控振荡器

有些可变电抗元件的等效电抗值能随外加电压变化,将这种电抗元件接在正弦波振荡器中,可使其振荡频率随外加控制电压而变化,这种振荡器称为压控正弦波振荡器。其中最常用的压控电抗元件是变容二极管。

压控振荡器(Voltage Controlled Oscillator,VCO)在频率调制、频率合成,锁相环路、电视调谐器、频谱分析仪等方面有着广泛的应用。

3.7.1 变容二极管

变容二极管是利用 PN 结的结电容随反向电压变化这一特性制成的一种压控电抗元件。变容二极管的符号和结电容变化曲线如图 3.49 所示。

变容二极管结电容可表示为

$$C_j=\frac{C_o}{\left(1+\frac{u_R}{U_D}\right)^{\gamma}} \tag{3-56}$$

式中,γ 为变容指数,其值随半导体掺杂浓度和 PN 结的结构不同而变化;C_o 为外加电压 $u_R=0$ 时的结电容值;U_D 为 PN 结的内建电位差;**u_R 为变容二极管所加反向偏压的绝对值。**

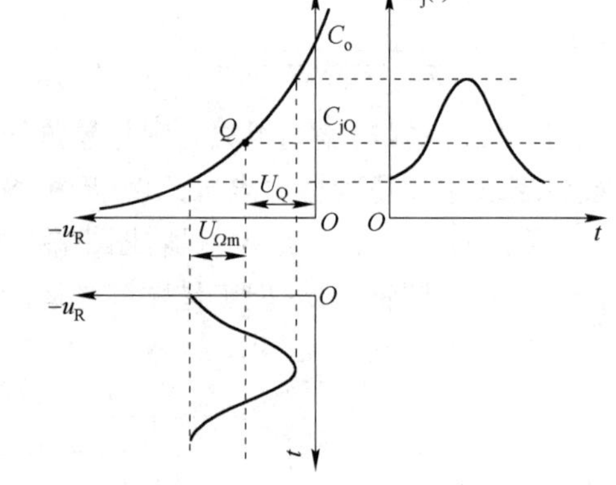

图 3.49 变容二极管

变容二极管必须工作在反向偏压状态,所以工作时需加负的静态直流偏压$-U_Q$。若交流控制电压 u_Ω 为正弦信号,则变容二极管上的有效电压的绝对值为

$$u_R=U_Q+u_\Omega=U_Q+U_{\Omega m}\cos\Omega t \tag{3-57}$$

代入式(3-56),则有

$$C_j=\frac{C_o}{\left(1+\frac{U_Q+U_{\Omega m}\cos\Omega t}{U_D}\right)^{\gamma}}=\frac{C_{jQ}}{(1+m\cos\Omega t)^{\gamma}} \tag{3-58}$$

式中,C_{jQ}为静态结电容,有

$$C_{jQ}=C_o\Big/\left(1+\frac{U_Q}{U_D}\right)^{\gamma} \tag{3-59}$$

m 为结电容调制系数,有

$$m=\frac{U_{\Omega m}}{U_D+U_Q}<1 \tag{3-60}$$

3.7.2 变容二极管压控振荡器

将变容二极管作为压控电容接入 LC 振荡器中,就组成了 LC 压控振荡器。一般可采用各种类型的三点式振荡电路。

需要注意的是,为了使变容二极管能正常工作,必须正确地给其提供静态负偏压和交流控制电压,而且要抑制高频振荡信号对直流偏压和低频控制电压的干扰。所以,在电路设计时要适当采用高频扼流圈、旁路电容、隔直流电容等。

无论是分析一般的振荡器还是分析压控振荡器，都必须正确画出振荡器的直流通路和高频振荡回路。对于后者，还需画出变容二极管的直流偏置电路与低频控制回路。下面通过举例说明具体方法与步骤。

［**例 3-8**］ 画出图 3.50(a)所示中心频率为 360 MHz 的变容二极管压控振荡器中晶体管的直流通路和高频振荡回路，变容二极管的直流偏置电路和低频控制回路。

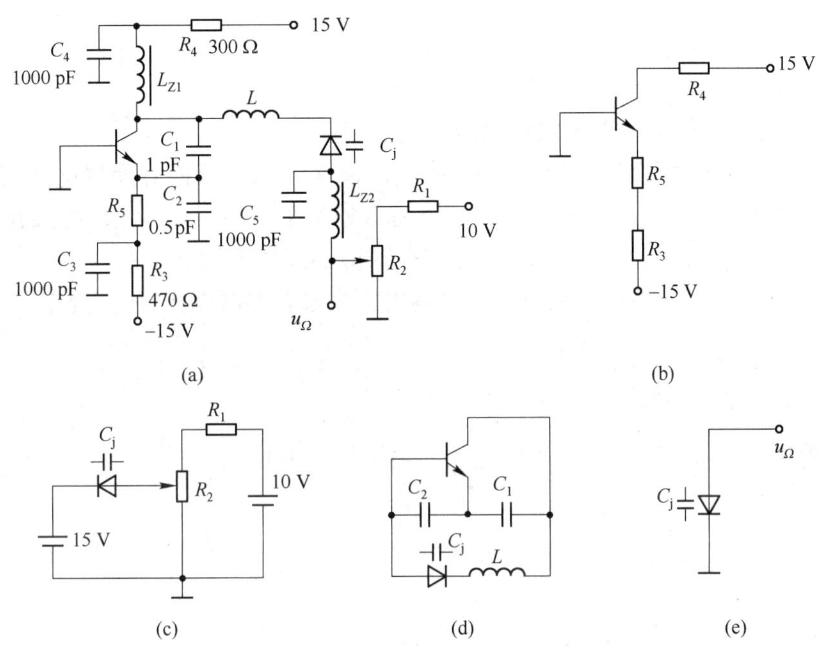

图 3.50 变容二极管压控振荡电路

解：画晶体管直流通路，只需将所有电容开路、电感短路即可，变容二极管也应开路，因为它工作在反偏状态，如图 3.50(b)所示。

画变容二极管直流偏置电路，需将与变容二极管有关的电容开路，电感短路，晶体管的作用可用一个等效电阻表示。由于变容二极管的反向电阻很大，可以将其他与变容管相串联的电阻作近似(短路)处理。例如本例中变容二极管的负端可直接与 15 V 电源相接，如图 3.50(c)所示。

画高频振荡回路与低频控制回路前，应仔细分析每个电容与电感的作用。对于高频振荡回路，小电容是工作电容，大电容是耦合电容或旁路电容；小电感是工作电感，大电感是高频扼流圈。当然，变容二极管也是工作电容。保留工作电容与工作电感，将耦合电容与旁路电容短路，高频扼流圈 L_{Z1}、L_{Z2} 开路，直流电源与地短路，即可得到高频振荡回路，如图 3.50(d)所示。正常情况下，可以不必画出偏置电阻。

判断工作电容和工作电感，一是根据参数值的大小，二是根据所处的位置。电路中数值最小的电容(电感)和与其处于同一数量级的电容(电感)均被视为工作电容(电感)，耦合电容与旁路电容的值往往要大于工作电容几十倍以上，高频扼流圈 L_{Z1}、L_{Z2} 的值也远远大于工作电感。另外，工作电容与工作电感是按照振荡器组成法则设置的，耦合电容起隔直流和交流耦合作用，旁路电容对电阻起旁路作用，高频扼流圈对直流和低频信号提供通路，对高频信号起阻挡作用，因此它们在电路中所处位置不同。据此也可以进行正确判断。

对于低频控制通路，只需将与变容二极管有关的电感 L_{Z1}、L_{Z2}、L 短路(由于其感抗值相对较小)；除了低频耦合或旁路电容短路外，其他电容开路，直流电源与地短路即可。由于此时变容二极管的等效容抗和反向电阻均很大，所以对于其他电阻可作近似处理。本例中 $C_5=1000\,\text{pF}$，是高频旁路电容，但对于低频信号却是开路的。图 3.50(e)即为低频控制通路。

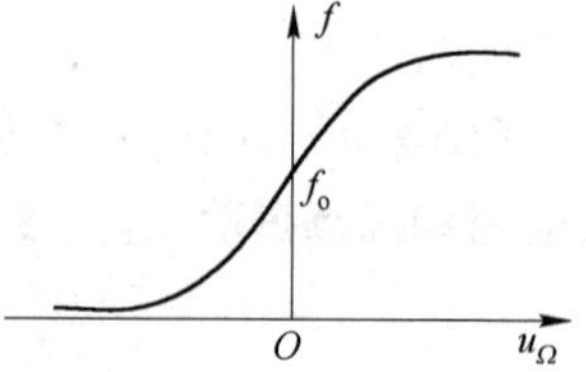

图 3.51 变容二极管压控振荡器的频率-电压特性

压控振荡器的主要性能指标是压控灵敏度和线性度。其中**压控灵敏度定义为单位控制电压引起的振荡频率的增量，用 S 表示，即**

$$S=\Delta f/\Delta u_\Omega \tag{3-61}$$

图 3.51 是变容二极管压控振荡器的频率-电压特性。一般情况下，这一特性是非线性的，其非线性程度与变容指数 γ 和电路结构有关。在中心频率 f_o 附近较小区域内线性度较好，灵敏度也较高。

[例 3-9] 在图 3.50(a)所示电路中，若调整 R_2 使变容二极管静态偏置电压为-6 V，对应的变容二极管静态电容 $C_{jQ}=20\,\text{pF}$，内建电位差 $U_D=0.6\,\text{V}$，变容指数 $\gamma=3$。求振荡回路的电感 L，以及交流控制信号 u_Ω 为振幅 $U_{\Omega m}=1\,\text{V}$ 的正弦波时所对应的压控灵敏度。

解： 由图 3.50(d)可知，谐振回路总等效电容由三个电容串联而成，所以静态时的总电容

$$C_{\Sigma Q}=\frac{1}{1/C_1+1/C_2+1/C_{jQ}}=\frac{1}{1+1/0.5+1/20}\approx 0.3279(\text{pF})$$

中心振荡频率

$$f_o=\frac{1}{2\pi\sqrt{LC_{\Sigma Q}}}=360(\text{MHz})$$

所以

$$L=\frac{1}{(2\pi f_o)^2 C_{\Sigma Q}}=\frac{1}{(2\pi\times 360\times 10^6)^2\times 0.3279\times 10^{-12}}\approx 0.596(\mu\text{H})$$

又

$$C_j=\frac{C_{jQ}}{\left(1+\dfrac{U_{\Omega m}}{U_D+U_Q}\cos\Omega t\right)^\gamma}=\frac{20\times 10^{-12}}{\left(1+\dfrac{1}{6.6}\cos\Omega t\right)^3}$$

可得

$$C_{j\max}=\frac{20\times 10^{-12}}{\left(1-\dfrac{1}{6.6}\right)^3}\approx 32.47(\text{pF}),\quad C_{j\min}=\frac{20\times 10^{-12}}{\left(1+\dfrac{1}{6.6}\right)^3}\approx 13.10(\text{pF})$$

$$C_{\Sigma Q\max}=\frac{1}{1/C_1+1/C_2+1/C_{jamx}}\approx 0.330(\text{pF}),\quad C_{\Sigma Q\min}=\frac{1}{1/C_1+1/C_2+1/C_{j\min}}\approx 0.325(\text{pF})$$

所以

$$f_{o\min}=\frac{1}{2\pi\sqrt{LC_{\Sigma Q\max}}}\approx 358.87(\text{MHz}),\quad f_{o\max}=\frac{1}{2\pi\sqrt{LC_{\Sigma Q\min}}}\approx 361.62(\text{MHz})$$

由

$$\Delta f_1=f_{o\max}-f_o=1.62(\text{MHz}),\quad \Delta f_2=f_o-f_{o\min}=1.13(\text{MHz})$$

可得压控灵敏度

$$S_1=\Delta f_1/U_{\Omega m}=1.62(\text{MHz/V}),\quad S_2=\Delta f_2/U_{\Omega m}=1.13(\text{MHz/V})$$

可见，正向和负向压控灵敏度略有差别，说明压控特性是非线性的。

3.7.3 晶体压控振荡器

为了提高压控振荡器中心频率的稳定度，可采用晶体压控振荡器。在晶体压控振荡器中，晶振或者等效为一个短路元件，起选频作用；或者等效为一个高 Q 值的电感元件，作为振荡回路元件之一。通常仍采用变容二极管作为压控元件。

在图 3.52 所示晶体压控振荡器高频等效电路中，晶振作为一个电感元件。控制电压调节变容

二极管的电容值,使其与晶振串联后的总等效电感发生变化,从而改变振荡器的振荡频率。

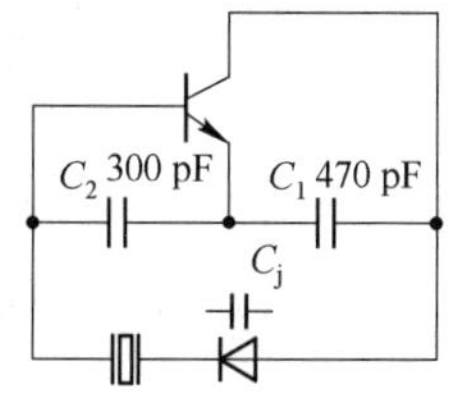

图 3.52　晶体压控振荡高频等效电路

晶体压控振荡器的缺点是频率控制范围很窄。图 3.52 所示电路的频率控制范围仅在晶振的串联谐振频率 f_q 与并联谐振频率 f_p 之间。**为了增大频率控制范围,可在晶体支路中增加一个电感 L。L 越大,频率控制范围越大,但频率稳定度相应下降。因为增加的电感 L 与晶体串联或并联后,相当于使晶振本身的串联谐振频率 f_q 左移或使并联谐振频率 f_p 右移,所以可控频率范围 $f_q \sim f_p$ 增大,但电抗曲线斜率下降。**从图 3.53 中可以很清楚地说明这一点。

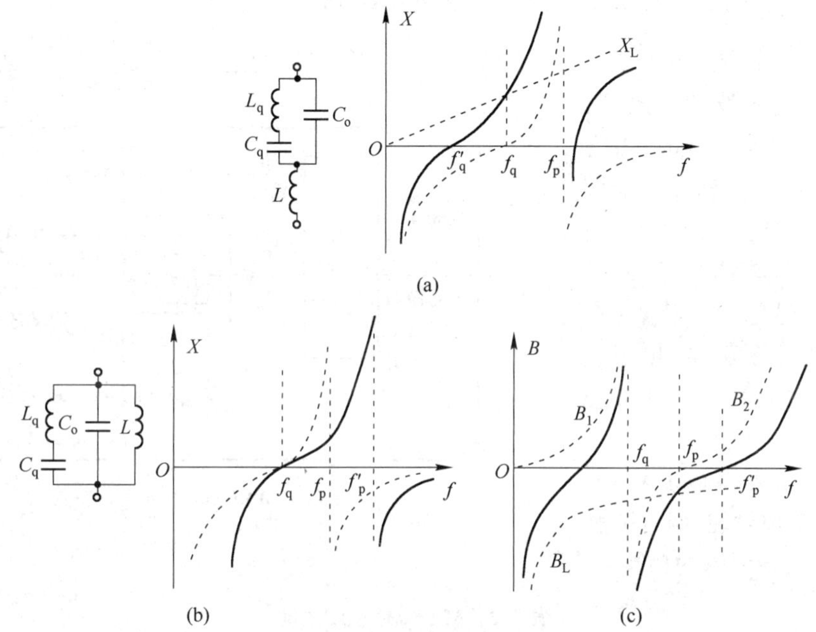

图 3.53　串联或并联电感扩展晶振频率控制范围的原理

在图 3.53 中,图(a)是串联电感扩展法原理示意图,其中左图为等效电路,右图中两条虚曲线是晶振的电抗频率曲线,一条斜直虚线 $X_L = \omega L$ 表示加入的电感 L 的电抗特性。由于晶体与 L 串联,所以两者的电抗频率曲线相加,就是扩展后的总电抗频率曲线,如图中两条实线所示。f'_q 是扩展后的串联谐振频率。

图(b)是并联电感扩展法原理示意图,左图为等效电路,右图中两条虚曲线是晶体的电抗频率曲线,两条实线是扩展后的电抗频率曲线,f'_p 是扩展后的并联谐振频率。由于分析并联关系采用电纳特性更加方便和清楚,故图(c)给出了与图(b)对应的电纳频率曲线。图(c)中两条虚线 B_1 和 B_2 是晶体的电纳频率曲线,另一条虚线 $B_L = -\frac{1}{\omega L}$ 表示加入的电感 L 的电纳特性。由于晶体与 L 并联,所以两者的电纳频率曲线相加,就是扩展后的总电纳频率曲线,如图(c)中两条实线所示。将这两条实线变换到图(b),即为扩展后的总电抗频率曲线。

图 3.54 是应用串联电感扩展法实现的晶体压控振荡器实用电路。该电路的中心频率约为 20 MHz,频偏约为 10 kHz。

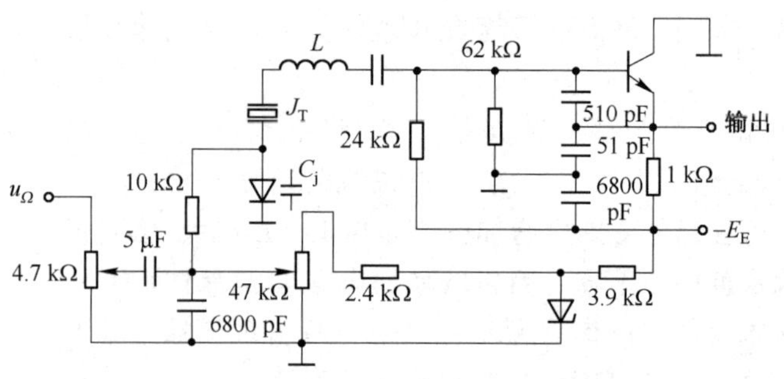

图 3.54　晶体压控振荡器实用电路

3.7.4　新型单片多波形集成振荡器 MAX038

美信公司生产的 MAX038 是一种新型单片、多波形、多功能振荡器集成电路，它可以产生高频、低失真的正弦波、方波和三角波，而且占空比和频率独立可调（占空比调节范围为 15%～85%，频率调节范围为 0.1 Hz～20 MHz）。MAX038 具有工作频率高、精度好、外围元件少、信号稳定等特点，在集成振荡器、压控振荡器、频率合成器等电路的优选器件。图 3.55 是 MAX038 内部简化框图。

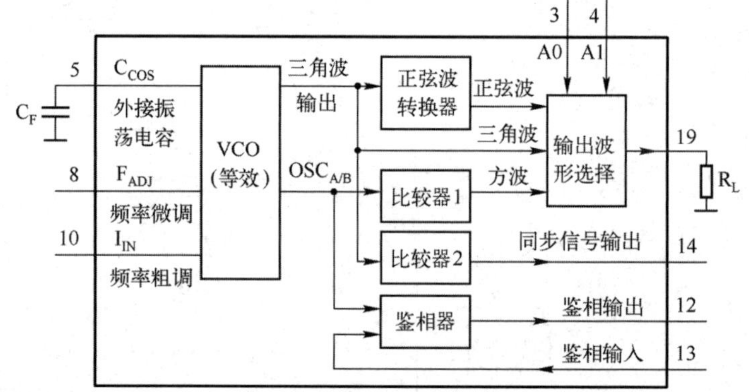

图 3.55　MAX038 内部简化框图

MAX038 有双列直插 DIP-20 和贴片 SO-20 两种封装，两者引脚功能和顺序相同，各引脚的功能见表 3.2。

表 3.2　MAX038 引脚功能

引　脚	名　称	功　能
1	V_{REF}	2.5 V 基准电压输出端
2,6,9,11,18	GND	地（这五个引脚在芯片内部没有互相连接）
3,4	A0,A1	波形选择输入端，兼容 TTL/CMOS 电平
5	C_{OSC}	外接振荡电容端
7,8	D_{ADJ}，F_{ADJ}	占空比调节输入端，频率调节输入端（频率精调）
10	I_{IN}	频率控制电流输入端；频率覆盖范围调节（频率粗调）
12,13	PDO,PDI	鉴相器输出端，输入端；不用时接地
14	SYNC	正电平同步信号输出端，TTL/CMOS 兼容；用于内部振荡器和外部信号同步；不用时悬空
15	DGND	数字地
16	DV+	数字+5 V 电源输入端；如果 SYNC 不用，本引脚可以悬空
17	V+	+5 V 电源输入端
19	OUT	正弦波、方波、三角波输出端
20	V-	-5 V 电源输入端

［例 3-10］　以 MAX038 产生 1.0000 MHz 低抖动（Jitter）的正弦波、三角波和方波为例，说明主要设计思路。

解:锁相环相关知识参见本书相关章节或其他相关专业文献。

① 要求分析

要产生精准的 1.0000 MHz 频率,必须有一个高精度的参考频率源,并利用 MAX038 的锁相环锁定频率。

通常晶体振荡器具有良好的频率稳定性,但相位抖动较大;锁相环所具有的良好窄带滤波特性可以滤除带外噪声,从而降低相位抖动;MAX038 可以产生频率受控的三种波形。以上三者相结合,可达到要求。

② 实现方案和信号流程

将一个精确的 1.0000 MHz 温度补偿晶振(TCXO)产生的频率信号输入 MAX038 的 13 脚,作为内部鉴相器(注意 MAX038 的内部鉴相器为电流输出型鉴相器)的参考频率,经鉴相器鉴相后从 12 脚输出相位误差电流信号,由外接环路滤波器(R_1、C_{PD})滤波后,在电阻 R_{PD} 两端产生 VCO 所需的控制电压,此电压加到 8 脚,精准控制 VCO 的输出频率;同时,VCO 的输出信号在芯片内部反馈到鉴相器的另一个输入端,组成一个完整的锁相环,即可得到相位抖动低、频率精度高的三种波形。

③ 参数计算和电路图

影响 MAX038 内部 VCO 振荡频率的因素有:5 脚外接振荡电容 C_F、输入 10 脚 I_{IN} 的电流(用于频率粗调)和 8 脚 F_{ADJ} 的电压(用于频率微调)。

根据 MAX038 的数据手册,F_{ADJ} 端的电压为零时对应 VCO 的中心频率,此时若取 $C_F = 200$ pF、$I_{IN} = 0.2$ mA,可得输出频率约为 1 MHz。此输出频率不用精确计算,因为当环路锁定时,输出频率即使略有偏差也能被环路自动纠正并锁定。具体电路如图 3.56 所示。

MAX038 输出波形的种类与 A0、A1 两个引脚逻辑电平(接+5 V 为逻辑 1,接地为逻辑 0)组合的关系见表 3.3。

表 3.3　输出波形与 A0、A1 电平的关系

A0	A1	输出波形
0 或 1	1	正弦波
0	0	方波
1	0	三角波

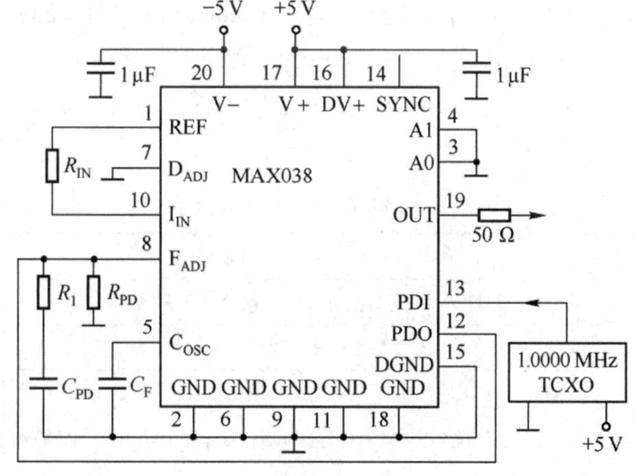

图 3.56　锁相 1.0000MHz 基准频率波形发生器电路

电路图中各元件参数根据式(3-62)、式(3-63)计算。

$$
\begin{cases}
f_o(\text{MHz}) = I_{IN}(\mu\text{A}) / C_F(\text{pF}) \\
I_{IN} = V_{REF}/R_{IN} = 2.5\ \text{V}/R_{IN}
\end{cases}
\tag{3-62}
$$

$$
\begin{cases}
V_{FADJ} = (I_{PDO} - 0.25\ \text{mA}) R_{PD} \\
I_{PDO} = 0 \sim 0.5\ \text{mA} \\
-2.4\ \text{V} < V_{FADJ} < 2.4\ \text{V}
\end{cases}
\tag{3-63}
$$

经过计算和合理估值,可得

$$
\begin{cases}
R_{IN} = 2.5\ \text{V}/0.2\ \text{mA} = 12.5\ \text{k}\Omega \\
C_F = 200\ \text{pF},\ R_{PD} = 7.5\ \text{k}\Omega \\
R_1 = 1\ \text{k}\Omega,\ C_{PD} = 0.01\ \mu\text{F}
\end{cases}
$$

④ 系统功能扩展

具有正弦波输出是 MAX038 的一个重要优点。图 3.56 已具备完整的锁相环路，只要在反馈支路中加入可编程分频器，即可方便地实现频率合成，使系统可以输出多种频率的波形，可以用做模拟、数字调制中的载波信号发生器。有关锁相环频率合成器的原理和应用参见相关专业书籍。

另外，如不需锁相环，MAX038 也可以用做普通多波形集成振荡器，典型电路如图 3.57 所示。电路输出阻抗 50Ω，输出波形已设定为正弦波，输出频率计算公式如下

$$f_o=\frac{5}{R_{IN}C_F} \tag{3-64}$$

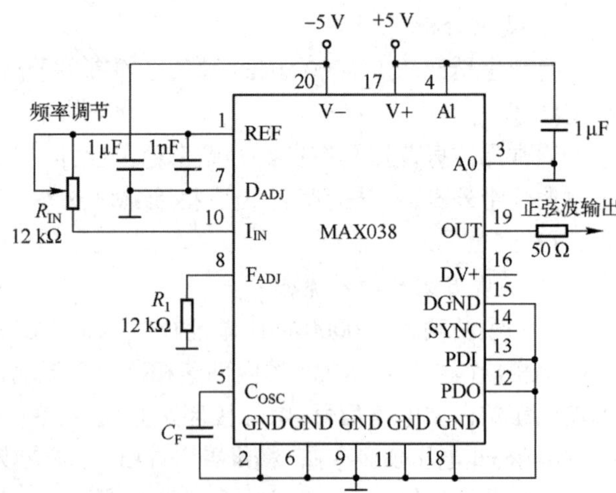

图 3.57　MAX038 集成振荡器典型电路图

[思考]图 3.57 若输出方波，电路应该如何修改？

3.7.5　新型单片集成压控振荡器 MAX260x

美信公司生产的 MAX2605～MAX2609 系列 VCO（压控振荡器）集成电路，工作频率范围为 45 MHz～650 MHz，具有超小体积（3 mm×3 mm，SOT23-6 封装）、集成变容二极管、低功耗（工作电压 2.7～5.5 V，电流 1.9～3.6 mA）、低相位噪声、外围元件极少等特点。

MAX260x 系列差分输出应用电路如图 3.58 所示。电路输出频率与 1 脚振荡电感 L_F、3 脚控制电压相关。

表 3.4　MAX260x 引脚功能表

引脚	名称	功　能
1	IND	对地外接振荡电感（设定 VCO 中心频率）
2	GND	地
3	TUNE	VCO 控制电压输入端（控制电压范围为 0.4～2.4 V）
4	OUT−	差分输出−（集电极开路输出，需外接上拉电阻/电感）
5	E_C	正电源
6	OUT+	差分输出+（集电极开路输出，需外接上拉电阻/电感）

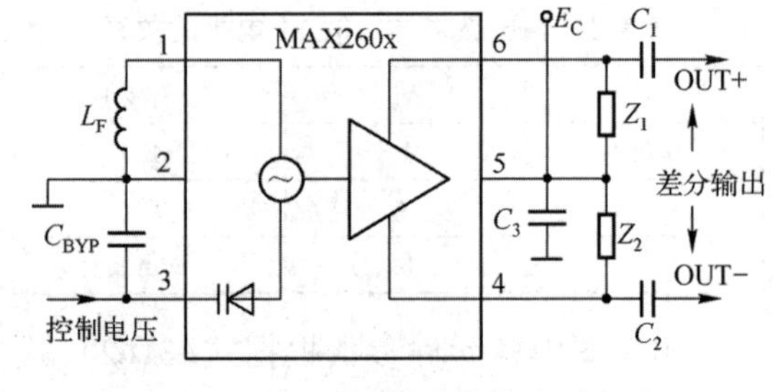

图 3.58　MAX260x 差分输出应用电路

[例 3-11]　利用 MAX260x 设计一个 VCO，输出频率范围为 108～125 MHz。

解：查阅 MAX260x 数据手册中的系列选型表可知，MAX2606 的工作频率范围为 70～150 MHz，覆盖所需频段，故选用 MAX2606。

仔细阅读 MAX2606 数据手册中的相关图表和注释可知，旁路电容 C_{BYP} 的大小应不小于 680 pF，振荡电感 L_F 的最小 Q 值为 35，电感量应介于 150～820 nH 之间（具体电感量视工作频率范围不同而不同）。

本例电路设计如图 3.58 所示。电路参数如下：电源电压 $E_C=2.75$ V，振荡电感 $L_F=270$ nH，旁路电容 $C_{BYP}=1$ nF，上拉电感 $Z_1=Z_2=330$ nH，退耦电容 $C_3=1$ nF，耦合电容 $C_1=C_2=4.7$ pF。此时 VCO 的压控灵敏度约 9 MHz/V。当控制电压为 0.4～2.3 V 时，VCO 的输出频率范围为 108～125 MHz。

[思考] 本例若要求输出频率范围为 360~400 MHz,电路应该如何修改?

特别注意:因为 IC(集成电路)的内部电路对设计者完全未知,故应用 IC 进行电路设计时,IC 生产厂家提供的官方数据手册是最重要、最权威的资料,设计时必须仔细阅读和理解。

*3.8 RC 振荡器

若要求产生较低的振荡频率(几十 kHz 以下),LC 振荡器所需要的电感 L 和电容 C 都比较大,一般来说,制造损耗较小的大电感和电容是比较困难的,而且由于回路元件的体积过大,安装调试不方便。因此,在振荡频率较低时,一般都采用 RC 选频回路的正弦波振荡器。

由 RC 电路工作原理可知,不同频率的正弦波电压通过 RC 电路时,输出端的电压幅度和相位,都与输入端不同。图 3.59 画出了两种简单的 RC 相移电路。对于图 3.59(a)所示的超前相移 RC 网络来说,若在其输入端加入电压 U_i,则在 R 两端得到输出电压 U_o,C 两端的电压为 U_c,回路电流为 I。如果把回路电流 I 作为基准矢量,那么 R 两端的电压矢量 U_o与 I 同相,而 U_c矢量落后 I 90°,且有 $U_i=U_c+U_o$,其矢量图见图 3.59(a)。可以看出,其输出电压 U_o超前于输入电压 U_i一个相位角 φ,故称为超前相移网络,或称高通滤波网络。同样的道理可得图 3.59(b)所示相移滞后的 RC 网络矢量图,通常也称低通滤波网络。

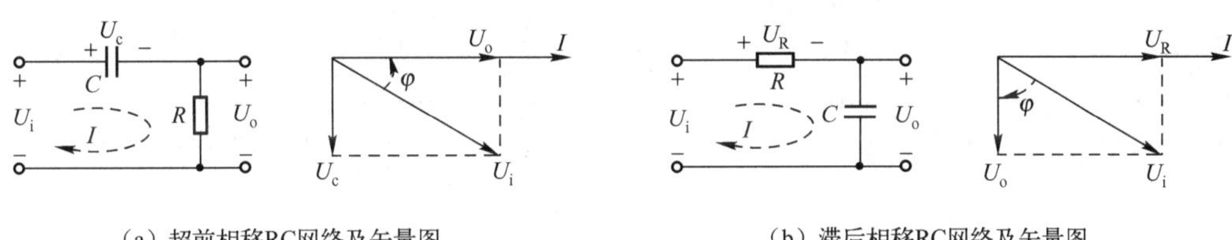

图 3.59 两种简单的 RC 相移电路

在 RC 正弦波振荡器中常用的 RC 选频网络除上述相移电路外,还有 RC 串并联选频电路,它们的电路结构及相应的频率特性曲线列在表 3.5 中。

表 3.5 RC 移相电路的电路结构及相应的频率特性曲线

	超前移相电路	滞后移相电路	串/并联选频电路
电路	C, R, + $u_i(j\omega)$ −, + $u_o(j\omega)$ −	R, C, + $u_i(j\omega)$ −, + $u_o(j\omega)$ −	R, C, R, C, + $u_i(j\omega)$ −, + $u_o(j\omega)$ −
传输系数 $\left(\frac{u_o(j\omega)}{u_i(j\omega)}\right)$	$j\frac{\omega/\omega_o}{1+j\omega/\omega_o}$	$\frac{1}{1+j\omega/\omega_o}$	$j\frac{\omega/\omega_o}{\left(1-\frac{\omega^2}{\omega_o^2}\right)+j3\frac{\omega}{\omega_o}}$
幅频特性	$\lvert u_o(j\omega)/u_i(j\omega)\rvert$; 1; 0.7; 0; 1; ω/ω_0	$u_o(j\omega)/u_i(j\omega)$; 1; 0.7; 0; 1; ω/ω_0	1/3; $u_o(j\omega)/u_i(j\omega)$; 0; 1; ω/ω_0
相频特性	$\varphi(\omega)$; 90°; 45°; 0; 1; ω/ω_0	$\varphi(\omega)$; 1; 0; ω/ω_0; 45°; −90°	$\varphi(\omega)$; 90°; 0; 1; ω/ω_0; −90°

由此可见，前两种移相电路均具有单调变化的幅频特性，第三种电路具有类似 LC 谐振电路的选频特性。通常，将前两种电路构成的振荡器称为 RC 移相振荡器，第三种电路构成的振荡器称为文氏电桥振荡器。

3.8.1 RC 移相振荡器

图 3.60 所示为超前移相的 RC 移相振荡器典型电路。它是一个具有正反馈的单级阻容耦合放大器。输出电压从晶体管的集电极经 RC 移相器反馈到基极。由于单级共发射极放大器的输出电压与输入电压的相位相差 180°，因此，从输出端反馈到输入端必须再倒相 180°，才能满足相位平衡条件。

表 3.4 中所示的超前移相网络传输系数为

$$\frac{u_o(j\omega)}{u_i(j\omega)}=\frac{R}{R+\frac{1}{j\omega C}}=\frac{j\omega RC}{1+j\omega RC}=j\frac{\omega/\omega_o}{1+j\omega/\omega_o}=\left|\frac{u_o(j\omega)}{u_i(j\omega)}\right|e^{j\varphi} \tag{3-65}$$

式中，$\omega_o=\frac{1}{RC}$。其模和相角分别为

$$\left|\frac{u_o(j\omega)}{u_i(j\omega)}\right|=\frac{\omega RC}{\sqrt{1+(\omega RC)^2}} \tag{3-66}$$

$$\varphi=\arctan\frac{1}{\omega RC} \tag{3-67}$$

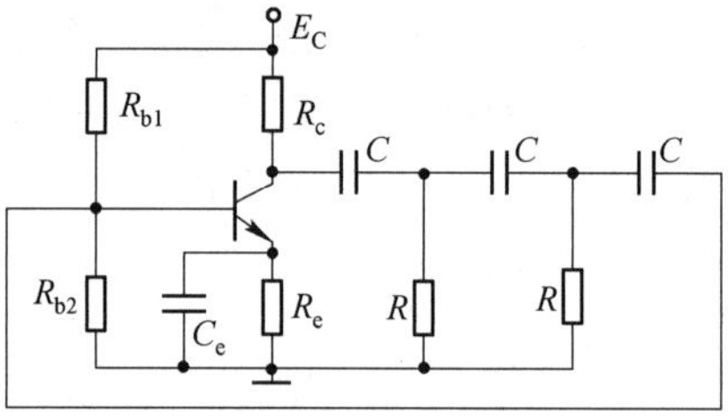

图 3.60 超前移相 RC 振荡器

滞后移相网络的传输系数为

$$\frac{u_o(j\omega)}{u_i(j\omega)}=\frac{\frac{1}{j\omega C}}{R+\frac{1}{j\omega C}}=\frac{1}{1+j\omega CR}=\frac{1}{1+j\omega/\omega_o}=\left|\frac{u_o(j\omega)}{u_i(j\omega)}\right|e^{j\varphi} \tag{3-68}$$

其模和相角分别为

$$\left|\frac{u_o(j\omega)}{u_i(j\omega)}\right|=\frac{1}{\sqrt{1+(\omega RC)^2}} \tag{3-69}$$

$$\varphi=-\arctan\omega RC \tag{3-70}$$

显然这两种移相网络除移相的方向不同以外，有以下的共同特性：① 随着频率的改变，单节 RC 电路中所产生的相移在 0°～90°之间变化，但最大相移不超过 90°。② 输出电压幅度随频率变化而变化，但输出电压总是小于输入电压，且相移越大，输出电压愈小，当相移为 90°时，输出电压近似为零。

据此，可以得出如下两点结论：

（1）为了使 RC 移相网络移相 180°，至少要用三节 RC 移相网络。图 3.60 所示电路中的 180°移相器，就是利用三节单级 RC 导前移相网络组成的。图中最后一节 RC 移相网络，实际上是由电容 C 和晶体管放大器的输入电阻所组成的。

（2）当 *RC* 一定时，三节移相器只能在某一特定频率上产生 180°相移。因此 RC 移相电路具有选频特性，将 RC 移相网络与放大器进行串联闭路连接，即可构成 RC 反馈移相振荡器。

对于图 3.60 所示的电路，其振荡频率为

$$f=\frac{1}{2\pi RC\sqrt{6+\frac{4R_i}{R}}} \tag{3-71}$$

式中，$R_i=R_{b1}//R_{b2}//h_{ie}$。起振条件为

$$h_{fe}\geqslant 29+23\frac{R_i}{R}+4\left(\frac{R_i}{R}\right)^2 \tag{3-72}$$

当电路满足 $R_i \ll R$ 的条件时，以上两式可分别简化为

$$f\approx\frac{1}{2\pi\sqrt{6}RC} \tag{3-73}$$

$$h_{fe}\geqslant 29 \tag{3-74}$$

式(3-71)和式(3-72)说明，这一类型 RC 振荡器的振荡频率和起振条件，不仅取决于移相器电路参数 RC，而且还与晶体管的输入电阻有关。因此，晶体管参数的变化也将引起振荡频率和工作状态的不稳定。但是，如果放大器输入电阻 R_i 远小于 R，则振荡频率基本上取决于 RC 的值，而且维持振荡所需要的振荡管的电流放大倍数 h_{fe}的值应大于 29。对于这种电路来说，如果要调整振荡频率，则需同时等量地调整全部的 R 值或 C 值。当只需对频率进行微调时，可只调其中的一个电阻或电容。

如改用三节滞后移相网络构成振荡器，可以证明其振荡频率为

$$f\approx\frac{\sqrt{6}}{2\pi RC} \tag{3-75}$$

起振条件为 $$h_{fe}\geqslant 29 \tag{3-76}$$

3.8.2 文氏电桥振荡器

文氏电桥振荡器被广泛地用作从几赫兹到几百千赫兹频段范围内的可变频率振荡器。它的频率可调范围比 LC 振荡电路大得多，而且调整也较方便。

图 3.61 所示为该振荡器的原理电路。图中虚线内为串/并联 RC 选频网络，右边为同相放大器。

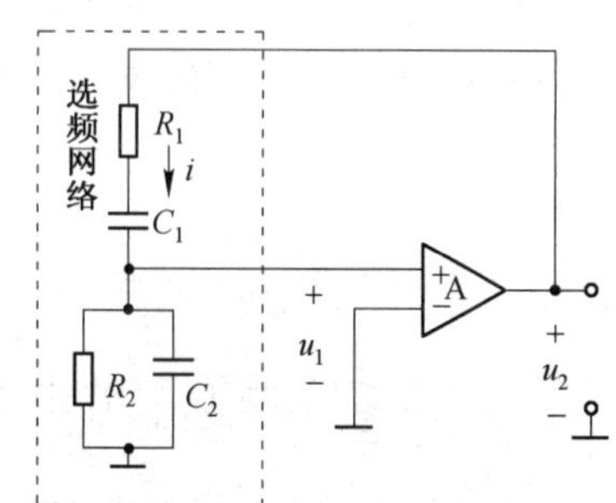

图 3.61 文氏电桥振荡器原理电路

首先来分析串/并联 RC 选频网络的幅频特性和相频特性。由图 3.61 可知，RC 选频网络的输入电压是放大器的输出电压 $u_2(j\omega)$，其输出电压则是放大器的输入电压 $u_1(j\omega)$，因此 RC 选频网络的电压传输系数(或称反馈系数) $F=u_1(j\omega)/u_2(j\omega)$。

由电路可以看出，当频率趋于零时，C_1、C_2 的容抗很大，接近于开路，RC 选频网络的输入电压 $u_2(j\omega)$几乎都落在 C_1 上，因此 $u_1(j\omega)\approx 0$。随着频率的升高，C_1、C_2 的容抗逐渐减小，于是 C_1 上的电压降低，R_2 上的电压逐渐升高。当频率趋近于无穷大时，C_1、C_2 的容抗趋近于零，R_2 近乎短路，故 $u_1(j\omega)\approx 0$。由表 3.4 中所表示的串、并联 RC 选频网络的幅频特性曲线可以看出，在某一频率 ω_o 处$u_1(j\omega)$有最大值，因此对于频率为 ω_o 的信号反馈最强，而对其他频率的信号反馈都较弱。

反馈系数的相角也随频率的变化而变化。当频率很低时，$\frac{1}{\omega C_1}\gg R_1$，$\frac{1}{\omega C_2}\gg R_2$。于是通过电路的电流 $i(j\omega)$的相位超前于 $u_2(j\omega)$一个 φ 角。而 $u_1(j\omega)\approx i(j\omega)R_2$，所以 $u_1(j\omega)$的相位也超前于 $u_2(j\omega)$一个 φ 角。随着频率的升高，φ 角逐渐减小。当频率很高时，C_1 可以视为短路，而在 C_2 两端电压$u_1(j\omega)$滞后于 $u_2(j\omega)$一个相角。频率由低到高，相角也在由正到负而逐渐减小，如表 3.4 中所示的串/并联选频电路的相频特性曲线。工作在某一角频率 ω_o 时，$u_1(j\omega)$与 $u_2(j\omega)$同相，故 $\varphi=0$，也就是说反馈系数为正实数。

因此用串/并联 RC 选频电路与同相放大器接成闭路系统时，就有可能在某一频率 ω_o 上同时满足相位平衡条件和振幅平衡条件，从而产生正弦波振荡。下面我们仍用反馈原理来分析文氏振荡器的振荡频率及起振条件。

由表 3.4 中所示的串/并联选频电路可以写出

$$F(j\omega)=\frac{u_1(j\omega)}{u_2(j\omega)}=\frac{\dfrac{1}{\dfrac{1}{R_2}+j\omega C_2}}{R_1+\dfrac{1}{j\omega C_1}+\dfrac{1}{\dfrac{1}{R_2}+j\omega C_2}} \tag{3-77}$$

取 $R_1=R_2=R, C_1=C_2=C$，则

$$F(j\omega)=\frac{\dfrac{1}{\dfrac{1}{R}+j\omega C}}{R+\dfrac{1}{j\omega C}+\dfrac{1}{\dfrac{1}{R}+j\omega C}}=\frac{1}{3+j\omega RC+\dfrac{1}{j\omega RC}} \tag{3-78}$$

$F(j\omega)$ 为正实数的必要条件是

$$j\omega RC+\frac{1}{j\omega RC}=0 \tag{3-79}$$

由此得到相移为零时的角频率

$$\omega_o=\frac{1}{RC} \tag{3-80}$$

将式(3-79)代入式(3-78)，得 $F=1/3$。

以上分析指出，当输入 RC 网络的信号角频率 $\omega_o=\dfrac{1}{RC}$ 时，这时反馈系数最大($F=1/3$)，而且输入电压 $u_2(j\omega_o)$ 与输出电压 $u_1(j\omega_o)$ 同相。也就是说，只要同相放大器的电压放大倍数 $A\geqslant 3$，就可产生频率为 $f_o=\dfrac{1}{2\pi RC}$ 的正弦波振荡。实际上由两级放大器所组成的同相放大器，其电压放大倍数远大于 3。为了把放大倍数控制在 $A\geqslant 3$，同时也起到改善振荡波形和稳定振幅的作用，在电路中除了采用具有正反馈作用的串/并联 RC 选频网络外，还引入反馈较深而且具有自动调整作用的负反馈电路。

图 3.62 就是这种电路的原理图，其中负反馈电路由热敏电阻 θ 和 R_4 组成。其中图(a)为实用电路，设热敏电阻的温度系数是负的，它的阻值随温度的升高而减小。当输出电压的幅度增大时，流过热敏电阻的电流增大，温度跟着上升，热敏电阻的阻值下降，负反馈的强度随着增大，输出电压幅度减小，这样就起到了稳定振幅的作用。同时，热敏电阻也有助于振荡器的起振，在起振时，流过热

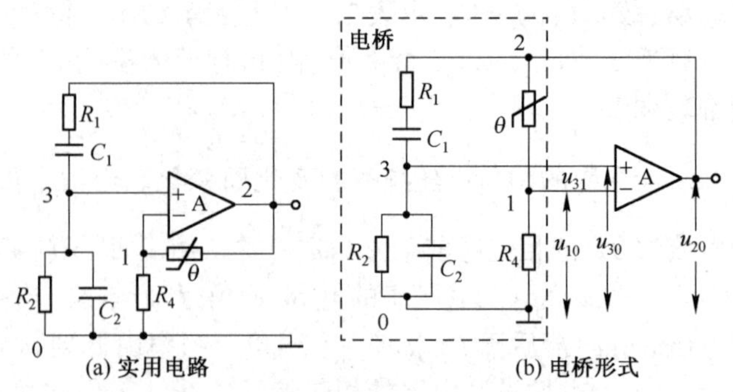

图 3.62　文氏电桥振荡器原理图

敏电阻的电流小,温度低,阻值大,因而负反馈电压小,容易起振。图(b)为电桥形式,所以也称这种振荡器为文氏电桥振荡器。因为正反馈串/并联 RC 网络与负反馈电路构成桥式反馈电路。电桥的左边两臂是正反馈支路,右边两臂为负反馈支路,其负反馈系数 $F_1=\dfrac{R_4}{\theta+R_4}$。显然,只有当总反馈系数 F 为正,并 $F\geqslant 1/A$ 时,电路才能振荡。电桥的总反馈系数为

$$F=\frac{u_{31}}{u_{20}}=\frac{u_{30}}{u_{20}}-\frac{u_{10}}{u_{20}}=F_3-F_1 \tag{3-81}$$

式中,$F_3=\dfrac{u_{30}}{u_{20}}$为串/并联 RC 选频网络的反馈系数;$F_1=\dfrac{u_{10}}{u_{20}}$为负反馈支路的反馈系数。当 $\omega_o=\dfrac{1}{RC}$ 时,$F=F_3-F_1=\dfrac{1}{3}-\dfrac{R_4}{\theta+R_4}$。

由振幅平衡条件可得,在负反馈作用下,放大倍数为

$$A=\frac{1}{F}=\frac{1}{\dfrac{1}{3}-\dfrac{R_4}{\theta+R_4}}=\frac{3(\theta+R_4)}{\theta-2R_4} \tag{3-82}$$

同相放大器的放大倍数总是正实数,因此,负反馈支路必须满足 $\theta>2R_4$ 的关系,否则不满足振荡条件。

如果 $\theta>2R_4$,则只要 $A\geqslant 3$ 放大器就能满足振荡条件。实际上两级放大器的电压增益远大于3。因此理论上也证明了这种电路可以加大负反馈,以改善振荡器的质量指标。在实际电路中放大器的输入及输出阻抗对选频网络特性有较大的影响,在工作中需要加以考虑。

*3.9 负阻振荡器

前面已经指出,从能量平衡的角度来看,只要能够抵消振荡回路中的损耗,就可以使振荡维持下去。本节所要讨论的负阻振荡器就是根据能量平衡的原理,利用负阻器件抵消回路中的正阻损耗,产生自激振荡。

3.9.1 负阻器件的基本特性

常见的电阻,不论线性电阻还是非线性电阻,都属于正电阻。其特征是流过电阻的电流越大,其电阻两端的电压降也越大,消耗的功率也越大。三者的关系为:$P=\Delta I\Delta U$。这里 $\Delta U=R\Delta I$。

负电阻是指,流过的电流越大,电阻两端电压降越小,故电流、电压增量的方向相反,两者的乘积为负值,即 $P=-\Delta I\Delta U$。

正功率表示能量的消耗,负功率表示能量的产生。即负阻器件在一定条件下,不但不消耗交流能量,反而向外部电路提供交流能量。当然该交流能量并不存在于负阻器件内部,而是利用其能量交换特性,从保证电路工作的直流能量中取得的。所以负阻振荡器同样是一个能量变换器。

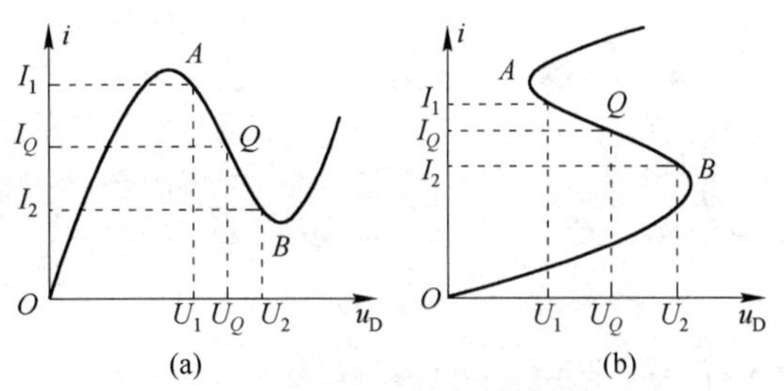

图 3.63 负阻元件的两种典型伏安特性

图 3.63 示出两种负阻器件的伏安特性。由图可以看出,在它们各自的 AB 段,电流与电压呈

负斜率的关系。根据曲线的形状通常称具有图(a)所示特性的器件为N型负阻器件,或电压控制器件,其电流为电压的单值函数,如隧道二极管就具有这种特性。图(b)所示特性的器件称为S型负阻器件或电流控制器件,电压为电流的单值函数,属于这一类的器件有单结晶体管、硅可控整流器等。

目前,各种新型的负阻器件仍在不断地被发明或研制,并逐步在实际电路中被采用。例如,在固体微波振荡方面,用雪崩二极管、体效应二极管等负阻器件构成负阻振荡器,显示出体积小、重量轻、耗电低、机械强度高等许多优点,取代了一些老式的微波振荡器。

本节仅从负阻器件的外部特性出发,说明产生负阻振荡电路的原理。下面以隧道二极管负阻振荡电路为例讨论这个问题。

负阻器件的工作参数有直流参数、动态(交流)参数。在图3.63(a)中若选择Q点为器件的静态工作点,则其直流电阻R_Q和动态(交流)电阻r可分别表示如下

$$R_Q = U_Q / I_Q \tag{3-83}$$

$$r = \frac{\Delta u}{\Delta i} = \frac{U_2 - U_1}{I_2 - I_1} \tag{3-84}$$

可见,尽管器件的交变电阻是负阻,但其直流电阻则是正值,这就说明**负阻器件起着从直流电源中获取能量的作用。**

负阻器件向外电路提供交流功率,但同时它要消耗直流功率,这就是说,为了从负阻获得交流功率必须给予它适当的直流偏置,负阻器件直流功率由直流电源提供。直流功率的一部分转化为交流功率,即作为负阻器件向外电路提供的交流输出功率;另一部分则是器件消耗的功率。因此,具有负阻特性的器件并不能自动地产生交流功率。**利用负阻器件组成振荡电路,使它能够从直流电源中得到能量,再借助于动态电阻的作用将直流能量变换为交流功率,这就是负阻振荡器的基本原理。**

3.9.2 负阻振荡电路

负阻振荡器一般由负阻器件和选频网络两部分构成。为保证振荡器的正常工作,电流型负阻器件应与串联谐振回路相连接。电压型负阻器件则应与并联谐振回路相连接。下面讨论由隧道二极管构成的电压控制型负阻振荡器的工作原理。

隧道二极管在电路中的符号如图3.64(a)所示,交流等效电路如图3.64(b)所示。图中,动态负阻为r_d,极间电容为C_d,引线电感L_s和损耗电阻r_s都很小,一般可以忽略。

图3.65(a)给出隧道二极管振荡器电路。图中,直流电源E_D与R_D构成隧道二极管的静态偏置电路,L、C是并联谐振回路,R_p是谐振阻抗,R_L为负载电阻。如果R_D很小,不予考虑,则可以画出交流等效电路如图3.65(b)所示。这里隧道二极管等效为负阻r_d与电容C_d并联,忽略了引线电感和损耗电阻。

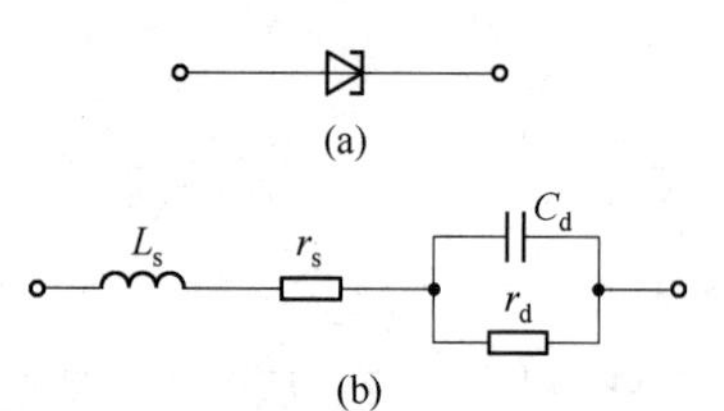

图3.64 隧道二极管符号与等效电路

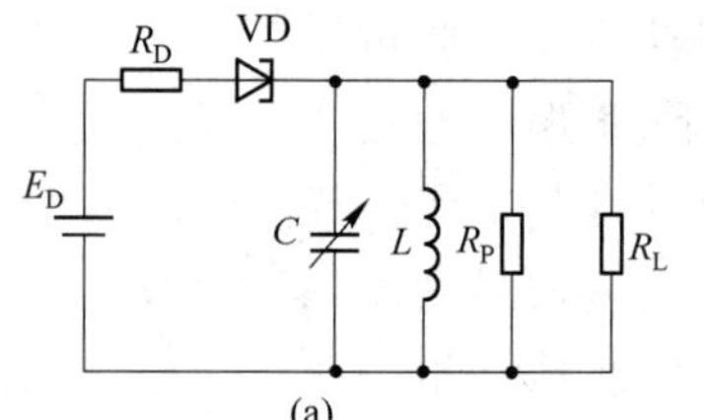

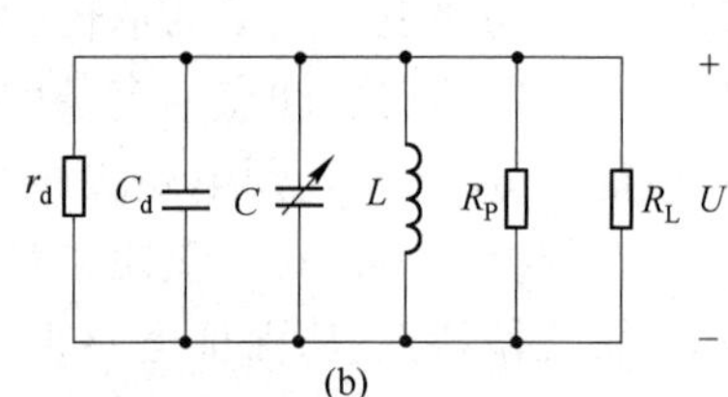

图3.65 隧道二极管振荡器原理电路

设回路振荡电压有效值为U,$R'_L = R_p /\!/ R_L$。则在R'_L上所消耗的功率为$|P_L| = U^2 / R'_L$;负阻r_d

可以提供的交流功率为 $|P_d|=U^2/r_d$。

在起振时，负阻供给的功率必须大于正阻消耗的功率，故要求 $|P_d|>|P_L|$ 或满足 $R'_L>r_d$，这就是图 3.65 电路的起振条件。由于负阻特性的非线性，r_d 与振荡强弱有关，一般 r_d 随振幅的增强而加大，直到满足 $R'_L=r_d$ 时即达到平衡状态。这表示正阻与负阻的作用相互抵消。

显然，此电路的振荡频率近似等于 LC 并联回路的谐振频率，即

$$f_o\approx\frac{1}{2\pi\sqrt{L(C+C_d)}} \tag{3-85}$$

一般情况，隧道二极管工作点的偏置电压约在一二百毫伏量级，这就需要直流电源的 E_D 值很低（直接取得不方便，可以从较高的 E_D 值经分压电阻取得）。此外，为了减小隧道二极管极间电容 C_d 的不稳定性对电路的影响，需要在隧道二极管两端外接一个电容 C_1。这样的振荡器电路如图 3.66(a)所示。它的交流等效电路如图 3.66(b)所示，图中 R 是 R_1 与 R_2 的并联值，由于 R_1 与 R_2 不是很小，所以 R 往往不能忽略。因而负阻不仅要供给 $R'_L=R_p/\!/R_L$ 的损耗能量，还要抵消 R 引入的损耗。此外，C_1 的接入限制了最高振荡频率。

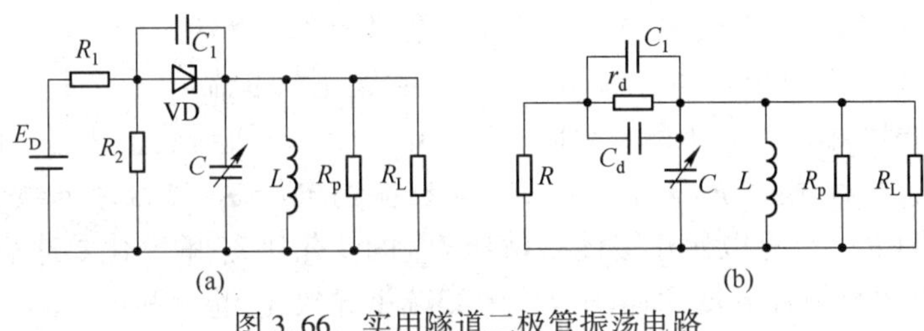

图 3.66　实用隧道二极管振荡电路

隧道二极管振荡电路虽然很简单，但在微波波段中应用时，选择合适的电路结构非常重要。常用谐振腔或带状线作为其谐振回路。工作频率最高可达几千兆赫兹，体积小，耗电量低。它的缺点是输出功率低。近年来，随着在微波振荡技术方面其他新型负阻器件的出现，克服了这一缺点，使负阻振荡器的应用更为广泛。

3.10　振荡器中的几种现象

在 LC 振荡器中，有时候会出现一些特殊现象，如间歇振荡、频率拖曳、频率占据，以及振荡器或高频放大器中的寄生振荡。在许多情况下，这些现象是可以避免的。但在某些场合下，也可以利用它来完成特殊的电路功能。

3.10.1　间歇振荡

LC 振荡器在建立振荡的过程中，有两个互相联系的暂态过程，一个是回路上高频振荡的建立过程；另一个是偏压的建立过程。由于回路有储能作用，要建立稳定的振荡需要有一定的时间。一般来说，回路的有载 Q 值越低，A_oF 值越大于 1，则振荡建立得越快。但由于偏压电路的稳幅作用，上述过程也受偏压变化的影响。由图 3.67 所示的电容三点式振荡电路可以看出，偏压的建立主要由偏压电路的电阻 R_e 及电容 C_e 决定（偏压由 i_e 对电阻、电容充放电而产生），同时也取决于基极激励的强弱。当这两个暂态过程能协调一致地进行时，高频振荡和偏压就能一致地趋于稳定，从而得到振幅稳定的振荡。当高频振荡建立较快，而偏压电路由于时间常数过大而变化过慢时，就会产生间歇振荡。

图 3.68 是产生间歇振荡时 u_b 和偏压 U_{BE} 的波形。在振荡器起振之前，起始偏压 U_{BEo} 为正值，即

$$U_{BEo}=\frac{R_{b2}}{R_{b1}+R_{b2}}E_C-R_eI_{Eo} \tag{3-86}$$

式中，I_{Eo}为发射极静态电流。

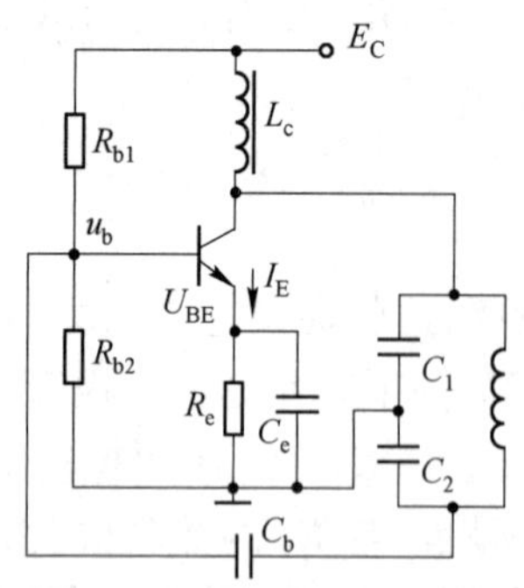

图 3.67　电容三点式振荡电路

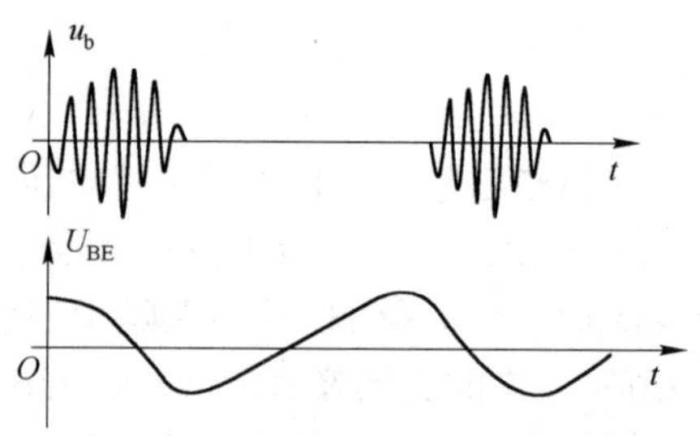

图 3.68　间歇振荡时 u_b 与 U_{BE}的波形

当起振后，由于 $A_oF>1$ 的值很大，振荡电压 u_b 迅速增大。此时因 R_eC_e 的值过大，偏压 U_{BE}开始变化不大。u_b 迅速增大的结果使 i_e 增大，晶体管射极充电电流 $I_E=I_{Eo}+i_e$ 增大，射极电位 $U_E=I_ER_e$ 增大，晶体管发射结偏压 U_{BE}下降，晶体管很快由放大状态回到截止状态。由于晶体管的非线性作用，放大倍数 A_o 下降，使 $A_oF>1$ 减小到 $A_oF=1$，振荡电压 u_b 开始趋于稳定振幅振荡。如果 R_e，C_e取值比较大（即 R_e，C_e 充电比较缓慢），偏压 U_{BE}的变化比 u_b 的变化要滞后，当振荡进入平衡状态以后 U_{BE}的值仍然会稍有下降，即偏压 U_{BE}继续减小导致 A_o 继续下降（在 C 类欠压状态，U_{BE}的下降会使 A_o 下降），致使 $A_oF<1$，不满足振荡器起振条件。于是振荡电压振幅迅速衰减到零，振荡器停振。停振后晶体管截止，R_e，C_e 回路自行放电，偏压 U_{BE}增大，经过一段时间，偏压 U_{BE}恢复到满足起振条件时的电压 U_{BEo}，又重复上述过程，从而形成了间歇振荡。

若偏压电路的时间常数 $\tau=R_eC_e$ 不是很大，在 U_{BE}衰减的过程中仍能维持 $A_oF=1$ 时，就会产生持续的振幅起伏振荡。这也是间歇振荡的一种方式。

当出现间歇振荡时，通常集电极直流电流很小，回路上的高频电压很大，可以用示波器观察间歇振荡的波形。为保证振荡器的正常工作，应防止间歇振荡。除了起振时 A_oF 的值不要太大外，主要的方法是适当地选取偏压电路中 C_e 的值。C_e 适当选得小些，使偏压 U_{BE}的变化能跟上 u_b 的变化，其具体数值通常由实验决定。附带说明一点，**高 Q 值的晶体振荡器，通常不会产生间歇振荡现象。**

3.10.2　频率拖曳现象

前面讨论的 LC 振荡器，都是以单调谐回路作为晶体管的负载，其振荡频率基本上等于回路谐振频率。实际工作中为了将信号传输到下一级负载上，振荡器往往采用互感或其他耦合形式。如果耦合系数过大，而负载也是一个调谐回路，则调节次级回路时，振荡频率会随负载回路的调谐而变化，甚至会产生频率的跳变，这一现象通常称为频率拖曳现象。

图 3.69 是一个双调谐互感耦合的电容三点式振荡器。其中 L_1，C_1，C_3 是与晶体管直接连接的初级调谐回路；L_2，C_2 是接有负载的次级调谐回路。

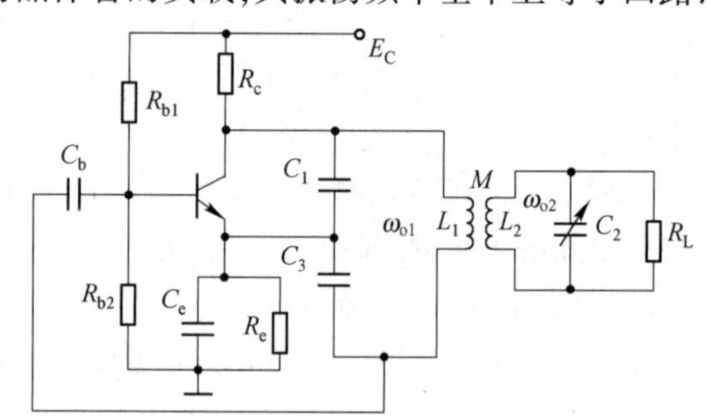

图 3.69　双调谐互感耦合的振荡器

图 3.63 中 L_2,C_2 和 R_L 组成负载回路,振荡器的输出是通过互感耦合传输到负载上的。如果设初级调谐回路的自然谐振角频率为 ω_{o1};次级负载回路的自然谐振角频率为 ω_{o2};振荡器的工作频率为 ω;两回路之间的耦合系数为 $k=M/\sqrt{L_1L_2}$,M 为互感系数。

由于振荡回路和负载回路之间存在着耦合,因此,调节负载回路将对振荡器工作频率产生影响。即调节负载回路的自然谐振频率 ω_{o2}(例如改变 C_2)时,振荡电路的工作频率 ω 也随之改变,其影响程度与回路之间的耦合松紧程度有关。当耦合系数 k 很小时,如图 3.70(a)所示,随着 ω_{o2} 由小到大逐渐变化,ω 开始几乎不变;当 ω_{o2} 接近 ω_{o1} 时,ω 开始缓慢增大,然后逐渐减小,以至低于 ω_{o1};最后慢慢回升,逐渐又接近 ω_{o1}。

图 3.70(b)表示 k 等于临界值 $k_c=1/Q$ 时,改变 ω_{o2} 时,振荡频率 ω 的变化规律。可见,在 $\omega_{o2}=\omega_{o1}$ 的附近,ω 偏离较大,且在 $\omega_{o2}=\omega_{o1}$ 处 ω 发生跳变(由大于 ω_{o1} 突然变到小于 ω_{o1})。

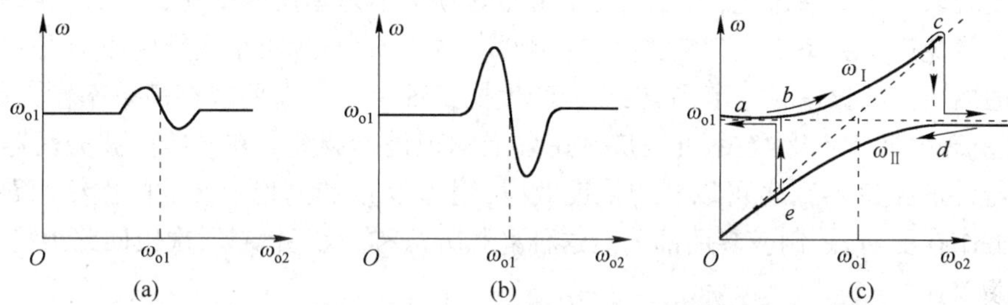

图 3.70　振荡器工作频率随负载回路谐振频率的变化规律

当 $k>k_c$ 时,ω 随 ω_{o2} 的变化规律如图 3.70(c)所示。当 $\omega_{o2}\ll\omega_{o1}$ 时,振荡频率对应于 a 点的频率值,稍大于 ω_{o1}。调节负载回路电容 C_2 使 ω_{o2} 逐渐增大,这时振荡频率 ω 沿曲线 $\omega_{\mathrm{I}}=f(\omega_{o2})$ 上升(即沿 abc 曲线上升)。当到达 c 点时,如果使 ω_{o2} 继续增大,振荡频率 ω 会从 c 点对应的频率突然下降到 d 点对应的频率。这时振荡频率 ω 比 ω_{o1} 稍低些。一旦到达 d 点以后,如果想用减小 ω_{o2} 的方法从 d 点返回到 c 点,那是不可能的。因为这时如果增大 C_2 使 ω_{o2} 减小,则振荡频率 ω 将沿曲线 $\omega_{\mathrm{II}}=f(\omega_{o2})$ 下降(即沿 de 曲线下降),一直降到 e 点时,振荡频率才突然上升到 b 点。这就又回到了起始时刻的频率 ω_{o1},从而形成一个拖曳回环。这一现象归结起来犹如负载回路"拖"着振荡频率变动,拖到一定程度(例如点 c 和 e),振荡频率将摆脱原来"拖曳"的路线而跳到原振荡频率 ω_{o1}。这种现象称为频率拖曳现象。

为什么会出现这种现象呢?根据耦合回路理论可知,两个耦合回路所产生的耦合频率可表示为

$$\omega^2=\frac{\omega_{o1}^2+\omega_{o2}^2\pm\sqrt{(\omega_{o1}^2+\omega_{o2}^2)^2+4k^2\omega_{o1}^2\omega_{o2}^2}}{2(1-k^2)} \tag{3-87}$$

式中,ω_{o1}、ω_{o2} 分别为调谐回路和负载回路的自然频率;k 为两回路间的耦合系数。

式(3-84)是在损耗不大的条件下推导出来的。当两回路调谐于同一频率,即 $\omega_{o1}=\omega_{o2}=\omega_o$ 时,式(3-84)变为

$$\omega^2=\omega_o^2\frac{1\pm k}{1-k^2} \tag{3-88}$$

可见,实际振荡频率有两个,即

$$\omega_{\mathrm{I}}=\omega_o/\sqrt{1-k^2} \tag{3-89}$$

$$\omega_{\mathrm{II}}=\omega_o/\sqrt{1+k^2} \tag{3-90}$$

从振荡器的相位平衡与稳定条件角度来看，这两个频率 ω_{I}、ω_{II} 是同时存在的。但是振荡器只可能在 ω_{I} 或 ω_{II} 中的一个频率上产生振荡，至于是在 ω_{I} 还是在 ω_{II} 振荡，则取决于振荡的建立过程中谁先满足起振条件。即使 ω_{I}、ω_{II} 都满足起振条件，一种振荡已建立后将抑制另一种振荡的建立，因为在同一时间只能有一个频率模式存在，不会产生两个频率的同时振荡。因此，上述频率拖曳现象可以这样来解释：在 $\omega_{o2}<\omega_{o1}$ 的情况下使振荡器起振，由于此时谐振阻抗 $Z_{\mathrm{P}}(\omega_{o1})>Z_{\mathrm{P}}(\omega_{o2})$，所以较高的频率模式 ω_{I} 占优势。起振后频率建立在 ω_{I} 振荡模式的某频率上；在 $\omega_{o2}>\omega_{o1}$ 的情况下，由于 $Z_{\mathrm{P}}(\omega_{o2})$ 较大，起振时较低的频率模式 ω_{II} 占优势，所以，起振后振荡频率建立在相应的 ω_{II} 振荡模式的某频率上。但是，一旦振荡器工作在某一振荡模式上，即某一模式已经占据了优势，要想使其过渡到另一模式，就必须拖曳到这一模式的振荡难以维持的程度（如图 3.64(c) 中的点 c 和 e），才发生跳变。

频率拖曳现象一般应该避免，因为它使振荡器的频率不是单调的变化，不由回路谐振频率 ω_{o1} 唯一确定。为避免产生频率拖曳现象，应该减小两回路的耦合，或减小次级回路 Q 值。另外，若次级回路频率远离所需的振荡频率范围，也不会产生拖曳现象。但在要求有高效率输出的耦合回路振荡器中，拖曳现象通常不能避免，此时应利用以上知识进行调整。在某些微波振荡器中（包括一些利用负阻器件的振荡器），也可以利用拖曳效应，用高 Q 值和高稳定参数的次级回路进行稳频，即让振荡器工作在受 ω_{o2} 控制较多的部分。这种稳频方法称为牵引稳频，次级回路由稳频腔担任。

3.10.3 振荡器的频率占据现象

在一般 LC 振荡器中，若从外部加入一频率为 f_s 的信号，当 f_s 接近振荡器原来的振荡频率 f_1 时，会发生频率占据现象。表现为当 f_s 接近 f_1 时，振荡器会受外加信号的影响，振荡频率向接近 f_s 的频率变化，而当 f_s 进一步接近原来的 f_1 时，振荡频率甚至等于外加信号频率 f_s，产生强迫同步。当 f_s 离开原来的 f_1 时，则发生相反的变化。这是因为，当外加信号 u_s 的频率 f_s 在振荡回路的带宽以内时，外信号的加入会改变振荡器的相位平衡状态，使相位平衡条件在 $f_1=f_s$ 频率上得到满足，从而发生占据现象。图 3.71(a) 为解释占据现象的振荡器电路，其中 u_s 为外加信号，并将 u_s 等效到晶体管的基极回路中。

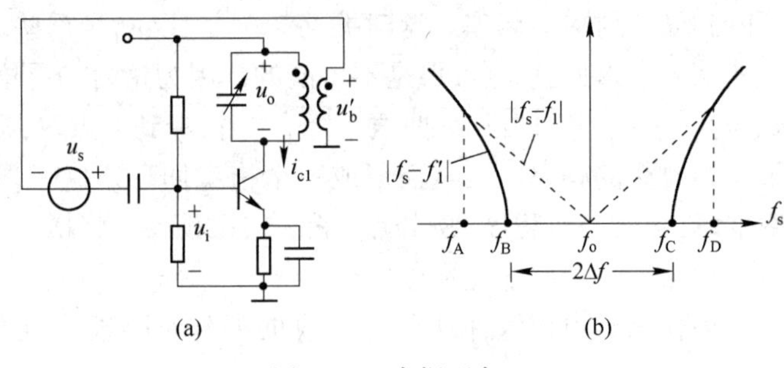

图 3.71　占据现象

图 3.71(b) 表示有占据现象时振荡频率 f_1 和信号频率 f_s 之间的频率差与信号频率 f_s 的变化关系。图中 $f_A \sim f_B$ 及 $f_C \sim f_D$ 为开始产生频率牵引的范围，$f_B \sim f_C$ 为占据频率范围，$2\Delta f$ 称为占据带宽。

下面用矢量图来分析占据过程。为了简单起见，设无外加信号时的振荡频率 f_1 等于回路谐振频率 f_o，这表示在图 3.71(a) 上的电压、电流（u_i、i_{c1}、u_o）及反馈电压 u'_b 都同相。现加入 u_s 信号，其频率 f_s 处于占据带，并以 u_s 作为参考，可以作出振荡器的电压、电流矢量图，如图 3.66 所示。

设信号频率 $f_s<f_1$，若以图 3.72(a) 中 u_s 作为基准，则其他电压、电流（频率为 f_1）为逆时针旋转。现在看一个反馈周期中矢量的变化。设

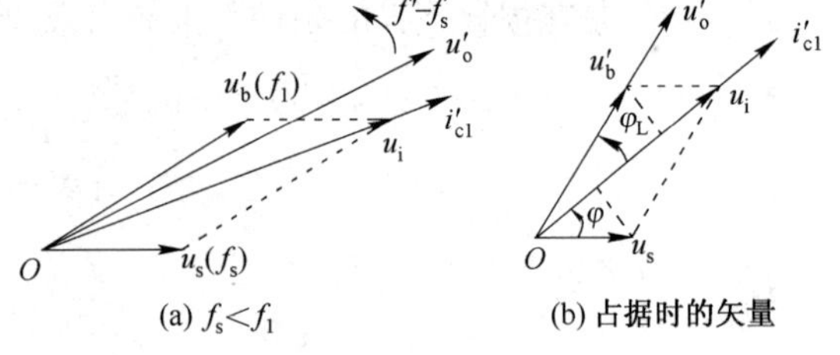

图 3.72　占据过程的瞬时电压、电流矢量图

加入 u_s 后，基极输入电压为 u_i，由图可见，u_i 虽然仍为逆时针旋转，但因 $u_i = u'_b + u_s$，显然它的转速要慢些。这表示其瞬时频率比 f_1 要低一些。i'_{c1} 为新的电压 u_i 产生的集电极电流，它与 u_i 瞬时同相。由于振荡回路有储能作用，回路上新的电压 u'_o 并不立即取决于 i'_{c1}，但是可以想像它的瞬时相位要逐渐滞后。如果上述 u_s 使振荡电压、电流的瞬时频率 f' 逐渐降低的过程能一直进行到稳定状态，即最后保持与 u_s 有固定的相位关系，则表示频率 $f' = f_s$，产生占据。若振荡频率有所降低，但始终达不到稳定状态（振荡电压仍以 $2\pi(f'_1 - f_s)$ 逆时针旋转），这就相当于 $f_A \sim f_B$ 的牵引状态。

出现占据时的电流、电压矢量图如图 3.72(b) 所示。图中，φ_L 为回路阻抗的幅角。因为此时 $f' = f_s$，$f' < f_1 = f_o$，故 φ_L 为正值。φ 为 u_i 超前 u_s 的相角。由图 3.71(b) 可知，$u_i = u'_b + u_s$，根据三个矢量构成的平行四边形关系，可得

$$U'_{bm}\sin|\varphi_L| = U_{sm}\sin|\varphi| \tag{3-91}$$

这表明，在占据时 u_s 和 u_i 保持相对稳定的相移是靠回路失谐产生的 φ_L 来补偿的。φ_L 和回路失谐大小有关，可以由式(3-91)求出占据频带。通常回路失谐不大（失谐很大时振幅条件将不能满足）时，φ_L 不大。因此有下列近似关系

$$\sin|\varphi_L| \approx \tan|\varphi_L| \tag{3-92}$$

再考虑并联回路

$$\tan|\varphi_L| = 2Q\frac{|\omega - \omega_o|}{\omega_o} \tag{3-93}$$

当 u_s 不大时，可以用 u_b 代替 u'_b，式(3-88)可写为

$$\frac{2|\omega_s - \omega_o|}{\omega_o} \approx \frac{U_{sm}}{U_{bm}Q}|\sin\varphi| \tag{3-94}$$

可能得到的最大占据频带 $2\Delta f$ 出现在 $\sin\varphi = 1$ 处，因此可得相对占据频带

$$\frac{2\Delta f}{f_o} \approx \frac{U_{sm}}{U_{bm}Q} \tag{3-95}$$

式中，U_{sm} 代表外部强制作用的大小，U_{bm} 代表振荡器反馈电压振幅。

由此可见，占据频带的宽度和外加信号振幅与反馈电压振幅的比值成正比，与回路 Q 值成反比。也就是说，外加信号的幅度愈大，或振荡器的反馈愈小，以及 Q 值愈低，则振荡频率愈易被占据。这一结论是显而易见的。从本质来说，就是当外因的影响较大，而振荡器本身维持其固有工作状态的能力又不足时，频率占据现象就易于发生。

一般振荡器是不希望出现频率占据现象的。但有时这种现象又可以加以利用。近几年来，频率占据现象的利用有不少新的发展，诸如稳频、分频、同步等，都可利用频率占据原理来实现。所谓占据稳频，就是用一个频率十分稳定的振荡器，对另一个频率稳定度较差的振荡器实行强制同步，来提高其频率稳定度。

3.10.4 寄生振荡

在高频放大器或振荡器中，由于某种原因，会产生不需要的振荡信号，这种振荡称为寄生振荡。如第 1 章介绍小信号放大器的稳定性时所说的自激，即属于寄生振荡。

产生寄生振荡的形式和原因是各种各样的，有单级和多级振荡，有工作频率附近的振荡，以及远离工作频率的低频或超高频振荡。

在高增益的高频放大器中，由于晶体管的输入、输出电路通常有谐振回路，通过输出、输入电路间的反馈（大多是通过晶体管内部的反馈电容）作用，容易产生工作频率附近的寄生振荡。

在高频功率放大器及高频振荡器中,通常都要用到扼流圈、旁路电容等元件,在某些情况下会产生低频寄生振荡。图 3.73(a)是一高频功率放大器的实际电路,图中 L_c 为高频扼流圈。在远低于工作频率时,由于 C_1 的阻抗很大,可得到如图 3.73(b)所示的等效电路。当 L_c 和 C_{bc} 较大时,可能既满足相位平衡条件又满足振幅平衡条件,就会产生低频寄生振荡。若满足振幅平衡条件,还应考虑两个因素,一是在低频时晶体管有较大的电流放大系数,二是原来的负载电阻对此低频回路并不加载。由于高频功率放大器通常工作在 B 类或 C 类的强非线性状态,低频寄生振荡通常会产生对高频信号的调制,因此可以观察到如图 3.73(c)所示的调幅波。

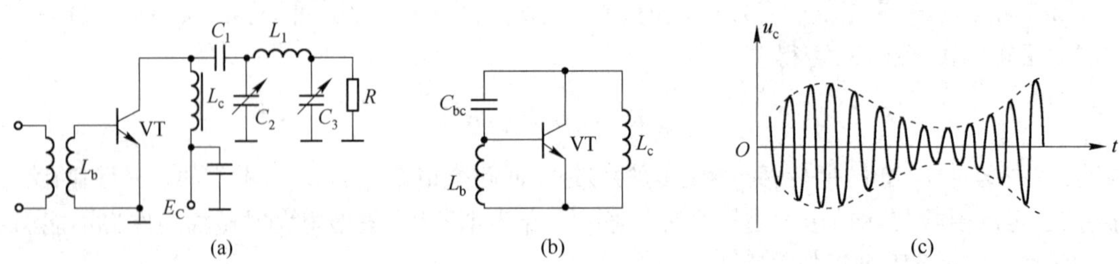

图 3.73　低频寄生振荡电路及波形

远高于工作频率的寄生振荡(可能到超高频范围)通常是由晶体管的极间电容,以及外部的引线电感构成的超高频的正反馈引起的。

单级高频功率放大器中,还可能因大的非线性电容 C_{bc} 而产生参量寄生振荡,以及由于晶体管工作在雪崩击穿区而产生的负阻寄生振荡。实践还发现,当放大器工作于过压状态时,也会出现某种负阻现象,由此产生的寄生振荡(高于工作频率)只在放大器激励电压的正半周出现。

产生多级寄生振荡的原因也有多种:一种是由于采用公共电源对各级馈电而产生的寄生反馈。另一种是由于每级内部反馈加上各级之间的互相影响,例如两个虽有内部反馈而不自激的放大器,级联后便有可能产生自激振荡。还有一种引起多级寄生振荡的原因是各级间的空间电磁耦合。

寄生振荡的防止和消除既涉及正确的电路设计,同时又涉及元器件的布局安排和电路的实际安装,使其符合“电磁兼容”的要求。例如,导线尽可能地短,减小输出电路对输入电路的寄生耦合,接地点尽量靠近等。因此既需要懂得有关电磁兼容的理论知识,也需要从实践中积累经验。

消除寄生振荡的一般方法为:在观察到寄生振荡后,要判断出是在哪个频率范围的振荡,是单级振荡还是多级振荡。在判断并确定是某种寄生振荡后,可以根据有关振荡的原理来分析产生寄生振荡的可能原因,找出参与寄生振荡的元件、导线、回路,并通过试验(更换元件,改变元件数值,改变走线,改变元件布局等方法)进行验证。对于在放大器工作频率附近的寄生振荡,主要消除方法是降低放大器的增益,如降低回路阻抗值,或者射极加小的负反馈电阻及增加隔离级等。要消除由于扼流圈等电抗元件引起的低频寄生振荡,可以适当降低扼流圈的电感值和减小它的 Q 值,通常可采用一个电阻和扼流圈串联的方法来实现。要消除由公共电源耦合产生的多级寄生振荡,可采用由 LC 或 RC 低通滤波器构成的去耦电路,使后级的高频电流不流入前级,使50 Hz交流电源不进入高频放大器等。

本 章 小 结

本章介绍了反馈振荡原理和正弦波振荡器的几种常用电路类型。需要重点掌握的内容如下:

（1）反馈振荡器是由放大器和反馈网络组成的具有选频能力的正反馈系统。反馈振荡器必须满足起振条件、平衡条件和稳定条件。每个条件中包括振幅和相位两个方面的要求。起振和平衡条件的振幅要求是，环路增益必须大于等于1，相位要求为 2π 的整数倍。稳定条件的振幅和相位要求分别是，振幅特性和相频特性都具有负斜率特性。

要求了解并掌握这些条件，并应用这些条件去判定一个振荡电路是否能起振和稳定地工作。

（2）互感耦合振荡器和三点式振荡器是LC正弦波振荡器的常用电路。其中三点式振荡电路是LC正弦波振荡器的主要形式。本章介绍了三点式振荡器的组成原则，电容三点式和电感三点式振荡器的常用电路、交流等效电路、优缺点和应用场合。还介绍了三点式振荡器的两种实用的改进型电路：克拉泼电路和西勒电路。前者可用作固定频率振荡器，后者波段覆盖系数较宽，可用作波段振荡器。

要求掌握三点式振荡器的组成原则、常用电路和改进型电路的识别、画交流等效电路图及应用范围。

（3）晶体振荡器是本章的又一重点。晶体振荡器的频率稳定度很高，但振荡频率的可调范围窄。晶体振荡器分基波晶振和泛音晶振两类。基波晶振又分并联型和串联型两种类型的晶振电路，并联型晶振中晶体作为振荡器中的一个电感元件，串联型晶振中晶体作为振荡器的一个交流通路。泛音晶振常用作产生较高频率的振荡器，但需采取措施抑制低次谐波的产生，这是电路设计的一个关键所在。

（4）集成电路正弦波振荡器需外加L，C元件组成选频网络，但电路简单，调试方便，是将来发展的一个方向。应注意新器件的发展和应用范围，并运用于实际中。

（5）频率稳定度是振荡器的主要性能指标之一。提高频率稳定度的措施包括减小外界因素变化的影响和提高电路本身抗外界因素变化影响能力两个方面。

作为一个电子系统的设计师，应该对频率稳定度指标、稳频措施及具体方法有很好的了解。

（6）采用变容二极管组成的压控振荡器可使振荡频率随外加电压而变化，这在调频和锁相环路技术中有很大用途，将在后面章节里详述。

（7）RC振荡器和负阻振荡器分别用于低频和微波波段，作为选修内容。

振荡器中容易发生的几种现象是一个设计师和电子工程师应该了解并熟悉的内容，在本教材中这部分内容可作为学生选修了解。

学习本章内容之后，除了能够识别常用的正弦波振荡器的类型，判断电路能否起振和稳定工作外，还要求掌握实用振荡电路的分析和参数计算，电路的设计和调试，明确各种类型振荡器的优缺点和使用场合。

习题3

3.1　为什么振荡电路必须满足起振条件、平衡条件和稳定条件？试从振荡的物理过程来说明这三个条件的含义。

3.2　图题3.2所示的电容反馈振荡电路中，$C_1 = 100$ pF，$C_2 = 300$ pF，$L = 50$ μH。画出电路的交流等效电路，试估算该电路的振荡频率和维持振荡所必需的最小电压放大倍数 $A_{u\min}$。

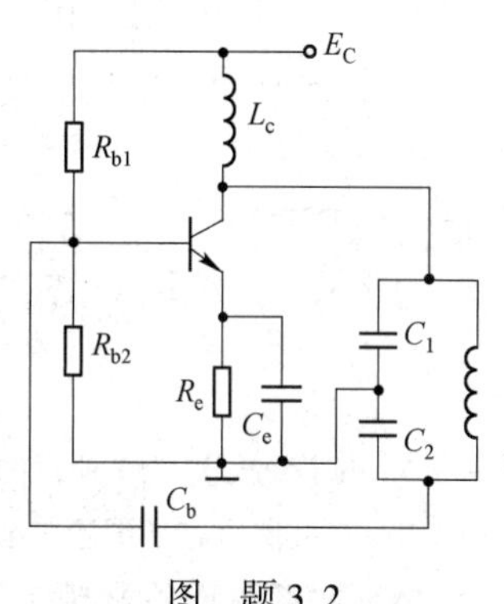

图　题3.2

3.3　图题3.3所示为互感耦合反馈振荡器，画出其高频等效电路，并注明电感线圈的同名端。

3.4　试将图题3.4所示的几种振荡器交流等效电路改画成实际电路，对于互感耦合振荡器电路须标注同名端，对双回路振荡器须注明回路固有谐振频率的范围。

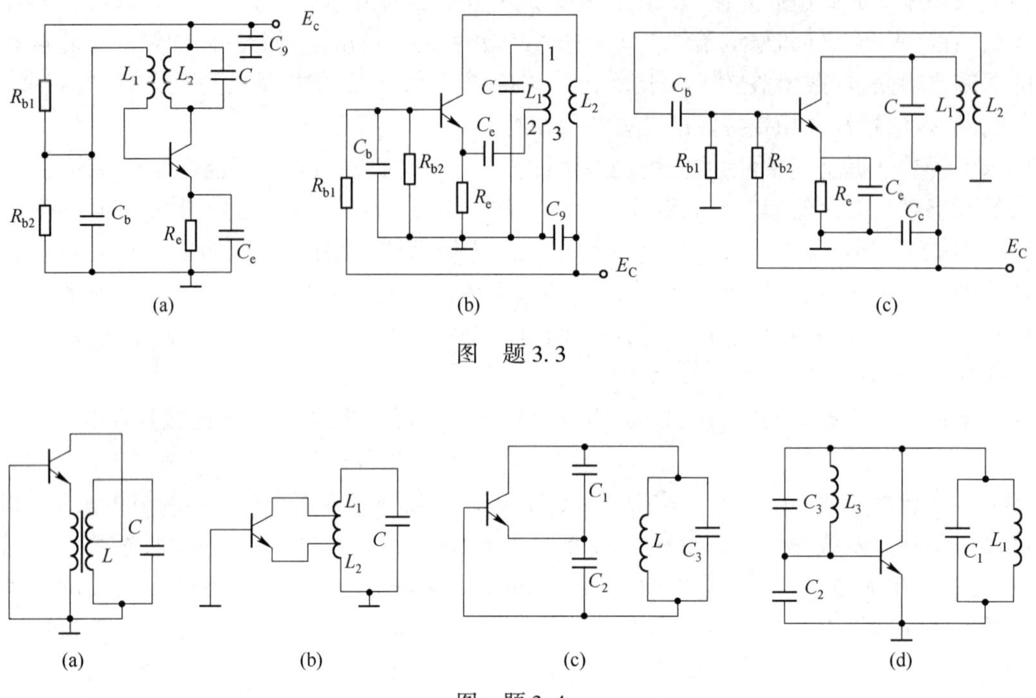

图　题 3. 3

图　题 3. 4

3.5　利用相位条件的判断准则，判断图题 3.5 所示的三点式振荡器交流等效电路，哪个是不可能振荡的？哪个是有可能振荡的？属于哪种类型的振荡电路？有些电路应说明在什么条件下才能振荡。

3.6　图题 3.6 所示是一个三回路振荡器的等效电路。设有下列四种情况：

（1）$L_1C_1>L_2C_2>L_3C_3$；　（2）$L_1C_1<L_2C_2<L_3C_3$；

（3）$L_1C_1=L_2C_2>L_3C_3$；　（4）$L_1C_1<L_2C_2=L_3C_3$。

试分析上述四种情况是否都能振荡，振荡频率 f_s 与回路谐振频率有何关系？

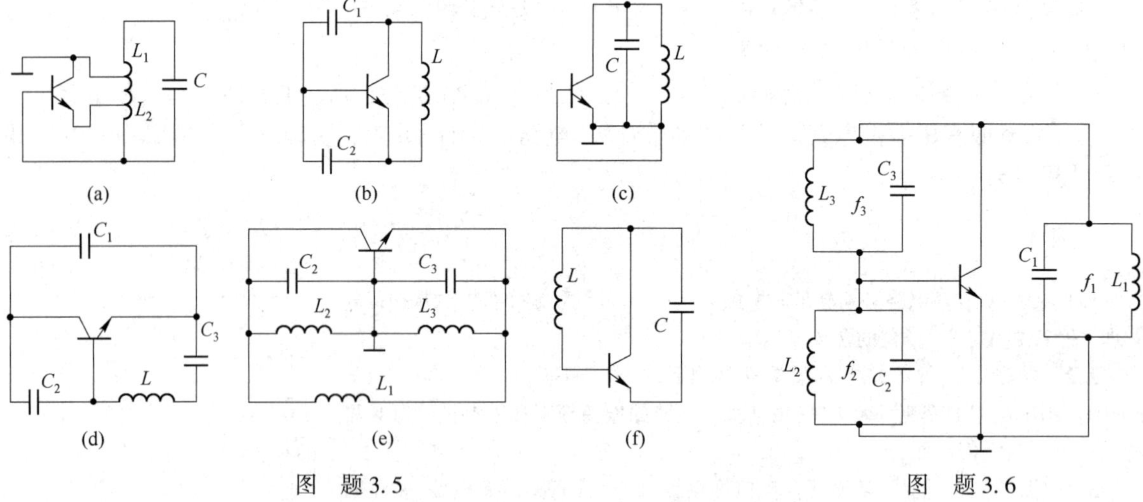

图　题 3. 5　　　　图　题 3. 6

3.7　试检查图题 3.7 所示的振荡器电路有哪些错误，并加以改正。

3.8　某振荡电路如图题 3.8 所示。

（1）试说明各元件的作用；

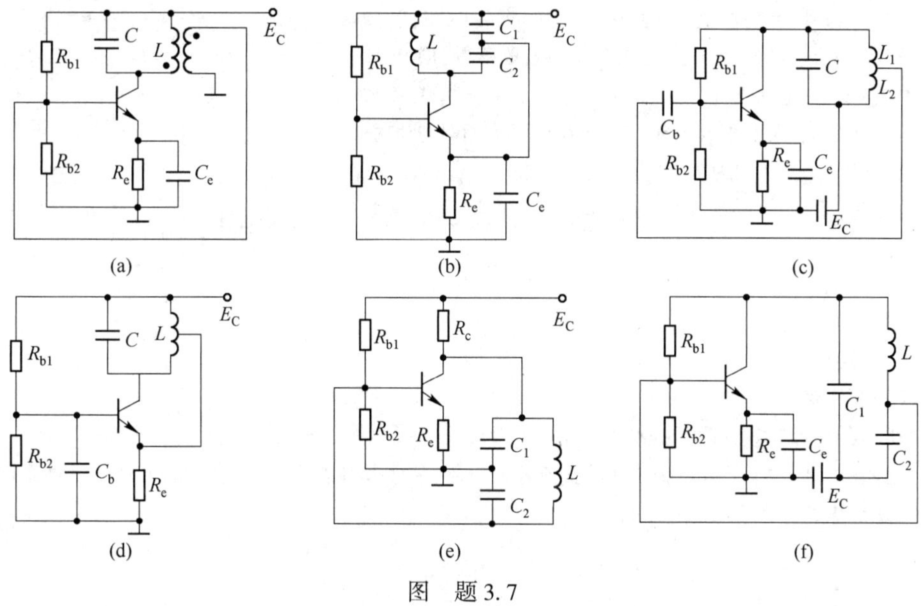

图　题 3. 7

（2）回路电感 $L=1.5\ \mu H$，要使振荡频率为49. 5 MHz，则 C_4 应调到何值？

3. 9　图题 3. 9 所示振荡电路的振荡频率 $f_o=50\ MHz$，画出其交流等效电路并求回路电感 L。

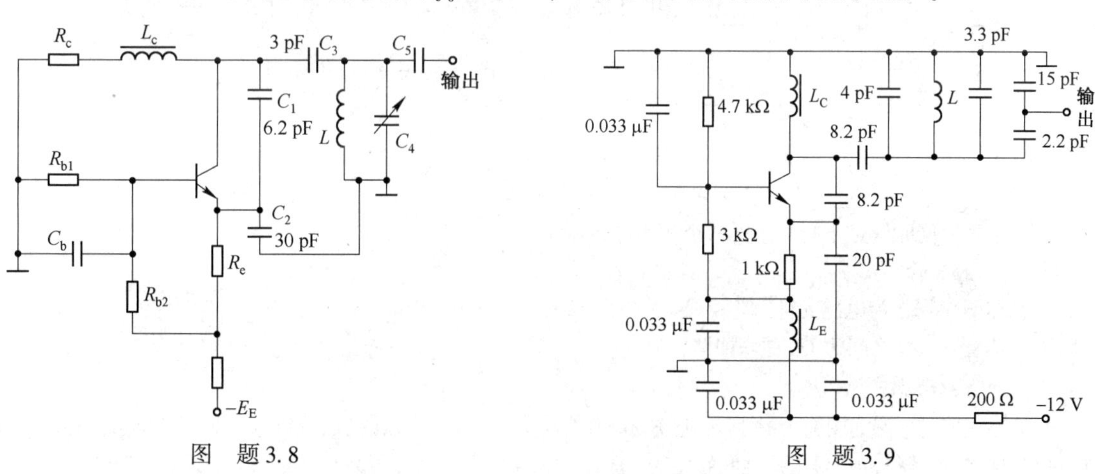

图　题 3. 8　　　　图　题 3. 9

3. 10　对于图题 3. 10 所示各振荡电路：

（1）画出高频交流等效电路，说明振荡器类型；（2）计算振荡频率。

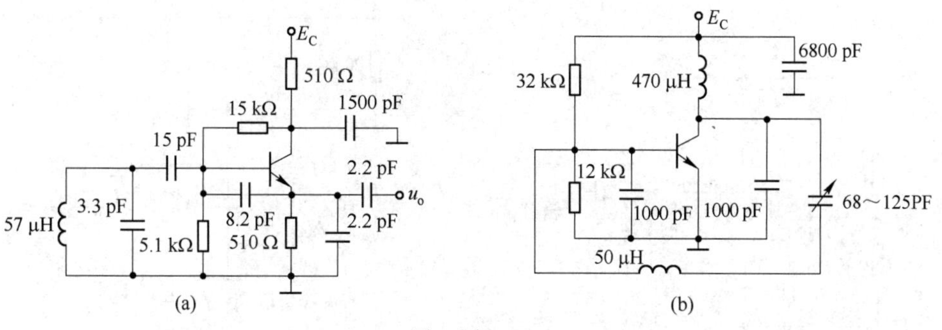

图　题 3. 10

3.11 图题 3.11 所示是一电容反馈振荡器的实际电路，已知 $C_1=50\,\text{pF}$，$C_2=100\,\text{pF}$，$C_3=10\sim260\,\text{pF}$，要求工作在波段范围，即 $f=10\sim20\,\text{MHz}$，试计算回路电感 L 和电容 C_o。设回路无载 $Q_o=100$，负载电阻 $R_L=1\,\text{k}\Omega$，晶体管输入电阻 $R_i=500\,\Omega$，若要求起振时环路增益 $A_uF=3$，问要求的跨导 g_m 必须为多大？

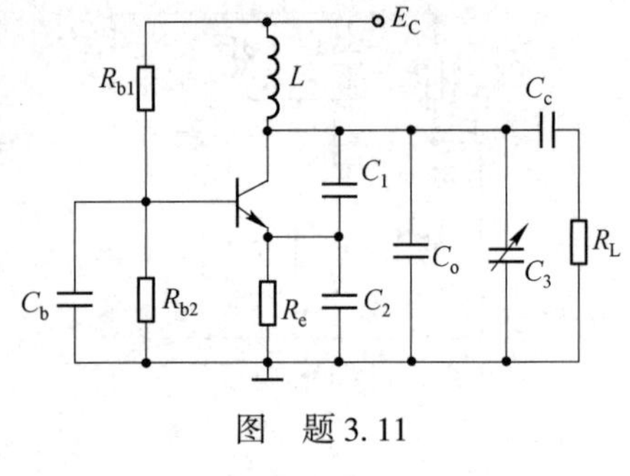

图　题 3.11

3.12 说明克拉泼和西勒振荡电路是如何改进电容反馈振荡器性能的。

3.13 某晶体的参数为 $L_q=19.5\,\text{H}$，$C_q=2.1\times10^{-4}\,\text{pF}$，$C_o=5\,\text{pF}$，$r_q=110\,\Omega$。试求：

(1) 串联谐振频率 f_q；

(2) 并联谐振频率 f_p；

(3) 品质因数 Q_q 和等效并联谐振电阻 R_P。

3.14 试画出图题 3.14 所示各振荡器的交流等效电路，说明晶体在电路中的作用，并计算反馈系数 F。其中：图(a)为 10 MHz 晶振；图(b)为 25 MHz 晶振。

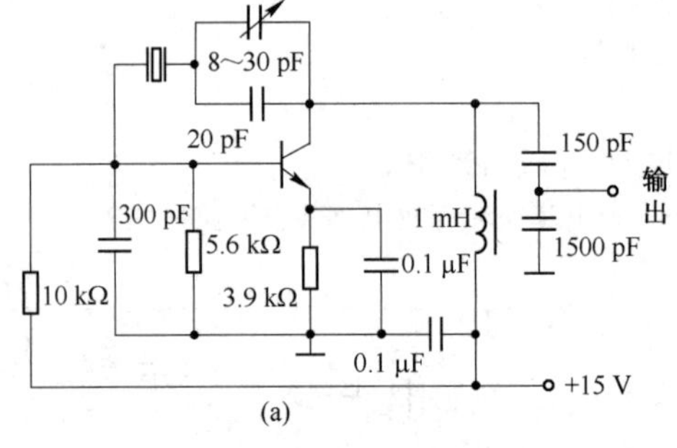

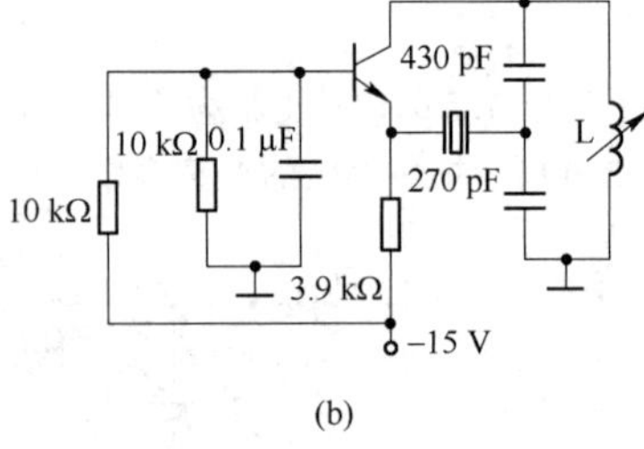

图　题 3.14

3.15 试画出同时满足下列要求的一个实用晶体振荡电路。

(1) 采用 NPN 管；

(2) 晶体谐振器作为电感元件；

(3) 晶体管 c、e 极之间为 LC 并联回路；

(4) 晶体管发射极交流接地。

3.16 晶体振荡电路如图题 3.16 所示，已知 $\omega_1=1/\sqrt{L_1C_1}$，$\omega_2=1/\sqrt{L_2C_2}$，试分析电路能否产生自激振荡；若能振荡，试指出振荡角频率 ω 与 ω_1、ω_2 之间的关系。

3.17 如图题 3.17 所示为输出振荡频率为 5 MHz 的三次泛音晶体振荡器。试画出高频等效电路并说明 LC 回路的作用。

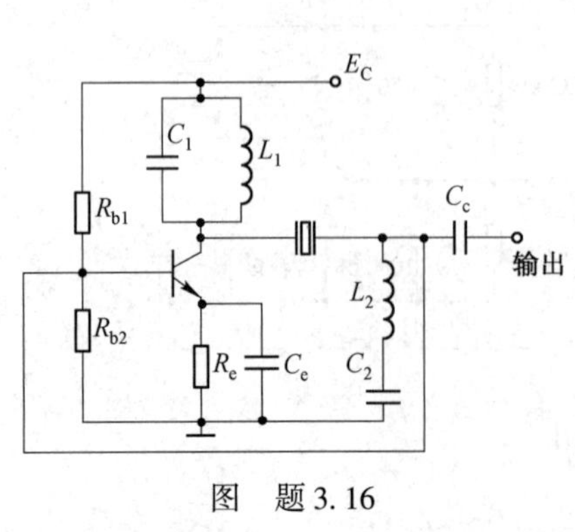

图　题 3.16

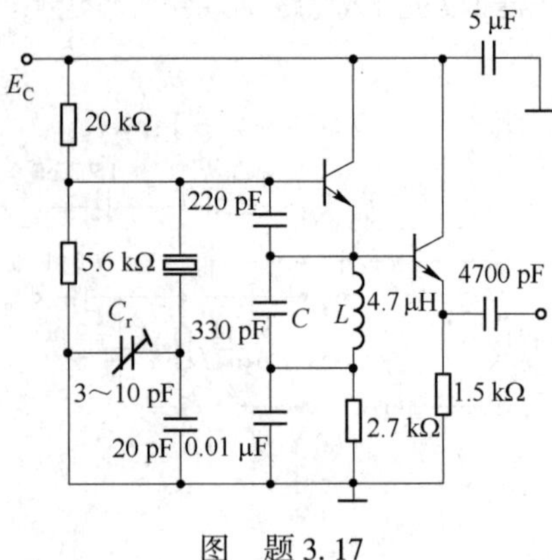

图　题 3.17

3.18　图题 3.18 所示是实用的晶体振荡器电路，试画出它们的交流等效电路，并指出它们是哪一种振荡器，晶体在电路中的作用分别是什么？

3.19　试将晶体谐振器正确地接入图题 3.19 所示电路中，组成并联型或串联型晶振电路。

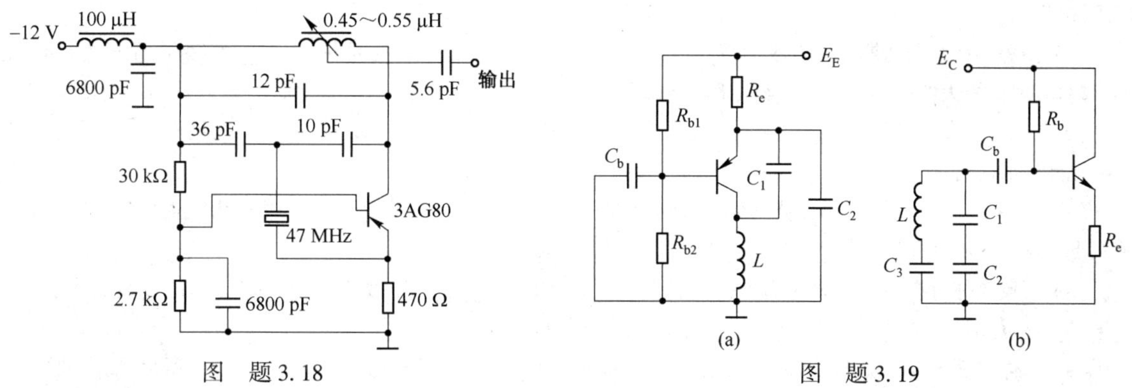

图　题 3.18　　　　图　题 3.19

3.20　试画出一个符合下列各项要求的晶体振荡器实际电路。

(1) 采用 NPN 高频三极管；

(2) 采用泛音晶体的皮尔斯振荡电路；

(3) 发射极接地，集电极接振荡回路，避免基频振荡。

3.21　振荡器的频率稳定度用什么来衡量？什么是长期、短期和瞬时稳定度？引起振荡器频率变化的外界因素有哪些？

3.22　在高稳定晶体振荡器中，采用了哪些措施来提高频率稳定度？

3.23　图题 3.23 所示为用集成运放组成的文氏电桥振荡器。

(1) 说明电路中各元件的功能；(2) 标出集成运放输入端的极性。

3.24　图题 3.24 所示文氏电桥音频振荡器的频率范围为 20 Hz~20 kHz，共分为三挡。如果双连可变电阻器 R_1 的阻值范围是 1 kΩ~10 kΩ，试求 C_1、C_2、C_3 的值，以及每挡的频率范围。

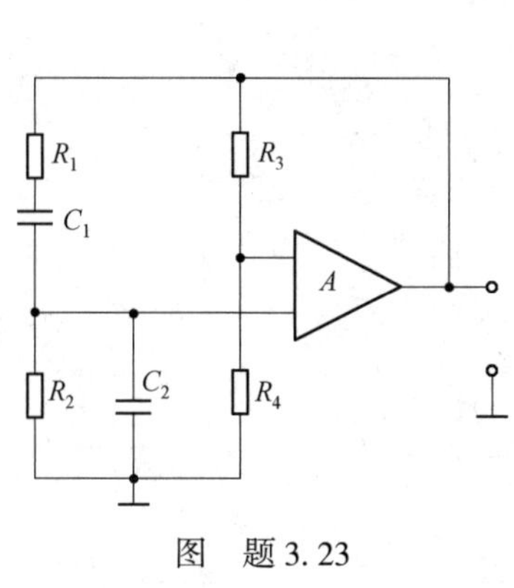

图　题 3.23

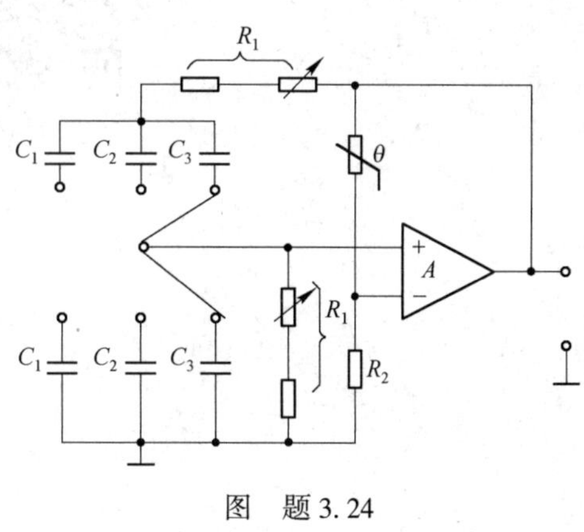

图　题 3.24

3.25　填空题

(1) 振荡器是一个能自动地将________能量转换成一定波形________能量的转换电路，所以说振荡器是一个________转换器。

(2) 按照形成振荡原理来看，振荡器可分为________振荡器和________振荡器；按照所产生的波形来看，振荡器可分为________振荡器和________振荡器；按照选频网络所采用的器件来看，振荡器可分为________振荡器、________振荡器、________振荡器和________振荡器；按照反馈网络的构成器件来看，正弦波振荡器可分为________正弦波振荡器、________正弦波振荡器和________正弦波振荡器。

(3) 一个正反馈振荡器必须满足三个条件，即________、________和________。

(4) 正弦波振荡器的振幅起振条件是________，相位起振条件是________。正弦波振荡器的振幅平衡条件是________，相位平衡条件是________。正弦波振荡器的振幅平衡状态的稳定条件是________，相位平衡状态的稳定条件是 ________。

(5) 振荡器在起振初期工作在小信号________类线性状态，因此晶体管可用________等效电路进行简化，达到等幅振荡时，放大器进入________类工作状态。

(6) LC 三点式振荡器电路组成原则是与发射极相连接的两个电抗元件必须________，而不与发射极相连接的电抗元件与前者必须为________。

(7) ________反馈三点式振荡器的输出波形比较好，________反馈三点式振荡器的输出波形比较差。但是两种三点式振荡器的共同缺点是________。

(8) 石英晶体具有一种特殊的物理性能，即________效应和________效应。当 $f_q<f<f_p$ 时，石英晶体阻抗呈________；$f=f_q$ 时，石英晶体阻抗为________；$f>f_p$ 时，石英晶体阻抗呈________。

(9) 晶体谐振器与一般 LC 谐振回路相比，它具有如下特点：石英晶振品质因数________，所以其频率稳定度高；晶体的接入系数________。

(10) 并联型晶体振荡器中，晶体等效为________元件，其振荡频率满足________；串联型晶体振荡器中，晶体等效为________元件，其振荡频率为________。

(11) 并联型晶体振荡器中，晶体若接在晶体管 c、b 极或 b、e 之间，这样组成的电路分别称为________振荡器和________振荡器。

(12) 密勒振荡电路通常不采用________晶体管，而是采用输入阻抗高的________管。密勒振荡电路比皮尔斯振荡电路稳定度________。

本章习题解答请扫二维码 3。

二维码 3

第4章　频率变换电路基础

频率变换电路是现代通信系统中最基本的单元电路，属于非线性电子电路。本章将简要介绍非线性电子电路常用的一些分析方法。相乘器电路是常用的非线性电子电路的基本组件。本章将介绍高频电路中常用的几种相乘器的组成、功能及不同工作条件下的分析方法。本章的教学需要4~6个学时。

4.1　概　　述

现代通信及各种电子设备中，为了有效地实现信息传输及信号的功率、频率变换等功能，广泛采用频率变换电路。频率变换电路可分为频谱的线性变换电路和频谱的非线性变换电路。前者包括普通调幅波的产生和解调电路，抑制载波的调幅波的产生和解调电路，混频电路和倍频电路等；后者包括调频波的产生和解调电路，限幅电路等。这些电路的共同特征是，输出信号中除了含有输入信号的全部或部分频率成分外，还会出现不同于输入信号频率的其他频率分量。也就是说，这些电路都具有频率变换功能，属于非线性电子电路。

分析频率变换等非线性电子电路的主要目的是寻找描述非线性器件特性的函数，力求用较简单、明确的方法揭示电路工作的物理过程，从而求得输出信号中新出现的频率成分。对于不同的非线性电子器件，可以用不同的函数描述；而对于同一器件，当其工作条件（静态偏置、激励信号幅度等）不同时，也可以采用不同形式的函数及工程近似方法。

相乘器电路就是常用的非线性电子电路的基本组件。可用相乘器电路完成信号频谱的线性搬移，如调幅、检波、混频等，也可以实现频谱的非线性变换，如调频、鉴频、鉴相等。本章将介绍高频电路中常用的几种相乘器的组成、功能及不同工作条件下的分析方法。

需要指出的是，非线性电子电路不只是用于实现信号的频率变换，在一定的工作条件下，还可以实现信号的功率变换，如第2章讨论的功率放大器；也可以实现对信号的其他处理或产生符合一定要求的信号，如第3章讨论的振荡器等。

4.2　非线性元器件的特性描述

非线性元器件是组成频率变换电路的基本单元。在高频电路中常用的非线性元器件，有PN结二极管、晶体三极管（双极型BJT或单极型FET）、变容二极管等。这些器件只有在合适的静态工作点条件下，且小信号激励时，才能表现出一定的线性特性，并可用其构成高频小信号谐振放大器等线性电子电路。一般情况下，当静态工作点与外加激励信号的幅度变化时，非线性器件的参数会随之变化，从而在输出信号中出现不同于输入激励信号的频率分量，完成频率变换的功能。从信号的波形上来看，非线性器件表现为输出信号波形的失真（不同于线性失真引起的波形失真）。另外和线性元器件不同，非线性元器件的参数是工作电压和电流的函数。本节将概要地介绍非线性元器件及非线性电子电路的基本特性及其解析方法。

4.2.1　非线性元器件的基本特性

非线性元器件的基本特性是：①工作特性是非线性的，即伏安特性曲线不是直线；②具有频率变换的作用,会产生新的频率分量;③非线性电路不满足叠加原理。下面以PN结二极管为例来说明非线性元器件的这些基本特性。

1. 非线性元器件的伏安特性

线性电阻的伏安特性是一条直线,即线性电阻 R 的值是常数。与线性电阻不同,二极管的伏安特性曲线不是直线,如图4.1所示。二极管是一非线性电阻元件,加在其上的电压 u_D 与流过其中的电流 i_D 不成正比例关系。它的伏安特性曲线在正向工作区域按指数规律变化;在反向工作特性区域,其曲线与横轴非常接近。

如果在二极管上加一直流电压 U_D,根据图4.1所示的伏安特性曲线,可以得到相应的直流电流 I_D,二者之比称为直流电阻,以 R_D 表示,即

$$R_D = U_D / I_D = 1/\tan\beta \tag{4-1}$$

显然,R_D 的大小等于直线 OQ 斜率的倒数,β 是直线 OQ 与横轴之间的夹角。R_D 与外加直流电压 U_D 的大小有关。

如果在直流电压 U_D 之上叠加一微小的交变电压 u_d,其峰-峰值为 ΔU,则在直流电流 I_D 之上会引起一个交变电流 i_d,其峰-峰值为 ΔI。当 ΔU 取得足够小时,把下列极限称作交流电阻或动态电阻,以 r_d 表示,即

$$r_d = \lim_{\Delta U \to 0} \frac{\Delta U}{\Delta I} = \left.\frac{\mathrm{d}u_d}{\mathrm{d}i_d}\right|_Q = \left.\frac{1}{\tan\alpha}\right|_Q \tag{4-2}$$

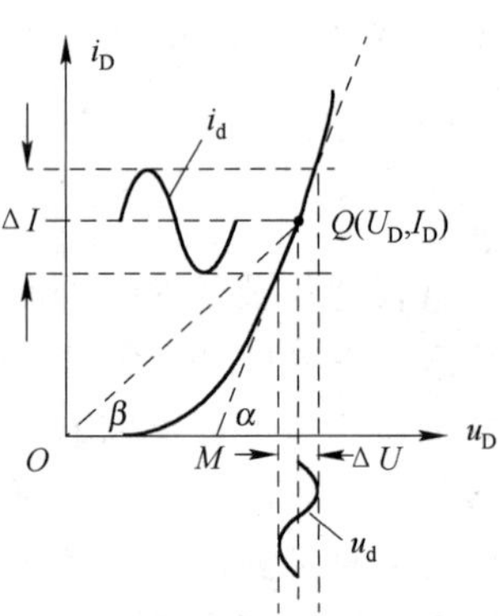

图4.1　二极管的伏安特性曲线

可见交流电阻 r_d 等于特性曲线在静态工作点上切线斜率的倒数,这里 α 是切线 MQ 与横轴之间的夹角。显然,r_d 也与外加静态电压 U_D 的大小有关。

因此,无论是直流(静态)电阻,还是交流(动态)电阻,都与所选的工作点有关。亦即:在伏安特性曲线上的任一点,静态电阻与动态电阻的大小不同;在伏安特性曲线上的不同点,静态电阻的大小不同,动态电阻的大小也不同。

从以上所举的二极管的例子看出,非线性元件一般有静态和动态两个电阻,它们都与工作点有关。在高频电子电路中,实际用到的非线性元器件除上面所举的二极管外,还有许多其他的器件,如晶体管、场效应管等,在一定的工作范围内,它们均属于非线性电阻元件,其电阻值随工作点变化。如果工作点是时变的,则电阻值也随时间变化,表现为时变电阻。

此外,二极管还具有非线性电容特性,即二极管结电容随反偏静态电压 U_D 的变化而变化。非线性电容元件的应用和特性将在以后的有关章节中讨论。

2. 非线性元件的频率变换作用

如果在一个线性电阻元件上加某一频率的正弦电压,那么在电阻中就会产生同一频率的正弦电流。反之,给线性电阻输入某一频率的正弦电流,则在电阻两端就会得到同一频率的正弦电压。线性电阻上的电压和电流具有相同的波形与频率。

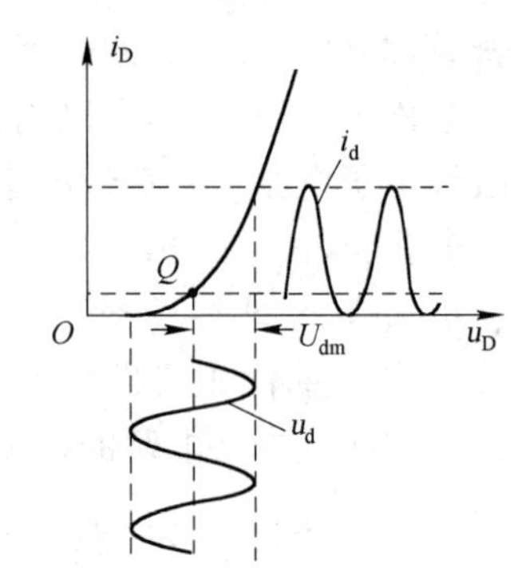

图4.2　二极管产生的非线性电流

对于非线性元件来说,情况就大不相同了。利用图4.2所示的二极管伏安特性曲线可以看出:当某一频率的正弦电压 $u_d(t) = U_{dm}\sin\omega t$ 作用于该二极管时,根据 $u_d(t)$ 的波形和二极管的伏安特性曲线,可用作图的方法画出流过二极管的电流 $i_d(t)$ 的波形。显然,$i_d(t)$ 已不是正弦波形(但它仍然是一个周

期性函数）。所以非线性元件上的电压和电流的波形一般是不相同的。

如果将电流 $i_d(t)$ 用傅里叶级数展开，可以发现，它的频谱中除包含电压 $u_d(t)$ 的频率成分（即基波）外，还会有各次谐波及直流成分。也就是说，二极管会产生新的频率分量，具有频率变换的能力。一般来说，非线性元件的输出信号比输入信号具有更丰富的频率成分。许多重要的通信技术，正是利用非线性元件的这种频率变换作用才得以实现的。

3. 非线性电路不满足叠加原理

叠加原理是分析线性电路的重要基础。线性电路中许多行之有效的分析方法，如傅里叶分析法等都是以叠加原理为基础的。根据叠加原理，任何复杂的输入信号均可以首先分解为若干个基本信号（例如正弦信号），然后求出电路对每个基本信号单独作用时的响应，最后，将这些响应叠加起来，即可得到总的响应。这样就使线性电路的分析大为简化。

但是，对于非线性电路来说，叠加原理就不再适用了。例如，设非线性元件的伏安特性曲线具有抛物线形状，即

$$i_d = k{u_d}^2 \tag{4-3}$$

式中，k 为常数。如图 4.3 所示，该元件上加有两个正弦电压，即

$$u_{d1} = U_{dml}\sin\omega_1 t,\ u_{d2} = U_{dm2}\sin\omega_2 t$$

那么，非线性元件上的有效端电压为

$$u_d = u_{d1} + u_{d2} = U_{dml}\sin\omega_1 t + U_{dm2}\sin\omega_2 t \tag{4-4}$$

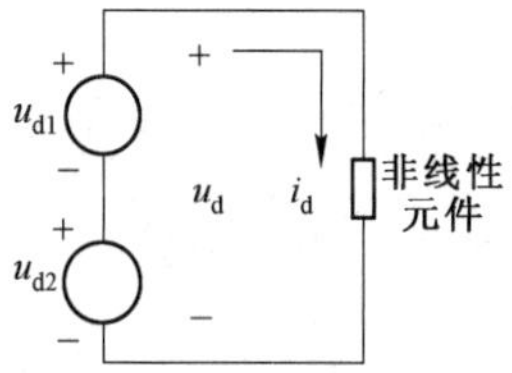

图 4.3　非线性电路

由式(4-3)和式(4-4)可求出流过该元件的电流为

$$\begin{aligned} i_d &= k(U_{dml}\sin\omega_1 t + U_{dm2}\sin\omega_2 t)^2 \\ &= kU_{dml}^2\sin^2\omega_1 t + kU_{dm2}^2\sin^2\omega_2 t + 2kU_{dml}U_{dm2}\sin\omega_1 t\ \sin\omega_2 t \end{aligned} \tag{4-5}$$

然而，根据叠加原理，电流 i_d 应该是 u_{d1} 和 u_{d2} 分别单独作用时所产生的电流之和，即

$$i_d = kU_{dml}^2\sin^2\omega_1 t + kU_{dm2}^2\sin_2\omega_2 t \tag{4-6}$$

比较式(4-5)与式(4-6)，两者显然是不相同的。这个简单的例子说明，**非线性电路不能应用叠加原理。另外，在非线性电路中也不能采用二极管、三极管的线性模型（如 Y 参数微变等效电路）进行电路的分析。**

4.2.2　非线性电路的工程分析方法

分析非线性电路时，首先需要写出非线性元件特性曲线的数学表示式。常用的各种非线性元件，有的已经找到了比较准确的数学表示式，有的则还没有，只能选择某些函数来近似地表示。在工程上所选择的近似函数既要尽量准确，又应当尽量简单，应避免复杂繁冗的严格解析；要根据电路的实际工作条件，对描述非线性器件的数学表示式给予合理的近似，以简化计算，获得有实际意义的分析结果。高频电路中常用的非线性电路分析方法有：图解法（第 2 章已有具体的应用），幂级数分析法，开关函数分析法，线性时变电路分析法等。晶体管是高频电路中最重要的非线性器件，表征其非线性特性应以 PN 结的特性为基础，以下的各种分析方法都是其具体应用。

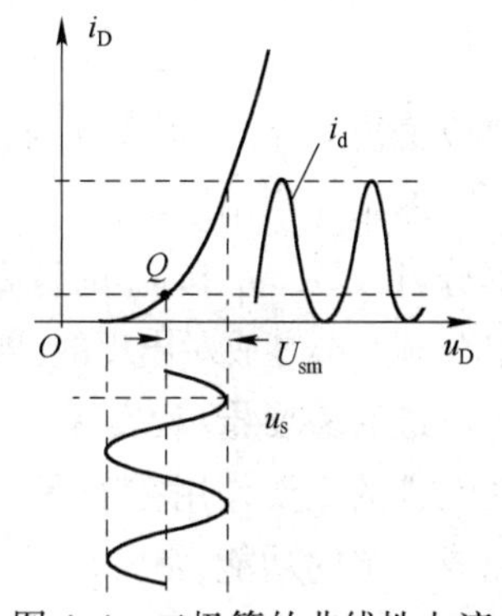

图 4.4　二极管的非线性电流

1. 幂级数分析法

当作用于 PN 结二极管的电压、电流值较小时，用指数函数表示其伏安特性比较准确。如图 4.4 所示，流过二极管的电流 $i_d(t)$ 可写为

$$i_d(t)=I_S(e^{\frac{u_d}{U_T}}-1) \tag{4-7}$$

如果加在二极管上的激励信号电压

$$u_d=U_Q+U_{sm}\cos\omega_s t$$

且 U_{sm} 较小，$U_Q \gg U_T$，则流过二极管的电流为

$$i_d(t)\approx I_S e^{\frac{u_d}{U_T}}=I_S e^{\frac{1}{U_T}(U_Q+U_{sm}\cos\omega_s t)} \tag{4-8}$$

式中，$U_T=\dfrac{kT}{q}$。令 $X=\dfrac{1}{U_T}(U_Q+U_{sm}\cos\omega_s t)$，则 $i_d(t)\approx I_s e^X$。利用

$$e^X=1+X+\frac{1}{2!}X^2+\frac{1}{3!}X^3+\cdots+\frac{1}{n!}X^n+\cdots$$

可以将 $i_d(t)$ 写为

$$i_d(t)\approx I_s+\frac{I_S}{U_T}(U_Q+U_{sm}\cos\omega t)+\frac{1}{2!}\frac{I_S}{U_T^2}(U_Q+U_{sm}\cos\omega t)^2+\cdots+\frac{1}{n!}\frac{I_S}{U_T^n}(U_Q+U_{sm}\cos\omega t)^n+\cdots \tag{4-9}$$

由二项式定理：$(u_1+u_2)^n=\sum\limits_{m=0}^{n}C_n^m u_1^{n-m}u_2^m$，将式(4-9)进一步展开。其中，$C_n^m=\dfrac{n!}{m!\ (n-m)!}$，并利用三角函数公式

$$\cos^n\omega_s t=\begin{cases}\dfrac{1}{2^n}\left[C_n^{n/2}+\sum\limits_{k=0}^{n/2-1}C_n^k\cos(n-2k)\omega_s t\right] & n\text{ 为偶数}\\ \dfrac{1}{2^n}\left[\sum\limits_{k=0}^{(n-1)/2}C_n^k\cos(n-2k)\omega_s t\right] & n\text{ 为奇数}\end{cases}$$

可以将 $i_d(t)$ 表示为

$$i_d(t)=\sum_{n=0}^{\infty}\alpha_n\cos n\omega_s t \tag{4-10}$$

可见，$i_d(t)$ 中不但含有直流和 ω_s 的频率分量，而且还有 ω_s 的二次及高次谐波分量，具有新的频率分量产生，表现出频率变换的作用。以上分析进一步表明：**单一频率的信号电压作用于非线性元件时，在电流中不仅含有输入信号的频率分量 ω_s，而且还含有各次谐波频率分量 $n\omega_s$。**

当两个信号电压 $u_{d1}=U_{dm1}\cos\omega_1 t$ 和 $u_{d2}=U_{dm2}\cos\omega_2 t$ 同时作用于非线性元件时，根据以上的分析可得简化后的 $i_d(t)$ 表达式为

$$i_d(t)=\sum_{n=0}^{\infty}\sum_{m=0}^{n}\alpha_{nm}\cos^{n-m}\omega_1 t\cos^m\omega_2 t \tag{4-11}$$

利用三角函数的积化和差公式

$$\cos\omega_1 t\cos\omega_2 t=\frac{1}{2}\cos(\omega_1+\omega_2)t+\frac{1}{2}\cos(\omega_1-\omega_2)t \tag{4-12}$$

可以推出 $i_d(t)$ 中所含有的频率成分为：$p\omega_1$，$q\omega_2$，$|p\omega_2\pm q\omega_1|$。其中，$p,q=1,2,3\cdots$

图 4.5 示出了电流 $i_d(t)$ 中所含有的频率成分。可以看出，$i_d(t)$ 中不但含有直流、ω_1 和 ω_2 的频率分量，以及 ω_1 和 ω_2 的各高次谐波分量，同时还含有 ω_1 和 ω_2 的组合频率分量 $|p\omega_2\pm q\omega_1|$，并且所有组合频率都是成对出现的，即如果有 $(p\omega_2+q\omega_1)$，则一定有 $(p\omega_2-q\omega_1)$。

最后需要指出，实际工作中非线性元件总是要与一定性能的线性网络相互配合使用的。非线性元件的主要作用在于进行频率变换，线性网络的主要作用在于选频，或者说是滤波。因此，为了完成一定的功能，常常用具有选频作用的某种线性网络作为非线性元件的负载，以便从非线性元件的输出电流中取出所需要的频率成分，同时滤掉不需要的各种干扰频率成分。

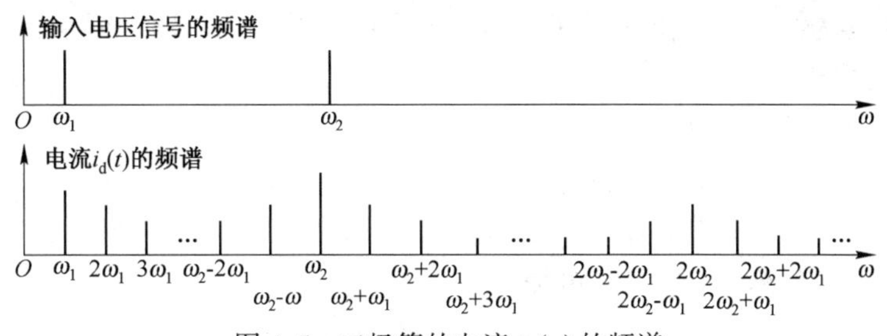

图 4.5　二极管的电流 $i_d(t)$ 的频谱

2. 线性时变电路分析法

时变参量元件是指元件的参数不是恒定的,而是按照一定的规律随时间变化的,通常可以认为时变参量元件的参数是按照某一方式随时间线性变化的元件。但是这种变化与通过元件的电流或元件上的电压没有关系。一般由时变参量元件所组成的电路,叫做线性时变电路。下面以晶体三极管为例来分析线性时变跨导电路。

由第 1 章小信号调谐放大电路可知,如果合理地设置电路的静态工作点,且输入信号比较小,那么晶体三极管可用如图 4.6 所示的简化 Y 参数模型来等效。图中忽略了 y_{oe} 和 y_{re},则集电极电流 i_c 可表示为

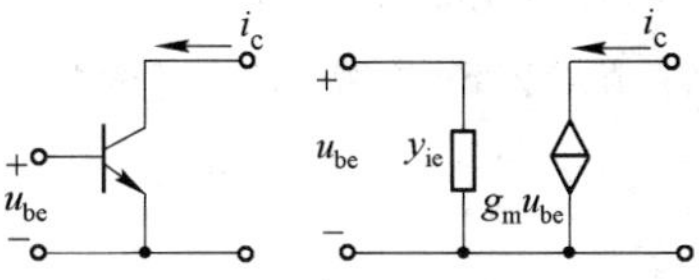

图 4.6　晶体三极管定常跨导模型

$$i_c \approx g_m u_{be} = g_m U_{bem} \cos\omega_s t \tag{4-13}$$

式中,$g_m = y_{fe}$ 是由电路静态工作点确定的非时变定常跨导,此时的晶体管可作为线性元件应用,无频率变换作用。

如果有两个信号同时作用于晶体管的基极,如图 4.7 所示。设一个是振幅较大的信号 $u_o = U_{om}\cos\omega_o t$,另一个是振幅较小的信号 $u_s = U_{sm}\cos\omega_s t$,即 $U_{om} \gg U_{sm}$,两个信号同时作用于晶体管的输入端。此时,可以认为晶体管的工作点是受大信号 u_o 控制的,即晶体管的静态工作点是一个时变的工作点。时变工作点的电压为

$$U_B(t) = E_B + U_{om}\cos\omega_o t \tag{4-14}$$

在忽略晶体管内反馈的情况下,晶体管集电极电流 i_c 与基极电压 u_{BE} 之间的关系可表示为

$$i_c = f(u_{BE}) \tag{4-15}$$

其中,$u_{BE} = U_B(t) + u_s$。将式(4-15)在时变工作点 $U_B(t)$ 上利用泰勒级数展开,可得

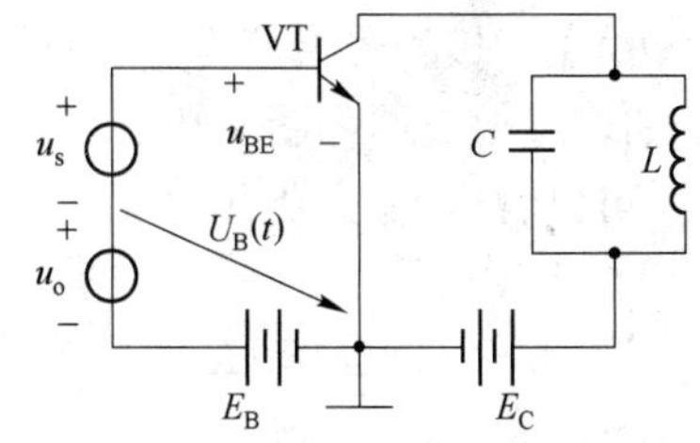

图 4.7　晶体管时变跨导原理电路

$$i_c = f(U_B) + f'(U_B)u_s + \frac{1}{2}f''(U_B)u_s^{\ 2} + \cdots \tag{4-16}$$

由于信号电压 u_s 很小,可以忽略二次方项及其各高次方项,因此

$$i_c \approx f(U_B) + f'(U_B)u_s \tag{4-17}$$

式中,$f(U_B) = f(E_B + u_o) = I_{co}(t)$,受大信号 u_o 的控制,与小信号 u_s 的大小无关,相当于集电极的时变静态电流;$f'(U_B) = f'(E_B + u_o) = g(t) = \left.\dfrac{\partial f(U_B)}{\partial u_s}\right|_{u_s=0}$ 也受大信号 u_o 的控制,与小信号 u_s 的大小无关,相当于时变跨导。这样,对小信号 u_s 来说,可以把晶体管看成一个变跨导的线性元件。于是式(4-17)可写成

$$i_c = I_{co}(t) + g(t)u_s \tag{4-18}$$

可以看出，i_c 与 u_s 之间为线性关系，但它们的系数 $g(t)$ 是时变的（非定常），故称为线性时变跨导电路。

在式(4-18)中，由于 $I_{co}(t)$ 和 $g(t)$ 是非线性的时间函数，受大信号 $u_o = U_{om}\cos\omega_o t$ 的控制是周期函数，利用傅里叶级数展开，可得

$$I_{co}(t) = I_{co} + I_{cm1}\cos\omega_o t + I_{cm2}\cos 2\omega_o t + \cdots \tag{4-19}$$

$$g(t) = g_o + g_1\cos\omega_o t + g_2\cos 2\omega_o t + \cdots \tag{4-20}$$

将式(4-19)和式(4-20)代入式(4-18)，可得

$$\begin{aligned} i_c(t) = &(I_{co} + I_{cm1}\cos\omega_o t + I_{cm2}\cos 2\omega_o t + \cdots) + \\ &(g_o + g_1\cos\omega_o t + g_2\cos 2\omega_o t + \cdots)U_{sm}\cos\omega_s t \end{aligned} \tag{4-21}$$

由式(4-21)可以看出，晶体管集电极电流 i_c 中含有的频率分量为

$$q\omega_o,\ q\omega_o \pm \omega_s \qquad q = 0, 1, 2\cdots \tag{4-22}$$

i_c 的频谱如图 4.8 所示。显然相对于图 4.5 所示指数函数所描述的非线性电路，输出电流中的组合频率分量大大地减少了，且无 ω_s 的谐波分量，这使有用信号的能量相对集中，损失减少，同时也为滤波带来了方便。但需注意**线性时变电路是在一定条件下由非线性电路演变来的，是一定条件下近似的结果，简化了非线性电路的分析，有利于系统性能指标的提高。**

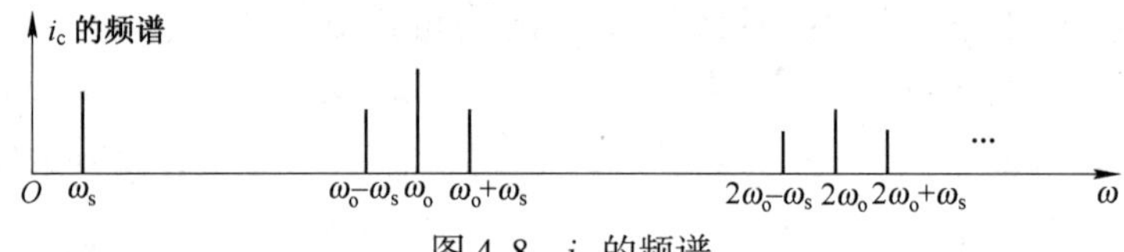

图 4.8　i_c 的频谱

3. 开关函数分析法

在某些情况下，非线性元件受一个大信号的控制，轮换地导通（饱和）和截止，相当于一个开关的作用。例如，在图 4.9(a) 所示的二极管电路中，$u_s(t) = U_{sm}\cos\omega_s t$ 是一个小信号，$u_o(t) = U_{om}\cos\omega_o t$ 是一个大信号，且 $U_{sm} \ll U_{om}$，$U_{om} > 0.5\text{ V}$。那么，回路的端电压可表示为

$$u_d = u_s(t) + u_o(t) \tag{4-23}$$

由于二极管受大信号 $u_o(t)$ 的控制，工作在开关状态，其等效电路如图 4.9(b) 所示。

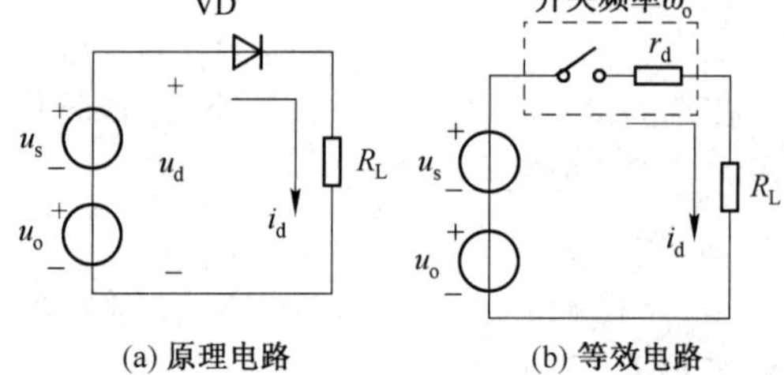

图 4.9　二极管电路

可以看出，流过负载的电流为

$$i_d = \begin{cases} \dfrac{1}{r_d + R_L}u_d, & u_o > 0 \\ 0, & u_o < 0 \end{cases} \tag{4-24}$$

如果定义一个开关函数 $S(t)$，且有

$$S(t) = \begin{cases} 1, & u_o > 0 \\ 0, & u_o < 0 \end{cases} \tag{4-25}$$

$S(t)$ 的波形如图 4.10 所示。将式(4-25)代入式(4-24)可得

$$i_d = \frac{1}{r_d + R_L}S(t)u_d = g_d S(t)u_d = g(t)u_d \tag{4-26}$$

式中，$g_d = \dfrac{1}{r_d + R_L}$ 为回路的电导，$g(t) = g_d S(t)$ 为时变电导。

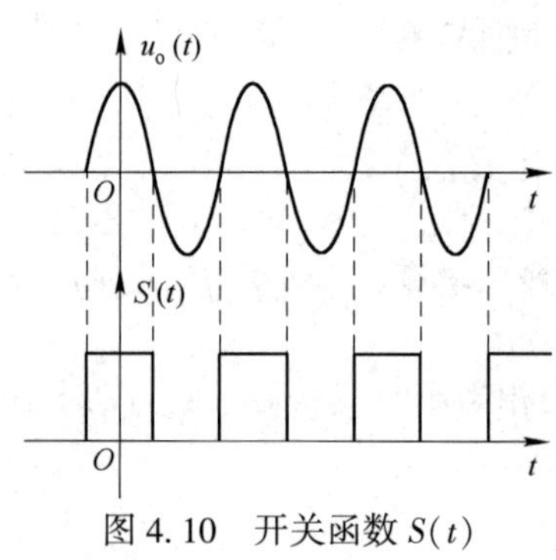

图 4.10　开关函数 $S(t)$

由图 4.10 可以看出 $S(t)$ 为周期函数，其傅里叶展开式为

$$S(t) = \frac{1}{2} + \frac{2}{\pi}\cos\omega_o t - \frac{2}{3\pi}\cos 3\omega_o t + \cdots\cdots$$

将上式代入式(4-26)可得

$$i_d = g(t)u_d = g_d\left[\frac{1}{2}+\frac{2}{\pi}\cos\omega_o t-\frac{2}{3\pi}\cos3\omega_o t+\cdots\right](U_{sm}\cos\omega_s t+U_{om}\cos\omega_o t)$$

$$= \frac{g_d}{\pi}U_{om}+\frac{g_d}{2}U_{sm}\cos\omega_s t+\frac{g_d}{2}U_{om}\cos\omega_o t+\frac{2}{3\pi}g_d U_{om}\cos2\omega_o t-\frac{2g_d}{15\pi}U_{om}\cos4\omega_o t+\cdots+$$

$$\frac{g_d}{\pi}U_{sm}\cos(\omega_o-\omega_s)t+\frac{g_d}{\pi}U_{sm}\cos(\omega_o+\omega_s)t-\frac{g_d}{3\pi}U_{sm}\cos(3\omega_o-\omega_s)t-\frac{g_d}{3\pi}U_{sm}\cos(3\omega_o+\omega_s)t+$$

$$\frac{g_d}{5\pi}U_{sm}\cos(5\omega_o-\omega_s)t+\frac{g_d}{5\pi}U_{sm}\cos(5\omega_o+\omega_s)t+\cdots$$

可见,流过负载的电流 $i_d(t)$ 中含有的频率成分为:①输入信号的频率 ω_s,ω_o 分量;②直流分量;③频率为 ω_o 的耦次谐波分量 $2n\omega_o$;④频率 ω_s 与 ω_o 的奇次谐波的组合频率分量 $(2n+1)\omega_o\pm\omega_s$(其中 $n=0,1,2\cdots$)。

图 4.11 示出了 $i_d(t)$ 的频谱。显然相对于图 4.5 所示指数函数所描述的非线性电路,输出电流中的组合频率分量大大减少了,且无 ω_s 的谐波分量;而相对于图 4.8 所示线性时变电路输出电流中的组合频率分量也有所减少,且无 ω_o 的奇次谐波频率分量。这就使所需的有用信号的能量相对集中,损失减少,同时也为滤波创造了条件。但需注意:**开关函数分析法是在一定条件下由非线性电路演变来的,可以看作是一种线性时变电路在一定条件下近似的结果,它简化了非线性电路的分析,有利于系统性能指标的提高。**

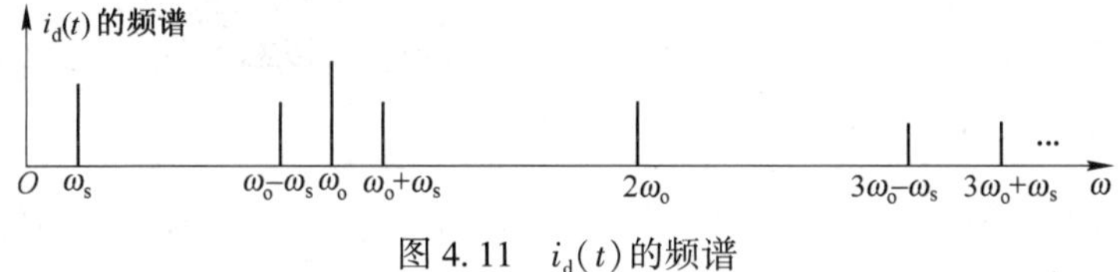

图 4.11　$i_d(t)$ 的频谱

通过上述分析我们认识到,高频电路中非线性器件的工作状态随激励信号电压幅度的大小不同,可用不同的函数来近似描述。常用的描述方法有指数函数、线性时变分析及开关函数等。另外,通过对非线性器件各工作状态的分析结果表明,非线性器件具有频率变换作用,其输出电流中所含组合频率分量的多少与工作状态有关。

4.3　模拟相乘器及基本单元电路

在通信系统中最常用,也是最基本的频率变换电路为具有频谱搬移功能的电路。即从频域上看,具有把输入信号的频谱通过一定的方式(线性或非线性)搬移到所需的频率范围上的功能。显然非线性电路具有频率变换的功能,当两个信号作用于非线性器件时,由于器件的非线性特性,其输出端不仅包含输入信号的频率分量,还有输入信号频率的各次谐波分量,以及输入信号的组合频率分量。在这些频率分量中,通常只有组合频率分量如($\omega_o\pm\omega_s$)项是完成频谱搬移功能所需要的,其他绝大多数频率分量是不需要的。因此,**利用非线性器件实现频谱搬移的电路必须具有选频功能,以滤除不必要的频率分量,减小输出信号的失真。可以说,大多数频谱搬移电路所需的是非线性函数展开式中的平方项,即两个输入信号的乘积项。或者说,频谱搬移电路的主要运算功能是实现两个输入信号的相乘运算**。因此,在实际中如何减少无用的组合频率分量的数目和强度,实现接近理想的乘法运算,就成为人们追求的目标。

下面首先介绍模拟相乘器的特性及基本工作原理,在此基础上介绍几种典型的单片模拟集成乘法器及其外围元件的设计、计算和调整,并简要介绍模拟集成乘法器在运算方面的应用。关于模拟乘法器在信号处理方面的应用将在以后的各章中具体介绍。

4.3.1 模拟相乘器的基本概念

模拟相乘(乘法)器能实现两个互不相关模拟信号间的相乘运算功能。它不仅应用于模拟运算方面,而且广泛地应用于无线电广播、电视、通信、测量仪表、医疗仪器及控制系统,进行模拟信号的变换及处理。目前,模拟乘法器已成为一种普遍应用的非线性模拟集成电路。

1. 模拟相乘器的基本功能

模拟相乘器具有两个输入端口 x 和 y,及一个输出端口 z,是一个三端口的非线性网络,其电路符号如图 4.12 所示。一个理想的模拟相乘器,其输出端的瞬时电压 $u_z(t)$ 仅与两输入端的瞬时电压 $u_x(t)$ 和 $u_y(t)$ 的乘积成正比,不含有任何其他分量。模拟相乘器输出特性可表示为

$$u_o(t)=Ku_x(t)\ u_y(t) \tag{4-27}$$

式中,K 为相乘增益(或相乘系数),单位为[1/V],其数值取决于相乘器的电路参数。

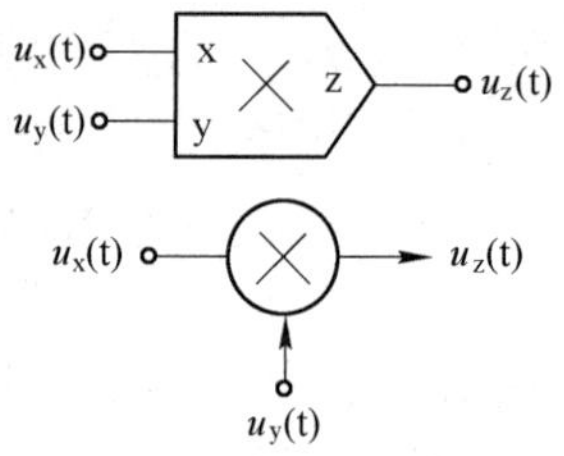

如果理想模拟相乘器两输入端的电压 $u_x(t)=U_s\cos\omega_s t$,$u_y(t)=U_o\cos\omega_o t$,如图4.12所示,那么输出电压为

$$\begin{aligned}u_z(t)&=KU_sU_o\cos\omega_s t\cos\omega_o t\\&=\frac{K}{2}U_sU_o[\cos(\omega_o+\omega_s)t+\cos(\omega_o-\omega_s)t]\end{aligned} \tag{4-28}$$

u_x(t) x y z u_y(t) u_z(t)

图 4.12 模拟相乘器电路符号

由式(4-28)可以看出电路完成的基本功能是把 ω_s 的信号频率线性地搬移到($\omega_o\pm\omega_s$)的频率点处。图 4.13(a)及(b) 示出了信号频谱的搬移过程。

如果输入电压 $u_x(t)$ 为一个实用的限带信号,即 $u_x(t)=\sum_{n=1}^{m}U_{sn}\cos n\omega_s t$,那么输出电压

$$\begin{aligned}u_z(t)&=KU_o\cos\omega_o t\sum_{n=1}^{m}U_{sn}\cos n\omega_s t\\&=\frac{K}{2}U_o\left[\sum_{n=1}^{m}U_{sn}\cos(\omega_o+n\omega_s)t+\sum_{n=1}^{m}U_{sn}\cos(\omega_o-n\omega_s)t\right]\end{aligned} \tag{4-29}$$

图 4.13(c)及(d)示出了限带信号频谱的搬移过程。可以看出,**模拟相乘器是一种理想的线性频谱搬移电路。实际通信电路中的各种频谱线性搬移电路所要解决的核心问题就是使该电路的性能更接近理想乘法器。**

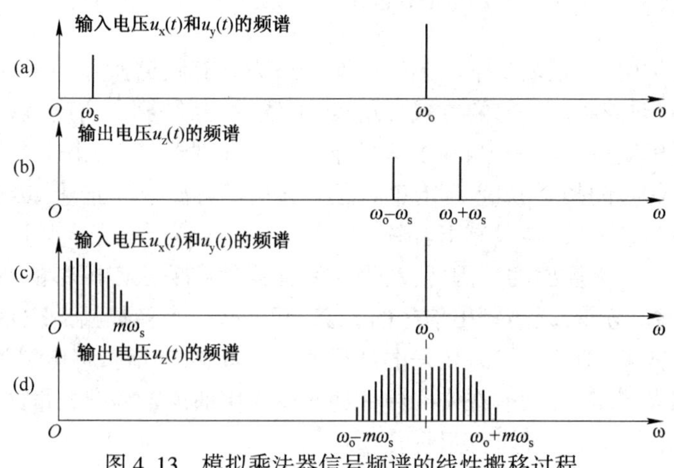

图 4.13 模拟乘法器信号频谱的线性搬移过程

2. 相乘器的工作象限

根据模拟乘法器两输入电压 $u_x(t)$、$u_y(t)$ 的极性，乘法器有四个工作区域（又称工作象限），可由它的两个输入电压的极性确定。如图 4.14 所示，输入电压可能有四种极性组合：

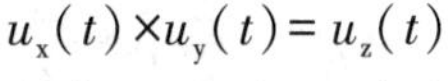

$u_x(t)\times u_y(t)=u_z(t)$

(+)	(+)	(+)	第Ⅰ象限
(−)	(+)	(−)	第Ⅱ象限
(−)	(−)	(+)	第Ⅲ象限
(+)	(−)	(−)	第Ⅳ象限

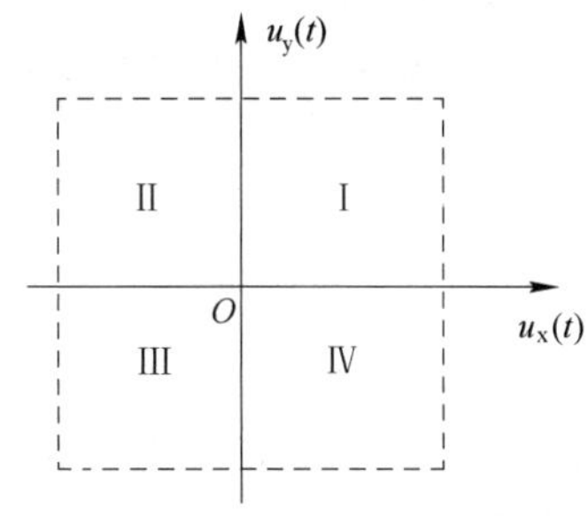

图 4.14　乘法器的工作象限

当 $u_x(t)>0$、$u_y(t)>0$ 时，乘法器工作于第Ⅰ象限；当 $u_x(t)>0$、$u_y(t)<0$ 时，乘法器工作于第Ⅳ象限；其他依此类推。

如果两个输入信号只能取单极性（同为正或同为负）时乘法器才能工作，则称之为"单象限乘法器"；如果一个输入信号适应两种极性，而另一个只能适应单极性的乘法器为"二象限乘法器"；两个输入信号都能适应正、负两种极性的乘法器为"四象限乘法器"。通常，两个单象限乘法器可构成一个二象限乘法器；两个二象限乘法器可构成一个四象限乘法器。

3. 模拟相乘器的线性与非线性性质

模拟相乘器属于非线性器件还是线性器件取决于两个输入电压的性质。一般情况下当两个输入信号 $u_x(t)$ 和 $u_y(t)$ 均不确定时，如前所述，模拟乘法器体现出非线性特性，属于非线性器件。然而，在一定的条件下，当两输入信号 $u_x(t)$ 或 $u_y(t)$ 中，其中一个为恒定直流电压时，如 $u_x(t)=E$，则 $u_z(t)=KEu_y(t)=K'u_y(t)$。可见，此时模拟乘法器相当于一个线性放大器，放大系数 $K'=KE$，模拟乘法器为线性器件。

4.3.2　模拟相乘器的基本单元电路

在通信系统及高频电子电路中实现模拟相乘的方法很多，常用的有环形二极管相乘法和变跨导相乘法等。其中，变跨导相乘法采用差分电路为基本电路，工作频带宽、温度稳定性好、运算精度高、速度快、成本低、便于集成化，得到广泛应用。目前单片模拟集成乘法器大多采用变跨导相乘器。

1. 二象限变跨导模拟相乘器

图 4.15 所示为二象限变跨导模拟相乘器。从电路结构上看，它是一个恒流源差分放大电路，不同之处在于恒流源管 VT_3 的基极输入了信号 $u_y(t)$，即恒流源电流 I_o 受 $u_y(t)$ 控制。由图 4.15 可知

$$u_x=u_{be1}-u_{be2}$$

根据晶体三极管特性，工作在放大区的晶体管 VT_1、VT_2 集电极电流分别为

$$i_{c1}\approx i_{e1}=I_S e^{u_{be1}/U_T},\quad i_{c2}\approx i_{e2}=I_S e^{u_{be2}/U_T}$$

式中，$U_T=KT/q$ 为 PN 结内建电压，I_S 为饱和电流。VT_3 的集电极电流可表示为

$$I_o=i_{e1}+i_{e2}=i_{e1}\left(1+\frac{i_{e2}}{i_{e1}}\right)=i_{e1}(1+e^{-u_x/U_T})\tag{4-30}$$

由式(4-30)可得

$$i_{e1}=\frac{I_o}{1+e^{-u_x/U_T}}=\frac{I_o}{2}\left[1+\tanh\left(\frac{u_x}{2U_T}\right)\right]\tag{4-31}$$

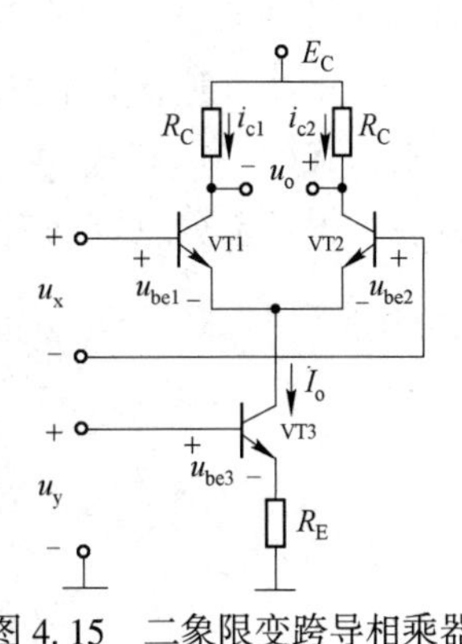

图 4.15　二象限变跨导相乘器

同理可得
$$i_{e2}=\frac{I_o}{1+e^{u_x/U_T}}=\frac{I_o}{2}\left[1-\tanh\left(\frac{u_x}{2U_T}\right)\right] \tag{4-32}$$

式中，$\tanh\left(\frac{u_x}{2U_T}\right)$为双曲正切函数。

根据式(4-31)和式(4-32)可得差分电路的转移特性曲线如图4.16所示。差分输出电流为

$$i_{od}=i_{c1}-i_{c2}=I_o\tanh\left(\frac{u_x}{2U_T}\right) \tag{4-33}$$

由图4.16可以看出，当$u_x \ll 2U_T$时，$\tanh\left(\frac{u_x}{2U_T}\right)\approx\frac{u_x}{2U_T}$，即$\left|\frac{u_x}{U_T}\right| \ll 1$时差分放大器工作在线性放大区域内，$i_{c1}$、$i_{c2}$与$u_x/U_T$近似成线性关系。

式(4-33)可近似为
$$i_{od}\approx I_o\frac{u_x}{2U_T} \tag{4-34}$$

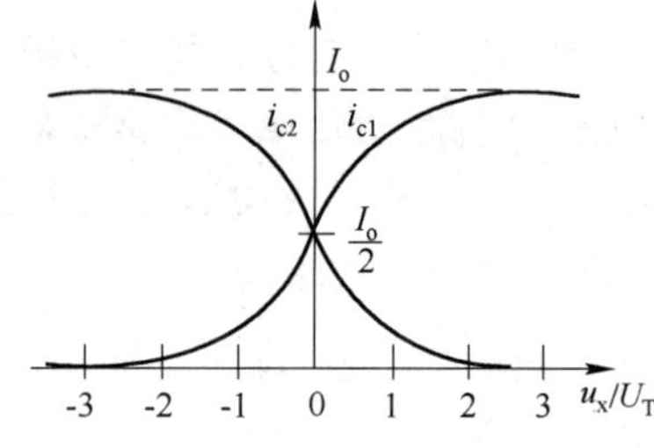

图4.16　差分电路的转移特性曲线

根据模拟电子电路课程的相关知识可知，差分放大电路的跨导为

$$g_m=\frac{\partial i_{od}}{\partial u_x}=\frac{I_o}{2U_T} \tag{4-35}$$

另外，由图4.15的电路可以看出，恒流源电流为

$$I_o=\frac{u_y-u_{be3}}{R_E}\qquad (u_y>u_{be3}>0) \tag{4-36}$$

由式(4-35)和式(4-36)可以看出，当u_y的大小变化时，I_o的值随之变化，从而使g_m随之变化。此时，输出电压为

$$u_o=i_{od}R_c=g_mR_Cu_x=\frac{R_C}{2U_TR_E}u_xu_y-\frac{R_C}{2U_TR_E}u_{be3}u_x \tag{4-37}$$

由式(4-37)可知，由于u_y控制了差分电路的跨导g_m，使输出u_o中含有u_xu_y相乘项，故称为变跨导乘法器。但变跨导乘法器输出电压u_o中存在非相乘项，而且要求$u_y \geq u_{be3}$，只能实现二象限相乘；此外，恒流源管VT_3的温漂并没有进行补偿；因而在集成模拟乘法器中应用较少。

2. Gilbert相乘器单元电路

图4.17所示为Gilbert相乘器单元电路，又称双平衡模拟乘法器，是一种四象限模拟乘法器，也是大多数集成乘法器的核心基础电路。电路中，六只双极型三极管分别组成三个差分电路；VT_1～VT_4为双平衡的差分对，VT_5、VT_6差分对分别作为VT_1、VT_2和VT_3、VT_4两差分对的射极恒流源。

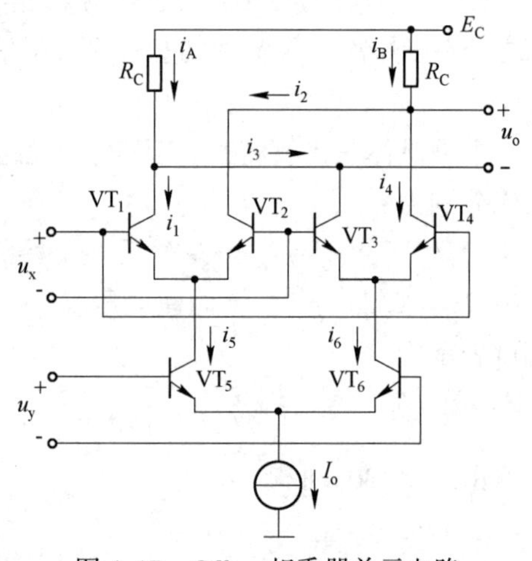

图4.17　*Gilbert*相乘器单元电路

根据式(4-31)和式(4-32)、式(4-33)差分电路的转移特性可得各差分电路的差动输出电流为

$$\left.\begin{aligned}
i_1-i_2&=i_5\tanh\frac{u_x}{2U_T}\\
i_4-i_3&=i_6\tanh\frac{u_x}{2U_T}\\
i_5-i_6&=I_o\tanh\frac{u_y}{2U_T}
\end{aligned}\right\} \tag{4-38}$$

由式(4-38)可求出输出电压

$$
\begin{aligned}
u_o &= (i_A - i_B)R_C = [(i_1+i_3)-(i_2+i_4)]R_C \\
&= (i_5 - i_6)R_C \tanh\frac{u_x}{2U_T} = I_o R_C \tanh\frac{u_x}{2U_T}\tanh\frac{u_y}{2U_T}
\end{aligned}
\tag{4-39}
$$

由式(4-39)可知,当输入信号较小,并满足 $u_x<2U_T=52\text{ mV}$, $u_y<2U_T=52\text{ mV}$ 时,则有

$$
\tanh\frac{u_x}{2U_T}\approx\frac{u_x}{2U_T},\quad \tanh\frac{u_y}{2U_T}\approx\frac{u_y}{2U_T} \tag{4-40}
$$

将式(4-40)代入式(4-39)可得

$$
u_o=\frac{I_o R_C}{4U_T^2}u_x u_y = K u_x u_y \tag{4-41}
$$

式中,相乘系数 $K=\dfrac{I_o R_C}{4U_T^2}$。

Gilbert 乘法器单元电路,只有当输入信号较小时,才具有较理想的相乘作用,u_x,u_y 均可取正、负两种极性,故为四象限相乘器电路。但因其线性范围小,不能满足实际应用的需要。

3. 具有射极负反馈电阻的 Gilbert 相乘器

如图 4.18 所示,在 VT_5、VT_6 的发射极之间接一负反馈电阻 R_y,可扩展 u_y 的线性范围。在实际应用中,R_y 的取值应远大于晶体管 VT_5、VT_6 的发射结正向偏置电阻,即

$$
R_y \gg r_{e5}=U_T/I_o=26\text{ mV}/I_o,\quad R_y\gg r_{e6}=U_T/I_o=26\text{ mV}/I_o
$$

分析图 4.18 所示的电路可以看出,当电路处于静态($u_y=0$)时,由于 VT_5 和 VT_6 基极电位相同,所以 $i_5=i_6=I_o$,$i_y=0$。而当输入信号 u_y 后,流过 R_y 的电流为

$$
i_y=\frac{u_y}{R_y+r_{e5}+r_{e6}}\approx\frac{u_y}{R_y} \tag{4-42}
$$

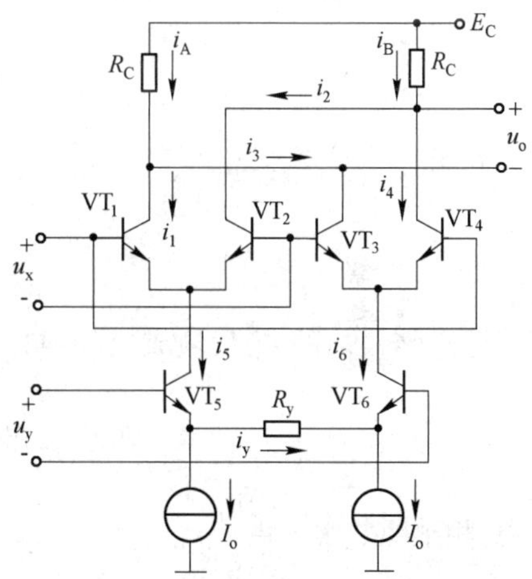

图 4.18 射极负反馈的 Gilbert 相乘器单元

关于 i_y 的交流等效电路如图 4.19 所示。所以有

$$
\begin{cases}
i_5=I_o+i_y\\
i_6=I_o-i_y\\
i_5-i_6=2i_y=2u_y/R_y
\end{cases} \tag{4-43}
$$

将式(4-42)和式(4-43)代入式(4-39)可得

$$
\begin{aligned}
u_o &= (i_5-i_6)R_C\tanh\frac{u_x}{2U_T}\\
&=\frac{2R_C}{R_y}u_y\tanh\frac{u_x}{2U_T}
\end{aligned} \tag{4-44}
$$

当 $u_x\ll 2U_T=52\text{ mV}$ 时,由式(4-44) 得

$$
u_o=\frac{R_C}{U_T R_y}u_y u_x = K u_y u_x \tag{4-45}
$$

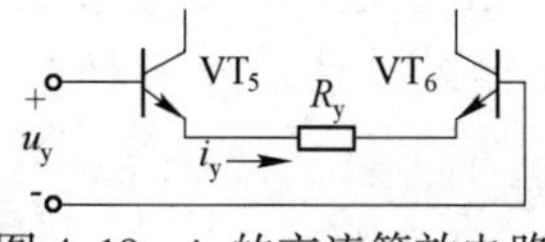

图 4.19 i_y 的交流等效电路

式中,相乘系数 $K=\dfrac{R_C}{R_y U_T}$。

由以上分析可知,具有射极负反馈电阻 R_y 的 Gilbert 乘法器,输入信号 u_y 的线性范围在一定程度上得到了扩展;温度对 VT_5,VT_6 差分电路的影响小;可通过调节 R_y 来控制相乘系数 K。但这种电路中,输入信号 u_x 的线性范围仍然很小($u_x\ll 2U_T$),而且相乘系数 K 与温度有关(K 与 U_T 成反比),受温

度的影响较大。

4. 线性化 Gilbert 相乘器电路

具有射极负反馈电阻的双平衡 Gilbert 相乘器，尽管扩大了输入信号 u_y 的线性动态范围，但对输入信号 u_x 的线性动态范围仍较小，在此基础上需做进一步改进。图 4.20 为改进后的线性双平衡模拟相乘器的原理电路，其中 $VT_7 \sim VT_{10}$ 构成一个反双曲正切函数电路。

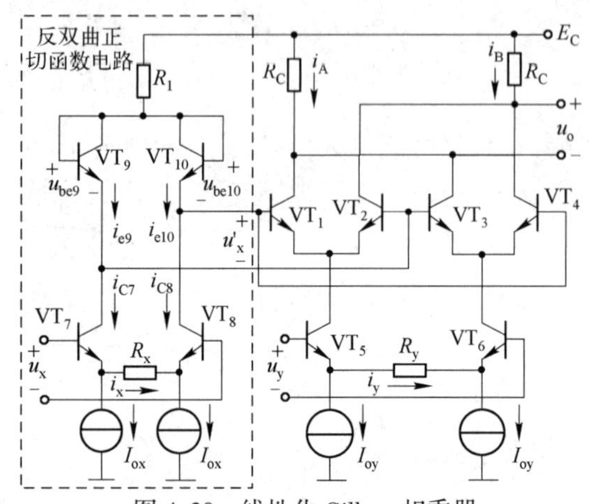

图 4.20 线性化 Gilbert 相乘器

图 4.20 所示电路中，VT_7、VT_8、R_x、I_{ox} 构成线性电压-电流变换器，其作用和图 4.18 中的 VT_5、VT_6、R_y、I_o 相同。由式(4-42)和式(4-43)可得

$$i_{C7}=I_{ox}+i_x=I_{ox}+\frac{u_x}{R_x},\quad i_{C8}=I_{ox}-i_x=I_{ox}-\frac{u_x}{R_x} \tag{4-46}$$

由于 u'_x 为 VT_9、VT_{10} 发射结上的电压差，即 $u'_x=u_{be9}-u_{be10}$，而

$$u_{be9}=U_T\ln\frac{i_{e9}}{I_s}\approx U_T\ln\frac{i_{C7}}{I_s},\qquad u_{be10}=U_T\ln\frac{i_{e10}}{I_s}\approx U_T\ln\frac{i_{C8}}{I_s} \tag{4-47}$$

由式(4-46)和式(4-47)可得

$$u'_x=U_T\left(\ln\frac{i_{C7}}{I_s}-\ln\frac{i_{C8}}{I_s}\right)=U_T\ln\frac{i_{C7}}{i_{C8}}=U_T\ln\left(\frac{I_{ox}+u_x/R_x}{I_{ox}-u_x/R_x}\right)=U_T\ln\left[\frac{1+u_x/(I_{ox}R_x)}{1-u_x/(I_{ox}R_x)}\right] \tag{4-48}$$

利用数学关系：$\frac{1}{2}\ln\frac{1+x}{1-x}=\text{arctanh}x$，则式(4-48)可改写成

$$u'_x=2U_T\text{arctanh}\frac{u_x}{I_{ox}R_x} \tag{4-49}$$

把式(4-49)的 u'_x 代换成式(4-44)中的 u_x 可得

$$u_o=\frac{2R_C}{R_y}u_y\tanh\frac{u'_x}{2U_T}=\frac{2R_C}{I_{ox}R_xR_y}u_xu_y=Ku_xu_y \tag{4-50}$$

式中，相乘系数 $K=\frac{2R_C}{I_{ox}R_xR_y}$。

由上述分析可知：

(1) 当反馈电阻 R_x、$R_y>r_e$ 时，u_o 与 u_x 和 u_y 的乘积(u_xu_y)成正比，电路更接近理想相乘特性；

(2) 相乘增益 K 可通过改变电路参数 R_x、R_y 或 I_{ox} 确定，一般可通过调节 I_{ox} 来调整 K 的数值，而且 K 与温度无关，电路温度稳定性好。

(3) 输入信号 u_x 的线性范围得到扩大，其极限值为 $U_{xm}<I_{ox}R_x$，否则反双曲正切函数无意义。

4.4 单片集成模拟乘法器及其典型应用

4.4.1 MC1496/MC1596 及其应用

由于具有射极负反馈电阻的双平衡 Gilbert 相乘器(如图 4.18 所示电路)的电路结构简单，频率特性较好,使用灵活,目前已被广泛地应用于集成模拟乘法器中。如美国产品 MCl496/MC1596、μA796、LMl496/MC1596;国内产品 CFl496/1596、XFC—1596 等。

1. 内部电路结构

图 4.21 所示为 MC1596 内部电路。与具有射极负反馈的双平衡 Gilbert 相乘器单元电路比较,电路结构基本相同,仅电流源 I_o 被由晶体管 VT_7、VT_8 和 VD_1 所构成的镜像恒流源代替。其中,二极管 VD_1 与 500 Ω 的电阻构成 VT_7、VT_8 的偏置电路;负反馈电阻 R_y 外接在第 2、3 引脚两端,可扩展输入信号 u_y 的动态范围,并可调整相乘系数 K;负载电阻 R_C、偏置电阻 R_5 等采用外接形式。MC1596 广泛应用于通信、雷达、仪器仪表及频率变换电路中。

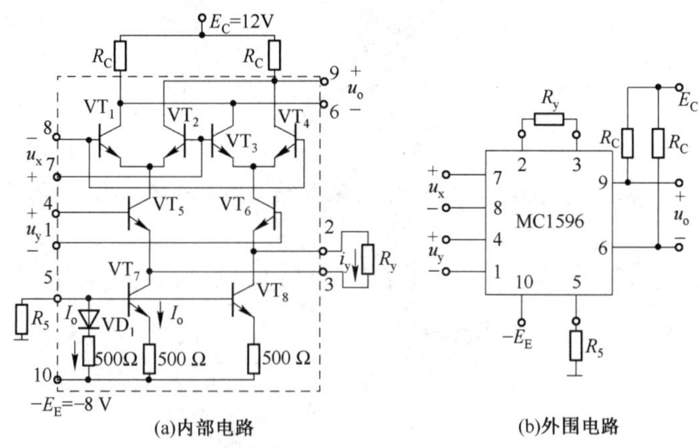

图 4.21 MC1596 内部电路

2. 外接元件参数的设计及计算

首先利用图 4.21 所示的电路来计算外接元件的参数。

(1) 负反馈电阻 R_y

利用式(4-42):$i_y=u_y/R_y$,且满足 $|i_y|<I_o$。若选择由二极管 VD_1 和 VT_7、VT_8 所组成的镜像恒流源的电流 $I_o=1$ mA,输入信号 u_y 的幅度 $U_{ym}=1$ V,则有

$$I_o\geqslant U_{ym}/R_y,R_y\geqslant U_{ym}/I_o=1/1\times10^{-3}=1\ (\text{k}\Omega)$$

(2) 偏置电阻 R_5

由图 4.21(a)所示的电路可得:$|-E_E|=I_o(R_5+500)+U_D$,其中 U_D 为二极管 VD_1 的导通电压。当取 $|-E_E|=8$ V 时

$$R_5=\frac{|-E_E|-U_D}{I_o}-500=\frac{8-0.7}{1\times10^{-3}}-500=6.8\ (\text{k}\Omega)$$

(3) 负载电阻 R_C

MC1596 第 6、9 引脚端的静态电压为 $U_6=U_9=E_C-I_oR_C$,若选取 $U_6=U_9=8$ V,$E_C=12$ V,则有

$$R_C=\frac{E_C-U_6}{I_o}=\frac{12-8}{1\times10^{-3}}=4\ (\text{k}\Omega)$$

R_C 的标称值为 3.9 kΩ。

3. MC1596 的基本应用

MC1596 的基本应用电路如图 4.22 所示。图中,R_1、R_2、R_3 为第 7、8 引脚端的内部双差分晶体

三极管 $VT_1 \sim VT_4$ 的基极提供偏置电压,R_3 实现交流匹配,R_C 为集电极负载。$R_6 \sim R_9$, R_w 为第4、1引脚端内部晶体三极管 VT_5、VT_6 的基极(参考图4.21(a)所示电路)提供偏置电压,R_w 为平衡电阻。R_5 确定镜像恒流源电流 I_o,R_y 用来扩大 u_y 的动态范围。

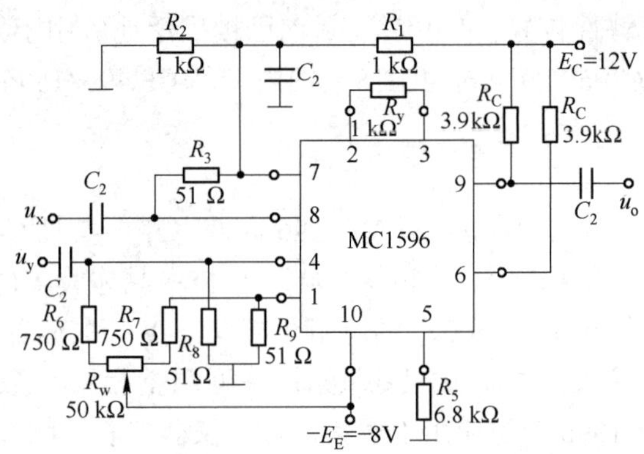

图4.22　MC1596的基本应用电路

在该电路的应用中,如果首先调节平衡电阻 R_w,使静态情况下(即无输入 $u_y=0$)4、1引脚电位相同,流过 R_y 的静态电流 $I_{yo}=0$。那么,当同时输入 u_x 和 u_y(动态),且 u_x 的幅度 $U_{xm}<52\ \text{mV}$ 时,由式(4-42)和式(4-45)可得

$$u_o=\frac{R_C}{R_y U_T}u_y(t)u_x(t) \tag{4-51}$$

可见,电路实现了相乘运算。在通信系统中常用来实现DSB调幅(第5章将介绍DSB调幅的内容)。

另外,如果调节平衡电阻 R_w,使静态时4、1引脚的电位不相等,流过 R_y 的静态电流 $I_{yo}\neq 0$,则当有 u_x 和 u_y 输入(动态)时,利用上述分析有

$$i_y=I_{yo}+\frac{u_y}{R_y}$$

$$u_o=2R_C\left(I_{yo}+\frac{u_y}{R_y}\right)\tanh\frac{u_x}{2U_T}\approx\frac{R_C I_{yo}}{U_T}\left(1+\frac{u_y}{R_y I_{yo}}\right)u_x \tag{4-52}$$

可见,输出信号中也含有相乘项因子,同样可以实现信号频谱的线性搬移。在通信系统中常用来实现AM调幅(第5章将介绍AM调幅的内容)。

4.4.2　BG314(MC1495/MC1595)及其应用

国产模拟集成乘法器BG314、CF—1595、FZ4等是一种通用性很强的模拟乘法器。它们的内部电路及工作原理与国外产品MCl495/1595、LMl495/1595基本相同,可互相代换。

1. BG314内部电路结构

图4.23所示为BG314内部电路及其外围电路。由图可知:

(1) 内部电路如图4.23(a)虚线框内的电路所示,它由线性化双平衡Gilbert乘法器单元电路组成;

(2) 两输入差分对管 $VT_{5\sim8}$ 和 $VT_{14\sim17}$ 均采用达林顿管,以提高放大管增益及输入阻抗;

(3) 负反馈电阻 R_y、R_x、负载电阻 R_C,以及恒流源 I_{ox}、I_{oy} 的偏置电阻 R_3、R_w、R_{13} 和 R_1 均采用外接元件。

2. 外围元件的设计及计算

集成乘法器在实际应用时,必须外加合适的电源电压及必要的外围元件。这里以BG314为例,介绍外围元件设计和计算的方法,以及电源电压选取原则。

如果设计一个如图4.23(b)所示的乘法电路,并要求

两个输入信号的动态范围为:$-10\ \text{V}\leqslant u_x\leqslant +10\ \text{V}$,$-10\ \text{V}\leqslant u_y\leqslant +10\ \text{V}$;

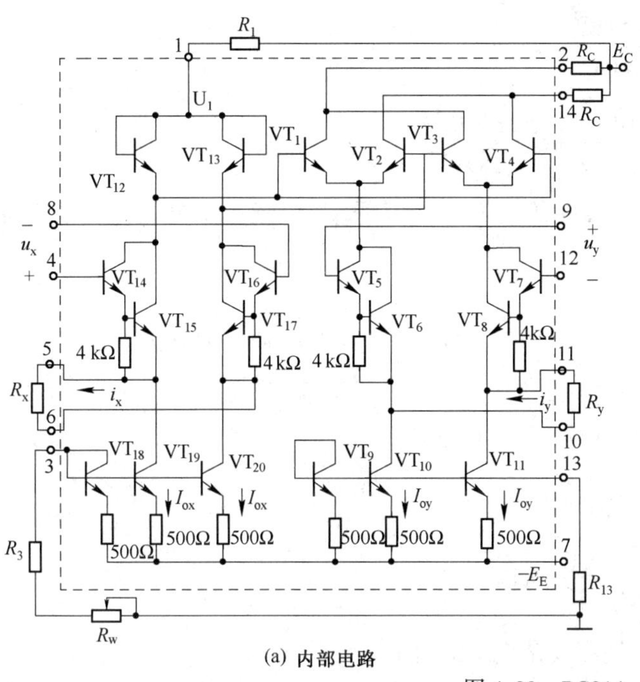

(a) 内部电路

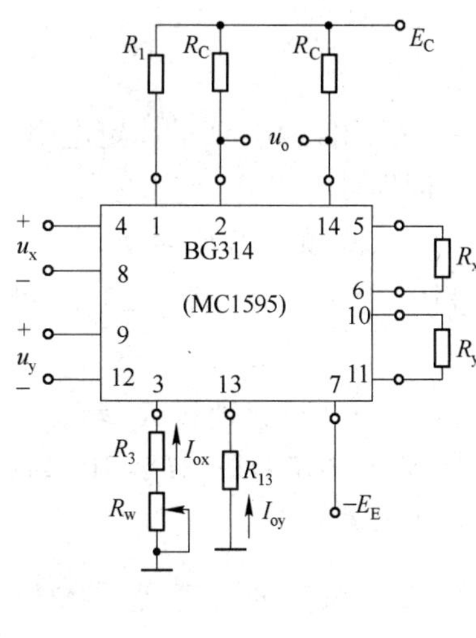

(b) 外围电路

图 4.23　BG314

输出电压范围为：$-10\ \text{V}\leqslant u_o\leqslant+10\ \text{V}$。

从要求达到的输入信号和相应输出信号范围可知，乘法器的增益系数 $K=1/10=0.1(\text{V}^{-1})$。

（1）负电源$-E_E$的选取

负电源应能确保输入信号 u_x、u_y 为最大负值时，电路仍能正常工作。以 u_y 输入端为例进行计算。当$|U_{ym}|=10\ \text{V}$ 时，由图 4.24(a)所示的等效电路可以看出

$$|-E_E|=|U_{ym}|+u_{BE5}+u_{BE6}+u_{CE10}+u_{RE10} \tag{4-53}$$

若 VT_5、VT_6、VT_{10}正常工作，且设 $u_{BE5}=u_{BE6}=0.7\ \text{V}$，为保持 VT_{10}工作于线性区，取恒流源 VT_{10}的 c、e 极之间的压降 u_{CE10}和发射极电阻上的压降 u_{RE10}之和：$u_{CE10}+u_{RE10}\geqslant2\ \text{V}$。由式(4-53)可得

$$|-E_E|\geqslant10+2\times0.7+2=13.4\ (\text{V})$$

故可取$-E_E=-15\ \text{V}$。

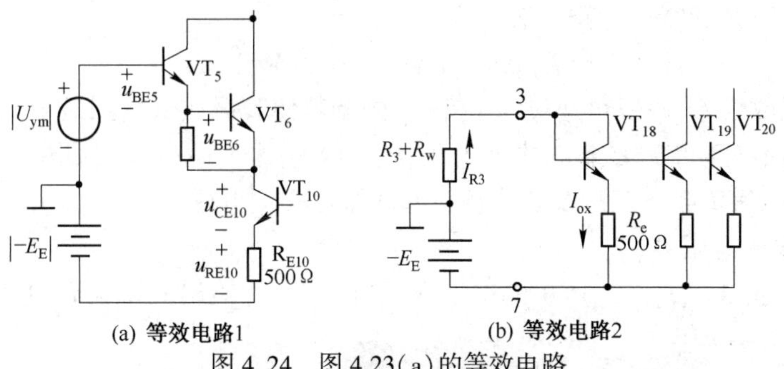

(a) 等效电路1　　(b) 等效电路2

图 4.24　图 4.23(a)的等效电路

（2）偏置电阻 R_3、R_{13}的计算

恒流源偏置电阻 R_3、R_{13}应能保证提供给电路合适的恒流电流 I_{ox}和 I_{oy}，使晶体三极管工作在特性曲线良好的指数律部分，恒流源电流值一般取为 0.5～2 mA。若取 $I_{ox}=I_{oy}=1\ \text{mA}$，以第 3 引脚为例，设 VT_{18}、VT_9 的发射结电压 $u_{BE18}=u_{BE9}=0.7\ \text{V}$，由图 4.24(b)所示的等效电路可得

$$I_{R3}=I_{ox}=\frac{|-E_E|-u_{BE18}}{R_3+R_W+R_e}=1\ (mA)$$

$$R_3+R_w=\frac{|-E_E|-u_{BE18}}{I_{R3}}-R_e=\frac{15-0.7}{1\times10^{-3}}-500=13.8(k\Omega)$$

一般采用将 10 kΩ 的固定电阻 R_3 和 6.8 kΩ 的电位器 R_w 串联，以便通过调节 I_{ox} 来控制增益系数 K。同理可求出 $R_{13}=13.8$ kΩ。

(3) 负反馈电阻 R_x 和 R_y 的计算

利用式(4-46) 和图 4.23(a)可知，流过 R_x 的电流 i_x 的最大幅度 I_{xm} 应近似满足

$$I_{xm}=U_{xm}/R_x\leqslant I_{ox}$$

式中，$|U_{xm}|=10$ V。所以 $R_x\geqslant U_{xm}/I_{ox}=10/(1\times10^{-3})=10(k\Omega)$。

同理可得：$R_y\geqslant U_{ym}/I_{oy}=10\ (k\Omega)$。

(4) 负载电阻 R_C

由式(4-50) 可知，增益系数 $K=\frac{2R_C}{I_{ox}R_xR_y}=\frac{1}{10}$，所以

$$R_C=\frac{1}{2}KI_{ox}R_xR_y=\frac{1}{2}\times\frac{1}{10}\times10^{-3}\times(10\times10^3)^2=5(k\Omega)$$

(5) 电阻 R_1

如果取第 1 引脚的端电压为 $U_1=9$ V，由图 4.23(a)可知

$$R_1=\frac{E_C-U_1}{2I_{ox}}=\frac{15-9}{2\times10^{-3}}=3(k\Omega)$$

3. 误差电压及其调整

在上述模拟乘法器工作原理的分析过程中，把乘法器看作是一个理想器件，推出如式(4-50)所示的线性输出特性方程。实际乘法器电路由于工艺技术的原因，元器件特性不对称，不可能实现绝对理想的相乘，会产生乘积误差。模拟乘法器通常会产生静态误差和动态误差。

(1) 静态误差

若设乘法器在两个输入端口的直流电压分别为 X 和 Y，考虑到各种因数引入的输出误差后，通常乘法器的输出电压 Z 的特性方程可表示为

$$Z=(K\pm\Delta K)[(X\pm X_{IO})(Y\pm Y_{IO})]\pm Z_{os} \tag{4-54}$$

式中，ΔK 为增益系数误差，一般可通过对 I_{ox} 和 I_{oy} 的调整使其误差值达到最小；X_{IO} 为乘法器 X 通道输入端差分对管的不对称引起的输入失调电压；Y_{IO} 为乘法器 Y 通道输入端差分对管的不对称引起的输入失调电压；Z_{os} 为负载不匹配及非线性引起的输出失调电压。

① 输出失调误差电压 Z_{oo}

当 $X=Y=0$ 时，由 X_{IO}、Y_{IO}、Z_{os} 产生的输出误差电压，称为输出失调误差电压 Z_{oo}。由式(4-54)可得

$$Z_{oo}=\pm KX_{IO}Y_{IO}\pm Z_{os} \tag{4-55}$$

式中，忽略了二阶小量项 ΔKX_{IO}，ΔKY_{IO}。输出失调误差电压 Z_{oo}，一般可通过调节 X 通道、Y 通道输入端和乘法器电路输出端的外设补偿网络进行调零，以补偿输出失调电压。图 4.25 给出两种输出失调的调零电路。

图 4.25(a)通过调节电位器 R_{wz}，来调整乘法器输出端集电极负载电阻，实现输出失调电压的

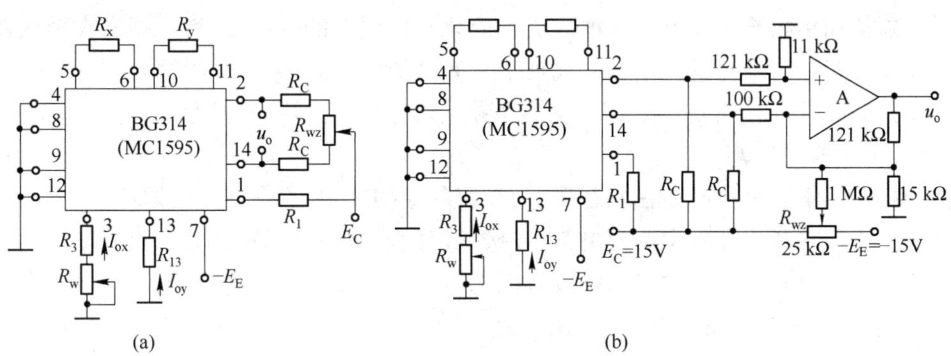

图 4.25　模拟乘法器输出失调调零电路

调零。图 4.25(b)利用电位器 R_{wz} 调节单位增益双端输出变单端输出电路 A 的反相输入端电位,来实现对输出失调误差电压的调零。

② 线性馈通误差电压 Z_{ox} 或 Z_{oy}

实际乘法器当一个输入端接地,另一个输入端加入信号电压时,其输出电压往往不为零。这时的输出电压称为线性馈通误差电压。即

$$Z_{ox}\Big|_{Y=0}^{X\neq 0}=\pm KY_{IO}X,Z_{oy}\Big|_{Y\neq 0}^{X=0}=\pm KX_{IO}Y \tag{4-56}$$

上式忽略了 ΔK、X_{IO} 和 Z_{ox} 等二阶小量项。显然,线性馈通误差电压是由于输入端存在输入失调电压而引起的,可通过输入端的外接补偿网络来进行调零。线性馈通误差电压的调零电路如图 4.26 所示。

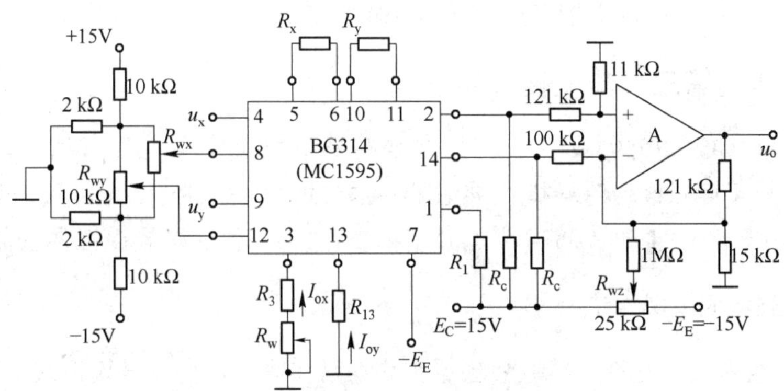

图 4.26　线性馈通误差电压调零电路

当输入电压 $u_x=0$ 时,乘法器在输入电压 u_y 的作用下,输出电压 $Z_{oy}=u_o\mid_{u_x=0}=\pm Ku_yX_{IO}$。调节输入失调电位器 R_{wx} 引入一个补偿电压(即第 8 引脚对地的直流电压),使输出电压为零(最小值)。同理,当 $u_y=0$,输入 u_x 时,可调节输入失调电位器 R_{wy} 引入一补偿电压(第 12 引脚对地电压),使输出电压为零(最小值),实现对 Z_{ox} 调零。

③ 增益误差电压 Z_{ok}

相乘增益误差引起的输出误差电压称为增益误差电压 Z_{ok},即

$$Z_{ok}=\pm\Delta KXY$$

一般可以通过调节恒流源 I_{ox} 的偏置电阻 R_w(如图 4.26 所示)来调整增益系数 K,使增益误差 ΔK 达到最小值,以减小增益误差电压,使增益误差电压 $Z_{ok}=\pm\Delta KXY$ 调零。

(2) *动态误差*

动态误差是乘法器交流特性参数之一。它主要包括交流馈通误差、小信号动态误差、大信号动

态误差，以及幅频和相频响应误差等几项。为了简化动态误差的分析，工程上规定在乘法器的一个输入端加上固定的直流电压，另一个输入端加上正弦交流电压，使乘法器对输入的交流信号电压起线性放大作用，因而可按线性放大器的一般处理方法来分析乘法器的各种交流误差电压。

(3) 乘法器的调整步骤

如前所述，模拟集成乘法器存在静态误差，在实际应用中，为了保证乘法器能正常工作，并尽可能地提高精度，必须在芯片外增设调零电路，并按一定的步骤进行调整。

对乘法器进行调整时，需在输出端并接直流电压表及示波器，以监视输出端电压及观察输出波形。利用低频信号发生器及高精度直流电压(±5 V)源作调试信号源。这里以图4.26所示电路为例介绍调整步骤。

① 线性馈通误差电压的调零。电位器 R_{wx}、R_{wy}、R_{wz}先置于中间位置，X输入端(第4引脚)接地，从Y输入端(第9引脚)输入频率为15 kHz、幅度为$1V_{pp}$的正弦信号。调节R_{wx}，第8引脚会产生附加补偿电压U_{XIS}，使输出$u_o=0$。然后，第9引脚接地，第4引脚输入同样的正弦信号，调节R_{wy}，第12引脚会产生附加补偿电压U_{YIS}，使输出$u_o=0$。

② 输出失调误差电压调零。第4、9引脚均短接到地，调节R_{wz}，使输出$u_o=0$。重复上述①、②两个步骤，直到上述两种情况下，输出u_o均为零，或为最小值。

③ 增益系数K的调整。第4、9引脚均加入5 V直流电压，调R_w，改变I_{ox}，使$u_o=+2.5$ V；第4、9引脚改接-5 V直流电压，若此时$u_o=+2.5$ V，则调整结束。如$u_o\neq+2.5$ V，则应重复步骤①~③，直到精度最高为止。

通过上述调整后的BG314集成模拟乘法器(如图4.26所示)，若在第4、9引脚分别输入信号u_x和u_y，则输出$u_o=Ku_xu_y$，即可实现通用型线性相乘的运算。

4.4.3 第二代、第三代集成模拟乘法器

上述BG314、MC1495/MC1595等属于第一代变跨导集成模拟乘法器；MC1594、AD530、AD532、AD533、BB4205等属于第二代变跨导模拟乘法器；AD534、AD632、BB4214等属于第三代变跨导模拟乘法器。这里将以MC1594和AD534为例介绍第二代、第三代变跨导模拟乘法器的组成及特点。

1. MC1594L型集成模拟乘法器

MC1594L及其他第二代变跨导模拟乘法器芯片均是在第一代变跨导模拟乘法器的基础上发展而来的，其典型的内部电路如图4.27所示。由图可知，它除包含有构成第一代变跨导模拟乘法器的核心部分——线性化双平衡模拟乘法单元外，还增设了电压调整器和差模输出电流-单端输出电流的转换器，并集成在同一基片上，构成了第二代四象限模拟相乘器。

(1) 电压调整器的作用

附加电压调整器的作用有两个，一是为整个MC1594L提供合适的偏置电流，建立工作点。当第1、3引脚之间外接一个约18 kΩ的电阻时，可使MC1594L中基本相乘器单元的电流为0.5mA，电路的温度稳定性最好。第二个作用是在第2、4引脚上提供对称的正、负参考电压$\pm U_R$(±4.3 V)，用来调整电路的失调误差电压。实际电路中只要在第2与第4引脚之间并接两个20 kΩ电位器和一个50 kΩ电阻，即可实现对失调误差电压的调零。

(2) 基本相乘单元电路

MC1594L中基本相乘单元电路的相乘结果是：$i_A-i_B=Ku_xu_y$，其中相乘增益K与I_{ox}(VT_{45}管给出的射极电流)、R_y(第8、7引脚之间的外接电阻)、R_x(第12、11引脚之间的外接电阻)有关。

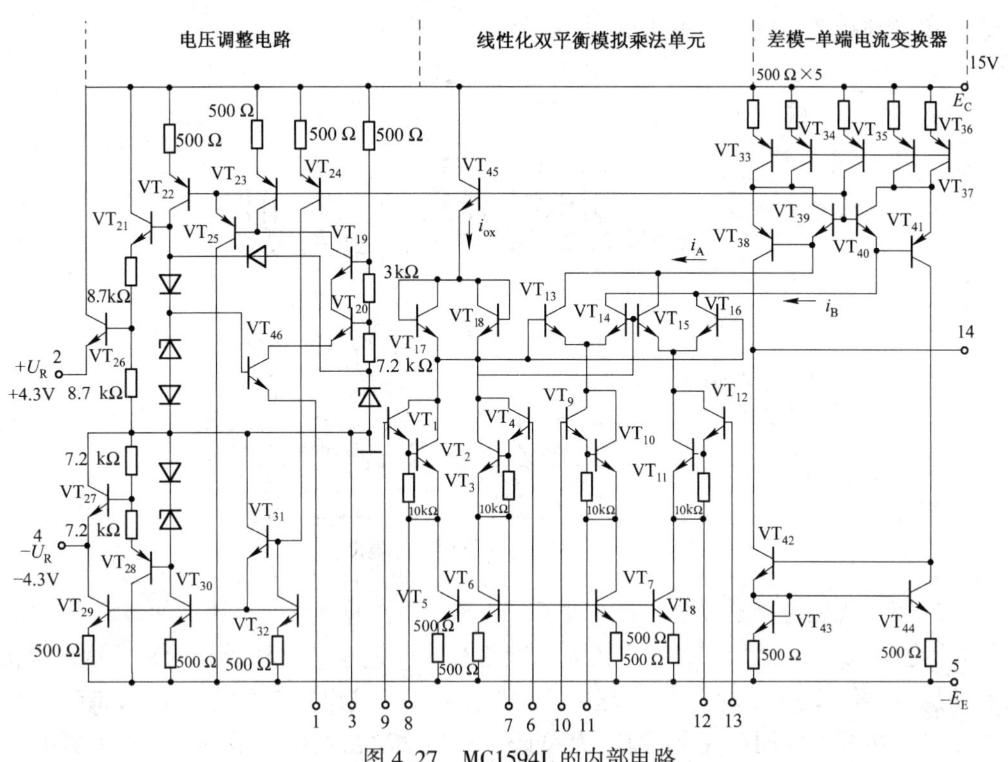

图 4.27　MC1594L 的内部电路

（3）输出电路

MCl594L 的输出电路是具有高输出阻抗的单端化电流放大器。其中互补管 VT_{38} ~ VT_{41} 构成电流控制差分放大器，VT_{42} ~ VT_{44} 构成镜像电流源，相当于有源负载，使输出放大器的输出电阻高达 850 kΩ。如果在第 14 引脚与地之间接入负载电阻 R_L，则可将单端输出电流转换成输出电压 u_o。

（4）MCl594L 的外接电路

MCl594L 用作典型的相乘器时，其外接电路如图 4.28 所示。其中 R_{W1} ~ R_{W4} 可用来实现失调误差电压的调零，运放 A 与 R_{W4}、R 组成电流-电压变换电路，相当于在第 14 引脚与地之间接入负载电阻 $R_L = R_{W4} + R$。

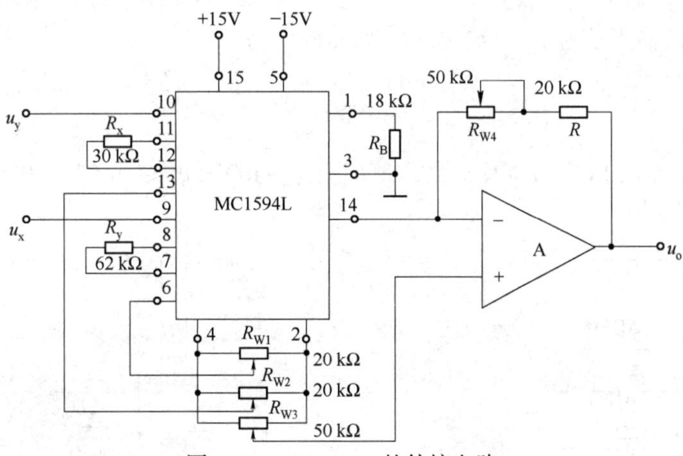

图 4.28　MC1594L 的外接电路

2. AD534 型集成模拟乘法器

AD534 及其他第三代变跨导模拟乘法器芯片是在第二代变跨导模拟乘法器的基础上发展而

成的，其典型内部简化原理电路如图 4.29 所示。

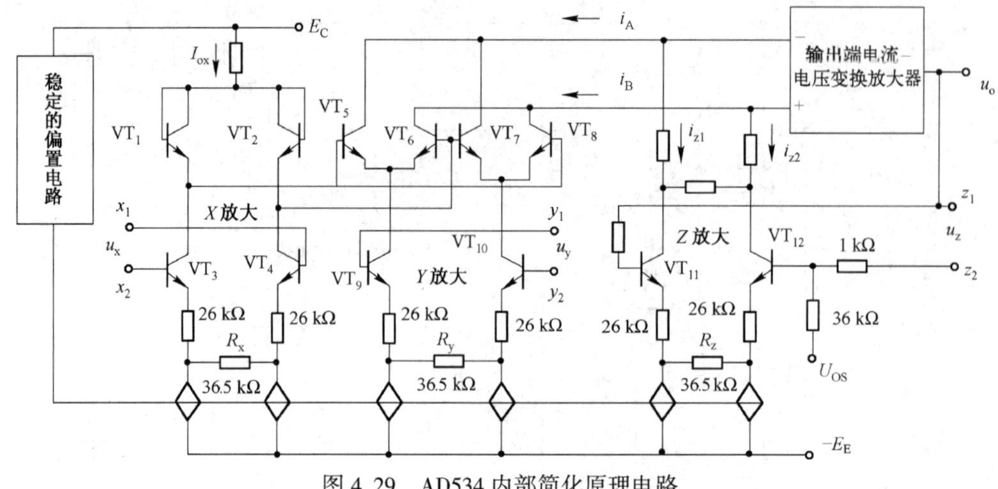

图 4.29　AD534 内部简化原理电路

由图可知，第三代变跨导模拟乘法器增设了一个与 X 通道输入级电路相似的多输入端的电压-电流变换放大电路（Z 放大器），其输出电流 i_z 与线性化双平衡模拟乘法单元的差分输出电流 $i_d=i_A-i_B$ 反相叠加后，再由输出端的电流-电压变换放大器放大后输出。因此，可以大大抵消乘法器产生的非线性，使其主要性能明显提高。第三代变跨导模拟乘法器的特点是通过 Z 放大器引入了有源负反馈网络。因此，也称为有源负反馈模拟乘法器。负反馈 Z 放大器除可用作输出放大器的调零电压电路外，还可作为扩展乘法器功能的电路。

第三代变跨导模拟乘法器不仅具有第二代变跨导模拟乘法器的所有特点，而且具有更高的精度、更小的温漂，以及性能扩展更简便等特点。图 4.30 给出了用 AD534 做四象限相乘运算的外接电路图。显然，外接电路十分简单。当两个互不相关的模拟信号 u_x 和 u_y 加到两个输入端口时，其输出端口的电压 u_o 正比于两个输入端口电压的乘积。

图 4.31 所示为 AD534 构成的二象限除法运算电路。由于第三代变跨导模拟乘法器芯片内设置了输出放大器、Z 放大器，因而扩展了乘法器电路功能，在构成除法及开方运算电路时，使用非常方便。如图所示，乘法器输出端与 y 输入端口的 y_1 端相连（y_2 端接地），x 输入端口输入信号 $u_R=(u_{x1}-u_{x2})$，z 输入端口输入信号 $u_i=(u_{z1}-u_{z2})$，则其输出为

$$u_o=K_d\frac{u_i}{u_R}$$

式中，相除增益 $K_d=1/K=10\,V^{-1}$。u_R 及 u_i 的取值范围为：$-10\,V\leqslant u_R\leqslant -0.2\,V$；$-10\,V\leqslant u_i\leqslant +10\,V$。

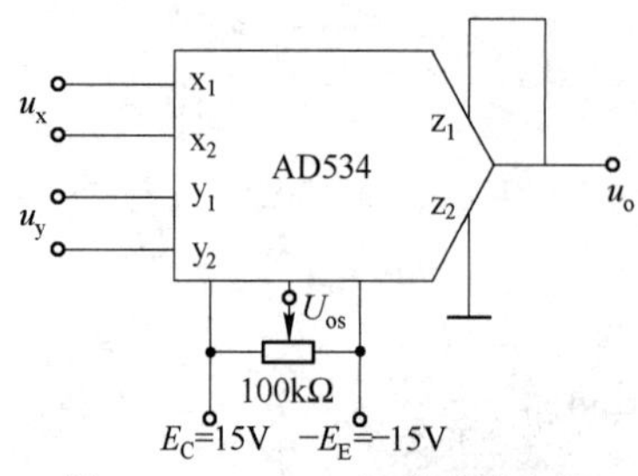

图 4.30　AD534 相乘运算电路

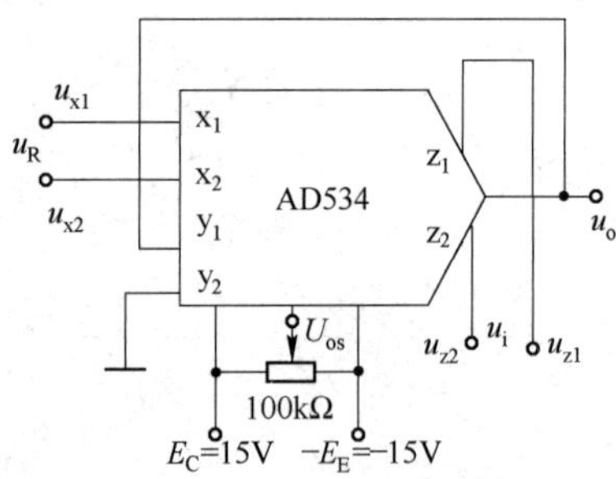

图 4.31　AD534 二象限除法运算电路

本章小结

本章所讨论的内容是学习高频非线性电路的重要基础。

(1) 一般非线性元器件是一种广义的概念,既可以是非线性电阻、非线性电抗(电容或电感),也可以是二极管、晶体管,或是以上无源、有源单元组成的完成特定功能的电子电路。

(2) 在高频电路中,当应用非线性元器件的非线性电阻特性时,一般用伏安特性曲线或方程来描述,其电阻参数是工作电压(电流)的函数;当应用非线性电容特性时,一般用伏库(电容)特性曲线或方程来描述,其电容参数也是工作电压(电流)的函数。

(3) 非线性元器件(电路)具有频率变换的作用,可在输出端产生除输入信号频率以外的其他频率分量。

(4) 工程上为简化分析,可根据不同的工作条件(状态)对非线性元器件采用不同的函数、参数进行近似分析。当器件正向偏置,且激励信号较小时,一般采用指数函数分析法;当器件反向偏置,且激励信号较大,涉及器件的导通、截止转换时,一般可采用开关函数进行分析;而当器件正偏,又有两个信号作用,并且其中一个信号的振幅远大于另一个信号的振幅时,可采用线性时变法进行分析。以上三种常用工作情况的分析结果表明,同一非线性元器件或电路在不同工作状态时,输出信号的频率分量也不同。

(5) 相乘器是实现频率变换的重要电路。四象限模拟相乘器在合适的工作状态下对两个信号可以实现较理想的相乘,可完成频谱线性搬移的功能,即输出端只存在两输入信号的和频和差频分量。

(6) Gilbert 乘法器单元电路是单片四象限模拟集成相乘器的核心电路。四象限模拟相乘器在频率变换电路和各类通信与信号处理电路中应用十分广泛。

习题 4

4.1 非线性器件的伏安特性为 $i=a_1u+a_2u^2$,其中的信号电压为

$$u=U_{\mathrm{cm}}\cos\omega_{\mathrm{c}}t+U_{\Omega\mathrm{m}}\cos\Omega t+\frac{1}{2}U_{\Omega\mathrm{m}}\cos2\Omega t$$

式中,$\omega_{\mathrm{c}}\gg\Omega$。求电流 i 中的组合频率分量。

4.2 非线性器件的伏安特性为

$$i=\begin{cases}g_{\mathrm{d}}u & u>0\\0 & u<0\end{cases}$$

式中,$u=U_{\mathrm{Q}}+U_{1\mathrm{m}}\cos\omega_1t+U_{2\mathrm{m}}\cos\omega_2t$。设 $U_{2\mathrm{m}}$ 很小,满足线性时变条件,且 $U_{\mathrm{Q}}=\frac{1}{2}U_{1\mathrm{m}}$,求时变电导 $g(t)$ 的表达式,并讨论电流 i 中的组合频率分量。

4.3 两个信号的数学表达式分别为:$u_1=\cos2\pi Ft$ V,$u_2=\cos20\pi Ft$ V。写出两者相乘后的数学表达式,并画出其波形图和频谱图。

4.4 一非线性器件的伏安特性为:$i=a_0+a_1u+a_2u^2+a_3u^3$

式中,$u=U_{\mathrm{Q}}+U_{1\mathrm{m}}\cos\omega_1t+U_{2\mathrm{m}}\cos\omega_2t+U_{3\mathrm{m}}\cos\omega_3t$。

试写出电流 i 中组合频率分量的频率通式,说明它们是由 i 中的哪些乘积项产生的,并求出其中的 ω_1、$2\omega_1+\omega_2$、$\omega_1+\omega_2-\omega_3$ 频率分量的振幅。

4.5 若二极管 VD 的伏安特性曲线可用图题 4.5(b)中的折线来近似,输入电压为 $u=U_{\mathrm{m}}\cos\omega_{\mathrm{o}}t$。试求图题 4.5(a)中电流 i 各频谱分量的大小(设 g、R_{L}、U_{m} 均已知)。

4.6 同 4.5 题,试计算图题 4.6 电路中电流 i 各频谱分量的大小。设变压器 B 的变压比为 1∶2,VD_1 与 VD_2 特性相同[如图题 4.5(b)所示]。

4.7 同 4.5 题,若 $u=U_{\mathrm{o}}(1+m\sin\Omega t)\sin\omega_{\mathrm{o}}t$ V。试计算电流 i 中各频谱成分的大小,并画出振幅频谱图。

4.8　图题 4.8 的电路中，设二极管 VD_1 与 VD_2 特性相同，都为 $i=ku^2$。式中，k 为常数，u 为加在二极管与 R_L 串联回路端口上的电压。试求输出电压 u_o 的表示式（u_1 和 u_2 均已知）。

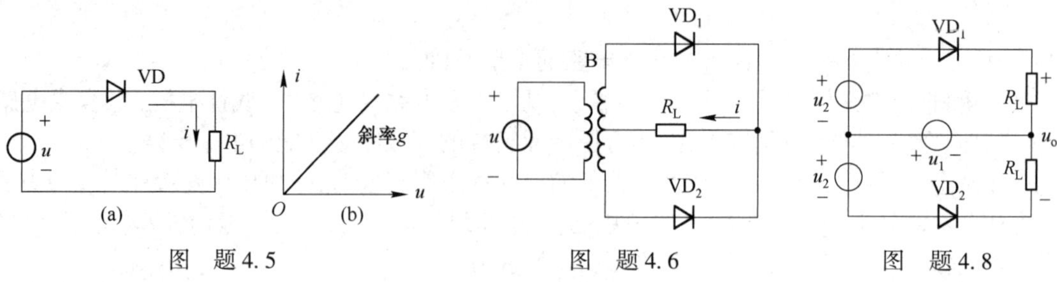

图　题 4.5　　　图　题 4.6　　　图　题 4.8

4.9　试推导出图 4.15 所示二象限变跨导乘法器单端输出时的输出电压表示式（从 VT_2 集电极输出）。

4.10　试推导出图 4.17 所示 Gilbert 乘法器单元电路单端输出时的输出电压表示式。

4.11　图 4.20 所示线性化 Gilbert 乘法器电路，若 $R_x=R_y=5\,k\Omega$，$R_c=1.25\,k\Omega$，$I_{ox}=I_{oy}=1\,mA$，两个输入信号 $u_x=2\,V$，$u_y=3\,V$。试求输出电压 u_o 和相乘系数 K。

4.12　图 4.23 所示 BG314 内部电路及其外围电路，已选定 $E_C=12\,V$，$-E_E=-12\,V$，要求 u_x、u_y 的动态范围均为 ±6 V，相乘系数 $K=0.1(V^{-1})$。求 BG314 的外围元件 R_1、R_3、R_{13}、R_c、R_x 及 R_y 的值。

4.13　填空题

（1）频率变换电路可分为 ________变换电路和 ________变换电路。

（2）在高频电路中常用的非线性元器件有________、________、变容二极管等。

（3）非线性器件的基本特性是：伏安特性曲线不是________；会产生新的________；不满足________定理。

（4）高频电路中常用的非线性电路分析方法有：________、________、________、________等。

（5）当非线性器件正向偏置，又有两个幅值相差较大的信号作用时，可采用________分析法进行分析；当非线性器件正向偏置，且激励信号较小时，可采用________分析法进行分析。当非线性器件反向偏置，且激励信号较大时，可采用________分析法进行分析。

（6）大信号 $u_c(t)=U_{cm}\cos\omega_c t$、小信号 $u_\Omega(t)=U_{\Omega m}\cos\Omega t$ 同时作用于非线性元件时，根据幂级数分析法分析可知流过非线性元件的电流所含有的频率成分有________、________及其组合频率分量________（用 ω_c、Ω 表示）。

（7）非线性器件的伏安特性为 $i=a_1u+a_2u^2$，其中信号电压为

$$u=U_{cm}\cos\omega_c t+U_{\Omega m}\cos\Omega t+\frac{1}{2}U_{\Omega m}\cos 2\Omega t$$

式中，$\omega_c \gg \Omega$，则电流 i 中的组合频率分量为________、________。（用 ω_c、Ω 表示）

（8）相乘器是实现两个信号的________，在频域中完成________功能的器件，在高频电子电路中具有十分广泛的用途。

（9）Gilbert 相乘器单元电路是一个________象限模拟乘法器，其缺点是________。具有设计负反馈电阻的 Gilbert 相乘器是一个________象限模拟乘法器，它相比于 Gilbert 相乘器单元电路改进之处在于________。线性化 Gilbert 相乘器是一个________象限模拟乘法器，它相比于具有设计负反馈电阻的 Gilbert 相乘器改进之处在于________。二象限变跨导模拟相乘器的电路结构实际上是一个________电路；它只能实现________象限相乘。

（10）模拟乘法器芯片 MC1596 的内部电路是一个________电路；BG314 的内部电路是一个________电路。

本章习题解答请扫二维码 4。

二维码 4

第 5 章　振幅调制、解调及混频

本章将在第 4 章的基础上深入讨论振幅调制(AM)、解调及混频(变频)的基本概念,以及实现频谱线性搬移电路的基本特性及分析方法,并给出一些在通信设备中实际应用的相关电路。本章的教学需要 10~12 学时。

5.1 概　　述

如前所述,信号通过一定的传输介质在发射机和接收机之间进行传送时,信号的原始形式一般不适合传输。因此,必须转换它们的形式。将低频信号加载到高频载波的过程,或者说把信息加载到信息载体上以便传输的处理过程,称为调制。所谓“加载”,其实质是使高频载波信号(信息载体)的某个特性参数随信息信号的大小呈线性变化的过程。通常称代表信息的信号为调制信号,称信息载体信号为载波信号,称调制后的频带信号为已调波信号。

调制的种类很多,分类方法各不相同,按调制信号的形式,可分为模拟调制和数字调制;按载波信号的形式,可分为正弦波调制、脉冲调制和对光波强度调制等,通常的分类见表 5.1。

表 5.1　调制方式分类

模拟调制	正弦波调制	振幅调制(AM)
		频率调制(FM)
		相位调制(PM)
	脉冲调制	脉幅调制(PAM)
		脉宽调制(PDM)
		脉位调制(PPM)
数字调制	基带调制	脉冲编码调制(PCM)
		增量调制(DM)
		增量脉冲编码调制(DPCM)
	频带调制	幅度键控(ASK)
		移频键控(FSK)
		移相键控(PSK)

不同的调制方式,有不同的性能特点,本课程讨论的内容仅限于模拟信号对正弦波的调制,其他调制方式将由后续课程介绍。

众所周知,正弦波一般可表示为

$$u(t)=U_{\mathrm{m}}\cos\varphi(t)=U_{\mathrm{m}}\cos(\omega t+\varphi_{\mathrm{o}}) \tag{5-1}$$

式中,U_{m} 是正弦波的幅度,$\varphi(t)$ 是瞬时相位角,ω 是瞬时角频率,φ_{o} 是初相位。任何一个正弦波都有三个参数:幅度、角频率和相位角。所谓调制,就是使这三个参数中的某一个,或幅度、或(角)频率、或相位随调制信号的大小而线性变化的过程。它们分别称为振幅调制、频率调制或相位调制,简称为调幅、调频和调相。

解调是与调制相反的过程,即从接收到的已调波信号中恢复原调制信息的过程。与振幅调制、频率调制和相位调制相对应,有振幅解调、频率解调和相位解调,并分别简称为检波、鉴频和鉴相。

由前一章的讨论已知,非线性电子器件及其组成的电路具有频率变换功能。通常,频率变换电路又分为频谱线性搬移电路和频谱非线性变换电路。频谱线性搬移电路的特点是将输入信号的频谱在频率轴上进行不失真的搬移,属于这类电路的有振幅调制电路(简称调幅)、振幅解调电路及混频电路等。它们是通信、广播、电视等系统及各种电子设备中不可缺少的重要部件,其性能的好坏直接影响各电子系统的质量。本章将在第 4 章的基础上深入讨论振幅调制(AM)、振幅解调及混频(变频)的基本概念,以及实现频谱线性搬移电路的基本特性及分析方法,并给出一些在通信设备中实际应用的相关电路。

5.2 振幅调制原理及特性

振幅调制常用于长波、中波、短波和超短波的无线电广播、通信、电视、雷达等系统。这种调制方式是用传递的低频信号(如代表语言、音乐、图像的电信号)去控制作为传送载体的高频振荡波(称为载波)的幅度,使已调波的幅度随调制信号的大小线性变化,而保持载波的角频率不变。在振幅调制中,根据所输出已调波信号频谱分量的不同,分为普通调幅(标准调幅,用 AM 表示)、抑制载波的双边带调幅(用 DSB 表示)、抑制载波的单边带调幅(用 SSB 表示)等。它们的主要区别是产生的方法和频谱的结构不同。

5.2.1 标准振幅调制信号分析

标准振幅调制(Amplitude Modulation,AM)是一种相对便宜的、质量不高的调制形式,主要用于声频和视频的商业广播。调幅也能用于双向移动无线通信,如民用波段(CB)广播。

AM 调制器是非线性设备,有两个输入端口和一个输出端口,如图 5.1 所示。一端输入振幅为常数的单频载波信号,另一端输入低频信息信号。信息可以是单频信号也可以是由许多频率成分组成的复合波形。在调制器中,信息作用(或调制)在载波上,就产生了振幅随调制信号(信息)瞬时值而变化的已调波。通常已调波(或调幅波)是能有效地通过天线发射,并在自由空间中传播的射频波(简称为 RF 波)。

图 5.1 AM 调制器

1. AM 调幅波的数学表达式

首先讨论单频信号的调制情况。如果设单频调制信号 $u_\Omega=U_{\Omega m}\cos\Omega t$,载波 $u_c=U_{cm}\cos\omega_c t$,那么调幅信号(已调波)可表示为

$$u_{AM}=U_{AM}(t)\cos\omega_c t \tag{5-2}$$

式中,$U_{AM}(t)$为已调波的瞬时振幅值(也称为调幅波的包络函数)。由于 AM **调幅信号的瞬时振幅与调制信号成线性关系**,即有

$$\begin{aligned}U_{AM}(t)&=U_{cm}+k_a U_{\Omega m}\cos\Omega t\\&=U_{cm}\left(1+\frac{k_a U_{\Omega m}}{U_{cm}}\cos\Omega t\right)=U_{cm}(1+m_a\cos\Omega t)\end{aligned} \tag{5-3}$$

式中,k_a 为比例常数,一般由调制电路的参数决定;$m_a=k_a U_{\Omega m}/U_{cm}$为调制系数(无单位),**$m_a$ 反映了调幅波振幅的改变量,常用百分数表示**。把式(5-3)代入式(5-2),可得单频信号调幅波的表达式为

$$u_{AM}=U_{cm}(1+m_a\cos\Omega t)\cos\omega_c t \tag{5-4}$$

以上分析是在单一正弦信号作为调制信号的情况下进行的。实际传送的调制信号往往并非是单一频率的信号,而是一个具有连续频谱的限带信号。如果将某一连续频谱的限带信号 $u_\Omega(t)=f(t)$ 作为调制信号,那么调幅波可表示为

$$u_{AM}=[U_{cm}+k_a f(t)]\cos\omega_c t \tag{5-5}$$

将 $f(t)$利用傅里叶级数展开为

$$f(t)=\sum_{n=1}^{\infty}U_{\Omega n}\cos\Omega_n t \tag{5-6}$$

将上式代入式(5-5),则调幅波的表达式为

$$U_{AM}=U_{cm}\left[1+\sum_{n=1}^{\infty}m_n\cos\Omega_n t\right]\cos\omega_c t \tag{5-7}$$

式中，$m_n=k_a U_{\Omega n}/U_{cm}$。

2. 调幅信号的时域波形

图 5.2 示出了 AM 振幅调制中各种信号的波形图。其中图(a)为单频调制信号的波形；图(b)为载波的波形；图(c)为调制系数 $m_a<1$ 时已调波的波形；图(d)为调制系数 $m_a=1$ 时已调波的波形；图(e)为调制系数 $m_a>1$ 时已调波的波形。

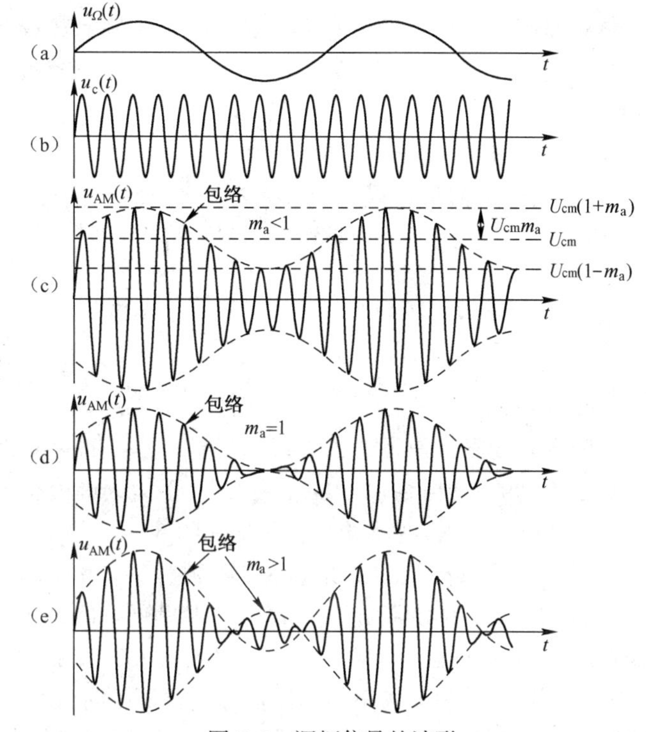

图 5.2　调幅信号的波形

由图可以看出 AM 调幅波的特点为：

(1) **调幅波的振幅(包络)随调制信号变化，而且包络的变化规律与调制信号波形一致，表明调制信号(信息)记载在调幅波的包络中。**

(2) 由式(5-4)可知，调幅波的包络函数为

$$U_{AM}(t)=U_{cm}(1+m_a\cos\Omega t)$$

因此，调幅波包络的波峰值为

$$U_{AM}\big|_{max}=U_{cm}(1+m_a)$$

包络的波谷值为

$$U_{AM}\big|_{min}=U_{cm}(1-m_a)$$

显然，包络的振幅为

$$U_m=\frac{U_{AM}\big|_{max}-U_{AM}\big|_{min}}{2}=U_{cm}m_a \qquad (5\text{-}8)$$

(3) 由式(5-8)可得

$$m_a=\frac{\text{包络振幅}}{\text{载波振幅}}=\frac{U_m}{U_{cm}} \qquad (5\text{-}9)$$

由此可以看出，**调制系数 m_a 反映了调幅的强弱程度，一般 m_a 的值越大调幅度越深**。当 $m_a=0$ 时，表示未调幅，即无调幅作用；当 $m_a=1$ 时，调制系数的百分比达到 100%，$U_m=U_{cm}$，此时包络振幅的最小值 $U_{AM}\big|_{min}=0$，意味着调制信号负峰值丢失；当 $m_a>1$ 时，如图 5.2(e)所示，已调波的包络形状与调制信号不一样，产生了严重的包络失真，这种情况称为过量调幅，实际应用中必须尽力避免。**因此，在振幅调制过程中为了避免产生过量调幅失真，保证已调波的包络真实地反映出调制信号的变化规律，要求调制系数 m_a 必须满足：$0<m_a<1$。**

3. 调幅波的频谱

在调幅波信号的分析中常用频域分析法(即采用频谱图)来表述振幅调制的特征。

(1) 单频调幅信号的频谱

式(5-4)可以利用三角函数公式展开为

$$\begin{aligned}u_{AM}&=U_{cm}(1+m_a\cos\Omega t)\cos\omega_c t\\&=U_{cm}\left[\cos\omega_c t+\frac{1}{2}m_a\cos(\omega_c+\Omega)t+\frac{1}{2}m_a\cos(\omega_c-\Omega)t\right]\end{aligned} \qquad (5\text{-}10)$$

可见，单频调幅波并不是一个简单的正弦波，其中包含有三个频率分量，即载波分量 ω_c、上边频

(USF)分量 $\omega_u=\omega_c+\Omega$ 和下边频(LSF)分量 $\omega_1=\omega_c-\Omega$,上、下边频分量相对于载波是对称的,**每个边频分量的振幅是调幅波包络振幅的一半**,其频谱如图 5.3 所示。显然,**载波分量并不包含调制信息,调制信息只包含在上、下边频分量内,边频的振幅反映了调制信号幅度的大小**。由图 5.3 所示的频谱图可以看出,**单频调幅波的频谱实质上是把低频调制信号的频谱线性搬移到载波的上、下边频,调幅过程实质上就是一个频谱的线性搬移过程**。

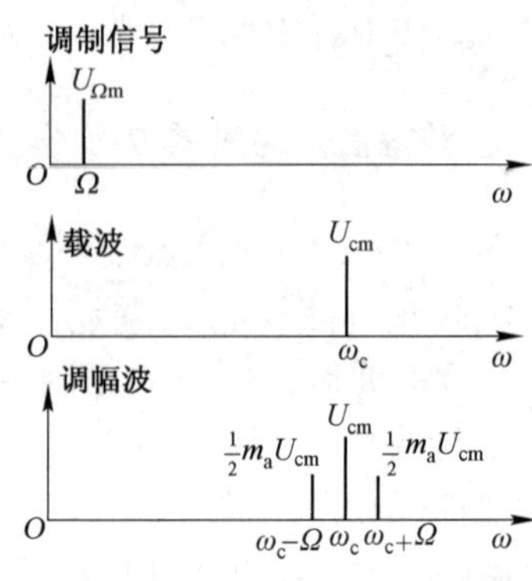

图 5.3 单频调幅信号的频谱

(2) 限带调幅信号的频谱

实际的调制信号比较复杂,是含有多个频率的限带信号。如果将式(5-7)所表示的限带调幅信号展开,可得

$$U_{AM}=U_{cm}\left[1+\sum_{n=1}^{\infty}m_n\cos\Omega_n t\right]\cos\omega_c t$$

$$=U_{cm}\left\{\cos\omega_c t+\sum_{n=1}^{\infty}\left[\frac{1}{2}m_n\cos(\omega_c-\Omega_n)t+\frac{1}{2}m_n\cos(\omega_c+\Omega_n)t\right]\right\} \quad (5\text{-}11)$$

可见,经**调制后限带信号的各个频率都会产生各自的上边频和下边频,叠加后就形成了所谓的上边频带(USB)和下边频带(LSB)。因为上、下边频幅度相等且成对出现,所以上、下边频带的频谱分布相对于载波是镜像对称的**。其频谱如图 5.4 所示。

由图 5.4 可以看出,如果设限带调制信号的频带 $B_\Omega=\Omega_{max}$,那么调幅波的频带 $B_{AM}=2\Omega_{max}$。即调幅后已调波的频带宽度是未调幅前限带信号频带的 2 倍,即频带被扩展。另外必须指出,当对多个频率的调制信号进行调幅时,由于各频率信号的幅度不同,因而调制系数 m_n 也不同。常引用合成调制系数 $\overline{m}=\sqrt{m_1^2+m_2^2+\cdots+m_n^2}$,其中 $m_1,m_2,\cdots,m_n$ 代表各频率信号的调制系数。一般**在调制过程中,必须保证所有频率信号的调制不会引起过量调幅失真**。

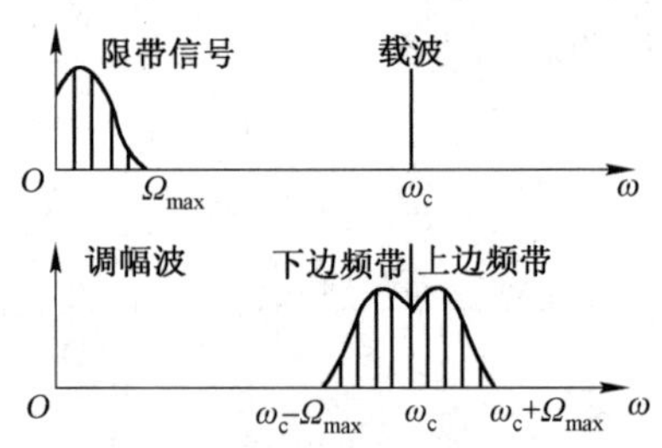

图 5.4 限带调幅信号的频谱

通过上述对调幅波频谱的分析可知,振幅调制过程从频域上看,其实质就是一种频谱结构的线性搬移过程。**经过调制后,调制信号的频谱结构由低频区被线性搬移到高频载波附近,形成上、下边频带,信息被记载在边频带中**。

[例 5-1] 有一普通 AM 调制器,载波频率为 500 kHz,振幅为 20 V。调制信号频率为10 kHz,它使输出调幅波的包络振幅为 7.5 V。求:

(1) 上、下边频;(2) 调制系数;(3) 调制后,载波和上、下边频电压的振幅;(4) 包络振幅的最大和最小值;(5) 已调波的表达式;(6) 画出输出调幅波的频谱;(7) 画出输出调幅波的草图。

解: (1) 上、下边频是所给频率的和与差,即

上边频分量: $f_u=(f_c+F)=500+10=510\ (\text{kHz})$

下边频分量: $f_1=(f_c-F)=500-10=490\ (\text{kHz})$

(2) 由式(5-9)可求得调制系数

$$m_a=\frac{\text{包络振幅}}{\text{载波振幅}}=\frac{U_m}{U_{cm}}=\frac{7.5}{20}=0.375$$

调制百分比$=100\times0.375=37.5\%$

(3) 已调波中载波的振幅 $U_{cm}=20\text{ V}$,而上、下边频分量的振幅是调幅波包络振幅的一半,即

$$U_{um}=U_{lm}=\frac{1}{2}U_m=3.75\ (\text{V})$$

式中,U_{um} 为上边频分量的振幅,U_{lm} 为下边频分量的振幅。

(4) 包络的最大振幅(波峰值)为

$$U_{AMmax}=U_{cm}(1+m_a)=20+7.5=27.5\ (\text{V})$$

包络的最小振幅(波谷值)为

$$U_{AMmin}=U_{cm}(1-m_a)=20-7.5=12.5(\text{V})$$

(5) 由式(5-4)可得出已调波的表达式

$$u_{AM}(t)=20(1+0.375\cos 2\pi\times 10\times 10^3 t)\ \cos 2\pi\times 500\times 10^3 t\ (\text{V})$$

(6) 输出调幅波的频谱如图 5.5(a)所示。

(7) 输出调幅波的时域波形草图如图 5.5(b)所示。

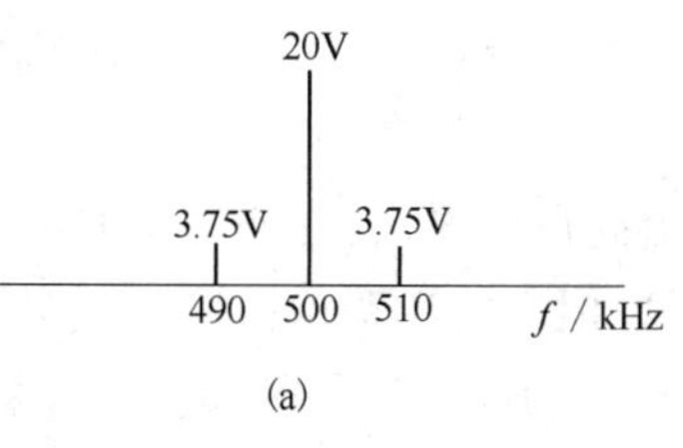

(a)

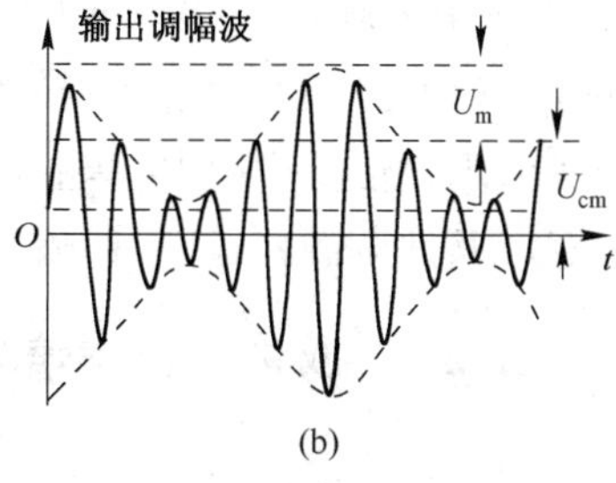

(b)

图 5.5 例 5-1

4. AM 信号产生的原理框图

由式(5-4)可以看出,调幅信号可分别表示为

$$u_{AM}=U_{cm}(1+m_a\cos\Omega t)\cos\omega_c t,\quad \text{或}\ u_{AM}=U_{cm}\cos\omega_c t+U_{cm}m_a\cos\Omega t\cos\omega_c t$$

可见,要完成 AM 调制,可用如图 5.6 所示的原理框图来实现,其核心部分在于实现调制信号与载波相乘。

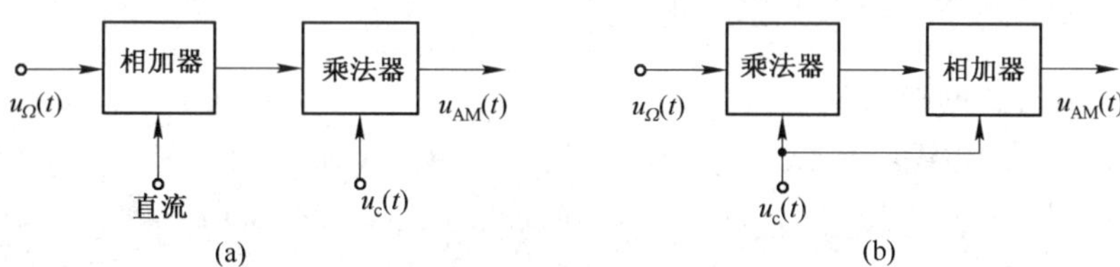

图 5.6 AM 信号产生的原理框图

5. 调制波的功率分配

设式(5-4)代表的调幅信号传输至负载电阻 R_L 上,那么调幅波各频率分量在 R_L 上消耗的功率分别为

(1) R_L 上消耗的载波功率

$$P_c=\frac{1}{2}\frac{U_{cm}^2}{R_L} \tag{5-12}$$

(2)上、下边频分量所消耗的平均功率

$$P_u=P_l=\frac{\left(\frac{1}{2}m_a U_{cm}\right)^2}{2R_L}=\frac{m_a^2}{4}P_c \tag{5-13}$$

(3) 在调制信号的一个周期内,调幅信号的平均总功率

$$P_{AM}=P_c+P_u+P_l=\left(1+\frac{m_a^2}{2}\right)P_c \tag{5-14}$$

由此可得边频功率、载波功率与平均总功率之间的关系比为

$$\frac{\text{双边带功率}}{\text{载波功率}}=\frac{m_a^2}{2},\quad \frac{\text{单边带功率}}{\text{载波功率}}=\frac{m_a^2}{4}$$

$$\frac{双边带功率}{平均总功率}=\frac{m_a^2/2}{1+m_a^2/2}=\frac{m_a^2}{2+m_a^2},\quad \frac{单边带功率}{平均总功率}=\frac{m_a^2}{4+2m_a^2}$$

由此可以看出，在普通调幅波（AM）信号中，有用信息只携带在边频带内，而载波本身并不携带信息，但它的功率却占用了整个调幅波功率的绝大部分，因而 AM 调幅波的功率浪费大，效率低。例如，当 100%调制时（$m_a=1$），双边带功率只有载波功率的 1/2 倍，只占用了调幅波功率的 1/3；而当 $m_a=1/2$ 时，则 $P_c=8P_{AM}/9$，即载波功率将占用整个调幅波平均总功率的8/9，而两个边频功率则只占用了调幅波功率的 1/9。可见 **AM 调幅波的功率利用率很低**。但 AM 调幅波目前仍广泛地应用于无线电通信及广播中，其主要原因是设备简单，特别是 AM 调幅波的解调很简单方便，便于接收，而且与其他调制方式（如调频）相比，占用频带窄。

5.2.2 双边带调幅信号

以上讨论已指出，调幅波所传递的信息包含在两个边频带内，不含信息的载波占用了调幅波功率的绝大部分。如果在传输前将调幅波中的载波分量抑制掉，则不仅可以大大节省发射功率，而且仍然具有传递信息的功能。这就是抑制载波的双边带调幅（ Double SideBand，DSB），也可简称为双边带调幅。

1. 双边带调幅信号的表达式

在 AM 调制过程中，如果将载波分量抑制掉，就可形成抑制载波的双边带信号。**双边带信号可以用载波和调制信号直接相乘得到**，即

$$u_{DSB}=ku_{\Omega}(t)u_{o}(t)\tag{5-15}$$

式中，常数 k 为相乘电路的相乘系数。

如果调制信号为单频率信号 $u_{\Omega}=U_{\Omega m}\cos\Omega t$，载波$u_c=U_{cm}\cos\omega_c t$，则

$$\begin{aligned}u_{DSB}&=kU_{\Omega m}U_{cm}\cos\Omega t\cos\omega_c t=U_{Dm}\cos\Omega t\cos\omega_c t\\&=\frac{1}{2}U_{Dm}[\cos(\omega_c+\Omega)t+\cos(\omega_c-\Omega)t]\end{aligned}\tag{5-16}$$

如果调制信号为限带信号 $u_{\Omega}(t)=\sum\limits_n U_{\Omega n}\cos\Omega_n t$，则

$$\begin{aligned}u_{DSB}&=kU_{cm}\Big[\sum_n U_{\Omega n}\cos\Omega_n t\Big]\cos\omega_c t\\&=\frac{1}{2}kU_{cm}\Big[\sum_n U_{\Omega n}\cos(\omega_c+\Omega_n)t+\sum_n U_{\Omega n}\cos(\omega_c-\Omega_n)t\Big]\end{aligned}\tag{5-17}$$

2. 双边带调幅信号的波形与频谱

图 5.7 示出了双边带调幅制（DSB）中各种信号的波形图。它与 AM 波相比较，有如下特点：

（1）包络不同。**AM 波的包络与调制信号 $u_{\Omega}(t)$ 成线性关系，而 DSB 波的包络则正比于 $|u_{\Omega}(t)|$。当调制信号为零时，DSB 波的幅度也为零。**

（2）DSB 信号的高频载波相位在调制电压零交点处（调制电压正负交替时）要突变 180°。由图可见，在调制信号正半周内，已调波与原载频同相，相位差为 0；在调制信号负半周内，已调波与原载频反

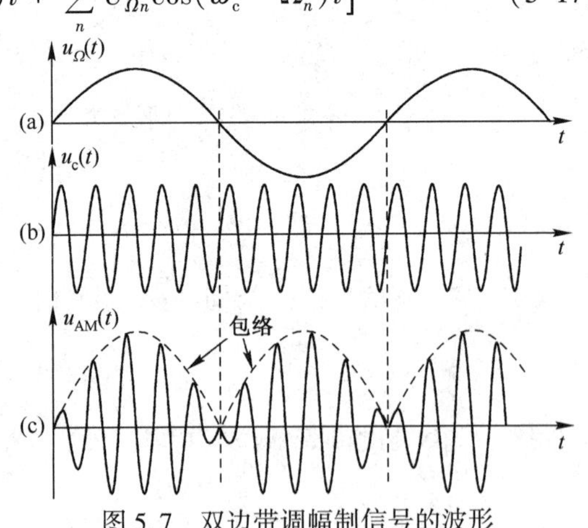

图 5.7 双边带调幅制信号的波形

相,相位差为 180°。由此表明,**DSB 信号的相位反映了调制信号的极性。因此,严格地讲,DSB 信号已非单纯的振幅调制信号,而是既调幅又调相的信号。**

(3) 单频调制的 DSB 信号只有两个频率分量,它的频谱相当于从 AM 波频谱图中将载频分量去掉后的频谱,如图 5.8 所示。图 5.9 示出了限带信号调制的 DSB 信号频谱。DSB 调制从频域中看同样实现了一种频谱结构的线性搬移功能。另外,DSB 已调波的频带宽度也是未调幅前限带信号频带的 2 倍。由于 **DSB 信号不含载波,它的全部功率为边带占有,所以发送的全部功率都载有信息,功率利用率高于 AM 制**。由于两个边带所含信息完全相同,从信息传输角度来看,发送一个边带的信号即可,这种方式称为单边带调制。

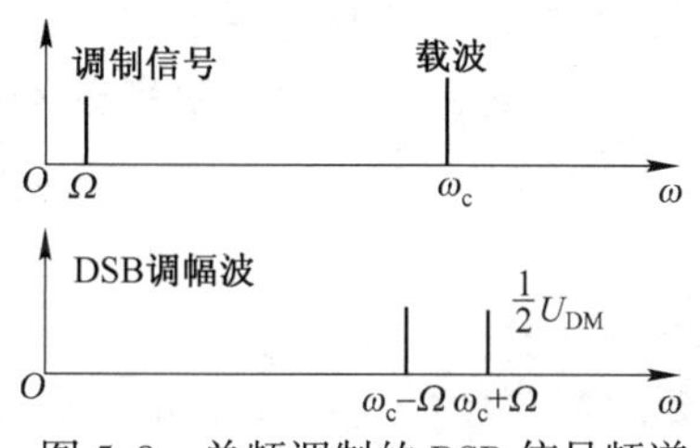

图 5.8 单频调制的 DSB 信号频谱

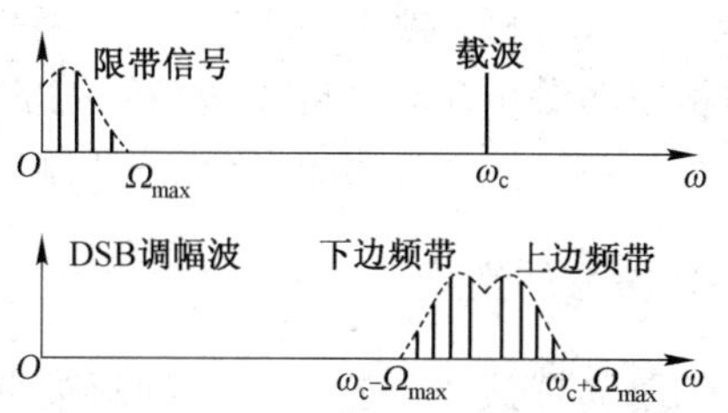

图 5.9 限带信号调制的 DSB 信号频谱

[**例 5-2**] 两个已调波电压,其表示式分别为

$$u_1(t)=2\cos100\pi t+0.1\cos90\pi t+0.1\cos110\pi t\ \text{V},\quad u_2(t)=0.1\cos90\pi t+0.1\cos110\pi t\ \text{V}$$

(1) 判断 $u_1(t)$、$u_2(t)$ 各为何种已调波并计算 $u_1(t)$、$u_2(t)$ 的载波频率 f_c 和调制信号频率 F;

(2) 画出 $u_1(t)$、$u_2(t)$ 的频谱;

(3) 分别计算 $u_1(t)$、$u_2(t)$ 消耗在单位电阻上的边频功率 P_u 和 P_1、平均功率 P_s,以及频带宽度 B;

(4) 根据(1)的判断结果,若为 AM 信号,则计算调制系数 m_a 以及功率利用率 η。

解:(1) $u_1(t)$ 可变换成

$$\begin{aligned}u_1(t)&=2\cos100\pi t+0.1\cos(100-10)\pi t+0.1\cos(100+10)\pi t\\&=2\cos100\pi t+0.2\cos100\pi t\cos10\pi t\\&=2(1+0.1\cos10\pi t)\cos100\pi t\end{aligned}$$

所以 $u_1(t)$ 为 AM 信号。其载波频率:$f_c=100\pi/2\pi=50(\text{Hz})$;调制信号频率:$F=10\pi/2\pi=5(\text{Hz})$。

$u_2(t)$ 可变换成

$$u_2(t)=0.1\cos(100-10)\pi t+0.1\cos(100+10)\pi t=0.2\cos10\pi t\cos100\pi t$$

所以 $u_2(t)$ 是 DSB 信号。其载波频率:$f_c=100\pi/2\pi=50(\text{Hz})$;调制信号频率:$F=10\pi/2\pi=5(\text{Hz})$。

(2) $u_1(t)$、$u_2(t)$ 的频谱如图 5.10 所示。

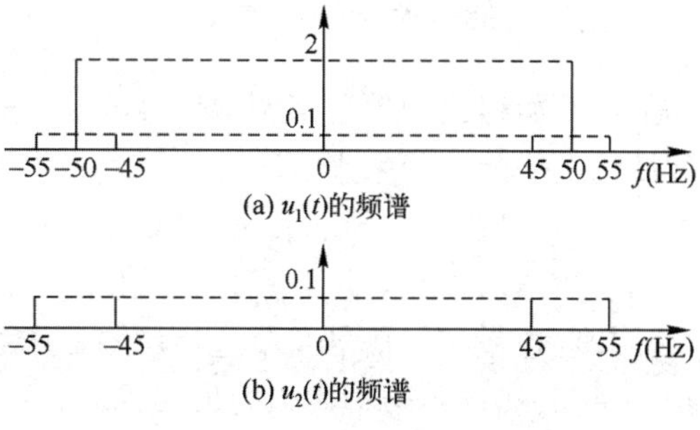

(a) $u_1(t)$的频谱

(b) $u_2(t)$的频谱

图 5.10 $u_1(t)$、$u_2(t)$ 的频谱

(3) 对 $u_1(t)$:

$$P_c=\frac{U_{cm}^2}{2}=\frac{2^2}{2}=2(\text{W});\quad P_u=P_1=\frac{U_u^2}{2}=\frac{(0.2/2)^2}{2}=0.005(\text{W});\quad P_s=P_u+P_1+P_c=2.01\text{W};\quad B=2F=10\text{Hz}$$

对 $u_2(t)$:

$$P_u=P_1=\frac{U_u^2}{2}=\frac{(0.2/2)^2}{2}=0.005(\text{W});\quad P_s=P_u+P_1=0.01\text{W};\quad B=2F=10\text{Hz}$$

(4) $u_1(t)$是 AM 信号，$m_a=0.1$，$\eta=\dfrac{P_u+P_l}{P_s}=\dfrac{0.01}{2.01}\times100\%\approx0.50\%$

从此题可以看出，在调制频率 F、载频 f_c、载波振幅 U_{cm} 一定时，若采用普通调幅，单位电阻所吸收的边频功率 P_s 大约只占平均总功率的 0.5%，而不含信息的载频功率却占 99.5%以上，在功率发射上是一种极大的浪费。另外，两种调幅波的频谱宽度一样。

5.2.3 单边带信号

由上述可知，双边带调制系统全部功率为边带占有，由于所传输的信息包含在边带中，所以功率利用率高于 AM 制。但由于上、下边带包含的信息相同，两个边带都发射是多余的，会造成功率和频带的利用率低。在**现代电子通信系统的设计中，为节约频带，提高系统的功率和频带利用率，常采用单边带（Single SideBand，SSB）调制系统**。

1. SSB 信号的性质

对式（5-16）或式（5-17）所表示的双边带调幅信号，只要取出其中的任一个边带部分，即可成为单边带调幅信号。其单频调制时的表示式为

上边带信号 $$u_{SSBU}(t)=\frac{1}{2}U_{Dm}\cos(\omega_c+\Omega)t$$

下边带信号 $$u_{SSBL}(t)=\frac{1}{2}U_{Dm}\cos(\omega_c-\Omega)t$$

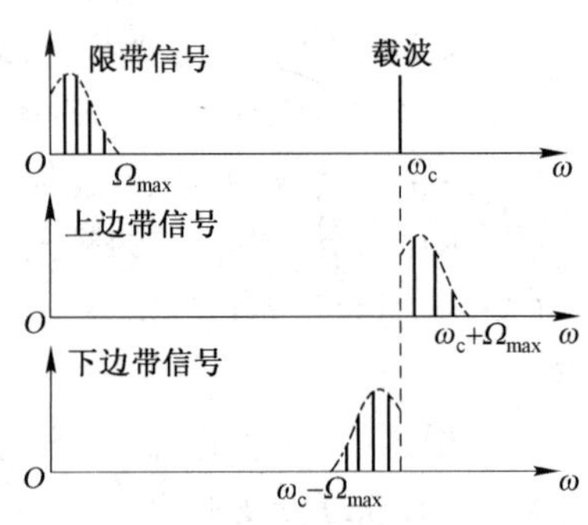

图 5.11 SSB 信号频谱

由图 5.11 所示的单边带调幅信号的频谱可以看出，**单边带信号的频带宽度 $B_{SSB}=\Omega_{max}$，仅为双边带调幅信号频带宽度的一半，从而提高了频带利用率**。由于只发射一个边带，因此大大节省了发射功率。与普通调幅相比，在总功率相同的情况下，可使接收端的信噪比明显提高，从而使通信距离大大增加。

从频谱结构看，**单边带调幅信号所含频谱结构仍与调制信号的频谱类似，从而也具有频谱线性搬移特性**。

从波形上看，单频调制的单边带调幅信号为一单频率（$\omega_c+\Omega$）或（$\omega_c-\Omega$）的余弦波形，其包络已不能体现调制信号的变化规律。由此可以推知，单边带信号的解调比较复杂。

2. 单边带调幅信号的实现

从前面所讨论的单边带调幅信号的表示式及频谱图可以看到，单边带调幅已不能由调制信号与载波信号的简单相乘来实现。但从单边带调幅信号的时域表示式和频谱特性来看，可以有三种基本的电路实现方法，即滤波法、移相法和移相滤波法。

(1) *滤波法*

比较双边带调幅信号和单边带调幅信号的频谱结构可知，实现单边带调幅的最直观的方法是：先产生双边带调幅信号，再利用带通滤波器滤除其中一个边带（上边带或下边带），保留另一个边带（下边带或上边带），即可实现单边带调幅。这种方法的电路原理方框图如图 5.12 所示。

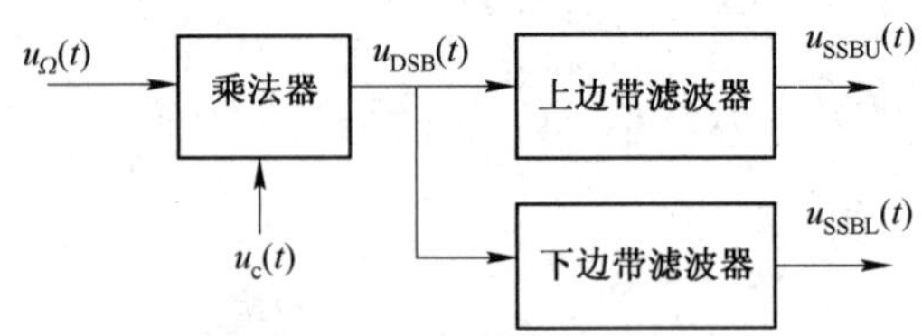

图 5.12 滤波法电路原理方框图

由图 5.12 可以看出,调制信号与载波信号经相乘器相乘后得到双边带信号,再由滤波器滤除 DSB 信号中的一个边带,在输出端即可得到单边带信号。滤波过程的频谱变化如图 5.13 所示。

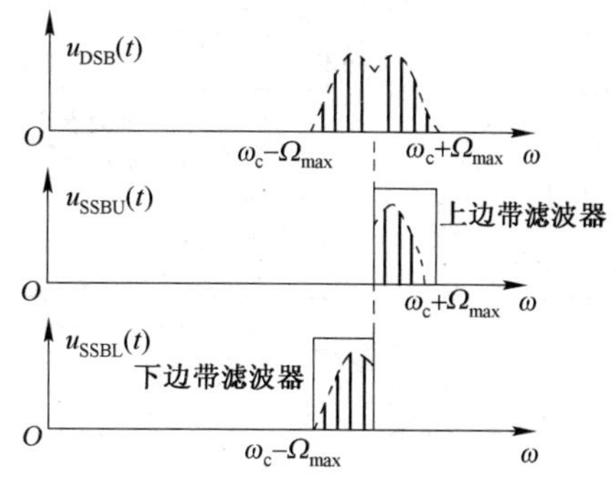

图 5.13 滤波法实现 SSB 信号的频谱

滤波法的缺点是对滤波器的要求较高。对于要求保留的边带,滤波器应能使其无失真地完全通过,而对于要求滤除的边带,应有很强的衰减特性。事实上,直接在高频上设计制造出这样的滤波器是比较困难的。为此,可考虑先在较低的频率上实现单边带调幅,然后向高频处进行多次频谱搬移,一直搬移到所需要的载频值。

(2) 移相法

这种方法的电路原理方框图如图 5.14 所示。

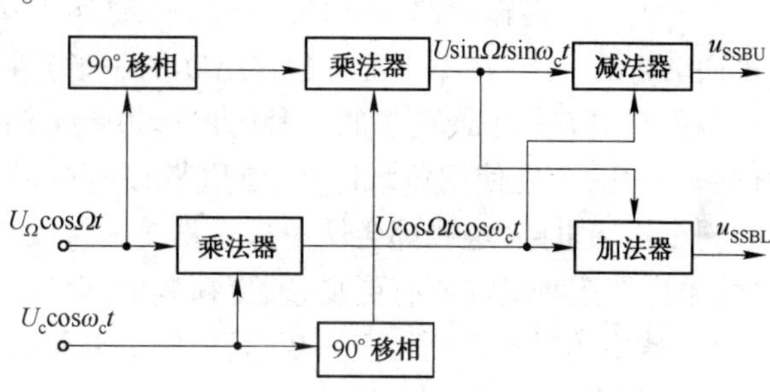

图 5.14 移相法电路原理方框图

由图可以看出,将低频调制信号 $U_\Omega\cos\Omega t$ 送到 90°移相网络,如果调制信号是限带信号,要求此移相网络应对调制信号频带内所有的频率分量都能产生 90°的移相。另一条通路上的载波 $U_c\cos\omega_c t$ 也进行 90°移相。如果能准确地满足以上的相位要求,而且两路相乘器的特性相同,那么通过把两路相乘器的输出相加或相减混合,合成的输出信号即可抵消一个边带,而输出另外一个边带,即

$$u_{SSBU}(t)=U\cos\Omega t\cos\omega_c t-U\sin\Omega t\sin\omega_c t \tag{5-18}$$

$$u_{SSBL}(t)=U\cos\Omega t\cos\omega_c t+U\sin\Omega t\sin\omega_c t \tag{5-19}$$

由式(5-18)和式(5-19)可以看出,单边带调幅信号也可以表示为

$$u_{SSB}(t)=U\cos\Omega t\cos\omega_c t\pm U\sin\Omega t\sin\omega_c t \tag{5-20}$$

式中,取正号为下边带调幅信号,取负号为上边带调幅信号。

移相法虽然不需要滤波法中难以实现的滤波器,但要使移相网络对调制信号频带内所有频率分量都能准确地产生 90°的相移,这在技术上也是很难实现的。

(3) 移相滤波法

用移相法或滤波法实现单边带调幅都存在一定的技术困难。移相法的主要缺点是要求移相网络能准确地移相 90°。尤其是对于音频移相网络来说,要求在很宽的音频范围内所有频率分量准确地移相 90°是很困难的。为了克服这一缺点,有人提出了产生单边带信号的第三种方法——移相滤波法。移相滤波法是将移相和滤波两种方法相结合,并且只需对某一固定的单频率信号移相 90°,从而回避了难以在宽带内所有频率分量准确移相 90°的缺点。图 5.14 给出了移相滤波法实现单边带调幅的电路原理方框图。

为简化分析起见,假定各信号电压的幅度都为 1;乘法器的增益系数为 1;低通滤波器的带内增益为 2。那么,图 5.15 所示电路最后的输出电压为

相加器输出电压 $$u_{SSBL}=u_5+u_6=\sin[(\omega_c+\omega_1)-\Omega]t=\sin[\omega_{c1}-\Omega]t \tag{5-21}$$

相减器输出电压 $$u_{SSBU}=u_5-u_6=\sin[(\omega_c-\omega_1)+\Omega]t=\sin[\omega_{c2}+\Omega]t \tag{5-22}$$

可以看出,式(5-21)为载频 $\omega_{c1}=\omega_c+\omega_1$ 的下边带信号,式(5-22)为载频 $\omega_{c2}=\omega_c-\omega_1$ 的上边带信号。

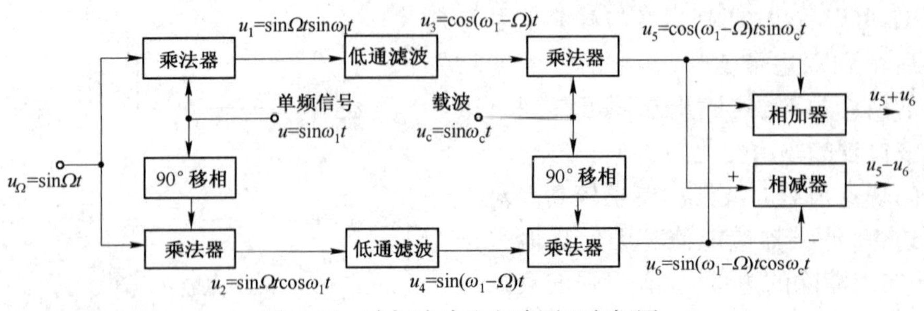

图 5.15　移相滤波法电路原理方框图

由图 5.14 可知,这种方法所用的 90°移相网络分别工作在固定频率 ω_1、ω_c 上,因而克服了移相法的缺点。其设计、制作及维护都比较简单,适用于小型轻便设备。

5.2.4　AM 残留边带调幅

和普通 AM 传输相比,单边带(SSB)传输具有节省功率、节约带宽、噪声低(单边带传输的带宽是普通 AM 的一半,热噪声功率也是 AM 的一半)等优点。所以从有效传输信息角度看,单边带调幅是各种调幅方式中最理想的一种。但单边带调幅也有两个主要的缺点:①接收设备复杂,与普通 AM 传输相比,不能使用包络检波;单边带接收机需要一个载波恢复电路(如 PLL 频率合成器)和一个同步解调电路,这些都会使单边带系统的接收机复杂而昂贵。②调谐困难,和普通 AM 接收机相比,单边带接收机需要有更复杂、更精确的调谐。

AM 残留边带调幅(简记 VSB)就是为了克服这些困难而提出的。在残留边带调制过程中,载波和一个完整边带被发送,但另一个边带只发送一部分。可以说残留边带调制的效果类似于单边带调制,它既保留了单边带调制的优点,又避免了其主要缺点(制作滤波器困难)。另外加入载波发射,是为了在接收端能方便地进行解调。

在广播电视发射系统中,图像信号的调制就普遍采用了残留边带调幅。因为视频信号的频谱宽度为 0~6 MHz,标准调幅后调幅波频带宽度为 12 MHz 左右,这对信道资源是一种浪费。另外为了降低接收机成本,使接收机能采用结构简单的包络检波器解调,发射端用残留边带调幅,将载波信号也同时发射出去,如图 5.16 所示。其中,图(a)是已调幅视频图像信号的频谱;图(b)是发射端残留边带滤波器的传输特性,在载频附近 0.75 MHz 范围内上、下边带全发射,而超出这个范围,则只发射上边带而抑制下边带。这样一来,由于低频分量采用双边带传输,会引起接收机在检波过程中因低频分量相对于高频分量的振幅增强从而产生失真。为了校正这种失真,要求接收机的中频图像通道具有如图(c)所示的传输特性,它在载频附近 0.75 MHz 的频率范围内,应满足互补对称条件。显然,这样安排系统的传输特性,既保持了单边带调制的特点,又避开了需要制作具有非常陡峭边沿的滤波器的困难。由于残留边带调幅加入了载波信号,使接收机可以采用包络检波器解调,这对简化

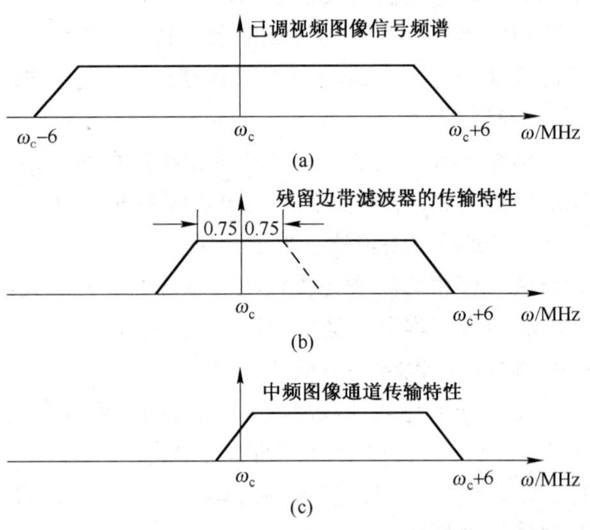

图 5.16　广播电视发射与接收滤波器的传输特性

接收机电路结构是至关重要的。

[例 5-3] 有两路低频调制信号$u_{\Omega 1}(t)=\cos\Omega_1 t$，$u_{\Omega 2}(t)=\cos\Omega_2 t$，分别对同一载波$u_c(t)=\cos\omega_c t$调幅。现要求由上边带传输调制信号 $u_{\Omega 1}$，而由下边带传输调制信号 $u_{\Omega 2}$。画出用移相法实现这种调制要求的电路原理方框图。

解：由图 5.14 可知，产生单边带信号需要用两个相乘器、两个移相器及一个加（减）法器。现将两个调制信号分别对载波调幅，应使用四个相乘器，又考虑到可共用载波，只用三个移相器即可。实现电路原理方框图如图 5.17 所示。

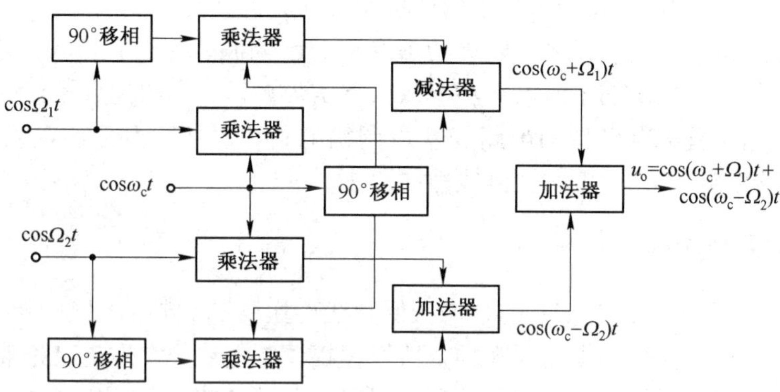

图 5.17 例 5-3

图中的上路采用减法器，可产生 $u_{\Omega 1}$的上边带调幅波；下路采用加法器，可产生 $u_{\Omega 2}$的下边带调幅波。输出端再用一个加法器合成，输出电压 $u_o=\cos(\omega_c+\Omega_1)t+\cos(\omega_c-\Omega_2)t$。

三种调幅的对比见表 5.2。

表 5.2 三种调幅方式的对比

（设单频调制信号 $u_\Omega=U_{\Omega m}\cos\Omega t$，载波 $u_c=U_{cm}\cos\omega_c t$）

比较内容 \ 方式	AM	DSB	SSB
时域表达式	$u_{AM}=U_{cm}(1+m_a\cos\Omega t)\cos\omega_c t$	$u_{DSB}=U_{Dm}\cos\Omega t\cos\omega_c t$	$u_{SSBU}=\frac{1}{2}U_{Dm}\cos(\omega_c+\Omega)t$ $u_{SSBL}=\frac{1}{2}U_{Dm}\cos(\omega_c-\Omega)t$
时域波形	$u_{AM}(t)$ O t	$u_{DSB}(t)$ O t	$u_{SSBU}(t)$ O t
时域特点	包络变化规律与调制信号波形一致	包络变化规律与调制信号波形的绝对值一致	单频调制时，包络是常数
频谱	载波分量、上边频、下边频	上边频、下边频	上边频或下边频
带宽	$2F$	$2F$	F
产生方法	乘法器	乘法器	滤波法、移相法、移相滤波法
解调方法	包络检波法、同步检波法	同步检波法	同步检波法
应用领域	中短波无线广播	模拟电视系统	语音频分复用

5.3 振幅调制电路

振幅调制电路的功能是将输入的调制信号和载波信号通过电路变换成高频调幅信号输出。一般根据调幅级电平的高低,将振幅调制电路分为两类:低电平调幅电路和高电平调幅电路。

低电平调幅是先在低功率电平级进行振幅调制,然后再经过高频功率放大器放大到所需要的发射功率。由于低电平调幅电路的功率较小,对调幅电路来说,输出功率和效率不是主要指标,重点是提高调制的线性,减少不需要频率分量的产生和提高滤波性能。

高电平调幅是直接产生满足发射机输出功率要求的已调波。为了获得大的输出功率,用调制信号去控制处于丙类工作状态的末级谐振功率放大器实现调幅。它的优点是整机效率高。常用的高电平调幅电路有晶体管集电极调幅电路和基极调幅电路。通常高电平调幅只能产生普通调幅波,设计时必须兼顾输出功率、效率和调制线性的要求。

5.3.1 低电平调幅电路

如上所述,调幅过程是把调制信号的频谱从低频线性搬移到载频的两侧,上、下边频分量的产生是利用调制信号与载波信号相乘而得来的。所以振幅调制电路的实现是以相乘器为核心的频谱线性搬移电路。第 4 章介绍的由非线性器件(如二极管、晶体三极管等)组成的频率变换电路具有频谱线性搬移的功能,因此低电平调幅电路常采用第 4 章介绍的频率变换电路来实现。另外,随着集成电路的发展,双差分对模拟乘法器在低电平调幅电路中得到了更加广泛的应用。

1. 二极管调幅电路

(1) 单二极管开关状态调幅电路

由第 4 章介绍的开关函数分析法可知,所谓开关状态是指二极管在两个不同频率信号电压的作用下进行频率变换时,其中一个信号电压振幅足够大,另一信号电压振幅较小,二极管的导通或截止将完全受大振幅信号电压的控制,近似认为二极管处于一种理想的开关状态。

如图 5.18 所示, $u_\Omega(t)=U_{\Omega\mathrm{m}}\cos\Omega t$ 是一个小振幅的信号,$u_\mathrm{c}(t)=U_\mathrm{cm}\cos\omega_\mathrm{c}t$ 是一个振幅足够大的信号。二极管 VD 主要受大信号 $u_\mathrm{c}(t)$ 的控制,工作在开关状态。

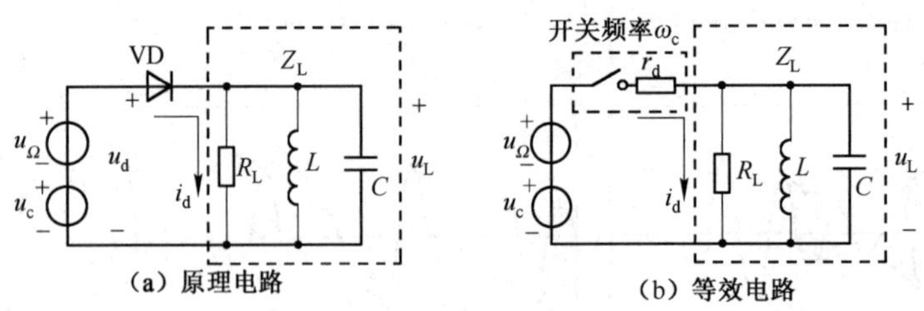

图 5.18 单二极管调幅电路

如果设负载 Z_L 为并联 LC 选频回路,回路谐振时 $Z_\mathrm{L}=R_\mathrm{L}$,由式(4-26)可得流过负载回路的电流为

$$i_\mathrm{d}=\frac{1}{r_\mathrm{d}+R_\mathrm{L}}S(t)u_\mathrm{d} \tag{5-23}$$

式中,$u_\mathrm{d}=u_\Omega(t)+u_\mathrm{c}(t)$;$S(t)$为开关函数,且有

$$S(t)=\begin{cases}1, & u_c>0\\0, & u_c<0\end{cases}$$

又因为 $S(t)$ 为周期函数,其傅里叶级数为

$$S(t)=\frac{1}{2}+\frac{2}{\pi}\cos\omega_c t-\frac{2}{3\pi}\cos3\omega_c t+\cdots$$

将其代入式(5-23)可得

$$i_d=\frac{1}{r_d+R_L}\left[\frac{1}{2}+\frac{2}{\pi}\cos\omega_c t-\frac{2}{3\pi}\cos3\omega_c t+\cdots\right](U_{\Omega m}\cos\Omega t+U_{cm}\cos\omega_c t) \tag{5-24}$$

由式(5-24)可以看出,i_c 中所含有的频谱成分为:u_Ω 和 u_c 的基波频率 Ω 和 ω_c;u_c 的偶次谐波频率 $2n\omega_c$;u_c 的奇次谐波频率的组合频率$[(2n+1)\omega_c\pm\Omega]$。$i_d(t)$ 的频谱如图 5.19 所示。

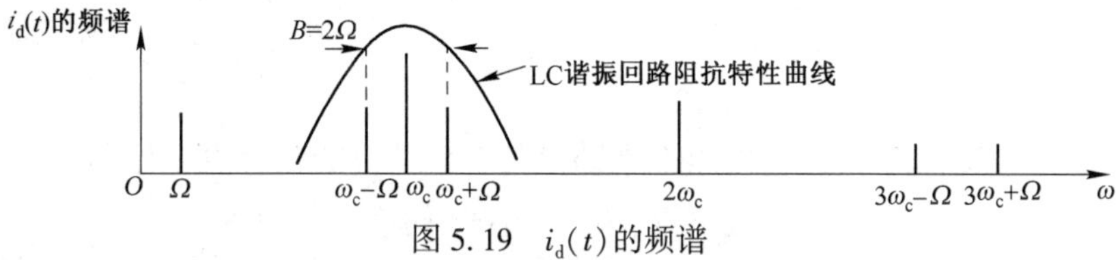

图 5.19　$i_d(t)$ 的频谱

如果 LC 回路谐振在频率 ω_c 处,且回路的频带宽度 $B=2\Omega$,谐振时的负载阻抗 $Z_L=R_L$,则回路的输出电压为

$$\begin{aligned}u_L(t)&=\frac{1}{2}g_d U_{cm}R_L\cos\omega_c t+\frac{1}{\pi}g_d U_{\Omega m}R_L[\cos(\omega_c+\Omega)t+\cos(\omega_c-\Omega)t]\\&=\frac{1}{2}g_d U_{cm}R_L\left(1+\frac{4}{\pi}\frac{U_{\Omega m}}{U_{cm}}\cos\Omega t\right)\cos\omega_c t\\&=U_{Lm}(1+m\cos\Omega t)\cos\omega_c t\end{aligned} \tag{5-25}$$

式中,$g_d=\frac{1}{r_d+R_L}$,$m=\frac{4}{\pi}\frac{U_{\Omega m}}{U_{cm}}$,$U_{Lm}=\frac{1}{2}g_d U_{cm}R_L$。显然,这是一个 AM 调幅信号。可见单二极管开关状态调幅电路能实现标准 AM 波的调幅。

(2) 二极管平衡调幅电路

二极管平衡调幅电路如图 5.20 所示。设图 5.20(a)中的变压器为理想变压器,其中 T_1 的初、次级匝数比为 1:2,T_2 的初、次级匝数比为 2:1,T_3 的初、次级匝数比为 1:1。在 T_1 的初级输入调制电压 $u_\Omega(t)=U_{\Omega m}\cos\Omega t$,在 T_3 的初级输入载波电压 $u_c(t)=U_{cm}\cos\omega_c t$,且 $U_{cm}\gg U_{\Omega m}$。由于电路上半部分与下半部分对称,其等效电路如图 5.20(b)所示。在 U_{cm} 足够大的条件下,二极管 VD_1、VD_2 均受 $u_c(t)$ 的控制,工作于开关状态,其导通电阻为 r_d。

设流过二极管 VD_1 的电流为 i_{d1},流过二极管 VD_2 的电流为 i_{d2},它们的流向如图 5.20(b)所示。根据变压器 T_2 的初、次级匝比为 2:1,且初级为中心抽头的特定条件,次级负载 R_L 折合到初级回路的等效电阻为 $4R_L$,对应到中心抽头上、下两部分电路中的等效电阻为 $2R_L$。在开关工作状态下,$u_c(t)$ 为大信号,对 VD_1 和 VD_2 来说,$u_c(t)$ 的正半周都导通,负半周都截止,所以它们对应的开关函数都是 $S(t)$。另外,电路上半部分与下半部分输入端口的电压为

$$u_{d1}=u_c(t)+u_\Omega(t),\quad u_{d2}=u_c(t)-u_\Omega(t) \tag{5-26}$$

因此,电路上半部分与下半部分的电流分别为

$$i_{d1}=g_{d1}S(t)u_{d1},\quad i_{d2}=g_{d2}S(t)u_{d2} \tag{5-27}$$

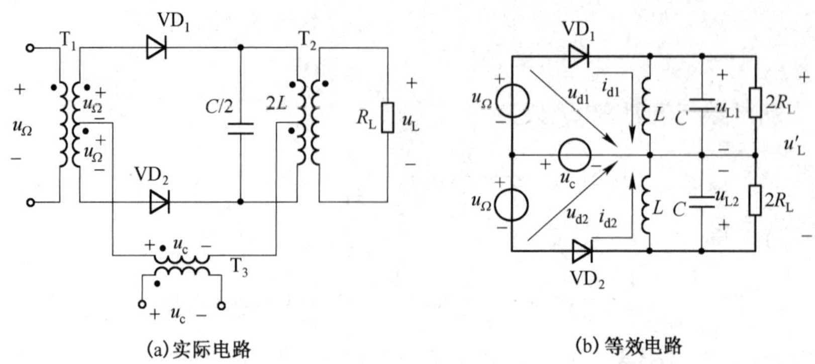

图 5.20　二极管平衡调幅电路

式中，$g_{d1}=g_{d2}=g_d=\dfrac{1}{r_d+2R_L}$；$S(t)=\begin{cases}1, u_c>0\\0, u_c<0\end{cases}$。

回路谐振时 $Z_{L1}=2R_L$，$Z_{L2}=2R_L$，电路上半部分与下半部分的输出电压分别为

$$u_{L1}=2i_{d1}R_L,\quad u_{L2}=2i_{d2}R_L \tag{5-28}$$

式中，$2R_L$ 为上半部分与下半部分谐振电路的谐振阻抗。因此可得变压器 T_2 初级绕组两端的输出电压为

$$\begin{aligned}u'_L&=u_{L1}-u_{L2}=2R_L(i_{d1}-i_{d2})=4g_dS(t)R_Lu_\Omega(t)\\&=4g_d\left[\frac{1}{2}+\frac{2}{\pi}\cos\omega_ct-\frac{2}{3\pi}\cos3\omega_ct+\cdots\right]R_LU_{\Omega m}\cos\Omega t\end{aligned} \tag{5-29}$$

由式(5-29)可以看出，u'_L 中包含 Ω、$\omega_c\pm\Omega$、$3\omega_c\pm\Omega$ 等频率分量。与单二极管电路相比，双二极管平衡调幅电路由于采用了平衡对称相互抵消的措施，抑制了载波项，且很多不需要的频率分量在u'_L中已不存在，其频谱如图 5.21 所示。

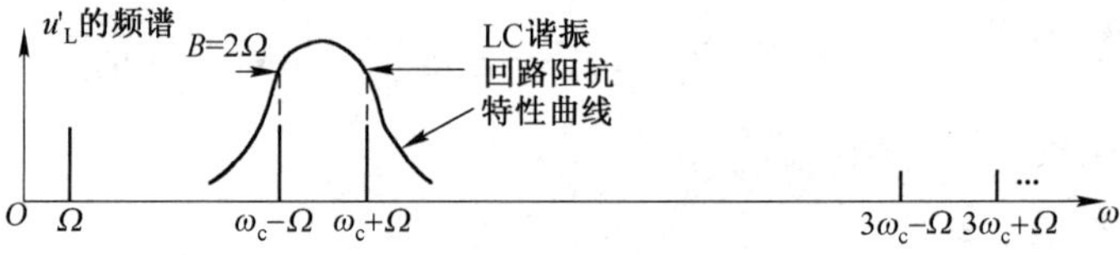

图 5.21　二极管平衡调幅电路的频谱

如果上半部分与下半部分谐振回路谐振在频率 ω_c 处，且带宽 $B=2\Omega$，谐振时的负载阻抗 $Z_L=2R_L$，则实际输出电压为

$$u'_L=\frac{8}{\pi}g_dR_LU_{\Omega m}\cos\omega_ct\cos\Omega t \tag{5-30}$$

根据 T_2 的初、次级匝数比为 2∶1，T_2 的次级输出电压为

$$u_L=\frac{1}{2}u'_L=\frac{4}{\pi}g_dR_LU_{\Omega m}\cos\Omega t\cos\omega_ct=U_{Lm}\cos\Omega t\cos\omega_ct \tag{5-31}$$

显然，式(5-31)是一个 DSB 调幅信号。可见二极管平衡调幅电路能实现 DSB 调幅信号的调制。输出电压只有乘积项，并抑制了载波项。

(3) 二极管环形调幅电路

图 5.22(a)所示为二极管环形调幅电路，常称为环形调制器。它与平衡调制器的差别是多接了两只二极管 VD_3 和 VD_4，它们的极性分别与 VD_1 和 VD_2 的极性相反，电路中四只二极管按正偏

方向首尾相接：$VD_1 \to VD_3 \to VD_2 \to VD_4$ 构成环形。这样，当 VD_1 和 VD_2 导通时，VD_3 和 VD_4 是截止的；反之，当 VD_1 和 VD_2 截止时，VD_3 和 VD_4 是导通的。因此，接入 VD_3 和 VD_4 不会影响 VD_1 和 VD_2 的工作。于是，环形调制器可看成是由图 5.22(b)和图 5.22(c)所示的两个平衡调制器组成的。其中，图 5.22(b)电路中的二极管 VD_1 和 VD_2 仅在 u_c 的正半周($u_c>0$)时导通，其开关函数为 $S_1(t)$；图 5.22(c)电路中的二极管 VD_3 和 VD_4 仅在 u_c 的负半周($u_c<0$)时导通，其开关函数为 $S_2(t)$。那么，由式(5-29)可得，图 5.21(b)、(c)两电路负载回路的电压分别为

$$u'_{L1}=u_{L1}-u_{L2}=2R_L(i_{d1}-i_{d2})=4g_dS_1(t)R_Lu_\Omega(t) \tag{5-32}$$

$$u'_{L2}=u_{L4}-u_{L3}=2R_L(i_{d4}-i_{d3})=4g_dS_2(t)R_Lu_\Omega(t) \tag{5-33}$$

式中
$$S_1(t)=\begin{cases}1, & u_c(t)>0\\ 0, & u_c(t)<0\end{cases},\quad S_2(t)=\begin{cases}0, & u_c(t)>0\\ -1, & u_c(t)<0\end{cases}$$

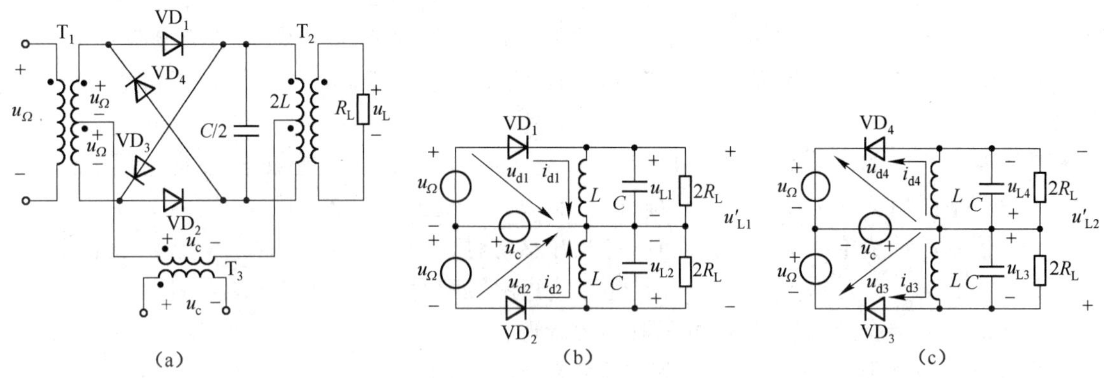

图 5.22 二极管环形调幅电路

在一个载波周期内，图 5.22(b)、(c)两平衡电路在负载上产生的电压为

$$\begin{aligned}u'_L&=u'_{L1}+u'_{L2}=4g_dS_1(t)R_Lu_\Omega(t)+4g_dS_2(t)R_Lu_\Omega(t)\\&=4g_d[S_1(t)+S_2(t)]R_Lu_\Omega(t)=4g_dS(t)R_Lu_\Omega(t)\end{aligned} \tag{5-34}$$

式中，$S(t)=\begin{cases}1, & u_c(t)>0\\ -1, & u_c(t)<0\end{cases}$，称为双向开关函数。$S(t)$的波形如图 5.23 所示。

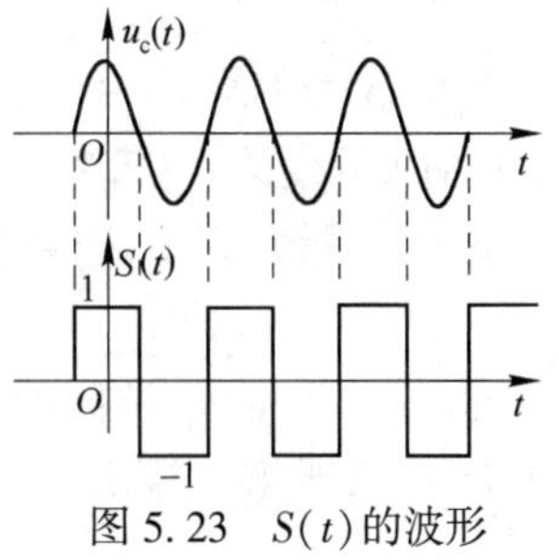

图 5.23 $S(t)$的波形

$S(t)$的傅里叶级数展开式为 $S(t)=\frac{4}{\pi}\cos\omega_ct-\frac{4}{3\pi}\cos3\omega_ct+\frac{4}{5\pi}\cos5\omega_ct+\cdots$

代入式(5-34)可得 $u'_L=4g_dS(t)R_Lu_\Omega(t)$

$$=4g_d\left[\frac{4}{\pi}\cos\omega_ct-\frac{4}{3\pi}\cos3\omega_ct+\frac{4}{5\pi}\cos5\omega_ct+\cdots\right]R_LU_{\Omega m}\cos\Omega t \tag{5-35}$$

由式(5-35)可见，u'_L 包含的频率成分中，只有组合频率$[(2n+1)\omega_c+\Omega]$，性能更接近理想乘法器，其频谱如图 5.24 所示。

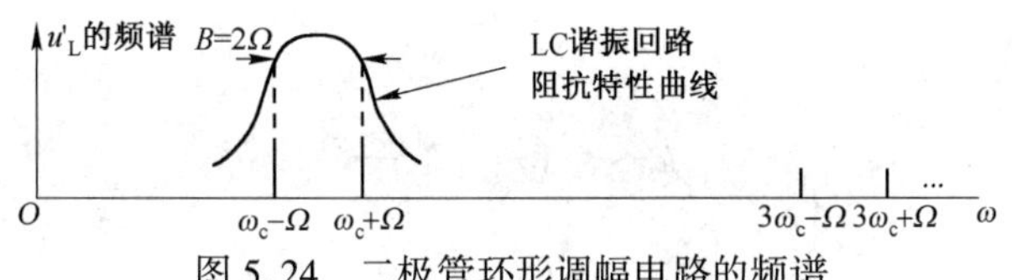

图 5.24 二极管环形调幅电路的频谱

同理，如果负载谐振回路谐振在 ω_c 处，且带宽 $B=2\Omega$，谐振时的负载阻抗$Z_L=2R_L$，则经滤波后的输出电压为

$$u_L' = \frac{16g_d}{\pi}U_{\Omega m}R_L\cos\Omega t\cos\omega_c t$$

同理,根据 T_2 的初、次级匝数比为 2∶1,可得 T_2 的次级输出电压为

$$u_L = \frac{u_L'}{2} = \frac{8g_d}{\pi}U_{\Omega m}R_L\cos\Omega t\cos\omega_c t \tag{5-36}$$

综上所述,**二极管环形调幅电路的频谱中无 $\boldsymbol{\Omega}$ 的频率分量,这是两次平衡相抵消的结果。每个平衡电路自身抵消 $\boldsymbol{\omega_c}$ 及其各次谐波分量,两个平衡电路抵消 $\boldsymbol{\Omega}$ 分量**。若 ω_c 较高,则 $3\omega_c \pm \Omega$, $5\omega_c \pm \Omega$ 等组合频率分量很容易被滤除,**且二极管环形调幅电路的输出电压是二极管平衡电路的 2 倍。故环形电路的性能更接近于理想相乘器,这正是频谱线性搬移电路要解决的核心问题。**

(4) 其他实用二极管调幅电路

在上述二极管平衡电路的分析中,都假设电路是对称的,因而可以抵消一些无用的频率分量。但实际上难以实现这一点。例如,二极管的特性不一致,变压器不对称等,会造成电路不可能完全平衡,致使 ω_c 及其谐波分量不能完全抵消,造成控制信号 u_c 的泄露。要保证电路的对称性,一般采用如下办法:

- 选用特性相同的二极管。用小电阻与二极管串联,使二极管的等效正、反向电阻彼此接近。但串接电阻后会使电流减小,所以阻值不能太大,一般为几十至上百欧姆。
- 变压器中心抽头要准确对称,分布电容及漏感要对称。这可以采用双线并绕法绕制变压器,并在中心抽头处加平衡电阻。同时,还要注意两线圈对地分布电容的对称性。另外,为了防止杂散电磁耦合影响对称性,可采取屏蔽措施。
- 为改善电路性能,应使其工作在理想开关状态,且二极管的通断只取决于控制电压 u_c 而与输入电压 u_Ω 无关。为此,要选择开关特性好的二极管。控制电压要远大于输入电压,一般在十倍以上。

图 5.25 为平衡电路的另一种形式,称为二极管桥式调幅电路。这种电路应用较多,因为它不需要具有中心抽头的变压器,四个二极管接成桥路,控制电压 u_c 直接加到二极管上。当 $u_c>0$ 时,四个二极管同时截止,u_Ω 直接加到 T_2 初级上输出;当 $u_c<0$ 时,四个二极管导通,A、B 两点短路,无输出。所以

$$u_{AB} = S(\omega_c t)u_\Omega \tag{5-37}$$

式中,$S(\omega_c t)$ 为受 u_c 控制的开关函数。由于四个二极管接成桥型,若二极管特性完全一致,A、B 端口间无 u_c 的泄露。输出经 T_2 次级所接回路滤波后可得所需频率分量,从而完成特定的频谱搬移功能。

平衡电路中的实际问题同样存在于环形电路中,在实际电路中仍需采取措施加以解决。为了解决二极管特性参差性问题,可将每臂用两个二极管并联,如采用图 5.26 所示的实用二极管环形电路。

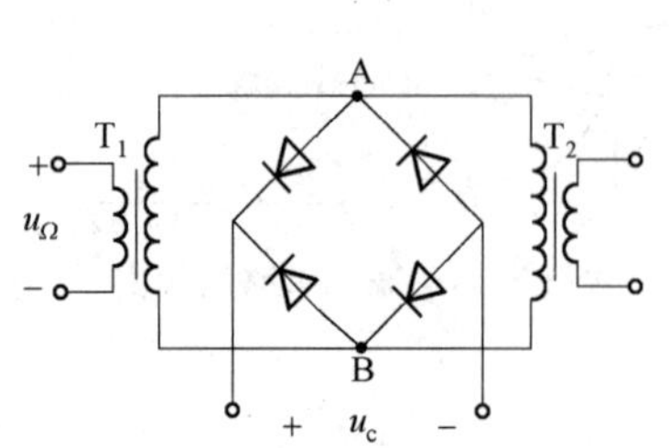

图 5.25　二极管桥式调幅电路

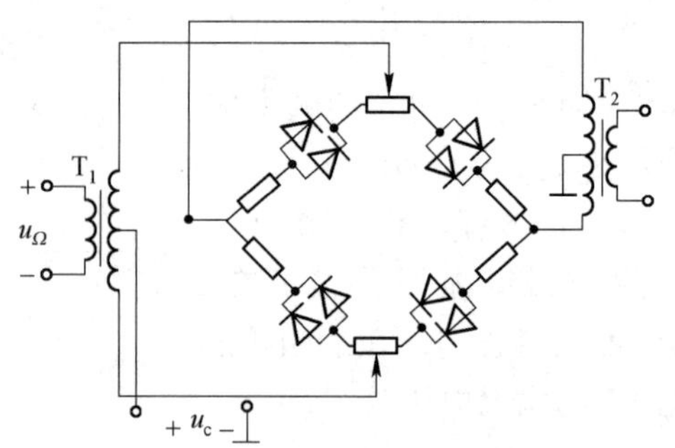

图 5.26　实用二极管环形调幅电路

2. 集成模拟乘法器调幅电路

如第 4 章所述，通用集成模拟乘法器能较理想地实现两个信号的相乘运算。因此实际应用中常使用集成模拟相乘器来实现各种调幅电路，而且电路简单，性能优越且稳定，调整方便，利于设备的小型化。

用集成模拟乘法器来实现调幅，只要将低频调制信号电压和一直流电压叠加后，再与高频载波电压相乘，便能获得 AM 信号；低频调制信号电压直接与高频载波电压相乘，便能获得 DSB 信号；而利用带通滤波器从 DSB 信号中取出其中一个边带信号而滤除另一个边带信号，即可获得 SSB 信号。下面利用第 4 章的有关知识简要介绍集成模拟乘法器在调幅电路中的应用。

① MC1596 构成的调幅电路

图 5.27 所示为 MC1596 构成的调幅电路。由图可知，X 通道两输入端，即第 8 脚和第 7 脚直流电位相同；Y 通道两输入端，即第 1 脚和第 4 脚之间接有调零电路，可通过调节电位器 R_W，使第 1 脚电位比第 4 脚高 U_o，相当于在第 1、4 脚之间加了一个直流电压 U_o，以产生普通调幅波及调幅系数 m_a。实际应用中，高频载波电压 u_c 加到 X 输入端口，调制信号电压 u_Ω 及直流电压 U_o 加到 Y 输入端口（调制信号一般从非线性失真较小的 Y 通道输入端口输入），此时可从第 9 脚（或第 6 脚）单端输出 AM 信号。为了滤除高次谐波，通常需在乘法器输出端接带通滤波器作为负载，其通带中心频率为 ω_c（载波频率），带宽应大于或等于调制信号最高频率的两倍，以便取出以 ω_c 为中心的频带信号，滤除高次谐波。

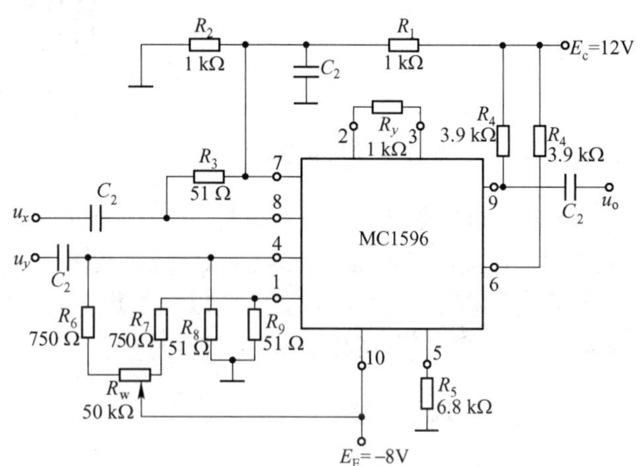

图 5.27　MC1596 调幅电路

如果调节电位器 R$_w$，使第 1 脚电位和第 4 脚电位相同（即直流电压 $U_o=0$），高频载波电压 u_c 加到 X 通道的输入端口，调制信号电压 u_Ω 加到 Y 通道的输入端口，此时可从第 9 脚（或第 6 脚）单端输出 DSB 信号。

② BG314 构成的调幅电路

图 5.28 所示为 BG314 构成的调幅电路。由图可知，u_c 从第 4 脚输入，u_Ω 从第 9 脚输入，而第 8 脚附加补偿调零电压 U_{XIS}（见第 4 章线性馈通误差电压的调零），第 12 脚除附加补偿零电压 U_{YIS} 外，还应附加上直流偏置电压$-U_o$。因而 X 通道及 Y 通道输入电压分别为

$$u_x=u_c=U_{cm}\cos\omega_c t,u_y=u_\Omega-(-U_o)=U_o+U_{\Omega m}\cos\Omega t$$

电路中其他外接元件的作用与第 4 章所述相同。若第 2、14 脚两端外接 LC 谐振回路的等效谐振电阻为 R_L，且变压器的匝数比 $n=N_2/N_1$，那么由式(4-50)可推出变压器次级回路输出的调幅波电压为

$$u_o=u_{AM}=\frac{nR_LU_oU_{cm}}{I_{ox}R_xR_y}\left(1+\frac{U_{\Omega m}}{U_o}\cos\Omega t\right)\cos\omega_c t$$

式中，调制系数 $m_a=U_{\Omega m}/U_o$，当 $m_a<1$ 时可实现 AM 调制。

同理，如果在图 5.28 所示的调幅电路中，Y 端口输入的调制信号 $u_y=u_\Omega=U_{\Omega m}\cos\Omega t$ 中不加入直流电压 U_o，电路即可实现 DSB 调幅。

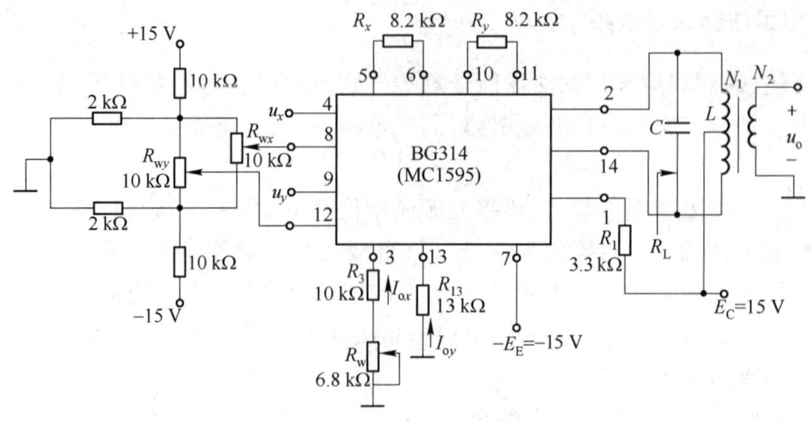

图 5. 28　BG314 调幅电路

5. 3. 2　高电平调幅电路

高电平调制主要用于 AM 调制，这种调制是在高频功率放大器中进行的。通常分为基极调幅(Base AM)、集电极调幅(Collector AM)，以及集电极-基极(或发射极)组合调幅。其基本工作原理就是利用改变某一电极的直流电压以控制集电极高频电流振幅。集电极调幅和基极调幅的原理和调制特性已在第 2 章高频功率放大器中进行了初步的讨论。

1. 集电极调幅电路

集电极调幅电路如图 5. 29 所示。在电路中 C_b 为高频旁路电容；C_c 对高频旁路，而对低频调制信号呈高阻抗；R_b 为基极自给偏压电阻。放大器工作在丙类状态，集电极电路中除直流电压 E_C 外，调制信号 $u_\Omega(t)=U_\Omega\cos\Omega t$ 通过低频变压器 T_3 加到集电极回路且与电源电压 E_C 串联。集电极有效动态电压为

$$U_c(t)=E_C+U_\Omega\cos\Omega t \qquad (5\text{-}38)$$

可见，集电极电源电压是随调制信号变化的。**集电极调幅电路与谐振功率放大电路的唯一区别是其集电极有效电压不再是恒定的。**

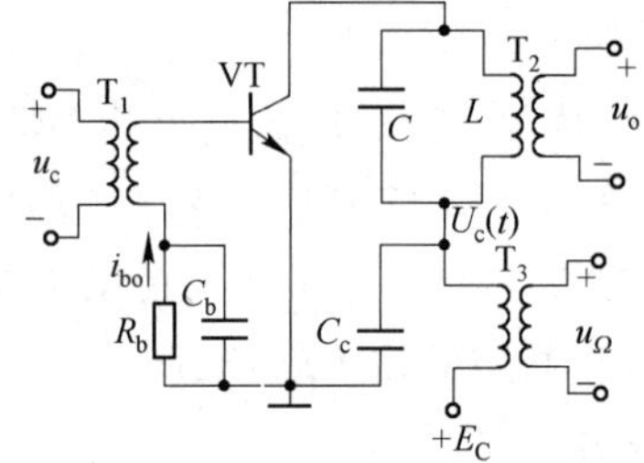

图 5. 29　集电极调幅电路

等幅载波 u_c 通过高频变压器 T_1 输入到被调放大器的基极。由第 2 章高频功率放大器的分析可知，如果功率放大器工作于过压状态，基极激励和偏置不变（即 u_{BEmax} = 常数)，且集电极负载 R_P 也不变时，当集电极有效电压 $U_c(t)$ 随调制信号 u_Ω 改变时，负载线将沿 u_{CE} 轴左右平行移动，集电极的尖顶余弦脉冲电流 i_c 的幅度也将随调制信号 u_Ω 而变化，通过集电极 LC 选频回路输出的基波电流 i_{c1} 即为调幅波电流。图 5. 30 画出了集电极调幅过程的示意图。

图 5. 30(b)示出了集电极电流的基波振幅 $i_{c1m}(t)$ 随 $U_c(t)$ 变化的曲线。从图中可以看出，在过压区集电极电流的基波分量振幅与集电极偏置电压近似成线性关系；在欠压区，$i_{c1m}(t)$ 几乎不随 $U_c(t)$ 变化。因此要实现集电极调幅，应使放大器工作在过压区，不能工作到欠压区。另外，在过压区，调制特性曲线并非线性。这是因为当 $U_c(t)$ 减小时，集电极电流脉冲不仅幅度减小，而且凹陷也加深，致使 $U_c(t)$ 越小，i_{c1m} 下降得越快，结果造成调制曲线向下弯曲。为了改善调制特性的线性，可采用补偿措施，其原则是当 $U_c(t)$ 减小时，使 u_{BEmax} 也相应地减小；反之 $U_c(t)$ 增大时，使 u_{BEmax} 也相应地增大。这样就可以控制放大电路始终保持在弱过压状态，既可

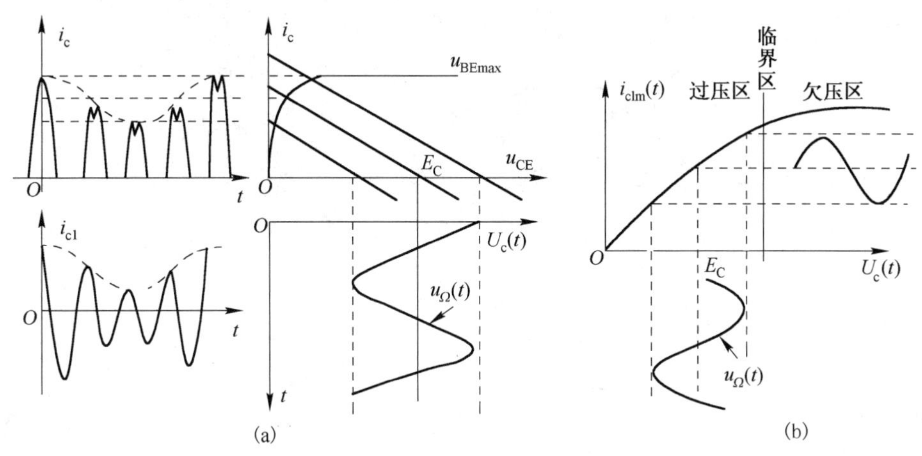

图 5.30　集电极调幅过程示意图

有较高的效率,又改善了调制特性。实际中可采用基极自给偏置电路,如图 5.29 中所示。基极电流脉冲的平均分量 i_{bo} 在 R_b 上产生自给偏压 $U_B=-i_{bo}R_b$。当放大电路工作在过压区时,i_{bo} 将随 $U_c(t)$ 的减小而增大(这是因为晶体管工作在饱和状态,基极电流很大),从而使 $u_{BEmax}=-i_{bo}R_b+U_{bm}$ 的值减小;反之,当 $U_c(t)$ 增大时,i_{bo} 减小,u_{BEmax} 增大。这样就满足了上述原则。其中旁路电容 C_b 不宜过大,以防止 U_B 跟不上调制信号的变化。

由上述分析可以看出,集电极调幅的特点是:电路应工作在过压区,而且调幅效率较高,输出调幅波形也较好,但同时要求集电极输入的调制信号应有较高的功率。

2. 基极调幅电路

基极调幅电路如图 5.31 所示。在基极调幅电路中,L_C 为高频扼流圈,L_B 为低频扼流圈,C_{e1}、C_{e2}、C_2、C_3、C_4、C_c 为高频旁路电容,R_e 为发射极偏置电阻。高频载波 $u_c(t)$ 通过变压器 T_1 加到晶体管的基极,低频调制信号 $u_\Omega(t)$ 通过耦合电容 C_1 加在电感线圈 L_B 上,并与高频载波信号 $u_c(t)$ 串联。电源 E_C 经 R_1、R_2 分压,为基极提供直流偏置电压 U_{BO}。显然,基极的有效动态偏置电压为

$$U_B(t)=U_{BO}+u_\Omega(t)=\frac{R_1}{R_1+R_2}E_C+U_\Omega\cos\Omega t \tag{5-39}$$

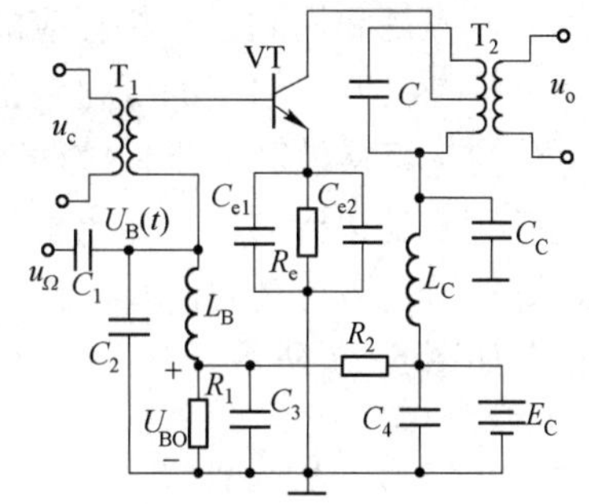

图 5.31　基极调幅电路

由第 2 章高频功率放大器的分析已知,在调制过程中,如果保持 E_C、R_P 不变,当基极有效偏置电压 $U_B(t)$ 随调制信号变化时,u_{BEmax} 会相应地随调制信号而变化;集电极尖顶余弦脉冲电流 i_c 的幅度也将随调制信号 u_Ω 而变化;通过集电极 LC 选频回路输出的基波电流 i_{c1} 即为调幅波电流。图 5.31 画出了基极调幅过程的示意图。

图 5.32(b)给出了集电极电流基波振幅 $i_{c1m}(t)$ 随 $U_B(t)$ 变化的曲线。从图中看出,**在欠压区集电极电流的基波分量振幅与基极偏置电压近似成线性关系;在过压区,$i_{c1m}(t)$ 几乎不随 $U_B(t)$ 变化。因此基极调幅不能工作在过压区。要实现基极调幅,应使放大器工作在欠压状态。**另外,基极调幅电路的调幅效率较低,输出波形较差,但所要求的基极输入调制信号的功率较小。

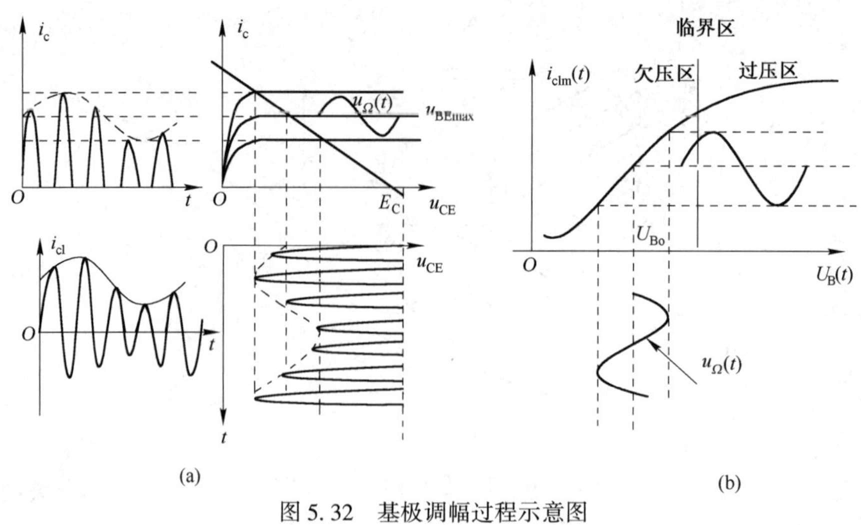

图 5.32　基极调幅过程示意图

5.4　调幅信号的解调

5.4.1　调幅波解调的方法

解调是调制的逆过程,是从高频已调波中恢复出原低频调制信号的过程。**调幅波的解调也称为检波,而完成调幅波解调作用的电路称为检波器**。从频谱上看,解调也是一种信号频谱的线性搬移过程,是将高频载波端边带信号的频谱线性搬移到低频端,这种搬移正好与调制过程的搬移过程相反,因此,广义地说,凡是具有频谱线性搬移功能的实用电路均可用于调幅波的解调。

1. 检波电路的功能

解调过程是和调制过程相对应的,不同的调制方式对应于不同的解调。对于振幅调制信号,由于信息记载在已调波幅度的变化中,解调就是从幅度的变化中提取调制信息的过程。振幅解调的方法可分为包络检波和同步检波两大类。

包络检波是指检波器的输出电压直接反映输入高频调幅波包络变化规律的一种检波方式。由于 AM 信号的包络与调制信号成正比,因此包络检波只适用于普通调幅波(AM 波)的解调。其原理方框图如图 5.33 所示。

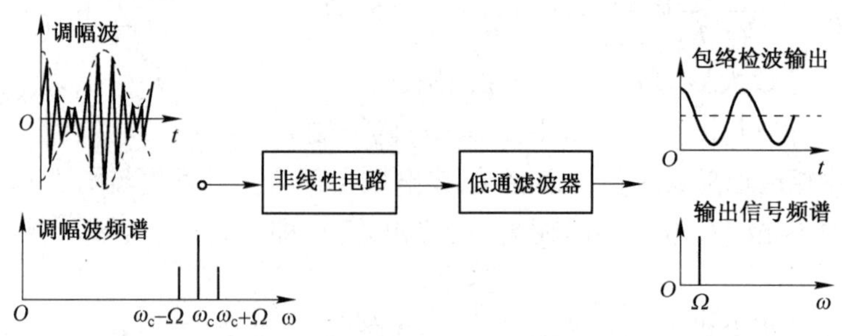

图 5.33　包络检波原理方框图

包络检波器主要由非线性电路和低通滤波器两部分组成。包络检波的输入信号为振幅调制信号 $u_i(t)=U_{im}(1+m_a\cos\Omega t)\cos\omega_c t$，其频谱由载频 ω_c 和边频 $\omega_c\pm\Omega$ 组成，并没有调制信号本身的频

率分量 Ω。但载频 ω_c 与上、下边频 $\omega_c \pm\Omega$ 之差就是 Ω。因而它包含有调制信号的信息。为了解调出调制频率为 Ω 的原调制信号,检波器必须包含有非线性电路(或器件),以便调幅信号通过它能产生新的频率分量(其中包含有所需的 Ω 分量)。然后由低通滤波器滤除不需要的高频分量,取出所需要的调制信号。根据电路及工作状态的不同,包络检波又分为峰值包络检波和平均包络检波。

DSB 和 SSB 信号的包络不同于调制信号,不能简单地采用包络检波器解调,必须使用同步检波器。同步检波器是一个三端口的网络,两个输入端口,一个输出端口。其中两个输入端口的电压,一个是 DSB(或 SSB)信号,另一个是外加的解调载波电压(本地载波电压或称恢复载波电压)。但需注意,**在同步检波过程中,为了正常解调,必须使所恢复的载波与原调制载波同步(即同频同相)**。这正是同步检波名称的由来。同步检波器可分为乘积型和叠加型两类。图 5.34 示出了同步检波器的原理方框图,其中图 5.34(a)为乘积型同步检波器,图 5.34(b)为叠加型同步检波器。从输入、输出信号的频谱可以看出,同步检波器的基本功能就是将高频载波边带信号的频谱线性搬移到低频端,但为了不失真地解调,两种同步检波器都必须输入与调制载波同步的解调载波 u_c'。顺便指出,**同步检波器也可解调 AM 信号,但采用的同步检波电路相应地要比包络检波电路复杂**。由于同步检波电路更易于集成化,所以随着集成电路的发展,采用同步检波器解调 AM 信号的方法已被广泛使用。

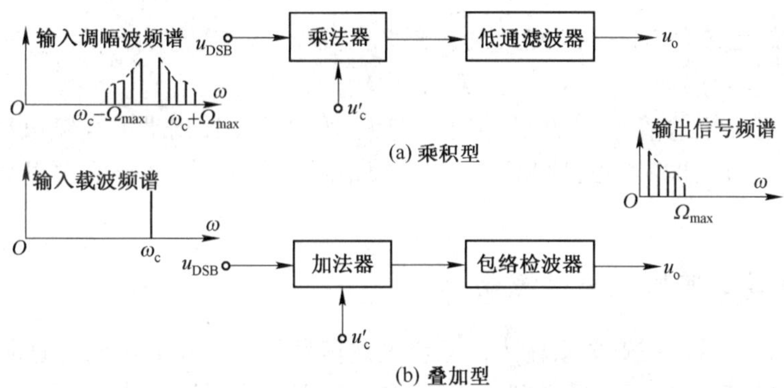

图 5.34 同步检波器原理方框图

2. 检波电路的主要技术指标

(1) 电压传输系数 K_d

检波电路的电压传输系数是指检波电路的输出电压和输入高频电压的振幅之比。

当检波电路的输入信号为高频等幅波,即 $u_i(t)=U_{im}\cos\omega_c t$ 时,电压传输系数定义为输出直流电压 U_o 与输入高频电压振幅 U_{im}的比值,即

$$K_d=U_o/U_{im}$$

当输入高频调幅波 $u_i(t)=U_{im}(1+m_a\cos\Omega t)\cos\omega_c t$ 时,K_d 定义为输出低频信号(Ω 分量)的振幅 $U_{\Omega m}$与输入高频调幅波包络变化的振幅 $m_a U_{im}$的比值,即

$$K_d=\frac{U_{\Omega m}}{m_a U_{im}} \tag{5-40}$$

(2) 等效输入电阻 R_{id}

检波器往往与前级高频放大器的输出端相连,检波器的等效输入电阻将作为前级高频放大器的负载,会影响放大器的电压增益和通频带。实际上,一般检波器的输入阻抗为复数,可以看成是由输入电阻 R_{id}和输入电容 C_{id}并联组成的。通常 C_{id}会影响前级高频谐振回路的谐振频率,而 R_{id}

会影响前级放大器的增益及谐振回路的品质因数和选择性。

因为检波器是非线性电路，R_{id}的定义与线性放大器是不相同的。**R_{id}定义为输入高频等幅电压的振幅 U_{im}，与输入端高频脉冲电流基波分量的振幅之比，即**

$$R_{id}=U_{im}/I_{1m} \tag{5-41}$$

通常希望 R_{id}应尽可能地大一些，这样可以减小检波器对前级回路的影响。

(3) 非线性失真系数 K_f

非线性失真的大小，一般用非线性失真系数 K_f 表示。当输入信号为单频调制的调幅波时，非线性失真系数定义为

$$K_f=\frac{\sqrt{U_{2\Omega}^2+U_{3\Omega}^2+\cdots}}{U_\Omega} \tag{5-42}$$

式中，U_Ω，$U_{2\Omega}$，$U_{3\Omega}$…分别为输出电压中调制信号的基波和各次谐波分量的有效值。

(4) 高频滤波系数 F

检波器输出电压中的高频分量应该尽可能地被滤除，以免产生高频寄生反馈，导致接收机工作不稳定。但简单的 RC 低通滤波器很难完全滤除高频分量，所以通常用高频滤波系数来衡量滤波能力。

高频滤波系数的定义为，输入高频电压的振幅 U_{im}与输出高频电压的振幅 U_{om}的比值，即

$$F=U_{im}/U_{om} \tag{5-43}$$

在输入高频电压一定的情况下，滤波系数 F 越大，则检波器输出端的高频电压越小，滤波效果越好。通常要求 $F\geqslant 50\sim100$。当载频和调制信号频率相差很大时，这个要求很容易满足，一般不作定量分析。

5.4.2　二极管大信号包络检波器

二极管大信号包络检波一般要求输入高频已调波信号的振幅大于 0.5 V，通常在 1 V 左右。因为信号振幅较大，二极管工作于导通和截止两种状态，所以可采用折线分析法进行分析。

1. 大信号包络检波的工作原理

(1) 电路组成

二极管大信号包络检波的原理电路如图 5.35 所示。它是由输入回路、二极管 VD 和 RC 低通滤波器组成的。在超外差接收机中，检波器的输入回路通常就是末级中放的输出回路。二极管 VD 相当于一个非线性元件，通常二极管选用导通电压及导通电阻 r_d 小的锗管。RC 低通滤波电路有两个作用：①对低频调制信号 u_Ω 来说，电容 C 的容抗$\frac{1}{\Omega C}\gg R$，电容 C 相当于开路，电阻 R 作为检波器的负载，其两端输出低频解调电压；②对高频载波信号 u_c 来说，电容 C 的容抗$\frac{1}{\omega_c C}\ll R$，电容 C 相当于短路，起到对高频电流的旁路作用，即滤除高频信号。所以理想情况下，RC 低通滤波网络所呈现的阻抗为

$$Z_L(\omega)=\begin{cases}0, & \omega=\omega_c\\ R, & \omega=\Omega\end{cases} \tag{5-44}$$

可见，理想条件下，**RC 网络对流过二极管电流 i_d 的各频率分量来说：高频时电容 C 短路，阻抗为 0；直流和低频时电容 C 开路，所呈现的阻抗为 R。**

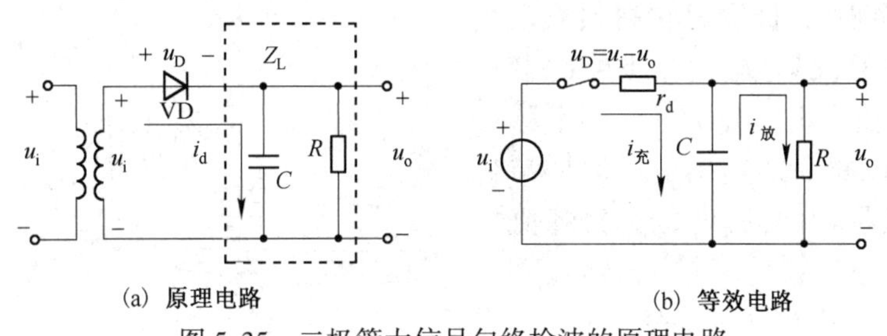

图 5.35　二极管大信号包络检波的原理电路

(2) 工作原理分析

由图 5.35 可以看出,当输入信号 $u_i(t)$ 为调幅波时,如果设低通滤波器电容 C 上的初始电压为零,那么载波的正半周时二极管正向导通,输入高频电压通过二极管对电容 C 充电,充电时间常数为 r_dC。因为 r_dC 较小,充电很快,电容上电压建立得很快。随着 C 被充电,输出电压$u_o(t)$ 增长很快;同时这个电压又加于二极管反相端。即作用在二极管 VD 两端的电压 $u_D=u_i-u_o$。所以二极管的导通与否取决于端电压 u_D。当 $u_D=u_i-u_o>0$ 时,二极管导通;当 $u_D=u_i-u_o<0$ 时,二极管截止。图 5.36 示出了输入 AM 信号时,检波器输入、输出信号的波形。

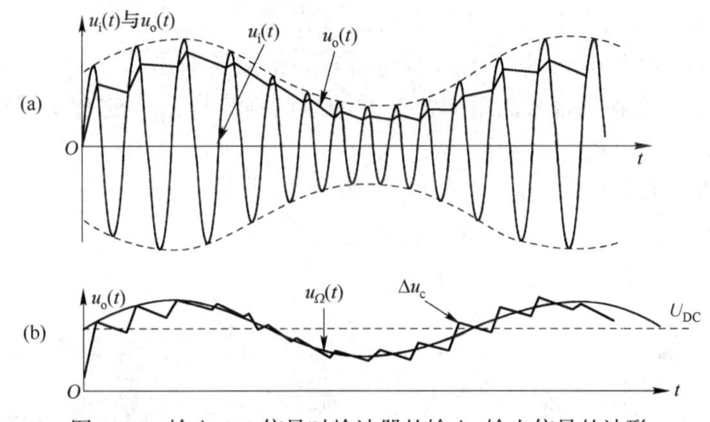

图 5.36　输入 AM 信号时检波器的输入、输出信号的波形

由图可以看出,$u_i(t)$ 达到峰值开始下降以后,由于电容 C 的电压 $u_o(t)$ 不能突变,总是滞后于 $u_i(t)$ 的变化,所以随着 $u_i(t)$ 的下降,当 $u_i(t) \leqslant u_o(t)$,即 $u_D=u_i-u_o \leqslant 0$ 时,二极管 VD 截止。在二极管截止期间电容 C 把导通期间储存的电荷通过 R 放电。因放电时常数 RC 较大(通常 $RC \gg r_dC$),放电较缓慢,u_o 下降也较缓慢,在 $u_o(t)$ 的值下降不多时,$u_i(t)$ 的下一个正半周已到来。当 $u_i(t)>u_o(t)$ 时,VD 再次导通,电容 C 在原有电荷积累的基础上又得到补充充电,$u_o(t)$ 进一步提高。然后,继续上述放电、充电的过程……直至 VD 导通时 C 的充电电荷量,等于 VD 截止时 C 的放电电荷量,$u_o(t)$ 接近于输入电压 $u_i(t)$ 的峰值。因此输出电压 $u_o(t)$ 的波形与输入信号的包络波形相似,如图 5.36(b) 所示。

通过以上的分析可以得出下列几点结论:

① 检波过程就是输入的 AM 信号通过二极管给电容 C 充电,以及电容 C 对电阻 R 放电的交替重复过程。

② 由于要求 R,C 的放电时间常数远大于输入信号的载波周期,放电缓慢,使得二极管的负极永远处于较高的电位上(因为输出电压接近于输入高频正弦波的峰值,即 $u_o(t) \approx U_{im}(t)$)。该电压对 VD 形成一个大的负电压,从而使二极管只在输入电压的峰值附近才导通。图 5.37 示出了检波二极管电压、电流的波形。图中,二极管的伏安特性用通过原点的折线来近似。由于导通时间很

短，电流导通角 θ 很小，二极管只在高频输入电压的峰值附近导通，因此流过二极管的电流是一个能够反映输入电压峰值的序列窄脉冲。通过 RC 滤波电路后的输出电压波形与输入信号包络的形状相同，所以也称为峰值包络检波。

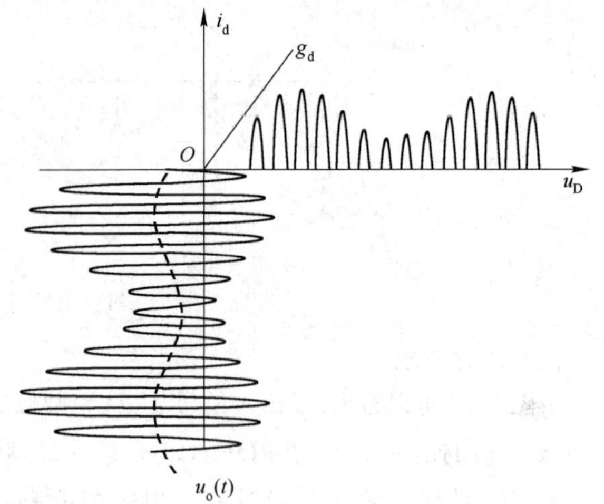

图 5.37　检波器二极管的电压、电流波形

③ 二极管电流 i_d 中包含平均分量 $I_{DC}+I_\Omega$（直流分量和低频调制分量）及高频分量。平均分量 $I_{DC}+I_\Omega$ 流经电阻 R，形成检波器的有用输出电压 $u_o(t)=u_\Omega(t)+U_{DC}$；高频电流分量除大部分被电容 C 旁路之外，在其上也会产生很小的高频纹波电压 Δu_c。所以检波器的实际输出电压为 $u_o(t)+\Delta u_c=u_\Omega(t)+U_{DC}+\Delta u_c$，其波形如图 5.36(b)所示。实际上，当电路元件选择得合适时，高频纹波电压 Δu_c 很小，可以忽略。这时检波器输出电压 $u_o(t)=u_\Omega(t)+U_{DC}$，其中包含了直流及低频调制分量。

④ 峰值包络检波器的实用输出电路如图 5.38 所示。

由图 5.38(a)可以看出，由于电容 C_d 的隔直作用，检波器输出电压 $u_o(t)=u_\Omega(t)+U_{DC}$ 中的直流分量 U_{DC} 被隔离，电路的输出信号为解调恢复后的原调制信号 u_Ω。这种实用输出电路一般常作为接收机的检波电路。

在图 5.38(b)所示的电路中，由于电容 C_φ 的旁路作用，检波器输出电压 $u_o(t)=u_\Omega(t)+U_{DC}$ 中的交流分量 $u_\Omega(t)$ 被电容 C_φ 旁路，所以输出信号为直流分量 U_{DC}。这种实用输出电路一般可用作自动增益控制信号（AGC 信号）的检测电路。

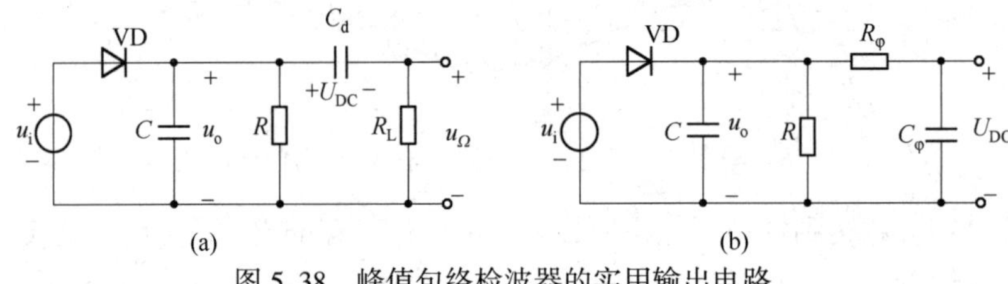

图 5.38　峰值包络检波器的实用输出电路

2. 电路主要性能指标

(1) 电压传输系数 K_d

检波器的电压传输系数 K_d，也称为检波系数或检波效率。由式(5-40)的定义知

$$K_d=\frac{\text{输出低频交流电压振幅}}{\text{输入已调波包络振幅}}=\frac{U_{\Omega m}}{m_a U_{im}} \tag{5-45}$$

若设检波器的输入信号电压

$$u_i=u_{AM}=U_{im}(1+m_a\cos\Omega t)\cos\omega_c t$$

输出信号电压为 $u_o(t)$，则加在二极管两端的电压

$$u_D=u_i-u_o=u_{AM}-u_o$$

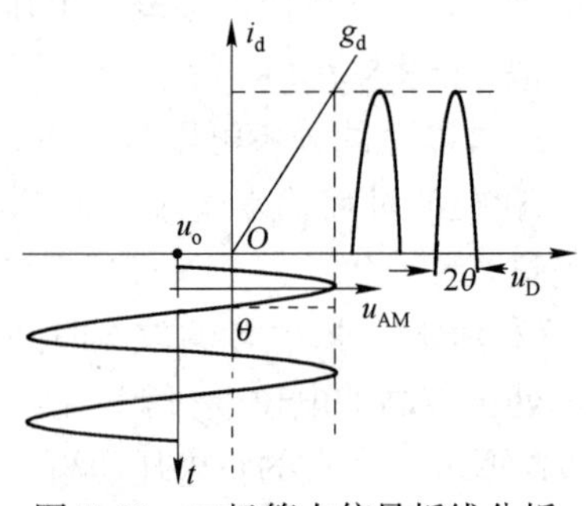

图 5.39　二极管大信号折线分析

如果以图 5.39 所示的折线表示二极管的伏安特性曲线（注意在大信号输入情况下是允许的），则流过二极管的电流

可表示为

$$i_d(t)=g_d[u_{AM}-u_o(t)]=g_d[U_{im}(1+m_a\cos\Omega t)\cos\omega_c t-u_o(t)] \tag{5-46}$$

式中,g_d 为二极管导通区折线的斜率。由图 5.38 可知,当 $\omega_c t=\theta$ 时,$i_d(t)=0$,代入式(5-46)可得

$$u_o(t)=U_{im}(1+m_a\cos\Omega t)\cos\theta=U_{im}\cos\theta+m_a U_{im}\cos\theta\cos\Omega t=U_{DC}+U_{\Omega m}\cos\Omega t \tag{5-47}$$

可见,$u_o(t)$ 有两部分,其中 $U_{DC}=U_{im}\cos\theta$ 表示检波器输出的直流分量;$u_\Omega(t)=U_{\Omega m}\cos\Omega t$ 代表检波器输出的低频调制分量,其中 $U_{\Omega m}=m_a U_{im}\cos\theta$。把上述分析结果代入式(5-45)可得

$$K_d=\frac{U_{\Omega m}}{m_a U_{im}}=\frac{m_a U_{im}\cos\theta}{m_a U_{im}}=\cos\theta \tag{5-48}$$

式中,θ 为电流的导通角。可见,**检波系数 K_d 是检波电流 i_d 导通角 θ 的函数,求出 θ 即可得到 K_d**。

另外,可以证明二极管导通角 θ 的表达式为

$$\tan\theta-\theta=\frac{\pi}{g_d R} \tag{5-49}$$

式中,$g_d=1/r_d$,r_d 为二极管导通内阻。通常检波电路的负载电阻 $R\gg r_d$,所以 $g_d R$ 的取值会很大。如果 $g_d R>50$,则 $\theta<\pi/6$。根据公式 $\tan\theta=\theta+\frac{1}{3}\theta^3+\frac{2}{15}\theta^5+\cdots\approx\theta+\frac{1}{3}\theta^3$,将其代入式(5-49)可得

$$\theta\approx\sqrt[3]{\frac{3\pi}{g_d R}}=\sqrt[3]{\frac{3\pi r_d}{R}} \tag{5-50}$$

由以上的分析可以看出:

① 在大信号检波过程中,当 VD 和 R 确定后,θ 即为恒定值,与输入信号大小无关。亦即检波效率 $K_d=\cos\theta$ 恒定,与输入信号的值无关。表明**输入已调波的包络与输出信号之间为线性关系,故称为线性检波。一般计算方法为:当输入信号 $u_i=U_{im}(1+m_a\cos\Omega t)\cos\omega_c t$ 时,则检波输出信号与输入已调波的包络成正比,即为 $u_o(t)=K_d U_{im}(1+m_a\cos\Omega t)$**。

② θ 越小,则 K_d 越大,并趋近于 1。而 θ 随 $g_d R$ 增大而减小。因此,**K_d 随 $g_d R$ 增大而增大**。当 $g_d R>50$ 时,K_d 变化不大,且 $K_d>0.9$。

③ 实际的检波电路中,由于理想滤波的条件较难实现,因此检波输出的平均电压要比上述的计算值小一些。另外,检波器实际的传输特性也与电容 C 的容量有关。

(2) 检波电路的等效输入电阻 R_{id}

在超外差接收机中,检波器通常作为前级中频电路的负载,其等效输入电阻 R_{id} 将会影响前级电路的性能。因而有必要讨论检波器的等效输入电阻由哪些量来决定。检波电路的等效输入电阻 R_{id} 如图 5.40(a)所示。

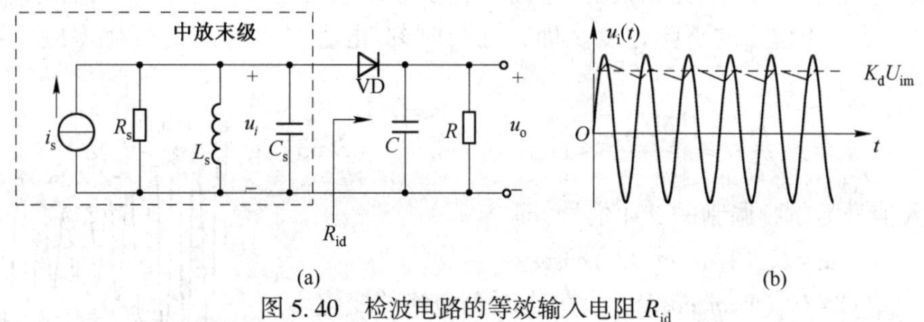

图 5.40 检波电路的等效输入电阻 R_{id}

根据式(5-41)的定义,等效输入电阻为输入高频电压振幅与流过检波二极管高频电流基波分量的振幅之比。即

$$R_{id}=U_{im}/I_{1m} \tag{5-51}$$

可见,检波器的输入电阻 R_{id} 是为研究检波器对其前级谐振回路影响的大小而定义的,因而,R_{id} 是相对载波信号频率呈现的参量。

若设检波器的输入信号为等幅载波信号 $u_i(t)=U_{im}\cos\omega_c t$,如图 5.40(b)所示。忽略二极管导通电阻 r_d 上的损耗功率,由能量守恒原理,检波器输入端口的高频功率$\dfrac{U_{im}^2}{2R_{id}}$,应全部转换为输出端负载电阻 R 上消耗的功率$\dfrac{K_d^2U_{im}^2}{R}$(注意,$K_dU_{im}$ 为检波器的输出),即有$\dfrac{U_{im}^2}{2R_{id}}=\dfrac{K_d^2U_{im}^2}{R}$。又因 $K_d=\cos\theta\approx 1$,所以

$$R_{id}\approx R/2 \tag{5-52}$$

可见,二极管检波器的输入电阻 R_{id} 与检波器的负载电阻 R 有关,当 θ 较小时,$K_d\approx 1$,$R_{id}\approx R/2$。**R 越大,R_{id} 越大,对前级电路的影响就越小。**

另外,在集成电路中,检波二极管常用三极管的发射结代替,这样就构成了三极管包络检波电路,如图 5.41 所示。图中 C 和 R 为外接滤波元件,而三极管 VT 和射极电阻 R_E 为集成电路内部元件。**三极管包络检波电路除了便于集成化以外,还具有一定的放大作用,即 $K_d>1$;同时还使输入电阻 R_{id} 增大为二极管检波器输入电阻的 $(1+\beta)$ 倍。**

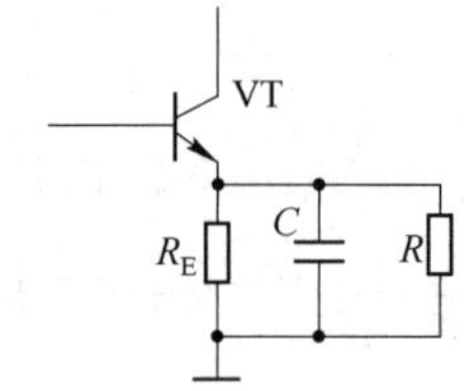

图 5.41　三极管包络检波电路

3. 检波器的失真

在二极管峰值型检波器中,存在着两种特有的失真:惰性失真和底部切割失真。下面来分析这两种失真形成的原因和避免失真的条件。

(1) 惰性失真

为了提高检波效率和滤波效果,一般总希望选取较大的 R、C(如 C 越大,高频波纹越小;R 越大,检波效率越高)。但 R、C 取值过大,其放电时间常数 $\tau=RC$ 就会较大,电容 C 两端电压 $u_c(t)$ 在二极管截止期间放电速度会较慢。如果电压 $u_c(t)$ 的放电速度小于输入信号(AM)包络下降的速度时,会造成二极管负偏压大于输入信号电压的下一个正峰值,致使二极管在其后的若干个高频信号周期内不导通,输出波形不随输入信号包络而变化,从而产生失真。这种失真是由于电容放电惰性引起的,故称为惰性失真。图 5.42 示出了惰性失真的波形。

容易看出,**惰性失真总是起始于输入已调波包络的负斜率上,而且调幅系数 m_a 越大,调制频率 Ω 越高,惰性失真越容易产生,因为此时包络下降得速度较快。**

为了避免产生惰性失真,必须在任何一个高频信号周期内,使电容 C 通过 R 放电的速度(即 $u_c(t)$ 下降速度)大于或等于包络的下降速度。即在任何时刻,电容 C 上电压的变化率应大于或等于包络信号的变化率

$$\left|\frac{\partial u_c}{\partial t}\right|\geqslant\left|\frac{\partial U_{AM}(t)}{\partial t}\right| \tag{5-53}$$

如果输入信号为单频调制的 AM 信号,即

$$u_i=U_{im}(1+m_a\cos\Omega t)\cos\omega_c t$$

则包络信号 $U_{AM}(t)=U_{im}(1+m_a\cos\Omega t)$。在 t_1 时刻包络的变化率

$$\left|\frac{\partial U_{AM}(t)}{\partial t}\right|_{t=t_1}=|m_a\Omega U_{im}\sin\Omega t_1| \tag{5-54}$$

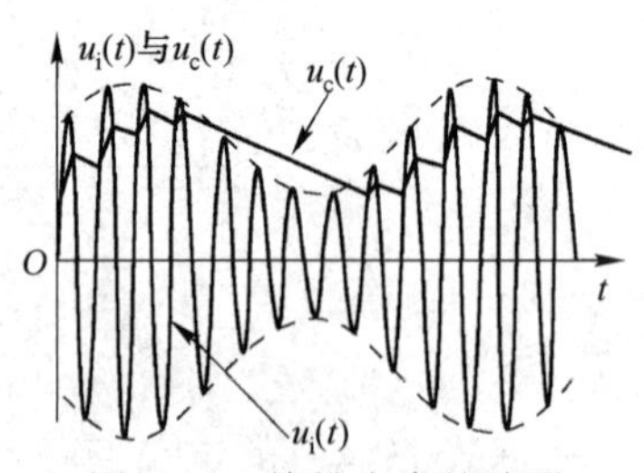

图 5.42　惰性失真的波形

另外,设在 t_1 时刻二极管截止的瞬间,电容两端所保持的电压近似等于输入信号的峰值,即

$$u_c \approx U_{im}(1+m_a\cos\Omega t_1)$$

那么,C 通过 R 放电的电压表示式为

$$u_c \approx U_{im}(1+m_a\cos\Omega t_1)\mathrm{e}^{-\frac{t-t_1}{RC}}$$

所以,在 t_1 时刻电容放电的速率为

$$\left|\frac{\partial u_c}{\partial t}\right|_{t=t_1} = \left|\frac{U_{im}(1+m_a\cos\Omega t_1)}{RC}\right| \tag{5-55}$$

由式(5-53)、式(5-54)和式(5-55)可得,在 t_1 时刻不产生惰性失真的条件为

$$\left|\frac{1}{RC}U_{im}(1+m_a\cos\Omega t_1)\right| \geqslant |m_a\Omega U_{im}\sin\Omega t_1| \tag{5-56}$$

变换式(5-56),可得

$$A=\left|\frac{RCm_a\Omega\sin\Omega t_1}{(1+m_a\cos\Omega t_1)}\right| \leqslant 1 \tag{5-57}$$

实际上,对于不同的 t_1,已调波包络 $U_{AM}(t)$ 和电容放电电压 $u_c(t)$ 的下降速度是不同的。为在任何时刻 t 都能避免产生惰性失真,必须保证 A 取最大值时仍有 $A_{max}<1$。故令

$$\frac{\mathrm{d}A}{\mathrm{d}t}=\left|\frac{RC\Omega^2 m_a(1+m_a\cos\Omega t)\cos\Omega t+RCm_a^2\Omega^2\sin^2\Omega t}{(1+m_a\cos\Omega t)^2}\right|=0 \tag{5-58}$$

解式(5-58)可得,$\cos\Omega t=-m_a$,将其代入式(5-57)可得

$$A_{max}=\left|\frac{RCm_a\Omega\sin\Omega t}{(1+m_a\cos\Omega t)}\right|=\frac{RCm_a\Omega}{\sqrt{1-m_a^2}}\leqslant 1$$

所以,避免失真的条件为

$$RC\leqslant\frac{\sqrt{1-m_a^2}}{\Omega m_a} \tag{5-59}$$

可见,**m_a,Ω 的值越大,信号包络变化越快,为避免产生惰性失真要求 RC 的值就应该越小**。实际应用中,由于调制信号总占有一定的频带($\Omega_{min}\sim\Omega_{max}$),并且各频率分量所对应的调制系数 m_a 也不相同,所以在设计检波器时,应该用最大调制度 m_{max} 和最高调制频率 Ω_{max} 来检验有无惰性失真,其检验公式为

$$RC\leqslant\frac{\sqrt{1-m_{max}^2}}{\Omega_{max}m_{max}} \tag{5-60}$$

(2) 底部切割失真

为了从检波电路的输出信号中取出低频调制信号,检波器与后级低频放大器的连接如图 5.43(a)所示。图中 C_d 为隔直电容,R_L 为后级放大器的输入电阻。为了能有效地传输检波后的低频信号 $u_\Omega(t)$,一般要求 $R_L\gg\frac{1}{C_d\Omega_{min}}$,或者 $R_LC_d\gg\frac{1}{\Omega_{min}}$,$\Omega_{min}$ 为低频信号 $u_\Omega(t)$ 的下限频率。因而通常 C_d 的取值较大(一般为 5~10 μF)。所以在检波过程中会在 C_d 两端建立起直流电压 U_{DC},其值大小近似等于载波电压振幅。由式(5-47)可知 $U_{DC}=K_dU_{im}$,且在低频信号一个周期内基本维持不变。U_{DC} 经 R 和 R_L 分压后,在 R 上产生的直流电压为

$$U_R=\frac{U_{CD}}{R+R_L}R \tag{5-61}$$

U_R 对检波二极管 VD 来说相当于一个反向偏置电压,会影响二极管的工作状态。如果输入调

幅波的 m_a 值较小，U_R 还不至于影响检波二极管的正常工作，但当 m_a 值较大时，**输入调幅波包络的负半周峰值电压可能会低于反向偏置电压 U_R，使二极管在这期间内截止，检波器的输出信号将不再跟随输入调幅波包络的变化，从而产生底部切割失真，如图 5.43(b)、(c)所示。**

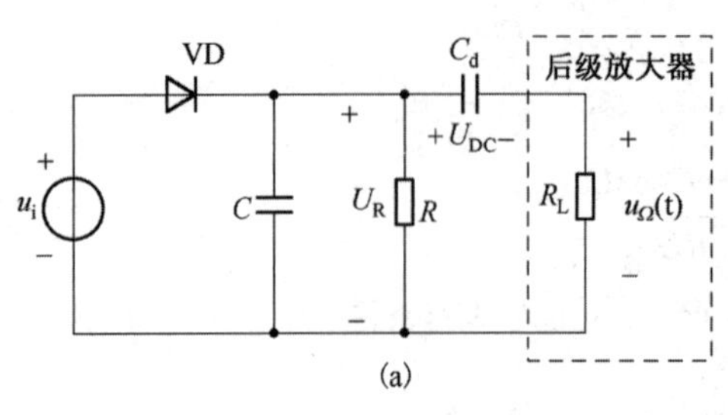

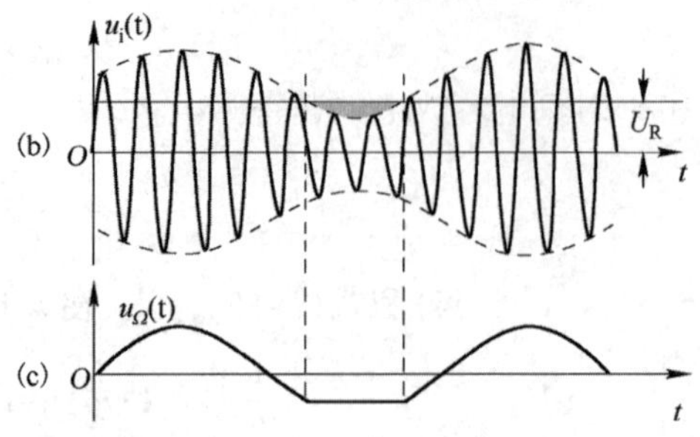

图 5.43　底部切割失真

显然，R_L 越小，U_R 分压越大，底部切割失真越容易产生；另外，m_a 的值越大，调幅波包络的振幅 m_aU_{im}越大，调幅波包络的负峰值 $U_{im}(1-m_a)$越小，底部切割失真也越易产生。由图 5.43(b)、(c)可以看出，**要防止这种失真，必须要求调幅波包络的负峰值 $U_{im}(1-m_a)$ 大于直流电压 U_R**，即

$$U_{im}(1-m_a) \geqslant \frac{U_{im}}{R+R_L}R$$

所以，避免底部切割失真的条件为

$$m_a \leqslant \frac{R_L}{R+R_L} = \frac{R_L // R}{R} = \frac{R_\Omega}{R} \tag{5-62}$$

式中，$R_\Omega = R_L // R$ 为检波器输出端的交流负载电阻，而 R 为直流负载电阻。可见，**底部切割失真是由于检波器的直流负载电阻 R 不等于交流负载电阻 R_Ω，而且调幅系数 m_a 又相当大时引起的。**

[例 5-4]　二极管大信号包络检波电路如图 5.44 所示，二极管导通电阻 $r_D = 100\Omega$，$u_i = 5[1+0.5\cos(2\pi\times10^3 t)]\cos(2\pi\times10^6 t)$ V，$C = 0.01\mu F$，$R = 10k\Omega$，$C_d = 10\mu F$，$R_L = 5k\Omega$。试计算：

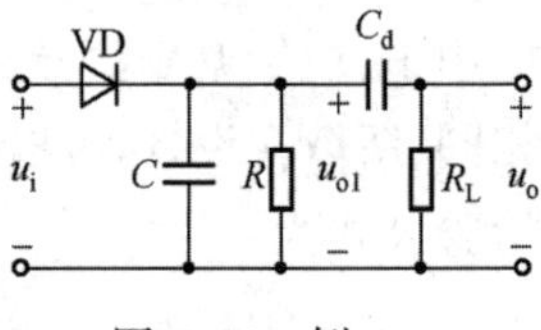

图 5.44　例 5-4

(1) 二极管电流导通角 θ；　(2) 电压传输系数 K_d；

(3) 输入电阻 R_{id}；　(4) 电压 u_{o1}、u_o 的表达式；

(5) 检验有无惰性失真及底部切割失真。

解：(1)
$$\theta \approx \sqrt[3]{\frac{3\pi r_D}{R}} = \sqrt[3]{\frac{3\pi\times100}{10\times10^3}} \approx 0.455(\text{rad}) \approx 26.07°$$

(2)
$$K_d = \cos\theta = \cos26.07° \approx 0.90$$

(3)
$$R_{id} \approx \frac{R}{2} = \frac{1}{2}\times10 = 5(k\Omega)$$

(4)　$u_{o1} = K_dU_i(t) = 0.90\times5[1+0.5\cos(2\pi\times10^3 t)] = 4.5[1+0.5\cos(2\pi\times10^3 t)]$(V)

u_o 是 u_{o1}的交流部分，即

$$u_o = 4.5\times0.5\cos(2\pi\times10^3 t) = 2.25\cos(2\pi\times10^3 t)\ (\text{V})$$

(5) $RC = 10\times10^3\times0.01\times10^{-6} = 10^{-4}$(s)，$\dfrac{\sqrt{1-m_a^2}}{\Omega m_a} = \dfrac{\sqrt{1-0.5^2}}{2\pi\times10^3\times0.5} \approx 2.76\times10^{-4}$(s)

满足无惰性失真的条件：$RC \leqslant \frac{\sqrt{1-m_a^2}}{\Omega m_a}$，因此无惰性失真。

又无底部切割失真的条件为：$m_a \leqslant \frac{R_\Omega}{R}$，而 $R_\Omega = R//R_L = 10//5 \approx 3.33(\text{k}\Omega)$，$R = 10\text{k}\Omega$，则$\frac{R_\Omega}{R} = \frac{3.33}{10} \approx 0.33 < m_a = 0.5$，因此有底部切割失真。

4. 检波器设计及元件参数的选择

图 5.45 是一个既考虑到检波器前级中放电路，又考虑到检波器后级低频放大电路的实用二极管检波器。图中，R_L 代表后级低频放大电路的输入电阻，L_s、C_s 为前级中放电路的谐振回路。那么，根据对上面诸问题的分析，检波器的设计及元件参数的选择应遵照如下原则：

（1）如果从前级中放电路的选择性及通频带的要求出发，前级选频回路的有载 Q_L 值要大，即 $Q_L = \omega_c C_s\left(R_s // \frac{R}{2}\right) \gg 1$，其中 $R_{id} = \frac{R}{2}$。即要求检波器输入电阻 R_{id} 的取值应该比较大，这样对前级选频回路有载 Q_L 值的影响就会减小。

（2）为了使检波器输出低频信号的高频波纹小，要求 $RC \gg T_c$，即 $RC \gg 1/\omega_c$，其中 T_c 为高频载波的周期。

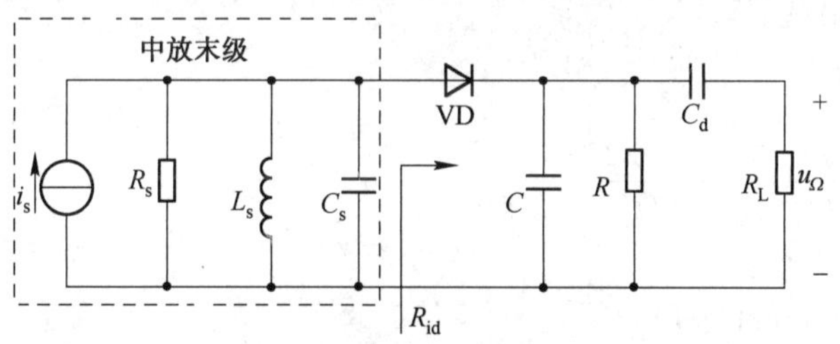

图 5.45　实用二极管检波器

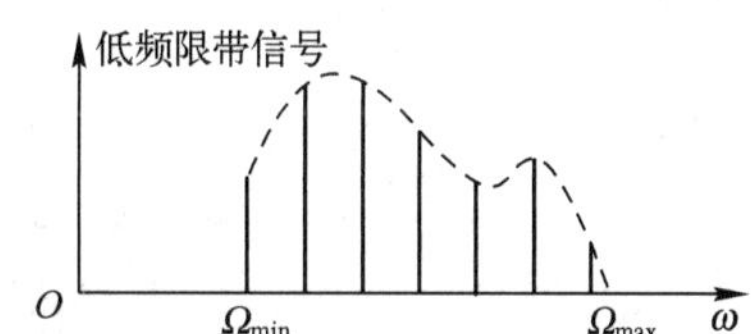

图 5.46　低频限带信号的频谱

（3）由于一般低频信号为一个限带信号，具有一定的频率范围（$\Omega_{min} \sim \Omega_{max}$），如图 5.46 所示。为了减小检波器输出低频信号的频率失真，要求 $RC \ll 1/\Omega_{max}$。即**滤波电容 C 不能太大，以免滤除低频信号中的高频分量 Ω_{max}**。另外，要求 $R_L C_d \gg 1/\Omega_{min}$，即**隔直电容 C_d 不能太小，以免隔离低频信号中的低频分量 Ω_{min}**。

（4）为了避免惰性失真，要求 $RC \leqslant \frac{\sqrt{1-m_{max}^2}}{\Omega_{max} m_{max}}$。

（5）为了避免底部切割失真，要求 $m_a \leqslant \frac{R_L}{R+R_L} = \frac{R_L // R}{R} = \frac{R_\Omega}{R}$。

（6）检波二极管要选用正向电阻小、反向电阻大、结电容小、最高工作频率 f_{max} 高的二极管。应尽可能地选用点接触型锗二极管，其截止电压仅为 0.2～0.3 V，优于硅二极管，而且比面结型管的结电容小。

综上所述，电阻 R 的选择，应主要考虑输入电阻及失真问题，同时要考虑对 K_d 的影响，应使 $R \gg r_d$。广播收音机及通信接收机检波器中，R 的数值通常选在几千欧姆（如 5 kΩ）。

电容 C 不能太大，以防止惰性失真，C 太小又会使高频波纹大，应使 $RC \gg T_c$。广播收音机中，C 一般取 0.01 μF。

［例 5-5］ 设计一个实用中波段收音机的二极管包络检波器，如图 5.47 所示。现要求检波器的等效输入电阻 $R_{id} \geqslant 5\,\text{k}\Omega$，不产生惰性失真和负峰切割失真。选择检波器的各元件参数值。（设调制信号频率 F 为 300~3000 Hz，检波器输入已调波信号的载频为 465 kHz，二极管的正向导通电阻 $r_d \approx 100\,\Omega$，后级低放输入电阻 $R_{i2} \approx 2\,\text{k}\Omega$，调制系数 $m_a \approx 0.3$。）

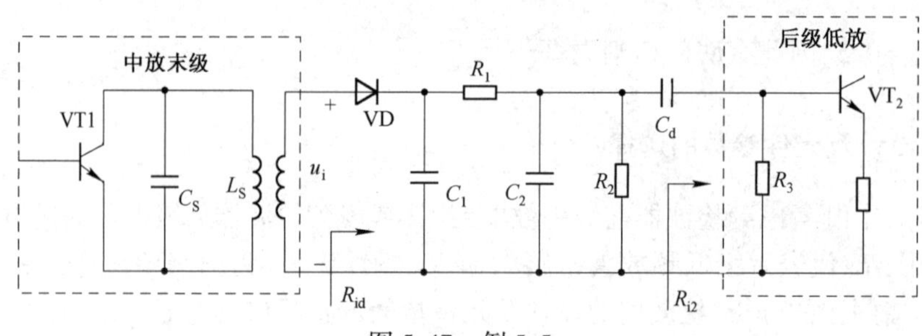

图 5.47 例 5-5

解： 先计算 R_1、R_2。因为二极管包络检波器的输入电阻 R_{id} 与其直流负载电阻 R 的关系为 $R_{id} \approx R/2$，而 $R=R_1+R_2$，所以有 $R=R_1+R_2 \geqslant 10\,\text{k}\Omega$。又因不产生负峰切割失真的条件是 $R_\Omega/R>m_a \approx 0.3$（其中 R_Ω 为检波器的交流负载），因此可得到 $R_\Omega>3\,\text{k}\Omega$。由图 5.47 已给出的电路形式，如果取 $R_1=2\,\text{k}\Omega$，则 $R_2=10\,\text{k}\Omega$。通常取 $R_1 \approx (1/5\sim1/10)R_2$。直流负载电阻 $R=R_1+R_2=12\,\text{k}\Omega>10\,\text{k}\Omega$，满足要求。此时交流负载 $R_\Omega=R_1+\dfrac{R_2R_{i2}}{R_2+R_{i2}}=2+\dfrac{10\times2}{10+2}=3.7\,(\text{k}\Omega)$。

再由不产生惰性失真的条件来计算 C_1、C_2。

由

$$RC \leqslant \frac{\sqrt{1-m_{max}^2}}{\Omega_{max} m_{max}} \approx \frac{3.2}{\Omega_{max}}$$

可得

$$C \leqslant \frac{3.2}{\Omega_{max} R} = \frac{3.2}{2\pi\times3000\times12\times10^3} = 0.014(\mu\text{F})$$

由于实际电路中 R_1 较小，所以可以近似认为 $C=C_1+C_2$。通常可以选用 $C_1=C_2=0.005\,\mu\text{F}$ 的电容。另外根据 $R_{i2}C_d \gg 1/\Omega_{min}$，可得

$$C_d \gg \frac{1}{\Omega_{min} R_{i2}} = \frac{1}{2\pi\times3000\times2\times10^3} \approx 0.3\,(\mu\text{F})$$

通常可以选择 C_d 为 1~5 μF。

5.4.3 同步检波

前述已经指出，同步检波（Synchronous Detection）分为乘积型和叠加型两种方式，这两种检波方式都需要接收端恢复载波支持。恢复载波性能的好坏，直接关系到接收机解调性能的优劣。下面分别介绍这两种检波方法。

1. 乘积型同步检波

乘积型同步检波是直接把本地恢复的解调载波与接收信号相乘，然后用低通滤波器将低频信号提取出来。在这种检波器中，要求本地的解调载波与发送端的调制载波同频同相。如果其频率或相位有一定的偏差，将会使恢复出来的调制信号产生失真。

(1) 同步检波器的工作原理

图 5.48(a)示出了乘积型同步检波器的原理方框图。设输入已调波信号 $u_i=U_{im}\cos\Omega t\cos\omega_c t$，

本地解调载波 $u_o = U_{om}\cos(\omega_o t+\varphi)$，则两信号相乘后的输出为

$$
\begin{aligned}
u_i u_o &= kU_{im}U_{om}\cos\Omega t\cos\omega_c t\cos(\omega_o t+\varphi) \\
&= \frac{1}{2}kU_{im}U_{om}\cos\Omega t\{\cos[(\omega_c+\omega_o)t+\varphi]+\cos[(\omega_c-\omega_o)t+\varphi]\}
\end{aligned}
\tag{5-63}
$$

式中，k 为乘法器的相乘系数。令 $\omega_c-\omega_o=\Delta\omega_o$，且低通滤波器的传输系数为 1，则经低通滤波器后的输出信号为

$$
\begin{aligned}
u_\Omega &= \frac{1}{2}kU_{im}U_{om}\cos\Omega t\cos(\Delta\omega_o t+\varphi) = U_\Omega\cos(\Delta\omega_o t+\varphi)\cos\Omega t \\
&= U_\Omega(t)\cos\Omega t
\end{aligned}
\tag{5-64}
$$

输入、输出信号的频谱如图 5.48(b)所示。

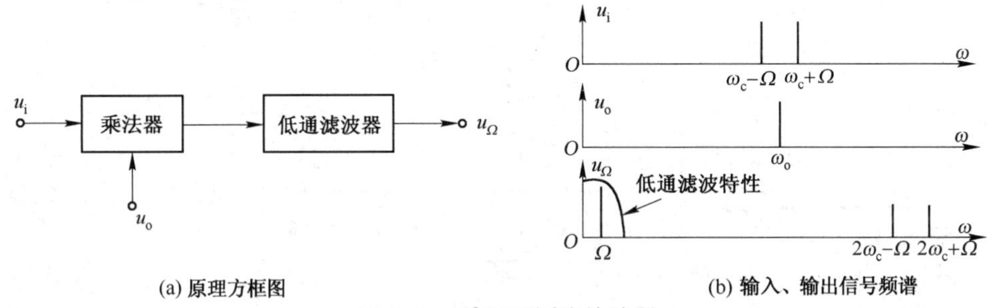

(a) 原理方框图　　(b) 输入、输出信号频谱

图 5.48　乘积型同步检波器

由式(5-64)可以看出：

① 当恢复的本地载波与发射端的调制载波同步（同频、同相），即 $\Delta\omega_o=0, \varphi=0$ 时，有 $u_\Omega=U_\Omega\cos\Omega t$，表明同步检波器能无失真地将调制信号恢复出来。

② 若本地载波与调制载波有一定的频差，即 $\Delta\omega_o\neq0, \varphi=0$ 时，则有

$$u_\Omega=U_\Omega\cos\Delta\omega_o t\cos\Omega t$$

可见，同步检波器输出解调信号的振幅相对于原调制信号，已引起振幅失真。

③ 若本地载波与调制载波同频，但有一定的相位差，即 $\Delta\omega_o=0, \varphi\neq0$，则有

$$u_\Omega=U_\Omega\cos\varphi\cos\Omega t$$

此时，同步检波器输出的解调信号中引入了一个振幅衰减因子 $\cos\varphi$。如果 φ 随时间变化，同样也会引起振幅失真。

由上述分析与讨论可以看出：① **乘积型同步检波的关键是电路应具有乘积项。以前所介绍的凡是具有乘积项的线性频谱搬移电路，只要后接低通滤波器都可实现乘积型同步检波。② 同步检波器输出解调信号无失真的关键是，保证本地解调载波与调制载波同步。**

(2) 乘积型同步检波器的实用电路

图 5.49(a)所示为由集成模拟乘法器 BG314 构成的 AM 调幅波同步检波电路，图(b)是与该电路相对应的原理方框图。

如前所述，同步检波也可以解调 AM 调幅信号，但同样要求恢复出与调制载波同步的解调载波。图中，由 VT_1、VT_2、VT_3 组成的恒流源差分电路用作限幅放大器，VT_2 集电极的 LC 回路谐振在输入 AM 波信号的载波频率 f_c 上，以取出等幅的载频正弦波，作为同步检波的解调载波电压 u_o。运放 A 组成单位增益双端转单端输出电路。R_φ、C_φ 构成低通滤波器，滤除高频分量，取出直流分量及低频分量，最后经隔直耦合电容 C_D 取出低频解调信号 u_Ω。BG314 各引脚外接电路可参阅图 4.26 所示电路。

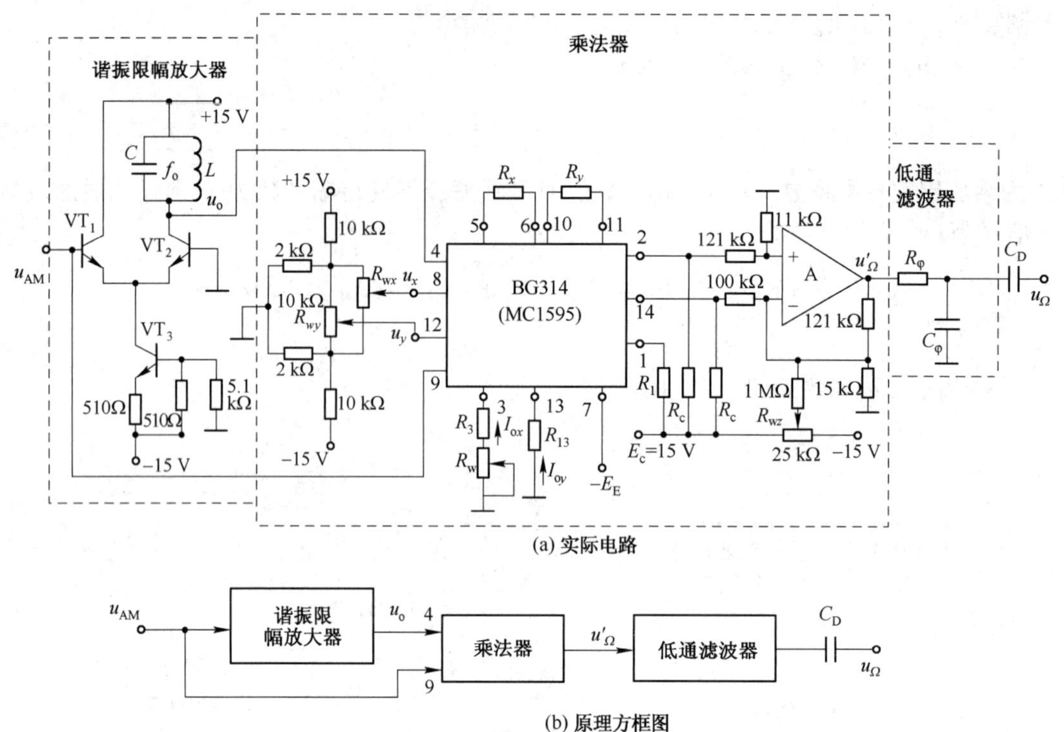

(a) 实际电路

(b) 原理方框图

图 5.49　BG314AM 同步检波电路

设输入 AM 信号为 $u_{AM}=U_{im}(1+m_a\cos\Omega t)\cos\omega_c t$；经限幅放大器输出的解调载波电压为 $u_o=U_{om}\cos(\omega_c t+\varphi)$，其中 U_{om} 为解调载波电压的振幅值，φ 为限幅放大器引起的相移，一般要求 φ 越小越好。若忽略 φ，则由式(4-50)可得乘法器的输出电压为

$$
\begin{aligned}
u'_\Omega&=\frac{2R_C}{I_{ox}R_xR_y}u_{AM}u_o=\frac{2R_CU_{im}U_{om}}{I_{ox}R_xR_y}(1+m_a\cos\Omega t)\cos\omega_c^2 t\\
&=\frac{R_CU_{im}U_{om}}{I_{ox}R_xR_y}(1+m_a\cos\Omega t)+\frac{R_CU_{im}U_{om}}{I_{ox}R_xR_y}\cos2\omega_c t+\frac{m_aR_CU_{im}U_{om}}{2I_{ox}R_xR_y}[\cos(2\omega_c+\Omega)t+\cos(2\omega_c-\Omega)t]
\end{aligned}
$$

设低通滤波器的电压传输系数 $K_\varphi=1$，则经过滤波及隔直电容 C_D 后的输出电压为

$$
u_\Omega=\frac{m_aR_CU_{im}U_{om}}{I_{ox}R_xR_y}\cos\Omega t=U_\Omega\cos\Omega t \tag{5-65}
$$

式中，$U_\Omega=\dfrac{m_aR_CU_{im}U_{om}}{I_{ox}R_xR_y}$ 是输出低频解调电压的振幅。

集成模拟乘法器同步检波电路具有下列优点。

① 检波线性好。从式(5-65)可知，由于 $U_{om}R_c/I_{ox}R_xR_y$ 为常数，所以 U_Ω 与 m_aU_{im} 成正比，即检波输出电压的幅值与调幅波包络变化的幅度成正比。

② 检波效率 $K_d=U_\Omega/(m_aU_{im})=U_{om}R_c/(I_{ox}R_xR_y)$ 高。

③ 乘法器输出电压中，不存在载波分量 ω_c，检波电路的中频辐射小，工作稳定。

另外，利用图 5.49(a)所示集成模拟乘法器 BG314 也可实现双边带或单边带调幅信号的同步检波。由于双边带信号和单边带信号中不含载波分量，因而同步解调载波 u_o 只能由外设电路中的振荡器产生，其频率和相位均应与载波同步。这时，双边带调幅信号 $u_{DSB}=U_{DSB}\cos\Omega t\cos\omega_c t$ 由 BG314 的第 9 脚输入，外设振荡器产生的同步解调载波 $u_o=U_{om}\cos\omega_c t$ 直接由第 4 脚输入。同理可得输出的解调信号为

$$u_{\Omega}=\frac{K_{\varphi}U_{\mathrm{DSB}}U_{\mathrm{om}}R_{\mathrm{C}}}{I_{\mathrm{ox}}R_{x}R_{y}}\cos\Omega t=U_{\Omega}\cos\Omega t$$

式中，K_{φ} 为低通滤波器的电压传输系数；$U_{\Omega}=\frac{K_{\varphi}U_{\mathrm{DSB}}U_{\mathrm{om}}R_{\mathrm{C}}}{I_{\mathrm{ox}}R_{x}R_{y}}$是检波器输出低频电压的振幅。

利用**乘法器解调双边带信号或单边带信号，检波线性好，即使输入信号较小亦不会产生太大的失真；而且同步解调载波较小时仍能实现线性检波。**

DSB 信号和 SSB 信号波形的包络不能直接反映原始信息，因此不能直接用包络检波法解调，只能用同步检波法解调。

图 5.50 和图 5.51 分别是采用集成锁相环 NE561 对 DSB 和 SSB 信号（也适用于普通调幅信号）进行同步检波的原理框图和具体电路。

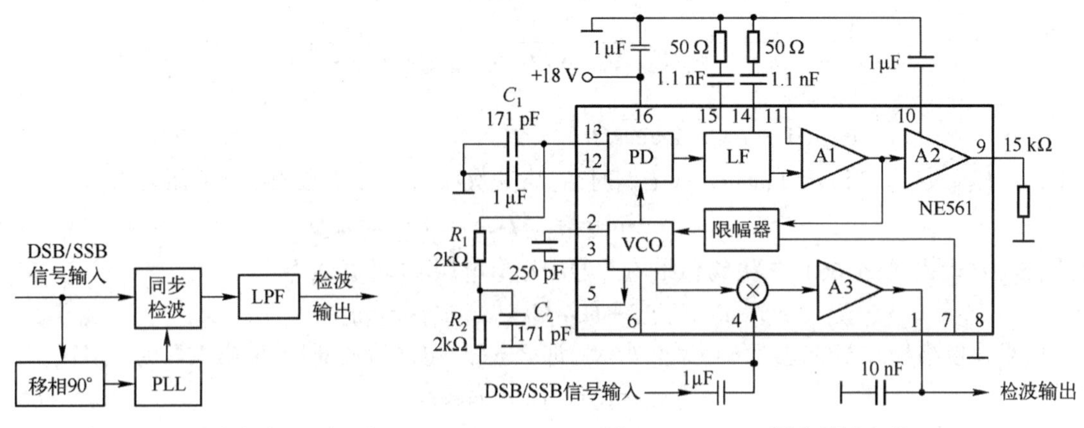

图 5.50　NE561 同步检波原理框图

图 5.51　NE561 同步检波电路

按照图 5.51 中的参数，VCO 的中心频率约等于超外差调幅接收机的中频频率 465kHz：

$$f_{\mathrm{o}}=\frac{1}{2\pi R_{1}C_{1}}=\frac{1}{2\pi R_{2}C_{2}}=465\mathrm{kHz}$$

［思考］　图 5.51 中 VCO 的中心频率为什么设置成 465kHz？

2. 叠加型同步检波器

(1) 叠加型同步检波器工作原理

叠加型同步检波是在 DSB 或 SSB 信号中插入本地载波，使之成为或近似为 AM 信号，再利用包络检波器将调制信号恢复出来。对 DSB 信号而言，只要加入的恢复载波电压在数值上满足一定的关系，就可得到一个不失真的 AM 波。图 5.52(a)就是叠加型同步检波器原理电路，图(b)为相应电路的原理方框图。下面以 SSB 信号为例分析叠加型同步检波器的工作原理。

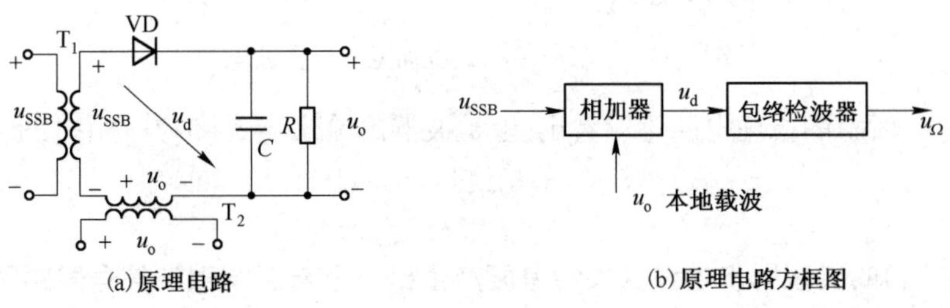

图 5.52　叠加型同步检波器原理电路

设输入单频调制的单边带信号(上边带)为

$$u_{SSB}=U_{SSB}\cos(\omega_c+\Omega)t=U_{SSB}\cos\Omega t\cos\omega_c t-U_{SSB}\sin\Omega t\sin\omega_c t$$

恢复的本地载波信号为 $u_o=U_{om}\cos\omega_c t$

如果设变压器 T_1、T_2 的匝数比均为 1:1,那么由图 5.52(a)可得

$$\begin{aligned}u_d&=u_{SSB}+u_o=(U_{SSB}\cos\Omega t+U_{om})\cos\omega_c t-U_{SSB}\sin\Omega t\sin\omega_c t\\&=U_m(t)\cos[\omega_c t+\varphi(t)]\end{aligned}\tag{5-66}$$

式中

$$U_m(t)=\sqrt{(U_{SSB}\cos\Omega t+U_{om})^2+(U_{SSB}\sin\Omega t)^2}\tag{5-67}$$

$$\varphi(t)=\arctan\frac{U_{SSB}\sin\Omega t}{U_{SSB}\cos\Omega t+U_{om}}\tag{5-68}$$

包络检波器对相位不敏感,下面只讨论包络的变化。由式(5-67)可得

$$\begin{aligned}U_m(t)&=\sqrt{U_{SSB}^2+U_{om}^2+2U_{SSB}U_{om}\cos\Omega t}=U_{om}\sqrt{1+\left(\frac{U_{SSB}}{U_{om}}\right)^2+2\frac{U_{SSB}}{U_{om}}\cos\Omega t}\\&=U_{om}\sqrt{1+m^2+2m\cos\Omega t}\end{aligned}\tag{5-69}$$

式中,$m=U_{SSB}/U_{om}$。当 $m\ll1$,即 $U_{om}\gg U_{SSB}$ 时,忽略高次项 m^2,则式(5-69)可近似表示为

$$U_m(t)\approx U_{om}\sqrt{1+2m\cos\Omega t}\approx U_{om}(1+m\cos\Omega t)\tag{5-70}$$

将式(5-70)代入式(5-66),二极管包络检波器的端口电压 u_d 可近似为

$$u_d=U_{om}(1+m\cos\Omega t)\cos[\omega_c t+\varphi(t)]$$

如果设包络检波器的电压传输系数为 K_d,那么 u_d 经包络检波器后,输出电压为

$$u_\Omega=K_d U_{om}(1+m\cos\Omega t)\tag{5-71}$$

如果再经电容隔直后,就可将调制信号恢复出来。

(2) 实用电路

图 5.53 为二极管平衡式叠加型同步检波电路,它是由两个单二极管叠加型同步检波器构成的平衡对称电路,这样可以减小叠加型同步检波器输出电压的非线性失真。其输出解调电压中抵消了 2Ω 及其各偶次谐波分量。

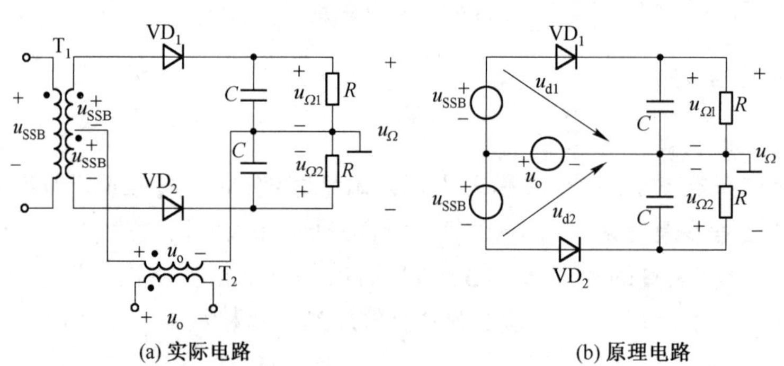

图 5.53 二极管平衡式叠加型同步检波电路

由图 5.53(b)所示的原理电路可以看出,上检波器的输出与式(5-71)相同,下检波器的输出为

$$u_{\Omega2}=K_d U_{om}(1-m\cos\Omega t)$$

则总的输出

$$u_\Omega=u_{\Omega1}-u_{\Omega2}=2K_d U_{om}m\cos\Omega t\tag{5-72}$$

由以上分析可知,**实现同步检波的关键是要产生出一个与调制载波信号同频同相的本地载波。对于 AM 波来说,同步载波信号可直接从信号中提取。**如前所述,AM 波通过限幅器就能去除其包络变化,得到等幅载波信号,再经选频就可得到所需的同频同相的本地载波。**对 DSB 信号来说,将**

其取平方,从中取出角频率为 $2\omega_c$ 的分量,再经二分频,就可得到角频率为 ω_c 的恢复载波。对于 SSB 信号,本地载波无法从信号中直接提取。在这种情况下,为了产生本地载波,往往在发射机发射 SSB 信号的同时,附带发射一个载波信号,称为导频信号,它的功率远低于 SSB 信号的功率。接收端可用高选择性的窄带滤波器从输入信号中取出该导频信号,导频信号经放大后就可作为本地载波信号。如果发射机不附带发射导频信号,接收机就只能采用高稳定度晶体振荡器产生指定频率的本地载波。显然在这种情况下,要使本地载波与调制载波信号严格同步是不可能的,只能要求频率和相位的不同步量限制在允许的范围内。

5.5 混频器原理及电路

5.5.1 混频器原理

在通信系统中超外差接收机的灵敏度及选择性等性能指标明显优于直接放大式接收机。混频器则是超外差接收机的重要组成部分。此外,混频器还广泛用于其他需要进行频率变换的电子系统及仪器中。

1. 混频器的变频作用

混频器的作用是将载频为 f_c(高频) 的已调波信号不失真地变换为载频为 f_I(固定中频)的已调波信号,并保持原调制规律不变(即信号的相对频谱分布不变)。因此,**混频器也是频谱的线性搬移电路,它是将信号频谱自载频为 f_c 的频率上线性搬移(或变换)到中频 f_I 上**。

混频器是一个三端口的网络。它有两个输入信号,即输入信号 u_c 和本地振荡信号 u_L,工作频率分别为 f_c 和 f_L;输出信号为 u_I,称为中频信号,其频率是 f_c 和 f_L 的差频或和频,称为中频 f_I,$f_I=f_L\pm f_c$(也可采用谐波的和频或差频)。由此可见,**混频器在频域上起着加/减法器的作用**。

由于混频器的输入信号 u_c、本振 u_L 都是高频信号,而输出的中频信号 u_I 是已调波,除了中心频率与输入信号 u_c 不同外,其频谱结构与输入信号 u_c 的完全相同。表现在波形上,**中频输出信号 u_I 与输入信号 u_c 的包络形状相同,只是填充频率不同(内部波形疏密程度不同)**。图 5.54 表示了这一变换过程。

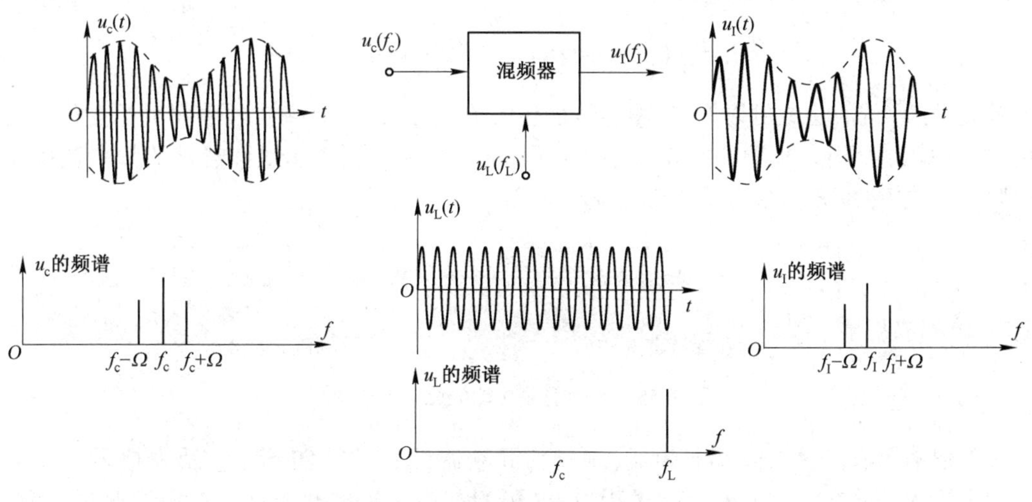

图 5.54 混频器的频率变换作用

f_I 与 f_c、f_L 的关系有几种情况：当混频器的输出信号取差频时，有 $f_I = f_L - f_c$ 或 $f_I = f_c - f_L$；取和频时有 $f_I = f_L + f_c$。**当 $f_I < f_c$ 时，称为向下变频，输出低中频；当 $f_I > f_c$ 时，称为向上变频，输出高中频**。虽然高中频比输入的高频信号的频率还要高，但习惯上仍将其称为中频。根据信号频率范围的不同，常用的中频有 465 kHz、10.7 MHz、38 MHz、70 MHz 及140 MHz 等。例如，调幅收音机的中频为 465 kHz，调频收音机的中频为 10.7 MHz，电视接收机的中频为 38 MHz，微波接收机及卫星接收机的中频为 70 MHz 或 140 MHz 等。

混频技术的应用十分广泛。混频器是超外差接收机中的关键部件。直放式接收机工作频率变化范围大时，工作频率对高频通道的影响比较大（频率越高，增益越低；反之频率越低，增益越高），而且对检波性能的影响也较大，灵敏度较低。采用超外差接收技术后，将接收信号混频到一固定中频上。例如，在广播接收机中，混频器将中心频率为 531～1602 kHz 的高频已调波信号变换为中心频率为 465 kHz 的固定中频已调波信号。采用混频技术后，接收机增益基本不受接收频率高低的影响，这样，频段内放大信号的一致性较好，灵敏度可以做得很高，调整方便，放大量及选择性主要由中频部分决定，且中频较高频信号的频率低，性能指标容易得到满足。混频器在一些发射设备（如单边带通信机）中也是必不可少的。在频分多址（FDMA）信号的合成、微波接力通信、卫星通信等系统中也有其重要地位。此外，混频器也是许多电子设备、测量仪器（如频率合成器、频谱分析仪等）的重要组成部分。

2. 混频器的工作原理

如前所述，混频是频谱的线性搬移过程。完成频谱线性搬移功能的关键是要获得两个输入信号的乘积，只要能找到这个乘积项，就可完成所需频谱线性搬移功能。设输入到混频器中的输入已调波信号 u_c 和本振电压 u_L 分别为

$$u_c = U_c\cos\Omega t\cos\omega_c t, \quad u_L = U_L\cos\omega_L t$$

这两个信号的乘积为（设相乘系数 $k=1$）

$$\begin{aligned} u_I' &= U_c U_L\cos\Omega t\cos\omega_c t\cos\omega_L t \\ &= \frac{1}{2}U_c U_L\cos\Omega t[\cos(\omega_L+\omega_c)t+\cos(\omega_L-\omega_c)t] \end{aligned} \tag{5-73}$$

如果带通滤波器的中心频率取 $\omega_I = \omega_L - \omega_c$，带宽为 2Ω，那么乘积信号 u_I' 经带通滤波器滤除高频分量（$\omega_L + \omega_c$）项后，可得中频电压为

$$u_I = \frac{1}{2}U_c U_L\cos\Omega t\cos\omega_I t = U_I\cos\Omega t\cos\omega_I t \tag{5-74}$$

比较 u_c 与 u_I 的表达式可以看出，两信号的包络成线性关系，但载波频率发生了变化。由此可得实现混频功能的原理方框图如图 5.55（a）所示。当然，也可利用非线性器件的频率变换作用来实现混频，其功能原理方框图如图 5.55（b）所示。

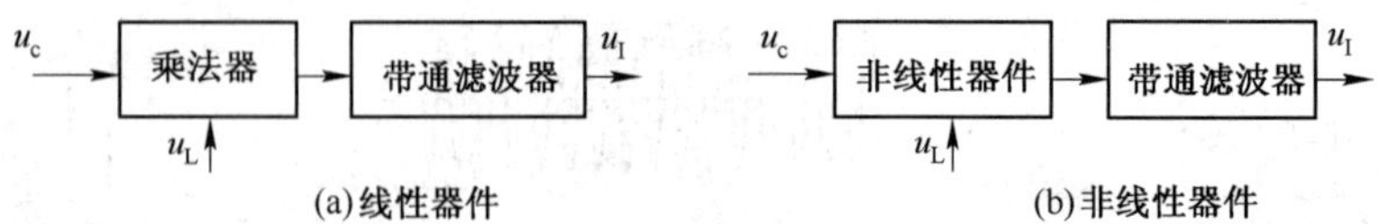

图 5.55　实现混频功能的原理方框图

常用的混频器有晶体二极管混频器、三极管混频器（BJT 或 FET 组成）及模拟乘法器混频器等。从两个输入信号在时域上的处理过程看，又可归纳为叠加型混频器和乘积型混频器两大类。在叠加型混频器中输入信号的幅值相对于本振信号的幅值很小，可将混频电路近似看成受本振信

号控制的线性时变器件或开关器件;而在乘积型混频器中则对两个输入信号幅值的相对大小不做要求。

3. 振幅调制、检波与混频器的相互关系

混频器是频率变换电路,振幅调制与检波也是频率变换电路,同属频谱的线性搬移电路。由于频谱搬移的位置不同,其功能就完全不同。另外,从电路结构来看,这三种电路都是三端口的网络,有两个输入端及一个输出端,可以用同样形式的电路完成不同的搬移功能。另外,从具体的实现电路来看,输入、输出信号不同,因而输入、输出回路各异。以 DSB 信号为例,振幅调制电路的输入信号是调制信号 u_Ω 及载波 u_c,输出信号为已调波 u_{DSB};检波电路的输入信号是已调波信号 u_{DSB}及本地恢复载波 u_o(同步检波),输出信号为恢复的调制信号 u_Ω;而混频器的输入信号是已调波信号 u_{DSB}及本地振荡信号 u_L,输出信号是中频已调波信号 u_I,这三个信号都是高频信号。从频谱搬移的过程来看,振幅调制过程是将低频信号 u_Ω 的频谱线性地搬移到载频 $f_c(\omega_c)$ 的位置,检波是将已调波信号的频谱从载频(或中频)处线性搬移到低频(零频)端,而混频则是将位于载频的已调波信号频谱线性搬移到中频 $f_I(\omega_I)$ 处。这三种频谱的线性搬移过程如图 5.56 所示。

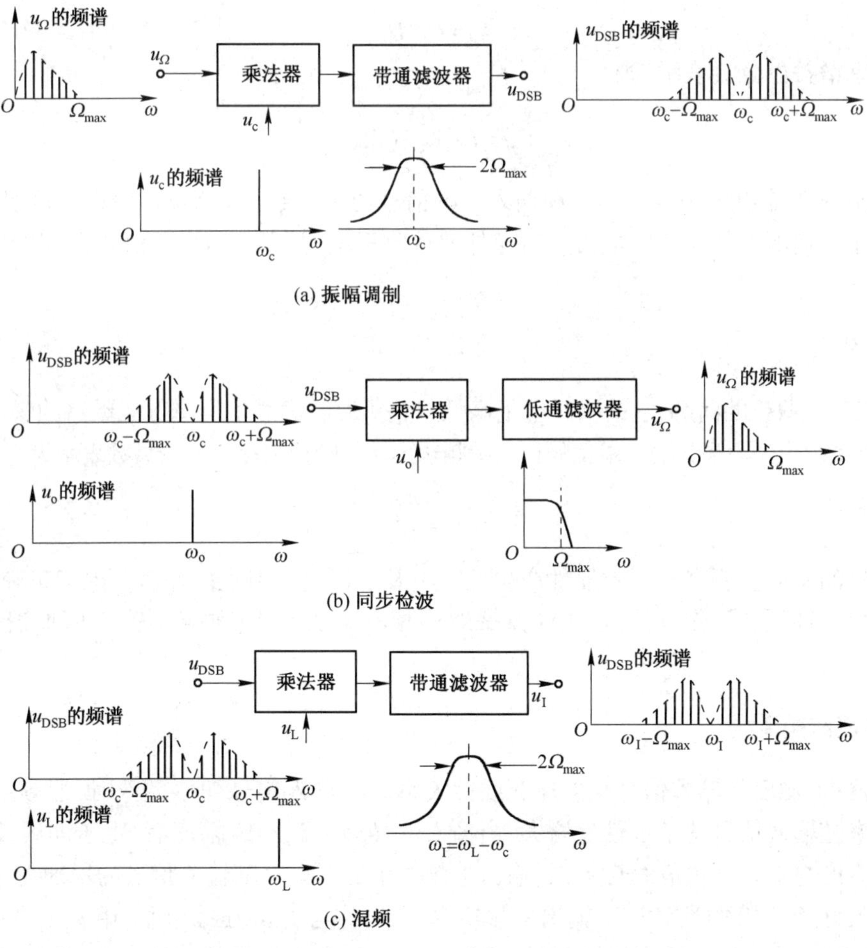

图 5.56 振幅调制、检波与混频的频谱的搬移过程

振幅调制、乘积型同步检波与混频的对比见表5.3。

表5.3 振幅调制、乘积型同步检波与混频的对比(F_{max}:调制信号最高频率)

参数＼方式		振幅调制	乘积型同步检波	混频
乘法器的输入信号		调制信号:u_Ω 载波:$u_c=U_{cm}\cos\omega_c t$	调幅:AM/DSB/SSB信号 同步载波:$u_o=U_{om}\cos\omega_o t$	已调信号:AM/DSB/SSB/FM/PM信号 本振信号:$u_L=U_{Lm}\cos\omega_L t$
滤波器(DSB)	类型	带通滤波器	低通滤波器	带通滤波器
	参数	中心频率:$f_o=f_c$ 带宽:$B=2F_{max}$	截止频率:$f_H=F_{max}$	中心频率:$f_o=f_I$ 带宽:$B=2F_{max}$

5.5.2 混频器主要性能指标

衡量混频器性能优劣的主要指标有变频增益、噪声系数、选择性、失真与干扰,以及工作稳定性等。分别介绍如下。

1. 变频(混频)增益 A_u

变频增益是指混频器输出中频电压幅值 U_I 与输入高频信号电压幅值 U_c 的比值,即

$$A_u=U_I/U_c \tag{5-75}$$

如果功率增益以分贝表示,则

$$G_P=10\lg\frac{P_I}{P_c}(\text{dB}) \tag{5-76}$$

式中,P_I、P_c 分别为输出中频信号功率和输入高频信号功率。A_u、G_P 都可以用来衡量混频器将输入高频信号转化为输出中频信号的能力。对超外差接收系统,要求 A_u、G_P 的值要大,以提高其接收灵敏度。

2. 噪声系数

混频器处于接收机的前端,它的噪声电平高低对整机有较大影响。降低混频器的噪声十分重要。混频器的噪声系数定义为高频输入端信噪比与中频输出端信噪比之比。用分贝数表示为

$$N_F=10\lg\frac{P_c/P_{in}}{P_I/P_{on}}$$

混频电路的噪声主要来自混频器件产生的噪声及本振信号引入的噪声。除了正确地选取混频电路的非线性器件及其工作点外,还应注意选取混频电路的形式(如平衡式可以抵消本振引入的噪声)。

3. 1 dB 压缩电平

在混频器中,输出与输入信号幅度应成线性关系。当输入信号功率较低时,混频增益为定值,输出中频功率随输入信号功率线性地增大;当输入信号增大到一定幅度后,由于非线性作用,中频输出信号的幅度与输入不再成线性关系,输出中频功率的增幅将随输入信号的增加而趋于缓慢,直到此线性增长低于1 dB时所对应的输出中频功率电平,称为1 dB压缩电平,用 P_{I1dB} 表示。

P_{I1dB} 所对应的输入信号功率(或者下面将要介绍的由允许的三阶互调失真所对应的输入干扰信号功率)是混频器动态范围的上限电平。而动态范围的下限电平则是由噪声系数确定的最小输入信号功率。

4. 失真和干扰

在接收机中,加在混频器输入端的除有用输入信号外,还往往同时存在着多个干扰信号。由于非线性,混频器件输出电流中将包含众多组合频率分量,其中,除了有用输入信号产生的中频分量外,还可能有某些组合频率分量的频率十分接近于中频,使输出中频滤波器无法将它们滤除。这些寄生分量叠加在有用中频信号上,将引起失真。通常将这种失真统称为混频失真,它将严重地影响通信质量。有关混频失真的内容将在后面集中进行讨论。

5. 隔离度

理论上,混频器三个端口之间应该是相互隔离的,任一端口上的功率不会串通到其他端口。实际上,由于各种原因,总有极少量功率在各端口之间串通,隔离度就是用来评价这种串通功率大小的一个性能指标,定义为:本端口功率与其串通到另一端口的功率之比,用分贝数表示。

在接收机中,本振端口功率向输入信号端口的串通危害最大。一般情况下,为保证混频性能,加在本振端口的本振信号功率都比较大,当它串通到输入信号端口时,就会通过输入信号回路加到接收天线上,产生本振功率的反向辐射,严重干扰邻近接收机。

5.5.3 实用混频电路

实际的混频电路有二极管混频器、晶体三极管混频器及模拟相乘器构成的混频器,其工作性能各有优、缺点,可视频率及技术要求,采用不同的混频器。

1. 二极管混频器

二极管混频电路分别有一只二极管构成的单端式、两只二极管构成的平衡式和四只二极管构成的二极管环形电路。其中平衡式和环形电路的主要优点是,电路简单、组合分量少、输出频谱较纯净、噪声低及工作频带宽等,广泛用于高质量的高频通信系统中。图 5.57 给出了二极管平衡式混频器和二极管环形混频器的电路图。

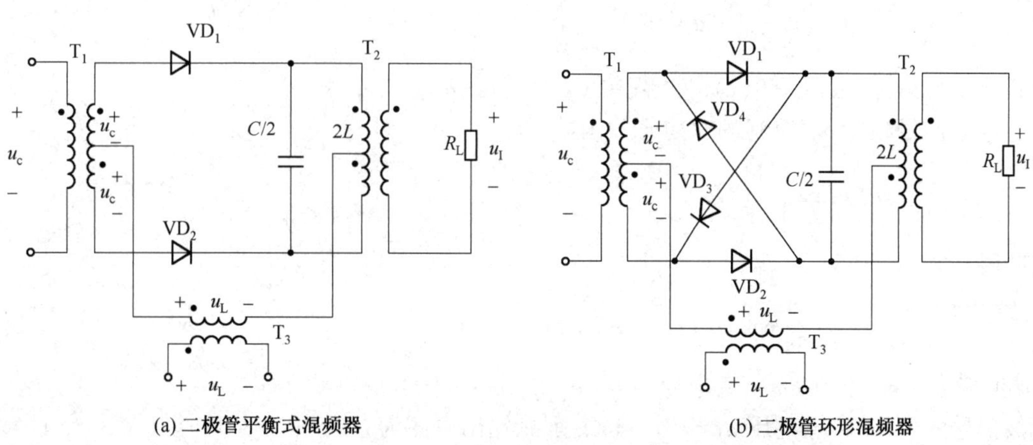

图 5.57　常用的二极管混频器

与图 5.20 和图 5.22 比较可以看出,**二极管混频器与二极管调幅电路在电路结构上是相同的,它们之间的差别在于,输入信号的形式不同,另外负载回路的谐振频率也不相同。**如果在混频器的两个输入端输入已调波信号 $u_c=U_c(t)\cos\omega_c t$,其中 $U_c(t)=U_{cm}(1+m_a\cos\Omega t)$ 为已调波信号的包络;

本振电压 $u_L=U_L\cos\omega_L t$，且 $U_L \gg U_c$；负载回路的谐振频率为中频 $\omega_I=\omega_L-\omega_c$。那么利用式(5-31)，可得二极管平衡式混频器输出的中频电压为

$$u_I=\frac{2}{\pi}g_d R_L U_c(t)\cos\omega_I t=U_I(t)\cos\omega_I t$$

式中

$$U_I(t)=\frac{2}{\pi}g_d R_L U_{cm}(1+m_a\cos\Omega t)=U_{Im}(1+m_a\cos\Omega t)$$

利用式(5-36)，可得二极管环形混频器输出的中频电压为

$$u_I=\frac{4g_d}{\pi}R_L U_c(t)\cos\omega_I t=U_I(t)\cos\omega_I t$$

式中

$$U_I(t)=\frac{4}{\pi}g_d R_L U_{cm}(1+m_a\cos\Omega t)=U_{Im}(1+m_a\cos\Omega t)$$

环形混频器的输出电压是平衡式混频器输出电压的两倍，且减少了电流频谱中的组合频率分量，这样就会减少混频器输出信号中的组合频率干扰。与其他(晶体管和场效应管)混频器比较，二极管混频器虽然没有变频增益，但由于具有动态范围大、线性好(尤其是开关环形混频器)及使用频率高等优点，仍然得到了广泛的应用。特别是在微波频率范围内，晶体管混频器的变频增益下降，噪声系数增大，若采用二极管混频器，混频后再进行放大，则可以减小整机的噪声系数。

[例 5-6] 分析图 5.58 所示的二极管混频器。

解：如果变压器为理想的，初、次级的匝数比为 1:2，且中心抽头准确；R_s 端电压可以忽略，则混频器的等效电路可以画成图 5.58(b)所示的形式。

当本振信号 u_L 比输入信号 u_c 大得多时，可认为二极管的开关状态只受本振电压 u_L 的控制。u_L 为正时二极管 VD_1 导通，VD_2 截止；u_L 为负时 VD_2 导通，VD_1 截止。若设二极管的导通电阻为 r_d，负载回路的谐振阻抗 $Z_L=R_L$，则负载回路谐振时流过负载回路的电流为

$$i_I=\begin{cases}\dfrac{u_L+u_c}{r_d+Z_L}, & u_L>0\\[2mm] \dfrac{u_L-u_c}{r_d+Z_L}, & u_L<0\end{cases}$$

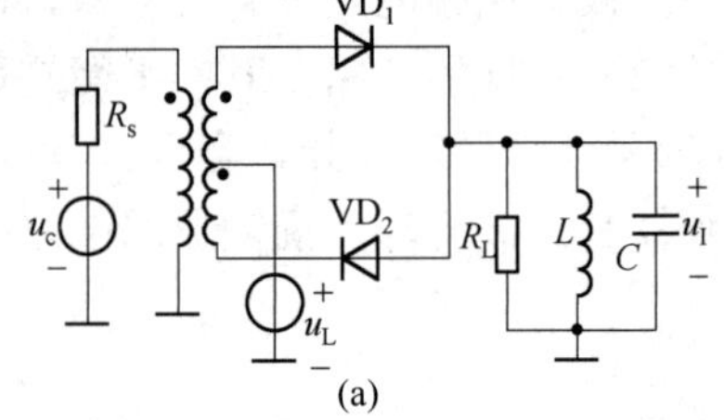

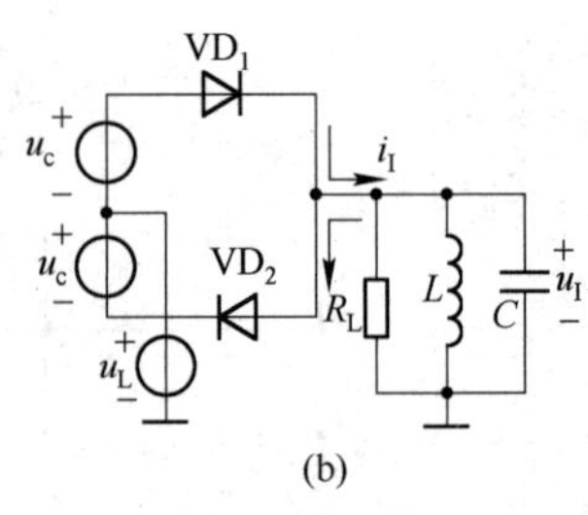

图 5.58 例 5-6

可将上式统一写为 $i_I=g_d[u_L+S(t)u_c]$，其中 $g_d=1/(r_d+R_L)$，$S(t)$ 是受本振信号频率 ω_L 控制的双向开关函数，即

$$S(t)=\begin{cases}1, & u_L>0\\ -1, & u_L<0\end{cases}$$

其傅里叶展开式为

$$S(t)=\frac{4}{\pi}\cos\omega_L t-\frac{4}{3\pi}\cos3\omega_L t+\frac{4}{5\pi}\cos5\omega_L t+\cdots$$

输入已调波信号 $u_c=U_c(t)\cos\omega_c t$，其中 $U_c(t)=U_{cm}(1+m_a\cos\Omega t)$ 为已调波信号的包络；本振电压 $u_L=U_L\cos\omega_L t$，那么输出电压为

$$u_I=i_I Z_L=\frac{Z_L}{r_d+R_L}\left[U_L\cos\omega_L t+\left(\frac{4}{\pi}\cos\omega_L t-\frac{4}{3\pi}\cos3\omega_L t+\frac{4}{5\pi}\cos5\omega_L t+\cdots\right)U_c(t)\cos\omega_c t\right]$$

如果负载 LC 并联回路的谐振频率为 $\omega_I=\omega_L-\omega_c$，且通频带 $B=2\Omega$，负载 LC 回路的谐振阻抗 $Z_L=R_L$，则选出的中频输出电压为

$$u_I=\frac{2R_L}{(r_d+R_L)\pi}U_c(t)\cos\omega_I t=U_I(t)\cos\omega_I t$$

式中，$U_I(t)=\frac{2R_L}{(r_d+R_L)\pi}U_{cm}(1+m_a\cos\Omega t)$。

2. 晶体三极管混频器

晶体三极管混频器的主要优点是具有大于 1 的变频增益。一般来讲，BJT 混频器可有约 20 dB 的变频增益，而 FET 混频器约有 10 dB 的变频增益。接收机采用晶体三极管混频器，可以使后级中频放大器的噪声影响大大减小。BJT 混频器对本振信号功率的要求比 FET 混频器高，因为 BJT 管的转移特性是指数函数，所以其互调失真较高。FET 混频器的转移特性是平方律的，输出电流中的组合频率分量比 BJT 混频器少得多，故其互调失真小。FET 混频器容许的输入信号动态范围也较大。因此，尽管 FET 混频器的变频增益比 BJT 混频器低，但却在短波、超短波接收机中获得了广泛应用。

下面先分析 BJT 混频器的基本电路，再讨论 FET 混频器电路，最后给出双栅式 MOSFET 混频电路。

（1）双极型晶体三极管混频器

图 5.59 给出了双极型晶体三极管混频器基本电路的交流通路。其中图(a)、(b)为共发射极混频电路，在广播电视接收机中应用较多，图(b)的本振信号由射极注入；图(c)、(d) 为共基极混频电路，适用于工作频率较高的调频接收机，但对本振信号 u_L 来说，要求注入的功率较大。

设输入已调制信号 $u_c=U_c(t)\cos\omega_c t$，其中 $U_c(t)=U_{cm}(1+m_a\cos\Omega t)$ 为已调波信号的包络；本振电压 $u_L=U_L\cos\omega_L t$。由第 4 章图 4.7 可知，当电路工作在 $u_L\gg u_c$ 时，三极管工作在线性时变状态。以图 5.59(a)所示的基极注入式共发射极极混频电路为例，由式(4-18)可得

$$i_c=I_{co}(t)+g(t)u_c \tag{5-77}$$

式中，$I_{co}(t)$ 和 $g(t)$ 是受本振电压 $u_L=U_L\cos\omega_L t$ 控制的非线性函数。利用傅里叶级数展开可得

$$I_{co}(t)=I_{co}+I_{cm1}\cos\omega_L t+I_{cm2}\cos 2\omega_L t+\cdots$$

$$g(t)=g_o+g_1\cos\omega_L t+g_2\cos 2\omega_L t+\cdots$$

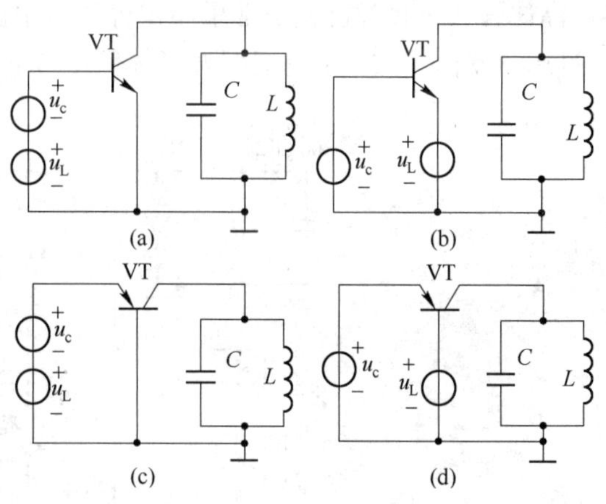

图 5.59　晶体三极管混频器基本电路的交流通路

将上两式代入式(5-77)可得

$$i_c(t)=(I_{co}+I_{cm1}\cos\omega_L t+I_{cm2}\cos 2\omega_L t+\cdots)+(g_o+g_1\cos\omega_L t+g_2\cos 2\omega_L t+\cdots)U_c(t)\cos\omega_c t$$

如果集电极负载 LC 并联回路的谐振频率为 $\omega_I=\omega_L-\omega_c$，通频带 $B=2\Omega$，回路的谐振阻抗为 R_L，可选出中频输出电压为

$$u_I=\frac{1}{2}g_1R_LU_c(t)\cos\omega_I t=U_I(t)\cos\omega_I t \tag{5-78}$$

$$U_I(t)=\frac{1}{2}g_1R_LU_{cm}(1+m_a\cos\Omega t)$$

从以上的分析结果可以看出，只有时变跨导 $g(t)$ 的基波分量能产生中频(和频或差频)分量，其他的频率分量只能产生本振信号的各次谐波与信号的组合频率。另外，根据混频器变频增益的定义，由式(5-78)可得变频(混频)增益为

$$A_u=\frac{U_I(t)}{U_c(t)}=\frac{1}{2}g_1R_L \tag{5-79}$$

变频增益是变频器的重要参数,它直接决定着变频器的噪声系数。由式(5-79)可以看出,变频增益与 g_1 有关,而 g_1 只与晶体管特性、直流工作点及本振电压 u_L 有关,与 u_c 无关。

图 5.60 为一双极型晶体管混频器实用电路的交流通路,应用在日立彩色电视机 ET—533 型 VHF 高频头内。图中的 VT_1 管用作混频器,输入信号(即来自高放的高频电视信号,频率为 f_c)由电容 C_1 耦合到基极;本振信号(频率为 f_L)由电容 C_2 耦合到基极,构成共发射极混频方式,其特点是所需要的信号功率小,功率增益较大。混频器的负载是共基极中频放大器(由 VT_2 构成)的输入阻抗。

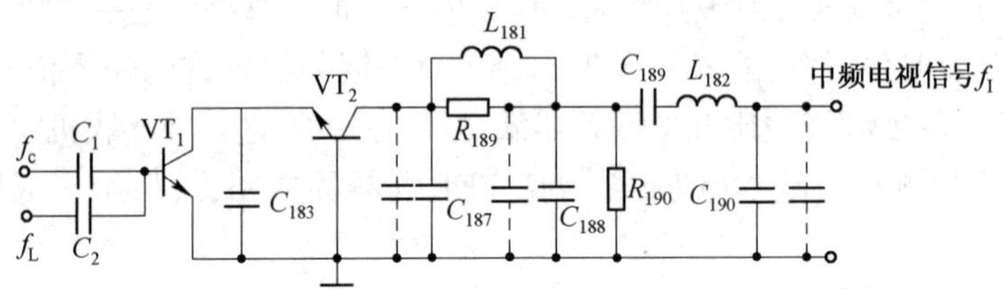

图 5.60　双极型晶体管混频器实用电路的交流通路

图 5.59(b)所示晶体三极管混频电路,由于已调信号和本振信号分别从基极和发射极输入,相互干扰的可能性较低;同时这种混频电路对于本振信号来说是共基电路,振荡波形好,因此应用较多。晶体管 AM 收音机就经常采用这种混频电路。

[**例 5-7**]　图 5.61 是某型号晶体管中波收音机混频级电路,分析其混频原理。

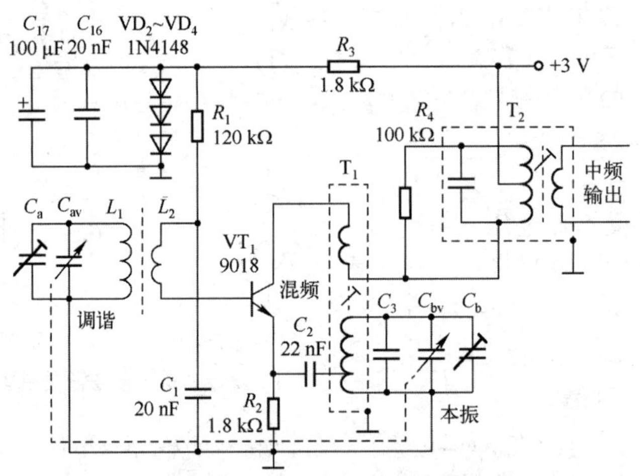

图 5.61　某型号晶体管中波收音机混频级电路

解:L_1、L_2分别为中波磁棒天线(其实质是带有高频磁芯的线圈)的初、次级。L_1和与之并联的可变电容一起构成并联谐振电路,谐振在接收电台信号的载波频率上,并滤除其他电台信号。

被初级选出的 AM 信号通过 L_2耦合到混频三极管 VT_1的基极,同时,由 VT_1、振荡线圈 T_1、电容 C_3、C_{bv}、C_b构成的振荡器产生本振信号,通过耦合电容 C_2注入到 VT_1的发射极。

VT_1工作在线性时变状态。AM 信号和本振信号在 VT_1中混频后从 VT_1集电极输出中频(IF)信号,以及很多其他谐波频率干扰信号和组合频率干扰信号。中频变压器 T_2的初级 LC 谐振回路构成中频滤波器,滤除其他不需要的干扰信号,选出有用的中频信号并耦合到次级,作为混频器的输出 IF 信号。

与 T_2 初级并联的电阻 R_4 可以调整中频滤波器的带宽，以便和中频信号的带宽相匹配。电阻 R_1、R_2、R_3，电容 C_{16}、C_{17}，二极管 $VD_2 \sim VD_4$ 为 VT_1 提供稳定、合适的偏置电压和工作电流，以得到最佳的混频效果。将 T_1、T_2 的金属外壳屏蔽接地可以降低干扰。

［思考］ 如何确保图 5.61 中的 VT_1 工作在线性时变状态？

(2) FET 混频电路

前面已指出，FET 混频电路优于 BJT 混频电路。图 5.62 给出了结型场效应管混频器的原理电路。

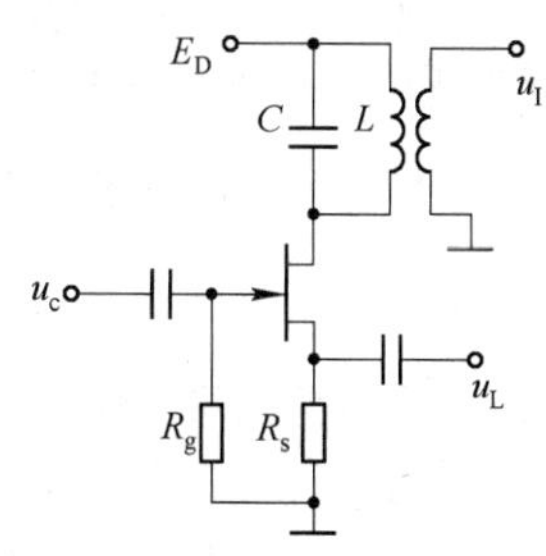

图 5.62 FET 混频器原理电路

设输入已调波信号 $u_c = U_c(t)\cos\omega_c t$ 从栅极加入，其中 $U_c(t) = U_{cm}(1+m_a\cos\Omega t)$ 为已调波信号的包络；本振电压 $u_L = U_L\cos\omega_L t$ 从源极加入。漏极所接的 LC 负载回路调谐在中频 $\omega_I = \omega_L - \omega_c$ 或 $\omega_I = \omega_c - \omega_L$，通频带 $B = 2\Omega$，回路的谐振阻抗为 R_L，由图 5.62 可写出栅-源极间的电压为

$$u_{GS} = U_{GSQ} + u_c - u_L = U_{GSQ} + U_c(t)\cos\omega_c t - U_L\cos\omega_L t \tag{5-80}$$

如果 FET 混频器工作在饱和状态（恒流区），其转移特性为平方律关系，即

$$i_D = I_{DSS}\left(1 - \frac{u_{GS}}{U_{GS(off)}}\right)^2 \tag{5-81}$$

式中，$U_{GS(off)}$ 为 FET 管的夹断电压，I_{DSS} 为漏极饱和电流。将式(5-80)代入式(5-81)，得到恒流区内的漏极电流为

$$i_D(t) = I_{DSS}\left(1 - \frac{U_{GSQ} + U_c(t)\cos\omega_c t - U_L\cos\omega_L t}{U_{GS(off)}}\right)^2$$

将上式展开可得

$$\begin{aligned} i_D(t) = {} & I_{DSS} + k_1[U_c^2(t) + U_L^2] + k_2[U_c(t)\cos\omega_c t - U_L\cos\omega_L t] + \\ & k_3[U_c^2(t)\cos 2\omega_c t + U_L^2\cos 2\omega_L t] + k_4[\cos(\omega_L - \omega_c)t + \cos(\omega_L + \omega_c)t] \end{aligned} \tag{5-82}$$

式中，k_1，k_2，k_3，k_4 为常数。可见，$i_D(t)$ 中含有差频为 $(\omega_L - \omega_c)$ 的电流分量，其幅值为 $k_4 = \frac{I_{DSS}U_L}{U_{GS(off)}^2}U_c(t)$，正比于 $U_c(t)$。

通过漏极 LC 负载回路选频后，输出的中频电压为

$$u_I = k_4 R_L\cos(\omega_L - \omega_c)t = \frac{I_{DSS}U_L}{U_{GS(off)}^2}R_L U_c(t)\cos\omega_I t \tag{5-83}$$

可见，u_I 是调幅波，其包络与 u_c 的包络成线性关系。

以上分析的是共源极 FET 混频器。如果 FET 接成共栅极混频电路，则其输入阻抗比共源电路低，可获得较好的互调、交调性能。

图 5.63 给出了双栅式 MOSFET 混频电路。由于双栅式 MOSFET 的 C_{gd} 很小（小于 0.1 pF），且其正向传输导纳又较大（约 20 mS），很适宜用作超高频工作的混频器。如果输入的已调波信号 $u_c(t)$ 接到电位较低的栅极（G_1 端），则有较灵敏的控制作用；本振信号接在电位较高的栅极（G_2 端），且直流偏置使 MOSFET 工作在放大区。此时漏极电流可表示为

$$i_D = g_{m1}u_{g1} + g_{m2}u_{g2} = g_{m1}u_c(t) + g_{m2}u_L(t) \tag{5-84}$$

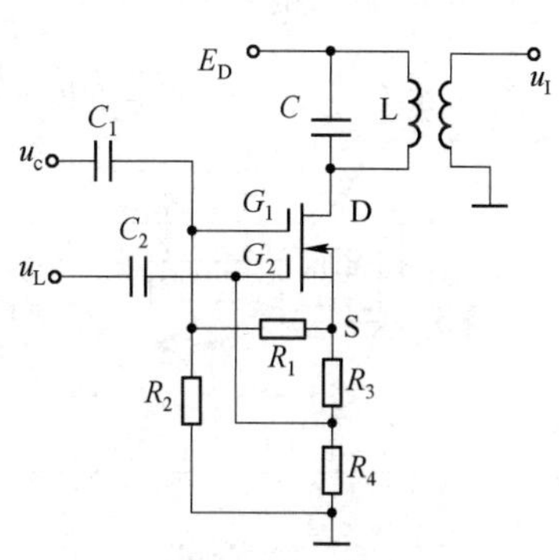

图 5.63 双栅式 MOSFET 混频电路

$$g_{m1}=a_0+a_1u_{g1}+a_2u_{g2}, g_{m2}=b_0+b_1u_{g1}+b_2u_{g2} \tag{5-85}$$

式中，$a_0, a_1, a_2, b_0, b_1, b_2$ 为管子参数，是由直流偏置决定的常数。将式(5-85)代入到式(5-84)中，可得

$$i_D=a_0u_c+a_1u_c^2+(a_2+b_1)u_cu_L+b_0u_L+b_2u_L^2$$

可以看出，i_D 表达式中的第三项为乘积项，含有 ω_c、ω_L 的和、差频分量 $\omega_L \pm \omega_c$。如果漏极 LC 回路调谐在 $\omega_I=\omega_L-\omega_c$ 上，则输出为中频电压 u_I，即可实现混频的要求。

3. 模拟乘法器混频电路

两信号相乘可以得到和、差频分量，因此利用模拟相乘器实现混频是最直观的方法。其优点是：混频输出电流频谱较纯净，减少了对接收系统的干扰，所允许的输入信号的线性动态范围较大，利于减少交调、互调失真；本振电压的大小不会引起信号失真，因此对其大小无严格限制。

图 5.64 所示为由 BG314 构成的混频器。本振电压 u_L、高频信号电压 u_c 分别从第 4、9 脚输入，BG314 的输出端的第 2、14 脚间接 LC 谐振回路。设输入已调高频信号 $u_c=U_c(t)\cos\omega_c t$，其中 $U_c(t)= U_{cm}(1+m_a\cos\Omega t)$ 为已调波信号的包络；本振电压 $u_L=U_L\cos\omega_L t$。若 LC 谐振回路的中心频率 $\omega_I=\omega_L-\omega_c$，其带宽 $B\geqslant 2\Omega$，回路谐振阻抗为 R_P，变压比为 $n=N_2/N_1$，则输出中频信号电压为

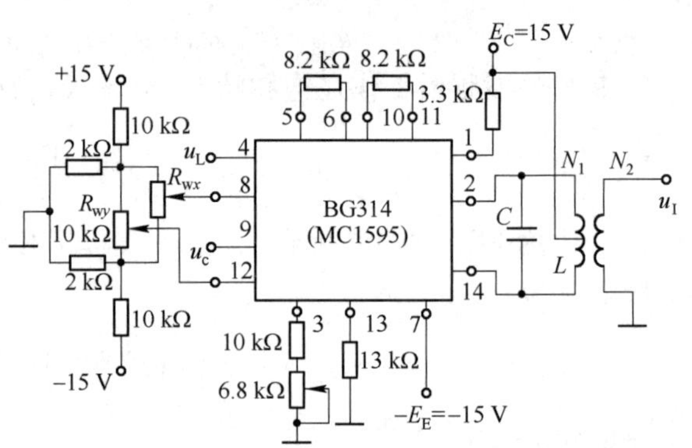

图 5.64　BG314 构成的混频器

$$u_I=\frac{nR_PU_L}{I_{ox}R_xR_y}U_c(t)\cos\omega_I t=U_I(t)\cos\omega_I t$$

混频增益　　$A_u=\dfrac{U_I(t)}{U_c(t)}=\dfrac{nR_PU_L}{I_{ox}R_xR_y}$

由上述分析可以看出，集成模拟乘法器混频电路具有下列主要优点。

(1) 输出电流的频谱较纯净，组合频率分量少，寄生干扰小；

(2) 混频增益 A_u 较高，与本振电压幅值成正比；

(3) 对本振电压幅值 U_L 大小要求不严格，U_L 过小，仅影响 A_u，而不致产生失真；

(4) U_L 一定时，中频输出电压与高频输入信号电压幅度呈线性关系，输入信号动态线性范围较大，有利于减小交调和互调失真；

(5) 输入信号与本振电压之间的隔离性能好，减少了频率牵引现象的发生。

4. 集成混频器

图 5.65(a)是 Signetics NE/SA602A 型双平衡混频器的方框图。

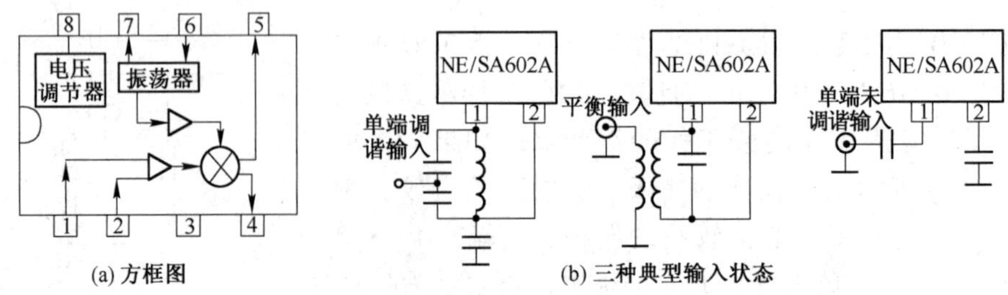

图 5.65　NE/SA602A 型双平衡混频器

NE/SA602A 是低功率的 VHF 单片双平衡混频器,该混频器中有输入放大器、振荡器和电压调节器,专用于高性能的低功率通信系统,特别适用于蜂窝式无线电话。该混频器是一个 Gilbert 单元乘法器,在频率为 45 MHz 时能提供 18 dB 的增益。差动输入级用于放大信号,决定系统的噪声系数和信号处理能力。振荡器的最高频率能达到 200 MHz,可作为缓冲放大器的晶体或 LC 振荡器,供外电路使用。在频率为 45 MHz 时,NF/SA602A 的噪声系数低于5 dB。输入端(第 1 和 2 引脚)是对称的,其偏置由内部电路提供。输入端可采用多种输入形式。图 5.65(b)所示为三种典型输入状态:单端调谐输入、平衡输入和单端未调谐输入。

5.5.4 混频器的干扰

混频器用于超外差式接收机中,使接收机的性能得到改善,但同时混频器又会给接收机带来某些类型的干扰问题。通常希望混频器的输出端只有输入信号与本振信号混频得出的中频分量(f_L-f_c或f_L+f_c),这种混频途径称为主通道。但实际上,还有许多其他频率的信号也会经过混频器的非线性作用产生另外一些中频分量输出,即所谓的寄生通道。这些信号形成的方式有:直接从接收天线进入(特别是混频前没有高放时);由高放的非线性产生;由混频器本身产生;由本振信号的谐波产生等。

一般把除了主通道有用信号以外的所有信号统称为干扰。在实际中,能否形成干扰要看以下两个条件是否满足:①一定的频率关系;②满足一定频率关系的分量的幅值是否较大。

图 5.66 所示为混频器的一般性原理电路方框图。由于混频器是依靠非线性元件来实现变频的。如果设输入信号为 $u_c(f_c)$,输入端的外来干扰信号为 $u_n(f_n)$,本振信号为$u_L(f_L)$,则通过非线性元件变频后的组合频率信号为u_I'(|$\pm pf_L \pm qf_c$|),以及 u_{In}' (|$\pm pf_L \pm qf_n$|),其中 $p,q=1,2,3\cdots$。实际上这些组合频率信号只要与中频频率$f_I=f_L-f_c$ 相同或接近,都会与有用信号一起被中频滤波器选出,并送到后级中放,经放大后解调输出,从而引起串音、啸叫等各种干扰,影响有用信号的正常工作。

一般混频器中存在着下列干扰:**信号 $u_c(f_c)$ 与本振信号 $u_L(f_L)$ 的自身组合干扰(也叫干扰哨声);外来干扰信号 $u_n(f_n)$ 与本振信号 $u_L(f_L)$ 的组合干扰(也叫副波道干扰、寄生通道干扰);外来干扰信号 $u_n(f_n)$ 互相之间形成的互调干扰;外来干扰 $u_n(f_n)$ 与信号 $u_c(f_c)$ 形成的交叉调制干扰(交调干扰)**;阻塞、倒易混频干扰等。下面将分别进行简要的介绍。

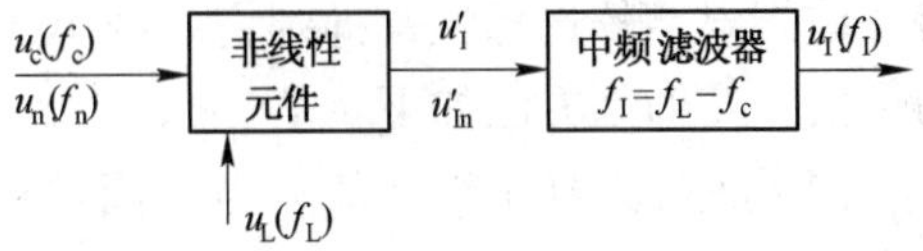

图 5.66 混频器的一般性原理电路方框图

1. 信号与本振信号的自身组合干扰

设输入混频器的高频已调波信号为 $u_c(f_c)$,本振频率信号为 $u_L(f_L)$,则经过混频器后产生的组合频率分量为|$\pm pf_L \pm qf_c$|,其中 $p,q=1,2,3\cdots$。如果中频带通滤波器的中心频率$f_I=|f_L-f_c|$,那么除了|f_L-f_c|的中频被选出以外,还有可能选出其他组合频率为 $pf_L-qf_c=f_I$ 或 $qf_c-pf_L=f_I$ 的干扰信号,即

$$pf_L-qf_c \approx \pm f_I \tag{5-86}$$

可见,能产生中频组合分量干扰的信号频率、本振频率与中频频率之间存在着下列关系

$$f_c=\frac{p}{q}f_L \pm \frac{1}{q}f_I=\frac{p}{q}(f_I+f_c) \pm \frac{1}{q}f_I=\frac{p}{q}f_c+\frac{p \pm 1}{q}f_I \tag{5-87}$$

所以有

$$f_c=\frac{p \pm 1}{q-p}f_I,\ 或\ \frac{f_c}{f_I}=\frac{p \pm 1}{q-p} \tag{5-88}$$

式中,f_c/f_I 称为变频比。显然当变频比一定,并能找到对应的整数 p、q 时,就会形成自身组合干扰。事实上,当 f_c、f_I 确定后,总会找到满足式(5-88)的 p、q 值,也就是说有确定的干扰点。但是,若对应 p、q 值较大,即阶数 $p+q$ 很大,则意味着高阶组合频率分量的幅度较小,实际干扰影响小。若 p、q 值小,即阶数 $p+q$ 低,则干扰影响较大。实际中应设法减小这类低阶组合频率分量的干扰。一部接收机,当中频频率确定后,在其工作频率范围内,由信号及本振产生的上述组合干扰点总是确定的。用不同的 p、q 值,按式(5-88)算出相应的变频比 f_c/f_I 列在表 5.4 中。

表 5.4　f_c/f_I 与 p、q 的关系表

编号	1	2	3	4	5	6	7	8	9	10	11	12	13	14	15	16	17	18	19	20
p	0	1	1	2	1	2	3	1	2	3	4	1	2	3	4	1	2	3	1	2
q	1	2	3	3	4	4	4	5	5	5	5	6	6	6	6	7	7	7	8	8
f_c/f_I	1	2	1	3	2/3	3/2	4	1/2	1	2	5	2/5	3/4	4/3	5/2	1/3	3/5	1	2/7	1/2

[例 5-8]　调幅广播接收机的中频 $f_I=465\text{ kHz}$。某电台发射频率 $f_c=931\text{ kHz}$。当接收该电台的广播时,接收机的本振频率 $f_L=f_c+f_I=1396\text{ kHz}$。显然 $f_I=f_L-f_c$,这是正常的变频过程(主通道)。那么可能会出现怎样的干扰哨声?

解:由于器件的非线性,在混频器中同时还存在着信号和本振频率各次谐波的相互作用。因为变频比 $f_c/f_I=931/465\approx2$,查表 5.4 可以看出,存在着对应编号为 2 和编号为 10 的干扰。对 2 号干扰,$p=1$,$q=2$,是 3 阶干扰。由式(5-87)可得

$$2f_c-f_L=2\times931-1396=1862-1396=466\ (\text{kHz})$$

这个组合分量与中频相差 1 kHz,经检波后将出现 1 kHz 的哨声。这正是将自身组合干扰称为干扰哨声的原因。对 10 号干扰,$p=3$,$q=5$,是 8 阶干扰,可得

$$5f_c-3f_L=5\times931-3\times1396=467\ (\text{kHz})$$

也可以通过中频通道形成干扰哨声。

干扰哨声是信号本身(或其谐波)与本振各次谐波组合形成的,与外来干扰无关,所以不能靠提高前端电路的选择性来抑制它。减小这种干扰的办法是减少干扰点的数目并设法排除阶数较低的干扰。其抑制方法如下:

(1) 正确选择中频数值。当 f_I 固定后,在一个频段内的干扰点就确定了,合理选择中频频率,可大大减少组合频率干扰的点数,并将阶数较低的组合频率干扰排除。例如,某短波接收机的波段范围为 2~30 MHz。如 $f_I=1.5\text{ MHz}$,则变频比 $f_c/f_I=1.33\sim20$,由表 5.4 可查出组合干扰点为 2、4、6、7、10、11、14 和 15 号。最严重的是 2 号干扰点(3 阶干扰),受干扰的频率 $f_c=f_2=2\text{ MHz}$。若 $f_I=0.5\text{ MHz}$,$f_c/f_I=4\sim60$,组合干扰点为 7 号和 11 号。最严重的是 7 号干扰点(7 阶干扰),受干扰的频率 $f_c=4f_I=2\text{ MHz}$。由此可见,将中频由 1.5 MHz 改为低 0.5 MHz 后,较强的干扰点由 8 个减少到 2 个,最强的干扰由 3 阶变为 7 阶。但中频频率降低后对镜像干扰频率的抑制是不利的。如选用高中频,中频采用 70 MHz,$f_c/f_I=0.029\sim0.43$,满足这一范围的组合频率干扰点也是很少的(12、16 和 19 号),最严重的 12 号干扰(阶数 7 阶),因此影响很小。此外,采用高中频后,基本上抑制了镜像和中频干扰。由于采用高中频具有独特的优点,目前已广泛采用。实现高中频带来的问题是:要采用高频窄带滤波器,通常希望用矩形系数小的晶体滤波器,这在技术上会带来一些困难。当然可采用声表面波滤波器来解决这一难题,其相对带宽可做到 20%~70%,矩形系数可达 1.2。

(2) 正确选择混频器的工作点,正确选择混频器的工作状态,减少组合频率分量,使电路接近乘法器。

(3) 采用合理的电路形式。如平衡电路、环形电路、乘法器等,从电路上抵消一些组合频率分量。

2. 外来干扰与本振信号的组合干扰

这种干扰是指外来干扰信号与本振信号由于混频器的非线性而形成的假中频。设混频器输入端外来干扰信号电压 $u_n(t)=U_n\cos\omega_n t$,频率为 f_n。这相当于接收机在接收有用信号时,某些无关电台或干扰信号也同时被接收到,表现为串台。那么在这种情况下,串台干扰信号 $u_n(f_n)$ 与本振信号 $u_L(f_L)$ 的组合频率为: $|\pm pf_L\pm qf_n|$,其中 $p,q=0,1,2,3\cdots$ 如果中频带通滤波器的中心频率 $f_I=|f_L-f_c|$,那么可能形成组合频率为

$$pf_L-qf_n=f_I,\text{或 } qf_n-pf_L=f_I$$

的副波道干扰。即可得

$$f_n=\frac{1}{q}(pf_L\pm f_I)=\frac{1}{q}[pf_c+(p\pm1)f_I] \tag{5-89}$$

可见,凡是能满足式(5-89)的串台信号都可能形成干扰。在这类干扰中主要有:中频干扰,镜频干扰,以及其他副波道干扰。

(1) 中频干扰

当干扰信号的频率等于或接近于接收机的中频时,如果混频器前级电路的选择性不够好,致使这种干扰信号 $u_n(f_n)$ 漏入混频器的输入端,那么混频器对这种干扰信号不仅给予放大,而且使其顺利地通过后级电路,并在输出端形成强干扰。因为 $f_n\approx f_I$,由式(5-89)可以看出,$p=0,q=1$,即**中频干扰相当于一个 1 阶的强干扰**。

抑制中频干扰的方法,主要是提高混频器前级电路的选择性,以降低漏入混频器输入端的中频干扰的电压值。例如,在混频器的前级电路加中频陷波电路。图 5.67 示出了某接收机抑制中频干扰的中频陷波电路。**图中,由 L_1、C_1 构成的串联谐振回路对中频谐振,可滤除天线接收到的外来中频干扰信号。此外,要合理地选择中频频率,一般应选在工作波段之外,最好采用高中频方式混频。**

(2) 镜像干扰

设混频器中 $f_L>f_c$,外来干扰电台中 $u_n(f_n)$ 的频率 $f_n=f_L+f_I$ 时,如果 $u_n(f_n)$ 与 $u_L(f_L)$ 共同作用在混频器输入端,会产生差频 $f_n-f_L=f_I$,则在接收机的输出端将会听到干扰电台的声音。f_n、f_L 及 f_c 的关系如图 5.68 所示。由于 f_n 和 f_c 对称地位于 f_L 两侧,呈镜像关系,所以将 f_n 称为镜像频率,将这种干扰叫做镜像干扰。从式(5-89) 中可以看出,对镜像干扰,$p=q=1$,所以为 2 阶干扰。

例如,当收音机的接收频率为 580 kHz 的信号时,还有一个 1510 kHz 的信号也作用在混频器的输入端,它将以镜像干扰的形式进入中放。因为 $f_n-f_L=f_I=465$ kHz,因此可以同时听到两个信号的声音,并且还可能出现啸声。

对于 $f_L<f_c$ 的变频电路,镜频干扰 $f_n=f_L-f_I=f_c-2f_I$。镜频的一般关系式为 $f_n=f_L\pm f_I$。

混频器对于 f_c 和 f_n 的变频作用完全相同(都是取差频),所以混频器本身对镜像干扰无任何抑制作用。抑制的方法主要是提高混频器前端电路的选择性和提高中频频率,以降低加到混频器输入端的镜像频率电压值。高中频方式混频对抑制镜像干扰是非常有利的。

一部接收机的中频频率是固定的,所以中频干扰的频率也是固定的。而镜像干扰频率则随着信号频率 f_c(或本振频率 f_L)的变化而变化。这是它们的不同之处。

(3) 组合副波道干扰

这里只观察 $p=q$ 时形成的部分组合频率干扰。在这种情况下,式(5-89)变为

$$f_n=f_L\pm f_I/q \tag{5-90}$$

当 $p=q=2$、3、4 时,f_n 分别为 $f_L\pm f_I/2$,$f_L\pm f_I/3$,$f_L\pm f_I/4$。其中最主要的一类干扰为 $p=q=2$(4 阶干扰)

的情况,其组合干扰频率$f_{n1}=f_L-f_I/2$和$f_{n2}=f_L+f_I/2$的分布如图5.69所示。由图可以看出,这类干扰对称分布于f_L两侧,其间隔为$f_I/2$(或者f_I/q)。其中以$f_{n1}=f_L-f_I/2$的干扰最为严重,因为它距离信号频率f_c最近,干扰阶数最低(4阶)。

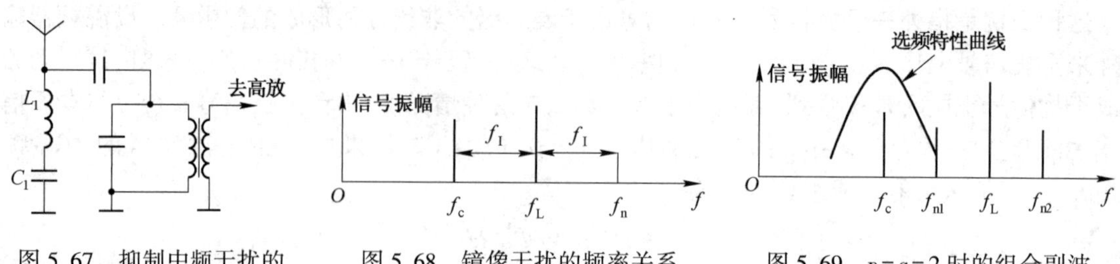

图5.67　抑制中频干扰的中频陷波电路

图5.68　镜像干扰的频率关系

图5.69　$p=q=2$时的组合副波道干扰频谱分布

抑制这种干扰的主要方法是提高中频频率和提高前端电路的选择性。此外,选择合适的混频电路,以及合理地选择混频管的工作状态都有一定的作用。

3. 交叉调制干扰(交调干扰)

交叉调制(简称交调)干扰的形成与本振信号$u_L(f_L)$无关,它是有用信号$u_c(f_c)$与干扰信号$u_n(f_n)$一起作用于混频器时,由混频器的非线性作用而形成的干扰。它的特点是,当接收有用信号时,可同时听到信号台和干扰台的声音,而信号频率与干扰频率间没有固定的关系。一旦有用信号消失,干扰台的声音也随之消失。犹如干扰台的调制信号调制到信号的载频上。所以,交调干扰的含义为:一个已调的强干扰信号与有用信号(已调波或载波)同时作用于混频器,经非线性作用,**将干扰的调制信号转移到有用信号的载频上,然后再与本振混频,得到中频信号,从而形成干扰**。

由第4章非线性电路的分析方法可知,若非线性器件的伏安特性函数$i_d=f(u)$的展开式(如式(4-9))中含有的4阶项可简写为a_4u^4。设$u=u_n+u_c+u_L$,其中u_n为干扰台信号,即$u_n=U_n(1+m_n\cos\Omega_nt)\cos\omega_nt$,$u_c=U_c(t)\cos\omega_ct$,$u_L=U_L\cos\omega_Lt$。

将这三个信号代入4阶项a_4u^4中,展开后可分解出$6a_4u_n^2u_cu_L$项,其中有$3U_n^2U_c(t)U_L(1+m_n\cos\Omega_nt)\cos\omega_It$项,可以通过混频器后面的中频选频通道,从而对有用信号形成干扰,这就是交调干扰。交调干扰实质上是通过非线性作用,将干扰信号的调制信号解调出来,再调制到中频载波上。此过程如图5.70所示。图中,ω_n、$\omega_n\pm\Omega_n$表示干扰台信号频率,ω_c表示有用信号频率,ω_I、$\omega_I\pm\Omega_n$表示混频后得到的中频信号。

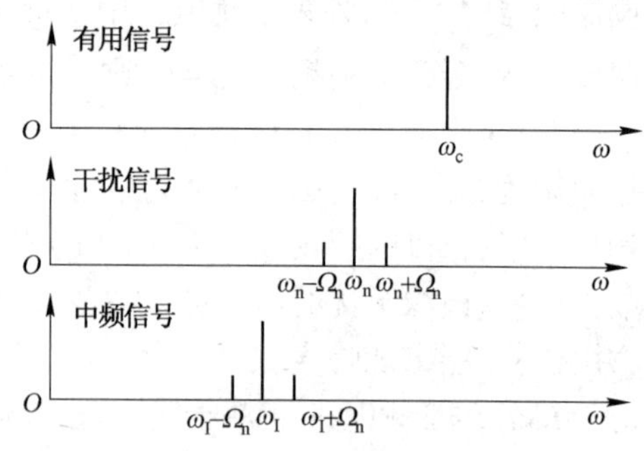

图5.70　交调干扰的频率交换

由交调干扰的表示式可以看出,如果有用信号消失,即$U_c(t)=0$,则交调产物为零。所以,交调干扰与有用信号并存,它是通过有用信号而起作用的。同时也可以看出,它与干扰的载频无关,任何频率的强干扰都可能形成交调。ω_n与ω_c相差得越大,ω_n受前端电路的抑制越彻底,形成的干扰越弱。

混频器中,除了非线性特性的四次方项外,更高的偶次方项也可能产生交调干扰,但幅值较小,一般可不考虑。

另外还需指出,在高频电路中,一般放大器如果工作于非线性状态时,同样也会产生交调干扰。只不过是由三次方项产生的,交调产物的频率为ω_c及$\omega_c\pm\Omega_n$,而不是ω_I及$\omega_I\pm\Omega_n$。混频器的交调信号是由四阶项产生的,其中本振电压占了一阶,在放大器中的交调信号是由三次方项产生的。

抑制交调干扰的措施:一是提高前端电路的选择性,降低加到混频器的 u_n 值;二是选择合适的器件(如平方律器件)及合适的工作状态,使不需要的非线性项(如四阶项)尽可能地小,以减少组合分量。

4. 互调干扰

互调干扰是指两个或多个干扰电压同时作用在混频器的输入端,经混频器的非线性产生近似为中频的组合分量,落入中放通频带之内形成的干扰。其原理方框图如图 5.71(a)所示。

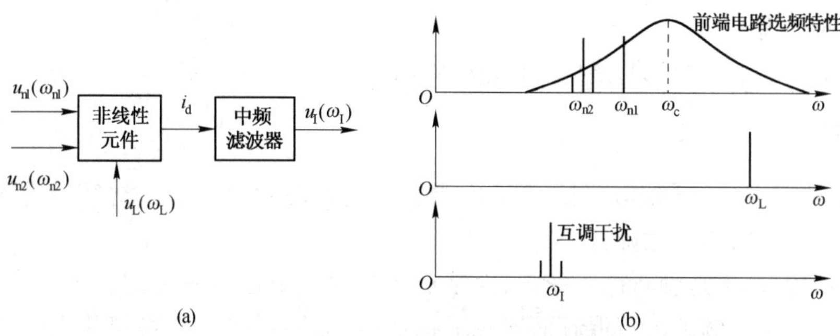

图 5.71　互调干扰示意图

设两个干扰信号 $u_{n1}=U_{n1}\cos\omega_{n1}t$ 和 $u_{n2}=U_{n2}\cos\omega_{n2}t$ 与本振 $u_L=U_L\cos\omega_L t$ 同时作用于混频器的输入端,由于非线性,这三个信号相互作用会产生组合分量。如前所述,由四次方项 a_4u^4 可分解出 $u_{n1}^2u_{n2}u_L$ 项,即有

$$U_{n1}^2(1+\cos2\omega_{n1}t)\ U_{n2}U_L\cos\omega_{n2}t\cos\omega_L t$$

式中,$U_{n1}^2U_{n2}U_L\cos2\omega_{n1}t\cos\omega_{n2}t\cos\omega_L t$ 项的组合频率为 $\omega_\Sigma=|\pm2\omega_{n1}\pm\omega_{n2}\pm\omega_L|$。当 $\omega_\Sigma\approx\omega_I$ 时,即 $|\pm2\omega_{n1}\pm\omega_{n2}\pm\omega_L|\approx\omega_I$,就会形成干扰。由于 $\omega_I=\omega_L-\omega_c$,所以有 $|\pm2\omega_{n1}\pm\omega_{n2}|=\omega_c$。当 $2\omega_{n1}+\omega_{n2}=\omega_c$ 时,ω_{n1} 或 ω_{n2} 必有一个远离 ω_c,产生的干扰不严重。当 $2\omega_{n1}-\omega_{n2}=\omega_c$ 时,ω_{n1} 与 ω_{n2} 均可离 ω_c 较近,因而产生的干扰比较严重。将 $2\omega_{n1}-\omega_{2n}=\omega_c$,变换为

$$\omega_{n1}-\omega_{n2}=\omega_c-\omega_{n1}$$

上式表明,两个干扰频率都小于(或大于)工作频率,且三者等距时,就可以形成互调干扰,而对距离的大小并无限制。当距离很近时,前端电路对干扰的抑制能力弱,干扰的影响就大。这种干扰是由两个(或多个)干扰信号通过非线性的相互作用形成的。可以看成两个(或多个)干扰的相互作用,产生了接近于输出频率的信号而对有用信号形成干扰,称为互调干扰。互调干扰的产生与干扰信号的频率有关,可用“同侧等距”来概述,如图 5.71(b)所示。

与交调干扰相类似,如果一般放大器工作于非线性状态时,也会产生互调干扰。最严重的是由三次方项产生的,称之为 3 阶互调干扰。而混频器的互调干扰是由四次方项产生的,除掉本振信号产生的 1 阶外,即为 3 阶,故通常也可称之为 3 阶互调干扰。

互调产物的大小,一方面决定于干扰的振幅(与 $U_{n1}^2U_{n2}$ 或 $U_{n1}U_{n2}^2$ 成正比),另一方面决定于器件的非线性(如四次方项 a_4u^4)。因此要减小互调干扰,一方面要提高前端电路的选择性,尽量减小加到混频器上的干扰电压,另一方面要选择合适的电路和工作状态,降低或消除高次方项,如用理想乘法器或具有平方律特性的器件等。

5. 包络失真和阻塞干扰

与混频器非线性有关的另外两个现象是包络失真和阻塞干扰。

包络失真是指由于混频器的“非线性”,使输出包络与输入包络不成正比。例如,当输入信号

为振幅调制信号时(如 AM 波),混频器输出包络中会出现新的调制分量。现以混频器中影响最大的四阶产物 $a_4U_c^3(t)U_L\cos(\omega_L\pm\omega_c)t$ 为例来说明。当信号为 AM 波时,用 $U_c(t)=U_c(1+m\cos\Omega t)$ 来代替,会出现 3Ω 的调制谐波分量,它随信号振幅 U_c 的增大而增大。

阻塞干扰是指当强的干扰信号与有用信号同时加入混频器时,强干扰会使混频器输出的有用信号的幅度减小,严重时,甚至小到无法接收,这种现象称为阻塞干扰。当然如果只有有用信号,在信号过强时,也会产生振幅压缩现象,严重时也会有阻塞。可以分析出,产生阻塞的主要原因仍然是混频器中的非线性,特别是引起互调、交调的四阶产物。某些混频器(如晶体管)的动态范围有限,也会产生阻塞干扰。

通常,能减小互调干扰的那些措施,都能改善包络失真与阻塞干扰。

6. 倒易混频

在混频器中还存在一种称之为倒易混频的干扰。其表现为当有强干扰信号进入混频器时,混频器输出端的噪声加大,信噪比降低。

由于任何本振源都不是纯正的正弦波,而是在本振频率附近有一定的噪声边带。在强干扰的作用下,这些噪声与干扰频率进行混频而形成干扰噪声,如果这些干扰噪声落入中频频带,会降低输出信噪比。这也可以看作是**以干扰信号作为“本振”,而以本振噪声作为信号的混频过程,这就是被称为倒易混频的原因**。倒易混频是利用混频器的正常混频作用完成的,而不是其他非线性的产物。产生倒易混频的干扰信号的频率范围较宽。倒易混频的影响也可以看成是因干扰而增大了混频器的噪声系数。干扰越强,本振噪声越大,倒易混频的影响就越大。在高性能接收机的设计中,必须考虑倒易混频。其抑制措施除了设法削弱进入混频器的干扰信号电平(利用提高前端电路的选择性)以外,主要是**提高本振的频谱纯度**。

5.6 AM 发射机与接收机

5.6.1 AM 发射机

1. 低电平发射机

图 5.72 是低电平 AM 发射机的组成方框图。调制信号源通常是声传感器,如麦克风、磁带、CD 或留声机唱片。前置放大器一般是一个灵敏的线性电压放大器,输入阻抗很高。在保证产生的非线性失真和热噪声最小的情况下,前置放大器将调制信号源信号放大到一个可用的电平。调制信号的驱动电路也是一个线性放大器,对信号进一步放大,使其足以驱动调制器。通常需要的放大器不止一级。

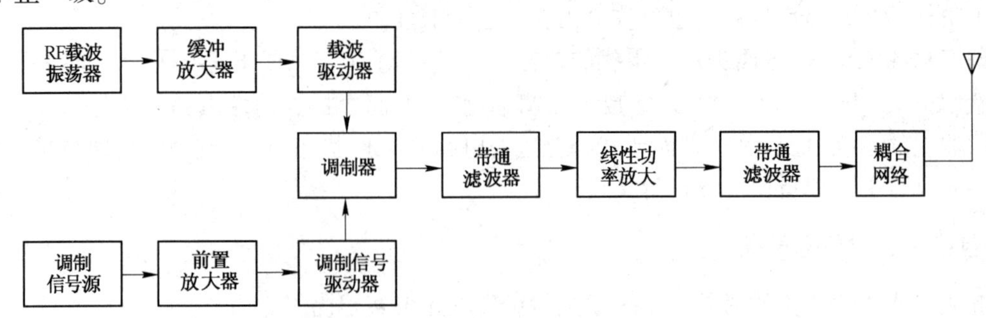

图 5.72 低电平 AM 发射机的组成方框图

射频(RF)载波振荡器可以采用第 3 章讨论的 LC 振荡器结构,如果对发射机的精密性和稳定性有严格的要求,一般可采用晶体振荡器。缓冲放大器是一个低增益、高输入阻抗的线性放大器,它的作用是将振荡器和大功率放大器隔离。缓冲器是振荡器的负载,其负载相对恒定,这样就不会影响振荡频率。常采用射极跟随器或集成运放电路构成缓冲器。调制器可以使用低电平调制电路。中间级和末级的功率放大器可以是线性的 A 类或 B 类推挽级功率放大器。天线耦合网络使末级功率放大器的输出阻抗和传输线及天线相匹配。

图 5.72 所示的低电平发射机主要用于小功率、低容量系统,如无线对讲机、遥控单元、寻呼机和小范围的步话机等。

2. 高电平发射机

图 5.73 是高电平 AM 发射机的组成方框图。调制信号的产生电路和低电平发射机中一样,但多了一个功率放大器。在高电平发射机中,调制信号的功率必须比低电平发射机中的高。这是因为在这种发射机中,当调制发生时,载波的功率已达到最大,因此需要一个振幅大的调制信号才能使调制度达到 100%。

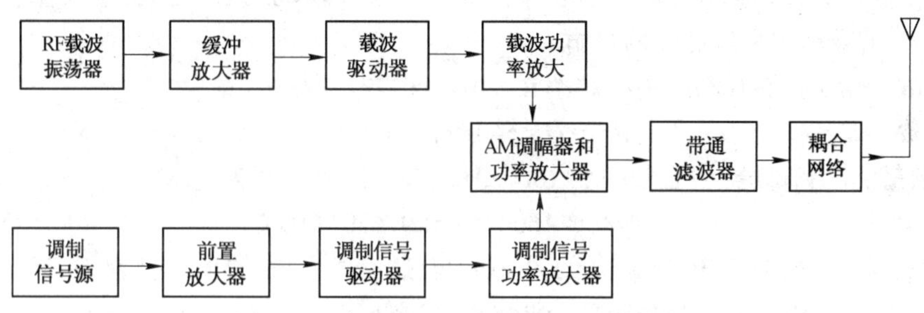

图 5.73　高电平 AM 发射机的组成方框图

RF 载波振荡器、缓冲器及载波驱动器都与低电平发射机中的电路一样。但在高电平发射机中,在调制级前有一个 RF 载波功率放大器。调制器可以是集电极调制的 C 类放大器。

对于高电平发射机,调制器电路主要有三个功能:提供产生调制的必要电路(例如非线性电路);作为末级功率放大器(为提高效率采用 C 类);同时也是一个上变频器。上变频器就是将低频信号转变成射频信号,这样才能有效地通过天线发射出去,并通过自由空间传播。

5.6.2　AM 接收机

1. 射频调谐接收机

射频调谐(TRF)接收机是最老的 AM 接收机之一,也是目前可用的最简单的无线接收机,由于有一些缺陷,因此并没有得到广泛应用。图 5.74 是三级 TRF 接收机的方框图,这三级是 RF 级、检波器级和音频级。通常,要有 2~3 个 RF 放大器对接收到的信号进行过滤和放大,以驱动音频检波器。检波器将 RF 信号转换为音频信息,音频级放大器将音频信息放大到可用的电平。

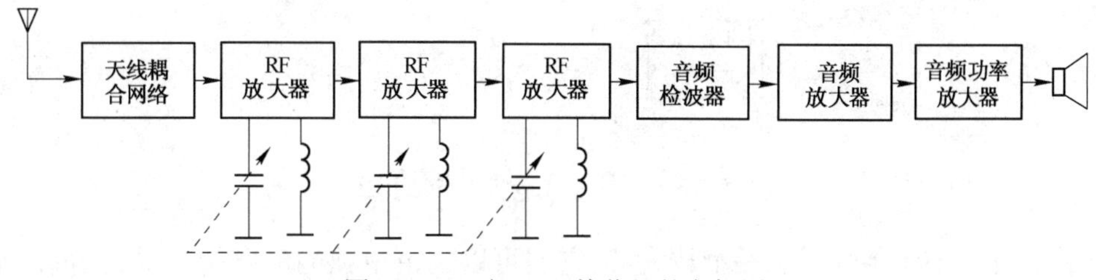

图 5.74　三级 TRF 接收机的方框图

虽然 TRF 接收机很简单,并且具有相当高的灵敏度,但有三大缺点,使其只能用于低频的单信道中。

第一个缺点是在大范围输入频率上调谐时,其带宽不固定,随输入信号的中心频率而改变。这是由于趋肤效应(skin effect)引起的,因为在射频中,电流只能在导体的最外层流动,频率越高,有效面积越小,电阻越大。而在很宽的频率范围内,谐振电路的品质因数($Q=X_L/R$)为常数,因此带宽($B=f/Q$)随频率的增高而增大。这样,在输入的频率范围内,输入滤波器的选择性会发生变化。若带宽对于低频 RF 信号合适,那么对高频信号这个带宽肯定是太宽了。

TRF 接收机的第二个缺点是不稳定性。这是由于大部分 RF 放大器都调谐在同一个中心频率上,此时多级高频放大器易产生自激振荡。实际应用中可采用参差调谐的方式,使每个放大器的调谐频率有所不同,比中心频率高点或低点,能缓解这个问题。

TRF 接收机的第三个缺点是当频率范围较宽时,增益不均匀,这是由 RF 放大器中的谐振电路不均匀的 L/C 造成的。

随着超外差式接收机的发展,TRF 除了用于专门的单电台接收机外,已很少使用,因此不再进行深入讨论。

[例 5-9] 有一 AM 商用广播接收机,载波频率在 535~1605 kHz 之间,输入滤波器的 Q 值为 54。计算 RF 频谱最高端和最低端的带宽。

解: 在 AM 频谱的低频部分,中心频率在 540 kHz 左右,因此带宽为

$$B=f/Q=540/54=10(\text{kHz})$$

在 AM 频谱的高频部分,中心频率在 1600 kHz 左右,因此带宽为

$$B=f/Q=1600/54=29.630(\text{kHz})$$

AM 频谱低频部分的 -3dB 带宽大约是 10kHz,这是所需要的值。但高频部分的带宽约为 30 kHz,是所需值的 3 倍。因此在高频部分调谐时,能同时收到 3 个电台的信号。

若想在高频部分的带宽为 10 kHz,Q 值应为 160(1600 kHz/10 kHz);而当 Q 值为 160 时,低频部分的带宽为 $B=f/Q=540/160=3.375(\text{kHz})$。可见,此时占带宽 2/3 的信息被滤除。

2. 超外差式接收机

在第一次世界大战快结束时,出现了超外差式接收机,它改善了 TRF 的不均匀选择性。虽然现在的超外差式接收机在质量上已有了很大的提高,但它的基本构件并没有改变,其增益、选择性和灵敏度都比其他接收机要好,因此广泛用于无线通信中。

外差是指在一个非线性器件中将两个频率混合,即利用非线性混合,将一个频率变成另一个频率。图 5.75 是超外差式接收机的方框图。一般来讲,超外差式接收机有五个部分组成:射频(RF)部分、混频/变频器部分、中频(IF)部分、音频检波器部分和音频功率放大器部分。

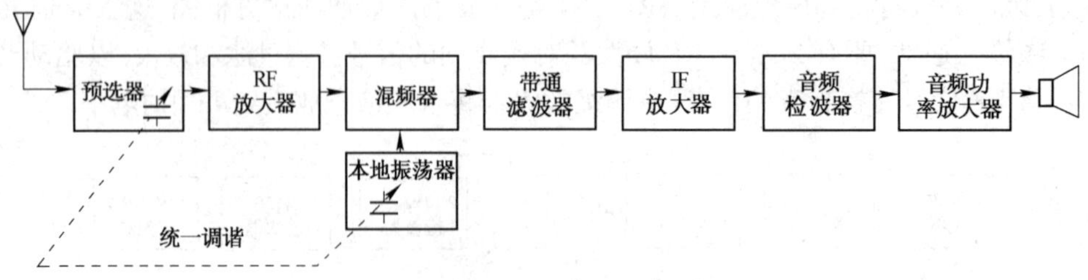

图 5.75 超外差式接收机的方框图

RF 部分通常有一个预选器和一个放大器,它们可以是由单独的电路构成的,也可以是一个组合电路。预选器是一个宽带调谐的带通滤波器,中心频率能调谐到所需的载波频率上。预选器的

主要功能是对频带进行初始限制，防止不想要的射频（也就是中频和镜像干扰频率）进入接收机。

预选器也能减小接收机的噪声带宽，使接收机的带宽向信号通过所需的最小带宽改变。RF 放大器决定了接收机的灵敏度（即设置信号阈值）。同时，由于 RF 放大器是接收信号的第一个有源设备，它对噪声起主要的抑制作用，因此，成为决定接收机噪声系数的主要因素。

根据灵敏度的要求，一个接收机可能有一个或多个 RF 放大器，也可能一个都没有。有 RF 放大器的优点是：①能增大增益，提高灵敏度；②有助于抑制镜像频率；③能提高信噪比；④能提高选择性。

混频/变频器部分有一个射频振荡器（通常称为本地振荡器）和一个混频/变频器。根据所要求的稳定性和精确度，本地振荡器可以采用第 3 章所讨论的任何一种 LC 振荡电路。混频器是一个非线性器件，它的功能是将射频转换成中频（RF 到 IF 的转换）。外差就是在混频器中将射频下变频为中频。虽然载波和边频分量都从 RF 转换成 IF，但包络的形状并不改变，因此包络所含的原始信息也没有改变。还有一点很重要，外差使载波和上、下边带的频率改变，但并不改变带宽。AM 广播接收机的中频通常是 465 kHz。

IF 部分由几级 IF 放大器和带通滤波器构成，常将其称为中频通道。接收机的增益和选择性主要由这部分决定。IF 的中心频率和带宽对所有电台都是常数，且低于任何一个要接收的 RF 信号频率。IF 的频率之所以比 RF 低，是因为对于低频信号来说，很容易构造一个高增益和稳定性好的放大器；而且和 RF 放大器相比，IF 放大器不容易振荡。所以即使接收机有 3~4 级 IF 放大器，而只有 1 级 RF 放大器，甚至没有 RF 放大器，也能正常工作。

检波器将 IF 信号转换为初始的源信息，由于信号的频率在音频范围内，因此在广播接收机中，也将此检波器称为音频检波器。检波器可以用一个简单的二极管构成，也可以由锁相环（第 7 章）或平衡解调器构成。

音频部分有几级级联的音频放大器和一个或多个扬声器。所需的音频功率决定了放大器的个数。

在超外差式接收机的解调过程中，接收的信号要经过两次以上的频率转换：首先，将 RF 转换到 IF；其次，将 IF 转换到源信号频率。另外，射频 RF 和中频 IF 与所用的系统有关，并不指一个特定的频率范围，不要混淆。例如，对于 AM 广播来说，RF 在 535~1605 kHz 之间，中频 IF 为 465 kHz；而对于 FM（第 6 章）广播，中频为 10.7 MHz，比 AM 中的 RF 信号频率还要高。另外，预选器的中心频率和本地振荡频率是统一调谐的。统一调谐指这两个频率的调整是紧密联系在一起的。因此若预选器的中心频率有变动，那么本地振荡器的频率也应发生相应的改变。在整个频段的调谐过程中应保证本地振荡器的频率比 RF 载波频率高或低一个 IF 值。

5.6.3 TA7641BP 单片 AM 收音机集成电路

TA7641BP 是 AM 单片收音机集成电路，它的特点是将调幅收音机所需的从变频到功放的所有电路都集成到单片上，外接元件少，静态电流小，使用方便。

图 5.76（a）所示是 TA7641BP 的内部组成框图。它包含变频、中放、AM 振幅检波和低放、功放等电路。它是硅单片集成电路，为 16 引脚双列直插塑料封装结构。由天线回路接收下来的已调高频信号从第 16 脚送入片内，与变频器内的本机振荡器产生的本振信号进行混频，产生的中频调幅信号从第 1 脚输出；经外接中频调谐回路选频，再由第 3 脚送到中频放大器进行放大；然后送给检波器进行检波。检波后的音频信号由第 7 脚输出，经外接音量电位器分压后送入第 13 脚给功率放大器放大，再经第 10 脚到外接扬声器。电路内部设置了自动增益控制电路（AGC），以控制中放级的增益。为了使电路工作稳定，低频功率放大器的电源与中放、检波等电路分开设置。直流电压由第 9 和第 4 脚馈入。

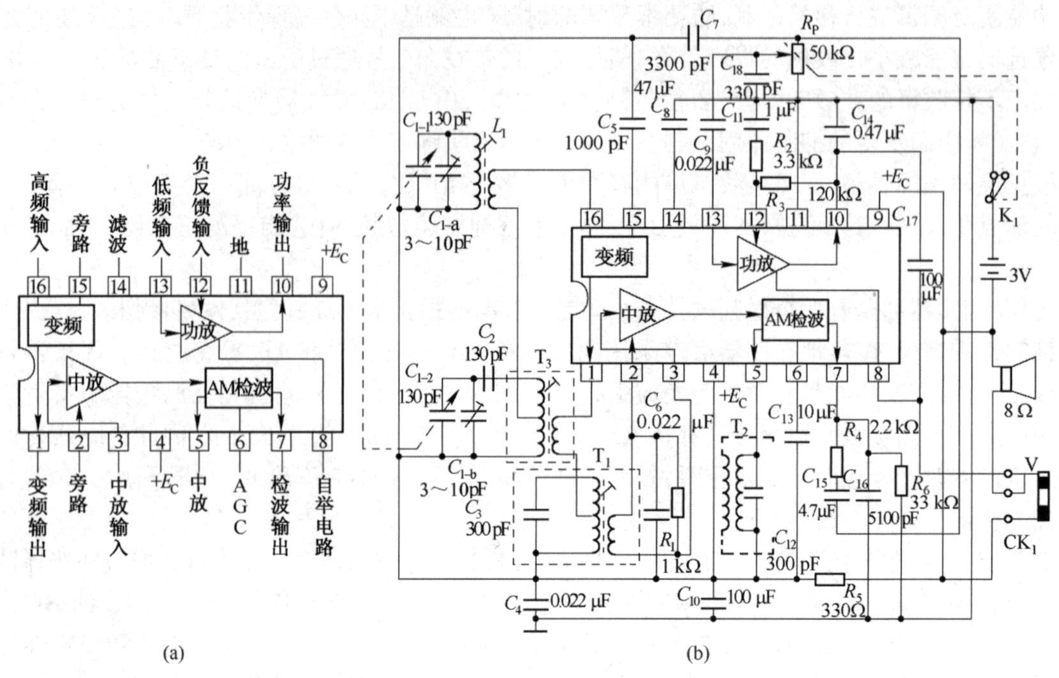

图 5.76　TA7641BP 的内部组成及其单片 AM 收音机集成电路

图 5.76(b)是 TA7641BP 组成的单片收音机电路。图中 L_1 是磁棒天线,双连电容的 $C_{1\text{-}1}$ 与 L_1 的初级电感组成天线回路,选择所需电台信号送至第 16 脚变频器的输入端。本振变压器 T_3 构成互感耦合振荡器,双连电容 $C_{1\text{-}2}$ 与 T_3 的初级电感组成本机振荡回路,产生本振频率,用于选择电台并调节频率,使与天线输入信号载频差拍出 465 kHz 的中频信号。T_1 是变频器的负载回路,也是中频放大器的输入回路,需调谐于 465 kHz。T_2 是中频放大器的负载回路,调谐于 465 kHz。R_P 是音量调节电位器,并附带电源开关,调节后的音频信号回送到第 13 脚,经低频功率放大后由第 10 脚送到扬声器。

本 章 小 结

(1) 调幅、检波及混频过程,在时域上都表现为两信号的相乘;在频域上则是频谱的线性搬移。因此其原理电路模型相同,都由非线性元器件(实现频率变换)和滤波器(滤除不需要的频率分量,通过所需的输出分量)组成。不同之处是输入信号、参考信号及滤波器特性在实现调幅、检波及混频时各有不同的形式,以完成特定要求的频谱搬移。

(2) 用调制信号去控制高频振荡载波的幅度,使其幅度的变化量随调制信号成正比地变化,这一过程称为振幅调制。经过振幅调制后的高频振荡称为振幅调制波(简称调幅波)。根据频谱的结构不同,可分为普通调幅(AM)波、抑制载波的双边带调幅(DSB)波和单边带调幅(SSB)波。普通调幅、抑制载波的双边带调幅及单边带调幅的数学表达式、波形图、功率分配及频带宽度等各有区别。其检波也可采用不同的电路模型。

(3) 普通调幅波产生电路可采用低电平调制电路(模拟乘法器),也可采用高电平调制电路(集电极调制电路或基极调制电路)。抑制载波调幅波的产生电路一般可采用晶体二极管平衡或环形调制电路,晶体二极管桥式调制电路和利用模拟乘法器电路。

(4) 解调是调制的逆过程。振幅调制波的解调简称检波,其作用是从振幅调制波中不失真地检测出调制信号来。从频谱上看,就是将振幅调制波的边带信号不失真地搬到零频。普通调幅波中已含有载波,对于大信号检波可采用二极管包络检波器,对于小信号检波宜采用同步解调。在包络检波器中要合理地选择元件值,避免失真。对于抑制载波的调幅波只能采用同步检波器进行解调。同步检波的关键是产生一个与发射载波同频、同相并保持同步变化的参考信号。在集成电路中多采用模拟相乘器构成同步检波器。

(5) 混频电路是超外差接收机的重要组成部分。它的基本功能是在保持调制类型和调制参数不变的情况下,将高频振荡的频率 f_c 变换为固定频率的中频 f_I,以利于提高接收机的灵敏度和选择性。在频域上,其工作原理是将载波为高频的已调波信号的频谱不失真地线性搬移到中频载波上。因此,混频电路也是典型的频谱线性搬移电路。混频电路可采用二极管平衡和环形混频电路、三极管混频电路,亦可采用模拟乘法器混频电路,后者比前两种混频电路输出的信号频谱更纯。为了减少混频干扰,净化其输出频率分量,较好的方法是选用平方律伏安特性的场效应管和相乘器为混频器件,或者采用平衡式电路。还应合理地设置静态工作点和适当选取本振电压振幅。

习题 5

5.1 有一调幅波的表达式为

$$u=25[1+0.7\cos(2\pi\times5000t)-0.3\cos(2\pi\times10000t)]\cos(2\pi\times10^6t)$$

(1) 试求它所包含的各分量的频率与振幅;

(2) 绘出该调幅波包络的形状,并求出峰值与谷值幅度。

5.2 有一调幅波,载波功率为 100 W。试求当 $m_a=1$ 与 $m_a=0.3$ 时每一边频的功率。

5.3 一个调幅发射机的载波输出功率为 5 kW,$m_a=70\%$,被调级的平均效率为 50%。试求:(1) 边频功率;

(2) 电路为集电极调幅时,直流电源供给被调级的功率;

(3) 电路为基极调幅时,直流电源供给被调级的功率。

5.4 载波功率为 1000 W,试求 $m_a=1$ 和 $m_a=0.7$ 时的总功率和两个边频的功率各为多少?

5.5 为了提高单边带发送的载波频率,用四个平衡调幅器级联。在每一个平衡调幅器的输出端都接有只取出相应的上边频的滤波器。设调制频率为 5 kHz,平衡调幅器的载频依次为 $f_1=20$ kHz,$f_2=200$ kHz,$f_3=1780$ kHz,$f_4=8000$ kHz。试求最后的输出边频频率。

5.6 图题 5.6 示出一振幅调制波的频谱。试写出这个已调波的表示式,并画出其实现调幅的方框图。

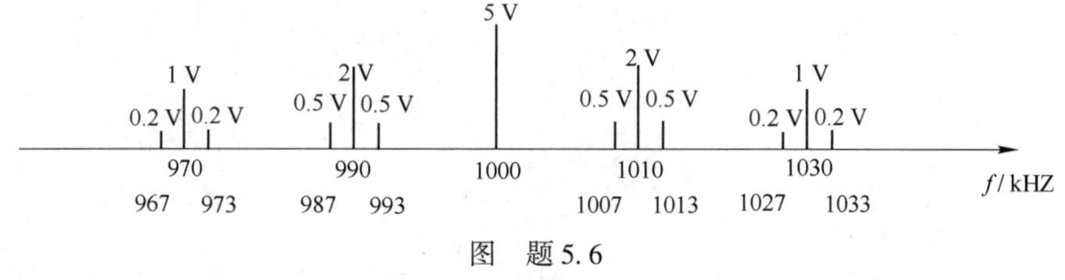

图 题 5.6

5.7 图题 5.7 所示二极管平衡调幅电路中,单频调制信号 $u_\Omega=U_{\Omega m}\cos\Omega t$,载波信号 $u_c=U_{cm}\cos\omega_c t$,且 $U_{cm}\gg U_{\Omega m}$,即满足线性时变条件,两个二极管 VD_1、VD_2 的特性相同,均为

$$i_d=\begin{cases} g_d u_d=\dfrac{u_d}{R_d}, & u_d>0 \\ g_r u_d=\dfrac{u_d}{R_r}, & u_d<0 \end{cases}$$

式中,R_d 和 R_r 分别为二极管的正、反向电阻,且 $R_r\gg R_d$。

试求输出双边带调幅波电流的表示式。

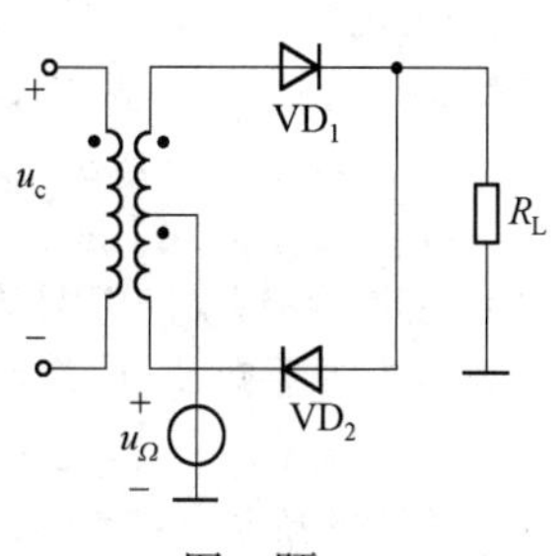

图 题 5.7

5.8 判断图题5.8中，哪些电路能实现双边带调幅作用？并分析其输出电流的频谱。已知：调制信号 $u_\Omega = U_{\Omega m}\cos\Omega t$，载波信号 $u_c = U_{cm}\cos\omega_c t$，且 $U_{cm} \gg U_{\Omega m}$，$\omega_c \gg \Omega$。二极管 VD_1、VD_2 的伏安特性均为从原点出发斜率为 g_d 的直线。

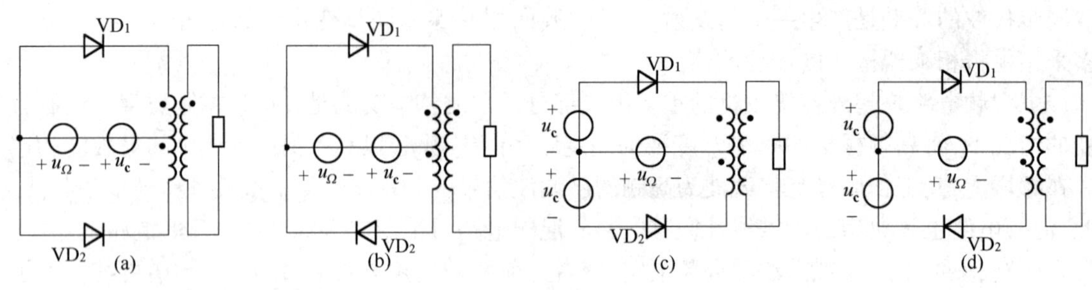

图　题5.8

5.9 图题5.9为一场效应管平衡调幅电路。场效应管的特性在平方律区内可用 $i_D = a_1 u_{gs} + a_2 u_{gs}^2$ 表示，调制信号 $u_\Omega = U_{\Omega m}\cos\Omega t$，载波电压 $u_c = U_{cm}\cos\omega_c t$，输出回路调谐在 ω_c 上，它的谐振阻抗为 R_p。试求输出电压 u_o 的表达式。

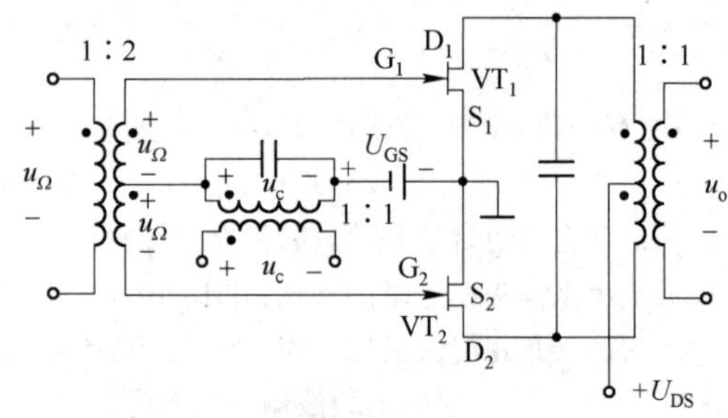

图　题5.9

5.10 图题5.10(a)为二极管环形调制电路，若调制信号 $u_\Omega = U_{\Omega m}\cos\Omega t$，四只二极管的伏安特性完全一致，均为从原点出发斜率为 g_d 的直线。载波电压是幅度为 U_{cm} ($U_{cm} \gg U_{\Omega m}$)，周期为 T_c 的对称方波，如图题5.10(b)所示。试分析输出电流的频谱分量。

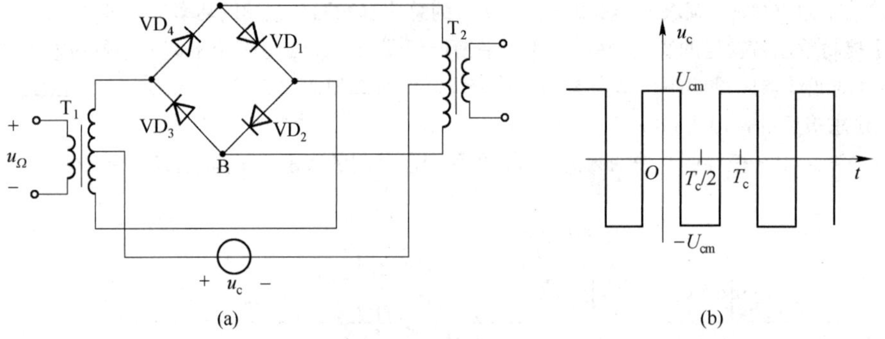

图　题5.10

5.11 图题5.11所示为二极管桥式调幅电路。若调制信号 $u_\Omega = U_{\Omega m}\cos\Omega t$，四只二极管的伏安特性完全一致，载波电压为 $u_c = U_{cm}\cos\omega_c t$，且 $\omega_c \gg \Omega$，$U_{cm} \gg U_{\Omega m}$。带通滤波器的中心频率为 ω_c，带宽 $B = 2\Omega$，谐振阻抗 $Z_{po} = R_p$。试求输出电压 u_{CD} 和 u_{DSB} 的表达式。

5.12 用图题5.12所示的其输入、输出动态范围为±10 V的模拟相乘电路实现普通调幅。若载波电压振幅为5 V，欲得100%的调幅度。求：

(1) 容许的最大调制信号的幅度为多少？

(2) 若相乘系数 $K=1$，其他条件不变，容许的最大调制信号的幅度为多少？

5.13 大信号二极管检波电路如图题5.13所示，若给定 $R_L = 5\,\text{k}\Omega$，输入调制系数 $m = 0.30$ 的调制信号。试求：

(1) 载波频率 $f_c = 465\,\text{kHz}$，调制信号最高频率 $F = 3400\,\text{Hz}$，电容 C_L 应如何选？检波器输入阻抗约为多少？

(2) 若 $f_c = 30\,\text{MHz}$，$F = 0.3\,\text{MHz}$，C_L 应选为多少？其输入阻抗大约是多少？

(3) 若 C_L 被开路，其输入阻抗是多少？已知二极管导通电阻 $R_D = 80\,\Omega$。

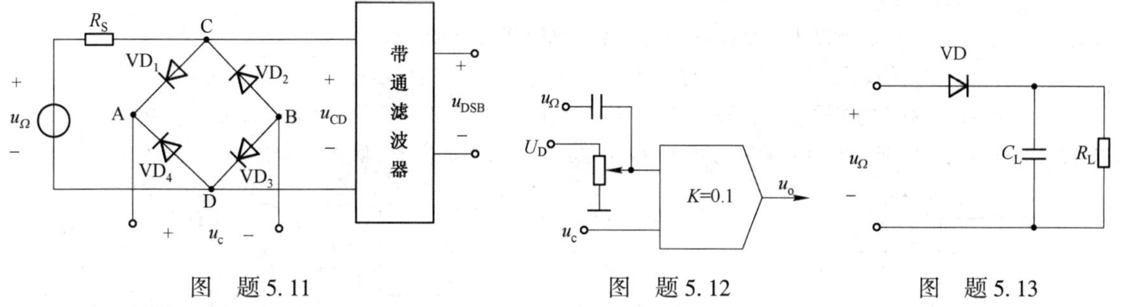

图　题 5.11　　图　题 5.12　　图　题 5.13

5.14　在图题 5.14 所示的检波电路中,两只二极管的静态伏安特性均为从原点出发、斜率为 $g_d=1/R_D$ 的折线,负载 $Z_L(\omega_c)=0$。试求:

(1) 导通角 θ; (2) 电压传输系数 K_d; (3) 输入电阻 R_{id}。

5.15　在图题 5.15 所示的检波电路中,$R_1=510\ \Omega$,$R_2=4.7\ \mathrm{k\Omega}$,$C_C=10\ \mu\mathrm{F}$, $R_g=1\ \mathrm{k\Omega}$。输入信号 $u_s=0.51(1+0.3\cos10^3t)\cos10^7t(\mathrm{V})$。可变电阻 R_2 的接触点在中心位置和最高位置时,试问会不会产生负峰切割失真?

5.16　检波电路如图题 5.16 所示,其中 $u_s=0.8(1+0.5\cos\Omega t)\cos\omega_s t(\mathrm{V})$, $F=5\ \mathrm{kHz}$, $f_s=465\ \mathrm{kHz}$, $r_D=125\ \Omega$。试求输入电阻 R_{id} 及传输系数 K_d,并检验有无惰性失真及底部切割失真。

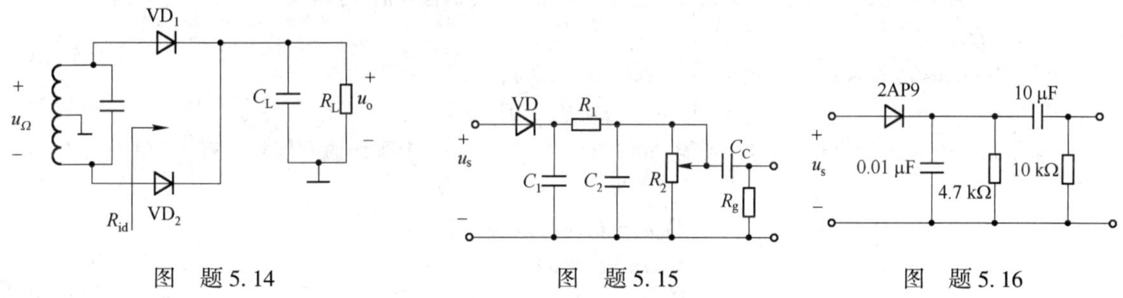

图　题 5.14　　图　题 5.15　　图　题 5.16

5.17　在图题 5.17 所示的检波电路中,输入信号回路为并联谐振电路,其谐振频率 $f_o=10^6\ \mathrm{Hz}$,回路本身谐振电阻 $R_o=20\ \mathrm{k\Omega}$,检波负载 $R_L=10\ \mathrm{k\Omega}$,$C_L=0.01\ \mu\mathrm{F}$,$r_D=100\ \Omega$。

(1) 若 $i_s=0.5\cos2\pi\times10^6t(\mathrm{mA})$,求检波器的输入电压 u_s 及检波器输出电压 $u_o(t)$ 的表达式;

(2) 若 $i_s=0.5(1+0.5\cos2\pi\times10^3t)\cos2\pi\times10^6t(\mathrm{mA})$,求输出电压 $u_o(t)$ 的表达式。

5.18　图题 5.18 所示为双平衡同步检波器电路,输入信号 $u_s=U_s\cos(\omega_c+\Omega)t$, $u_r=U_r\cos\omega_c t$, $U_r\gg U_s$。求输出电压 $u_o(t)$ 的表达式,并证明二次谐波的失真系数为零。

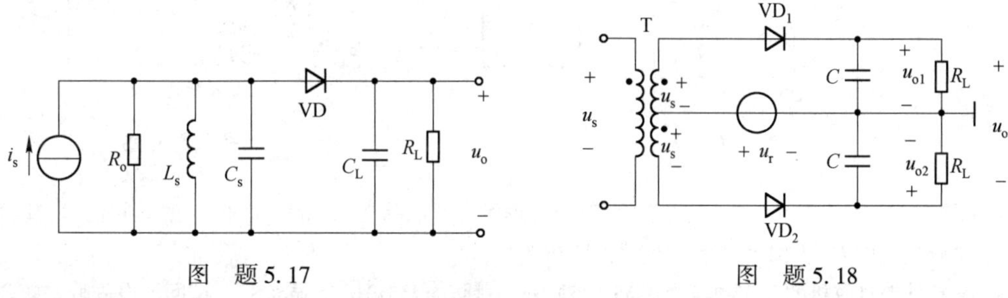

图　题 5.17　　图　题 5.18

5.19　图题 5.19 所示为一乘积型同步检波器电路模型。相乘器的特性为 $i=Ku_su_r$,其中 K 为相乘系数,$u_r=U_r\cos(\omega_c t+\varphi)$。试求在下列两种情况下输出电压 u_o 的表示式,并说明是否有失真?假设 $Z_L(\omega_c)\approx0$, $Z_L(\Omega)\approx R_L$。

(1) $u_s=mU_c\cos\Omega t\cos\omega_c t$;　(2) $u_s=\dfrac{1}{2}mU_c\cos(\omega_c+\Omega)t$。

5.20　上题中,若 $u_s=\cos\Omega t\cos\omega_c t$,当 u_r 为下列信号时

(1) $u_r=2\cos\omega_c t$;　(2) $u_r=\cos[(\omega_c+\Delta\omega)t+\varphi]$。

试求输出电压 u_o 的表达式,判断上述情况可否实现无失真解调,为什么?

5.21　图题 5.21 所示是正交平衡调制与解调的方框图。它是多路传输技术的一种。两路信号分别对频率相同但相位正交(相差 90°)的载波进行调制,可实现用一个载波同时传送两路信号(又称为正交复用方案)。试证明在接收端可以不失真地恢复出两个调制信号来(设相乘器的相乘系数为 K_1,低通滤波的通带增益为 K_2)。

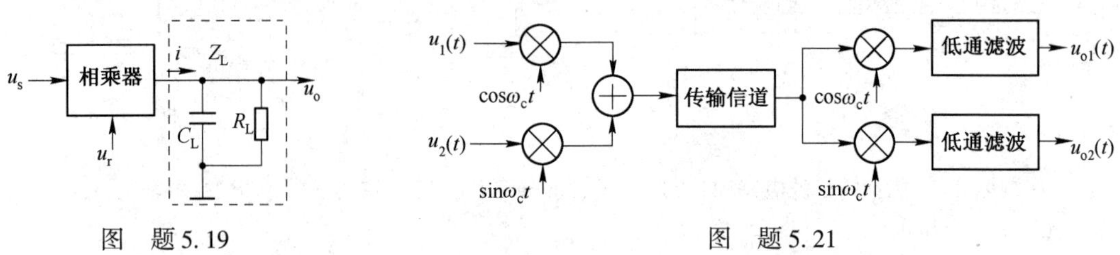

图　题 5.19　　　　图　题 5.21

5.22　二极管桥式电路如图题 5.22 所示,二极管处于理想开关状态,u_2 为大信号,且 $U_2 \gg U_1$。

(1) 求 T_2 次级电压 u_o 的表达式(设 $u_1=U_1\cos\omega_1 t$, $u_2=U_2\cos\omega_2 t$);

(2) 说明该电路的功能;求对应的输入 u_1、u_2 信号的表达式;滤波器 $H(j\omega)$ 应选择什么滤波器,求其中心频率和带宽。

5.23　二极管平衡电路如图题 5.23 所示。现有以下几种可能的输入信号:

$u_1=U_\Omega\cos\Omega t$;　　$u_2=U_c\cos\omega_c t$;

$u_3=U_m(1+m_1\cos\Omega_1 t)\cos\omega_c t$;　　$u_4=U_4\cos(\omega_c t+m_f\sin\Omega t)$;

$u_5=U_r\cos\omega_r t, \omega_r=\omega_c$;　　$u_6=U_L\cos\omega_L t$; $u_7=U_7\cos\Omega_1 t\cos\omega_c t$

问:该电路能否得到下列输出信号?若能,此时电路中的 u_{I} 及 u_{II} 为哪种输入信号? $H(j\omega)$ 应采用什么滤波器,其中心频率 f_o 及带宽 B 各为多少?(不需要推导计算,直接给出结论)

(1) $u_{o1}=U(1+m\cos\Omega t)\cos\omega_c t$;　　(2) $u_{o2}=U\cos\Omega t\cos\omega_c t$;

(3) $u_{o3}=U\cos(\omega_c+\Omega)t$;　　(4) $u_{o4}=U\cos\Omega_1 t$;

(5) $u_{o5}=U\cos(\omega_1 t+m_f\sin\Omega t)$;　　(6) $u_{o6}=U(1+m_1\cos\Omega_1 t)\cos\omega_1 t$;

(7) $u_{o7}=U\cos\Omega_1 t\cos\omega_1 t$。

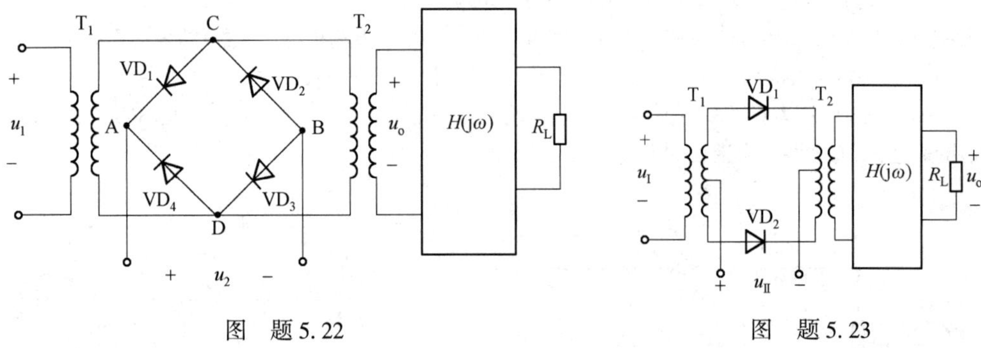

图　题 5.22　　　　图　题 5.23

5.24　图题 5.24 所示为单边带(上边带)发射机方框图。调制信号为 300~3000 Hz 的音频信号,其频谱分布如图所示。试画出图中方框图中各点输出信号的频谱图。

5.25　某超外差接收机的工作频段为 0.55~25 MHz,中频 $f_I=455$ kHz,本振 $f_L>f_s$。试问波段内哪些频率上可能出现较大的组合干扰(6 阶以下)。

5.26　试分析与解释下列现象:

(1) 在某地,收音机接收到 1090 kHz 信号时,可以收到 1323 kHz 的信号;

(2) 收音机接收 1080 kHz 信号时,可以听到 540 kHz 信号;

(3) 收音机接收 930 kHz 信号时,可同时收到 690 kHz 和 810 kHz 信号,但不能单独收到其中的一个台(例如,另

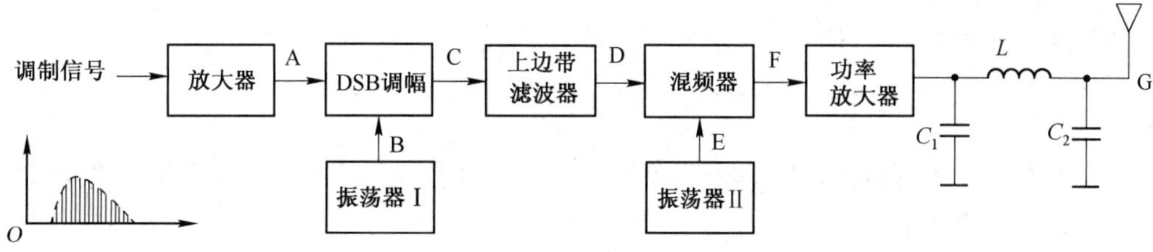

图　题5.24

一个台停播)。

5.27　某发射机发出某一频率的信号。现打开接收机在全波段寻找(设无任何其他信号),发现在接收机度盘的三个频率(6.5 MHz、7.25 MHz、7.5 MHz)上均能听到对方的信号。其中,以7.5 MHz的信号最强。问接收机是如何收到这些信号的?设接收机中频$f_I=0.5$ MHz,$f_L>f_s$。

5.28　填空题

(1) 高频信号的某一参数随消息信号的规律发生变化的过程称为________,其逆过程称为________。其中消息信号称为________;高频信号称为________。调制后的信号称为________。

(2) 按照调制信号的形式可将调制分为________和________。按照载波信号的形式可将调制分为________和________。

(3) 正弦波调制可分为________、________和________。脉冲调制可分为________、________和________。

(4) ____________和____________统称为角度调制。

(5) 幅度调制是指已调信号的________参数随调制信号的大小而线性变化;频率调制是指已调信号的________参数随调制信号的大小而线性变化;相位调制是指已调信号的________参数随调制信号的大小而线性变化;

(6) 调幅信号、调频信号和调相信号的逆过程分别简称为________、________和________。

(7) 从频域的角度看,振幅调制和振幅解调都属于频谱的________搬移电路,混频属于频谱的________搬移电路,检波属于频谱的________搬移电路。

(8) 根据调幅信号频谱分量的不同,调幅可分为三种:________、________和________。

(9) AM信号的频谱包含三个频率分量:________分量、________分量和________分量。其中________分量和________分量包含调制信号的信息。AM信号的频谱中的________分量占了整个AM信号功率的绝大部分,因此AM信号的效率________。当100%调幅时,效率$\eta=$________。AM信号的带宽是调制信号带宽的________倍。

(10) DSB信号的包络变化规律正比于________。DSB信号的相位在调制信号零点处会出现________现象。DSB信号的频谱只有两个频率分量:________分量和________分量。DSB信号的带宽是调制信号带宽的________倍。

(11) 在通信系统中,为节约频带、提高系统的功率,通常取出DSB信号的任一个边带,就可成为________信号。这种信号的带宽是调制信号带宽的________倍。

(12) SSB信号的电路实现方法有三种:________、________、________。

(13) 在各种调幅波中,功率利用率最低的是________波,带宽最窄的是________波。

(14) AM信号的载波频率为500 kHz,振幅为10 V。调制信号频率为10 kHz,输出AM信号的包络振幅为7.5 V。则上、下边频频率值分别为________kHz、________kHz;AM信号带宽为________kHz;上、下边频分量的电压振幅值分别为________、________V,载频分量的电压振幅值为________V;包络振幅的最大、最小值分别为________V、________V;调幅指数$m_a=$________;上、下边频分量功率分别为________W、________W,载频分量功率为________W,AM信号功率为________W;AM信号的表达式为________________________。

(15) 已知调制信号$u_\Omega=U_\Omega\cos\Omega t$,载波$u_c=U_c\cos\omega_c t$,用$u_\Omega$对$u_c$进行调幅(AM),调幅灵敏度为$k_a$,则$u_{AM}=$________,将载波分量抑制后得到的双边带信号$u_{DSB}=$________,再用滤波器将u_{DSB}的下边带滤除得到的单边带信号$u_{SSB}=$________________。

(16) 根据调幅级电平的高低,振幅调制电路分为两类:________调幅电路、________调幅电路。

(17) 常用的高电平调幅电路有________调幅电路、________调幅电路两种。高电平调幅只能产生________

信号。

(18) 低电平调幅电路的实现是以________器件为核心的频谱________搬移电路。单二极管调幅电路可产生________信号;二极管平衡调幅电路可产生________信号;二极管环形调幅电路可产生________信号;二极管桥式调幅电路可产生________信号。

(19) 基极调幅电路中,高频功率放大器应工作在__________工作状态;集电极调幅电路中,高频功率放大器应工作在________工作状态。

(20) 振幅解调的方法可分为________和________两大类。

(21) 包络检波可分为________和________两类。峰值包络检波器主要由________和________两部分组成。

(22) 同步检波可分为________和________检波两类。乘积型同步检波器主要由________和________两部分组成。叠加型同步检波器主要由________和________两部分组成。

(23) 叠加型同步检波器是在 DSB 或 SSB 信号中插入________,使之成为或近似成为________信号,再利用包络检波器将调制信号恢复出来。

(24) 二极管大信号包络检波器的主要性能指标有:________和________。在二极管峰值型检波器中,存在两种特有的失真:________和________。

(25) 在二极管大信号包络检波器中,避免惰性失真的条件是________;不产生底部切割失真,必须满足的条件是________。

(26) 混频器的作用是将载频为 f_c 的已调信号不失真地变为载频为________的已调信号,并保持原调制信号规律不变,因此混频器属于频谱的________搬移电路。当混频器的输出信号取两输入信号的差频时,称为________;当混频器的输出信号取两输入信号的和频时,称为________。

(27) 我国中波 AM(调幅)接收机的中频频率为________kHz,FM(调频)接收机的中频频率为________MHz,电视接收机的中频频率为________MHz。

(28) 一般混频器中存在着下列干扰:信号和本振信号的________干扰;外来干扰信号与本振信号的________干扰。

二维码 5

第6章　角度调制与解调

从频域的角度看,AM 调制属于频谱线性搬移电路,角度调制则属于频谱的非线性搬移电路(非线性调制)。本章将在第 5 章的基础上深入讨论角度调制信号的基本特性,分别讨论角度调制和角度信号解调电路的基本工作原理,以及实现频谱非线性搬移电路的基本特性及分析方法,并给出一些在通信设备中实际应用的相关电路。本章的教学需要 10~12 学时。

6.1　概　　述

在第 5 章讨论的振幅调制过程中,高频载波的振幅受调制信号的控制,使已调波的振幅依照调制信号的频率作周期性的变化,已调波振幅变化的幅度与调制信号的振幅大小成线性关系,但载波的频率和相位保持不变,不受调制信号的影响,已调波振幅的变化携带着调制信号所反映的信息。本章则研究如何利用高频载波频率或相位的变化来携带信息,这叫做调频或调相。

如前所述,对于任意正弦高频载波信号

$$u_o(t)=U_{om}\cos(\omega_o t+\varphi_o)=U_{om}\cos\varphi(t) \tag{6-1}$$

式中,$\varphi(t)$为瞬时相角,U_{om}为振幅,ω_o为角频率,φ_o为初相角。

如果利用调制信号 $u_\Omega(t)=U_{\Omega m}\cos\Omega t$ 去线性地控制高频载波信号三个参量 U_{om}、ω_o 和 $\varphi(t)$ 中的某一个,即可产生调制的作用。例如,用调制信号 $u_\Omega(t)=U_{\Omega m}\cos\Omega t$ 去线性地控制高频载波信号的振幅,使已调波的振幅与调制信号成线性关系:$U_{om}(t)=U_{om}[1+k_a u_\Omega(t)]$,即实现了 AM (amplitude modulation)调幅;如果用调制信号 $u_\Omega(t)=U_{\Omega m}\cos\Omega t$ 去线性地控制高频载波信号的角频率,使已调波的角频率与调制信号成线性关系:$\omega(t)=\omega_o+k_f u_\Omega(t)$,即实现了频率调制 FM (frequency modulation),简称调频;如果用调制信号 $u_\Omega(t)=U_{\Omega m}\cos\Omega t$ 去线性地控制高频载波信号的相位角,使已调波的相位角与调制信号成线性关系:$\varphi(t)=\omega_o t+k_p u_\Omega(t)$,即实现了相位调制 PM (phase modulation),简称调相。

在调频或调相制中,载波的瞬时角频率或瞬时相位角受调制信号的控制作周期性的变化,变化的大小与调制信号的振幅强度成线性关系,变化的周期由调制信号的频率所决定,调制信息寄存于已调波的频率或相位的变化中。但已调波的振幅则保持不变,不受调制信号的影响。可见,**无论是调频或调相,都会使高频载波的瞬时相位角发生变化,因此两者可统称为角度调制,或简称为调角。**

从频域的角度看,**AM 调制属于频谱线性搬移电路。和振幅调制相比,角度调制则属于频谱的非线性搬移电路(非线性调制),它们的信号频谱不是原调制信号频谱在频率轴上的线性平移,已调波信号的频谱结构不再保持原调制信号频谱的内部结构,即不再保持线性关系,而且调制后的信号带宽要比原调制信号的带宽大得多**。频谱搬移的示意图如图 6.1 所示。但是,在同样的发送功率下,非线性调制把调制信息寄载于已调波信号较宽的带宽内的各边频分量之中,因而能更好地克服信道中噪声和干扰的影响,使得这类非线性调制具有良好的抗噪声性能,而且传输带宽越宽,抗噪声性能越好。调频主要应用于调频广播、广播电视、通信及遥测等;调相主要应用于数字通信系统中的移相键控。

由于解调是调制的逆过程,不同的调制方式对应于不同的解调方式。因此,在接收调频或调相信号时,必须采用频率解调或相位解调的方法。频率解调又称鉴频(frequency discrimination),相位解调又称鉴相(phase detection)。

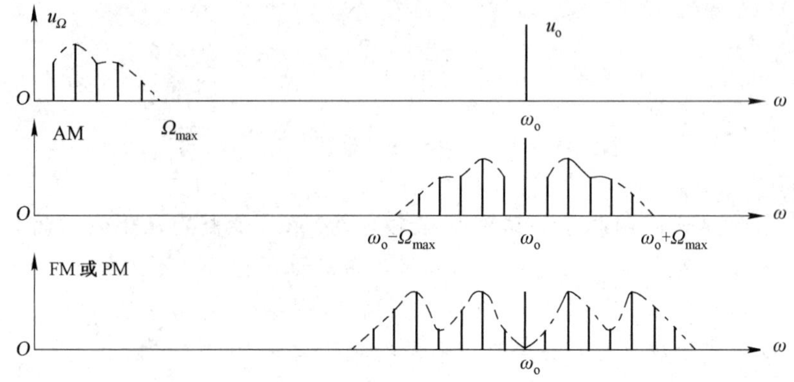

图 6.1　振幅调制和角度调制的频谱搬移示意图

6.2　调角信号的分析

6.2.1　瞬时频率和瞬时相位

如果设高频载波信号为

$$u_o(t)=U_{om}\cos(\omega_o t+\varphi_o)=U_{om}\cos\varphi(t)$$

当进行角度调制(FM 或 PM)后,其已调波的角频率将是时间的函数,即角频率为 $\omega(t)$。如用图 6.2所示的旋转矢量来表示已调波,设旋转矢量的长度为 U_{om},围绕原点 O 逆时针方向旋转,角速度为 $\omega(t)$。$t=0$ 时,矢量与实轴之间的夹角为初相角 φ_o;t 时刻,矢量与实轴之间的夹角为 $\varphi(t)$。矢量在实轴上的投影为

$$u_o(t)=U_{om}\cos\varphi(t)$$

这就是已调波,其瞬时相角 $\varphi(t)$ 等于矢量在 t 时间内转过的角度与初始相角 φ_o 之和,即

$$\varphi(t)=\int_0^t\omega(t)\mathrm{d}t+\varphi_o \tag{6-2}$$

式中,积分 $\int_0^t\omega(t)\mathrm{d}t$ 是矢量在时间间隔 t 内所转过的角度。将式(6-2)两边微分得

$$\omega(t)=\frac{\mathrm{d}\varphi(t)}{\mathrm{d}t} \tag{6-3}$$

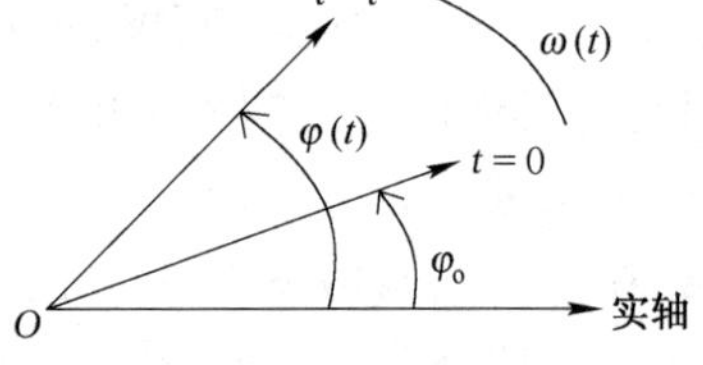

图 6.2　角度调制信号的矢量表示

上式说明,瞬时频率(即旋转矢量的瞬时角速度)$\omega(t)$ 等于瞬时相位对时间的变化率。式(6-2)和式(6-3)是角度调制中的两个基本关系式。

6.2.2　调角信号的分析与特点

1. 调频波的数学表示

设载波 $u_o(t)=U_{om}\cos\omega_o t$,单频调制信号 $u_\Omega(t)=U_{\Omega m}\cos\Omega t$。根据调频波的定义,已调波的瞬时频率 $\omega(t)$ 随调制信号 $u_\Omega(t)$ 成线性变化,即

$$\omega(t)=\omega_o+k_f u_\Omega(t)=\omega_o+\Delta\omega(t) \tag{6-4}$$

式中,ω_o 是未调制时载波的角频率,即 FM 波的中心频率;$k_f u_\Omega(t)$ 是瞬时频率相对于 ω_o 的偏移,叫

做瞬时频率偏移,简称频率偏移或频偏。可以看出**调制信息寄载在调频波的频偏中**。频偏以 $\Delta\omega(t)$ 表示,即

$$\Delta\omega(t)=k_f u_\Omega(t) \tag{6-5}$$

$\Delta\omega(t)$ 的最大值叫做最大频偏,以 $\Delta\omega_m$ 表示,即

$$\Delta\omega_m=k_f\,|u_\Omega(t)|_{max}$$

式中,k_f 是调频灵敏度,它表示单位调制信号振幅引起的频率偏移,单位是 rad/(s · V)。

另外,由瞬时频率与所对应的瞬时相位的关系,根据式(6-2)可以求出调频波的瞬时相位为

$$\varphi(t)=\int_0^t\omega(t)\,dt=\int_0^t[\omega_o+k_f u_\Omega(t)]\,dt=\omega_o t+k_f\int_0^t u_\Omega(t)\,dt=\omega_o t+\Delta\varphi(t) \tag{6-6}$$

式中,$\Delta\varphi(t)$ 是瞬时相位偏移,简称相移。即

$$\Delta\varphi(t)=\int_0^t\Delta\omega(t)\,dt=k_f\int_0^t u_\Omega(t)\,dt=k_f\frac{U_{\Omega m}}{\Omega}\sin\Omega t \tag{6-7}$$

可以看出**相移是频偏的积分**。$\Delta\varphi(t)$ 的最大值叫做最大相位偏移,一般也称为 FM 波的调频指数,用 m_f 表示,即

$$m_f=|\Delta\varphi(t)|_{max}=k_f\left|\int_0^t u_\Omega(t)\,dt\right|_{max} \tag{6-8}$$

由式(6-6)可得一般调频信号的数学表达式为

$$u_{FM}(t)=U_{om}\cos\varphi(t)=U_{om}\cos\left(\omega_o t+k_f\int_0^t u_\Omega(t)\,dt\right) \tag{6-9}$$

对于单一频率调制的 FM 波,由于 $u_\Omega(t)=U_{\Omega m}\cos\Omega t$,所以有

$$\begin{aligned}u_{FM}(t)&=U_{om}\cos\left(\omega_o t+k_f\int_0^t u_\Omega(t)\,dt\right)=U_{om}\cos\left(\omega_o t+\frac{k_f U_{\Omega m}}{\Omega}\sin\Omega t\right)\\&=U_{om}\cos(\omega_o t+m_f\sin\Omega t)\end{aligned} \tag{6-10}$$

但需注意,**与 AM 波不同,调频波的调频指数 m_f 一般大于 1,且 m_f 越大,抗干扰性能越好,频带越宽**。

2. 调相波的数学表示

由于调相波的瞬时相位 $\varphi(t)$ 随调制信号 $u_\Omega(t)$ 成线性变化,即

$$\varphi(t)=\omega_o t+k_p u_\Omega(t)=\omega_o t+\Delta\varphi(t) \tag{6-11}$$

式中,$\omega_o t$ 为未调制时载波的相位角;$k_p u_\Omega(t)$ 表示瞬时相位相对于载波相位角 $\omega_o t$ 的相位偏移,叫做瞬时相位偏移,简称相移,可以看出**调制信息寄载在调相波的相移中**。即

$$\Delta\varphi(t)=k_p u_\Omega(t) \tag{6-12}$$

$\Delta\varphi(t)$ 的最大值叫做最大相移,或称调制指数。调相波的调制指数用 m_p 表示,即

$$m_p=k_p\,|u_\Omega(t)|_{max} \tag{6-13}$$

式中,k_p 是调相灵敏度,它表示单位调制信号振幅引起的相位偏移,单位是 rad/V。

另外,由瞬时相位与瞬时频率之间的关系,可得

$$\omega(t)=\frac{d\varphi(t)}{dt}=\omega_o+k_p\frac{du_\Omega(t)}{dt}=\omega_o+\Delta\omega(t) \tag{6-14}$$

式中,$\Delta\omega(t)$ 表示调相波的频偏,即

$$\Delta\omega(t)=k_p\frac{du_\Omega(t)}{dt} \tag{6-15}$$

与式(6-12)比较,可以看出**调相波的频偏是相移的微分**。同理可得最大频偏为

$$\Delta\omega_{p}=k_{p}\left|\frac{du_{\Omega}(t)}{dt}\right|_{max} \tag{6-16}$$

根据以上分析可得 PM 波的数学表达式为

$$u_{PM}=U_{om}\cos[\omega_{o}t+k_{p}u_{\Omega}(t)] \tag{6-17}$$

对于单一频率调制信号的 PM 波,式(6-17)可表示为

$$u_{PM}=U_{om}\cos(\omega_{o}t+k_{p}U_{\Omega m}\cos\Omega t)=U_{om}\cos(\omega_{o}t+m_{p}\cos\Omega t) \tag{6-18}$$

3. 调频波与调相波的比较

将以上对调频信号与调相信号分析的结果和参数列入表 6.1 中。从表 6.1 中可以看出,调频波与调相波有以下几点主要区别。

(1) 若调制信号为单一频率的余弦信号 $\cos\Omega t$ 时,PM 波的相位变化规律仍是 $\cos\Omega t$ 的形式;FM 波的频率变化规律是 $\cos\Omega t$ 形式的,FM 波的相位变化规律却是 $\sin\Omega t$ 的形式。

(2) 调相波的调制指数 $m_{p}=\Delta\varphi_{m}=k_{p}U_{\Omega m}$,只与调制信号幅度 $U_{\Omega m}$ 有关,与调制信号频率 Ω 无关。但调频波的调制指数 $m_{f}=\Delta\varphi_{m}=k_{f}\dfrac{U_{\Omega m}}{\Omega}$,不仅与调制信号幅度 $U_{\Omega m}$ 成正比,而且与调制信号频率 Ω 成反比。

(3) 调频波的最大频偏 $\Delta\omega_{f}=k_{f}U_{\Omega m}$,与调制信号幅度 $U_{\Omega m}$ 有关,与调制信号频率 Ω 无关。但调相波的最大频偏 $\Delta\omega_{p}=k_{p}U_{\Omega m}\Omega$,不仅与调制信号幅度 $U_{\Omega m}$ 成正比,而且与调制信号频率 Ω 成正比。

图 6.3 反映了调频波与调相波的这些主要区别。正是由于这些不同特点使 FM 信号与 PM 信号的频带宽度有明显差异。调频波的频谱宽度对于不同的 Ω 几乎维持恒定,调相波的频谱宽度则随 Ω 的不同而剧烈地变化。这就是下一节所要研究的问题。

表 6.1 调频信号与调相信号的比较(设载波为 $u_{o}(t)=U_{om}\cos\omega_{o}t$,单频调制信号为 $u_{\Omega}(t)=U_{\Omega m}\cos\Omega t$)

	调频(FM)波	调相(PM)波
瞬时频率	$\omega(t)=\omega_{o}+k_{f}u_{\Omega}(t)$	$\omega(t)=\omega_{o}+k_{p}\dfrac{du_{\Omega}(t)}{dt}$
瞬时相位	$\varphi(t)=\omega_{o}t+k_{f}\int_{0}^{t}u_{\Omega}(t)dt$	$\varphi(t)=\omega_{o}t+k_{p}u_{\Omega}(t)$
最大频偏	$\Delta\omega_{f}=k_{f}\lvert u_{\Omega}(t)\rvert_{max}=k_{f}U_{\Omega m}$	$\Delta\omega_{p}=k_{p}\left\lvert\dfrac{du_{\Omega}(t)}{dt}\right\rvert_{max}=k_{p}U_{\Omega m}\Omega$
最大相移	$m_{f}=\Delta\varphi_{m}=k_{f}\left\lvert\int_{0}^{t}u_{\Omega}(t)dt\right\rvert_{max}=k_{f}\dfrac{U_{\Omega m}}{\Omega}$	$m_{p}=\Delta\varphi_{m}=k_{p}\lvert u_{\Omega}(t)\rvert_{max}=k_{p}U_{\Omega m}$
数学表达式	$u_{FM}(t)=U_{om}\cos\varphi(t)=U_{om}\cos\left[\omega_{o}t+k_{f}\int_{0}^{t}u_{\Omega}(t)dt\right]=U_{om}\cos\left(\omega_{o}t+\dfrac{k_{f}U_{\Omega m}}{\Omega}\sin\Omega t\right)=U_{om}\cos(\omega_{o}t+m_{f}\sin\Omega t)$	$u_{PM}(t)=U_{om}\cos\varphi(t)=U_{om}\cos[\omega_{o}t+k_{p}u_{\Omega}(t)]=U_{om}\cos(\omega_{o}t+k_{p}U_{\Omega m}\cos\Omega t)=U_{om}\cos(\omega_{o}t+m_{p}\cos\Omega t)$

(4) 另外还可以看出:无论调频还是调相,最大频偏与调制指数之间的关系都是相同的。如果最大频偏都用 $\Delta\omega_{m}$ 表示,调制指数都用 m 表示,则 $\Delta\omega_{m}$ 与 m 之间满足以下关系

$$\Delta\omega_{m}=m\Omega \tag{6-19}$$

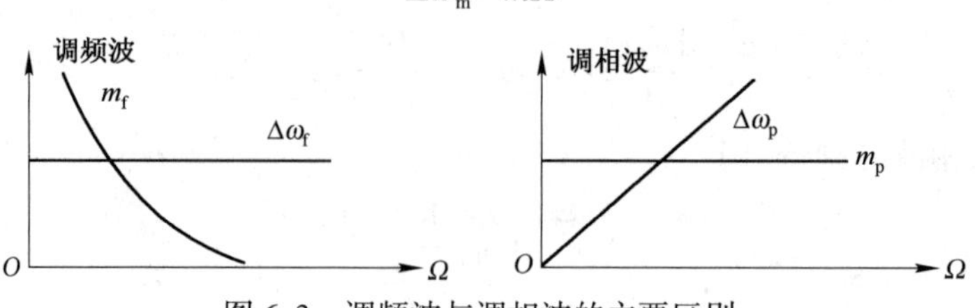

图 6.3 调频波与调相波的主要区别

综上所述,调角波中存在着三个与频率有关的概念:第一个是未调制时的中心载波频率 ω_o;第二个是最大频偏 $\Delta\omega_m$,它表示调制信号变化时,瞬时频率偏离中心频率的最大值;第三个是调制信号频率 Ω,它表示瞬时频率在其最大值 $\omega_o+\Delta\omega_m$ 和最小值 $\omega_o-\Delta\omega_m$ 之间每秒钟摆动的次数。由于频率变化总是伴随着相位的变化,因此,Ω 也表示瞬时相位在最大值和最小值之间每秒钟摆动的次数。

4. 调频波与调相波的波形

图 6.4 和图 6.5 分别画出了当调制信号为余弦波和正弦波时,所对应的调频波与调相波的波形图。

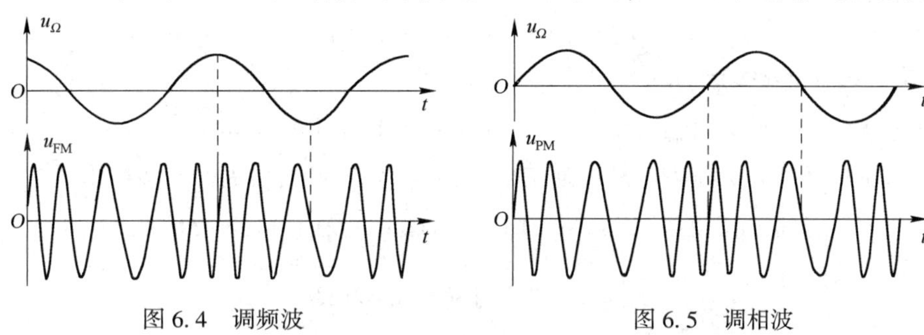

图 6.4　调频波　　　　图 6.5　调相波

从图中可以看出,无论是调频还是调相,瞬时频率和瞬时相位都在同时随着时间发生变化。**在调频时,瞬时频率的变化与调制信号的振幅成线性关系,瞬时相位的变化与调制信号的积分成线性关系。在调相时,瞬时相位的变化与调制信号的振幅成线性关系,瞬时频率的变化与调制信号的微分成线性关系。**

[例 6-1]　有一调角波,其数学表达式为 $u(t)=10\sin(10^9t+3\cos10^3t)$,问 $u(t)$ 是调频波还是调相波?其载波频率及调制信号频率各是多少?

解: 只从 $u(t)$ 中的 $\Delta\varphi(t)=3\cos10^3t$,看不出 $u(t)$ 与调制信号 $u_\Omega(t)$ 成正比,还是与$u_\Omega(t)$ 的积分成正比,因此不能确定 $u(t)$ 是调频波还是调相波。如果调制信号 $u_\Omega(t)=\cos10^3t$,则 $\Delta\varphi(t)=3\cos10^3t=3u_\Omega(t)$,与 $u_\Omega(t)$ 成正比,$u(t)$ 为调相波;如果 $u_\Omega(t)=\sin10^3t$,因为 $\Delta\varphi(t)=3\cos10^3t=3\times10^3\int_0^t\sin10^3t\mathrm{d}t$,即 $\Delta\varphi(t)$ 与 $u_\Omega(t)$ 的积分成正比,则$u(t)$ 为调频波。由此可见;判断一调角波是调频还是调相,必须依照定义与调制信号对比。

此题中载频 $f_o=10^9/2\pi\text{Hz}$;调制信号的频率 $F=10^3/2\pi\text{Hz}$。

[例 6-2]　一调角波受单频正弦信号 $u_\Omega(t)=U_{\Omega m}\sin\Omega t$ 调制,其瞬时频率为 $f(t)=10^6+10^4\cos(2\pi\times10^3t)\text{Hz}$,已知调角波的幅度为 10 V。(1) 此调角波是调频波还是调相波?写出其数学表达式;(2) 求此调角波的最大频偏和调制指数。

解: (1) 瞬时角频率 $\omega(t)=2\pi f(t)=2\pi[10^6+10^4\cos(2\pi\times10^3t)]$ rad/s,与调制信号 $u_\Omega(t)=U_{\Omega m}\sin\Omega t$形式不同,可判断出此调角波不是调频波。

其瞬时相位

$$\varphi(t)=\int_0^t\omega(t)\mathrm{d}t=\int_0^t2\pi[10^6+10^4\cos(2\pi\times10^3t)]\mathrm{d}t$$
$$=2\pi\times10^6t+10\sin(2\pi\times10^3t)$$

即 $\varphi(t)$ 与调制信号 $u_\Omega(t)=U_{\Omega m}\sin\Omega t$ 的函数形式一样(成正比),而 $\omega(t)$ 与$\varphi(t)$ 是微分关系。所以可以确定此调角波是调相波,且载频为 10^6 Hz,调制频率为 10^3 Hz。

调相波的数学表达式为

$$u_{PM}(t)=U_P\cos\varphi(t)=10\cos[(2\pi\times10^6t)+10\sin(2\pi\times10^3t)]$$

(2) 对于调相波，最大频偏 $\Delta\omega_p = k_p U_{\Omega m}\Omega = m_p\Omega$，所以 $\Delta\omega_p = 10\times2\pi\times10^3 = 2\pi\times10^4$。

调频指数 $m_p = k_p U_{\Omega m} = 10$。

6.2.3　调角信号的频谱与带宽

1. 调角信号的频谱

如果用 m 代替 m_f 或 m_p，把 FM 和 PM 信号用统一的调角信号来表示，则单一频率调制的调角信号统一的表达式为

$$u(t) = U_{om}\cos[\omega_o t + m\sin\Omega t] \tag{6-20}$$

利用三角公式 $\cos(\alpha+\beta) = \cos\alpha\cos\beta - \sin\alpha\sin\beta$，则有

$$u(t) = U_{om}[\cos(m\sin\Omega t)\cos\omega_o t - \sin(m\sin\Omega t)\sin\omega_o t] \tag{6-21}$$

而 $\cos(m\sin\Omega t)$ 和 $\sin(m\sin\Omega t)$ 是周期 $T = 2\pi/\Omega$ 的特殊函数，可展开成级数形式

$$\begin{aligned}\cos(m\sin\Omega t) &= J_0(m) + 2J_2(m)\cos2\Omega t + 2J_4(m)\cos4\Omega t + \cdots \\ &= J_0(m) + 2\sum_{n=1}^{\infty} J_{2n}(m)\cos2n\Omega t\end{aligned} \tag{6-22}$$

$$\begin{aligned}\sin(m\sin\Omega t) &= 2J_1(m)\sin\Omega t + 2J_3(m)\sin3\Omega t + 2J_5(m)\sin5\Omega t + \cdots \\ &= 2\sum_{n=0}^{\infty} J_{2n+1}(m)\sin(2n+1)\Omega t\end{aligned} \tag{6-23}$$

式中，$J_n(m)$ 称为第一类贝塞尔函数(Bessel Function)。当 m，n 一定时，$J_n(m)$ 为定系数，其值可以由曲线和函数表查出。图 6.6 示出了第一类贝塞尔函数的曲线。

将式(6-22)、式(6-23)代入式(6-21)，可以得到

$$u(t) = U_{om}\left[J_0(m) + 2\sum_{n=1}^{\infty} J_{2n}(m)\cos2n\Omega t\right]\cos\omega_o t - U_{om}\left[2\sum_{n=0}^{\infty} J_{2n+1}(m)\sin(2n+1)\Omega t\right]\sin\omega_o t \tag{6-24}$$

利用三角函数积化和差公式

$$\begin{cases}\cos\alpha\cos\beta = \dfrac{1}{2}\cos(\alpha-\beta) + \dfrac{1}{2}\cos(\alpha+\beta) \\ \sin\alpha\sin\beta = \dfrac{1}{2}\cos(\alpha-\beta) - \dfrac{1}{2}\cos(\alpha+\beta)\end{cases}$$

所以式(6-24)最终可表示为

$$u(t) = U_{om}\sum_{n=-\infty}^{\infty} J_n(m)\cos(\omega_o + n\Omega)t \tag{6-25}$$

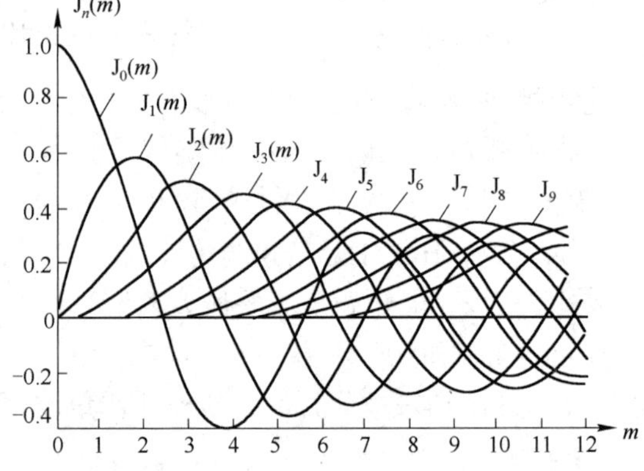

图 6.6　第一类贝塞尔函数的曲线

分析式(6-25)可以看出，在单一频率信号调制下，调角信号频谱具有以下特点：

(1) **调角信号(FM/PM)的频谱是由无穷多个频率分量组成的**。它包括载频分量 ω_o 和分布在载频 ω_o 两侧，与载频 ω_o 相距 $\pm n\Omega$ 的无穷多对边频分量 $(\omega_o \pm n\Omega)$。图 6.7 示出了调角信号的频谱图。

可以看出，调角信号(FM/PM)载频分量 ω_o 的幅度为 $J_0(m)U_{om}$，正比于 $J_0(m)$，不再是固定不变的，其大小决定于 m；各次边频分量 $(\omega_o \pm n\Omega)$ 的振幅为 $J_n(m)U_{om}$，正比于 $J_n(m)$，其大小取决于 m

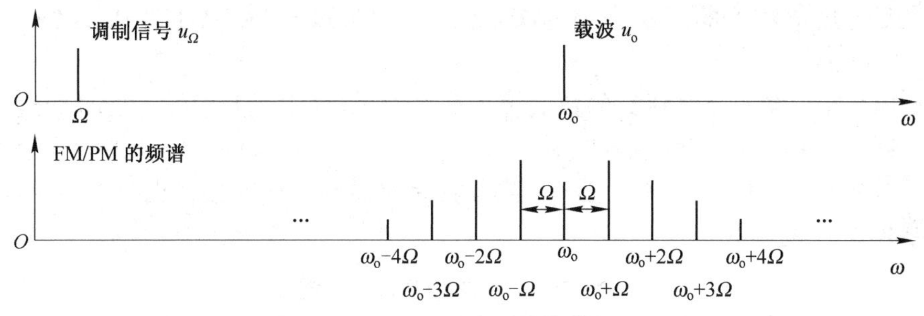

图 6.7　调角信号的频谱

和 n 的值。**一般当 m 一定时，$J_n(m)$ 变化的总趋势将随 n 的增大而下降。当 n 高到一定值时，$J_n(m)$ 很小，即高次边频分量的幅度极小，它们对调角信号（FM/PM）频谱的贡献可以忽略不计。另外当 n 一定时，$J_n(m)$ 的变化趋势随 m 的增大而增大，即表明调制系数 m 的值越大，调角信号所占有的频带越宽。**

从这里也可看到 FM 波的频谱结构不再是原调制信号频谱结构的线性平移，所以角度调制属于非线性调制。

（2）由信号分析中的巴塞伐尔定理可知：信号的平均功率等于信号频谱中各频率分量的平均功率之和。由式（6-25）和第一类贝塞尔函数的性质可以推出：

① 对于任意的 m，各阶贝塞尔函数的平方和恒等于 1，即

$$\sum_{n=-\infty}^{\infty} J_n^2(m) = 1$$

可见，**FM/PM 信号的（平均）功率与未调载波的（平均）功率是一样的，且与调制指数 m 无关。**在调制指数 m 的取值增大时，$J_0(m)$ 的变化总趋势将趋于减小，这表示载频 ω_o 分量的功率将趋于减小。由于调角波携带的总功率是不变的，这说明减小了的载频分量的功率将被重新分配到各次边频分量上去。

② $J_{-n}(m)=(-1)^n J_n(m)$，所以有 $\begin{cases} J_n(m)=J_{-n}(m)，n \text{ 为偶数} \\ J_n(m)=-J_{-n}(m)，n \text{ 为奇数} \end{cases}$

即当 n 为偶数时，上、下边频分量符号相同；而当 n 为奇数时，上、下边频分量符号相反。

2. 调频信号的带宽

以上对调角信号的分析表明，调角信号的频谱包含有无穷多个频率分量。因此，从理论上讲 FM/PM 信号的频带宽度应该是无限宽的。但实际上，FM/PM 波中各次边频分量幅度正比于 $J_n(m)$，在 m 一定时，$J_n(m)$ 随 n 的增大而减小，高次边频分量的幅度可以小到忽略不计的程度。因此实际上，在考虑调角信号的频带宽度时，如果忽略其高次边频分量，不会因此带来明显的信号失真。所以也可以把 FM/PM 信号近似地认为是具有有限带宽的信号。当然，这个有限带宽是与调制指数 m 密切相关的。下面的分析以 FM 信号为例。

在决定 FM 信号的带宽时，究竟要考虑到多高次数的边频分量，这取决于实际应用中对解调后的信号允许失真的程度。

工程上有两种不同的准则：

- 在要求严格的场合，一种比较精确的准则是：FM 信号的带宽应包括幅度大于未调载频振幅 1%以上的边频分量，即

$$|J_n(m_f)| \geq 0.01 \tag{6-26}$$

如果在满足上述条件下的最高边频的次数为 n_{max}，则 FM 信号的带宽 $B_{FM}=2n_{max}\Omega$ 或 $B_{FM}=2n_{max}F$，其中 $F=\Omega/2\pi$。

表 6.2 给出了第一类贝塞尔函数的数值表。在表中，只列出了几组振幅明显的边频。一般来说，只有当边频的振幅不小于未调制载波振幅的 1%（$J_n(m)\geqslant 0.01$）时，才认为该边频可计做频带内的边频分量。从表 6.2 中可以看出，当 m 增大时，有效边频分量的数目也会增多。因此，调角波的带宽是调制指数 m 的函数。

表 6.2　第一类贝塞尔函数的数值表

$J_n(m)$ \ n ／ m	0	1	2	3	4	5	6	7	8	9	10	11	12
0.0	1.0												
0.5	0.94	0.24	0.03										
1.0	0.77	0.44	0.11	0.02									
2.0	0.22	0.58	0.35	0.13	0.03								
3.0	−0.26	0.34	0.49	0.31	0.13	0.04							
4.0	−0.40	−0.07	0.36	0.43	0.28	0.13	0.05						
5.0	−0.18	−0.33	0.05	0.36	0.39	0.26	0.13	0.05					
6.0	0.15	−0.20	−0.24	0.11	0.36	0.36	0.25	0.13	0.06				
7.0	0.30	0.05	−0.30	−0.17	0.16	0.35	0.34	0.23	0.13	0.06			
8.0	0.17	0.23	−0.11	−0.29	−0.10	0.19	0.34	0.32	0.22	0.13	0.06		
9.0	−0.09	0.24	0.14	−0.18	−0.27	−0.06	0.20	0.33	0.30	0.21	0.12	0.06	
10.0	−0.25	0.04	0.25	0.06	−0.22	−0.23	−0.01	0.22	0.31	0.29	0.20	0.12	0.06
11.0	−0.17	−0.18	0.14	0.23	−0.02	−0.24	−0.20	0.02	0.23	0.31	0.28	0.20	0.12
12.0	0.05	−0.22	−0.18	0.20	0.18	−0.07	−0.24	−0.17	0.05	0.23	0.30	0.27	0.20
13.0	0.21	−0.07	−0.22	0.003	0.22	0.13	−0.12	−0.24	−0.14	0.07	0.23	0.29	0.26

在工程上，为了便于计算不同 m_f 时的 B_{FM}，也可以采用以下近似公式

$$B_{FM}=2(m_f+\sqrt{m_f}+1)F \tag{6-27}$$

- 另一种在调频广播、移动通信和电视伴音信号的传输中常用的工程准则（Carson 准则）是：凡是振幅小于未调载波振幅的 10%～15%的边频分量均可以忽略不计。即

$$|J_n(m)|\geqslant 0.1\sim0.15$$

由表 6.2（或图 6.6）可得此时的 FM 信号带宽为

$$B_{FM}=2(m_f+1)F \tag{6-28}$$

在上述的要求下，Carson 准则定义的带宽大约能集中 FM 波总功率的 98%～99%，所以解调后信号的失真还是可以满足信号传输质量的要求的。

单一频率信号调制下 FM 波的带宽也常区分为：

$$\left.\begin{aligned}&m_f\ll1:\ B_{FM}\approx2F\text{（与 AM 波频带相同），称为窄带调频}\\&m_f>1:\ B_{FM}=2(m_f+1)F\text{，称为宽带调频}\\&m_f>10:\ B_{FM}\approx2m_fF=2\Delta f_m\text{（}\Delta f_m\text{ 为最大频偏）}\end{aligned}\right\} \tag{6-29}$$

实际中的调制信号都具有有限频带，即调制信号占有一定的频率范围 $F_{min}\sim F_{max}$，因此实际 FM 波的带宽为

$$\left.\begin{aligned} B_{FM} &= 2F_{max} & (m_f \ll 1) \\ B_{FM} &= 2(m_f+1)F_{max} & (m_f>1) \\ B_{FM} &= 2\Delta f_m, \Delta f_m = m_f F_{max} & (m_f>10) \end{aligned}\right\} \tag{6-30}$$

式(6-29)和式(6-30)不仅可用于FM波,而且可用于PM波。对PM波而言,由于$m_p = k_p U_{\Omega m}$,当m_p(即$U_{\Omega m}$)一定时,B_{PM}应考虑的上、下边频次数不变;随着调制频率Ω的升高,各边频分量的间隔Ω增大,因而B_{PM}将随着Ω的增大而明显变宽。可见**调相信号的带宽B_{PM}是随着调制频率的升高而相应增大的。Ω越高,B_{PM}就越大**。如果按最高调制频率来设计带宽,那么,当调制频率较低时,带宽的利用就不充分,这是调相制的一个缺点。

对调频波而言,由于$m_f = \Delta\omega_m/\Omega = \Delta f_m/F$,若调制频率$\Omega$升高,调制指数$m_f$随$\Omega$的升高而减小,这使$B_{FM}$应考虑的上、下边频次数减小。尽管随着$\Omega$的升高,各边频分量的间隔$\Omega$增大了,但因为要考虑的边频次数减少了,结果$B_{FM}$变化很小,只是略有增大。在调频制中,即使调制频率成百倍地变化,调频波信号的带宽变化也很小。因此有时**也把调频制叫做恒定带宽调制**。

[**例6-3**] 若FM调制器的调制指数$m_f=1$,调制信号$u_\Omega(t)=U_{\Omega m}\cos(2\pi\times10^4 t)$,未调制载波$u_o(t)=10\cos(2\pi\times5\times10^5 t)$。求

(1) 由表6.2,求振幅明显的边频分量的振幅,并画出频谱,标出振幅的相对大小。

(2) 根据Carson准则求调频波的信号带宽B_{FM},并画出频谱,标出振幅的相对大小。

(3) 若FM调制器的负载电阻$R_L=50\,\Omega$,求未调制载波功率和带宽B_{FM}中调频波的总功率。

解:(1) 由表6.2可得,调制指数$m_f=1$时,载波和边频的振幅分别为

$$J_0 U_{om} = 0.77\times10 = 7.7(\text{V}) \qquad J_1 U_{om} = 0.44\times10 = 4.4(\text{V})$$
$$J_2 U_{om} = 0.11\times10 = 1.1(\text{V}) \qquad J_3 U_{om} = 0.02\times10 = 0.2(\text{V})$$

其频谱如图6.8(a)所示。

(2) 由式(6-28)可得,$B_{FM}=2(m_f+1)F=2\times(1+1)\times10=40(\text{kHz})$

其频谱如图6.8(b)所示。

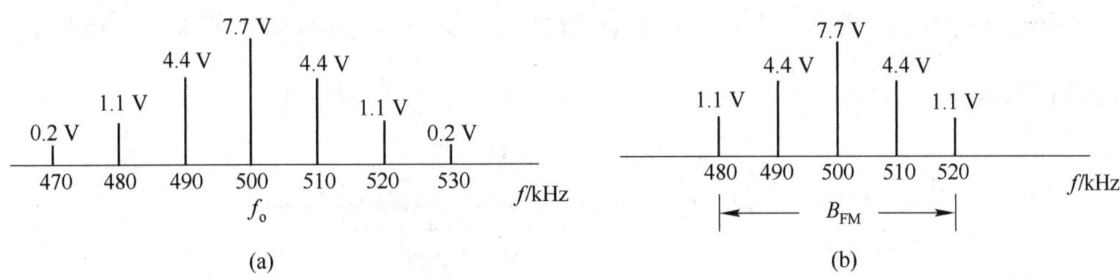

图6.8 例6-3

比较图6.8(a)和图6.8(b)可以看出,由Carson规则求得的带宽与由贝塞尔函数表求得的带宽明显不同。由Carson规则求出的带宽比由贝塞尔函数表定义的实际带宽要窄。因此,用Carson规则设计系统时带宽窄,它的性能比用贝塞尔表设计的系统的性能要差。当调制指数$m_f>5$时,用Carson规则求出的带宽与实际所需的带宽能接近些。

(3) 未调制载波功率 $$P_o = \frac{U_{om}^2}{2R_L} = \frac{10^2}{2\times50} = 1(\text{W})$$

调频波的总功率 $$P_{FM} = \frac{(J_0 U_{om})^2}{2R_L} + 2\frac{(J_1 U_{om})^2}{2R_L} + 2\frac{(J_2 U_{om})^2}{2R_L}$$

$$=\frac{7.7^2}{2\times50}+2\frac{4.4^2}{2\times50}+2\frac{1.1^2}{2\times50}=1.0043(\mathrm{W})$$

以上两个结果并不相等,这是由于 Carson 规则定义的带宽对调频波的边频分量有取舍。但结果很接近,表示已**调波的总功率和未调制载波的功率相等**。

6.3 调频电路

6.3.1 实现调频、调相的方法

由以上讨论已经知道,无论是调频还是调相,都会使瞬时频率和瞬时相位发生变化,说明**调频和调相可以互相转化**。因此,对于如何实现调频或调相,也可从它们之间的关系得到启发。图 6.9 给出了实现调频的电路原理方框图。

图 6.9(a)是用调制信号直接对载波进行频率调制,得到调频波,称为直接调频法(direct FM system);图 6.9(b)是先对调制信号 $u_\Omega(t)$ 进行积分,得到 $\int u_\Omega(t)\mathrm{d}t$;再由此积分信号对载波进行相位调制,得到的已调波信号相对于 $u_\Omega(t)$ 而言仍是调频波。所以图 6.9(b)也称为间接调频法(indirect FM system)。

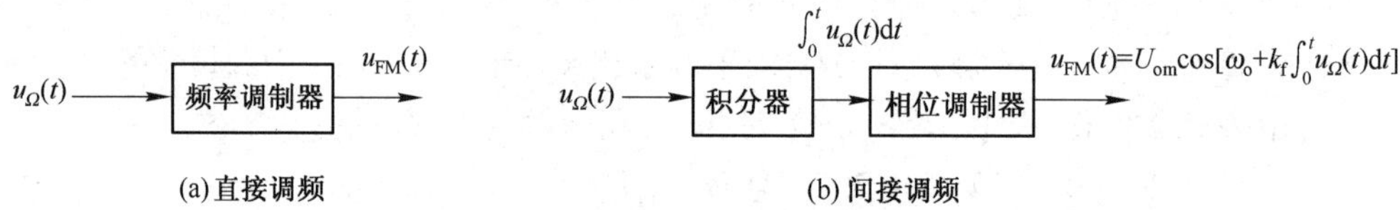

图 6.9　调频的电路原理方框图

同样道理,也可以给出实现调相波的电路原理方框图,如图 6.10 所示。

图 6.10(a)是直接由调制信号 $u_\Omega(t)$ 对载波的相位进行调制,产生调相波的;图 6.10(b)则是先将调制信号 $u_\Omega(t)$ 微分,得到 $\frac{\mathrm{d}u_\Omega(t)}{\mathrm{d}t}$,再由此微分信号对载波进行频率调制,所得已调波相对 $u_\Omega(t)$ 而言仍是调相波。

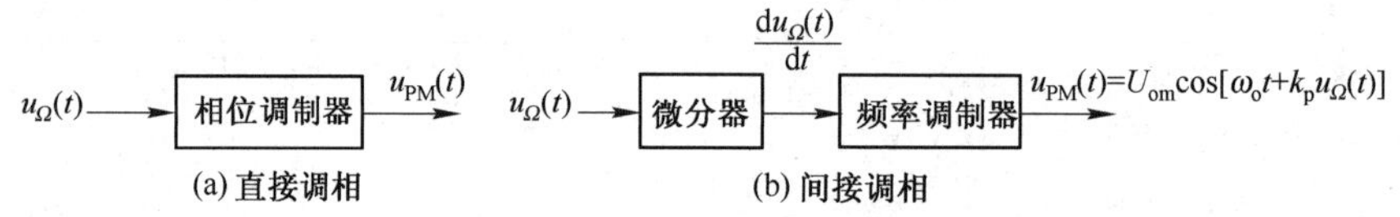

图 6.10　实现调相波的电路原理方框图

6.3.2 压控振荡器直接调频电路

直接调频电路可以利用调制信号直接控制振荡器的振荡频率来实现调频。在第 3 章中曾经指出 LC 振荡器的振荡频率 ω 基本上是由振荡回路参数 L、C 决定的,即 $\omega\approx\omega_o=1/\sqrt{LC}$。如果用调制信号电压控制振荡回路的参数,如回路电容 C 或回路电感 L,并使振荡频率 ω 正比于所加调制信号电压,即可实现调频。所以,在直接调频法中常采用压控振荡器(Voltage Control Oscillator)作为频率调制器来产生调频信号。

压控振荡器(VCO)的特点是瞬时频率 $\omega(t)$ 随外加控制电压 $u_\Omega(t)$ 的变化而变化。通常有:$\omega(t)=\omega_o+k_f u_\Omega(t)$。压控振荡器的输出信号即为调频信号

$$u_{FM}(t) = U_{om}\cos\left[\omega_o t + k_f\int u_{\Omega}(t)\,dt\right]$$

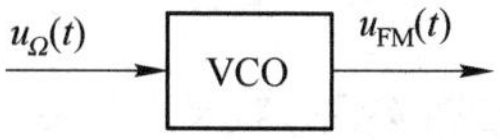

式中，U_{om}为振荡信号的振幅；ω_o 为当 $u_{\Omega}(t)=0$ 时压控振荡器的固有振荡频率；k_f 为压控振荡器的压控灵敏度。图 6.11 示出了压控振荡器的原理方框图。

$u_{\Omega}(t)$ → VCO → $u_{FM}(t)$

图 6.11　压控振荡器的原理方框图

在压控振荡器中，最常用的压控元件是压控变容二极管，也可以采用由晶体管及场效应管等放大器件组成的电抗管电路作为等效压控电容或压控电感。

压控振荡器直接调频的主要优点是：在实现线性调频的要求下，可以获得相对较大的频偏。它的主要缺点是：调频过程中会导致载频（FM 波的中心频率）偏移，频率稳定性较差。通常需要采用自动频率微调电路（Automatic Frequency Control，AFC）来克服载频的偏移。

6.3.3　变容二极管直接调频电路

1. 变容二极管

半导体二极管具有 PN 结，PN 结具有电容效应，它包括扩散电容效应与势垒电容效应。当 PN 结正向偏置时，由大量非平衡载流子注入造成的扩散电容效应起主要作用。当 PN 结反向偏置时，由势垒区空间电荷所呈现的势垒电容效应起主要作用。PN 结正向偏置时，半导体二极管呈现的正向电阻小，大大地削弱了 PN 结的电容效应。因而**为了充分利用 PN 结的电容，PN 结必须工作在反向偏置状态**。

PN 结反向偏置时的电容会随反向偏压而变化，因此需对半导体二极管的制作工艺进行特殊处理，以控制半导体的掺杂浓度和掺杂分布，使势垒电容能灵敏地随反向偏置电压的变化而呈现较大的变化。这样就制成了专用的变容二极管或 MOS（金属氧化物半导体）变容二极管。

变容二极管也是单向导电器件，在反向偏置时，它始终工作在截止区，它的反向电流极小，它的 PN 结呈现一个与反向偏置电压 u_R 有关的结电容 C_j（主要是势垒电容）。C_j 与 u_R 的关系是非线性的，所以**变容二极管电容 C_j 属非线性电容。这种非线性电容基本上不消耗能量，产生的噪声的量级也较小，是较理想的高效率、低噪声非线性电容。**

变容二极管的结电容 C_j 与其两端所加反向偏置电压 u_R 的绝对值之间的关系可表示为

$$C_j = C_o\Big/\left(1+\frac{u_R}{U_D}\right)^{\gamma} \tag{6-31}$$

式中，C_o 为变容二极管在零偏置（$u_R=0$）时的电容；u_R 为变容二极管两端所加反向偏置电压的绝对值；U_D 为变容二极管 PN 结的势垒电位差（硅管约为 0.7 V，锗管约为 0.2～0.3 V）；γ 为变容二极管结电容变化指数。通常 $\gamma=1/3\sim1/2$，采用特殊工艺制成的超突变结变容二极管的 $\gamma=1\sim5$。

图 6.12 所示为一个实际变容二极管的结电容变化曲线。

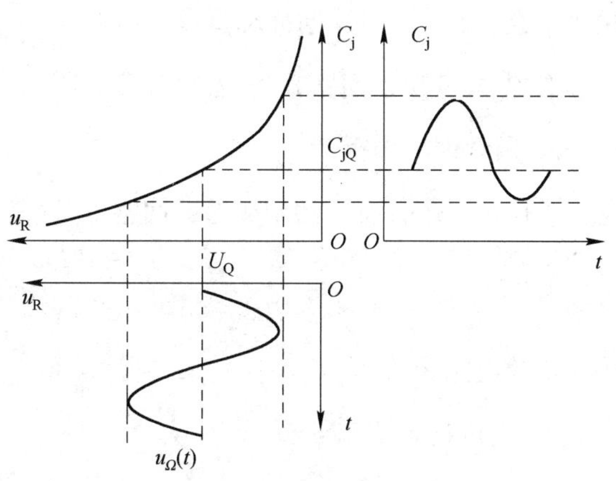

图 6.12　变容二极管的结电容变化曲线

设在变容二极管两端加一反向静态电压 U_Q 和一单频率调制信号电压 $u_{\Omega}(t)=U_{\Omega m}\cos\Omega t$，则变容二极管两端所加的有效反向偏置电压为

$$u_{\mathrm{R}}=U_{\mathrm{Q}}+u_{\Omega}(t)=U_{\mathrm{Q}}+U_{\Omega\mathrm{m}}\cos\Omega t \tag{6-32}$$

将式(6-32)代入式(6-31)可得

$$C_{\mathrm{j}}=\frac{C_{\mathrm{o}}}{\left(1+\dfrac{U_{\mathrm{Q}}+U_{\Omega\mathrm{m}}\cos\Omega t}{U_{\mathrm{D}}}\right)^{\gamma}}=C_{\mathrm{o}}\left(1+\frac{U_{\mathrm{Q}}+U_{\Omega\mathrm{m}}\cos\Omega t}{U_{\mathrm{D}}}\right)^{-\gamma}=C_{\mathrm{o}}\left(\frac{U_{\mathrm{D}}+U_{\mathrm{Q}}}{U_{\mathrm{D}}}\right)^{-\gamma}\left(1+\frac{U_{\Omega\mathrm{m}}}{U_{\mathrm{D}}+U_{\mathrm{Q}}}\cos\Omega t\right)^{-\gamma}$$

$$=\frac{C_{\mathrm{o}}}{\left(1+\dfrac{U_{\mathrm{Q}}}{U_{\mathrm{D}}}\right)^{\gamma}}(1+m\cos\Omega t)^{-\gamma}=C_{\mathrm{jQ}}[1+m\cos\Omega t]^{-\gamma} \tag{6-33}$$

式中,$C_{\mathrm{jQ}}=\dfrac{C_{\mathrm{o}}}{(1+U_{\mathrm{Q}}/U_{\mathrm{D}})^{\gamma}}$为静态工作点的结电容;$m=\dfrac{U_{\Omega\mathrm{m}}}{U_{\mathrm{D}}+U_{\mathrm{Q}}}$为反映结电容调制深度的调制指数。有了单频调制情况下变容二极管结电容 C_{j} 的表达式(式(6-33)),就可以进行变容二极管直接调频的性能分析。

2. 变容二极管直接调频的原理电路

图 6.13(a)是一个变容二极管直接调频的原理电路。为了便于调频性能的分析,振荡器部分只画出了它的高频交流等效电路,没有画出它的直流馈电电路。

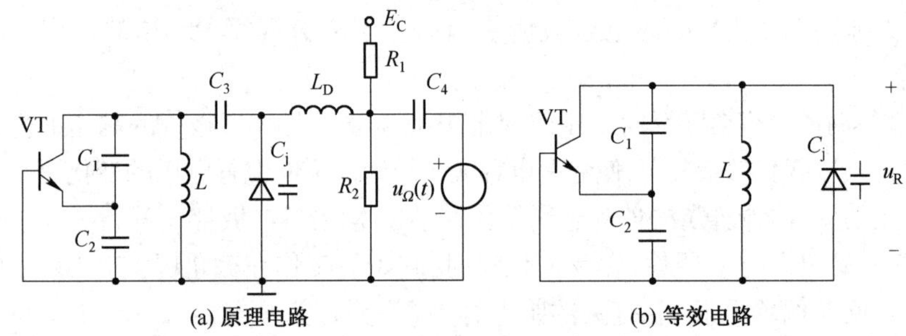

图 6.13　变容二极管直接调频

图 6.13(a)中,C_3 为高频耦合电容,C_{j} 通过 C_3(对高频短路)与振荡回路并联;C_4 为隔直电容,调制信号电压 $u_{\Omega}(t)$可以从 C_4 端耦合输入,加在变容二极管 C_{j} 两端;L_{D} 为高频扼流圈,可以阻止高频电流经过调制信号源 $u_{\Omega}(t)$被旁路,但对低频调制频率 Ω 短路;R_1,R_2 为变容二极管 C_{j} 的直流偏置电路,为 C_{j} 提供反向静态直流偏压 $U_{\mathrm{Q}}=\dfrac{E_{\mathrm{c}}}{R_1+R_2}R_2$。图 6.13(b)为振荡器的交流等效电路,变容二极管 C_{j} 与振荡器回路并联,有效反偏电压 $u_{\mathrm{R}}=U_{\mathrm{Q}}+u_{\Omega}(t)$。

3. 调频性能分析

在图 6.13(b)所示的调频振荡回路中,振荡频率为

$$\omega=\frac{1}{\sqrt{LC_{\Sigma}}},\quad C_{\Sigma}=C_{\mathrm{j}}+\frac{C_1C_2}{C_1+C_2}$$

为了简化电路分析,设 $C_{\mathrm{j}}\gg\dfrac{C_1C_2}{C_1+C_2}$,则有 $C_{\Sigma}\approx C_{\mathrm{j}}$。这样振荡频率将只取决于 L 和 C_{j}。把式(6-33)代入上式,可得振荡频率为

$$\omega=\frac{1}{\sqrt{LC_{\mathrm{j}}}}=\frac{1}{\sqrt{LC_{\mathrm{jQ}}(1+m\cos\Omega t)^{-\gamma}}}=\omega_{\mathrm{o}}(1+m\cos\Omega t)^{\frac{\gamma}{2}} \tag{6-34}$$

式中，$\omega_o=\dfrac{1}{\sqrt{LC_{jQ}}}$为未加调制信号($u_\Omega(t)=0$)时的振荡频率，它就是调频振荡器的中心频率(载频)。

调制后的变容二极管调频振荡器的振荡频率可以分以下两种情况来分析。

(1) 如果变容二极管结电容变化指数 $\gamma=2$，将其代入式(6-34)可得

$$\omega(t)=\omega_o(1+m\cos\Omega t)=\omega_o+k_f\cos\Omega t \tag{6-35}$$

式中，$k_f=\dfrac{\omega_o U_{\Omega m}}{U_Q+U_D}$。这时，振荡频率 $\omega(t)$ 在中心频率 ω_o 的基础上，频偏随调制信号 $u_\Omega(t)$ 成正比例变化，可以获得线性调频。

(2) 如果变容二极管结电容变化指数 $\gamma\neq2$，将式(6-34)按幂级数展开，即

$$(1+x)^n=1+nx+\frac{n(n-1)}{2!}x^2+\cdots$$

可得
$$\omega(t)=\omega_o(1+m\cos\Omega t)^{\frac{\gamma}{2}}=\omega_o\left[1+\frac{\gamma}{2}m\cos\Omega t+\frac{1}{2!}\frac{\gamma}{2}\left(\frac{\gamma}{2}-1\right)m^2\cos^2\Omega t+\cdots\right] \tag{6-36}$$

当 $m=\dfrac{U_{\Omega m}}{U_D+U_Q}<1$ 时，忽略高次项，$\omega(t)$ 可近似表示为

$$\begin{aligned}\omega(t)&=\omega_o\left[1+\frac{\gamma}{8}\left(\frac{\gamma}{2}-1\right)m^2\right]+\frac{\gamma}{2}m\omega_o\cos\Omega t+\frac{\gamma}{8}\left(\frac{\gamma}{2}-1\right)\omega_o m^2\cos2\Omega t\\&=(\omega_o+\Delta\omega_o)+\Delta\omega_m\cos\Omega t+\Delta\omega_{2m}\cos2\Omega t\end{aligned} \tag{6-37}$$

式中，$\Delta\omega_o=\dfrac{\gamma}{8}\left(\dfrac{\gamma}{2}-1\right)m^2\omega_o$，$\Delta\omega_m=\dfrac{\gamma}{2}m\omega_o$，$\Delta\omega_{2m}=\dfrac{\gamma}{8}\left(\dfrac{\gamma}{2}-1\right)m^2\omega_o$。

由式(6-37)可以得出以下结论：

① 由于伏容特性曲线($C_j\sim u_R$)的非线性作用，在调制信号 $u_\Omega(t)$ 的一个周期内，结电容的变化是不对称的，如图 6.12 所示。这使结电容的平均值比静态电容 C_{jQ} 要大，而且是随 $U_{\Omega m}$ 的大小而变化的，从而使 FM 波的中心频率发生了偏移。偏移值 $\Delta\omega_o=\dfrac{\gamma}{8}\left(\dfrac{\gamma}{2}-1\right)m^2\omega_o$，与 γ、m 有关；γ、m 越大(即 $U_{\Omega m}$越大)，则 $\Delta\omega_o$ 越大。

② 调频器的最大频偏 $\Delta\omega_m=\dfrac{\gamma}{2}m\omega_o$。显然选择 γ 大的变容二极管、增大调制度 m 和提高载波角频率 ω_o，都会使调制信号的最大角频偏 $\Delta\omega_m$ 增大。

③ 由于 $C_j\sim u_R$ 曲线的非线性作用，增加了 Ω 的谐波分量(2Ω)而引起的附加频偏 $\Delta\omega_{2m}=\dfrac{\gamma}{8}\left(\dfrac{\gamma}{2}-1\right)m^2\omega_o$。这表明 **$C_j$ 的非线性使角频偏中增加了 $2\Omega,3\Omega\cdots$ 等各次谐波分量引起的附加频偏。这样会造成调频接收机解调后的输出信号中除了有用信号(Ω 分量)外，还包含有 $2\Omega,3\Omega\cdots$ 等谐波分量，即造成调频接收时的非线性失真**。实际中应尽量减小调频信号产生过程中，由于 C_j 的非线性造成的这种失真。

④ 为了衡量调频器中调制信号电压对角频偏的控制作用，可以定义调制灵敏度 S_f。**调制灵敏度是指单位调制信号电压振幅产生的最大角频偏值**，即

$$S_f=\frac{\text{最大角频偏}}{\text{调制信号振幅}}=\frac{\Delta\omega_m}{U_{\Omega m}}=\frac{\gamma}{2}\frac{m\omega_o}{U_{\Omega m}}=\frac{\gamma}{2}\frac{\omega_o}{U_{\Omega m}}\frac{U_{\Omega m}}{U_D+U_Q}=\frac{\gamma}{2}\frac{\omega_o}{U_D+U_Q} \tag{6-38}$$

由式(6-38)可以看出，选择大的结电容指数 γ、减小工作点反向偏置电压绝对值 U_Q 和提高载波角

频率 ω_o，都可以提高调频器的调制灵敏度。

以上分析表明，在以变容二极管的 C_j 构成回路总电容的调频器中，变容二极管的静态结电容 C_{jQ} 直接决定了 FM 的中心角频率。实际中静态电容 C_{jQ} 是随温度、电源电压等外界条件而改变的；在调制过程中，C_j 的非线性也会导致 FM 中心角频率产生 $\Delta\omega_o$ 的偏移。当要求 FM 波的中心频率稳定度高的调频时，应采用自动频率微调电路等稳频措施，来稳定 FM 波的中心频率。

4. 实用变容二极管调频电路

图 6.14 是一个变容二极管调频器的实用电路。它的基本电路是电容反馈三点式振荡器。晶体管 VT 集电极和基极之间的振荡回路由三个支路并联组成，它们分别是 C_1 和 C_2 的串联支路，电感 L_1，C_3 和反向串接的两个变容二极管 C_{j1} 和 C_{j2}。电路满足电容反馈三点式振荡电路的组成原则。振荡电路的高频等效电路如图 6.14(b)所示。

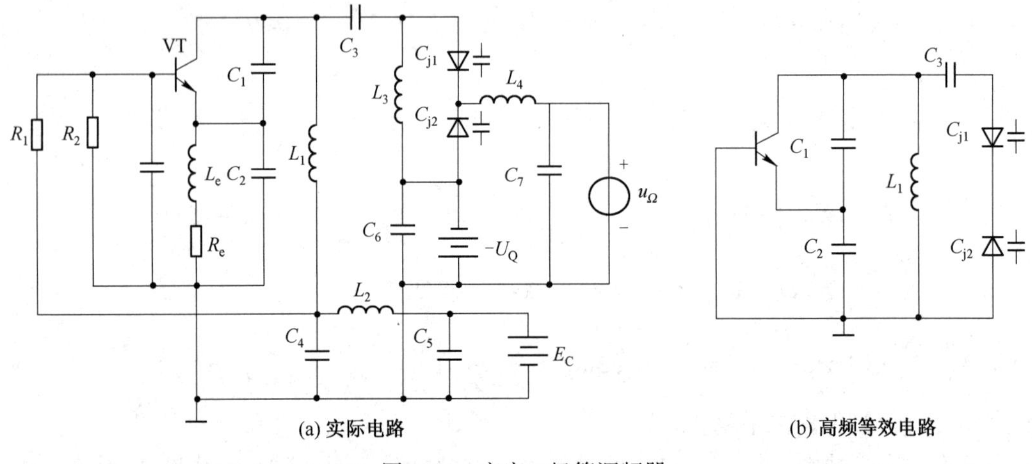

图 6.14　变容二极管调频器

图 6.14(a)中，直流偏置电压 $-U_Q$ 同时加在两个反向串接变容二极管 C_{j1} 和 C_{j2} 的正极，调制信号 $u_\Omega(t)$ 经扼流圈 L_4(12 μH)加在两个变容二极管的负极上，这使得两个变容二极管都加有反向偏置电压 $u_d(t)=-U_Q+u_\Omega(t)$。C_{j1} 和 C_{j2} 将受控于调制信号电压 u_Ω。两管串联后的总电容 $C_j'=C_j/2$。C_j' 与 C_3 串联后接入振荡回路，所以，串联结电容 C_j' 对振荡回路是部分接入的。

当变容二极管为部分接入时，采用两个变容二极管反向串联有如下好处：

(1) 与单变容二极管直接接入相比，在要求最大频偏 Δf_m 相同的情况下，m 值可以降低，这是由于 $C_j'=C_j/2$，使 C_j' 的接入系数 p 增大的结果；

(2) 对高频信号而言，两管串联，加到每个变容二极管的高频电压降低一半，可减弱高频电压对结电容的影响；

(3) 采用反向串联组态，这样在高频信号的任意半个周期内，其中一个变容二极管的寄生电容增大，而另一个减小，使结电容的变化因不对称性而相互抵消，从而消弱寄生调制。

在这个变容二极管调频器实用电路中，由于采用变容二极管的 C_j' 部分接入振荡回路的方式，使得 C_j' 对回路总电容的控制能力比全接入时减弱了。显然，随着 C_j' 接入系数的减小，调频器的最大角频偏 $\Delta\omega_m$、调制灵敏度 S_f 都将相应地减小。但是，由于 C_j' 的部分接入，使 C_{jQ} 随温度及电源电压变化的影响和 C_j 的非线性导致的 $\Delta\omega_o$ 的偏移都减小了，这有利于减小 FM 波中心频率的不稳定度。此外，C_j' 的部分接入，还有利于减少因高频电压加于变容二极管两端而造成的寄生调制。因为，变容二极管两端实际上加的有效电压为

$$u_d(t)=-U_Q+u_\Omega(t)+\text{高频振荡电压}$$

由于 C_j 的非线性特性,在高频电压一个周期内的结电容变化是不对称的,会造成一周内结电容平均值随着 $u_\Omega(t)$ 振幅和高频振幅而变化,从而造成寄生调制。C_j' 的部分接入方式有利于减弱这类寄生调幅的影响。

C_j' 部分接入时调频器性能的分析方法与上述 C_j 全接入时基本相同,读者可参考有关教材自行分析。关于变容二极管压控振荡电路(变容二极管调频电路)还可参考本教材 3.7.2 节的相关内容。

6.3.4 晶体振荡器直接调频电路

在要求调频波中心频率稳定度较高,而频偏较小的场合,可以采用直接对晶体振荡器调频的方法。

1. 晶体振荡器直接调频原理

图 6.15 为并联型皮尔斯晶体振荡器(Pierce Oscillator)的等效电路,根据式(3-55)其振荡频率为

$$f_o=f_q\left[1+\frac{C_q}{2(C_L+C_o)}\right]$$

式中,f_q 为晶体的串联谐振频率;C_q 为晶体的动态电容;C_o 为晶体的静态电容;C_L 为 C_1、C_2 和 C_j 的串联电容值,有

$$C_L=\frac{1}{\frac{1}{C_1}+\frac{1}{C_2}+\frac{1}{C_j}}$$

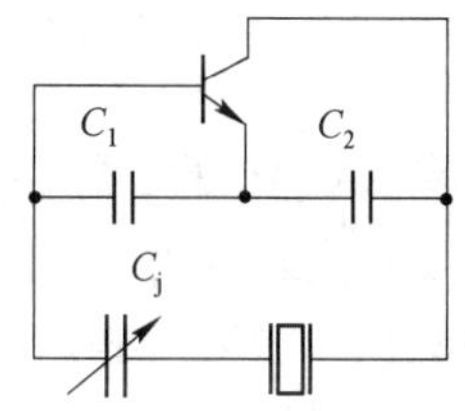

图 6.15 皮尔斯晶体振荡器的等效电路

可见,当 C_j 变化时,C_L 将变化,从而使晶体振荡器的振荡频率发生变化。

如果用变容二极管取代晶体振荡回路中的 C_j,并用调制信号电压 $u_\Omega(t)$ 控制 C_j 的变化,便可实现调频。这时,并联型皮尔斯晶体振荡器就演变成一个晶体调频振荡器。这就是晶振调频的基本工作原理。

由于晶体振荡器在满足振荡条件时,晶体应呈现感抗特性,即工作在晶体的感性区,f_o 只能处于晶体的串联谐振频率 f_q 与并联谐振频率 f_p 之间,因而振荡频率的变化范围也必须位于 f_q 与 f_p 之间。而 f_q 与 f_p 之间的频率变化范围只有 $\frac{f_p-f_q}{f_o}=10^{-3}-10^{-4}$ 量级,再加上 C_j 的串联,晶体的可调振荡频率更窄。例如,载频为 40 MHz 的晶体调频振荡器,能获得的最大频偏 Δf_m 只有 7.5 kHz。所以**采用晶体调频振荡器虽然可以获得较高的频率稳定度,但缺点是最大频偏 Δf_m 很小。实际中需要采取扩大频偏的措施。**

扩大频偏的方法有两种:一是在晶体支路中串接小电感;二是利用 Π 形网络通过阻抗变换的办法来扩展晶体呈现感性的工作频率范围。

这里只简要介绍在晶体支路中串接小电感,以扩大晶体调频振荡器频偏的方法。在晶体支路中串接小电感后,呈现感性的工作频率范围扩展(参看 3.7.3 节的内容)。由于这种方法简便易行,实际中常被采用。当然,用这种方法获得的扩展范围是有限的,**串接外加电感元件也会使 FM 波的中心频率稳定度有所下降。**

2. 晶体调频振荡器的实用电路

图 6.16 所示为晶体调频振荡器的实用电路。其基本电路是一个并联型皮尔斯晶体振荡器,采

用高频低噪声管 2G711A 作振荡管。决定频率的回路主要是晶体，还有与晶体串接的小电感 L 和变容二极管的 C_j，以及 $C_1=510\ \text{pF}$ 和 $C_2=51\ \text{pF}$ 的电容。调频振荡器的中心频率为 20 MHz。其高频等效电路如图 6.16(b)所示。

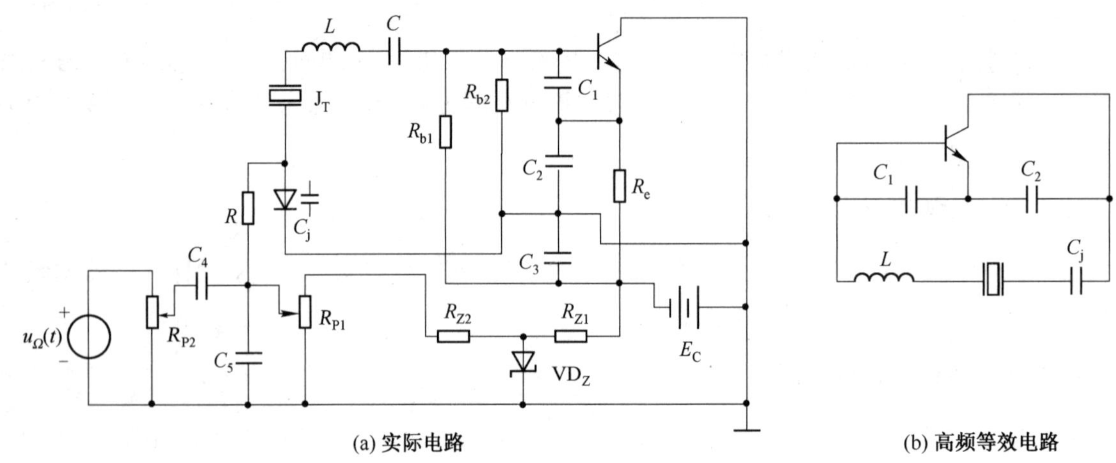

图 6.16　晶体调频振荡器的实际电路

在图 6.16 的电路中，采用晶体支路上串接小电感 L 的方法来扩大调频频偏，可以获得的最大频偏 Δf_m 为 10 kHz 左右。变容二极管的反向偏置电压是由 $-E_C$ 经稳压管 VD_Z 稳压，再经 $R_{Z2}=2.4\ \text{k}\Omega$ 和 $R_{P1}=47\ \text{k}\Omega$ 分压后，经 $R=10\ \text{k}\Omega$ 的电阻加至变容二极管的正极。改变电位器 $R_{P1}=47\ \text{k}\Omega$ 的活动端可以调整变容二极管的静态偏压 U_Q，从而改变 C_{jQ}，即可把调频器的中心频率调至规定值。调制信号 $u_\Omega(t)$ 经 $R_{P2}=4.7\ \text{k}\Omega$ 加于变容二极管，改变电位器 R_{P2} 的活动头，可以调整加在变容二极管上调制信号电压的幅值，从而获得所要求的频偏。

6.3.5　间接调频电路

1. 间接调频法

正如前面所指出的，**间接调频法就是利用调相的方法来实现调频**。首先采用高稳定度的晶体振荡器作主振级，产生载频信号，然后在后级对稳定的载频信号进行调相以此实现间接调频，这样就可以得到中心频率稳定度很高的调频信号。

间接调频系统的原理方框图示于图 6.17。它包含三个主要步骤。

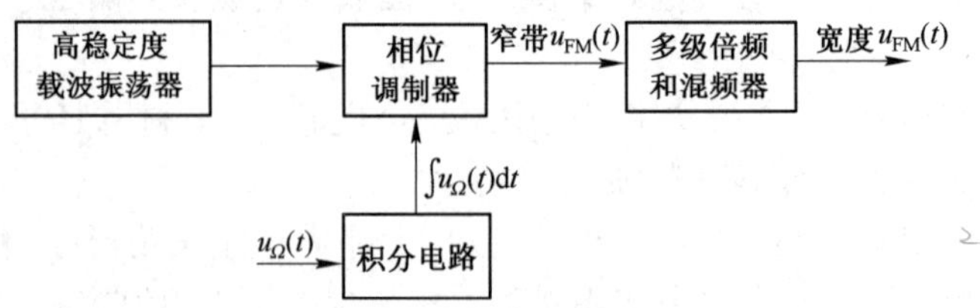

图 6.17　间接调频系统原理方框图

(1) 对调制信号 $u_\Omega(t)$ 积分，产生 $\int u_\Omega(t)\,\mathrm{d}t$；

(2) 用 $\int u_\Omega(t)\,\mathrm{d}t$ 对载频调相，产生相对 $u_\Omega(t)$ 而言的窄带调频波 $u_{FM}(t)$；

(3) 窄带调频波经多级倍频器和混频器后，产生中心频率(载频)范围($f_{\mathrm{omin}} \sim f_{\mathrm{omax}}$)和调频频偏 Δf_{m} 都符合要求的宽带调频波输出。

间接调频时，要获得线性调频是以线性调相为基础的。实现线性调相时，要求最大瞬时相位偏移 $\Delta\varphi_{\mathrm{m}}$ 小于 30°，即 $|k_{\mathrm{p}}u_{\Omega}(t)|_{\max}<\pi/6$，因而**线性调相的范围是很窄的**。由此转换成的调频波的最大频偏 Δf_{m} 也是很小的(即所得调频波的调制指数 $m_{\mathrm{f}}\ll 1$)。因此，**不能直接获得较大的调频频偏 Δf_{m} 是间接调频法的主要缺点**。

2. 变容二极管调相电路

间接调频的关键电路是调相电路，下面介绍常用的变容二极管调相电路。

将变容二极管接在高频放大器的谐振回路中，就可构成变容二极管调相电路。调制信号的作用是使谐振回路的谐振频率改变，当载波通过这个回路时由于失谐而产生相移，从而获得调相。图 6.18是单级谐振回路变容二极管调相电路。

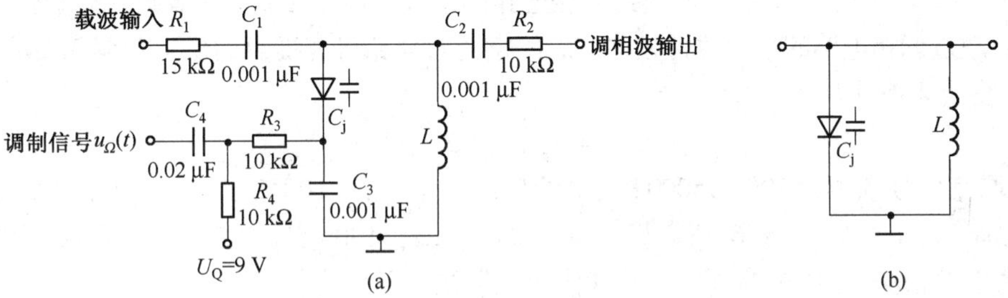

图 6.18　单级谐振回路变容管调相电路

图 6.18(a)中，变容二极管的电容 C_{j} 和电感 L 组成谐振回路，作为可变相移网络。R_1 和 R_2 是谐振回路输入和输出端的隔离电阻，R_4 是偏置电压 U_{Q} 与调制信号 $u_{\Omega}(t)$ 之间的隔离电阻。三个电容($C_1=C_2=C_3=0.001\ \mu\mathrm{F}$)对高频短路，而对调制信号开路。在调制信号 $u_{\Omega}(t)=U_{\Omega\mathrm{m}}\cos\Omega t$ 作用下，回路谐振频率的表达式已由式(6-34)导出，如果忽略二次方以上的各项，可得回路的谐振频率

$$\omega(t)=1/\sqrt{LC_{\mathrm{j}}}=\omega_{\mathrm{o}}(1+m\cos\Omega t)^{\frac{\gamma}{2}}\approx\omega_{\mathrm{o}}\left(1+\frac{\gamma}{2}m\cos\Omega t\right) \qquad (6\text{-}39)$$

回路的频率偏移 $\Delta\omega(t)=\omega(t)-\omega_{\mathrm{o}}=\dfrac{\gamma}{2}\omega_{\mathrm{o}}m\cos\Omega t$　　(6-40)

图 6.18(b)是单级 LC 谐振回路的等效电路，在高 Q 值及谐振回路失谐不大的情况下，利用式(1-32)，并联 LC 谐振回路电压和电流间的相位关系为

$$\Delta\varphi(t)=-\arctan\left[Q\frac{2\Delta\omega(t)}{\omega_{\mathrm{o}}}\right] \qquad (6\text{-}41)$$

图 6.19 给出了并联 LC 谐振回路的幅频和相频特性曲线。可以看出当 $\Delta\varphi<\pi/6$ 时，相频特性曲线成线性，即 $\tan\Delta\varphi\approx\Delta\varphi$，式(6-41)可简化为

$$\Delta\varphi(t)\approx-Q\frac{2\Delta\omega(t)}{\omega_{\mathrm{o}}} \qquad (6\text{-}42)$$

将式(6-40)代入式(6-42)，可得

$$\Delta\varphi(t)\approx-Q\gamma m\cos\Omega t \qquad (6\text{-}43)$$

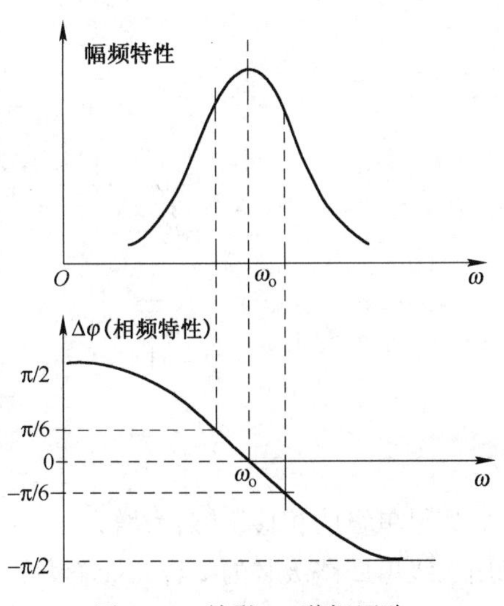

图 6.19　并联 LC 谐振回路幅频和相频特性曲线

式(6-43)表明，**单级 LC 谐振回路在满足 $\Delta\varphi<\pi/6$**

的条件下，回路输出电压的相移与输入调制电压 $u_\Omega(t)$ 成线性关系。所以，如果将调制电压 $u_\Omega(t)$ 先积分后再加在变容二极管上，则单级 LC 谐振回路输出电压的相移就与 $\int u_\Omega(t)\,dt$ 成线性关系；而输出电压的瞬时频率 $\omega(t)$ 就与输入调制电压 $u_\Omega(t)$ 成线性关系。这样就实现了对调制电压 $u_\Omega(t)$ 的间接调频。

此外从电路的幅频特性考虑，也只有在失谐不大的情况下才能得到较小的寄生调幅，否则幅度起伏过大（见图 6.19）。因此，相移的增大应受到限制。实际电路中，往往在调相之后再加一级限幅器，以减小寄生调幅。

综上所述，调相电路的最大线性相移 m_p 受到调相特性非线性的限制。将它作为间接调频电路时，调频波的最大相移（即最大调频指数 m_f）同样要受到调相特性非线性的限制，即 **m_f 的值不应超过相应 m_p 的限定值**。根据 $m_f = \Delta\omega_m/\Omega$，当调相电路选定后，$m_f$ 就被限定。由于对调频波而言，$\Delta\omega_m$ 与 Ω 无关，当 $U_{\Omega m}$ 一定时，$\Delta\omega_m$ 为常数，这时调频信号中最低调制频率分量 Ω_{min} 所对应的 m_f 值最大。因此，只要这个最大的 m_f 值不超过调相电路的最大线性相移 m_p，其他调制频率分量所对应的 m_f 也就不会超过调相电路的最大线性相移。故**间接调频电路可能提供的最大角频偏 $\Delta\omega_m$ 应在最低调制频率分量上求得**，即

$$\Delta\omega_m = m_p\Omega_{min} = \Delta\varphi_m\Omega_{min} \tag{6-44}$$

例如，调制信号频率为 100～15000 Hz，最低调制频率 $F_{min} = 100$ Hz，当采用单级谐振回路变容二极管调相电路时，$m_p = \Delta\varphi_m = \pi/6$，所以最大频偏 $\Delta f_m = \Delta\varphi_m \times 100 = 52$（Hz）。可见间接调频电路所能提供的最大频偏很小，这样小的频偏是不能满足实际要求的。

3. 实用变容二极管调相电路

图 6.20 所示为一个实用变容二极管调相电路。由晶体管 VT 组成单 LC 回路调谐放大电路，L、C_1、C_2 与 C_j 组成并联谐振回路；C_3、C_4 及 C_5 为耦合电容；L_Z 为高频扼流圈，以防止高频载波被调制信号源旁路；R_5、R_6 对电源 E_C 分压后为变容二极管提供静态偏置电压 U_Q。放大的载波信号经 C_3 耦合输入，调制信号经 C_5 耦合输入，调相信号经 C_4 耦合输出。如果将调制电压 $u_\Omega(t)$ 先积分后再输入，那么从 C_4 耦合输出的信号就是对调制电压 $u_\Omega(t)$ 的间接调频波。

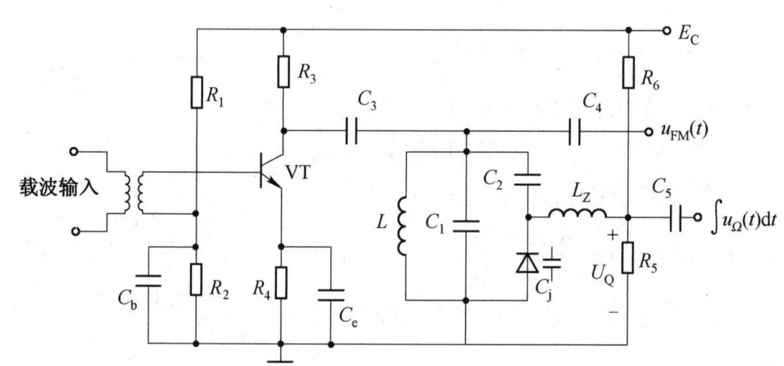

图 6.20　实用变容二极管调相电路

如果单级的相移不够，为增大 m_p，可以采用多级单回路变容二极管调相电路级联。图 6.21 是采用三级单回路级联的变容二极管调相电路。图中，每个回路都由变容二极管调相，而各变容二极管的电容均受同一调制信号调变。每个回路的 Q 值可由 R_1、R_2、R_3 调节，以使三个回路产生相等的相移。为了减小各回路的相互影响，各级回路之间都用 $C_2 = C_3 = 1$ pF 的小电容耦合。这样，电路

总相移近似等于三级回路相移之和。因此,电路可在 π/2 范围内得到线性调相。

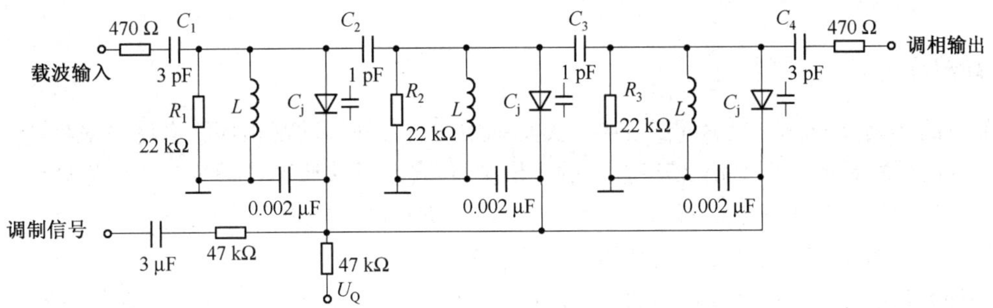

图 6.21　三级单回路级联的变容二极管调相电路

4. 扩展频偏的方法

如前所述,间接调频法主要用于输出调频波的中心频率(载频)稳定度很高的场合。用间接调频法生成窄带调频波时,最大频偏很小。为克服最大频偏过小的缺点,在实际应用中可以通过多级倍频的方法来获得符合要求的调频频偏。采用混频器变换频率可得到符合要求的调频波工作频率范围。

利用倍频器可将调频信号的载波频率 f_o 和其最大线性频偏 Δf_m 同时增大 n 倍(但其相对频偏保持不变),这样就可扩展直接调频电路的最大线性频偏 Δf_m。利用混频器虽然能降低载波频率,但却可以保持绝对频偏不变,这样就可扩展间接调频电路的相对频偏。

这就是说,倍频器可以扩展调频波的绝对频偏,混频器可以扩展调频波的相对频偏。利用倍频器和混频器的上述特性,就可以在要求的载波频率上,随意扩展调频波的线性频偏。

[**例 6-4**]　试画出间接调频广播发射机的组成方框图。要求其载波频率为 100 MHz,最大频偏为 75 kHz,调制信号频率范围为 100～15000 Hz,采用一级单回路变容二极管调相电路。

解: 采用单回路变容二极管调相电路时,根据式(6-44),在最低调制频率 100 Hz 上,能产生的最大线性频偏为 52 Hz。为产生所要求的调频波,可采用图 6.22 所示的方案。图中,晶体振荡器频率为 100 kHz。设单回路变容二极管调相电路产生的最大线性频偏为 48.83 Hz,经多级总倍频次数为 96 倍的倍频电路之后,可得载频为 9.6 MHz,最大线性频偏为 4.688 kHz 的调频波;再经混频器将其载波频率搬移到 6.25 MHz,而其最大线性频偏未变。又经总倍频次数为 16 倍的倍频器,就可获得所要求的调频波。最后经功率放大器送到发射天线。

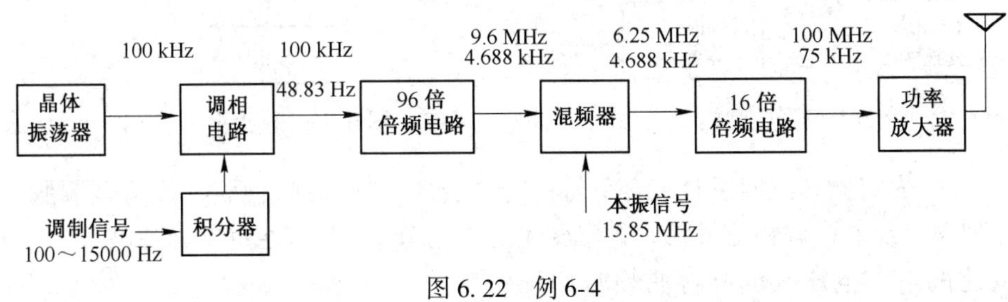

图 6.22　例 6-4

6.4　调频波的解调原理及电路

在调角信号中,调制信息寄存于已调波信号瞬时频率或瞬时相位的变化中,所以**解调的任务就是把已调波信号瞬时频率或瞬时相位的变化不失真地转变成电压变化,即实现频率-电压转换或相位-电压转换**。完成此功能的电路,称为频率解调器或相位解调器,简称鉴频器或鉴相器。

6.4.1　鉴频方法及其实现模型

1. 鉴频方法

调频波的解调方法,基本上有两类:第一类是利用第 7 章介绍的锁相环路实现频率解调。第二类是将调频波进行特定的波形变换,使变换后的波形中,包含有反映调频波瞬时频率变化规律的某种参量(电压、相位或平均分量),然后设法检测出这个参量,即可解调输出原始调制信号。

根据波形变换特点的不同,可归纳为以下几种实现方法:

第一种方法,将调频波通过频率-幅度线性变换网络,使变换后调频波的振幅能按其瞬时频率的规律变化,即将调频波变换成调频-调幅波,再通过包络检波器检测出反映幅度变化的解调电压。把这种鉴频器称为斜率鉴频器,或称振幅鉴频器,它的电路模型如图 6.23 所示。

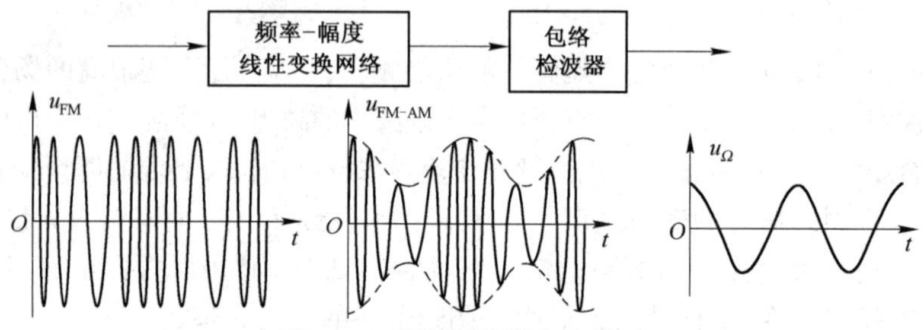

图 6.23　振幅鉴频器电路模型

第二种方法,将调频波通过频率-相位线性变换网络,使变换后调频波的相位能按其瞬时频率的规律变化,即将调频波变换成调频-调相波,再通过相位检波器检测出反映相位变化的解调电压。把这种鉴频器称为相位鉴频器,它的电路模型如图 6.24 所示。

第三种方法,随着近年来集成电路的广泛应用,在集成电路调频机中较多采用的是移相乘积鉴频器。它是将输入 FM 信号经移相网络后生成与 FM 信号电压相正交的参考信号电压,它与输入的 FM 信号电压同时加入相乘器,相乘器输出再经低通滤波器滤波后,便可还原出原调制信号。它的电路模型如图 6.25 所示。

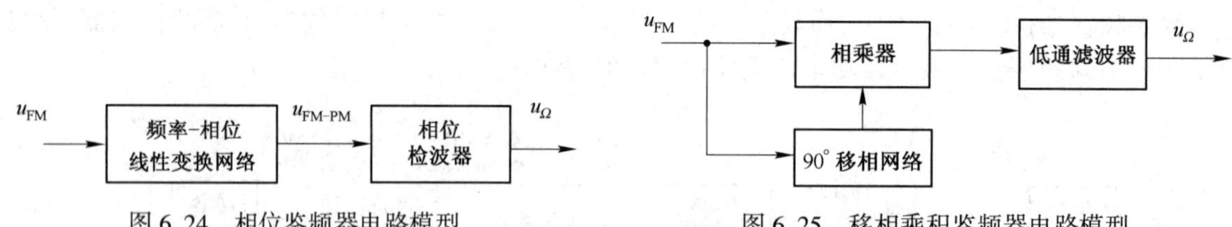

图 6.24　相位鉴频器电路模型

图 6.25　移相乘积鉴频器电路模型

第四种方法,先将调频波通过具有合适特性的非线性变换网络,使它变换为调频脉冲序列,由于该脉冲序列含有反映该调频信号瞬时频率变化的平均分量,因而通过低通滤波器便可得到反映平均分量变化的解调电压。也可将调频脉冲序列通过脉冲计数器,直接得到反映瞬时频率变化的解调电压,将这种鉴频器称为脉冲计数式鉴频器。它的电路模型如图 6.26 所示。

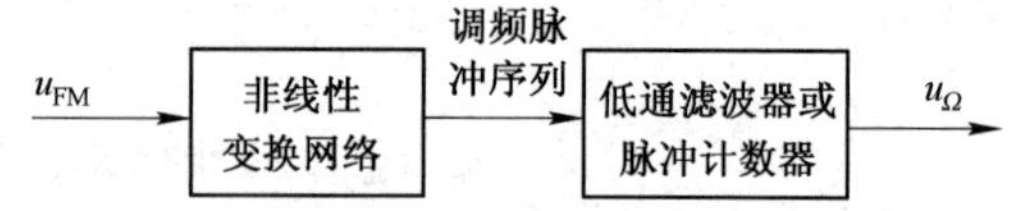

图 6.26　脉冲计数式鉴频器电路模型

2. 鉴频器的主要特性

能全面描述鉴频器主要特性的是鉴频特性曲线。**它是指鉴频器的输出电压 $u_{\Omega}(t)$,与其输入**

FM 信号瞬时频偏 $\Delta\omega(t)$ 或 $\Delta f(t)$ 之间的关系曲线,如图 6.27 所示。图中,$\Delta f(t)=f(t)-f_o=0$ 时,对应于调频信号的中心频率 f_o,输出电压 $u_\Omega(t)=0$;当频偏 $\Delta f(t)$ 按调制信号的变化规律在 f_o 的两边变动时,鉴频器就能检测出 FM 波中所包含的频率变化信息,从而还原出原调制信号。理论上要求这一关系是线性的,但实际上它只能在某一范围内保持线性。

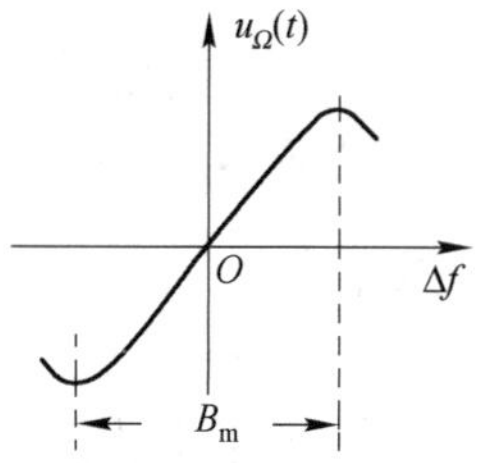

衡量鉴频器性能的主要技术指标如下。

① 鉴频跨导(鉴频灵敏度)。在调频信号中心频率附近,单位频偏所引起的输出电压,即

$$S_d=\left.\frac{du_\Omega}{df}\right|_{f=f_o}\approx\left.\frac{\Delta u_\Omega}{\Delta f}\right|_{f=f_o} \tag{6-45}$$

称为鉴频跨导(或鉴频灵敏度)。它是鉴频特性曲线在原点 $\Delta f(t)=0$(相当于 FM 波的瞬时频率 $f(t)=f_o$ 时)处的斜率。显然,**鉴频灵敏度越高,意味着鉴频特性曲线越陡峭,鉴频能力越强**。通常希望鉴频灵敏度 S_d 的值要尽可能地大,即要求鉴频器每单位频偏所产生的输出电压 $u_\Omega(t)$ 要大。

图 6.27　鉴频特性曲线

② 线性范围。线性范围指鉴频特性曲线近似于直线段的频率范围,如图 6.27 中 B_m 所示。通常是指鉴频器线性地解调 FM 波时所允许的最大频偏范围,工程上可近似地表示为鉴频特性曲线左、右两个峰值之间所对应的频偏范围,此范围应大于调频信号最大频偏的两倍以上。即

$$B_m\geqslant 2\Delta f_m \tag{6-46}$$

③ 非线性失真。在 B_m 范围内,因鉴频特性曲线不是理想的线性而引起的失真,称为鉴频器的非线性失真。实际应用中希望非线性失真应小到允许的程度。

6.4.2　振幅鉴频器

1. 失谐回路振幅鉴频器

如前所述,**振幅鉴频器(斜率鉴频器)的基本原理是,把等幅调频波通过频率-幅度线性变换网络,变换成振幅与频率都随调制信号而变化的 FM-AM 波,然后通过包络检波器根据FM-AM波的包络变化,还原出原调制信号。**

最简单的失谐回路振幅鉴频器是单失谐回路振幅鉴频器,如图 6.28(a)所示。

电路中的频-幅变换器就是 LC 并联谐振回路。如果把并联谐振回路的谐振频率 f_p 选得高于 FM 波的载波频率 f_o 时,对 FM 信号而言,将工作在并联谐振回路的失谐区。工作在失谐区的并联谐振回路,其幅频特性曲线有一段以载频 f_o 为中心的倾斜区,如图 6.28(b)所示。

当 FM 波的电流流过回路时,由于对不同的瞬时频率,回路失谐阻抗大小不同,因此 LC 回路的端电压是一调频-调幅波,其振幅 $U_{FM\text{-}AM}$ 将随 FM 波的瞬时频偏 $\Delta f(t)$ 而变化。当 $f(t)>f_o$ 时,回路失谐小,回路输出电压振幅 $U_{FM\text{-}AM}$ 大;当 $f(t)<f_o$ 时,回路失谐更大,回路输出电压振幅 $U_{FM\text{-}AM}$ 小。当 FM 波的瞬时频率随调制信号调变时,回路阻抗的失谐度也随之调变,使回路输出电压振幅受调变,它的包络变化规律即可反映出调制信号的变化。再通过包络检波器进行振幅检波,便可还原出原调制信号,完成鉴频作用。

为了扩大鉴频特性的线性范围,实用的斜率鉴频器,常采用双失谐回路振幅鉴频器,如图 6.29 所示。由图 6.29(a)可见,它由两个单失谐回路和二极管包络检波器组成,上、下两个回路分别调谐于 ω_{p1} 和 ω_{p2} 上,它们各自位于输入调频波的载波频率 ω_o 的两侧,并且与 ω_o 之间的失谐量相等,即 $\Delta\omega_{o1}=\omega_{p1}-\omega_o=\Delta\omega_{o2}=\omega_o-\omega_{p2}$。若上、下两个回路的幅频特性分别为 $A_1(\omega)$ 和 $A_2(\omega)$,包络检波器传输系数 K_d 相等,则双失谐回路振幅鉴频器的解调输出电压为

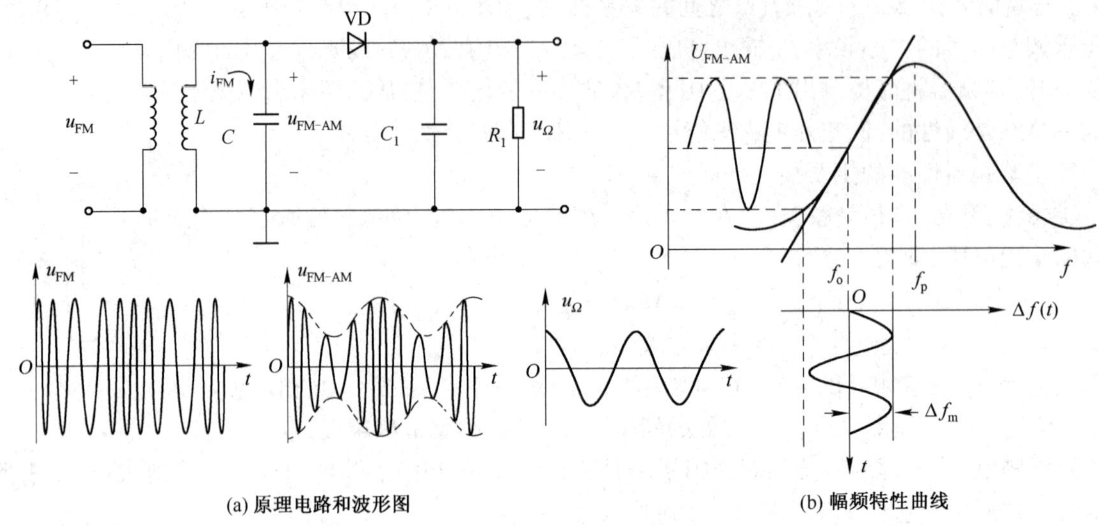

图 6.28　单失谐回路振幅鉴频器

$$u_\Omega = u_{\Omega 1} - u_{\Omega 2} = U_{FM} K_d [A_1(\omega) - A_2(\omega)] \tag{6-47}$$

式中，U_{FM}是输入调频波的振幅。可以看出，当 U_{FM}、K_d 一定时，u_Ω 随 ω 的变化就是将上、下两个回路的幅频特性相减的合成特性，如图 6.29(b) 所示。

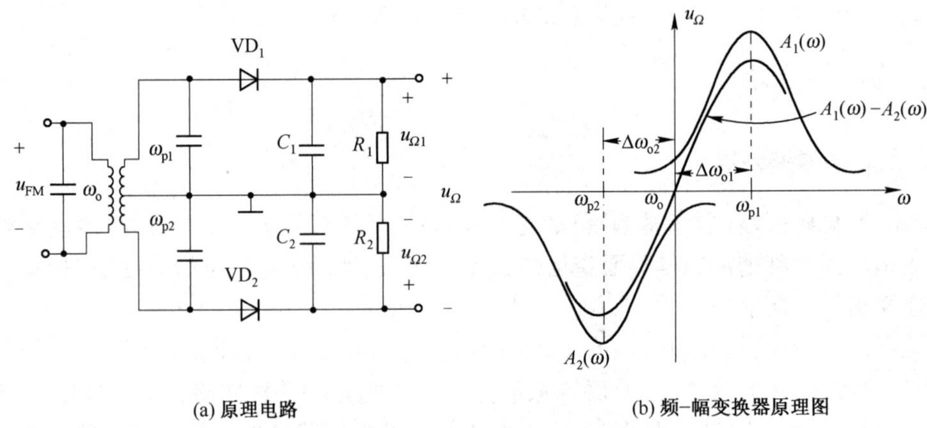

图 6.29　双失谐回路振幅鉴频器

2. 差分峰值振幅鉴频器

差分峰值振幅鉴频器是一种在集成电路中常用的振幅鉴频器。图 6.30(a)所示为电视接收机的伴音信号处理系统 D7176AP、TA7243P 等集成块中采用的差分峰值鉴频器。图中，VT_5、VT_6 组成差分对放大器，VT_3、VT_4 为峰值包络检波器(它们分别由 VT_3 的发射结与 C_3 及 VT_4 的发射结与 C_4 组成)，VT_1、VT_2 为射随器。

集成电路的第 9、10 引脚间外接由 C_1、C_2、L_1 组成的频-幅移相变换网络。设 L_1C_1 并联电路的谐振频率为

$$f_{o1} = \frac{1}{2\pi\sqrt{L_1 C_1}} \tag{6-48}$$

L_1、C_1 和 C_2 组成的并、串联谐振回路的谐振频率为

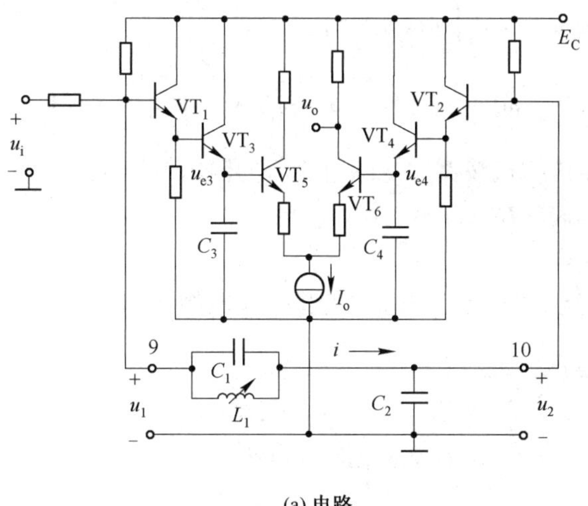

(a) 电路

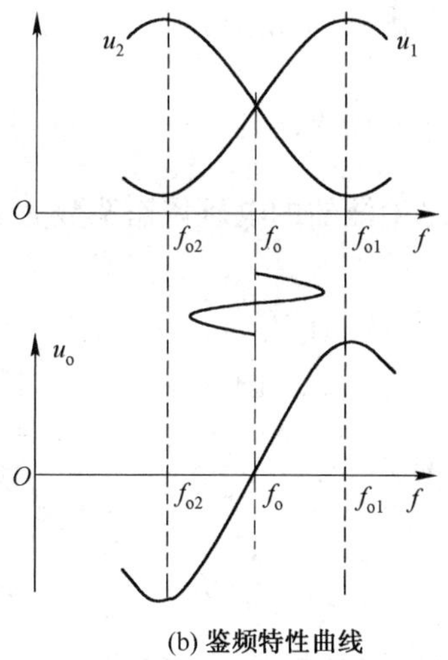

(b) 鉴频特性曲线

图 6.30　差分峰值鉴频器

$$f_{o2}=\frac{1}{2\pi\sqrt{L(C_1+C_2)}} \tag{6-49}$$

比较式(6-48)和式(6-49),显然有 $f_{o1}>f_{o2}$。

当 FM 波的瞬时频率 $f=f_{o1}$ 时,L_1C_1 回路并联谐振,呈现的并联谐振阻抗最大,因而这时第 9 引脚的端电压 u_1 最大;由于此时回路电流 i 最小,C_2 的容抗值 $1/(\omega_{o1}C_2)$ 也较小,所以第 10 引脚的端电压 u_2 最小。同理,当 FM 信号的瞬时频率 $f=f_{o2}$ 时,并、串联回路呈现串联谐振,串联谐振阻抗最小,因而 u_1 最小,u_2 最大。u_1、u_2 随频率 f 变化的曲线,即鉴频特性曲线如图 6.30(b)所示。故此移相网络的作用是将输入的 FM 信号 u_i 转换成 u_1 和 u_2 两个幅频特性反相的 FM-AM 信号。

根据以上分析可以看出,输入 FM 电压信号 u_i 经频-幅移相变换网络变换为两个幅频特性反相的 AM-FM 波 u_1 与 u_2。u_1 经射随器 VT_1 加于峰值包络检波器 VT_3 的输入端,输出的峰值检波电压 $u_{e3}=K_{d1}U_1$。其中 K_{d1} 为检波器的传输系数,U_1 为 u_1 的峰值电压。u_2 经射随器 VT_2 加于峰值包络检波器 VT_4 的输入端,输出的峰值检波电压 $u_{e4}=K_{d2}U_2$。其中 K_{d2} 为检波器的传输系数,U_2 为 u_2 的峰值电压。

峰值检波电压 u_{e3}、u_{e4} 分别加在差分对放大器 VT_5、VT_6 的输入端,经差分放大后,VT_6 集电极的单端输出电压为

$$u_o=K(U_1-U_2) \tag{6-50}$$

K 为差分放大器单端输出增益,即差分峰值鉴频器将从 VT_6 集电极输出鉴频后的原调制信号。

3. 微分式振幅鉴频器

振幅鉴频器的基本原理是将 FM 信号变换成 AM-FM 信号,再通过包络检波器即可恢复出调制信号。将 FM 信号变换成 AM-FM 信号的频率-幅度线性变换网络可以采用微分器,相应的鉴频器称为微分式振幅鉴频器,其原理框图如图 6.31 所示。

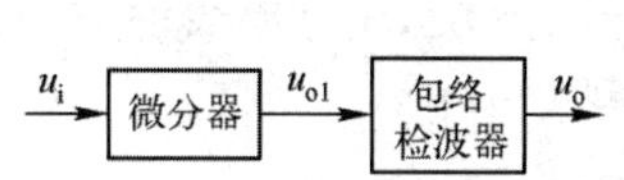

图 6.31　微分式振幅鉴频器原理框图

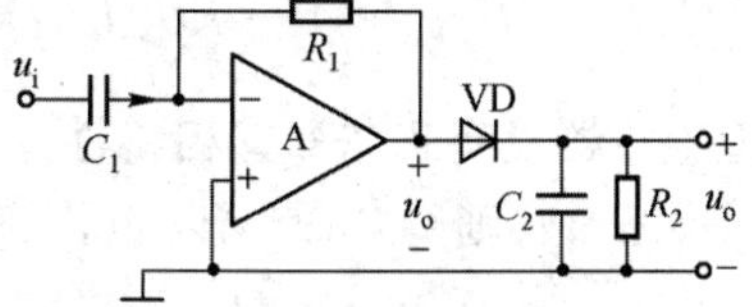

图 6.32　微分式振幅鉴频器电路

假设输入调频信号为 $$u_i = U_{im}\cos\left[\omega_c t + k_f\int_0^t u_\Omega(\tau)\mathrm{d}\tau\right] \tag{6-51}$$

则微分器的输出信号为 $$u_{o1} = \frac{\mathrm{d}u_i}{\mathrm{d}t} = -U_{im}[\omega_c + k_f u_\Omega(t)]\sin\left[\omega_c t + k_f\int_0^t u_\Omega(\tau)\mathrm{d}\tau\right] \tag{6-52}$$

假设包络检波器的电压传输系数为 K_d，则经包络检波器并滤除直流后的输出信号为

$$u_o = K_d k_f U_{im} u_\Omega(t) \tag{6-53}$$

即 $u_o(t)$ 与调制信号 $u_\Omega(t)$ 成正比，可实现鉴频。

相应的电路如图 6.32 所示。利用理想运放"虚断""虚短"的概念及欧姆定律有

$$i = C_1\frac{\mathrm{d}u_i}{\mathrm{d}t} = -\frac{u_{o1}}{R_1} \tag{6-54}$$

则 $$u_{o1} = -R_1C_1\frac{\mathrm{d}u_i}{\mathrm{d}t} = R_1C_1U_{im}(\omega_c + U_\Omega\cos\Omega t)\sin\left[\omega_c t + k_f\int_0^t u_\Omega(\tau)\mathrm{d}\tau\right] \tag{6-55}$$

显然，式(6-55)与式(6-52)类似，因此 u_{o1} 是 AM−FM 信号。

设包络检波器的检波系数为 K_d，滤除直流后的输出信号为

$$u_o = R_1C_1K_dk_fU_{im}u_\Omega(t) \tag{6-56}$$

6.4.3 相位鉴频器

图 6.24 已给出相位鉴频器的实现模型，它由频率-相位线性变换网络和相位检波器(鉴相器)两部分组成。下面首先介绍相位检波器。

1. 相位检波器(鉴相器)

相位检波器，又称相位解调器或鉴相器。它的任务就是把已调波信号瞬时相位的变化不失真地转变成电压变化，即实现相位-电压的转换。其实现方法主要有两种：

(1) 相乘型鉴相

相乘型鉴相器电路模型如图 6.33 所示。若鉴相器输入 PM 信号 $u_i = U_{im}\cos[\omega_o t + \varphi(t)]$，其中 $\varphi(t) = k_p u_\Omega(t)$；而另一输入信号 u_r 为 u_i 的同频正交载波，即 $u_r = U_r\cos\left(\omega_o t + \frac{\pi}{2}\right)$。则相乘器的输出信号

$$\begin{aligned} u_o'(t) &= Ku_i(t)u_r(t) \\ &= KU_{im}U_r\cos[\omega_o t + \varphi(t)]\cos\left[\omega_o t + \frac{\pi}{2}\right] \\ &= \frac{1}{2}KU_{im}U_r\left\{\cos\left[\varphi(t) - \frac{\pi}{2}\right] + \cos\left[2\omega_o t + \varphi(t) + \frac{\pi}{2}\right]\right\} \end{aligned}$$

式中，K 为相乘器的乘积因子。经低通滤波器后，输出电压 $u_o(t)$ 中的高频分量 $2\omega_o$ 被滤除，保留的低频分量为

$$u_o(t) = \frac{1}{2}KU_{im}U_r\cos\left[\varphi(t) - \frac{\pi}{2}\right] = \frac{1}{2}KU_{im}U_r\sin\varphi(t) \tag{6-57}$$

可见，**乘积型鉴相器具有正弦形鉴相特性**。显然，$u_o(t)$ 并非与相位 $\varphi(t)$ 成线性关系。但是，如果满足 $|\varphi(t)| \leqslant \pi/12$，则有 $\sin\varphi(t) \approx \varphi(t)$，代入式(6-51)可得

$$u_o(t) \approx \frac{1}{2}KU_{im}U_r\varphi(t) = \frac{1}{2}KU_{im}U_rk_pu_\Omega(t) = ku_\Omega(t) \tag{6-58}$$

即输出电压 $u_o(t)$ 与 $\varphi(t)$ 成线性关系，可实现线性鉴相。

注意：**乘积型鉴相器在电路结构上与同步检波器是相同的，只要输入调相信号 $\boldsymbol{u_i(t)}$ 的载波与 $\boldsymbol{u_r(t)}$ 正交，同步检波器就变成了乘积型鉴相器。**

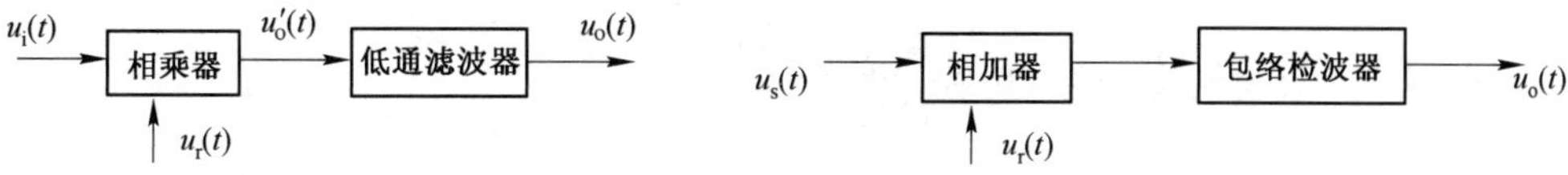

图 6.33 相乘型鉴相器电路模型　　图 6.34 叠加型鉴相器电路模型

(2) 叠加型鉴相器

叠加型鉴相器的电路模型如图 6.34 所示。

以下以平衡式叠加型鉴相器为例进行分析，其电路结构如图 6.35 所示。设输入调相波为

$$u_i(t)=U_{im}\cos[\omega_o t+\varphi(t)]$$

式中，$\varphi(t)=k_p u_\Omega(t)$。而另一输入信号为同频正交载波，即 $u_r(t)=U_r\cos\left(\omega_o t+\dfrac{\pi}{2}\right)$。

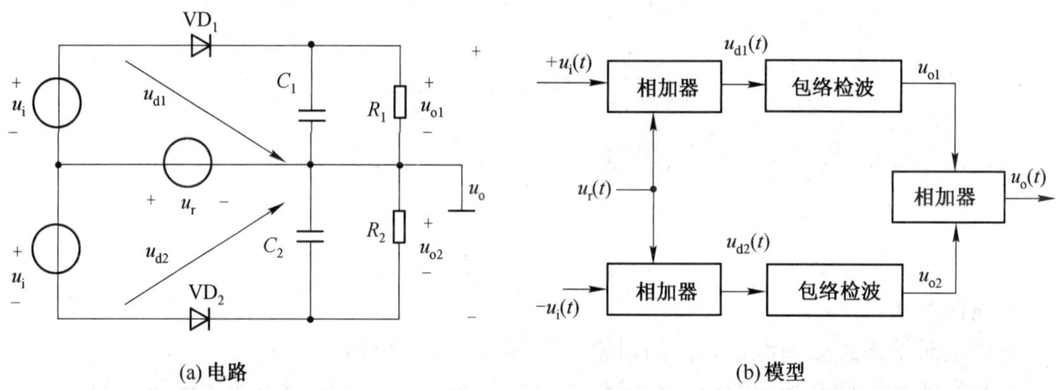

图 6.35 平衡式叠加型鉴相器

由图 6.35(a) 可得
$$\begin{cases}u_{d1}=u_r(t)+u_i(t)\\u_{d2}=u_r(t)-u_i(t)\end{cases}$$

利用矢量图 6.36，可得合成电压振幅

$$\begin{cases}U_{d1}=\sqrt{U_{im}^2+U_r^2+2U_iU_r\sin\varphi(t)}\\U_{d2}=\sqrt{U_{im}^2+U_r^2-2U_iU_r\sin\varphi(t)}\end{cases}\tag{6-53}$$

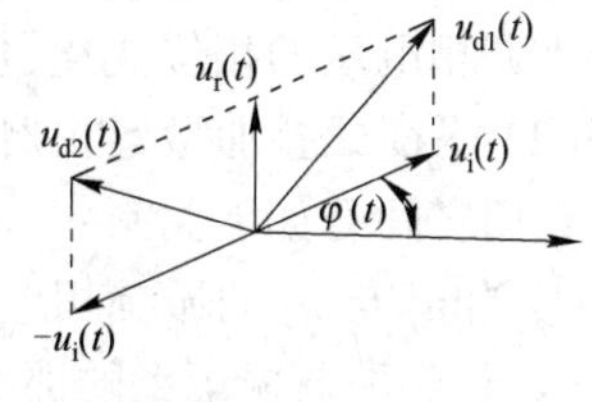

图 6.36 矢量图

由式(6-59)可以看出，u_{d1} 和 u_{d2} 的振幅 U_{d1}、U_{d2} 是随 $\varphi(t)=k_p u_\Omega(t)$ 变化的，即 u_{d1} 和 u_{d2} 为调相-调幅波。

如果设包络检波器的传输系数 $K_{d1}=K_{d2}=K_d$，则上、下两个包络检波器的输出电压为

$$u_{o1}=K_dU_{d1},\quad u_{o2}=K_dU_{d2}$$

因而叠加型鉴相器输出的总电压为

$$u_o(t)=u_{o1}-u_{o2}=K_d[U_{d1}-U_{d2}]\tag{6-60}$$

讨论式(6-59)和式(6-60)，可得以下结果：

(1) 当 $U_{im}\ll U_r$ 时，由式(6-59)可得

$$U_{d1}=U_r\sqrt{1+\left(\frac{U_{im}}{U_r}\right)^2+2\frac{U_{im}}{U_r}\sin\varphi(t)}$$

$$\approx U_r\sqrt{1+2\frac{U_{im}}{U_r}\sin\varphi(t)}\approx U_r\left[1+\frac{U_{im}}{U_r}\sin\varphi(t)\right] \tag{6-61}$$

同理可得
$$U_{d2}\approx U_r\left[1-\frac{U_{im}}{U_r}\sin\varphi(t)\right] \tag{6-62}$$

把式(6-61)和式(6-62)代入式(6-60)可得
$$u_o(t)=2K_dU_{im}\sin\varphi(t) \tag{6-63}$$
可见,这时的鉴相器也具有正弦鉴相特性,其线性鉴相范围为$|\varphi(t)|\leqslant\pi/12$。

(2) 当 $U_{im}\gg U_r$ 时,同理可推出
$$u_o(t)=2K_dU_r\sin\varphi(t) \tag{6-64}$$
由以上讨论可以看出,**鉴相器的输出电压 u_o 的大小取决于振幅小的输入信号的振幅**。

(3) 当 $U_{im}=U_r$ 时,由式(6-59)可得
$$U_{d1}=\sqrt{2}U_{im}\sqrt{1+\sin\varphi(t)},\quad U_{d2}=\sqrt{2}U_i\sqrt{1-\sin\varphi(t)} \tag{6-65}$$
所以
$$u_o(t)=\sqrt{2}K_dU_{im}\left[\sqrt{1+\sin\varphi(t)}-\sqrt{1-\sin\varphi(t)}\right] \tag{6-66}$$

利用三角函数公式: $\sqrt{1-\sin x}=\cos\frac{x}{2}-\sin\frac{x}{2},\quad \sqrt{1+\sin x}=\cos\frac{x}{2}+\sin\frac{x}{2}$

所以
$$u_o(t)=2\sqrt{2}K_dU_{im}\sin\frac{\varphi(t)}{2} \tag{6-67}$$
由式(6-67)可以看出,当$\left|\frac{\varphi(t)}{2}\right|\leqslant\frac{\pi}{12}$,即当$|\varphi(t)|\leqslant\frac{\pi}{6}$时,$\sin\frac{\varphi(t)}{2}\approx\frac{\varphi(t)}{2}$。将其代入式(6-67)可得
$$u_o(t)=\sqrt{2}K_dU_{im}\varphi(t) \tag{6-68}$$
即可实现线性鉴相。

综合以上对平衡式叠加型鉴相器的讨论,可以得出以下结论:

(1) 平衡式叠加型鉴相由两个工作过程组成。首先通过调相电压与参考电压(与调相信号的载波有 90°相位差)的叠加合成 PM-AM 电压;然后由包络检波器把合成信号电压的包络检测出来。如果合成信号电压的包络变化与调相波的相位变化成线性关系,则包络检波器的输出电压就能反映输入调相电压的相位变化,从而完成鉴相的功能。

(2) 平衡式叠加型鉴相器的输出电压、鉴相特性及线性鉴相范围等都与 u_i、u_r 的振幅比密切相关。它们之间有如下关系:

① 当 u_i 与 u_r 的振幅相差很大($U_{im}\ll U_r$ 或 $U_{im}\gg U_r$)时,鉴相器输出电压取决于振幅小的那个输入电压,几乎与振幅大的那个输入电压无关。鉴相特性是正弦形的鉴相特性。它的线性鉴相范围为±π/12。

② 当 $U_{im}=U_r$ 时,鉴相器的输出电压振幅是①工作情况($U_{im}\ll U_r$ 或 $U_{im}\gg U_r$)时的$\sqrt{2}$倍。鉴相特性是正弦形的鉴相特性。线性鉴相范围扩展为±π/6,是①工作情况($U_{im}\ll U_r$ 或$U_{im}\gg U_r$)时的两倍。

因而,平衡式叠加型鉴相器在实际应用中,常常把参考电压振幅 U_r 调到与输入调相电压振幅 U_i 近似相等。

2. 互感耦合相位鉴频器

(1) 电路结构和基本原理

互感耦合回路相位鉴频电路如图 6.37 所示。它的功能是从 FM 波中解调出原调制信号

$u_{\Omega}(t)$。它由放大器、频率–相位转换网络和平衡式叠加型鉴相器组成。

图 6.37(a)中，放大器由晶体管 VT 组成，它把输入调频波 u_{FM} 放大，在集电极电路中获得放大后的 FM 波电压 u_1。

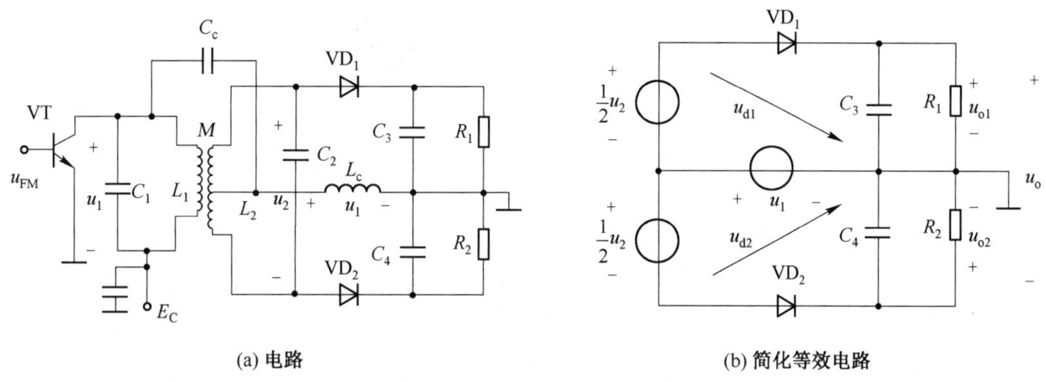

(a) 电路　　　　(b) 简化等效电路

图 6.37　互感耦合回路相位鉴频电路

以互感 M 耦合的初、次级双调谐回路组成频率–相位转换网络。u_1 经过频率–相位转换网络后，生成调频–调相(FM-PM)波 u_2，并使 $|u_1| \approx |u_2|$。另外，u_1 经电容 C_c 耦合，由于 C_c 的电容值较大，相当于短路，所以 u_1 可直接加到高频扼流圈 L_c 的两端，即在扼流圈 L_c 上产生的端电压 $u_{Lc}=u_1$。其等效电路如图 6.37(b)所示。

频率–相位转换网络使 u_1 与 u_2 在载频 f_o 上形成固定的 $\pi/2$ 相移；当 u_1 的瞬时频率在 f_o 的基础上线性调变时，u_1 与 u_2 之间的相位差也在 $\pi/2$ 的基础上线性调变。

由于变压器次级中心抽头，所以两个 $u_2/2$ 信号按图 6.37(b)所示的极性分别加于二极管包络检波器，且加在两个二极管包络检波器端口上的合成高频电压为

$$u_{d1}=u_1+\frac{1}{2}u_2,\quad u_{d2}=u_1-\frac{1}{2}u_2 \tag{6-69}$$

鉴频电路的输出电压为

$$u_o=u_{o1}-u_{o2} \tag{6-70}$$

从另一个角度来理解，也可以把图 6.37(b)看作是由放大器、频率-相位转换网络和平衡式叠加型鉴相器组成的。鉴相器的输入电压就是经过频率-相位转换后的 FM-PM 波 u_2，输入的参考电压是原调频波 u_1。按叠加型鉴相器的鉴相原理，也可以分析它的工作原理。

(2) 工作原理分析

频率–相位转换网络由图 6.38 所示的互感 M 耦合的双调谐回路组成，初级回路 L_1C_1、次级回路 L_2C_2 都调谐在调频波的中心频率 ω_o 上。如果忽略次级回路对初级回路的影响，则初级回路中流过 L_1 的电流近似为

$$i_1(j\omega)=\frac{u_1(j\omega)}{r_1+j\omega L_1}\approx\frac{u_1(j\omega)}{j\omega L_1} \tag{6-71}$$

而次级回路中产生的感应电动势

$$E_2(j\omega)=j\omega Mi_1(j\omega)=\frac{M}{L_1}u_1(j\omega) \tag{6-72}$$

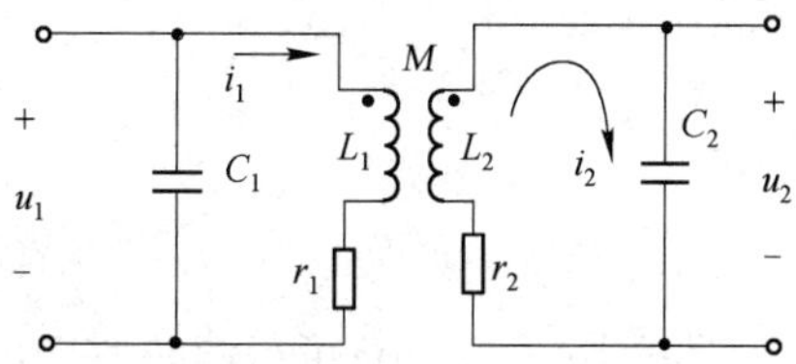

图 6.38　频率–相位转换网络

当次级回路谐振且 Q 值较大时，可以忽略二极管包络检波器等效输入电阻对次级回路的影响，次级回路电流为

$$i_2(\mathrm{j}\omega)=\frac{E_2(\mathrm{j}\omega)}{r_2+\mathrm{j}\left(\omega L_2-\dfrac{1}{\omega C_2}\right)}=\frac{M}{L_1}\frac{u_1(\mathrm{j}\omega)}{\left[r_2+\mathrm{j}\left(\omega L_2-\dfrac{1}{\omega C_2}\right)\right]} \tag{6-73}$$

所以,次级回路两端电压为

$$u_2(\mathrm{j}\omega)=\frac{i_2(\mathrm{j}\omega)}{\mathrm{j}\omega C_2}=-\mathrm{j}\,\frac{M}{\omega C_2 L_1}\frac{u_1(\mathrm{j}\omega)}{\left[r_2+\mathrm{j}\left(\omega L_2-\dfrac{1}{\omega C_2}\right)\right]} \tag{6-74}$$

$$\frac{u_2(\mathrm{j}\omega)}{u_1(\mathrm{j}\omega)}=-\mathrm{j}\,\frac{M}{\omega C_2 L_1}\frac{1}{\left[r_2+\mathrm{j}\left(\omega L_2-\dfrac{1}{\omega C_2}\right)\right]}=\frac{M}{\omega C_2 L_1 r_2}\frac{1}{\sqrt{1+\xi^2}}\exp\left[\mathrm{j}\left(-\frac{\pi}{2}-\arctan\xi\right)\right]$$

$$=\frac{M}{\omega C_2 L_1 r_2}\frac{1}{\sqrt{1+\xi^2}}\exp[\mathrm{j}\varphi(t)] \tag{6-75}$$

式中,$\varphi(t)=-\dfrac{\pi}{2}-\arctan\xi$,为 u_2 与 u_1 之间的相位差。由式(1-29)可知,$\xi=Q\,\dfrac{2\Delta f(t)}{f_o}$称为广义失谐。设调频波瞬时频率的变化范围在耦合回路的通带之内,且认为 u_2 与 u_1 的幅度在瞬时频率的变化范围内基本不变。当广义失谐 ξ 较小时,$\arctan\xi\approx\xi$,则

$$\varphi(t)=-\frac{\pi}{2}-Q\,\frac{2\Delta f(t)}{f_o} \tag{6-76}$$

由式(6-75)和式(6-76)可以看出,**调频波瞬时频率的变化 $\Delta f(t)$ 通过耦合回路的频率-相位转换后,变成瞬时相位的变化,即 $\Delta\varphi(t)=2Q\Delta f(t)/f_o$,且两者近似成线性关系**。下面利用 u_2 与 u_1 之间的相位随输入 FM 信号的瞬时频率而变化的特性,分三种情况来讨论。

(1) 当输入 FM 波的瞬时频率 f 等于调频波中心频率 f_o,即 $f=f_o$ 时次级回路谐振,有 $\omega_o L_2-\dfrac{1}{\omega_o C_2}=0$,代入式(6-74)可得

$$u_2(\mathrm{j}\omega)=-\mathrm{j}\,\frac{M u_1(\mathrm{j}\omega)}{L_1\,\omega_o C_2 r_2}=\frac{M u_1(\mathrm{j}\omega)}{L_1\,\omega_o C_2 r_2}\exp\left[\mathrm{j}\left(-\frac{\pi}{2}\right)\right] \tag{6-77}$$

上式表明,u_2 与 u_1 的相位差为$-\pi/2$。由矢量图 6.39(a)和式(6-69)可得,$|u_{d1}|=|u_{d2}|$,即$U_{d1}=U_{d2}$(U_{d1}和 U_{d2}为矢量 u_{d1}和 u_{d2}的模)。若设检波器的传输系数为 $K_{d1}=K_{d2}=K_d$,则有

$$u_{o1}=K_{d1}\,|u_{d1}|=K_d U_{d1},\quad u_{o2}=K_{d2}\,|u_{d2}|=K_d U_{d2} \tag{6-78}$$

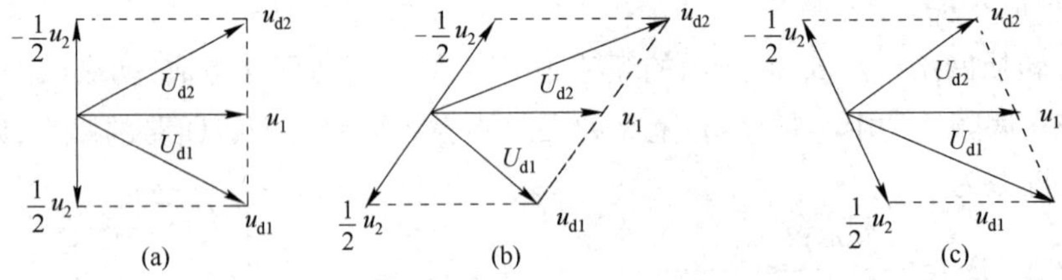

图 6.39　互感耦合回路相位鉴频电路矢量图

所以,由式(6-70)可得此时鉴频电路的输出电压为

$$u_o=u_{o1}-u_{o2}=K_d(U_{d1}-U_{d2})=0 \tag{6-79}$$

(2) 当瞬时频率 $f>f_o$ 时,则有 $\omega L_2-\dfrac{1}{\omega C_2}>0$。这时次级回路呈电容性。由式(6-68)可得

$$u_2(\mathrm{j}\omega)=-\mathrm{j}\frac{M}{\omega C_2 L_1}\frac{u_1(\mathrm{j}\omega)}{\left[r_2+\mathrm{j}\left(\omega L_2-\frac{1}{\omega C_2}\right)\right]}=\frac{M}{\omega C_2 L_1 r_2}\frac{u_1(\mathrm{j}\omega)}{\sqrt{1+\xi^2}}\exp\left[\mathrm{j}\left(-\frac{\pi}{2}-\Delta\varphi\right)\right] \tag{6-80}$$

式中,$\Delta\varphi(t)=2Q\Delta f(t)/f_o>0$。$u_2$ 与 u_1 的相位差为$[-\pi/2-\Delta\varphi(t)]$;且随着瞬时频率 f 的增大,u_2 与 u_1 的相位差将向接近$-\pi$ 的方向变化。由矢量图 6.39(b)可得$|u_{d2}|>|u_{d1}|$,即 $U_{d2}>U_{d1}$。此时鉴频电路的输出电压为

$$u_o=K_d(U_{d1}-U_{d2})<0 \tag{6-81}$$

(3) 当$f<f_o$ 时,$\omega L_2-\frac{1}{\omega C_2}<0$。这时次级回路呈电感性。所以

$$u_2(\mathrm{j}\omega)=-\mathrm{j}\frac{M}{\omega C_2 L_1}\frac{u_1(\mathrm{j}\omega)}{\left[r_2+\mathrm{j}\left(\omega L_2-\frac{1}{\omega C_2}\right)\right]}=\frac{M}{\omega C_2 L_1 r_2}\frac{u_1(\mathrm{j}\omega)}{\sqrt{1+\xi^2}}\exp\left[\mathrm{j}\left(-\frac{\pi}{2}+\Delta\varphi\right)\right] \tag{6-82}$$

可见,u_2 与 u_1 的相位差为$[-\pi/2+\Delta\varphi(t)]$,且随着瞬时频率 f 的减小,u_2 与 u_1 的相位差将向接近0°的方向变化。由矢量图 6.39(c)可得$|u_{d1}|>|u_{d2}|$,即 $U_{d1}>U_{d2}$,此时鉴频电路的输出电压为

$$u_o=K_d(U_{d1}-U_{d2})>0 \tag{6-83}$$

由图 6.39 不难得出互感耦合回路相位鉴频器的输出电压 u_o 与输入调频波瞬时频偏 $\Delta f(t)$ 的关系曲线,即鉴频特性曲线,如图 6.40 所示。

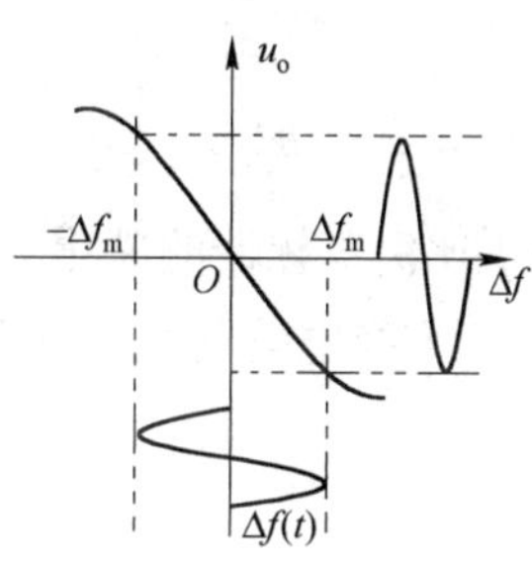

图 6.40 鉴频特性曲线

综上所述,互感耦合回路相位鉴频器中的耦合双回路是一个频率-相位变换器,它把 FM 波$u_1(t)$变换成FM-PM波 $u_2(t)$;而 FM 波 $u_1(t)$与 FM-PM 波 $u_2(t)$经叠加后,变换成两个 FM-AM 波$u_{d1}(t)$和 $u_{d2}(t)$;再经包络检波器后即可恢复原调制信号。

互感耦合回路相位鉴频器通过调整互感耦合回路的耦合系数 $k=M/\sqrt{L_1L_2}$ 和回路的 Q 值,可以较方便地调节鉴频特性曲线的形状,从而获得良好的线性解调,较高的鉴频灵敏度,并使其峰值带宽 B_{max}适应待解调 FM 波的 $2\Delta f_m$ 频偏范围的要求。

6.4.4 比例鉴频器

相位鉴频器中,输入信号幅度的变化必将导致输出波形的失真。发射机的调制特性或接收机的谐振曲线的不理想,以及信号传输中的外界干扰和内部噪声的影响等,都会使鉴频器输入端的调频信号引起寄生调幅。因此**一般情况下,相位鉴频器前必须加限幅器**。前述的互感耦合相位鉴频器不具有自限幅的能力。为了抑制寄生调幅的影响,要求前级中放之后应接有限幅器。为了有效限幅,要求限幅器有较大的输入信号,一般要求限幅器输入端的电压在 1V 量级以上,这就导致鉴频器前中放、限幅的级数增加。这对那些要求简化电路、缩小体积、降低成本的调频广播接收机来说是不希望有的。

比例鉴频器不仅是一种类似于互感耦合回路的相位鉴频器,而且还是一种具有自限幅能力的相位鉴频器,且只要求前级中放提供零点几伏的 FM 信号电压就能正常工作,不需要另加限幅放大器,这就使得调频接收机的电路简化,体积可能缩小,从而降低成本。

1. 电路结构

比例鉴频器与互感耦合相位鉴频器在电路结构上差异很小,其电路如图 6.41(a)所示,主要区别为:

(1) 在比例鉴频器中 VD_2 的连接极性相反。

(2) 在 A、B 端并联一个大电容 C_o, C_o 与 (R_1+R_2) 组成较大的时间常数(约为 0.1~0.25 s),一般远大于低频调制信号的周期。这样在检波过程中,A、B 两端电压基本不变,等于常数 E_o。

(3) 比例鉴频器输出电压不是在 A、B 端,而是在中点 C、D 端引出。

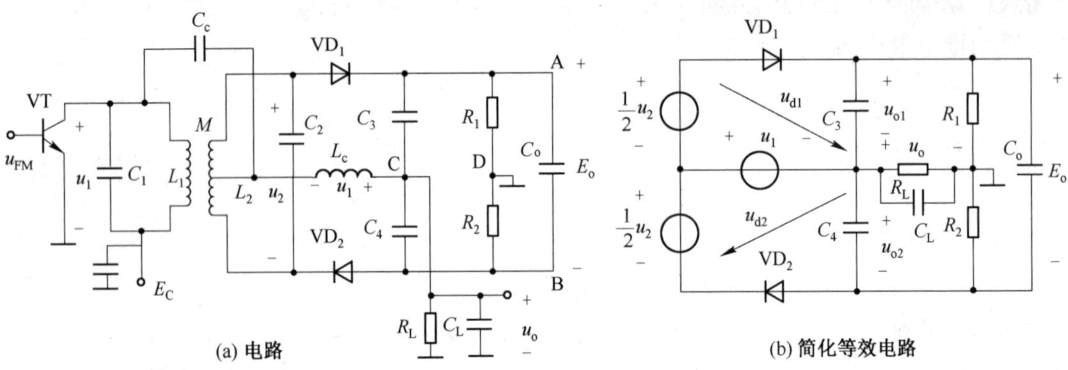

图 6.41　互感耦合回路相位鉴频电路

2. 工作原理

比例鉴频器的简化等效电路如图 6.41(b)所示。如果输入调频波为 u_1,由于电路在输入端的频-相变换电路与互感耦合相位鉴频器是相同的,所以由式(6-74)可得

$$u_2(j\omega)=-j\frac{M}{\omega C_2 L_1}\frac{u_1(j\omega)}{\left[r_2+j\left(\omega L_2-\frac{1}{\omega C_2}\right)\right]}=\frac{M}{\omega C_2 L_1 r_2}\frac{u_1(j\omega)}{\sqrt{1+\xi^2}}\exp[j\varphi(t)] \tag{6-84}$$

式中,$\varphi(t)=-\frac{\pi}{2}-\arctan\xi$,为 u_2 与 u_1 之间的相位差。而加在上、下两个二极管包络检波器两端的合成高频电压为

$$u_{d1}=\frac{u_2}{2}+u_1,\quad u_{d2}=\frac{u_2}{2}-u_1 \tag{6-85}$$

如果设两个二极管检波器的传输系数为 $K_{d1}=K_{d2}=K_d$,则两个检波管的输出电压为

$$u_{o1}=K_d U_{d1},\quad u_{o2}=K_d U_{d2} \tag{6-86}$$

式中,U_{d1} 与 U_{d2} 为 u_{d1} 与 u_{d2} 的包络振幅。比例鉴频器的输出电压为

$$u_o=-u_{o1}+E_o/2 \tag{6-87}$$

由图 6.41(b)可得 $\frac{E_o}{2}=\frac{u_{o1}+u_{o2}}{2}$,将其代入式(6-87)可得

$$u_o=\frac{1}{2}(u_{o2}-u_{o1})=\frac{1}{2}K_d(U_{d2}-U_{d1}) \tag{6-88}$$

利用 u_2 与 u_1 之间的相位关系随输入 FM 信号的瞬时频率而变化的特性,下面分三种情况来讨论。

(1) 当 $f=f_o$ 时,次级回路谐振,即 $\omega_o L_2-\frac{1}{\omega_o C_2}=0$ 代入式(6-78)可得

$$u_2(j\omega)=-j\frac{Mu_1(j\omega)}{L_1\omega_o C_2 r_2}=\frac{Mu_1(j\omega)}{L_1\omega_o C_2 r_2}\exp\left[j\left(-\frac{\pi}{2}\right)\right]$$

表明 u_2 与 u_1 的相位差为$-\pi/2$。由矢量图 6.42(a)可得 $|u_{d1}|=|u_{d2}|$,即 $U_{d1}=U_{d2}$,所以

$$u_o=\frac{1}{2}K_d(U_{d2}-U_{d1})=0$$

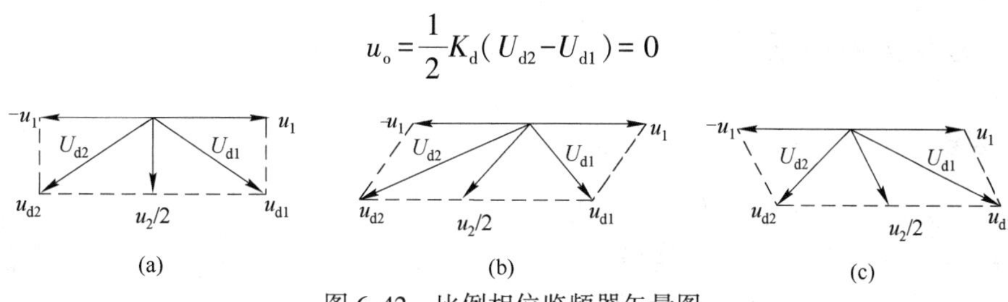

图 6.42　比例相位鉴频器矢量图

（2）同理，当$f>f_o$时，有$\omega L_2-\frac{1}{\omega C_2}>0$，$u_2$与$u_1$的相位差为$[-\pi/2-\Delta\varphi(t)]$，且随着瞬时频率$f$的减小，$u_2$与$u_1$的相位差向接近$-\pi$的方向变化。由矢量图6.42(b)可得$|u_{d2}|>|u_{d1}|$，即$U_{d2}>U_{d1}$，所以

$$u_o=\frac{1}{2}K_d(U_{d2}-U_{d1})>0$$

（3）当$f<f_o$时，$\omega L_2-\frac{1}{\omega C_2}<0$，$u_2$与$u_1$的相位差为$[-\pi/2+\Delta\varphi(t)]$，且随着瞬时频率$f$的减小，$u_2$与$u_1$的相位差向接近0°的方向变化。由矢量图6.42(c)可得$|u_{d1}|>|u_{d2}|$，即$U_{d1}>U_{d2}$，所以

$$u_o=\frac{1}{2}K_d(U_{d2}-U_{d1})<0$$

综上所述，可得比例鉴频器的鉴频特性曲线如图6.43所示。当比例鉴频器的输入端输入FM波时，只要其工作在鉴频特性曲线的线性鉴频区，就可以还原出原调制信号$u_\Omega(t)$。

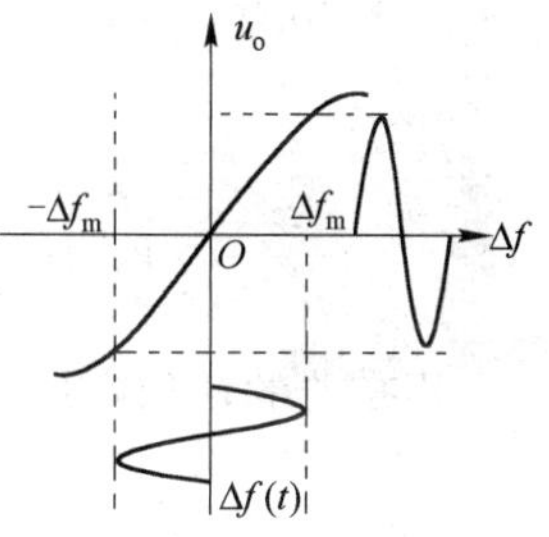

图 6.43　鉴频特性曲线

3. 自限幅原理

比例鉴频器的输出电压u_o只取决于输入FM波瞬时频率的变化，而与输入FM波幅度变化的大小无关。如果将式(6-88)变换如下

$$\begin{aligned}u_o&=\frac{1}{2}(u_{o2}-u_{o1})=\frac{1}{2}\frac{(u_{o2}+u_{o1})(u_{o2}-u_{o1})}{u_{o2}+u_{o1}}\\&=\frac{1}{2}E_o\frac{u_{o2}-u_{o1}}{u_{o2}+u_{o1}}=\frac{1}{2}E_o\frac{1-u_{o1}/u_{o2}}{1+u_{o1}/u_{o2}}=\frac{1}{2}E_o\frac{1-U_{d1}/U_{d2}}{1+U_{d1}/U_{d2}}\end{aligned}\tag{6-89}$$

可以看出，由于E_o近似不变，所以u_o的大小取决于U_{d1}与U_{d2}的比值。当调频信号瞬时频率改变时，U_{d1}与U_{d2}的比值随之变化，输出电压u_o亦随之变化，即完成了鉴频作用。正是由于输出电压u_o与U_{d1}和U_{d2}的比值有关，因而取名为比例鉴频器。

如果输入调频信号伴随有寄生调幅现象，使U_{d1}和U_{d2}同时增大或减小，比值U_{d1}/U_{d2}可维持不变，因而输出电压与输入调频波的幅度变化无关，该电路起抑制寄生调幅的作用。从物理概念上来讲，当输入调频波的幅度有变化时，例如幅度增大，则U_{d1}和U_{d2}都随之增大，流经二极管VD_1和VD_2的平均电流就增大。由于大电容C_o的作用，使电压E_o保持不变，这就意味着导通角加大，相当于检波器的传输系数K_d减小了。这样，即使U_{d1}、U_{d2}增大了，输出电压u_{o1}、u_{o2}之和却不增大。

必须注意，由于E_o恒定，相当于给二极管提供了一个固定的直流负向偏置。如果输入调频波幅度减小很多就会使二极管截止，鉴频器在这一时刻就失去了鉴频作用，使输出信号产生严重的失真。这种现象称为向下寄生调幅的阻塞效应。通常可在两个二极管支路上串接两个小电阻，以减小E_o的影响。

最后需要指出，以上讨论的相位鉴频器和比例鉴频器都是运用第二种方法鉴频的。

6.4.5 移相乘积鉴频器

1. 电路组成

移相乘积鉴频器的电路组成方框图如图 6.44 所示。电路主要由移相器、相乘器和低通滤波器三部分组成。输入信号 $u_{FM}(t)$ 一般来自调频接收机中放限幅器电路(中频载波为6.5 MHz或10.7 MHz)的中频 FM 信号,参考信号 $u_r(t)$ 与 $u_{FM}(t)$ 在载波频率上有 $\pi/2$ 的固定相位差。

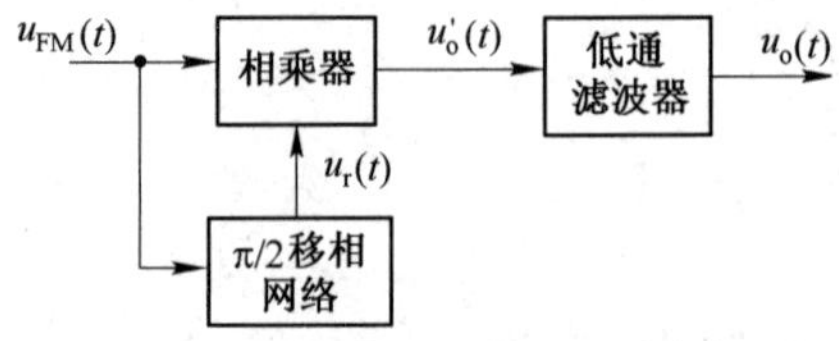

图 6.44　移相乘积鉴频器电路方框图

2. 电路性能分析

设输入为单频率调频信号,即

$$u_{FM}(t)=U_{FM}\cos[\omega_o t+m_f\sin\Omega t] \tag{6-90}$$

经 $\pi/2$ 移相后的 $u_r(t)$ 信号,对载频有 $\pi/2$ 的固定相移,但对边频分量($\omega_o\pm\Omega$)则产生相位迟延 τ,即

$$u_r(t)=U_r\cos\left[\omega_o t+\frac{\pi}{2}+m_f\sin\Omega(t-\tau)\right]=U_r\sin[\omega_o t+m_f\sin\Omega(t-\tau)] \tag{6-91}$$

相乘器的输出电压为

$$\begin{aligned}u'_o(t)&=ku_{FM}(t)u_r(t)=kU_{FM}U_r\sin[\omega_o t+m_f\sin\Omega(t-\tau)]\cos[\omega_o t+m_f\sin\Omega t]\\&=\frac{1}{2}kU_{FM}U_r\sin\{m_f[\sin\Omega(t-\tau)-\sin\Omega t]\}+\\&\quad\frac{1}{2}kU_{FM}U_r\sin[2\omega_o t+m_f\sin\Omega(t-\tau)+m_f\sin\Omega t]\end{aligned} \tag{6-92}$$

经低通滤波器滤除 $2\omega_o$ 的高频分量,并利用三角函数公式:$\sin x-\sin y=2\sin\frac{x-y}{2}\cos\frac{x+y}{2}$,

所以有

$$\sin\Omega(t-\tau)-\sin\Omega t=2\sin\frac{-\Omega\tau}{2}\cos\left(\Omega t-\frac{1}{2}\Omega\tau\right)$$

$$u_o=\frac{1}{2}kU_{FM}U_r\sin\left[m_f 2\sin\frac{-\Omega\tau}{2}\cos\left(\Omega t-\frac{1}{2}\Omega\tau\right)\right] \tag{6-93}$$

又因为通常 $\Omega\tau\ll1$,$\sin\frac{\Omega\tau}{2}\approx\frac{\Omega\tau}{2}$,可得

$$\begin{aligned}u_o&\approx-\frac{1}{2}kU_{FM}U_r\sin\left[m_f\Omega\tau\cos\Omega\left(t-\frac{1}{2}\tau\right)\right]\\&\approx-\frac{1}{2}kU_{FM}U_r m_f\Omega\tau\cos\Omega\left(t-\frac{\tau}{2}\right)\qquad(m_f\Omega\tau\ll1)\\&=-\frac{1}{2}kU_\Omega\cos\Omega\left(t-\frac{\tau}{2}\right)\qquad(U_\Omega=U_{FM}U_r m_f)\end{aligned} \tag{6-94}$$

可见,正交鉴频器的输出电压 u_o 就是原调制信号电压,只是有一个附加的固定相移($\Omega\tau/2$),这是通过线性网络传输而形成的时间延迟。

正交鉴频器的核心电路是相乘器,便于集成化,在集成电路调频接收机中,调频信号的解调常采用正交鉴频器。

6.4.6 脉冲计数式鉴频器

脉冲计数式鉴频器(脉冲均值鉴频器)是利用调频波过零点的信息来进行鉴频的。**因为调频波的频率是随调制信号而变化的,所以,调频信号在相同的时间间隔内过零点的数目就会不相同。**在频率高的地方过零点的数目就多,而在频率低的地方过零点的数目就少。利用这个特点,在每个过零点处形成一个等幅等宽的脉冲。这个脉冲序列的平均分量就反映了频率的变化。用低通滤波器(或脉冲计数器)取出这个平均分量就是所需的调制信号。其电路构成如图 6.45 所示。

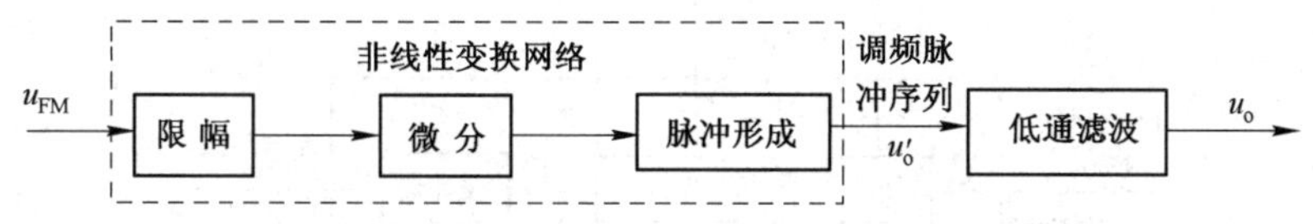

图 6.45　脉冲计数式鉴频器电路模型

按照这种鉴频方法可以设计脉冲计数式鉴频器,同样可以集成化。其优点是线性好,频带宽,中心频率范围宽。目前中心频率可做到 1 Hz~10 MHz,如果配合混频器使用可扩展到100 MHz。

调频波瞬时频率的变化,直接表现为调频信号通过零点的疏密变化。如果在调频信号从负值变为正值的过零点(简称正过零点)处形成一个振幅为 U、宽度为 τ 的矩形脉冲,就可以将原始的调频信号变换成一个频率受到调制的矩形脉冲序列,其频率的调制规律与调频波瞬时频率的调制规律相同,如图 6.46 所示。如果在单位时间内对该矩形脉冲的个数进行计数,则所得的计数值的变化规律就反映了调频波瞬时频率的变化规律。

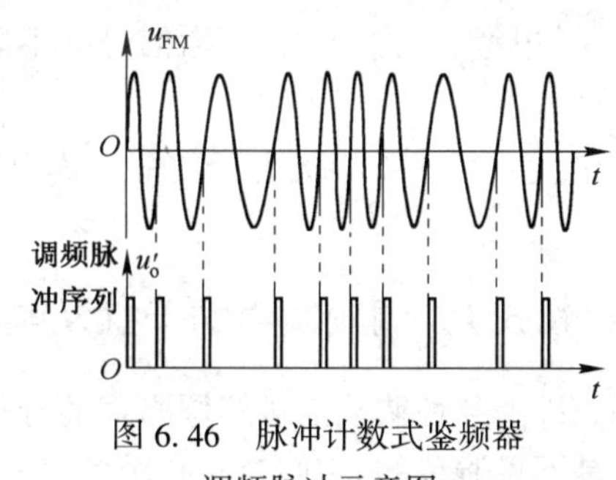

图 6.46　脉冲计数式鉴频器调频脉冲示意图

实际上无需对脉冲计数,只要用低通滤波器取出脉冲序列的平均分量,即可取出调制信号。设低通滤波器的电压传输系数为 1,输入调频波的瞬时频率为 $f(t)=f_o+\Delta f(t)$,其周期为 $T(t)=1/f(t)$,则调频脉冲序列中的平均分量为

$$u_o' = U\tau/T(t) = U\tau[f_o+\Delta f(t)] \tag{6-95}$$

式中,U 为脉冲幅度,τ 为脉冲宽度。式(6-95)表明,u_o' 能无失真地反映出输入调频波瞬时频率的变化,因此通过低通滤波器就能输出所需的解调电压。

为从调频脉冲序列中不失真地检测出反映瞬时频率变化的平均分量,应保证脉冲序列中两个相邻脉冲不互相重叠。为此,τ 值不宜过大,应将它限制在输入调频信号最高瞬时频率的一个周期内,即

$$\tau < T_{\min} = \frac{1}{f_o+\Delta f_m} \tag{6-96}$$

6.4.7 锁相鉴频器

处于调制跟踪状态的 PLL(锁相环路)具有对载波调制跟踪的控制特性,可以对 FM 信号进行鉴频。锁相鉴频的工作原理参见本书 7.5.2 节,具体应用实例参见 7.6.2 节。

锁相鉴频器的门限值比普通鉴频器要低至少数个分贝,因此更加适用于弱信号接收场合;同

时,PLL 所具有的技术成熟、易于集成、成本低、可靠性高等优点,使得锁相鉴频器电路简单、设计方便、应用广泛、性能优良。

[例 6-4] 使用集成 PLL 设计一个锁相鉴频器的具体电路。

解:图 6.47 所示为 CD4046 锁相鉴频器电路,其工作原理简述如下。

FM 信号通过 CD4046 的 14 脚输入鉴相器(PD)1(PD1 的另外一个输入信号来自环路中 VCO 输出端),PD1 鉴相输出的相差信号,从 13 脚输出,通过外接 RC 积分滤波器构成的环路滤波器后,作为 VCO 的控制电压信号(从 9 脚输入)。同时,调制信号也包含在此控制电压信号中。此控制电压信号经过片内缓冲器后,从 10 脚输出所需的调制信号,从而完成锁相鉴频功能。

设计时需要注意,FM 信号的瞬时频率不能超出当前条件下 CD4046 的频率限制,并且 PLL 要工作在调制跟踪状态(即 FM 信号的调制信号频率应该低于 PLL 的截止频率)。

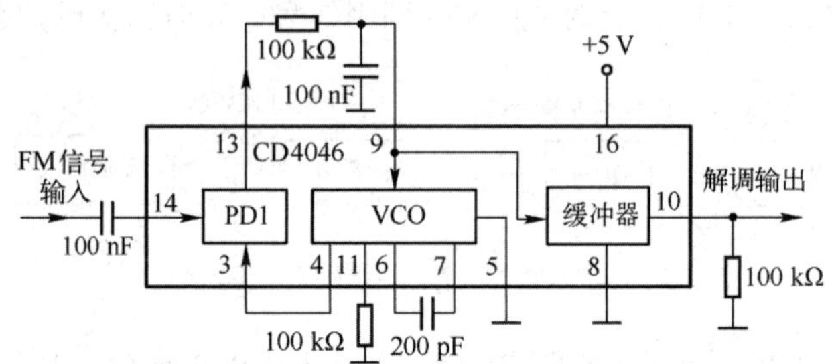

图 6.47 CD4046 锁相鉴频器电路

[思考] 商用 FM 广播信号能不能采用图 6.47 所示电路进行锁相鉴频?

6.5 调频制的抗干扰性及特殊电路

6.5.1 调频制中的干扰及噪声

以上各种调频信号解调原理的分析中,都没有考虑干扰及噪声。实际上,信道内存在干扰和噪声是不可避免的,它们会和有用信号一起加到解调器输入端,使解调器输出除了有用信号外,必然伴有干扰和噪声。图 6.48 示出了这一过程。这将影响信号的传输质量,特别是当输出信噪比较小时,有用信号甚至会淹没在干扰和噪声中,因此要求各种解调方式应具有优良的抗噪声性能。

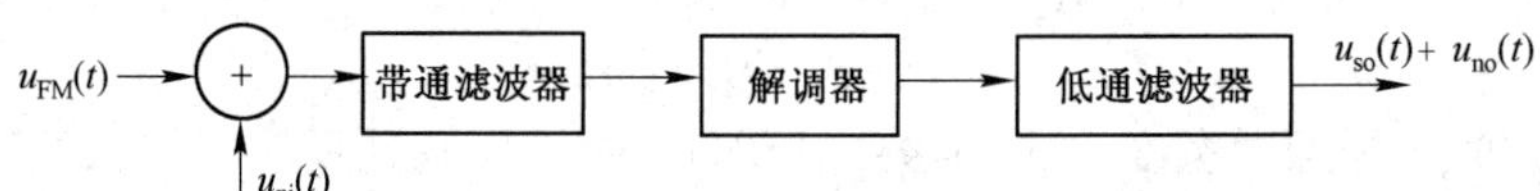

图 6.48 调频信号解调的干扰和噪声示意图

调频解调器抗噪声的能力通常用解调器的输出信噪比来度量,即

$$输出信噪比=输出信号功率\ P_{so}/输出噪声平均功率\ P_{no}$$

由于实际信号中存在着的各种形式的干扰和噪声十分复杂,而调制信号的解调本身又是一个非线性过程,使分析和计算复杂化。在此只引用有关结论。

1. 鉴频器输出的噪声功率谱密度

考虑到调频信号在解调前必须先通过接收机前端的带通滤波器,如果接收机前端输入的是噪声功率谱密度为均匀分布的白噪声,那么经带通滤波后在调频解调器(鉴频器)输入端输入的将是带限高斯噪声和调频信号。经理论分析及测试可得以下结论：在高输入信噪比条件下，调幅制检波器的输出噪声功率谱密度是矩形的，而调频制鉴频器的输出噪声功率谱密度则是抛物线形的。

图 6.49 是调频信号解调时的噪声功率谱密度。图 6.49(a)是鉴频器输入噪声功率谱密度 $G_{ni}(f)$。图 6.49(b)是鉴频器输出噪声功率谱密度 $G_{no}(f)$，它不再像输入噪声那样是均匀分布的，而是呈抛物线分布，即**鉴频器输出的噪声功率谱密度将随调制信号频率的增大而呈平方律增大**。而在调频广播中传送的语音和音乐信号的大部分能量集中在低频端，其功率谱密度 $G_{so}(f)$ 如图 6.49(c)所示。即表明，**在调制信号的高频端信号功率谱密度最小，而鉴频器输出的噪声功率谱密度却是最大的，这使得鉴频器输出的调制信号高频端的信噪比严重恶化**。为了改善鉴频器在调制信号高频端的输出信噪比，有必要在调频器发送端提升调制信号 $u_\Omega(t)$ 中的高频分量，这就是调频发射机中输入 $u_\Omega(t)$ 后接入预加重网络的原因。

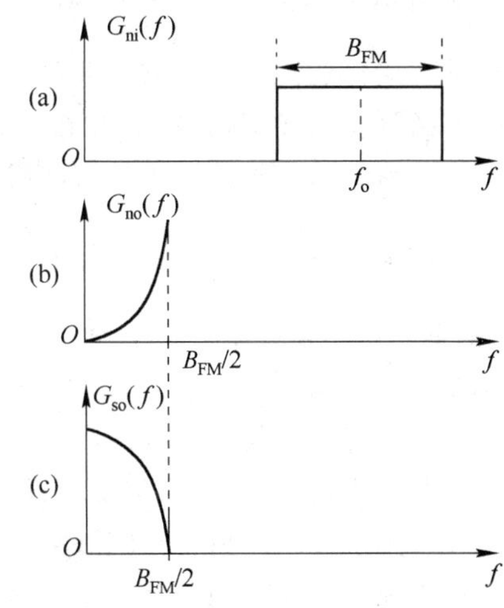

图 6.49 调频信号解调的噪声功率谱密度

2. 鉴频器的输出信噪比与输入信噪比之间的关系

在调频制抗噪声性能分析中，理论上可以推出，在高输入信噪比条件下，鉴频器的输出信噪比(P_{so}/P_{no})与输入信噪比(P_{si}/P_{ni})之间的关系为

$$\frac{P_{so}}{P_{no}}=3m_f^2(m_f+1)\frac{P_{si}}{P_{ni}} \tag{6-97}$$

如果把 FM 信号通过鉴频器，则 P_{so}/P_{no} 比 P_{si}/P_{ni} 增大的倍数叫做调频解调器的制度增益 G_{FM}。有

$$G_{FM}=\frac{P_{so}/P_{no}}{P_{si}/P_{ni}}=3m_f^2(m_f+1) \tag{6-98}$$

由式(6-98)可以看出，随着调制指数 m_f 的增大，调频解调器的制度增益将急剧增大。即在相同输入信噪比的情况下，输出信噪比增大，系统的抗干扰能力增大，但同时 FM 信号占有的带宽 $B_{FM}=2(m_f+1)F_{max}$ 也增大。这表明**调频系统抗干扰性能的改善，是以增加 FM 信号的传输带宽为代价的。**

6.5.2 调频信号解调的门限效应

以上讨论的是大输入信噪比时的情况。**当输入信噪比低于一定数值时，鉴频器的输出信噪比将急剧恶化，有用信号甚至完全淹没在噪声中，而无法进行调频信号的接收。这个所谓一定数值的输入信噪比，就是鉴频器的门限值**。在实际应用中，当输入 P_{si}/P_{ni} 低于这个门限值时所发生的现象叫做调频信号解调时的门限效应。

为了建立调频信号解调时门限效应的概念，在鉴频器的输入端加入未调制的载波信号，如果改变载频信号的振幅，则相当于改变鉴频器输入端的信噪比。下面通过载波矢量和噪声矢量的矢量合成图 6.50 来解释。

(1) 当解调器输入信号 u_{FM} 较大时，即相当于大输入信噪比时的情况(P_{si}/P_{ni}较大)。设 $u_{FM}=U_{FM}\cos\omega_o t$；而噪声电压 $u_n(t)=U_n(t)\cos[\omega_o t+\varphi_n(t)]$，其中 $U_n(t)$表示随机变化的噪声电压幅度，$\varphi_n(t)$表示在 0~2π 范围内随机变化的噪声相位，且 $U_{FM}\gg U_n(t)$。由矢量图可以看出

$$u_i(t)=u_{FM}(t)+u_n(t)$$

合成矢量的幅度 $U_i(t)$ 和相位 $\Psi_n(t)$ 变化不大,即合成矢量是一个调幅-调角的信号,合成矢量的端点轨迹如图 6.50(a) 中的虚线所示。且 $\Psi_n(t)$ 的变化不大,$\frac{d\Psi_n(t)}{dt}$ 不会造成瞬时频率的突变,故对瞬时频率的变化能做出响应的鉴频器输出为小起伏的噪声信号。

(2) 当解调器输入信号 u_{FM} 较小时,即输入信噪比较小的情况,$U_{FM} \ll U_n(t)$。合成矢量的端点轨迹如图 6.50(b) 中的虚线所示,合成矢量的相位 $\Psi_n(t)$ 可以围绕原点在 0~2π 范围内剧烈变化。由于瞬时频率 $\omega = \frac{d\Psi_n(t)}{dt}$,所以当 $\Psi_n(t)$ 由 0→2π 突变时,会产生瞬时频率变化的正脉冲;而当 $\Psi_n(t)$ 由 2π→0 突变时,会产生瞬时频率变化的负脉冲,则合成矢量相位与频率的跳变波形如图 6.51所示。鉴频器对此正负瞬时频率脉冲的响应就是正负脉冲噪声,由此产生啸叫声,使输出信噪比急剧下降。这就是调频接收时门限效应现象的物理解释。

由以上分析可知:**当输入信噪比低于门限值时,调频解调器的抗噪声性能严重恶化,并不比调幅解调有多大优越性。只有在门限值以上工作的调频解调器才具有优良的抗噪声性能**。一般鉴频器的门限值与 m_f 有关,当 m_f 大时门限值也较大。但在不同的 m_f 下,门限值变化范围不大,大约在 8~11 dB 内变化。所以一般认为鉴频器的门限值为 10 dB 左右。

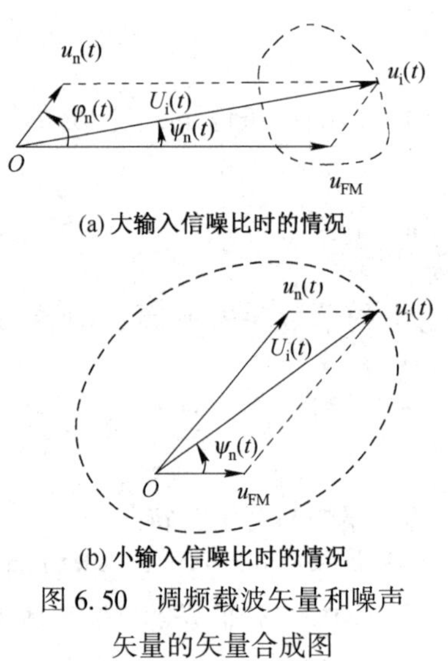

图 6.50　调频载波矢量和噪声矢量的矢量合成图

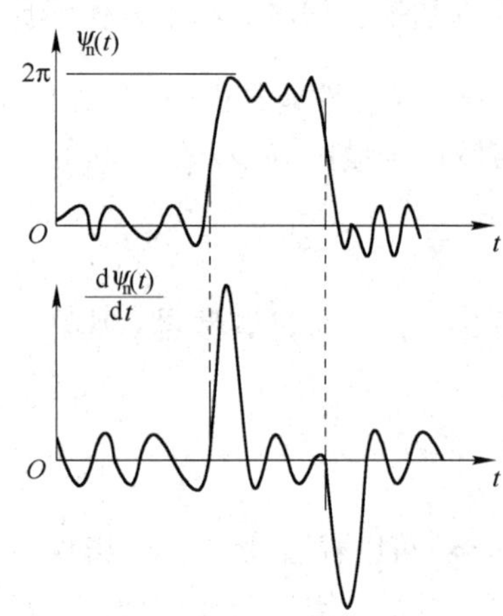

图 6.51　小输入信噪比时合成矢量相位与频率的跳变波形

6.5.3　预加重电路与去加重电路

如前所述,鉴频器输出噪声功率谱密度随调制信号频率 F 的升高按抛物线规律增加;但各种消息信号(语音,音乐)的能量都集中在低频端,在高频端功率谱密度随频率的升高而下降。因此,在调制信号频率的高频端鉴频器输出的信噪比会明显下降,这对调制信号的接收不利。为了进一步改善鉴频器输出的信噪比,针对调频制的特点,目前在调频制信号的传输中广泛采用加重技术。

加重技术包括:

- 预加重:**在发射端利用预加重网络对调制信号 $u_\Omega(t)$ 频谱中高频成分的振幅进行人为提升**。这就使鉴频器输入端高调制频率上的信噪比得到了提高,也就明显地改善了鉴频器在高调制频率上输出的信噪比,使调频制在整个频带内都可以获得较高的输出信噪比。但是这样做的结果,改变了原调制信号中各调制频率振幅之间的比例关系,将造成解调信号的失真。

- 去加重：**在接收端利用去加重网络，把调制信号高频端人为提升的信号振幅降下来，使调制信号高、低频端的各频率分量的振幅保持原来的比例关系，避免了因发送端采用加重网络而造成的解调信号失真。**

采用预加重和去加重技术后，既保证了鉴频器在调制频率的高、低频端都具有较高的输出信噪比，又避免了采用预加重后造成的解调信号失真，而且所采用的预加重和去加重网络简便易行，所以，在调频广播、调频通信和电视伴音信号收发系统中都广泛地采用预加重和去加重技术。

1. 预加重网络

由于鉴频器输出端的噪声功率谱密度是随着调制信号频率 F 按抛物线（平方律）上升的，如果发送端的预加重网络也有使信号功率随 F 按抛物线规律提升的预加重特性，就可以使鉴频器输出端调制频率高频端的输出信噪比得以提升。

根据以上要求，预加重网络的传递函数应满足 $|H(\mathrm{j}2\pi F)|^2 \propto (2\pi F)^2$。这相当于一个微分电路。所以，预加重网络的传递函数在调制信号频率的低频端为一常数，而在较高频段相当于微分电路。近似这种响应的典型预加重 RC 网络如图 6.52(a)所示。图 6.52(b)是预加重 RC 网络的频响特性曲线，图中 $F_1=\omega_1/2\pi=1/2\pi R_1C$，$F_2=\omega_2/2\pi=1/2\pi RC$（式中，$R=R_1R_2/(R_1+R_2)$）。对于广播调频发射机预加重网络的参数 C、R_1、R_2 的选择，常使 $F_1=2.1\ \mathrm{kHz}$，$F_2=15\ \mathrm{kHz}$，此时 $CR_1=75\ \mu\mathrm{s}$。

2. 去加重网络

为了克服预加重网络带来的调制信号频率高频端的失真，去加重网络应具有与预加重网络相反的频响特性。因而去加重网络的 $|H(\mathrm{j}2\pi F)|^2 \propto 1/(2\pi F)^2$，即 $|H(\mathrm{j}2\pi F)| \propto 1/2\pi F$。可见，去加重网络相当于积分电路（预加重网络为微分电路）。去加重网络参数 R、C 的选择应使 $F_1=2.1\ \mathrm{kHz}$，$F_2=15\ \mathrm{kHz}$，此时 $CR=75\ \mu\mathrm{s}$。去加重 RC 网络及其频响特性如图 6.53 所示。

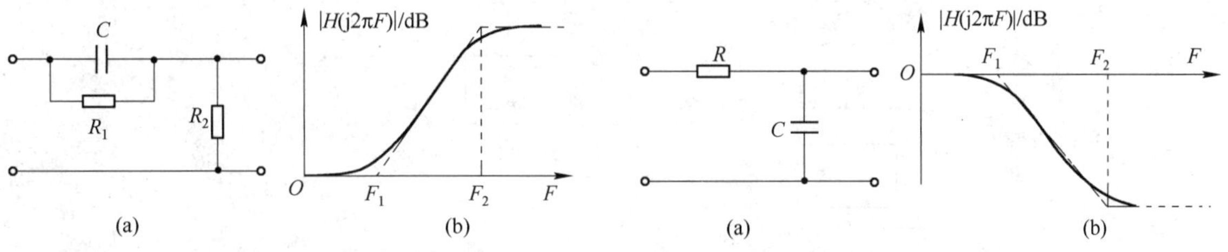

图 6.52　预加重 RC 网络及频响特性　　图 6.53　去加重 RC 网络及频响特性

预加重网络与去加重网络的频响函数乘积应为一常数，这是保证在调频信号的传输中，调制信号经过调制器的预加重和解调器的去加重后，鉴频器还原的原调制信号不失真的必要条件。

6.5.4　静噪声电路

前述的分析中曾指出：由于鉴频器的非线性解调作用，鉴频器在低输入信噪比的条件下，当 $(P_{\mathrm{si}}/P_{\mathrm{ni}})_{\mathrm{FM}}$(dB)低于鉴频器的门限值（与 m_{f} 有关）时，由于噪声和弱信号的相互作用，使两者的合成矢量的瞬时相位突变，因而造成瞬时频率的突变，使鉴频器的输出中增加了大量的脉冲噪声，从而使输出信噪比急剧下降，以致于有用信号被噪声所淹没。

在调频通信或调频广播接收时，会遇到无信号，或弱信号，或正在调机寻找信号的情况，这时就会出现鉴频器的输入信噪比低于门限值的实际情况。由于门限效应，鉴频器输出端的噪声会急剧增加，这种噪声是烦人的，令收信者难以忍受。因此，在上述情况下应采用静噪电路来抑制这种噪声的输出。

静噪的方式和电路是多种多样的，常用静噪电路去控制调频接收机鉴频后的低频放大器。在**需要静噪时，可利用鉴频器输出噪声大的特点去控制低频放大器，使其停止工作，以达到静噪的目的**。静噪电路与鉴频器的连接有两种方式：一种是接在鉴频器的输入端，另一种是接在鉴频器的输出端。两种静噪电路的接入方式见图 6.54。

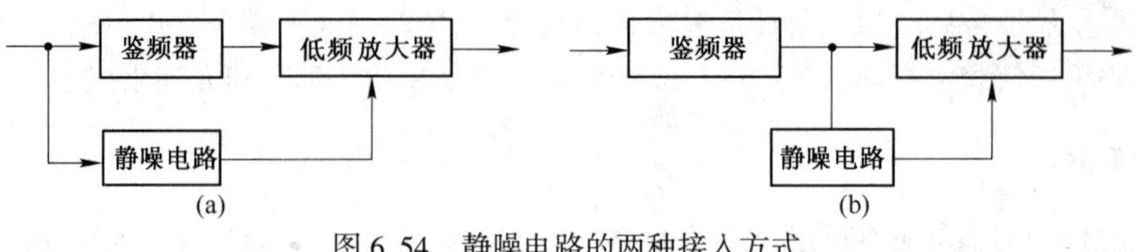

图 6.54　静噪电路的两种接入方式

6.6　FM 发射机与接收机

6.6.1　调频发射机的组成

为了对调频发射机的组成有一个全面的了解，这里介绍一个调频广播发射机的组成方框图，如图 6.55 所示。调频广播发射机的载波频率 $f_o = 88 \sim 108$ MHz（调频广播波段）；输入调制信号频率 $F_{min} \sim F_{max} = 50$ Hz ~ 15 kHz；要求输出的 FM 信号最大频偏 $\Delta f_m = 75$ kHz；频率调制器的载频 $f_{o1} = 200$ kHz，由此生成的调频波最大频偏 $\Delta f_{m1} = 25$ Hz。

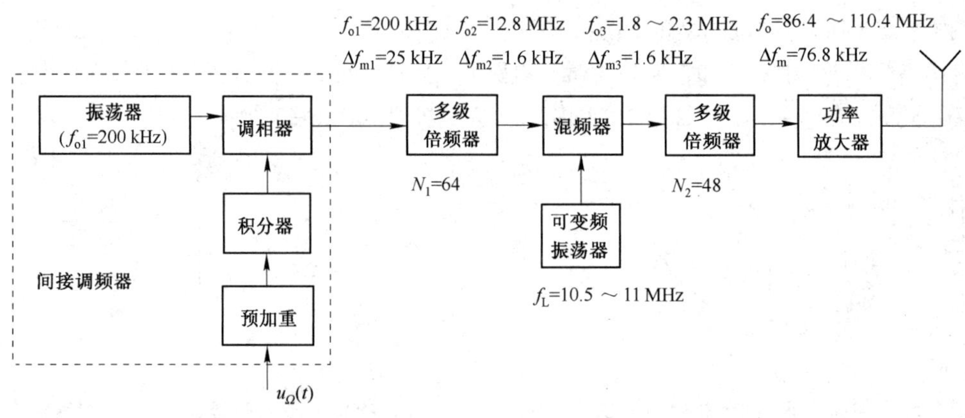

图 6.55　调频广播发射机的组成方框图

根据以上技术要求组成的调频广播发射机方框图 6.55 中，FM 波的产生采用间接调频方式。将由高稳定度晶体振荡器产生的初始载频信号 $f_{o1} = 200$ kHz 输入调相器，调相器的另一输入调制电压是由调制信号 $u_\Omega(t)$ 经预加重电路，再经积分器后输入的。因此，虽然调相器输出的是调相波，但对 $u_\Omega(t)$ 而言实质上却是调频波。由于线性调相的范围很窄，因而间接调频器输出载频为 $f_{o1} = 200$ kHz的调频波，它的最大频偏很小，$\Delta f_{m1} = 25$ Hz，调制指数 $m_f < 0.5$。

要把窄带调频波的频偏 $\Delta f_{m1} = 25$ Hz，提高到发射机输出 FM 信号所要求的最大频偏 $\Delta f_m = 75$ kHz，要求发射机采用多级倍频器，它们的总倍频次数 $N = \Delta f_m / \Delta f_{m1} = 75 \times 10^3 / 25 = 3\,000$。总倍频次数 $N = 3\,000$ 是在混频前、后，经过两次多级倍频后获得的。混频前多级倍频器的总倍频次数 $N_1 = 64$，混频后多级倍频器的总倍频次数 $N_2 = 48$。因此可实现的总倍频次数 $N' = N_1 N_2 = 64 \times 48 = 3\,072$，即 $N' > N$，发射机整机提供的总倍频次数是满足要求的。

经过 N 次倍频后，发射机输出调频波的频偏 $\Delta f_m = N\Delta f_{m1} = 3000\times25\text{ Hz} = 75\text{ kHz}$，满足指标要求。但是，经过 N 次倍频后，f_{o1} 也要倍增 N 倍，这时 $f_o = Nf_{o1} = 3000\times200\text{ kHz} = 600\text{ MHz}$。而广播调频发射机要求输出 FM 信号的载频为 $f_o = 88\sim108\text{ MHz}$。为此必须采用可变振荡频率($f_L$)的混频。若 $f_L = 10.5\sim11.0\text{ MHz}$，与 $f_{o2} = N_1 f_{o1} = 12.8\text{ MHz}$ 混频，取差频输出为 $f_{o3} = f_{o2} - f_L = 1.8\sim2.5\text{ MHz}$。再经 48 次倍频后，发射机输出载频即可覆盖 $f_o = 88\sim108\text{ MHz}$ 的频率范围。

在要求最大频偏 $\Delta f_m = 75\text{ kHz}$ 时，广播调频发射机的 FM 信号带宽取决于调制信号的最高频率 $F_{max} = 15\text{ kHz}$。相应的调制指数 $m_f = \Delta f_m / F_{max} = 75\times10^3/15\times10^3 = 5$。所以，输出 FM 信号的带宽 $B_{FM} = 2(m_f+1)F_{max} = 2\times(5+1)\times15 = 180(\text{kHz})$。

由以上分析可见，由图 6.55 的调频发射机可以获得中心频率稳定度较高的调频波，在调频广播工作频率范围(88～108 MHz)内，可以获得符合要求的频偏 $\Delta f_m = 75\text{ kHz}$。在最高调制信号频率 $F_{max} = 15\text{ kHz}$ 上，$m_f = 5$，此时调频信号带宽 $B_{FM} = 180\text{ kHz}$，各调频电台之间的频率间隔可取为 200 kHz，这远远高于调幅电台之间的频率间隔(10 kHz)。这是 FM 制的一个缺点，也是调频发射机必须工作在超高频段以上的主要原因。当然，FM 制信号带宽的增加所付出的代价是有报偿的，这个报偿就是允许 FM 波具有较高的调制指数 m_f，从而使调频制具有优良的抗噪声性能。

6.6.2 集成调频发射机

实际上的发射机是不易集成的，特别是大功率和超大功率发射机不易集成，仅低功率发射机可以集成。由于商业需要，近年来一些专用的集成发射机芯片不断涌现，下面结合课程内容简单介绍一下，有兴趣的读者可参考有关专著。

1. MC2831A 集成调频发射机

MC2831A 是低功率单片集成 FM 发射系统，用于无线电话和其他调频通信设备。该芯片内集成有微音放大器、单音振荡器、压控振荡器和电池检测器。MC2831A 具有以下特点：电源电压范围宽(3.0～8.0 V)；消耗电流小，$E_C = 4.0\text{ V}$ 时消耗电流不超过 4.0 mA；电池检测器可用于指示电源电压，检测器消耗电流为 290 μA($E_C = 4.0\text{ V}$)；所需外围元件少。

MC2831A 工作频率可高至 100 MHz 以上，典型应用为 49.7 MHz。图 6.56 是 MC2831A 内部组成及构成 49.7 MHz 单片 FM 发射机的外接应用电路。

根据芯片内部结构，芯片各引脚的名称和作用如下。

第 1 脚：可变电抗输出端。

第 2 脚：去耦端，外接一电容到地。

第 3 脚：调制信号输入端，由片内微音放大器送来，此信号可控制可变电抗的大小，实现对高频振荡器的频率调制，产生调频波。

第 4 脚：电源输入端(3～8 V)。

第 5 脚：微音放大器输入端，即音频输入端。

第 6 脚：微音放大器输出端，将放大后的音频信号输出。

第 7 脚：单音开关接点，外接常闭型按钮开关 S。当 S 闭合时，片内单音振荡器的振荡信号不能通过第 8 脚输出，而由微音放大器输出；音频信号通过第 6 脚送到第 3 脚，去控制可变电抗，从而实现对高频信号的音频调频。S 断开后，单音振荡信号可通过第 8 脚输出，送到第 3 脚，去控制可变电抗，实现对高频信号的单音调频。

第 8 脚：单音输出端。

第 9 脚：单音振荡器外接振荡回路端。

第 10 脚：LED 端，外接二极管显示器。

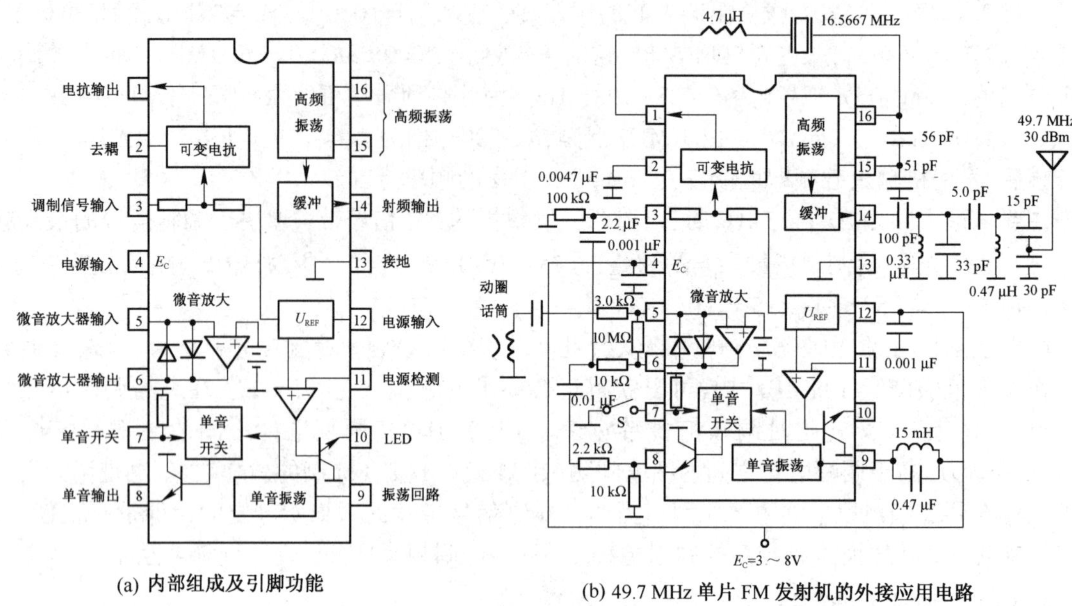

(a) 内部组成及引脚功能

(b) 49.7 MHz 单片 FM 发射机的外接应用电路

图 6.56　MC2831A 内部组成及应用电路

第 11 脚:电源检测端。

第 12 脚:电源输入端。

第 13 脚:接地端。

第 14 脚:高频输出端,由片内调频振荡器经缓冲器送来,外接调谐匹配网络至发射天线。在频率为 49.7 MHz 时,输出阻抗为 50 Ω,谐波衰减大于 25 dB。

第 15、16 脚:高频振荡器接入端。可变电抗由第 1 脚外接小电感及石英晶体加到第 16 脚,这些元件与外接的 56 pF、51 pF 电容组成高频压控振荡器,产生调频波输出。

这种电路的最大不足之处在于发射功率太低,应用范围受到很大限制。

2. MC2833 集成调频发射机

MC2833 也是低功率单片调频发射系统,其工作频率可达 100 MHz 以上。图 6.57 是 MC2833 内部组成及外接应用电路。

将 MC2833 与 MC2831 的内部组成相比较,可以看出高频振荡、可变电抗、缓冲、微音放大和内部参考电源等部分二者是相同的。不同之处是 MC2833 无单音振荡及单音开关电路,而增加了两级放大器,这样可以提高电路的发射功率。在典型应用电路中,缓冲级输出的调频信号经第 14 脚片外的三倍频调谐电路,由第 13 脚回送到片内;经片内第一级放大器放大,由第 11 脚输出,经 33 pF电容耦合到第 8 脚;再经片内第二级放大器放大后从第 9 脚输出,通过选频与匹配网络经天线将功率辐射出去。

由于通过两级放大,MC2833 的发射功率比 MC2831 要大得多。当工作频率为49.7 MHz、负载为 50 Ω、谐波衰减不低于 50 dB 时,输出功率可达 10 mW。

MC2831 及 MC2833 通常用于无线电话和调频通信设备中,具有使用方便、工作可靠、性能良好等优点。

3. BH1415 集成宽带调频立体声广播发射机

上面介绍的 MC2831A 和 MC2833 属于窄带调频发射集成电路,它们较小的频偏虽然减少了占

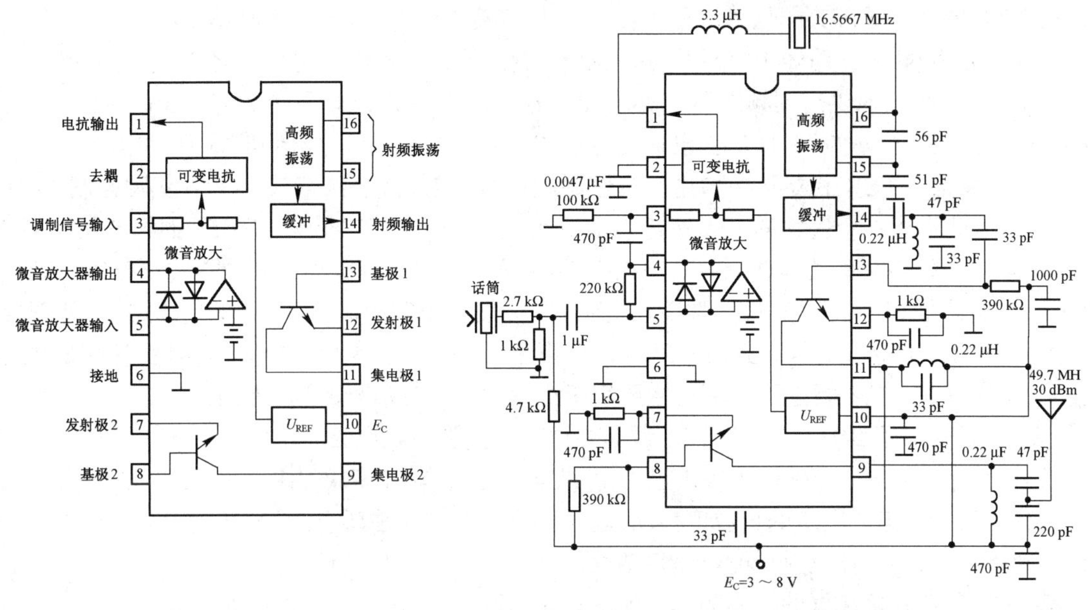

(a) 内部组成及引脚功能　　(b) 49.7 MHz 单片 FM 发射机的应用电路

图 6. 57　MC2833 内部组成及应用电路

用带宽，但是也牺牲了抗干扰性能，限制了调制信号的频带范围，不适合商用 FM 广播发射机等注重音乐和音质的宽带调频发射场合。

图 6. 58 是 BH1415 的内部框图。由于 BH1415 是频率合成调频（FM）立体声专用集成电路，因此除了调频和高频放大部分，还含有预加重、音频放大、调频立体声编码、导频信号产生、PLL 频率合成和控制接口等其他相关功能。

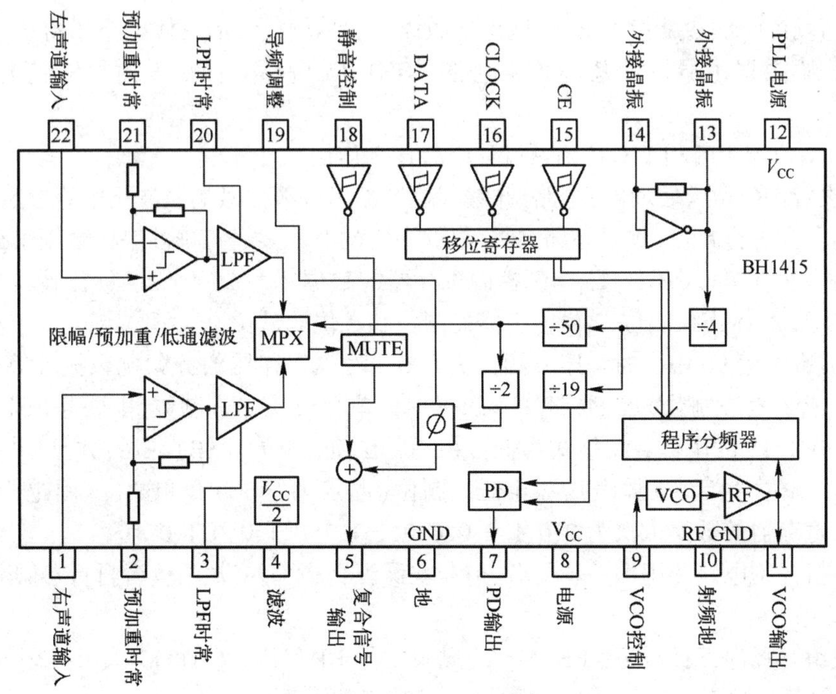

图 6. 58　BH1415 内部框图

BH1415 频率合成部分的信号流程为：13、14 脚外接晶振，与内部振荡电路一起产生参考信号，经 4 分频后分为两路，一路经 19 分频后送入鉴相器作为参考频率 f_r，另一路经 50/100 分频后得到 38 kHz/19 kHz 信号，提供给调频立体声编码器分别作为左右声道信号差值（L−R）的调制载波和 FM 立体声导频信号；内部 VCO 的输出信号经过放大后直接送入程序分频器分频，作为鉴相器的另一个输入频率信号 f_v；鉴相器从 7 脚输出相位误差信号，经外接环路滤波器进入 9 脚控制 VCO 的振荡频率，从而形成一个完整的 PLL 频率合成电路，主要用于控制输出调频信号的载波频率。

BH1415 调频调制和处理部分的信号流程为：频率范围为 20 Hz～20 kHz 的左、右声道音频信号（即低频调制信号）分别从 22 脚、1 脚进入集成电路，经过内部限幅、预加重、低通滤波等，处理成上限频率为 15 kHz 的等幅信号。此信号经过立体声编码，并叠加 19 kHz 导频信号后，从集成电路 5 脚输出，作为 VCO 控制电压的一部分，主要用于控制输出调频信号的瞬时频偏。

[例 6-5] 使用 BH1415 设计 PLL 调频立体声广播发射机电路。

解：一个完整的 PLL 调频立体声广播发射机电路复杂、功能模块很多。而 BH1415 频率合成立体声调频发射专用集成电路的集成度很高，内含本例所需的几乎所有功能，选用 BH1415 能有效简化设计和计算过程，降低发射机的电路复杂度。

第一步，计算外接晶振的标称频率。如图 6.58 所示，由于调频立体声广播的导频信号频率为 19 kHz，故外接晶振的标称频率

$$f_{osc} = 19\,\text{kHz}\times2\times50\times4 = 7.6\,\text{MHz}$$

第二步，计算 LF（环路滤波器）电路参数。为了尽量提高性能，LF 使用高增益有源滤波器，但其电路必须具备较高的输入阻抗，否则会导致噪声积累，降低环路的信噪比。为此，选用达林顿三极管 2SD2142K 作为 LF 的核心器件，可以兼顾高增益和高输入阻抗。2SD2142K 的输入阻抗很高，而且其直流增益高达 20000。LF 部分的详细设计原理参见相关书籍，这里不做详述。本例设计的具体电路如图 6.59 所示。

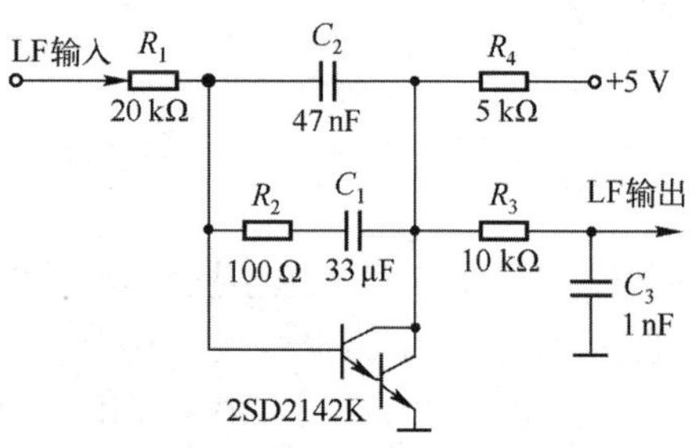

图 6.59 BH1415 环路滤波器

第三步，根据数据手册设计其他必需电路。BH1415 调频立体声发射机完整电路如图 6.60 所示。

[思考] 电位器 VR_1 和 VR_2 在调频过程中起什么作用？

第四步，设计 MCU（微处理器）电路，并编程控制输出调频信号的载波频率等参数。BH1415 的程序分频控制器为串行接口，需要外部 MCU 根据一定的时序发送正确的串行数据来控制。

根据数据手册，需写入 BH1415 内部控制寄存器的数据字为 2 字节共 16 比特：11 位分频比控制位、1 位单声道/立体声控制位、2 位鉴相器控制位和 2 位测试位。

例如，载波频率为 90 MHz 时程序分频比为 900。写入寄存器的分频比数据计算如下：将十进制数 900 转换成十六进制数为 384，将 384 的每一位单独转成二进制数，串联起来得到“011 1000 0100”。由于 BH1415 的串行数据格式为低位（LSB）在前、高位（MSB）在后，并且同时还应写入单声道/立体声控制位（“1”为立体声）、鉴相器控制位（固定为“00”）和测试位（固定为“10”），所以最终顺序写入寄存器的数据依次为 0、0、1、0、0、0、0、1、1、1、0、1、0、0、1、0。

具体单片机控制电路和程序并不复杂，但与本课程交集不多，烦请读者自行参阅单片机程序设计类书籍。

如果不便编写程序，可以换用 BH1415 的兄弟型号 BH1417。BH1417 采用拨码开关即可控制输出 FM 信号的载波频率，有兴趣的读者可以参考官方数据手册。

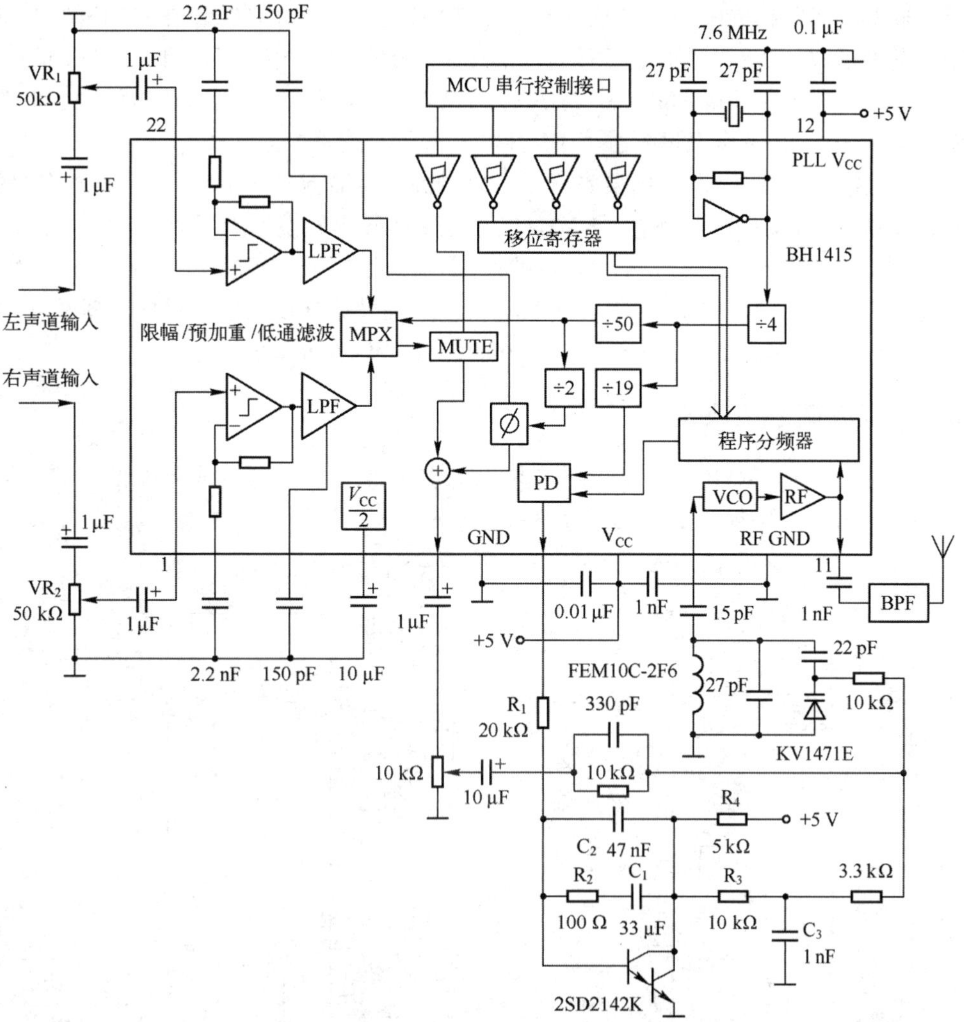

图 6.60　BH1415 调频立体声发射机电路

6.6.3　调频接收机的组成

图 6.61 所示为一个广播调频接收机的组成方框图。为了获得较好的接收灵敏度和选择性，和调幅接收机一样，广播调频接收机也采用超外差式的组成方式。要求它能接收频率范围为 88～108 MHz、调制信号频率 $F_{min} \sim F_{max}$ 为 50 Hz～15 kHz，频偏 $\Delta f_m = 75$ kHz 的调频信号。

根据要求广播调频接收机的通频带应为 200 kHz。这是因为发送调频信号的 $\Delta f_m = 75$ kHz、$F_{max} = 15$ kHz，由此算得的发送 FM 信号的带宽 $B_{FM} = 2(m_f + 1)F_{max} = 180$ kHz，再考虑发射机及接收机的载频不稳定度后，为接收机通频带留有 ±10 kHz 的裕量，因而把接收机的通频带 B_{FM} 定为 200 kHz是正确的。

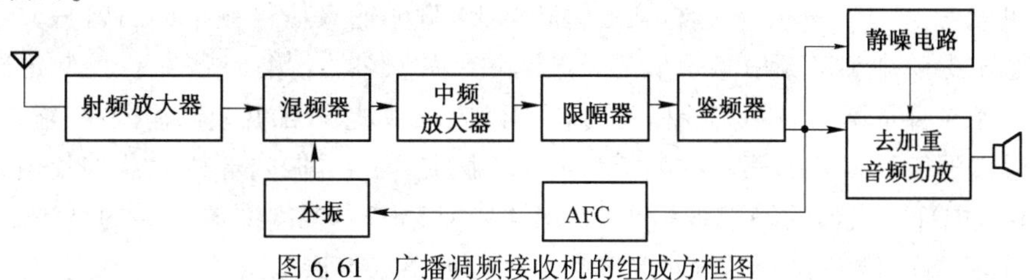

图 6.61　广播调频接收机的组成方框图

选择广播调频接收机的中频信号频率 $f_I = 10.7$ MHz。只有选择足够高的中频频率,才能保证中频回路在考虑了收、发载频不稳定度后通过带宽达 180 kHz 的调频信号。10.7 MHz 的中频频率,略大于调频广播频段范围(108−88=20(MHz))的一半,这样可以避免镜像干扰。例如,当接收信号的载频 $f_o = 88$ MHz 时,本机振荡器频率 $f_L = f_o + 10.7$ MHz,镜像干扰频率 $f_{镜像} = f_L + f_I = f_o + 2f_I = 88 + 2 \times 10.7 = 109.4$(MHz),这个镜像干扰频率高于本机最高的接收频率 108 MHz,因而可以避免 $f_o = 88$ MHz 的镜像干扰。当然,更能抑制 $f_o > 88$ MHz 的其他工作频率的镜像干扰。

图 6.55 中的自动频率微调电路(AFC)的作用是微调本振频率 f_L,通过对 f_L 的频率微调,使 $f_L - f_o$ 的差值基本保持在中频频率 $f_I = 10.7$ MHz 上,这对提高调频接收机的整机选择性、灵敏度和保真度是极其有益的。另外,图中的去加重电路和静噪电路等已在前节做过介绍。

6.6.4 集成调频接收机

图 6.62(a)所示为 MC3362 单片调频接收机的引脚功能及内部组成方框图。它由两级混频器、限幅放大器、移相乘积鉴频器和比较器四部分组成。

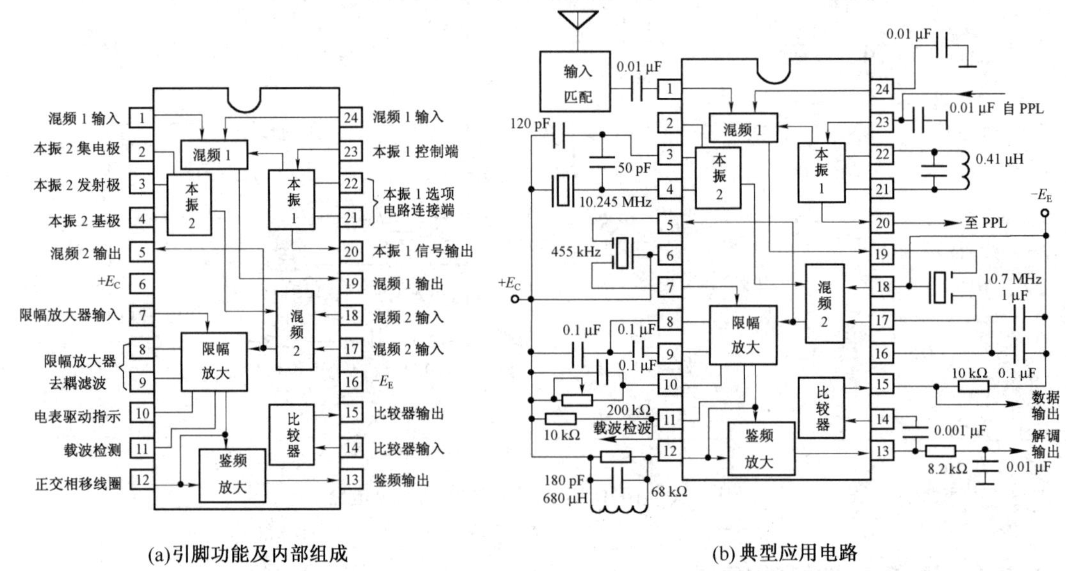

(a)引脚功能及内部组成　　(b)典型应用电路

图 6.62　MC3362 的内部组成及典型应用电路

MC3362 引脚功能说明如下。

第 6 脚是正电源端($+E_C$),第 16 脚是负电源端($-E_E$),也是公共地端。第 1 脚和第 24 脚是第一混频器信号输入端,可以平衡输入,也可以不平衡输入。如用不平衡输入,第 24 脚可用电容器高频旁路。第 20~23 脚是第一本振的相关引脚。其中,第 20 脚是第一本振信号输出端;第 21、22 脚是第一本振的选频电路连接端;第 23 脚是可变电容控制端,内部是一个变容二极管,从第 23 脚输入控制电压,可以改变第一本振的频率。

从图中可以看出,第一本振频率与第 1 脚和第 24 脚的输入信号频率同时输入到第一混频器,其差频、和频、本振频率和高频信号频率都经过同一个放大器,从第 19 脚第一混频器输出端输出。第 17、18、2、3、4、5 脚是第二混频器的相关引脚,第 17、18 脚是第二混频器输入端,输入的是第一混频器输出信号经滤波后得到的第一中频信号。第 2 脚是第二本振内部放大器的集电极输出端,第 3 脚是第二本振内部放大器的发射极引出端,第 4 脚是第二本振内部放大器的基极引出端。通过外接晶体或选频电路,内部放大器与外接选频电路构成第二本振电路,第二本振与第 17、18 脚输入的第一中频信号频率同时加到第二混频器，产生的混频信号由第 5 脚输出。

第 7、8、9 脚是限幅放大器的相关引脚，第 7 脚是限幅放大器输入端，第 8、9 脚是限幅放大器去耦滤波端。第 10、11 脚是监测限幅放大信号强度的相关端子，第 10 脚是电表驱动指示端，可通过电表判断信号强弱情况。第 11 脚是第二中频载波检测端。第 12 脚是外接正交相移线圈端子，第二中频已调波信号和被相移后的第二中频信号共同加至乘法器进行乘法移相鉴频，经放大后由第 13 脚输出给低通滤波器获得音频信号。第 14、15 脚分别是比较器的输入、输出端。

图 6.62(b) 所示为 MC3362 的典型应用电路。信号来自天线，天线的输入频率可以达到 200 MHz。经输入匹配电路，送到第 1 脚和第 24 脚。第 21、22 脚上的 LC 选频电路和第 23 脚内部的变容二极管决定第一本振的振荡频率。该频率受到第 23 脚上来自锁相环路鉴相器输出电压的控制。第一本振频率从第 20 脚输出送到锁相环路。第一混频器输出信号从第 19 脚输出送到 10.7 MHz的陶瓷滤波器滤波后，再从第 17、18 脚送回第二混频器；第 3、4 脚上接10.245 MHz的晶体，第二本振与第一中频混频，产生 455 kHz 的第二中频，从第 5 脚输出送到455 kHz的陶瓷滤波器滤波后，由第 7 脚送到内部限幅放大器的输入端。然后经过鉴频，从第 13 脚上输出解调的原音频信号。若传送的是数据信号，在第 13 脚上的数据信号通过比较放大器，由第 15 脚输出。

上面介绍的 MC3362 属于窄带调频接收集成电路，不适合商用调频广播发射机等注重音乐和音质高保真的宽带调频接收场合。

TA8122 是单片宽带调频立体声接收集成电路，其工作电压低、集成度高、性能好、成本低、应用广泛。TA8122 的调频部分包含放大、调谐、本振、混频、AGC、立体声解码、LED 指示灯驱动等宽带调频接收的几乎全部电路。图 6.63 是 TA8122 单片宽带调频立体声接收电路实例。

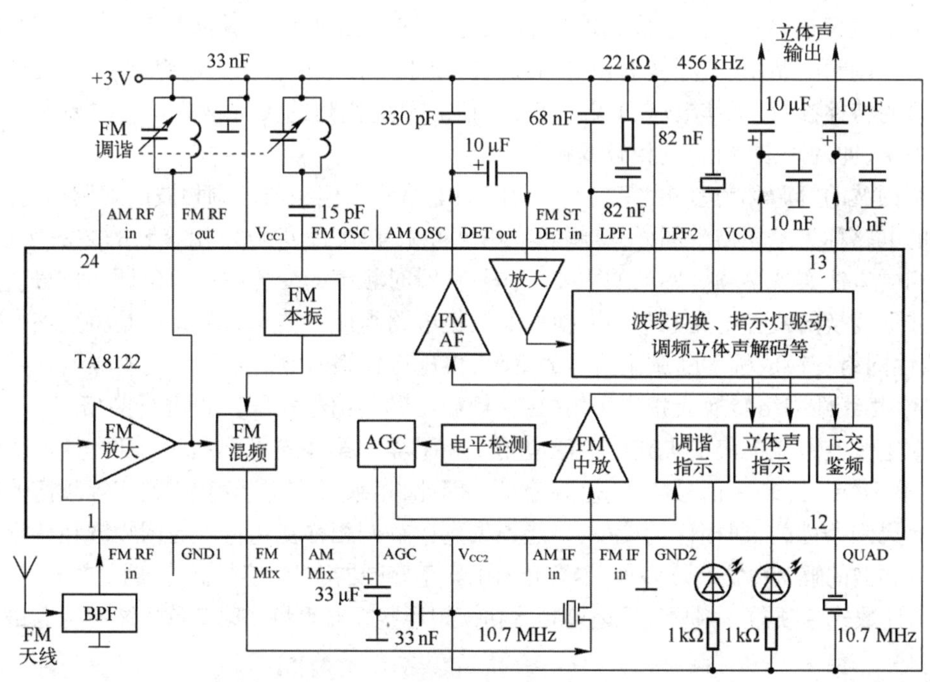

图 6.63　TA8122 单片宽带调频立体声接收电路实例

其工作原理简述如下：天线接收到的 FM 信号经 FM 带通滤波器滤除带外干扰信号后进入芯片的 1 脚，经调谐放大后与 21 脚产生的本振信号进行混频，混频后从 3 脚输出，经过外部 10.7MHz 中频滤波器滤波后，得到 10.7MHz 调频中频信号。此 FM 中频信号从 8 脚进入芯片内部经中频放大、正交鉴频后从 19 脚输出，通过外接耦合电容从 18 脚返回芯片内部进行锁相式 FM 立体声解码，最后从14、13脚输出解码后的左、右声道立体声音频信号。

TA8122的12脚外接芯片内部正交鉴频电路所需的10.7MHz陶瓷鉴频器；15脚外接芯片内部立体声解码电路所需的456kHz陶瓷谐振器；10脚外接调谐LED指示灯，点亮则说明接收到足够强的电台信号；11脚外接立体声状态LED指示灯，点亮则说明接收到立体声调频电台信号。

[思考] 从图6.63看，TA8122的AGC电路影响FM信号的接收和解调吗？芯片内部AGC电路和FM中频放大电路之间的电平检测电路起什么作用？

本章小结

本章主要讨论了调频、调相及鉴频、鉴相等频率非线性变换的原理和电路。

(1) 调频及调相分别是调制信号对高频载波的频率及相位进行调制，都体现为载波总相角随调制信号的变化。为区分、联系调频和调相的原理、性质及实现方法，首先应明确其瞬时频率、瞬时相位的变化及相互关系。在FM波中，瞬时频率变化量和调制信号成正比，在PM波中，瞬时相位变化量和调制信号成正比。由于频率的变化和相位的变化都表现为总相角的变化，因此，将FM和PM统称为调角。

(2) 通过对调角波某些性质（频偏、带宽及调制系数）的简单讨论，表明调角在时域上不是两信号的简单相乘，频域上也不是频谱的线性搬移，而是频谱的非线性变换，会产生无数个组合频率分量，其频谱结构与调制指数 m 有关，这一点不同于振幅调制。

(3) 实现调频的方法有两种，一是直接调频，二是间接调频。直接调频电路的原理是，在振荡器中引入决定振荡频率的可变电抗元件（一般是引入变容二极管），其参数变化受控于调制信号。在变容二极管调频电路中，调频波的相对角频偏决定于变容二极管的结电容调制度，即应正确选择变容二极管的特性参数、工作电压和调制信号幅值。间接调频的关键是调相。调频和调相之间存在密切的关系，即调频必调相，调相必调频。

(4) 调频波的解调称为鉴频，完成鉴频功能的电路称为鉴频器。调相波的解调称为鉴相，完成鉴相功能的电路称为鉴相器。同样，鉴频和鉴相也可相互利用，即可以用鉴频的方法实现鉴相，也可以用鉴相的方法实现鉴频。鉴频的主要工作是从瞬时频率的变化中还原出调制信号。其电路模型主要由波形变换的线性电路和频率变换的非线性电路组成。斜率鉴频器等是将频率变化通过一个频-幅线性网络变换成幅度随调制信号的变化，再进行包络检波。各类相位鉴频器则是先将频率变化通过频-相线性网络转换成相位变化（变化规律与调制信号相同），再进行鉴相。

(5) 在鉴频及鉴相的集成电路中广泛应用了相乘器。第4、5章已指出，相乘器实现两信号的理想相乘，输出端只出现两信号的和、差频分量。因此，相乘器应用于鉴频、鉴相等频谱非线性变换电路中是有局限条件的，即相移量较小，只能不失真地解调相移变化量小的调频波和调相波。

(6) 调频波的解调电路有许多种，本章介绍了斜率鉴频器、相位鉴频器、比例鉴频器、移相乘积鉴频器及脉冲计数式鉴频器。调频负反馈鉴频器和锁相环鉴频器等将在第7章反馈控制电路中介绍。

习题6

6.1 (1) 当FM调制器的调频灵敏度 $k_f = 5\,\text{kHz/V}$，调制信号 $u_\Omega(t) = 2\cos(2\pi\times2000t)$ 时，求最大频率偏移 Δf_m 和调制指数 m_f；

(2) 当PM调制器的调相灵敏度 $k_p = 2.5\,\text{rad/V}$，调制信号 $u_\Omega(t) = 2\cos(2\pi\times2000t)$ 时，求最大相位偏移 $\Delta\varphi_m$。

6.2 角调波 $u(t) = 10\cos(2\pi\times10^6t + 10\cos2000\pi t)$。试确定：(1) 最大频偏；(2) 最大相偏；(3) 信号带宽；(4) 此信号在单位电阻上的功率；(5) 能否确定这是FM波或是PM波？

6.3　调制信号 $u_\Omega(t)=2\cos2\pi\times10^3t+3\cos3\pi\times10^3t$，载波为 $u_c=5\cos2\pi\times10^7t$，调频灵敏度 $k_f=3\text{ kHz/V}$。试写出此 FM 信号的表达式。

6.4　已知调制信号为 $u_\Omega(t)=U_\Omega\cos2\pi\times10^3t$，$m_f=m_p=10$，求此时 FM 波和 PM 波的带宽。若 U_Ω 不变，F 增大一倍，两种调制信号的带宽如何变化？若 F 不变，U_Ω 增大一倍，两种调制信号的带宽如何变化？若 U_Ω 和 F 都增大一倍，两种调制信号的带宽又如何变化？

6.5　调频振荡回路由电感 L 和变容二极管组成，$L=2\ \mu\text{H}$，变容二极管的参数为：$C_o=225\text{ pF}$，$\gamma=1/2$，$U_D=0.6\text{ V}$，$U_Q=-6\text{ V}$，调制信号 $u_\Omega(t)=3\sin10^4t$。求输出 FM 波时：

（1）载波 f_o；（2）由调制信号引起的载频漂移 Δf_o；（3）最大频率偏移 Δf_m；（4）调频灵敏度 k_f；（5）二阶失真系数 k_2。

6.6　调制信号 $u_\Omega(t)$ 的波形如图题 6.6 所示。

（1）画出 FM 波的 $\Delta\omega(t)$ 和 $\Delta\varphi(t)$ 曲线；

（2）画出 PM 波的 $\Delta\omega(t)$ 和 $\Delta\varphi(t)$ 曲线；

（3）画出 FM 波和 PM 波的波形草图。

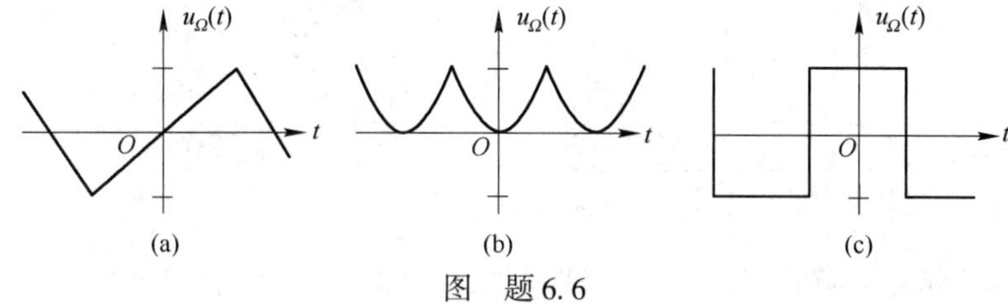

图　题 6.6

6.7　若 FM 调制器的调制指数 $m_f=1$，调制信号 $u_\Omega(t)=U_\Omega\cos(2\pi\times1000t)$，载波 $u_c(t)=10\cos(10\pi\times10^5t)$。求：

（1）由表 6.2 所示的第一类贝塞尔函数数值表，求振幅明显的边频分量的振幅。

（2）画出频谱，并标出振幅的相对大小。

6.8　求 $u_c(t)=\cos(10^7\pi t+10^4\pi t^2)$ 的瞬时频率，说明它随时间的变化规律。

6.9　用三角波调制信号进行角度调制时，试分别画出调频波和相调波的瞬时频率变化曲线及已调波的波形示意图。

6.10　已知载波频率 $f_o=100\text{ MHz}$，载波振幅 $U_o=5\text{ V}$，调制信号 $u_\Omega(t)=\cos(2\pi\times10^3t)+2\cos(2\pi\times1500t)$，设最大频偏 $\Delta f_m=20\text{ kHz}$。试写出调频波的数学表示式。

6.11　若调制信号为 $u_\Omega(t)=U_\Omega\cos\Omega t$，试分别画出调频波的最大频偏 Δf_m、调制指数 m_f 与 U_Ω 和 Ω 之间的关系曲线。

6.12　变容二极管直接调频电路，如图题 6.12 所示。其中心频率为 360 MHz，变容二极管的 $\gamma=3$，$U_D=0.6\text{ V}$，$u_\Omega(t)=\cos\Omega t$。图中 L_1 和 L_3 为高频扼流圈，C_3 为隔直流电容，C_5 和 C_4 为高频旁路电容。提示：该题变容二极管部分接入振荡回路中。

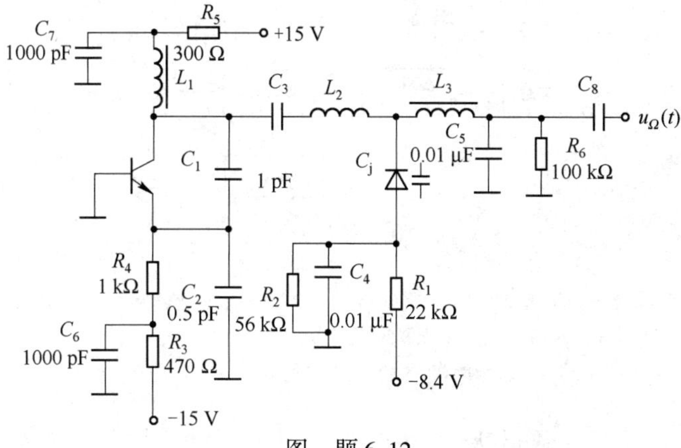

图　题 6.12

(1) 分析电路工作原理和其余元件作用,画出交流等效电路;

(2) 当 $C_{jQ}=20\,\text{pF}$ 时,求振荡回路 L_2 的电感量;

(3) 求调制灵敏度和最大频偏。

6.13 变容二极管调相电路如图题 6.13 所示。图中 C_1,C_4 为隔直电容,C_2,C_3 为耦合电容;$u_\Omega(t)=U_\Omega\cos\Omega t$;变容二极管参数 $\gamma=2$,$U_D=1\,\text{V}$;回路等效品质因数 $Q_L=20$。

试求下列情况时的调相指数 m_p 和最大频偏 Δf_m。

(1) $U_\Omega=0.1\,\text{V}$,$\Omega=2\pi\times10^3\,\text{rad/s}$; (2) $U_\Omega=0.1\,\text{V}$,$\Omega=4\pi\times10^3\,\text{rad/s}$;

(3) $U_\Omega=0.05\,\text{V}$,$\Omega=2\pi\times10^3\,\text{rad/s}$。

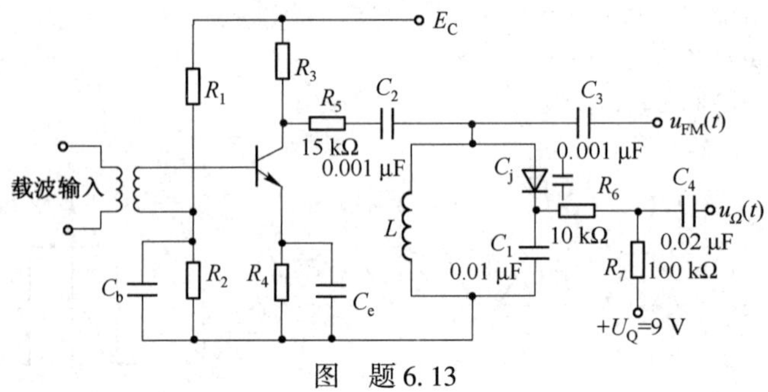

图 题 6.13

6.14 图题 6.14 所示电路为两个变容二极管调频电路。试画出简化的高频等效电路,并说明各元件的作用。

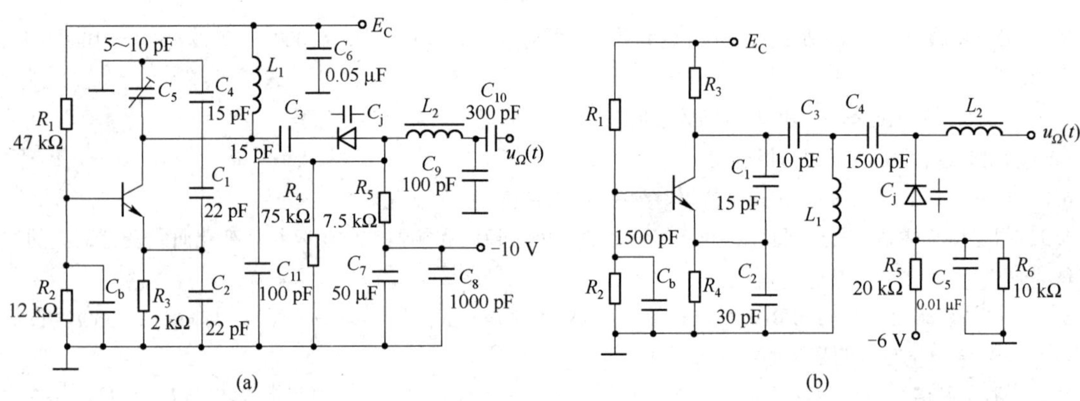

图 题 6.14

6.15 一调频设备如图题 6.15 所示。要求输出调频波的载波频率 $f_c=100\,\text{MHz}$,最大频偏 $\Delta f_m=75\,\text{kHz}$。本振频率 $f_L=40\,\text{MHz}$,已知调制信号频率 $F=100\,\text{Hz}\sim15\,\text{kHz}$,设混频器输出频率 $f_{C3}=f_L-f_{C2}$,两个倍频器的倍频次数 $N_1=5$,$N_2=10$。试求:

(1) LC 直接调频电路输出的 f_{C1} 和 Δf_{m1};(2) 两个放大器的通频带 BW_1、BW_2。

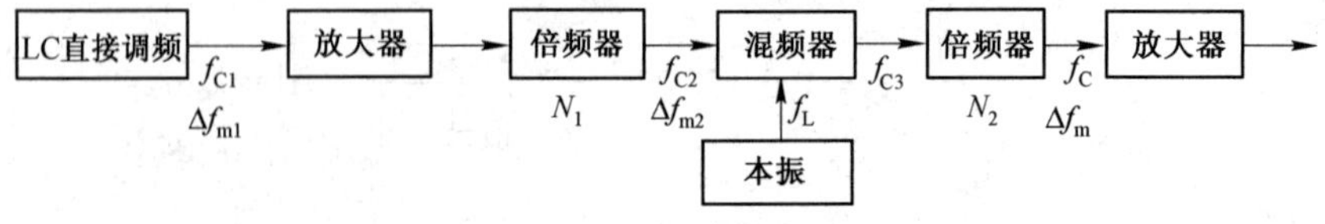

图 题 6.15

6.16 斜率鉴频电路如图题 6.16 所示。已知调频波 $u_{FM}(t)=U_{FM}\cos(\omega_o t+m_f\sin\Omega t)$,$\omega_{p1}<\omega_o<\omega_{p2}$。试画出鉴频特性和 $u_1(t)$、$u_2(t)$、$u_{o1}(t)$、$u_{o2}(t)$、$u_o(t)$ 的波形(坐标对齐)。

6.17 图题 6.17 所示电路为微分式鉴频电路。输入调频波

$$u_{FM}(t)=U_{FM}\cos\left(\omega_o t+\int U_\Omega\cos\Omega t\,dt\right)$$

试求 $u_{o1}(t)$ 和 $u_o(t)$ 的表达式。

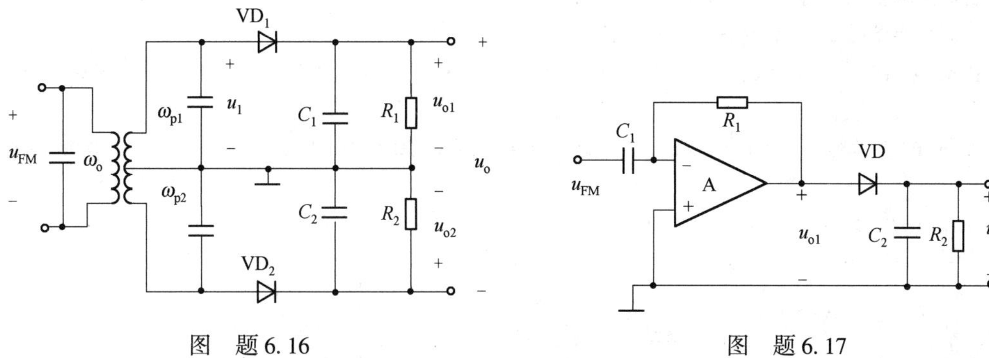

图　题 6.16　　　　图　题 6.17

6.18　互感耦合相位鉴频器电路如图题 6.18(a)所示。

(1) 画出信号频率 $f<f_o$ 时的矢量图；

(2) 画出二极管 VD_1 两端的电压波形示意图；

(3) 若鉴频特性如图题 6.18(b)所示，$S_D=10\ mV/kHz$，$f_{o1}=f_{o2}=f_o=10\ MHz$，$u_1=1.5\cos(2\pi\times10^7t+15\sin4\pi\times10^3t)$，求输出电压 u_o；

(4) 当发送端调制信号的幅度 U_Ω 加大一倍时，画出 u_o 的波形示意图；

(5) 说明 VD_1 断开时能否鉴频；

(6) 定性画出次级回路中 L_2 的中心抽头向下偏移时的鉴频特性曲线；

(7) 若 $k=M/L$ 不变，Q 由小变大，鉴频情况将如何变化。

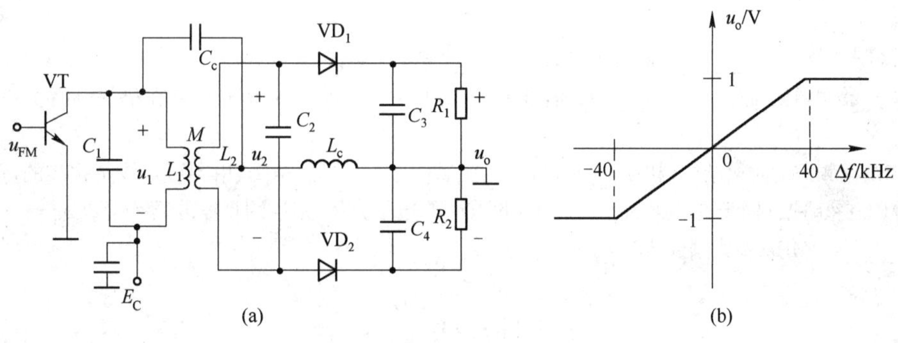

图　题 6.18

6.19　某鉴频器的鉴频特性为正弦型，$B_m=200\ kHz$，写出此鉴频器的鉴频特性表达式。

6.20　某鉴频器组成方框图如图题 6.20(a)所示。电路中的移相网络的特性如图题6.20(b)所示。若输入信号为 $u_1=U_1\cos(\omega_ot+10\sin3\times10^3t)$，包络检波器为二极管峰值包络检波器，忽略二极管压降，求输出电压表达式，并说明此鉴频特性及包络检波器中 RC 的选择原则。

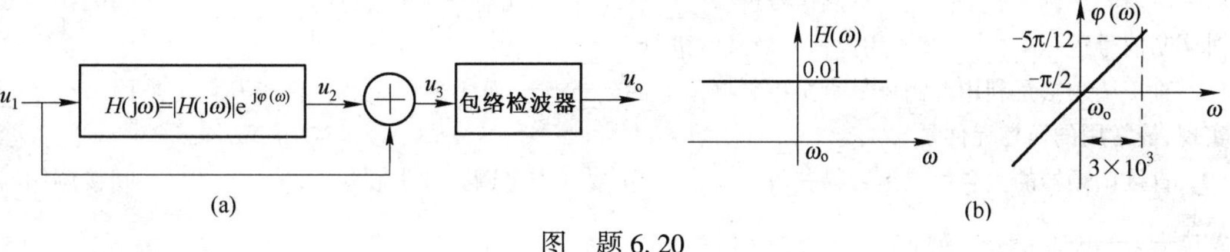

图　题 6.20

6.21　某鉴频器的鉴频特性如图题 6.21 所示。鉴频器的输出电压为 $u_o(t)=\cos4\pi\times10^3t$。

(1) 求鉴频跨导 S_D；

(2) 写出输入信号 $u_{FM}(t)$ 和原调制信号 $u_{\Omega}(t)$ 的表达式；

(3) 若此鉴频器为互感耦合相位鉴频器，要得到正极性的鉴频特性，应如何改变电路。

6.22 试写出图题6.22所示各电路的功能。

(1) 在图(a)中，设 $u_{\Omega}(t)=U_{\Omega}\cos2\pi\times10^{3}t$，$u_{c}(t)=U_{c}\cos2\pi\times10^{6}t$，已知，$R=30\,k\Omega$，$C=0.1\,\mu F$，或者 $R=10\,k\Omega$，$C=0.03\,\mu F$；

(2) 在图(b)中，设 $u_{\Omega}(t)=U_{\Omega}\cos2\pi\times10^{3}t$，$u_{c}(t)=U_{c}\cos2\pi\times10^{6}t$，$R=10\,k\Omega$，$C=0.03\,\mu F$，或者 $R=100\,\Omega$，$C=0.03\,\mu F$；

(3) 在图(c)中，设 $u_{s}(t)=U_{s}\cos(\omega_{c}t+m_{f}\sin\Omega t)$，已知 $R=100\,\Omega$，$C=0.03\,\mu F$，鉴相器的鉴相特性为 $u_{d}=A_{\varphi}\Delta\varphi$。

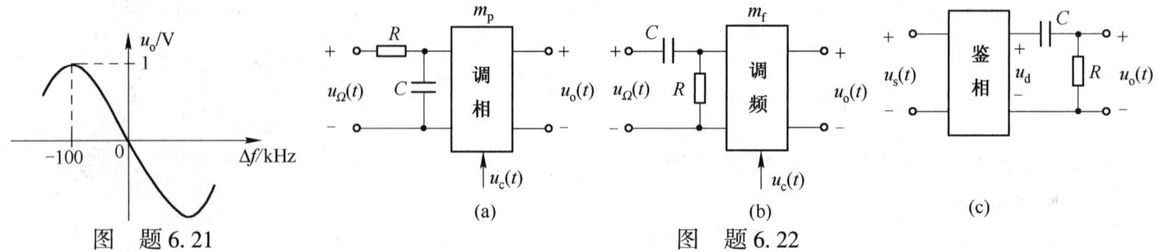

图 题6.21　　图 题6.22

6.23 填空题

(1) 调角及其解调过程是频谱的________搬移过程。

(2) 如果音频调制信号的带宽为20~20000 Hz，则调幅后的AM信号的带宽为______kHz，DSB信号的带宽为______kHz，SSB信号的带宽为______kHz，窄带调频信号($m<1$)的带宽为______kHz，宽带调频信号($m=2$)的带宽为______kHz。

(3) 调角波 $u(t)=2\cos(4\pi\times10^{6}t+5\cos2000\pi t)$，则调制信号的频率 $F=$______kHz，载波信号的频率 $f_{c}=$______MHz，调制指数 $m=$______，瞬时相移 $\Delta\varphi(t)=$______rad，最大相移 $\Delta\varphi_{m}=$______rad，瞬时频偏 $\Delta f(t)=$______kHz，最大频偏 $\Delta f_{m}=$______kHz，信号带宽 $B=$______kHz，此信号消耗在单位电阻上的功率 $P_{u}=$______W。

(4) 已知某调频波的频谱结构(幅度谱)如图所示，调制信号 $u_{\Omega}=U_{\Omega m}\cos\Omega t$，由图可知该调频波的调制信号频率 $F=$______MHz；忽略振幅小于未调载波振幅(1 V)的10%的边频分量，则该调频波的调频指数 $m_{f}=$______，信号带宽 $B_{FM0.1}=$______MHz，最大频偏 $\Delta f_{m}=$______MHz。

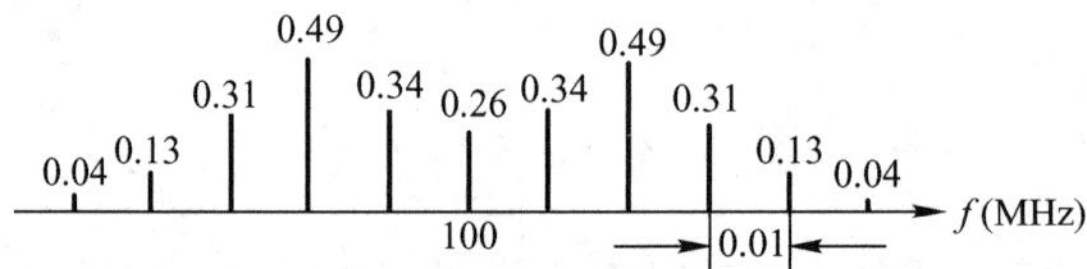

(5) 已知调制信号 $u_{\Omega}=U_{\Omega}\cos\Omega t$，载波 $u_{c}=U_{c}\cos\omega_{c}t$，用 u_{Ω} 对 u_{c} 进行调频(FM)，调频灵敏度为 k_{f}，则 $u_{FM}=$____________。用 u_{Ω} 对 u_{c} 进行调幅(AM)，调幅灵敏度为 k_{a}，则 $u_{AM}=$____________。

(6) 调频的方法有______和______两种。调相的方法有______和______两种。

(7) 所谓间接调频法是指先对调制信号进行______，再用此信号对载波进行______。所谓间接调相法是指先对调制信号进行______，再用此信号对载波进行______。

(8) 直接调频法是利用调制信号直接控制振荡器的______而实现调频的。直接调频常采用______振荡器来实现，最常用的压控元件是______。

(9) 直接调频器的主要优点是容易获得______，主要缺点是调频波中心频率的______。间接调频器的主要缺点是______。

(10) 在变容二极管构成的直接调频电路中，变容二极管必须工作在______偏置状态。此时的变容二极管相当于______元件。变容二极管的结电容变化指数 $\gamma=$______时可获得线性调频。

(11) 在变容二极管构成的直接调频电路中，若调制信号幅度为 $U_{\Omega m}$，变容二极管的结电容变化指数为 γ，FM

信号的载波频率为 f_o，调制指数为 m，则它产生的 FM 信号的最大频偏 $\Delta f_m =$ ________，调频灵敏度 $k_f =$ ________。

(12) 晶体振荡器直接调频电路的优点是可获得较高的________，但其缺点是________很小。

(13) 振幅鉴频器的基本原理是利用__________线性变换网络进行频率-幅度的变换，将调频波变换为调频-调幅波，再通过__________将调制信号恢复出来。在失谐回路式振幅鉴频器中，实现频率-幅度变换的网络是________。

(14) 相位鉴频器的基本原理是利用________线性变换网络进行频率-幅度的变换，将调频波变换为调频-调幅波，再通过________将调制信号恢复出来。

(15) 比例鉴频器是________鉴频器的改进形式，它具有________能力。

(16) 正交鉴频器的基本原理是将 FM 信号与 90°移相后的 FM 信号________，再经________滤波器就可将调制信号恢复出来。它由________、________和________组成。

(17) 鉴相器可分为________鉴相器和________鉴相器两种。

(18) 乘积型鉴相器的电路由________和________组成。它在电路结构上与__________检波器相同；它具有________型的鉴相特性，线性鉴相范围是________。

(19) 叠加型鉴相器的电路由_________和_________组成。它在电路结构上与________检波器相同；它具有___________型的鉴相特性。当平衡式叠加型鉴相器的两个正交输入信号的振幅相等时，它的线性鉴相范围是________。

(20) 互感耦合相位鉴频器中的频率-相位变换网络将 FM 信号变为________信号，变换后的信号与原 FM 信号经叠加后，变成两个________信号，再经包络检波器后即可恢复出原调制信号。互感耦合相位鉴频器中的频率-相位变换网络是________，其中的鉴相器属于________型鉴相器。

本章习题解答请扫二维码 6。

二维码 6

第 7 章　反馈控制电路

本章从反馈控制系统的基本概念入手，先概括介绍反馈控制系统的基本原理与基本分析方法，然后分别介绍 AGC、AFC 和 PLL 电路的组成、工作原理、性能分析及其应用。重点介绍 APC 及 PLL 的工作原理及其应用。本章教学需要 6~8 学时。

7.1　概　　述

以上各章分别介绍了谐振放大电路、振荡电路、调制电路和解调电路。由这些功能电路可以组成一个完整的通信系统或其他电子系统，但是这样组成的系统其性能未必完善。例如，在调幅接收机中，天线上感应的有用信号强度往往由于电波传播衰落等原因会有较大的起伏变化，导致输出信号时强时弱不规则变化，有时还会造成阻塞。又如，在通信系统中，收、发两地的载频应保持严格同步，使输出中频稳定，要做到这一点比较困难。特别是在航空航天电子系统中，由于收、发设备装在不同的运载体上，两者之间存在相对运动，必然产生多普勒效应，因此将引入随机频差。所以，为了提高通信和电子系统的性能指标，或者实现某些特定的要求，必须采用自动控制方式。由此，各种类型的反馈控制电路便应运而生了。

根据控制对象参量的不同，反馈控制电路可分为以下三类：自动增益控制（Automatic Gain Control，AGC），自动频率控制（Automatic Frequency Control，AFC）和自动相位控制（Automatic Phase Control，APC）。其中自动相位控制电路又称为锁相环路（Phase Locked Loop，PLL），是应用最广的一种反馈控制电路。

7.2　反馈控制电路的基本原理与分析方法

7.2.1　基本工作原理

反馈控制电路的组成如图 7.1 所示。其中，比较器、控制信号发生器、可控器件、反馈网络四部分构成了一个负反馈闭合环路。比较器的作用是将外加参考信号 $x_r(t)$ 和反馈信号 $x_f(t)$ 进行比较，输出二者的差值误差信号 $x_e(t)$，然后经过控制信号发生器送出控制信号 $x_c(t)$，对可控器件的某一特性进行控制。对于可控器件，或者是其输入/输出特性受控制信号 $x_c(t)$ 的控制（如可控增益放大器），或者是在不加输入信号 $x_i(t)$ 的情况下，输出信号的某一参量受控制信号 $x_c(t)$ 的控制（如压控振荡器）。反馈网络的作用是从输出信号 $x_y(t)$ 中提取所需要进行比较的分量作为反馈信号 $x_f(t)$，并回送比较器。

需要注意的是，图 7.1 中所标明的各时域信号的量纲不一定是相同的。根据所输入比较信号参量的不同，图中的比较器可以是电压比较器、频率比较器（鉴频器）或相位比较器（鉴相器）三种，所对应的 $x_r(t)$ 和 $x_f(t)$ 可以是电压、频率或相位参量。误差信号 $x_e(t)$ 和控制信号 $x_c(t)$ 一般

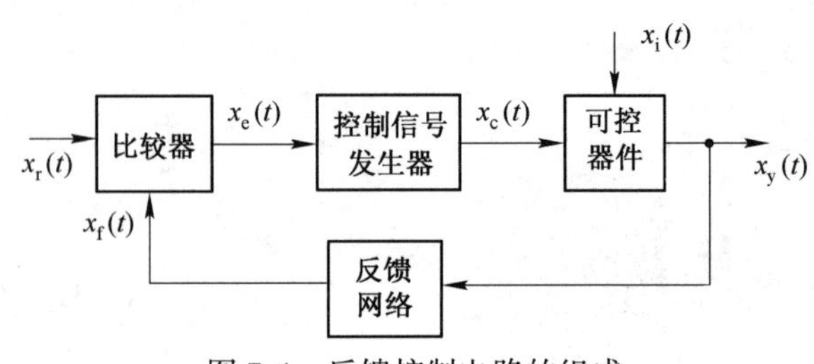

图 7.1　反馈控制电路的组成

是电压。可控器件的可控制特性一般是增益或频率。输出信号 $x_y(t)$ 的量纲是电压、频率或相位。

根据参考信号的不同，反馈控制电路可在以下两种情况下工作。

(1) 参考信号 $x_r(t)$ 不变，恒为 x_{ro}

假定电路已处于稳定状态，输入信号 $x_i(t)$ 恒为 x_{io}，输出信号 $x_y(t)$ 恒为 x_{yo}，误差信号恒为 x_{eo}。

现由于输入信号 $x_i(t)$ 发生变化(或可控器件本身的特性发生变化)，将导致输出信号$x_y(t)$ 发生变化，产生一个增量 Δx_y，从而产生一个新的反馈信号 $x_f(t)$；经与恒定的参考信号 x_{ro} 比较，必然使误差信号发生变化，产生一个增量 Δx_e。误差信号的变化将使可控器件的特性发生变化，从而使输出信号 $x_y(t)$ 变化的方向与原来变化的方向相反，也就是使 Δx_y 减小。经过不断地循环反馈，最后环路达到新的稳定状态，输出信号 $x_y(t)$ 趋近于原稳定状态 x_{yo}。

由此可见，反馈控制电路在这种工作情况下，可以使输出信号稳定在一个预先规定的参数上。

(2) 参考信号 $x_r(t)$ 变化

由于 $x_r(t)$ 变化，无论输入信号 $x_i(t)$ 或可控器件本身特性有无变化，输出信号 $x_y(t)$ 一般均要发生变化。从 $x_y(t)$ 中提取所需分量并经反馈后与 $x_r(t)$ 比较，如果二者变化规律不一致或不满足预先设置的规律，则将产生误差信号。误差信号将使可控器件的特性发生变化，使 $x_y(t)$ 向误差信号减小的方向变化，最后使 $x_y(t)$ 和 $x_r(t)$ 的变化趋于一致或满足预先设置的规律。

由此可见，这种反馈控制电路可使输出信号 $x_y(t)$ 跟踪参考信号 $x_r(t)$ 的变化。

7.2.2 数学模型

反馈控制电路和负反馈放大器都是闭环工作的自动控制系统，区别仅在于组成上的不同。**负反馈放大器一般是一个线性系统，可利用线性电路的分析方法进行分析。而反馈控制电路中的比较器不一定是线性器件，如锁相环中的鉴相器就是非线性器件。所以，根据具体电路的组成情况，对于反馈控制电路需分别采用线性或非线性的分析方法。**但是，在分析某些性能指标时，在一定条件下，某些非线性环节可以近似用线性化的方法处理。例如，鉴相器在输入信号相位差较小时，其输出电压与输入信号的相位差近似成线性关系，这时可以把鉴相器作为线性器件处理。

以下将反馈控制电路近似作为一个线性系统分析。直接采用时域分析法比较复杂，采用复频域分析法，然后再利用拉普拉斯逆变换求出其时域响应，或利用拉普拉斯变换与傅里叶变换的关系求得其频率响应。

根据图 7.1 可画出用拉普拉斯变换表示的数学模型，如图 7.2 所示。

图中，$X_r(s)$，$X_e(s)$，$X_c(s)$，$X_i(s)$，$X_y(s)$ 和 $X_f(s)$ 分别是 $x_r(t)$，$x_e(t)$，$x_c(t)$，$x_i(t)$，$x_y(t)$ 和 $x_f(t)$ 的拉普拉斯变换。

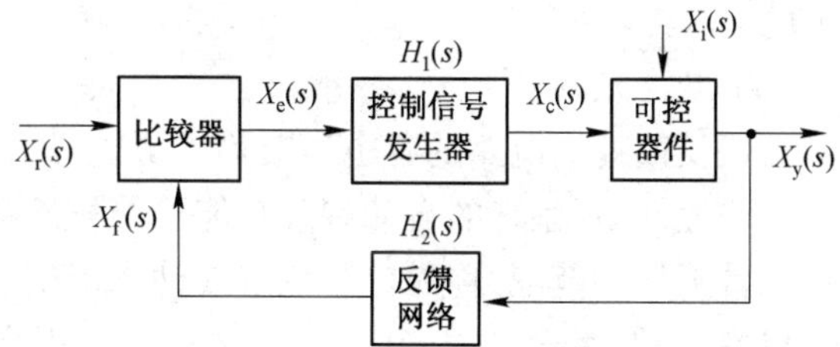

图 7.2 反馈控制电路的数学模型

比较器输出的误差信号 $x_e(t)$ 通常与 $x_r(t)$ 和 $x_f(t)$ 的差值成正比，设比例系数为 k_p，有

$$x_e(t)=k_p[x_r(t)-x_f(t)] \tag{7-1}$$

写成拉普拉斯变换式，有

$$X_e(s)=k_p[X_r(s)-X_f(s)] \tag{7-2}$$

将可控器件作为线性器件对待，有

$$x_y(t)=k_c x_c(t) \tag{7-3}$$

k_c 是比例系数。写成拉普拉斯变换式，有

$$X_y(s)=k_c X_c(s) \tag{7-4}$$

实际电路中一般都有滤波器，包含在控制信号发生器或反馈网络中，将这两个环节看作线性网络。其传递函数分别为

$$H_1(s)=X_c(s)/X_e(s) \tag{7-5}$$

$$H_2(s)=X_f(s)/X_y(s) \tag{7-6}$$

由以上各式可以求出整个系统的两个重要传递函数，即

闭环传递函数
$$H_T(s)=X_y(s)/X_r(s)=\frac{k_p k_c H_1(s)}{1+k_p k_c H_1(s)H_2(s)} \tag{7-7}$$

误差传递函数
$$H_e(s)=\frac{X_e(s)}{X_r(s)}=\frac{k_p}{1+k_p k_c H_1(s)H_2(s)} \tag{7-8}$$

7.2.3 基本特性分析

将反馈控制电路作为一个线性系统，按照上述数学模型求出它的闭环传递函数 $H_T(s)$ 和误差传递函数 $H_e(s)$ 之后，就可以进一步对其基本特性进行分析。

(1) 暂态和稳态响应

利用闭环传递函数 $H_T(s)$，在给定参考信号 $X_r(s)$ 的作用下，求出其输出 $X_y(s)$；然后进行拉普拉斯反变换，即可求出系统时域响应 $x_y(t)$，其中包括暂态响应和稳态响应两部分。

(2) 跟踪特性

利用误差传递函数 $H_e(s)$，在给定参考信号 $X_r(s)$ 作用下，求出其误差函数 $X_e(s)$；然后进行拉普拉斯反变换，即可求得误差信号 $x_e(t)$，这就是跟踪特性。也可利用拉普拉斯变换的终值定理求得稳态误差值

$$x_{eo}=\lim_{t\to\infty}x_e(t)=\lim_{s\to 0}sX_e(s) \tag{7-9}$$

(3) 频率特性

利用拉普拉斯变换与傅里叶变换的关系，将闭环传递函数 $H_T(s)$ 和误差传递函数 $H_e(s)$ 变换为 $H_T(\mathrm{j}\omega)$ 和 $H_e(\mathrm{j}\omega)$，即为闭环频率响应特性和误差频率响应特性。

(4) 稳定性

根据线性系统稳定性理论，若闭环传递函数 $H_T(s)$ 中的全部极点都位于复平面的左半平面内，则环路是稳定的。若其中一个或一个以上极点位于复平面的右半平面或虚轴上，则环路是不稳定的。

(5) 动态范围

组成反馈控制电路的各个环节均不可能具有无限宽的线性范围，当其中某个环节的工作状态进入非线性区后，系统的自动调节功能可能被破坏。所以，任何一个实际的反馈控制电路都有一个能够正常工作的范围，称为控制范围或动态范围。**动态范围的大小主要取决于各环节中器件的非线性特性，**一般用 $x_r(t)$、$x_i(t)$、$x_y(t)$ 的取值范围来表示。

在以下各节中，将应用上述基本分析方法来具体分析不同类型的反馈控制电路。

7.3 自动增益控制电路

自动增益控制(AGC)电路是某些电子设备，特别是接收设备的重要辅助电路之一，其主要作用是使设备的输出电平保持为一定的数值。因此也称为自动电平控制(ALC)电路。

接收机的输出电平取决于输入信号电平和接收机的增益。由于种种原因,在通信、导航及遥测遥控系统中,由于受发射功率大小、收发距离远近、电磁波传播衰落等各种因素的影响,接收机的输入信号变化范围往往很大,微弱时可以是几微伏或几十微伏,信号强时可达几百毫伏。也就是说最强信号电压和最弱信号电压相差可达几十分贝。这种变化范围叫做接收机的动态范围。

显然,在接收弱信号时,希望接收机的增益高,而接收强信号时则希望它的增益低。这样才能使输出信号保持适当的电平,不至于因为输入信号太小而无法正常工作,也不至于因为输入信号太大而使接收机发生饱和或堵塞。这就是 AGC 电路所应完成的任务。所以,**AGC 电路是输入信号电平变化时,用改变增益的方法维持输出信号电平基本不变的一种反馈控制系统**。这是接收机中几乎不可缺少的辅助电路。在发射机或其他电子设备中,AGC 电路也有广泛的应用。

7.3.1 AGC 电路的工作原理

1. 电路组成

AGC 电路是一种在输入信号幅值变化很大的情况下,通过自动调节可控增益放大器的增益,使输出信号幅值基本恒定或仅在较小范围内变化的一种电路。其组成方框图如图 7.3 所示。

设输入电压信号振幅为 U_i,输出电压信号振幅为 U_y,可控增益放大器的增益为 $A_g(u_c)$,是控制信号 u_c 的函数,则有

$$U_y=A_g(u_c)U_i \tag{7-10}$$

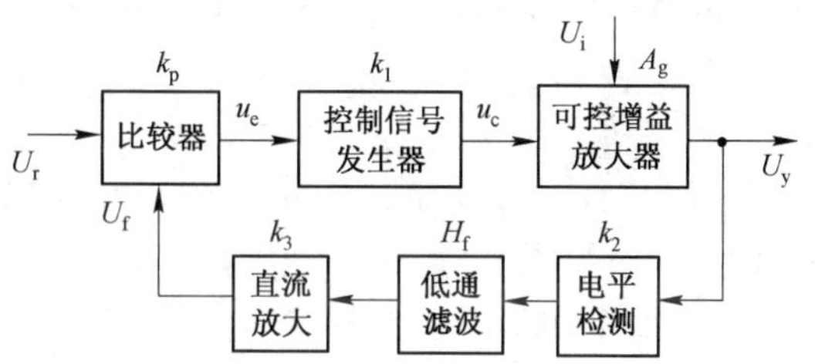

图 7.3　AGC 电路的组成方框图

2. 比较过程

在 AGC 电路中,由于参考信号 $x_r(t)$ 采用的是信号电压 U_r,所以比较器采用电压比较器。反馈网络由电平检测器、低通滤波器和直流放大器组成。其作用是通过检测输出信号的振幅电平(平均电平或峰值电平),并滤除不需要的高频率分量,然后进行适当放大后与恒定的参考电平 U_r 进行比较,产生一个误差信号 u_e。控制信号发生器在这里也可看作是一个比例环节,其增益为 k_1,输出 $u_c=k_1u_e$。若 U_i 减小致使 U_y 减小时,环路产生的控制信号 u_c 将使可控增益放大器增益 A_g 增大,从而使 U_y 趋于增大;若 U_i 增大而使 U_y 增大时,u_c 将使 A_g 减小,从而使 U_y 趋于减小。无论何种情况,通过环路不断地循环反馈,使输出信号振幅 U_y 保持基本不变或仅在较小范围内变化。

3. 滤波器的作用

环路中的低通滤波器是非常重要的。由于发射功率、距离远近、电磁波传播衰落等变化引起的信号强度变化是比较缓慢的,所以整个环路应具有低通传输特性,这样才能保证仅对信号电平的缓慢变化有控制作用。尤其当输入为调幅信号时,为了使调幅波的包络幅值的变化不会被 AGC 电路的控制作用所抵消(此现象称为反调制),必须恰当选择环路滤波器的频率响应特性,使环路滤波器具有低通滤波特性,且使低通滤波器的截止频率低于调制信号的频率,从而对调制信号的变化无响应,仅对低于截止频率的缓慢变化电平具有控制作用。

4. 控制过程说明

设输出信号电压振幅 U_y 与控制电压 u_c 的关系为线性控制,即

$$U_y=U_{yo}+k_cu_c=U_{yo}+\Delta U_y \tag{7-11}$$

根据式(7-10)可控增益放大器的输出信号与输入信号的关系为

$$U_y = A_g(u_c)U_i = [A_g(0) + k_g u_c]U_i = U_{yo} + k_c u_c \tag{7-12}$$

式中，$A_g(u_c) = A_g(0) + k_g u_c$，反映了控制信号 u_c 对可控增益放大器增益的线性控制作用；k_c 和 k_g 皆为常数，表示均为线性控制。又因

$$U_{yo} = A_g(0)U_{io} \tag{7-13}$$

式中，U_{yo}是误差信号和控制信号皆为零时所对应的输出信号振幅；U_{io}和 $A_g(0)$是相应的输入信号振幅和放大器增益。

若低通滤波器对于直流信号的传递函数 $H_f(0) = 1$，当 $u_e = 0$ 时 $U_r = U_f$，由图 7.3 可写出 U_r 和 U_{yo}、U_{io}之间的关系为

$$U_r = k_2 k_3 U_{yo} = k_2 k_3 A_g(0)U_{io} \tag{7-14}$$

当输入信号振幅 $U_i \neq U_{io}$，且为直流时，环路经过自身调节以后到达新的平衡状态，这时的误差电压定义为 $u_{e\infty} = \lim\limits_{t \to \infty} u_e(t)$，则有

$$u_{e\infty} = k_p(U_r - k_2 k_3 U_{y\infty}) \tag{7-15}$$

又由式(7-12)可得
$$U_{y\infty} = [A_g(0) + k_g u_{c\infty}]U_i = [A_g(0) + k_1 k_g u_{e\infty}]U_i \tag{7-16}$$

由式(7-15)和式(7-16)可知，$u_{e\infty} \neq 0$。否则与式(7-13)比较，将有 $U_i = U_{io}$，与上述假设条件不符合。同时也说明 $U_{y\infty} \neq U_{yo}$，即如前所述，**AGC 电路是存在电平误差的控制电路。**

5. 主要性能指标

AGC 电路的主要性能指标有两个，一是动态范围，二是响应时间。

(1) 动态范围

AGC 电路是利用 u_e 去消除 U_y 与 U_{yo}之间电压误差的自动控制电路。所以，当输入信号的电平在一定范围内变化时，尽管 AGC 电路能够大大减小输出信号电平的变化，但当电路达到平衡状态后，仍会有电压误差存在。从对 AGC 电路的实际要求考虑，一方面希望输出信号振幅的变化越小越好，即与理想电压振幅 U_{yo}的误差越小越好；另一方面也希望容许输入信号振幅 U_i 的变化越大越好。也就是说，**在给定的输出信号幅值变化范围内，容许输入信号振幅的变化越大，则表明 AGC 电路的动态范围越宽，性能越好。**

设 m_o 是 AGC 电路限定的输出信号振幅最大值与最小值之比（输出动态范围），即

$$m_o = U_{ymax}/U_{ymin}$$

m_i 为 AGC 电路容许的输入信号振幅的最大值与最小值之比（输入动态范围），即

$$m_i = U_{imax}/U_{imin}$$

则有
$$\frac{m_i}{m_o} = \frac{U_{imax}/U_{imin}}{U_{ymax}/U_{ymin}} = \frac{U_{ymin}/U_{imin}}{U_{ymax}/U_{imax}} = \frac{A_{gmax}}{A_{gmin}} = n_g \tag{7-17}$$

式中，A_{gmax}是输入信号振幅最小时可控增益放大器的增益，显然，它表示了 AGC 电路的最大增益；A_{gmin}是输入信号振幅最大时可控增益放大器的增益，显然，它表示了 AGC 电路的最小增益；n_g 是可控增益放大器的增益控制倍数。

$n_g = m_i/m_o$ 越大，表明 AGC 电路输入动态范围越大，而输出动态范围越小，则 AGC 性能越佳。因此要求可控增益放大器的增益控制倍数 n_g 尽可能大。n_g 也可称为增益动态范围，通常用分贝数表示。

(2) 响应时间

AGC 电路是通过对可控增益放大器增益的控制来实现对输出信号振幅变化的限制，而增益的变化又取决于输入信号振幅的变化。所以，**要求 AGC 电路的反应既要能跟得上输入信号振幅的变化速度，又不会出现反调制现象，这就是响应时间特性。**

对 AGC 电路的响应时间长短的要求取决于输入信号振幅 U_i 的类型和特点。根据响应时间长短分别有慢速 AGC 和快速 AGC 之分。而**响应时间长短的调节由环路带宽决定,主要是低通滤波器的带宽。低通滤波器带宽越宽,则响应时间越短,但容易出现反调制现象。**

[例 7-1] 某接收机输入信号振幅的动态范围是 62 dB,输出信号振幅限定的变化范围为 30%。若单级放大器的增益控制倍数为 20 dB,问需要多少级 AGC 电路才能满足要求?

解:$20\lg m_o = 20\lg \dfrac{U_{ymax}}{U_{ymin}} = 20\lg\left(1+\dfrac{U_{ymax}-U_{ymin}}{U_{ymin}}\right) = 20\lg(1+0.3) \approx 2.28(\mathrm{dB})$

由题意可知,接收机 AGC 系统的增益控制倍数

$$n_g = 20\lg \frac{m_i}{m_o} = 20\lg m_i - 20\lg m_o = 62-2.28 = 59.72(\mathrm{dB})$$

$$n = 59.72/20 \approx 3$$

所以,需要 3 级 AGC 电路。

6. 电路类型

根据输入信号的类型、特点,以及对控制的要求,AGC 电路主要有两种类型。

(1) 简单 AGC 电路

在简单 AGC 电路里,参考电平 $U_r=0$,这样,只要 U_i 增大,AGC 的作用就会使 A_g 减小,从而使 U_y 的变化减小。其输入/输出特性如图 7.4 所示。

简单 AGC 电路的优点是电路简单,在实用电路里不需要电压比较器;缺点是对微弱信号的接收很不利,因为输入信号振幅很小时,放大器的增益仍受到反馈控制作用而有所减小,从而使接收灵敏度降低。所以,简单 AGC 电路适用于输入信号振幅较大的场合。

(2) 延迟 AGC 电路

在延迟 AGC 电路里有一个起控门限,即比较器参考电压 U_r。由式(7-14)可知,它对应的输入信号振幅即为 U_{io},也就是图 7.5 中的 U_{imin}。

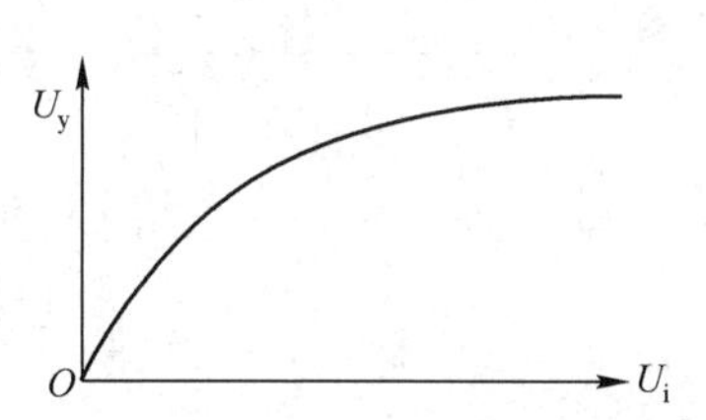

图 7.4 简单 AGC 电路的输入/输出特性

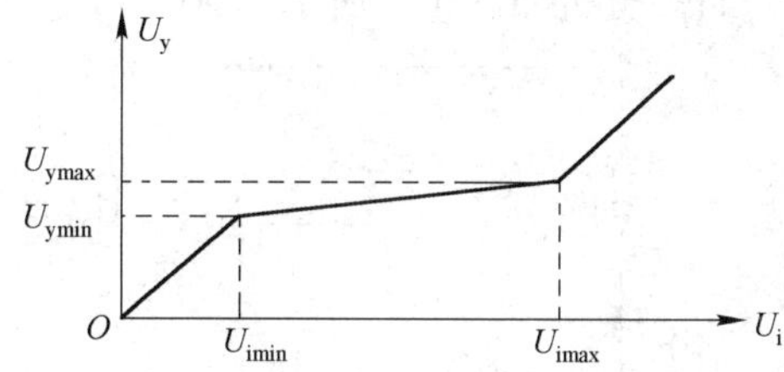

图 7.5 延迟 AGC 电路的输入/输出特性

当输入信号 $U_i<U_{imin}$ 时,反馈环路断开,AGC 不起作用,A_g 不变,U_y 与 U_i 成线性关系。当 $U_i>U_{imin}$ 后,反馈环路接通,AGC 电路才开始产生误差信号和控制信号,使 A_g 有所减小,保持 U_y 基本恒定或仅有微小变化。当 $U_i>U_{imax}$ 以后,AGC 作用消失。可见,$U_{imin}\sim U_{imax}$ 即为所允许的输入信号的动态范围,相应的 $U_{ymin}\sim U_{ymax}$ 即为输出信号的动态范围。

这种 AGC 电路由于需要延迟到 $U_i>U_{imin}$ 之后才开始起控制作用,故称为延迟 AGC。**"延迟"二字不是指时间上的延迟,而是指电平上的延迟。**

7.3.2 可控增益放大器

可控增益放大器是 AGC 系统中的核心电路。可控增益放大电路是在控制信号作用下改变增

益,从而改变输出信号的电平,达到稳定输出电平的目的。这部分电路通常是与整个接收系统共用的,并不单独属于 AGC 系统。例如,接收机的高、中频放大器,它既是接收机的信号通道,又是 AGC 系统的可控增益电路。要求可控增益电路只改变增益而不致使信号失真。如果单级增益变化范围不能满足要求时,还可采用多级控制的方法。控制放大器增益的方法主要有两种,一种方法是通过改变放大器本身的某些参数,如发射极电流、负载、电流分配比、恒流源电流及负反馈大小等,来控制其增益。另一种方法是插入可控衰减器来改变整个放大器的增益。下面介绍几种常用的电路。

1. 晶体管增益控制电路

晶体管放大器的增益取决于晶体管正向传输导纳 $|y_{fe}|$,而 $|y_{fe}|$ 又与晶体管静态工作点有关。所以,改变发射极平均电流 I_E 就可以使 $|y_{fe}|$ 随之改变,从而达到控制放大器增益的目的。

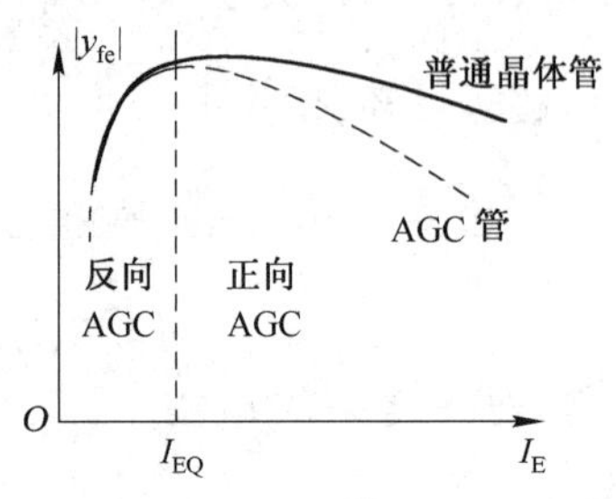

图 7.6　晶体管 $|y_{fe}|-I_E$ 特性曲线

图 7.6 所示为晶体管 $|y_{fe}|-I_E$ 特性曲线,其中实线是普通晶体管的特性,虚线是 AGC 管的特性。**如果把静态工作点选在 I_{EQ} 点,当 $I_E<I_{EQ}$ 时,$|y_{fe}|$ 随 I_E 减小而下降,称为反向 AGC;当 $I_E>I_{EQ}$ 时,$|y_{fe}|$ 随 I_E 增大而下降,称为正向 AGC。**对于反向 AGC,当输入信号增强时,希望增益减小,即 $|y_{fe}|$ 减小,则 I_E 应该减小,所以 I_E 的变化方向与输入信号的变化方向应该正好相反,故称为反向 AGC。而对于正向 AGC,当输入信号增强时,为使增益减小,I_E 应该增大,所以 I_E 的变化方向与输入信号的变化方向应该相同。一般控制静态工作电流 I_E 的电压 u_c 既可以从发射极送入,也可以从基极进入。

反向 AGC 的优点是工作电流较小,对晶体管安全工作有利,但工作范围较窄。正向 AGC 正好相反。为了克服正向 AGC 工作电流较大的缺点,在制作晶体管时可以使其 $|y_{fe}|-I_E$ 特性曲线的峰值点左移,同时使峰值点的右端曲线斜率增大。**专供增益控制用的 AGC 管大多是正向 AGC 管。**

正向 AGC 电路的缺点是,当工作电流 I_E 变化时,晶体管的输入、输出电阻及结电容也会发生变化,因此将影响放大器的幅频特性、相频特性和谐振回路的 Q 值。但由于电路简单,在一些要求不太高的 AGC 电路中仍被广泛应用。

[**例 7-2**]　分析如图 7.7 所示的 AGC 电路。

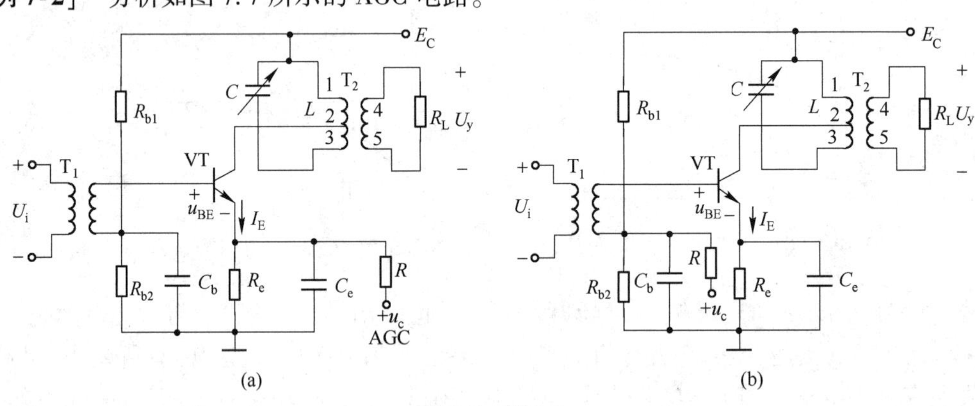

图 7.7　例 7-2

解: (1) 图 7.7(a)中的控制电压 u_c 是从发射极注入的,为正电压与输入电压振幅 U_i 的变化方向相同。

因为 u_c 增大应该使增益下降,即 $|y_{fe}|$ 下降,所以整个控制过程应该是:

$U_i\uparrow\rightarrow U_y\uparrow\rightarrow u_c\uparrow\rightarrow u_{BE}\downarrow\rightarrow I_E\downarrow\rightarrow|y_{fe}|\downarrow\rightarrow A_g\downarrow\rightarrow U_y\downarrow$

可见,这属于反向 AGC。

(2) 图 7.7(b)中 u_c 从基极注入,为正电压,与输入信号振幅 U_i 变化方向相同,所以整个控制过程应该是: $U_i\uparrow\rightarrow U_y\uparrow\rightarrow u_c\uparrow\rightarrow u_{BE}\uparrow\rightarrow I_E\uparrow\rightarrow|y_{fe}|\downarrow\rightarrow A_g\downarrow\rightarrow U_y\downarrow$

可见,这属于正向 AGC。

2. 差分放大器发射极负反馈增益控制电路

图 7.8 所示为集成电路中常用的发射极负反馈增益控制电路。VT_1 和 VT_2 组成差分放大器。信号从 VT_1、VT_2 的两个基极双端输入,从两个集电极双端输出。控制信号 u_c 从 VT_3 基极注入。VD_1、VD_2 和电阻 R_{e1}、R_{e2} 构成发射极负反馈电路,且电路对称。VD_1、VD_2 导通与否取决于 R_{e1} 和 R_{e2} 上的压降。

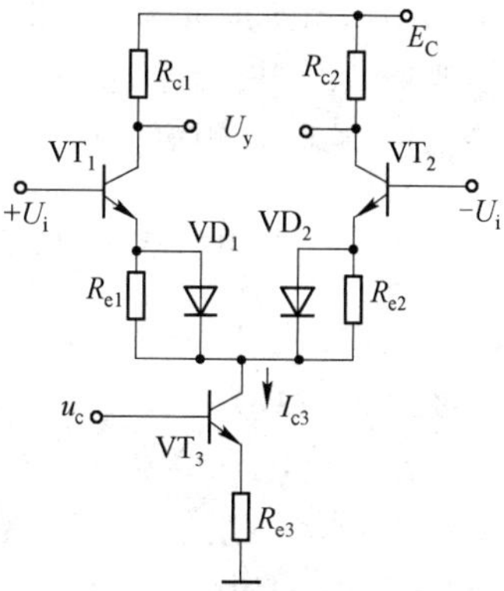

图 7.8 发射极负反馈增益控制电路

当 u_c 很小时,I_{c3} 很小,流经 R_{e1} 和 R_{e2} 上的平均电流均为 $I_{c3}/2$。如 $I_{c3}R_{e1}/2$ 小于二极管导通电压,则 VD_1、VD_2 截止,这时差分放大器增益最小,即

$$A_{gmin}\approx R_{c1}/R_{e1} \tag{7-18}$$

u_c 逐渐增大,I_{c3} 增大,当 $I_{c3}R_{e1}/2$ 大于二极管导通电压时,则 VD_1、VD_2 导通,导通电阻 $r_d\approx 26(\text{mV})/I_D(\text{mA})$,$I_D$ 为流经二极管的电流。

如果 R_{e1} 的取值较大,随着 I_{c3} 的增大,二极管的分流作用越来越大,r_d 越来越小,发射极等效电阻 $R_e=R_{e1}/\!/r_d$ 也越来越小,负反馈作用越来越弱,差分放大器增益 A_g 越来越大。控制过程为: $u_c\uparrow\rightarrow I_{c3}\uparrow\rightarrow I_D\uparrow\rightarrow r_d\downarrow\rightarrow R_e\downarrow\rightarrow A_g\uparrow$

这时的增益表达式为 $A_g\approx R_{c1}/R_e$。

可见,利用这种电路进行增益控制时,u_c 应该随 U_i 的增大而减小。

3. 电控衰减器增益控制电路

电控衰减器是由二极管和电阻组成的分压电路,利用 AGC 电压控制二极管导通电阻 r_d,从而改变分压比,达到对信号衰减量的控制。实际应用时,电控衰减器接在放大器之后,或两级放大器之间。所以,使用电控衰减器可以使前级放大器工作于理想的固定增益放大状态,通过调节放大器输出信号的衰减量实现对总增益的控制。

图 7.9(a)是用 VD_1、VD_2 和 R_1 组成的电控衰减器。前级放大器由共发射极电路(VT_1)和射随器(VT_2)两级组成电压并联负反馈电路,R_f 是反馈电阻。当 u_c 较大时,VD_1、VD_2 的导通电阻 r_d 很小,由 VT_2 输出的信号几乎不受衰减;当 u_c 减小时,VD_1、VD_2 导通电阻 r_d 增大,对 VT_2 的输出信号衰减增大。所以,控制电压应随放大器输入信号的增大而减小,才能实现 AGC 控制。

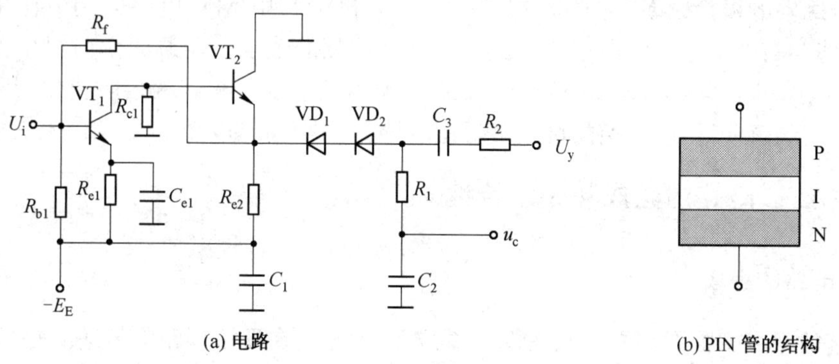

图 7.9 二极管电控衰减器增益控制电路

在普通二极管中，由于结电容的影响，对高频分量有旁路作用，使得电控衰减器频率特性较差，所以应选用结电容很小的 PIN 管代替普通二极管作可控器件。PIN 管的作用与普通 PN 结二极管相同，仅结构有些差别。PIN 管是在高掺杂的 P 型和 N 型半导体中间插入一层本征半导体(Intrinsic Semiconductor)。PIN 管结构见图 7.9(b)。

典型情况下，当通过 PIN 管的正向电流在几毫安内变化时，其导通电阻变化范围为10 kΩ~10 Ω，且频率特性很好。

7.3.3 实用 AGC 电路

在电视接收机中广泛采用 AGC 电路。图 7.10 是一个由高频放大电路、三级中频放大电路、视频检波电路、AGC 检波电路和 AGC 放大电路等组成的 AGC 系统。AGC 检波电路是将预视频放大电路输出的全电视信号进行检波，提取检波输出信号中的直流信号，然后进行直流放大，以提高 AGC 的控制灵敏度。为了使控制更合理，采用了两级延迟 AGC。当 U_i 超过某一定值 U_{i1}后，先对中放进行增益控制，而高放增益不变，这是第一级延迟。当 U_i 超过另一定值 U_{i2}后，中放增益不再降低，而高放增益开始起控，这是第二级延迟。其增益随 U_i 变化的曲线如图 7.11 所示。采用两级延迟 AGC 的原因在于，当输入信号不是很大时保持高放级处于最大增益，可使高放级输出信噪比不至于降低，有助于降低接收机的总噪声系数。

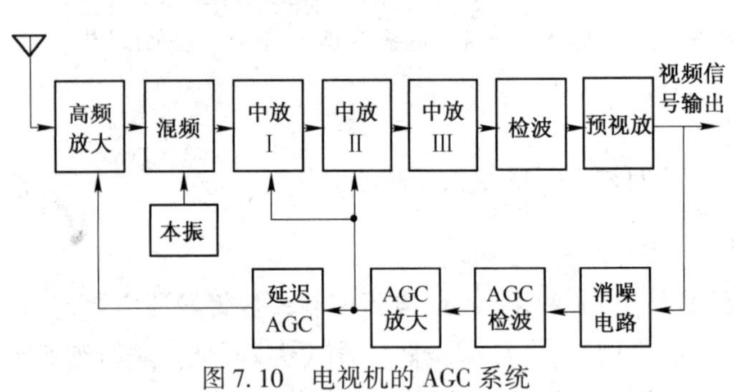

图 7.10 电视机的 AGC 系统

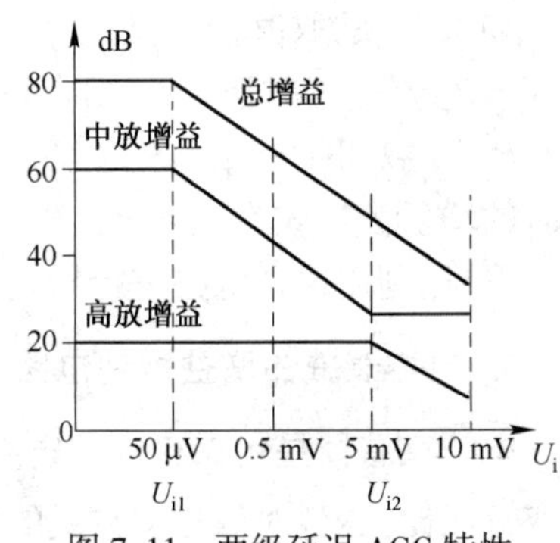

图 7.11 两级延迟 AGC 特性

7.4 自动频率控制电路

自动频率控制(AFC)电路也是一种反馈控制电路。它与 AGC 电路的区别在于控制对象不同，AGC 电路的控制对象是信号的电平(振幅)，而 AFC 电路的控制对象则是信号的频率，其**主要作用是自动控制振荡器的振荡频率**。例如，在超外差接收机中利用 AFC 电路的调节作用可自动地控制本振频率，使其与外来信号的频率差值维持在近乎中频的范围。在调频发射机中如果振荡频率漂移，用 AFC 电路可适当减小频率的变化，以提高频率稳定度。在调频接收机中，用 AFC 电路的跟踪特性构成调频解调器，即所谓的调频负反馈解调器，可改善调频解调器的门限效应。

7.4.1 AFC 电路的组成和基本特性

1. AFC 电路的组成

AFC 电路的组成方框图如图 7.12 所示。需要注意的是在反馈环路中传递的是频率信息，误差电压 u_e 正比于参考信号频率 ω_r 与输出信号频率 ω_y 之差，控制对象是输出信号的频率 ω_y。而 AGC 电路在环路中产生的是电压信息，误差信号正比于参考电压与反馈电压之差，控制对象是输出信号的电压。因此研究 AFC 电路应着眼于频率。下面分析环路中各部件的功能。

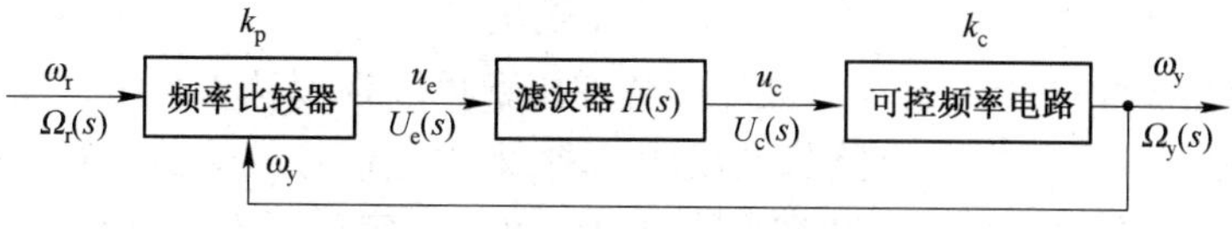

图 7.12　AFC 电路的组成方框图

(1) 频率比较器

加到频率比较器中的信号,一个是参考信号,另一个是反馈信号。它的输出电压 u_e 与这两个信号的频率差有关,而与这两个信号的幅度无关。即误差信号

$$u_e = k_p(\omega_r - \omega_y) \tag{7-19}$$

式中,k_p 在一定的频率范围内为常数,实际上就是鉴频跨导。因此,**凡是能检测出两个信号的频率差并将其转换成电压(或电流)的电路都可构成频率比较器。**

常用的频率比较电路有两种:一是鉴频器,二是混频-鉴频器。前者无需外加参考信号,鉴频器的中心频率就起参考信号的作用,常用于将输出频率稳定在某一固定值的情况。后者用于参考频率不变的情况,其组成方框图如图 7.13(a)所示。鉴频器的中心频率为 ω_o,当 ω_r 与 ω_y 之差等于 ω_o 时输出为零,否则就有误差信号输出。其鉴频特性如图 7.13(b)所示。

(2) 可控频率电路

可控频率电路是在控制信号 u_c 的作用下,用以改变输出信号频率的电路。显然,它是一个电压控制的振荡器,其典型控制特性如图 7.14 所示。一般这个特性也是非线性的,但在一定的范围内可近似表示为线性关系,即

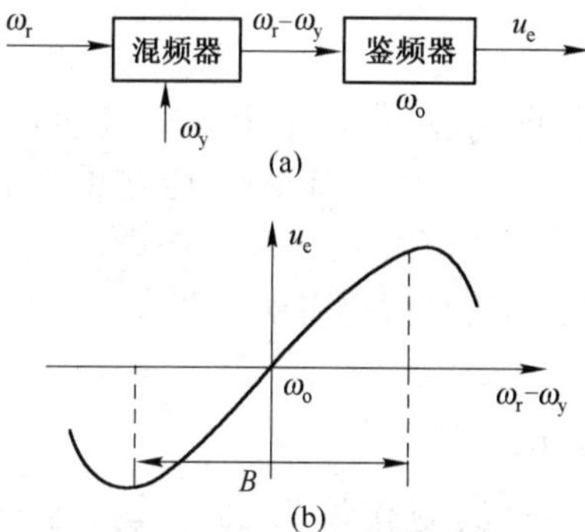

图 7.13　混频-鉴频型频率比较器

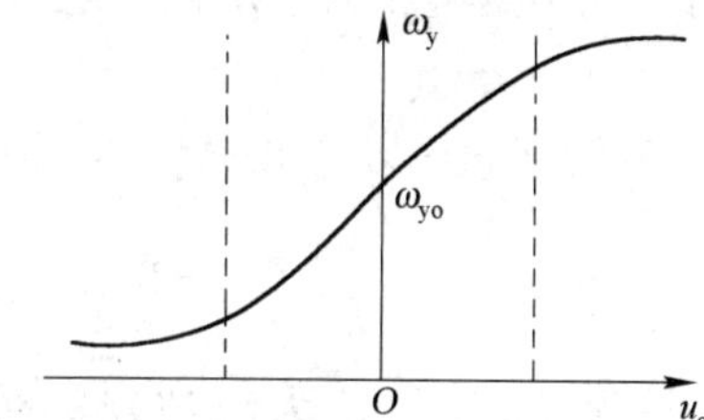

图 7.14　可控频率电路的控制特性

$$\omega_y = \omega_{yo} + k_c u_c \tag{7-20}$$

式中,k_c 为常数,实际就是压控灵敏度。这一特性称之为可控频率电路的控制特性。

(3) 滤波器

这里也是一个低通滤波器。根据频率比较器的原理,误差信号 u_e 的大小与极性反映了 $(\omega_r - \omega_y) = \Delta\omega$ 的大小与极性,而 u_e 的频率则反映了频率差 $\Delta\omega$ 随时间变化的快慢。因此,滤波器的作用是限制反馈环路中流通的频率差的变化频率,**只允许频率差变化较慢的信号通过,并实施反馈控制,而滤除频率差变化较快的信号,使之不产生反馈控制作用。**

如果设图 7.12 中滤波器的传递函数为

$$H(s) = U_c(s)/U_e(s) \tag{7-21}$$

当滤波器采用单节 RC 积分电路时,则

$$H(s)=\frac{1}{1+sRC} \tag{7-22}$$

当 u_e 为慢变化的电压时($s\to0$),这个滤波器的传递函数可以近似认为是 1。

另外,频率比较器和可控频率电路都是惯性器件,即误差信号的输出相对于频率信号的输入有一定的延时,输出频率的改变相对于误差信号的加入也有一定的延时。实际上这种延时的作用可以一并在低通滤波器中考虑。

2. 主要性能指标

对于 AFC 电路,我们主要关心的是其暂态和稳态响应及跟踪特性。

(1) 暂态和稳态响应

根据图 7.12,参照式(7-7)可求得 AFC 电路的闭环传递函数

$$H_T(s)=\frac{\Omega_y(s)}{\Omega_r(s)}=\frac{k_pk_cH(s)}{1+k_pk_cH(s)} \tag{7-23}$$

式中,$\Omega_y(s)$ 及 $\Omega_r(s)$ 分别为 ω_y 及 ω_r 的拉普拉斯变换。由此得到输出频率信号的拉普拉斯变换为

$$\Omega_y(s)=\frac{k_pk_cH(s)}{1+k_pk_cH(s)}\Omega_r(s) \tag{7-24}$$

对上式求拉普拉斯反变换,即可得到 AFC 电路的时域响应,包括暂态响应和稳态响应。

(2) 跟踪特性

根据图 7.12,参照式(7-9)可求得 AFC 电路的误差传递函数

$$H_e(s)=\frac{\Omega_e(s)}{\Omega_r(s)}=\frac{1}{1+k_pk_cH(s)} \tag{7-25}$$

式中,$\Omega_r(s)$ 为 ω_r 的拉普拉斯变换。需要注意的是,这里的 $H_e(s)$ 是误差角频率 $\Omega_e(s)$ 与参考角频率 $\Omega_r(s)$ 之比,而不是鉴相器输出误差电压 $U_e(s)$ 与 $U_r(s)$ 之比,因为在 AFC 电路里主要关心的参量是角频率。

参照式(7-9)可进一步求得 AFC 电路中误差角频率 ω_e 的时域稳态误差值

$$\omega_{eo}=\lim_{s\to0}s\Omega_e(s)=\lim_{s\to0}\frac{s}{1+k_pk_cH(s)}\Omega_r(s) \tag{7-26}$$

在稳态情况下,如果认为滤波器的传递函数为 1,ω_r 的变化量为 $\Delta\omega$,其拉普拉斯变换为 $\Omega_r(s)=\Delta\omega/s$。利用式(7-26)可得

$$\omega_{eo}=\frac{\Delta\omega}{1+k_pk_c} \tag{7-27}$$

由式(7-27)可知,当参考信号的频率变化量为 $\Delta\omega$ 时,输出信号的角频率即使达到稳态后,也会有误差$\frac{\Delta\omega}{1+k_pk_c}$。所以,AFC 电路是有频率误差的频率控制电路。另外增大 k_p 和 k_c,即提高鉴频系数和压控灵敏度是减小稳态误差及改善跟踪性能的重要途径。由于鉴频系数和压控灵敏度受到器件特性的限制,因此,除了选用特性较好的器件外,在低通滤波器和 VCO 之间加一直流放大器,或选用电压增益大于 1 的有源低通滤波器,同样可以达到减小稳态误差的效果。

7.4.2 AFC 电路的应用举例

AFC 系统中所用的单元电路前面都已介绍,这里仅用方框图说明 AFC 电路在通信电子技术中

的应用。

1. 自动频率控制电路

因为超外差式接收机的增益与选择性主要由中频放大器决定，这就要求中频频率很稳定。在接收机中，中频是本振与外来信号之差。通常，外来信号的频率稳定度较高，而本地振荡器的频率稳定度较低。为了保持中频频率的稳定，在较好的接收机中往往加入自动频率控制（AFC）电路（也叫自动频率微调电路）。

用于调幅接收机的自动频率控制电路的组成方框图如图 7.15 所示。在正常情况下，接收信号载波频率为f_c，本振频率为f_L，混频器输出的中频就是$f_I=f_L-f_c$。如果由于某种不稳定因素使本振频率发生了一个偏移量$+\Delta f_L$，本振频率就变成$f_L+\Delta f_L$；混频后中频也发生了同样的偏移量，变为$f_I+\Delta f_L$。中放输出的信号加到限幅鉴频器，通常鉴频器的中心频率调谐在f_I上，因此偏离了鉴频器的中心频率f_I，鉴频器就给出相应的误差输出电压u_e，通过低通滤波器后再去控制压控振荡器，使压控振荡器的本振频率降低，从而使中频频率的偏移量Δf_L减小，达到了稳定中频的目的。

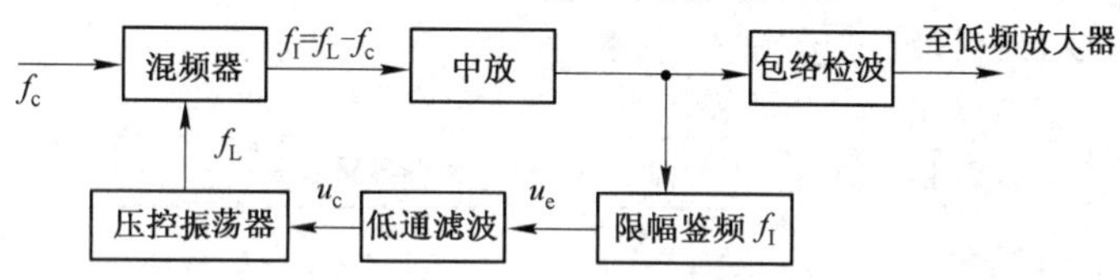

图 7.15　调幅接收机的自动频率控制电路的组成方框图

由于在调频接收机中本身具有鉴频器电路，因此采用自动频率控制电路时，无需再外加鉴频器。但是，必须考虑到鉴频器输出不仅含有反映中频频率变化的信号电压，而且还含有调频解调信号的电压，前者变化较慢，后者变化较快。因此，在鉴频器和压控振荡器之间，必须加入低通滤波器，以取出反映中频频率变化的慢变化信号，去控制压控振荡器。调频接收机的自动频率控制电路的组成方框图如图 7.16 所示。

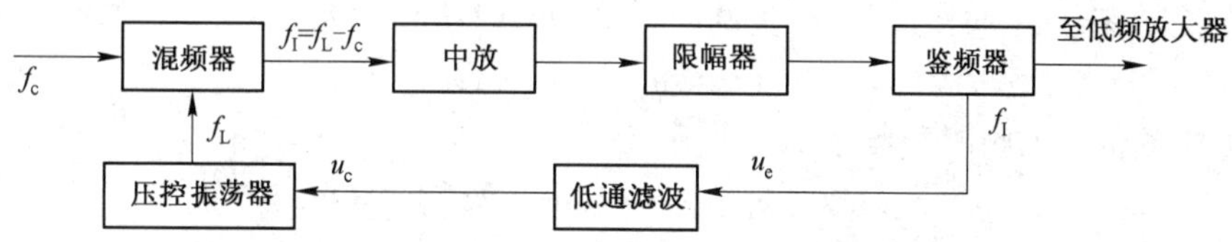

图 7.16　调频接收机的自动频率控制电路的组成方框图

2. 稳定调频发射机的中心频率

为使调频发射机既有大的频偏，又有稳定的中心频率，往往需要采用 AFC 电路。其组成方框图如图 7.17 所示。图中，参考信号频率f_r由高稳定度的晶体振荡器产生，调频振荡器输出的调频信号的中心频率为f_o，混频输出的额定中频为(f_r-f_o)。由于f_r的稳定度高，因此，混频器输出端产生的频率误差Δf主要是由f_o的不稳定所导致的。通过 AFC 电路的自动调节作用就能减小频率误差的值，使f_o趋于稳定。

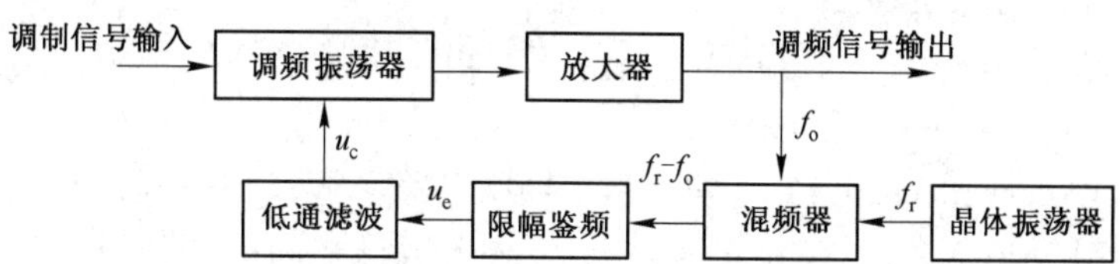

图 7.17　调频发射机的自动频率控制电路的组成方框图

必须注意,在这种 AFC 环路中,低通滤波器的带宽应足够窄,一般小于几十赫兹,要求能滤除调制频率分量,使加到调频振荡器的控制电压仅仅是反映调频信号中心频率漂移的缓变电压。

3. 调频负反馈解调器

如第 6 章所述,当存在噪声时,调频波解调器有一个解调门限值,当其输入端的信噪比高于解调门限值时,经调频波解调器解调后的输出信噪比将与输入端的信噪比成线性关系。而当输入信噪比低于解调门限值时,调频波解调器输出端的信噪比将随输入信噪比的减小而急剧下降。因此,要保证调频波解调器有较高的输出信噪比,其输入端的信噪比必须高于解调门限值。调频负反馈解调器的解调门限值比普通的限幅鉴频器的要低。即用调频负反馈解调器可降低解调门限值,这样接收机的灵敏度就可提高。

调频负反馈解调电路的方框图如图 7.18 所示。和普通调频接收机相比,区别在于低通滤波器取出的解调信号又反馈给压控振荡器,作为控制电压,使压控振荡器的振荡角频率按调制信号变化。这样就要求低通滤波器的带宽必须足够宽,以便能不失真地通过调制信号。可见,它对低通滤波器带宽的要求正好与上述两种电路相反。

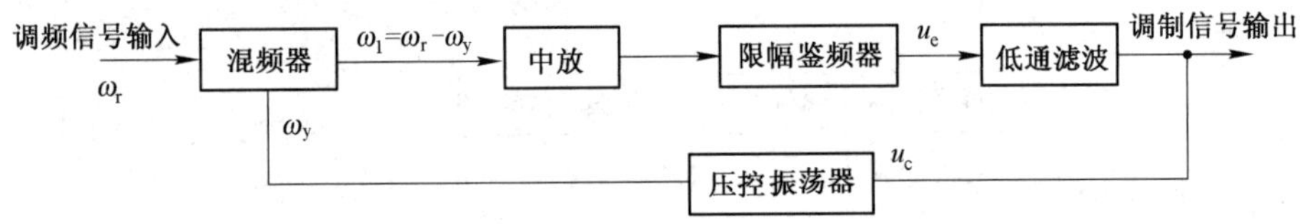

图 7.18　调频负反馈解调电路的方框图

下面分析一下调频负反馈解调器的解调门限比普通限幅鉴频器低的原因。设混频器输入调频信号的瞬时角频率为

$$\omega_r(t)=\omega_{ro}+\Delta\omega_r\cos\Omega t \tag{7-28}$$

压控振荡器在控制信号 u_c 的作用下,产生调频振荡的瞬时角频率为

$$\omega_y(t)=\omega_{yo}+\Delta\omega_y\cos\Omega t \tag{7-29}$$

则混频器输出中频信号的瞬时角频率为

$$\omega_I(t)=(\omega_{ro}-\omega_{yo})+(\Delta\omega_r-\Delta\omega_y)\cos\Omega t \tag{7-30}$$

式中,$\omega_{Io}=(\omega_{ro}-\omega_{yo})$为输出中频信号的载波角频率;$\Delta\omega_I=(\Delta\omega_r-\Delta\omega_y)$为输出中频信号的角频偏。可见,中频信号仍为不失真的调频波,但其角频偏比输入调频波的要小。与采用普通限幅鉴频的接收机比较,中频放大器的带宽可以缩小,使得加到限幅鉴频器输入端的噪声功率减小,即输入信噪比提高了;若维持限幅鉴频器输入端的信噪比不变,则采用调频负反馈解调器时,混频器输入端所需有用信号电压比普通调频接收机的要小,即解调门限值降低。

自动频率控制电路对频率而言是具有静频率差的系统,即输出频率与输入频率不可能完全相等,总存在一定的剩余频率误差。在某些工程应用中,当要求频率完全相同的情况时,自动频率控制系统就无能为力了,需要用到下面讨论的锁相环路才能满足要求。

7.5　锁 相 环 路

锁相环路(Phase Locked Loop,PLL)和 AGC、AFC 电路一样,也是一种反馈控制电路。它是一个自动相位误差控制(APC)系统,是将参考信号与输出信号之间的相位进行比较,产生相位误差电压来调整输出信号的相位,以消除频率误差,达到与参考信号同频的目的。在达到同频的状态下，虽然有剩余相位误差存在，但两个信号之间的剩余相位差亦可做得很小，从而实现无剩余频率误差的频率跟踪和相位跟踪。

锁相环路早期应用于电视接收机的同步系统，使电视图像的同步性能得到了很大的改善。20世纪50年代后期，随着空间技术的发展，锁相技术用于接收来自空间的微弱信号，显示了很大的优越性，它能把深埋在噪声中的信号（信噪比约为-10～-30dB）提取出来，因此，锁相技术得到迅速发展。到了20世纪60年代中后期，随着微电子技术的发展，集成锁相环路也应运而生，因而，其应用范围越来越宽，在雷达、制导、导航、遥控、遥测、通信、仪器、测量、计算机乃至一般工业都有不同程度的应用，遍及整个电子技术领域，而且正朝着多用途、集成化、系列化及高性能的方向进一步发展。

锁相环路可分为模拟锁相环与数字锁相环。模拟锁相环的显著特征是相位比较器（鉴相器）输出的误差信号是连续的，对环路输出信号的相位调节是连续的，而不是离散的。数字锁相环则与之相反。本节只讨论模拟锁相环。

7.5.1 锁相环路的基本工作原理

1. 锁相环路的组成与模型

基本的锁相环路是由鉴相器（PD）、环路滤波器（LF）和压控振荡器（VCO）三个基本部分组成的自动相位控制系统，如图7.19所示。

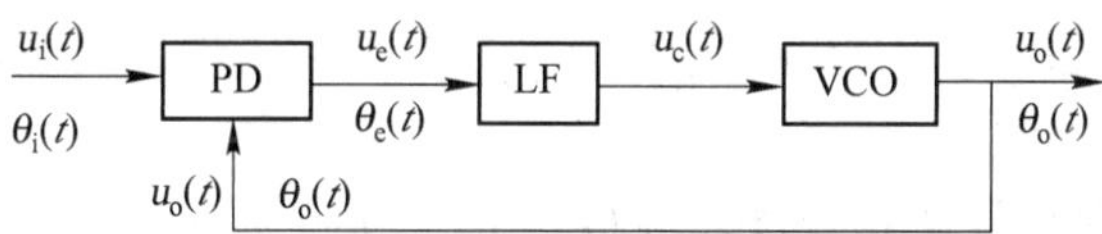

图7.19 锁相环路的基本组成

鉴相器是相位比较装置，用来比较输入参考信号 $u_i(t)$ 与压控振荡器输出信号 $u_o(t)$ 的相位，即对 $\theta_i(t)$ 和 $\theta_o(t)$ 进行比较，产生对应于这两个信号的相位差 $\theta_e(t)$ 的误差电压 $u_e(t)$。

环路滤波器的作用是滤除 $u_e(t)$ 中的高频分量及噪声，以保证环路所要求的性能，增加系统的稳定性。

压控振荡器受环路滤波器输出电压 $u_c(t)$ 的控制，使振荡频率向参考信号的频率靠拢，两者的频率差值越来越低，直至两者的频率相同，并保持一个较小的剩余相位差为止。所以，**锁相就是压控振荡器被一个外来基准信号控制，使得压控振荡器输出信号的相位和外来基准信号的相位保持某种特定关系，达到相位同步或相位锁定的目的。**

为了进一步了解环路的工作过程，以及对环路进行必要的定量分析，有必要先分析环路中三个基本部件的特性，然后得出环路相应的数学模型。

（1）鉴相器

鉴相器是相位比较器，用来比较输入信号的相位和压控振荡器（VCO）输出信号的相位。鉴相器的输出信号 $u_e(t)$ 是两个输入信号 $u_i(t)$ 与 $u_o(t)$ 的相位差 $\theta_e(t)$ 的函数，即

$$u_e(t)=f[\theta_e(t)]=f[\theta_i(t)-\theta_o(t)] \tag{7-31}$$

一个理想的模拟乘法器和低通滤波器就可以构成鉴相器，其电路组成方框图及鉴相特性如图7.20所示。鉴相器的鉴相特性反映了式（7-31）的函数关系。通常鉴相特性的形式有许多种，如正弦特性、三角波特性及锯齿波特性等。其中最基本的是正弦波鉴相特性，如图 7.20(b)所示。

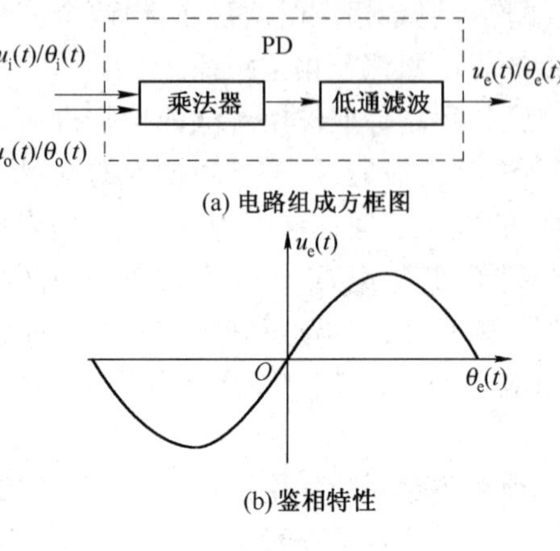

图 7.20　鉴相器

如果设鉴相器的输入参考信号电压 $u_i(t)$ 和压控振荡器输出信号电压 $u_o(t)$ 分别为

$$u_i(t)=U_{im}\sin[\omega_i t+\theta_i(t)] \tag{7-32}$$

$$u_o(t)=U_{om}\sin\left[\omega_o t+\theta_o(t)+\frac{\pi}{2}\right]=U_{om}\cos[\omega_o t+\theta_o(t)] \tag{7-33}$$

式中，ω_i 为输入参考信号的角频率；$\theta_i(t)$ 为输入信号 $u_i(t)$ 以其载波相位 $\omega_i t$ 为参考的瞬时相位；ω_o 为压控振荡器输出信号的中心角频率；$\theta_o(t)$ 为压控振荡器输出信号以其相位 $\omega_o t$ 为参考的瞬时相位。

一般情况下，两个信号的频率是不相同的，因而它们的参考相位也就不相同。为了便于比较两个信号之间的相位差，现统一规定以压控振荡器在控制电压 $u_c(t)=0$ 时的振荡角频率 ω_o（即中心角频率）所确定的相位 $\omega_o t$ 作为参考相位。这样就可以将式(7-32)改写为

$$\begin{aligned}u_i(t)&=U_{im}\sin[\omega_o t+(\omega_i-\omega_o)t+\theta_i(t)]=U_{im}\sin[\omega_o t+\Delta\omega_o t+\theta_i(t)]\\&=U_{im}\sin[\omega_o t+\theta_1(t)]\end{aligned} \tag{7-34}$$

式中，$\theta_1(t)=(\omega_i-\omega_o)t+\theta_i(t)$，称为输入信号相对于参考相位 $\omega_o t$ 的瞬时相位。

$u_i(t)$ 与 $u_o(t)$ 相乘后，经低通滤波器滤除和频分量，可得输出电压为

$$u_e(t)=\frac{1}{2}KU_{im}U_{om}\sin[\omega_o t+\theta_1(t)-\omega_o t-\theta_o(t)]=k_d\sin\theta_e(t) \tag{7-35}$$

式中，$k_d=\frac{1}{2}KU_{im}U_{om}$；$K$ 为乘法器的相乘系数；$\theta_e(t)=[\theta_1(t)-\theta_o(t)]=\theta_1(t)-\theta_2(t)$，称为两个输入信号相对于参考相位 $\omega_o t$ 的瞬时相位差；$\theta_2(t)=\theta_o(t)$。可见，乘法器鉴相器的鉴相特性具有正弦函数特性。

鉴相器的作用是将两个输入信号相对于参考相位 $\omega_o t$ 的瞬时相位差 $\theta_e(t)$ 变为输出电压 $u_e(t)$。因此，其作用可以用图 7.21 所示的数学模型来表示。鉴相器数学模型的处理对象是 $\theta_1(t)$ 和 $\theta_2(t)$，而不是原信号本身，这是数学模型与原理方框图的区别。

另外，由式(7-35)可以看出，当 $\theta_e(t)<\pi/6$ 时，$u_e=k_d\sin\theta_e(t)\approx k_d\theta_e(t)$。此时，鉴相器工作在线性鉴相区域内。

这里需要说明的是，在上面的推导中，设两个输入信号分别表示为正弦和余弦形式，目的是得到正弦鉴相特性。实际上，两者同时都用正弦或余弦表示也可以，只不过这时得到的将是余弦鉴相特性。而环路的稳定工作区不管是正弦或是余弦特性，总是处于特性曲线的线性区域内。显然使用正弦特性比较方便。

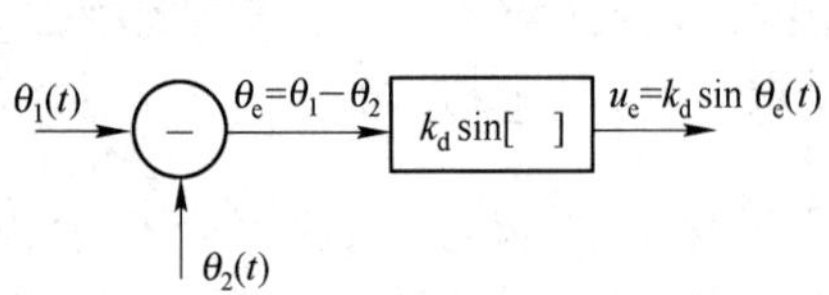

图 7.21　鉴相器的数字模型

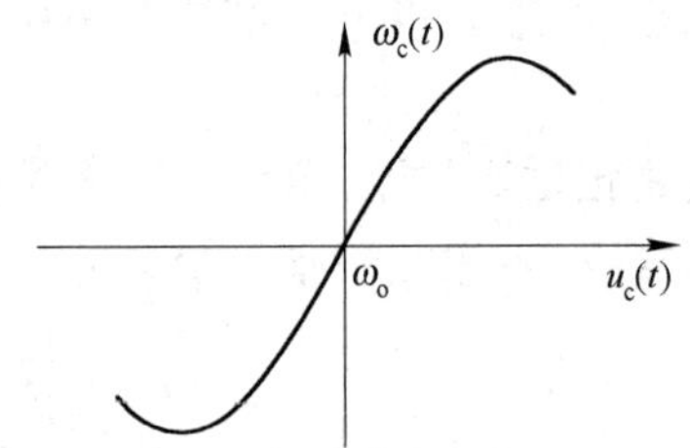

图 7.22　压控振荡器频率-电压特性曲线

(2) 压控振荡器及其相位模型

由第 3 章和第 6 章的相关知识,已知压控振荡器(VCO)的瞬时振荡频率 $\omega_c(t)$ 受电压 $u_c(t)$ 控制,它是一种电压-频率的变换器。不论以何种振荡电路和何种控制方式构成的压控振荡器,其控制特性总可以用 $\omega_c(t)$ 与 $u_c(t)$ 间的关系特性曲线来描述。图 7.22 是压控振荡器的频率-电压关系的特性曲线。可以看出,在一定范围内,振荡频率 $\omega_c(t)$ 与控制电压 $u_c(t)$ 可近似认为成线性关系,即

$$\omega_c(t)=\omega_o+k_c u_c(t) \tag{7-36}$$

式中,ω_o 是压控振荡器的固有振荡频率,即压控振荡器未加控制电压(即 $u_c(t)=0$)时,压控振荡器的振荡频率;k_c 是压控振荡器控制特性曲线线性部分的斜率,它表示单位控制电压所能产生的压控振荡器角频率变化的大小,通常称为压控灵敏度(rad/(s·V))。

在锁相环路中,压控振荡器的输出作用于鉴相器。由鉴相特性可知,压控振荡器输出电压信号对鉴相器直接发生作用的不是瞬时角频率,而是瞬时相位。因此就整个锁相环路来说,压控振荡器应该以它输出信号的瞬时相位作为输出量。根据频率和相位的关系,对式(7-36)积分可得压控振荡器输出信号的瞬时相位

$$\int_0^t \omega_c(t)\,\mathrm{d}t=\omega_o t+k_c\int_0^t u_c(t)\,\mathrm{d}t \tag{7-37}$$

与式(7-33)比较,压控振荡器输出信号以 $\omega_o t$ 为参考相位的瞬时相位为

$$\theta_o(t)=\theta_2(t)=k_c\int_0^t u_c(t)\,\mathrm{d}t \tag{7-38}$$

即 $\theta_o(t)$ 正比于控制电压 $u_c(t)$ 的积分。由此可知,**压控振荡器在锁相环路中的作用是积分环节**,若采用微分算子 $p=\mathrm{d}/\mathrm{d}t$,则积分算子 $\dfrac{1}{p}=\int_0^t$,式(7-38)可表示为

$$\theta_o(t)=\theta_2(t)=\frac{k_c}{p}u_c(t) \tag{7-39}$$

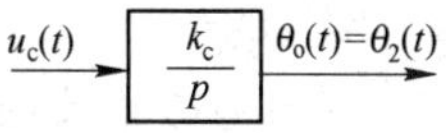

$u_c(t)$ → $\boxed{\dfrac{k_c}{p}}$ → $\theta_o(t)=\theta_2(t)$

图 7.23 压控振荡器的数学模型

由式(7-39)可得压控振荡器的数学模型如图 7.23 所示。

(3) 环路滤波器

环路滤波器为低通滤波器,用来滤除相位比较器输出信号中的高频部分,并抑制噪声,以保证环路达到要求的性能,并提高环路的稳定性。

在锁相环路中,常用的环路滤波器有 RC 积分滤波器、无源比例积分滤波器和有源比例积分滤波器。图 7.24 示出了常用环路滤波器的具体电路。

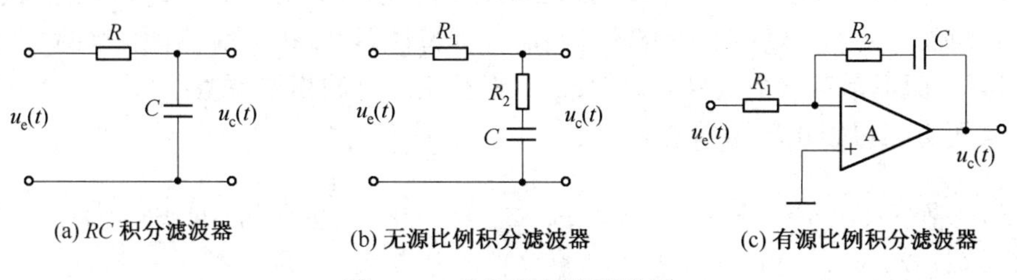

图 7.24 常用的环路滤波器

① RC 积分滤波器

图 7.24(a)是一阶 RC 积分滤波器,其传递函数为

$$K_F(s)=\frac{u_c(s)}{u_e(s)}=\frac{\frac{1}{sC}}{R+\frac{1}{sC}}=\frac{1}{sRC+1}=\frac{1}{s\tau+1} \tag{7-40}$$

式中，$\tau=RC$。

② 无源比例积分滤波器

图 7.24(b)是无源比例积分滤波器，其传递函数为

$$K_F(s)=\frac{R_2+\frac{1}{sC}}{R_1+R_2+\frac{1}{sC}}=\frac{1+sR_2C}{1+sC(R_1+R_2)}=\frac{1+s\tau_2}{1+s(\tau_1+\tau_2)} \tag{7-41}$$

式中，$\tau_1=R_1C$，$\tau_2=R_2C$，通常 $R_1>R_2$。

③ 有源比例积分滤波器

图 7.24(c)是有源比例积分滤波器，设运放为理想运放，则其传递函数为

$$K_F(s)=-\frac{Z_f}{Z_1}=\frac{R_2+\frac{1}{sC}}{R_1}=-\frac{1+sR_2C}{sR_1C}=-\frac{1+s\tau_2}{s\tau_1} \tag{7-42}$$

式中，$\tau_1=R_1C$，$\tau_2=R_2C$。

如果将 $K_F(s)$中的 s 用微分算子 p 替代，可写出滤波器的输出电压 $u_c(t)$ 与输入信号$u_e(t)$之间的微分方程为

$$u_c(t)=K_F(p)u_e(t) \tag{7-43}$$

式中，$p=\frac{\mathrm{d}}{\mathrm{d}t}$为微分算子。由式(7-43)可得环路滤波器的数学模型如图 7.25所示。

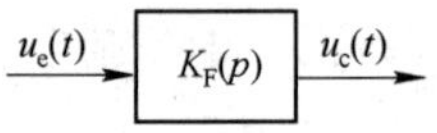

$u_e(t)$ → $K_F(p)$ → $u_c(t)$

图 7.25　环路滤波器的数学模型

2. 锁相环路的相位模型和基本方程

将鉴相器、环路滤波器和压控振荡器的数学模型按如图 7.26 所示的方框图连接成闭环系统，就可得到锁相环路的相位模型。

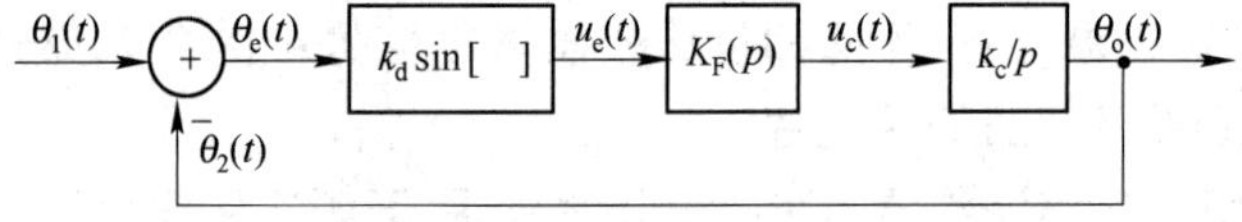

图 7.26　锁相环路的相位模型

应当指出，**锁相环路实质上是一个传输相位的闭环反馈系统**。锁相环路讨论的是输入瞬时相位和输出瞬时相位的关系。以后要研究的环路的各种特性，如传递函数、幅频特性和相频特性等都是相对瞬时相位，而不是对整个信号而言的，因此将锁相环路的相位模型作为分析问题的基础。

由图 7.26可直接得锁相环路的基本方程

$$\theta_e(t)=\theta_1(t)-\theta_2(t)=\theta_1(t)-k_c\frac{u_c(t)}{p}=\theta_1(t)-\frac{1}{p}k_ck_dK_F(p)\sin\theta_e(t) \tag{7-44}$$

式(7-44)为相位控制方程，其物理意义为：

(1) $\theta_e(t)$是鉴相器的输入信号与压控振荡器输出信号之间的瞬时相位差；

(2) $\frac{1}{p}k_ck_dK_F(p)\sin\theta_e(t)$称为控制相位差，它是 $\theta_e(t)$通过鉴相器、环路滤波器等逐级处理后而得到的相位控制量；

(3) 相位控制方程描述了环路相位的动态平衡关系。即**在任何时刻,环路的瞬时相位差$\boldsymbol{\theta_e(t)}$和控制相位差$\boldsymbol{\frac{1}{p}k_c k_d K_F(p)\sin\theta_e(t)}$的代数和等于输入信号相对参考相位 $\boldsymbol{\omega_o t}$ 的瞬时相位$\boldsymbol{\theta_1(t)}$**。

根据相位与频率之间的关系式(6-3),将式(7-44)对时间微分,也可得锁相环路频率的动态平衡关系方程。因为 $p=\mathrm{d}/\mathrm{d}t$ 是微分算子,故可得

$$p\theta_e(t)=p\theta_1(t)-k_c k_d K_F(p)\sin\theta_e(t) \tag{7-45}$$

经改写可得

$$p\theta_e(t)+k_c k_d K_F(p)\sin\theta_e(t)=p\theta_1(t) \tag{7-46}$$

式(7-46)为锁相环路的频率动态平衡方程,它具有的物理意义是:

(1) 由式(7-32)可知,输入参考信号电压 $u_i(t)$ 的瞬时角频率 $\omega_i(t)=\omega_i+p\theta_i(t)$,另外输入信号相对于参考相位 $\omega_o t$ 的瞬时相位 $\theta_1(t)=(\omega_i-\omega_o)t+\theta_i(t)$,即可得 $p\theta_1(t)=(\omega_i-\omega_o)+p\theta_i(t)$,其中 p 为微分算子,$p=\mathrm{d}/\mathrm{d}t$;而式(7-37) 给出了压控振荡器的瞬时振荡角频率 $\omega_c(t)=\omega_o+p\theta_o(t)$;因此式(7-46)中左式的第一项为

$$\begin{aligned}p\theta_e(t)&=p[\theta_1(t)-\theta_o(t)]=(\omega_i-\omega_o)+p\theta_i(t)-p\theta_o(t)\\&=[\omega_i+p\theta_i(t)]-[\omega_o+p\theta_o(t)]=\omega_i(t)-\omega_c(t)\end{aligned}$$

所以,$p\theta_e(t)$是指压控振荡器瞬时角频率 $\omega_c(t)$偏离输入信号瞬时角频率 $\omega_i(t)$的差值,称为瞬时角频差。

(2) $k_c k_d K_F(p)\sin\theta_e(t)$ 是压控振荡器在控制电压 $u_c(t)=k_d K_F(p)\sin\theta_e(t)$作用下的瞬时角频率 $\omega_c(t)$偏离压控振荡器固有角频率 ω_o[即 $u_c(t)=0$)时,压控振荡器的振荡频率]的差值,即$[\omega_c(t)-\omega_o]$,称为控制角频差。

(3) $p\theta_1(t)$是输入信号瞬时角频率 $\omega_i(t)$偏离压控振荡器固有角频率 ω_o的差值,即$[\omega_i(t)-\omega_o]$,称为输入固有角频差。

综上所述,式(7-46)所示的锁相环路频率动态平衡方程,如果采用环路中各单元的瞬时角频率来描述,也可写成

$$[\omega_i(t)-\omega_c(t)]+[\omega_c(t)-\omega_o]=[\omega_i(t)-\omega_o]$$

应当指出,因为式(7-46)中含有 $\sin\theta_e(t)$项,所以它是一个非线性微分方程,这是由鉴相特性的非线性决定的。这个非线性微分方程的求解是比较困难的。目前只有当滤波器的传输系数 $K_F(s)=1$ 的环路才能得到精确的解析解,而其他情况下,只能借助于一些近似的方法分析研究。

3. 环路锁定的基本概念

当环路输入一个频率和相位不变的信号时,即

$$u_i(t)=U_{im}\sin[\omega_{io}t+\theta_{io}]$$

式中,ω_{io}和 θ_{io}为不随时间变化的常量。根据式(7-34)所述

$$\theta_1(t)=(\omega_i-\omega_o)t+\theta_i(t)$$

可得上述条件下输入信号以相位 $\omega_o t$ 为参考量的瞬时相位为

$$\theta_1(t)=(\omega_{io}-\omega_o)t+\theta_{io}$$

因而输入固有角频差为

$$p\theta_1(t)=(\omega_{io}-\omega_o)=\Delta\omega_o \tag{7-47}$$

式中,ω_o 为没有控制电压时压控振荡器的固有振荡频率;$\Delta\omega_o$ 为环路的固有角频差。

将式(7-47)代入式(7-46)中,可得在上述条件下环路的频率动态方程为

$$p\theta_e(t)+k_c k_d K_F(p)\sin\theta_e(t)=\Delta\omega_o \tag{7-48}$$

对应的各角频率关系为

$$[\omega_{io}-\omega_c(t)]+[\omega_c(t)-\omega_o]=(\omega_{io}-\omega_o) \tag{7-49}$$

式中,$\omega_{io}-\omega_c(t)$为瞬时角频差;$\omega_c(t)-\omega_o$ 为控制角频差;$\omega_{io}-\omega_o$ 为输入固有角频差;$\omega_c(t)$为压控振

荡器在控制电压作用下信号的角频率。

在输入信号的角频率和相位不变的条件下，$\Delta\omega_o$ 为一固定值，由式(7-48)可解出环路闭合后，瞬时相位差 $\theta_e(t)$ 随时间变化的规律。它是非线性方程，求解复杂。但用式(7-49)可以定性地进行说明。在环路刚闭合的瞬间，控制电压为零，$\omega_c(t)=\omega_o$，无控制角频差，此时可认为环路的瞬时角频差就是输入固有角频差 $[\omega_{io}-\omega_c(t)]=(\omega_{io}-\omega_o)$。随着时间 t 的增加，有控制电压产生，在控制电压作用下，控制角频差就存在。假如通过环路的作用，能够使控制角频差逐渐加大，这样就会使环路的瞬时角频差减小，因为二者的代数和等于输入固有角频差。当控制角频差增大到等于输入固有角频差时，即 $[\omega_c(t)-\omega_o]=(\omega_{io}-\omega_o)$，瞬时角频差为零。即

$$\lim p\theta_e(t\to\infty)=0 \tag{7-50}$$

这时 $\theta_e(t)$ 不再随时间变化，是一固定的值。若能一直保持下去，则认为锁相环路进入锁定状态。式(7-50)就是锁定状态应满足的必要条件。

环路进入锁定状态后的特点是：

(1) 压控振荡器受环路的控制，由式(7-36)、式(7-49)和式(7-50)可得，其振荡频率从固有角频率 ω_o 变为

$$\omega_c(t)=\omega_o+k_c k_d K_F(p)\sin\theta_e(t)=\omega_o+\Delta\omega_o=\omega_{io} \tag{7-51}$$

即压控振荡器输出信号的角频率 $\omega_c(t)$ 能跟踪输入信号角频率 ω_{io}。

(2) 环路进入锁定后，没有剩余频差，即

$$p\theta_e(\infty)=0$$

式中，$\theta_e(\infty)$ 为一固定值。也就是说，**输入信号与压控振荡器输出信号之间只存在一个固定的稳态相位差，称为剩余相位差，用 $\boldsymbol{\theta_{e\infty}}$ 表示。**

(3) 环路处于锁定状态时，鉴相器的输出电压为直流，即

$$u_e(t)=k_d\sin\theta_{e\infty}$$

(4) 环路处于锁定状态时，剩余相位差 $\theta_{e\infty}$ 可由式(7-48)求得，即

$$k_c k_d K_F(p)\sin\theta_{e\infty}=\Delta\omega_o$$

因为 $u_e(t)$ 为直流，对于环路滤波器来说，对应直流状态下的传递函数为 $K_F(0)$，则有

$$k_c k_d K_F(0)\sin\theta_{e\infty}=\Delta\omega_o \tag{7-52}$$

所以

$$\theta_{e\infty}=\arcsin\frac{\Delta\omega_o}{k_c k_d K_F(0)}=\arcsin\frac{\Delta\omega_o}{K_p} \tag{7-53}$$

式中，$K_p=k_c k_d K_F(0)$ 为环路的直流总增益，通常称为环路增益，单位为 rad/s。

由式(7-52)可以看出，**稳态相位差 $\boldsymbol{\theta_{e\infty}}$ 的作用是使环路所产生的控制角频差等于环路固有角频差，此时环路处于锁定状态。**

对于角频率和相位不变的输入信号能够锁定的环路，**当输入信号的频率和相位不断变化时，通过环路的作用，也可以在一定范围内使压控振荡器输出的角频率和相位不断地跟踪输入信号角频率和相位的变化。这种状态称为“跟踪状态”。可以这样说，环路的“锁定状态”是对频率和相位固定的输入信号而言的；环路的“跟踪状态”是对频率和相位变化的输入信号而言的。**有时不加区分地把这两种状态都称为锁定状态。如果环路不处于锁定状态或跟踪状态，则处于失锁状态。

7.5.2 锁相环路的基本应用

1. 锁相环路的主要特点

(1) 良好的跟踪特性。锁相环路锁定后，其输出信号频率可以精确地跟踪输入信号频率的变

化。即当输入信号频率 ω_i 稍有变化时,通过环路控制作用,压控振荡器的振荡频率也发生相应的变化,最后达到 $\omega_c=\omega_i$。

(2) 良好的窄带滤波特性。锁相环路就频率特性而言,相当于一个低通滤波器,而且其带宽可以做得很窄。例如,在几百 MHz 的中心频率上,实现几十 Hz 甚至几 Hz 的窄带滤波,能够滤除混进输入信号中的噪声和杂散干扰。这种窄带滤波特性是任何 LC、RC、石英晶体及陶瓷等滤波器难以达到的。

(3) 锁定状态无剩余频差。锁相环路利用相位差来产生误差电压,因而**锁定时只有剩余相位差,没有剩余频率差。**

(4) 易于集成化。组成环路的基本部件易于集成化。环路集成化可减小体积、降低成本及提高可靠性,更主要的是减小了调整的难度。

2. 锁相环路的应用举例

(1) 锁相倍频电路

锁相倍频电路的组成方框图如图 7.27 所示。它是在基本锁相环路的基础上增加了一个分频器。根据锁相原理,当环路锁定后,鉴相器的输入信号角频率 $\omega_i(t)$,与压控振荡器输出信号角频率 $\omega_o(t)$ 经分频器反馈到鉴相器输入端的信号角频率 $\omega_2=\omega_o(t)/N$ 相等,即 $\omega_o(t)=N\omega_i(t)$。若采用具有高分频次数的可变数字分频器,则锁相倍频电路可做成高倍频次数的可变倍频器。

锁相倍频器与普通倍频器相比较,其优点是:

① 锁相倍频器具有良好的窄带滤波特性,容易得到高纯度的频率输出;而在普通倍频器的输出中,经常出现谐波干扰。

② 锁相环路具有良好的跟踪特性和滤波特性,锁相倍频器特别适用于输入信号频率在较大范围内漂移,并同时伴有噪声的情况,这样的环路兼有倍频和跟踪滤波的双重作用。

(2) 锁相分频电路

锁相分频电路在原理上与锁相倍频电路相似。在锁相环路的反馈通道中插入倍频器,这样就可以组成基本的锁相分频电路。图 7.28 是一个锁相分频电路的基本组成方框图。根据锁相原理,当环路锁定时,鉴相器输入信号的角频率 $\omega_i(t)$,与压控振荡器经倍频后反馈回送到鉴相器输入端信号的角频率 $\omega_2=N\omega_o(t)$ 相等,即 $\omega_o(t)=\omega_i(t)/N$。

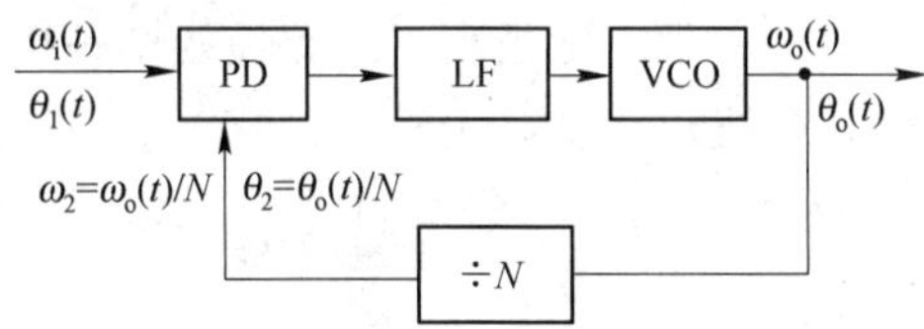

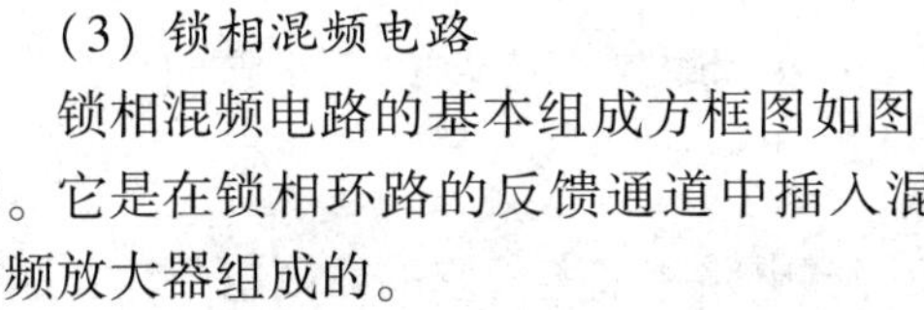

图 7.27 锁相倍频电路的组成方框图

图 7.28 锁相分频电路的组成方框图

(3) 锁相混频电路

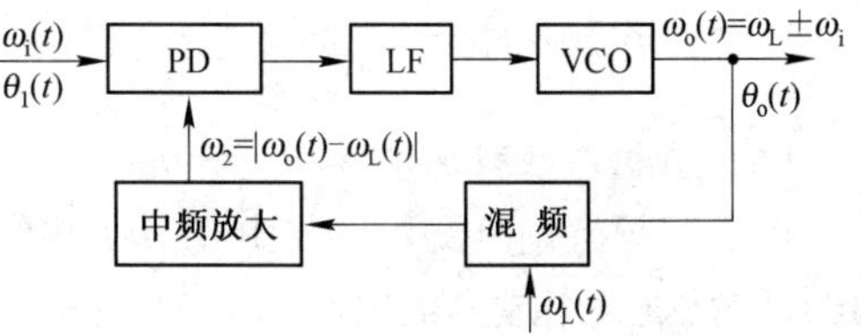

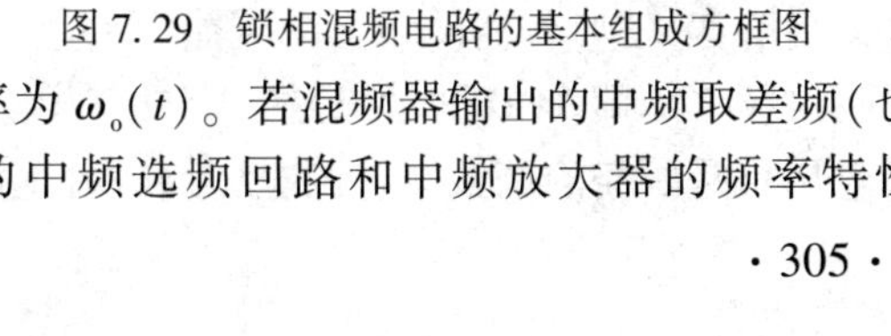

图 7.29 锁相混频电路的基本组成方框图

锁相混频电路的基本组成方框图如图 7.29 所示。它是在锁相环路的反馈通道中插入混频器和中频放大器组成的。

设送给鉴相器的输入信号的角频率为 $\omega_i(t)$,送给混频器的输入信号的角频率为 $\omega_L(t)$,混频器输入的本振信号由压控振荡器的输出提供,其角频率为 $\omega_o(t)$。若混频器输出的中频取差频(也可取和频),即 $\omega_2=|\omega_o(t)-\omega_L(t)|$,它由混频器的中频选频回路和中频放大器的频率特性

决定。

根据锁相环路锁定后无剩余频差的特性，由图 7.29 可得

$$\omega_i(t) = |\omega_o(t) - \omega_L(t)| \tag{7-54}$$

当 $\omega_o > \omega_L$ 时，则 $\omega_o = \omega_L + \omega_i$；当 $\omega_o < \omega_L$ 时，则 $\omega_o = \omega_L - \omega_i$。即压控振荡器输出信号的频率是和频还是差频仅由 $\omega_o > \omega_L$ 或 $\omega_o < \omega_L$ 来决定。

[例 7-3] 现有两个频率分别为 10 MHz 和 1000 Hz 的标准信号，需要得到一个频率为 10.001 MHz的信号，应如何实现？

解：这个问题好像采用一般的混频器就可实现。但是，混频器除了能产生和频之外，还有差频，即有 10.001 MHz 和 9.999 MHz 的两个频率。要求取出 10.001 MHz 的信号并滤去 9.999 MHz 的信号，这样对滤波器的相对通频带和矩形系数的要求太苛刻，非常难于实现。

采用锁相混频电路切实可行。将 10 MHz 的信号送给混频器，相当于图 7.29 中的 f_L，而 1000 Hz的信号送给鉴频器相当于 f_i。因为需要取得 $f_L + f_i$，故压控振荡器无控制电压时的固有振荡频率必须大于 f_L，即 $f_o > f_L$。

由上述例子可见，因为 $\omega_L + \omega_i$ 和 $\omega_L - \omega_i$ 相距很近，用普通混频器取出其中任何一个分量都十分困难。而用锁相混频电路却较易于实现。特别是，当需要 ω_L 与 ω_i 在一定范围内变化时，更加显示出锁相混频电路的优点。即输出信号的角频率能跟踪输入信号的角频率的变化。锁相混频电路在频率合成和锁相接收机中得到广泛应用。

(4) 锁相调频电路

采用锁相环路调频，能够得到中心频率高度稳定的调频信号。图 7.30 给出了锁相调频电路的组成方框图。

锁相调频电路能够得到中心频率稳定度很高的调频信号。实现锁相调频的条件是：

① 调制信号的频谱要处于低通滤波器通带之外，并且调制指数不能太大。这样，调制信号不能通过低通滤波器，因而在环路内不能形成交流反馈，调制信号的频率对环路无影响，即环路对调制信号引起的频率变化不灵敏，几乎不起作用。但调制信号却能使压控振荡器的振荡频率受调制，从而输出调频波。

② 锁相环路只对 VCO 中心频率不稳定所引起的频率变化(处于低通滤波器通带之内)起作用，使其中心频率锁定在晶振频率上，即锁相环路只对载波频率的慢变化起调整作用。环路滤波器为窄带滤波器，保证载波频率稳定度高，使输出调频波的中心频率稳定度很高。因此锁相调频能克服直接调频中心频率稳定度不高的缺点。这种锁相环路称为载波跟踪型 PLL。

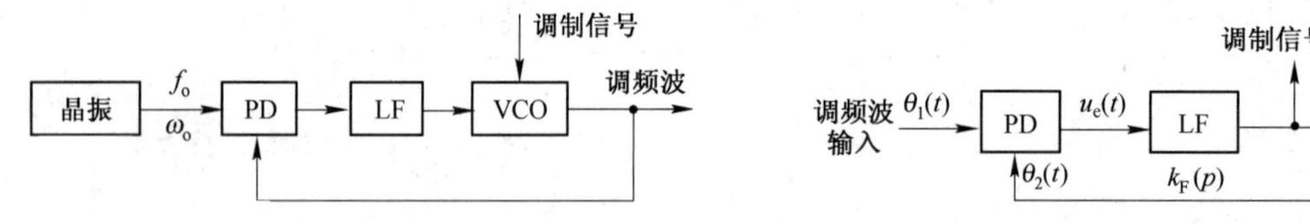

图 7.30 锁相调频电路的组成方框图

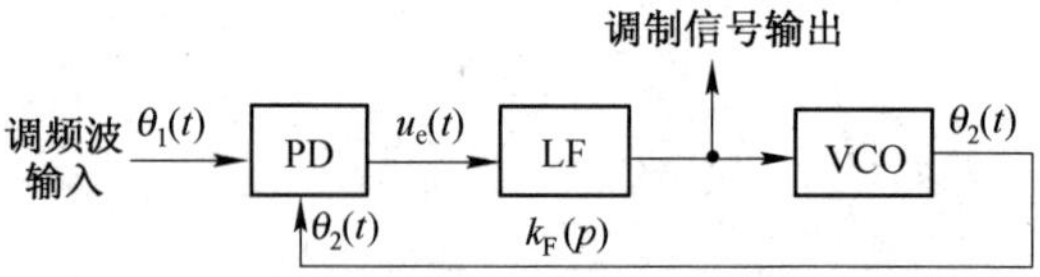

图 7.31 锁相调频解调电路的组成方框图

(5) 锁相调频解调电路

锁相调频解调电路可以与上一节所述的调频负反馈解调电路相媲美。它的门限电平比普通鉴频器低，其电路组成方框图如图 7.31 所示。当输入信号为调频波时，如果将环路滤波器的带宽设计得足够宽，使鉴相器的输出电压能顺利通过，则 VCO 就能跟踪输入调频波中反映调制规律变化的瞬时频率。即 VCO 的输出是一个具有相同调制规律的调频波。显然，这时环路滤波器输出的控制电压就是所需的调频波解调电压。这种电路称为调制跟踪型锁相环。

若输入的调频信号为 $$u_{FM}(t)=U_m\sin\left[\omega_i t+k_f\int_0^t u_\Omega(t)\mathrm{d}t\right]=U_m\sin[\omega_i t+\theta_1(t)]$$

式中，$\theta_1(t)=k_f\int_0^t u_\Omega(t)\mathrm{d}t$；$k_f$ 为调频比例系数；$u_\Omega(t)$ 为调制信号电压；ω_i 为输入调频波的载波角频率。调节 VCO 的中心角频率 ω_o，使 $\omega_o=\omega_i$。对于已经锁定的环路，当输入调频信号的频率和相位发生某种变化时，环路将使压控振荡器的频率和相位跟踪输入信号的变化。在这种情况下，环路中产生的相位差 θ_e 不大，即 $\sin\theta_e\approx\theta_e$，可以近似地把环路作为线性系统来分析。由式(7-46)可得

$$p\theta_e(t)+k_c k_d K_F(p)\theta_e(t)\approx p\theta_1(t) \tag{7-55}$$

整理得

$$\theta_e(t)=\frac{1}{p+k_c k_d K_F(p)}p\theta_1(t) \tag{7-56}$$

式中，$p=\frac{\mathrm{d}}{\mathrm{d}t}$为微分算子。把 $\theta_1(t)=k_f\int_0^t u_\Omega(t)\mathrm{d}t$ 代入上式可得

$$\theta_e(t)=\frac{1}{p+k_c k_d K_F(p)}\frac{\mathrm{d}}{\mathrm{d}t}\theta_1(t)\propto k_f u_\Omega(t) \tag{7-57}$$

由式(7-57)可以看出，相位差 θ_e 正比于调制信号电压 $u_\Omega(t)$。在线性鉴相的条件下，由式(7-35)可得鉴相器的输出电压为

$$u_e(t)=k_d\theta_e\propto k_d k_f u_\Omega(t) \tag{7-58}$$

因此，鉴相器的输出电压 $u_e(t)$ 正比于调制信号电压 $u_\Omega(t)$。由于直接从鉴相器的输出端取出解调信号，输出信号中将会有较大的干扰和噪声，所以一般不采用这种方法。通常要经过环路滤波器进一步滤波后再输出。

可以证明，这种鉴频器的输入信噪比的门限值比普通鉴频器有所改善。调制指数越高，门限改善的分贝数也越大，一般说来可以改善几个分贝。调制指数高时，可改善 10 分贝以上。此外，在锁相调频波解调电路中，为了实现不失真解调，环路的捕捉带必须大于输入调频波的最大频偏，**环路的带宽必须大于输入调频波中调制信号的频谱宽度。**

(6) 锁相接收机（窄带跟踪接收机）

在空间技术中，测速与测距是确定卫星运行的两种重要的技术手段，它们都是依靠地面接收机接收卫星发来的通信信息而实现的。因为卫星距离地面很远，而且发射功率低，所以地面能接收到的信号极其微弱。此外，卫星环绕地球飞行时，由于多普勒效应，地面接收到的信号频率将偏离卫星发射的信号频率，并且偏离量值的变化范围较大。例如，一般情况下虽然接收信号本身只占有几十 Hz 到几百 Hz，而它的频率偏移可以达到几 kHz 到几十 kHz，如果采用普通的外差式接收机，中频放大器带宽就要相应地大于这一变化范围，宽频带会引起大的噪声功率，导致接收机的输出信噪比严重下降，无法接收有用信号。锁相接收机(窄带跟踪接收机)的带宽很窄，又能跟踪信号，因此能大大提高接收机的信噪比。一般来说，可比普通接收机信噪比提高 30~40 dB。这是一个很重要的优点。

图 7.32 是锁相接收机的简化原理方框图。图中，混频器输出的中频信号经中频放大后，与本地晶振产生的中频标准参考信号同时加到鉴相器上，如果两者的频率有偏差，鉴相器的输出电压就去调整压控振荡器的频率，使混频器输出的中频被锁定在本地标准中频上。这样，中频放大器的通带就可以做得很窄(3~300 Hz)，

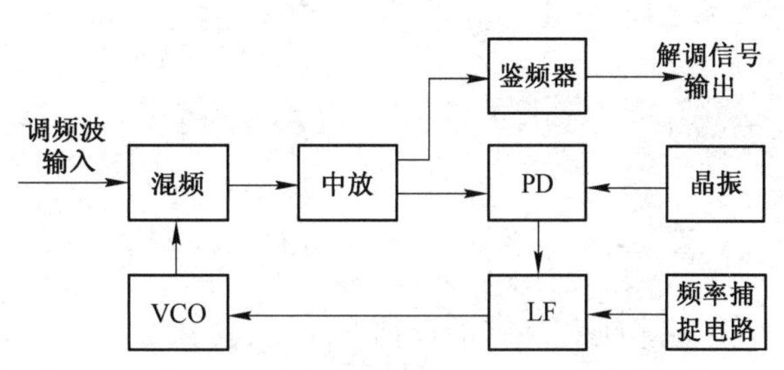

图 7.32 锁相接收机的简化原理方框图

接收机的灵敏度就高，接收微弱信号的能力就强。

由于这种接收机的中频频率可以跟踪接收信号频率的漂移，而且中频放大器的频带又窄，所以实际上它是一个窄带跟踪锁相环路。锁相环路中的环路滤波器的带宽很窄，只允许调频波的中心频率通过，实现频率跟踪，而不允许调频波的调制信号通过；调频波中的调制信号是中频放大器的输出信号经鉴频器解调后得到的。

一般锁相接收机的环路带宽都做得很窄，因而环路的捕捉带也很窄。对于中心频率在大范围内变化的输入信号，单靠环路自身进行捕捉往往是困难的。因此，锁相接收机都附有捕捉装置，用来扩大环路的捕捉范围。例如，环路失锁时，频率捕捉装置会送出一个锯齿波扫描电压，加到环路滤波器以产生控制电压，控制压控振荡器的频率在大的范围内变化。一旦压控振荡器的振荡频率靠近输入信号频率，环路将扫描电压自动切断，进入正常工作。

(7) 锁相同步检波电路

如果锁相环路的输入电压是调幅波，只有幅度变化，而无相位变化，则由于锁相环路只能跟踪输入信号的相位变化，所以环路输出端得不到原调制信号，只能得到等幅波。用锁相环路对调幅波进行解调，实际上是利用锁相环路供给一个稳定度高的载波信号电压，与输入调幅信号共同加到同步检波器上，就可得到所需的解调电压。

我们已经知道，欲将调幅信号进行同步检波，必须从已调波信号中恢复出同频同相的载波，作为同步检波器的本机载波信号。显然，用载波跟踪型锁相环就能得到这个本机载波信号。锁相同步检波电路的组成方框图如图 7.33 所示。不过，由于压控振荡器输出信号与输入参考信号(已调幅波)的载波分量之间有固定 $\pi/2$ 的相移，因此，必须经过 $\pi/2$ 移相器将其变成与已调波载波分量同相的信号，并与已调波共同加到同步检波器上，才能得到所需的解调信号。

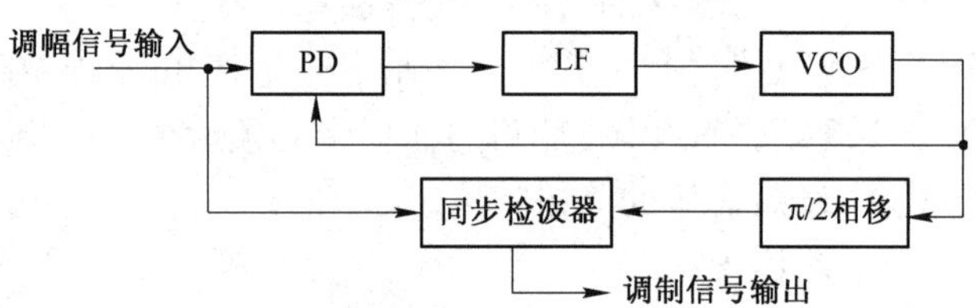

图 7.33　锁相同步检波电路的组成方框图

(8) 频率合成器

频率合成器(频率综合器)是利用一个(或几个)标准信号源的频率来产生一系列所需频率的技术。锁相环路加上一些辅助电路后，就能容易地对一个标准频率进行加、减、乘、除运算而产生所需的频率信号，且合成后的信号频率与标准信号频率具有相同的长期频率稳定度和较好的频率纯度。如果结合单片机技术，可实现自动选频和频率扫描。锁相式单环频率合成器的基本组成如图 7.34 所示。

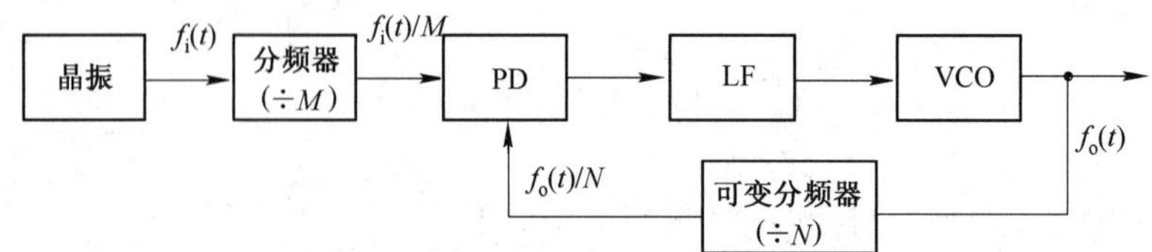

图 7.34　频率合成器的基本组成方框图

在基本锁相环路的反馈支路中，接入具有高分频比的可变分频器，通过控制(人工或程控)可变分频器的分频比就可得到若干个标准频率输出。为了得到所需的频率间隔，往往需要在电路中加一个前置分频器。频率合成器的电路构成和锁相倍频电路是一样的,只不过频率合成器中的分频器用了可变分频器。所以,频率合成器实际上就是锁相倍频器。

在工程应用中,对频率合成器的技术要求较多。主要要求是:

① 频率范围视用途而定。就其频段而言有短波、超短波及微波等频段。通常要求在规定的频率范围内,在任何指定的频率点(波道)上频率合成器都能正常工作,而且能满足质量指标的要求。

② 频率间隔。频率合成器的输出频率是不连续的,两个相邻频率之间的最小间隔,就是频率间隔。对短波单边带通信来说,现在多取频率间隔为 100Hz,有的甚至取为 10 Hz 或1 Hz;对短波通信来说,频率间隔多取为 5 kHz 或 1 kHz。

如何设计频率合成器使之满足上述要求呢?主要是确定前置分频器和可变分频器的分频比。在选定 f_i 后通常分以下两步进行:

第一步,由给定的频率间隔求出前置分频器的分频比 M。在图 7. 34 中,由于环路锁定后,鉴相器两路输入信号的频率相等,即

$$\frac{f_i}{M}=\frac{f_o}{N},\qquad f_o=\frac{N}{M}f_i$$

如果设频率间隔为 Δf,则有

$$\Delta f=f_{o(N+1)}-f_{o(N)}=\frac{N+1}{M}f_i-\frac{N}{M}f_i=\frac{1}{M}f_i \tag{7-59}$$

由式(7-59)可以看出,频率间隔 Δf 与前置分频器的分频比 M 之间的关系。

第二步,由输出频率范围确定可变分频器的分频比 N。同理有

$$f_o=\frac{N}{M}f_i$$

如果要求 f_o 在 $f_{omin}\sim f_{omax}$ 范围内可调节,利用上式可求出对应可变分频器的分频比 $N_{min}\sim N_{max}$。

[例 7-4] 一个双环频率合成器如图 7. 35 所示,它由两个锁相环和一个混频滤波电路组成。两个参考信号的频率分别为:$f_{i1}=1$ kHz,$f_{i2}=100$ kHz;两个可变分频器的分频比范围分别为:$N_1=10\,000\sim11\,000$,$N_2=720\sim1\,000$。固定分频器的分频比 $N_3=10$。求输出频率 f_o 的频率调节范围和频率间隔。

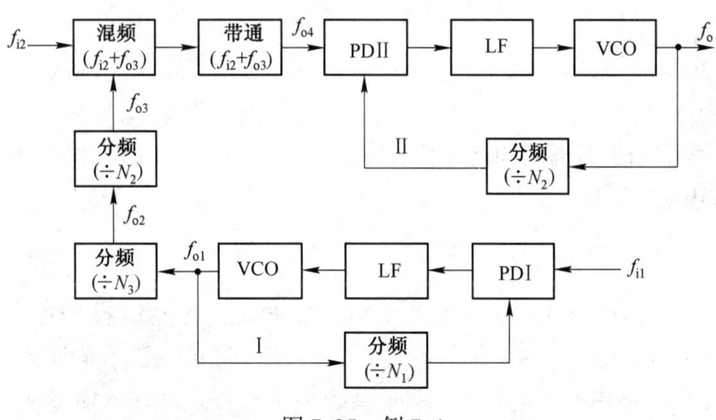

图 7. 35 例 7-4

解:环路 I 是锁相倍频电路,输出信号的频率 $f_{o1}=N_1f_{i1}$

f_{o1}经过 N_3 次固定分频后,输出 $f_{o2}=\dfrac{N_1}{N_3}f_{i1}$

f_{o2}经过 N_2 次可变分频后，输出 $f_{o3}=\frac{N_1}{N_3N_2}f_{i1}$

设混频器输出端采用的带通滤波器能取出和频信号，则有 $f_{o4}=f_{i2}+\frac{N_1}{N_3N_2}f_{i1}$

环路Ⅱ也是锁相倍频电路，所以输出信号的频率

$$f_o=N_2f_{o4}=N_2f_{i2}+\frac{N_1}{N_3}f_{i1}$$

由上式可见，输出合成频率 f_o 由两部分之和组成：前一部分 N_2f_{i2} 的调节范围为 72～100 MHz，频率间隔为 0.1 MHz；后一部分 N_1f_{i1}/N_3 的调节范围为 1～1.1 MHz，频率间隔为 100 Hz。所以，f_o 的总调节范围为 73～101.1 MHz，频率间隔为 100 Hz，总频率数为 281 000 个。环路Ⅰ的输入参考频率为 1 kHz，环路Ⅱ的输入参考频率为 101～101.53 kHz。

7.6 单片集成锁相环电路简介与应用

利用集成电路技术，可以很方便地把锁相环路制成单片形式。它不仅体积小，重量轻，调整使用方便，而且还能提高锁相环路的标准性、可靠性和多用途性。集成锁相环路的类型较多，其基本原理是相同的。按其组成部件的电路形式可分为模拟锁相环路和数字锁相环路两大类。模拟锁相环路大都是双极型的，品种繁多，如国外产品 NE560、NE561、NE562 及 NE565 等，国内产品有 L562、L564、SL565、KD801、KD802、KD8041、BG322 及 X38 等。数字锁相环路大部分采用 TTL 逻辑电路或 ECL 逻辑电路，并且发展了 CMOS 锁相环路，如国外的 CD4046 及 MCl4046 等，国产的 J691、5G4046 及 CC4046 等。本节以 NE562 为例，介绍常用的通用模拟集成锁相环路。数字集成锁相环路这里不做介绍。

7.6.1 NE562

NE562(国内同类产品有 L562、KD801 及 KD8041)是目前广泛应用的一种多功能单片集成锁相环路，可以用它构成数据同步器、FM 调制与解调器、FSK 解调器、遥测解调器、音质解调器及频率合成器等。

NE562 的极限参数为：

最高电源电压 30 V(通常用 18 V)	最大电源电流 14 mA
最低工作频率 0.1 Hz	最高工作频率 30 MHz
输入电压 3 V(第 11、12 引脚间的均方值)	跟踪范围±15%(输入 200 mV 方波)
允许功耗 300 mW(25℃)	工作温度 0℃～70℃

1. NE562 组成

NE562 的组成框图及引脚如图 7.36 所示。NE562 内部包含鉴相器 PD、环路滤波器 LF、压控振荡器 VCO，以及三个放大器 A_1～A_3、限幅器、稳压、偏置和温度补偿等辅助电路。

在 NE562 的电路中，鉴相器 PD 采用了双平衡模拟乘法器。外输入信号从第 11、12 脚输入；由 VCO(压控振荡器)产生的方波信号从第 3、4 脚输出，经过外电路后从第 2、15 脚重新输入，作为 PD 的比较信号；PD 输出的误差电压从第 13、14 脚间差分输出，经环路滤波器滤波后，再经放大器 A_1 隔离、缓冲放大，最后经限幅后送到压控振荡器。

环路滤波器 LF 由 NE562 内部双平衡差分电路集电极电阻 R_c(2×6 kΩ)和第 13、14 脚外接 RC 元件构成。

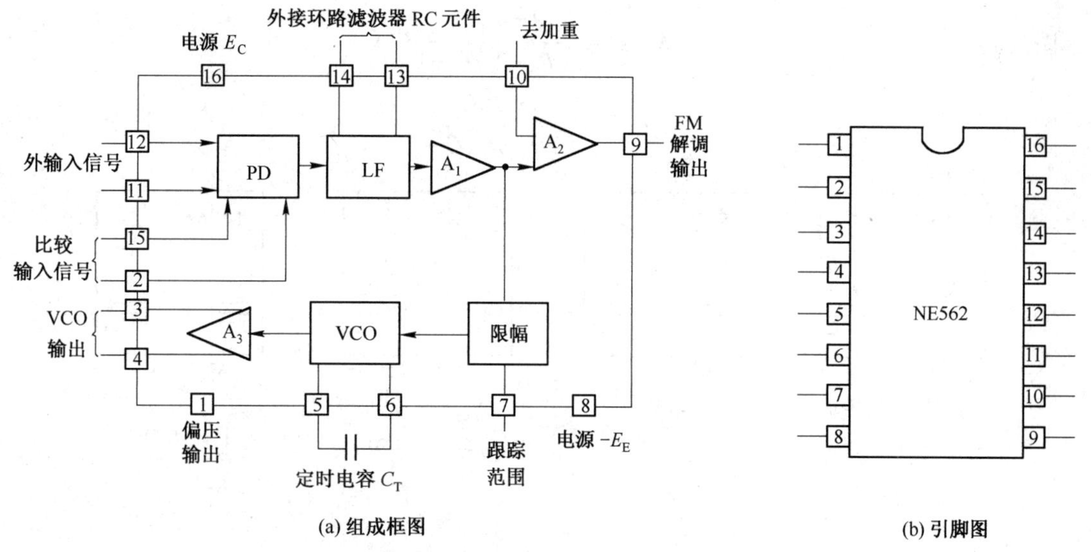

(a) 组成框图

(b) 引脚图

图 7.36　NE562 的组成框图及引脚

压控振荡器 VCO 采用射极定时的压控多谐振荡器，第 5、6 脚外接定时电容 C_T。放大器 A_3 既可以保证 VCO 的频率稳定度，又放大了 VCO 的输出电压，使第 3、4 脚输出的电压幅度增大到约 4.5 V，以满足 PD 对 VCO 信号电压幅度的要求。VCO 经 A_3 放大的输出（由第 3、4 脚输出）与 PD 的比较输入信号端（第 2、15 脚）之间，可外接其他部件以发挥其多功能作用。

限幅器是与 VCO 串接的一级控制电路。NE562 内部限幅器的集电极电流受第 7 脚外接电路的控制，一般第 7 脚注入电流增大，则内部限幅器集电流减小，VCO 跟踪范围变小；反之则跟踪范围增大。当第 7 脚注入电流大于 0.7 mA 时，内部限幅器截止，VCO 的控制被截断，VCO 处于失控的自由振荡工作状态（系统失锁）。

当 NE562 用作 FM 解调时，解调信号从第 9 脚输出，此时第 10 脚可接 FM 去加重电路。放大器 A_1、A_2 用作隔离、缓冲放大器，其作用是可以提高第 9 脚输出的解调信号的电平值。

2. NE562 的使用与调整方法

（1）外接信号 $u_i(t)$ 的输入方式

由于第 11、12 脚相对于内部电路的直流电位为 4 V，且两输入端的输入电阻仅 2 kΩ，因此当外接信号 $u_i(t)$ 时，应采用电容耦合，以避免输入端口的直流电位受影响。而且其耦合电容 C 的容抗应远小于 2 kΩ，即 $1/\omega C \ll 2\ \text{k}\Omega$。

$u_i(t)$ 既可以采用双端输入方式，也可以采用单端输入方式。当采用单端输入方式时，另一输入端应交流接地，以提高 PD 的增益。

（2）LF 的选择与接入方式

LF 由 NE562 内部双平衡差分电路集电极电阻 R_c（2×6 kΩ）和第 13、14 脚外接 RC 阻容网络共同构成。NE562 实用电路中常用的 LF 电路有如图 7.37 所示的四种基本形式。

对应于图中各电路的传递函数分别为

图（a）：
$$K_F(s)=\frac{1}{sR_cC_f+1} \tag{7-60}$$

图（b）：
$$K_F(s)=\frac{1}{s(2R_cC_f)+1} \tag{7-61}$$

图(c)：
$$K_F(s)=\frac{1+sR_fC_f}{s(R_c+R_f)C_f+1} \tag{7-62}$$

图(d)：
$$K_F(s)=\frac{1+sR_fC_f}{s(2R_c+R_f)C_f+1} \tag{7-63}$$

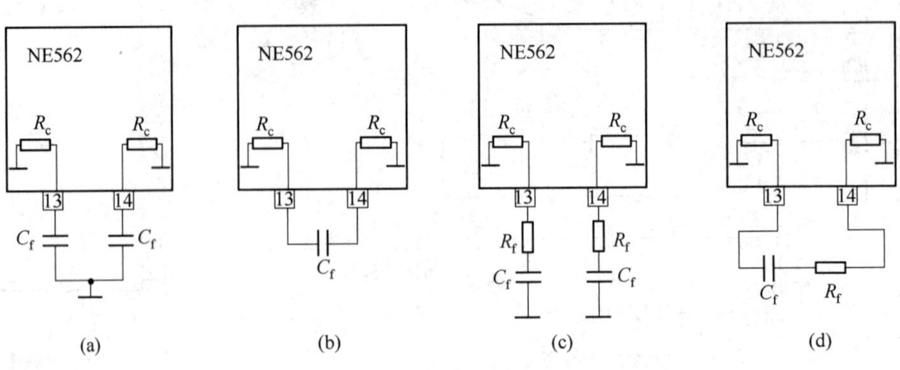

图 7.37　NE562 常用环路滤波器

LF 对锁相环路的性能有决定性影响，因此 R_f、C_f 的数值必须根据环路性能要求进行精确计算。通常已知 $R_c=6\ \text{k}\Omega$，为确保环路稳定性，R_f 值取在 50～200 Ω 之间，根据设计中所要求的环路滤波器截止频率 ω_c，C_f 的数值可以按下列各式近似计算：

图(a)：
$$C_f=\frac{1}{\omega_cR_c}=\frac{1}{2\pi f_cR_c}$$

图(b)：
$$C_f=\frac{1}{2\omega_cR_c}=\frac{1}{4\pi f_cR_c}$$

图(c)：
$$C_f=\frac{1}{\omega_c(R_c+R_f)}=\frac{1}{2\pi f_c(R_c+R_f)}$$

图(d)：
$$C_f=\frac{1}{\omega_c(2R_c+R_f)}=\frac{1}{2\pi f_c(2R_c+R_f)}$$

通常，当 VCO 的固有振荡频率 $f_o<5$ MHz 时可选用图 7.37(a)及(b)的电路；当 $f_o\geq 5$ MHz 时可选用图 7.37(c)及(d)的电路。

(3) VCO 的输出方式与频率调整

VCO 的输出方式与频率调整的步骤如下。

① 由于 VCO 信号输出端第 3、4 脚的内部接两个对称的射极输出器的发射极，所以在第 3、4 脚到地之间应当接数值相等的射极电阻，阻值一般为 3～12 kΩ，使第 3、4 脚内部射极输出器的平均电流不超过 4 mA。

② 当 VCO 的输出需与逻辑电路连接时，必须外接电平移动电路，使 VCO 输出端 12 V 的直流电平移至某一较低电平上，并使输出方波符合逻辑电平要求。图 7.38(a)为实用的单端输出的电平移动电路，图 7.38(b)为实用的双端驱动的电平移动电路，其工作频率可达 20 MHz。

③ VCO 的频率及其跟踪范围应该能调整与控制。VCO 频率的调整，除了采用直接调节与定时电容 C_T 并联的微调电容这一简单方式外，还有如图 7.39 所示的其他几种方式。

其中图 7.39(a)所示电路中，VCO 的频率可表示为

$$f'_o=f_o\left(1+\frac{E_A-6.4}{1.3R}\right) \tag{7-64}$$

式中，f_o 为 $E_A=6.4$V 时 VCO 的固有振荡频率。改变 E_A，振荡频率相对变化为

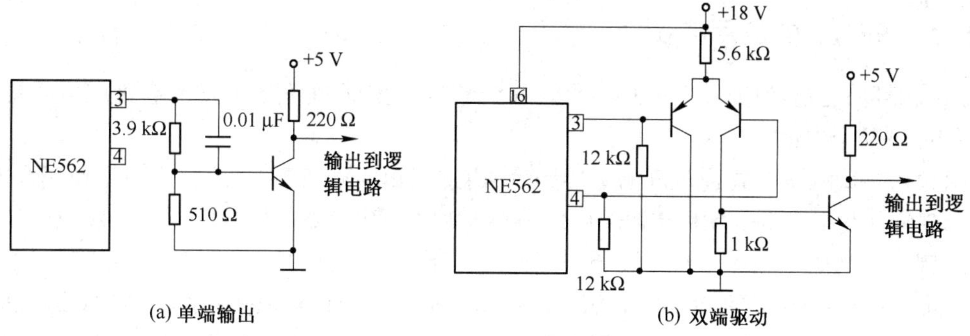

图 7.38　NE562 VCO 输出端逻辑接口电路

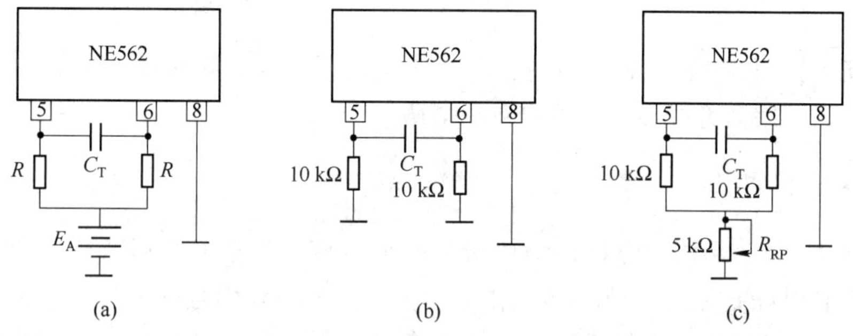

图 7.39　NE562 VCO 的频率调整电路

$$\frac{\Delta f}{f_o}=\frac{f'_o-f_o}{f_o}=\frac{E_A-6.4}{1.3R}$$

上式描述了 $\Delta f/f_o$ 与 R 及 E_A 的关系。

图 7.39(b)及(c)所示电路中,可将 NE562 的 VCO 频率扩展到 30 MHz 以上,并且可用外接电位器 R_{RP}(图(c))来微调频率。

(4) PD 的反馈输入与环路增益控制方式

PD 的反馈输入方式一般采用单端输入方式,如图 7.40 所示。由于 1 脚输出+7.7 V 的偏置电压经 R(2 kΩ)分别加到比较器输入端(第 2 及第 15 脚)作为 NE562 内部电路的基极偏压,而且第 1 脚到地接旁路电容 C_B;反馈信号从 VCO 的第 3 脚输出,并经分压电阻取样后,通过耦合电容 C_c 加到第 2脚构成闭环系统。

对环路的总增益 G_L 的控制,普遍采用在第 13、14 脚并接电阻 R_f 的方式(如图 7.37 所示),来抵消因 f_o 上升而使 G_L 过大所造成的工作不稳定性。此时的环路总增益降低为

$$G_{LF}=G_L\frac{R_f}{12000+R_f}$$

式中,R_f 的单位为 Ω;$\alpha=R_f/(1\,200+R_f)$称为增益减小系数。

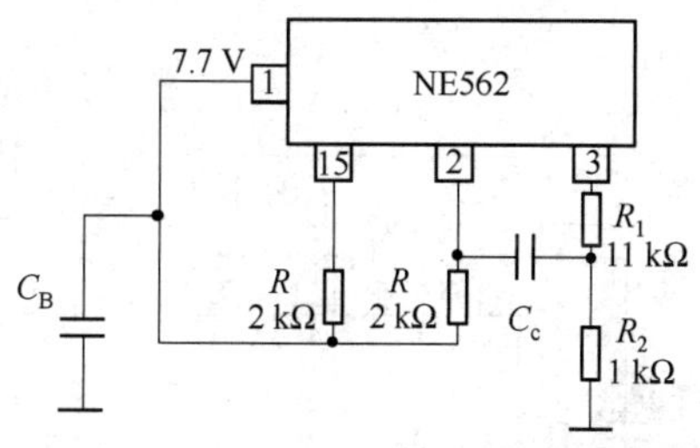

图 7.40　NE562 反馈输入方式

(5) 解调输出方式

当 NE562 用作 FM 信号的解调时,解调信号由第 9 脚输出,此时第 9 脚需外接一个电阻到地(或负电源),作为 NE562 内部电路的射极负载,电阻数值要合适,常取为 15 kΩ 以确保内部射极输出电流不超过 5 mA,另外第 10 脚应外接去加重电容。

7.6.2 NE562 的应用实例

集成锁相环路已广泛应用于电子技术的各个领域。按锁相环路在应用电路中的功能进行分类，主要有如下几个方面的应用：

① 稳频——输入一个高稳定度的标准频率，通过锁相环路来实现分频、倍频与频率合成；

② 调制——利用锁相环路中控制电压 $u_c(t)$ 对 VCO 振荡频率的控制特性，实现 FM 及 FSK 调制；

③ 解调——利用锁相环路对载波调制跟踪的控制特性，实现对 FM 或 FSK 输入信号的解调；

④ 同步——利用锁相环路可以实现载波同步和位同步的特性，实现相干解调和构成数字滤波器；

⑤ 控制——利用锁相环路实现对电机转速控制、自动频率校正、天线调谐及相位自校等功能；

⑥ 测量——利用锁相环路可实现对两信号频差及相差测量的特点，实现卫星测距和相位噪声测试等。

由于篇幅所限，本节将简要介绍 NE562 在解调及倍频等方面的基本应用电路，至于集成锁相环路在其他方面的应用读者可参考相关的专门书籍。

1. NE562 FM 解调电路

图 7.41 所示为采用 NE562 构成的宽频偏 FM 解调电路。图中，C_s 为 FM 信号输入耦合电容，要求其容抗应远小于 PD 的差模输入阻抗（4 kΩ），以减小 C_s 对 FM 信号的相移。定时电容 C_T 应确保 VCO 的中心频率 f_o 等于 FM 信号的载频。C_C 为 VCO 信号耦合电容，其对载频的容抗应尽可能地小，以减小对载频信号的相移。R_f、C_f 组成比例积分式环路滤波器，其带宽应根据环路对调制信号跟踪的要求，即根据 FM 信号的最大频偏来合理设计。C_D 为去加重电容。解调信号由第 9 脚输出。

2. NE562 倍频器

在锁相环路的反馈通路中接入分频器，便可构成锁相倍频器。图 7.42 所示为利用 NE562 和分频器 T216 构成的倍频器。图中 C_T 为定时电容，决定 NE562 固有振荡频率；C_f 与芯片内部电阻构成环路滤波器。频率为 f_i 的参考信号经耦合电容 C_s 送到第 12 脚单端输入，第 11 脚及第 1 脚和第 9 脚均经电容高频接地。VCO 信号由第 4 脚经电阻（10 kΩ、1.5 kΩ）、电容（0.1 μF）耦合电路送到分频器 T216 的输入端，经 1/N 分频后通过耦合电容（0.1 μF）单端输入到第 15 脚，与外输入参考信号进行相位比较。当电路锁定时，VCO 输出信号的频率为

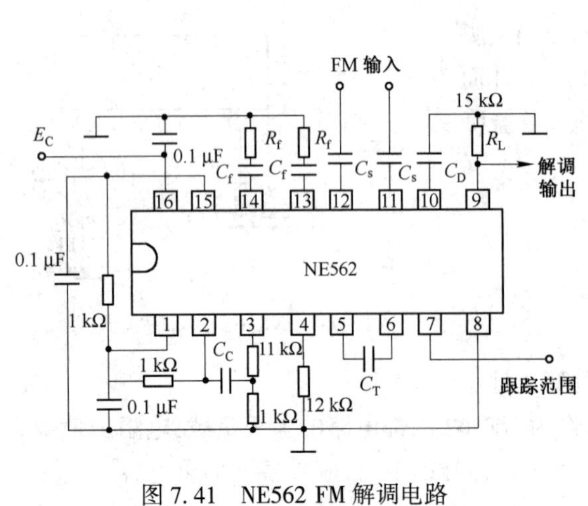

图 7.41 NE562 FM 解调电路

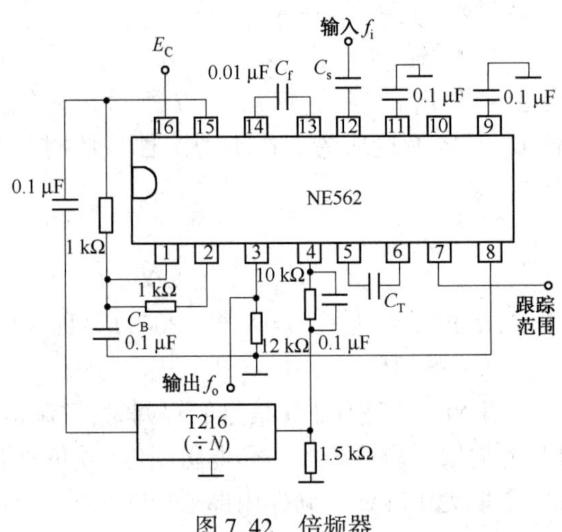

图 7.42 倍频器

$$f_o = Nf_i \tag{7-65}$$

即实现了 N 倍频。

本章小结

本章要点总结如下：

（1）反馈控制是现代系统工程中的一种重要技术手段。在系统受到扰动的情况下，通过反馈控制作用，可使系统某个参数达到所需的精度，或按照一定的规律变化。在电子电路中也常常应用反馈控制技术。根据控制对象参数的不同，反馈控制电路可以分为以下三类：

① 自动增益控制（AGC）电路，它主要用在无线电收发系统中，以维持整机输出电平恒定。

② 自动频率控制（AFC）电路，它用来维持电子设备中工作频率的稳定。

③ 自动相位控制（APC）电路，又称锁相环路（PLL），它主要用于锁定相位，能够实现多种功能，是应用最广泛的一种反馈控制电路。

反馈控制电路一般由比较器、控制信号发生器、可控器件及反馈网络四部分组成。

（2）AGC 电路、AFC 电路和 PLL 电路的被控参量分别是信号的电平、频率和相位，在组成上分别采用电平比较器、鉴频器和鉴相器取出误差信号，然后分别控制放大器的增益、VCO 的振荡频率或相位，使输出信号电平、频率或相位稳定在一个预先规定的参量上，或者跟踪参考信号的变化。三种电路中都包含低通滤波器，其阶数和时间常数将影响电路暂态响应。在达到稳定状态之后，三种电路分别存在电平、频率或相位方面的剩余误差，称为稳态误差。为了减小稳态误差，可以在环路中加入直流放大器，即增大环路的直流总增益。稳态误差不可能为零。

（3）目前实用的反馈控制电路大都已经集成化，仅需外接少量元器件即可，实现比较简单。然而，为了达到较好的控制效果，需要根据指标要求预先进行参数计算，选取合适的集成电路芯片和元器件。

（4）锁相环路作为一种无频差的反馈控制电路，且又易于集成，实际应用日益广泛。虽然锁相环路的理论分析较复杂（因为是非线性控制电路），但作为一般工程应用，读者只要了解其工作原理，掌握其线性分析方法，熟悉一些常用集成锁相环电路芯片的组成和特性，就会感到用锁相环路构成各种实用电路不是一件很困难的事情。

习题 7

7.1　已知接收机输入信号动态范围为 80 dB，要求输出电压在 0.8～1 V 范围内变化，则整机增益控制倍数应是多少？

7.2　图题 7.2 所示为某扫频信号发生器采用的 AGC 电路方框图。u_x、u_y 分别是输入及输出信号，参考信号 $U_r = 1$ V，可控增益放大器的增益 $A_g(u_c) = 1+0.3u_c$。要求输入信号振幅 $U_x = 1$ V 时，输出信号振幅 $U_y = 1$ V。若 U_x 变化范围为±1.5 dB 时，要求 U_y 变化范围限制在±0.05 dB 以内。试求直流放大器增益 k_1 的最小值应是多少？

7.3　图题 7.3 是接收机三级 AGC 电路方框图。已知三级可控增益放大器的增益控制特性相同，每一级均为 $A_g(u_c) = \dfrac{20}{1+2u_c}$。当输入信号振幅 $U_{xmin} = 125$ μV 时，对应输出信号振幅 $U_{ymin} = 1$ V。若当 $U_{xmax}/U_{xmin} = 2\,000$ 时，要求对应输出信号振幅 $U_{ymax}/U_{ymin} \leqslant 3$。试求直流放大器增益 k_1 和参考电压 U_r 的值。

7.4　图题 7.4 是调频接收机中 AGC 电路的两种设计方案。试分析哪一种方案可行，并加以说明。

7.5　图题 7.5 所示为某调频接收机中 AFC 电路方框图，它与一般调频接收机中 AFC 比较有何差别？优点是什么？如果将低通滤波器去掉能否正常工作？能否将低通滤波器合并在其他环节中？

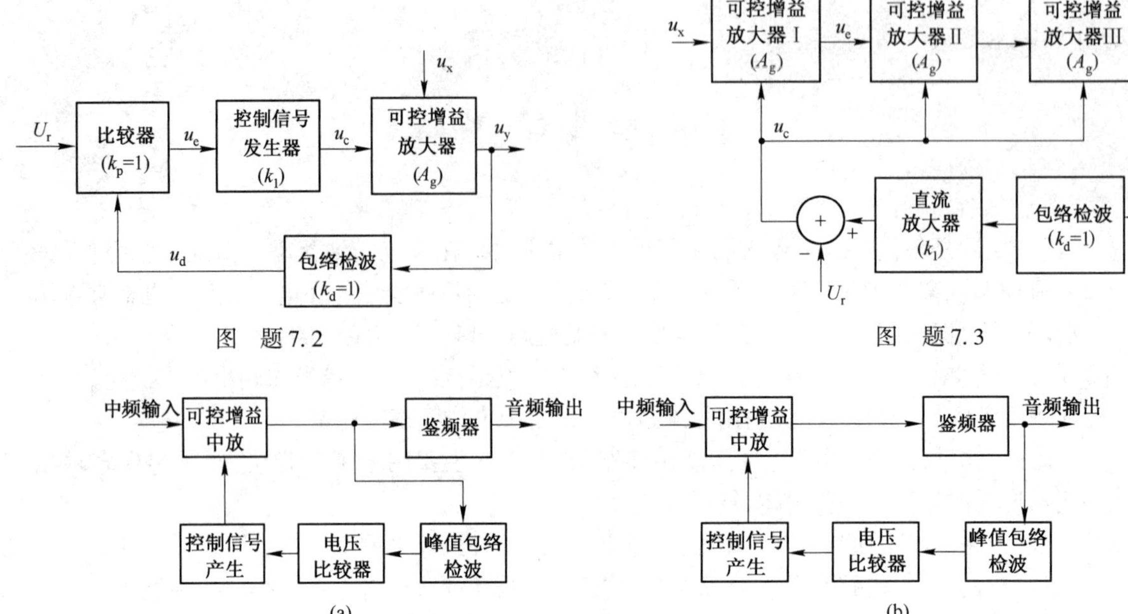

图　题7.2

图　题7.3

图　题7.4

7.6　图题7.6所示为调频负反馈解调电路。已知低通滤波器增益为1。当环路输入单音调制的调频波$u_i(t)=U_m\cos(\omega_i t+m_f\sin\Omega t)$时，要求加到中频放大器输入端调频波的调频指数为$0.1m_f$。试求乘积$k_d k_o$的值。

7.7　在图题7.7所示锁相环路中，$k_d=0.63$ V，$k_c=20$ kHz/V，VCO中心频率$f_o=2.5$ MHz，环路滤波器的$K_F(p)=1$。在输入载波信号作用下环路锁定，控制频差为10 kHz。试求锁定时输入信号频率f_i，环路控制电压$u_c(t)$，稳态相差$\theta_e(\infty)$。

7.8　图题7.8是三环式频率合成器的组成方框图。图中A和B为倍频环，C为混频环，混频器的输出频率为f_o-f_B。已知输入信号频率$f_i=100$ kHz，变频比$300\leqslant N_A\leqslant 399$，$351\leqslant N_B\leqslant 397$。求输出信号频率$f_o$的频率范围及间隔。

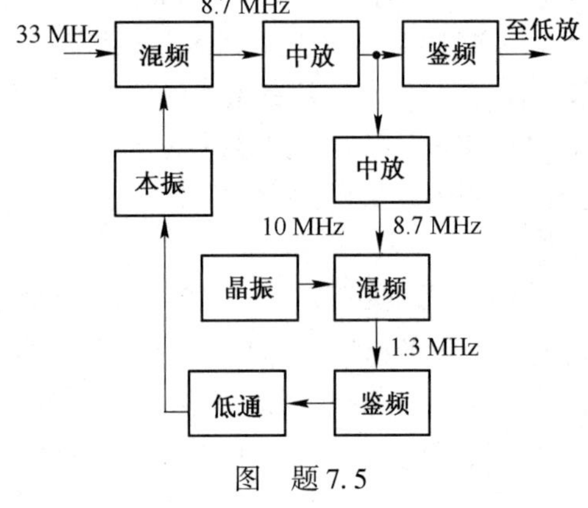

图　题7.5

7.9　在图题7.9所示的频率合成器中，若可变分频器的分频比$N=760\sim860$，试求输出频率f_o的范围及相邻频率的间隔。

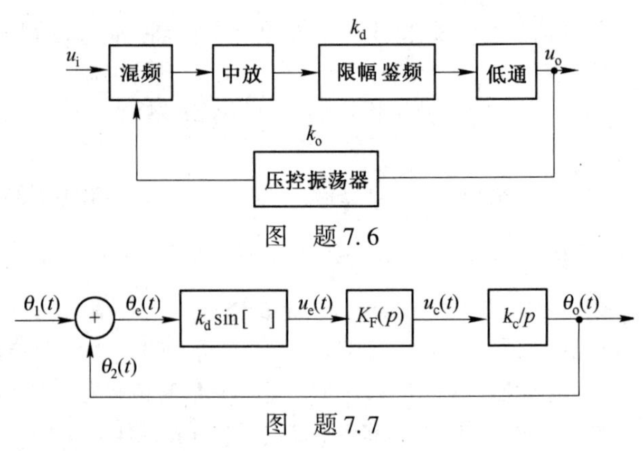

图　题7.6

图　题7.7

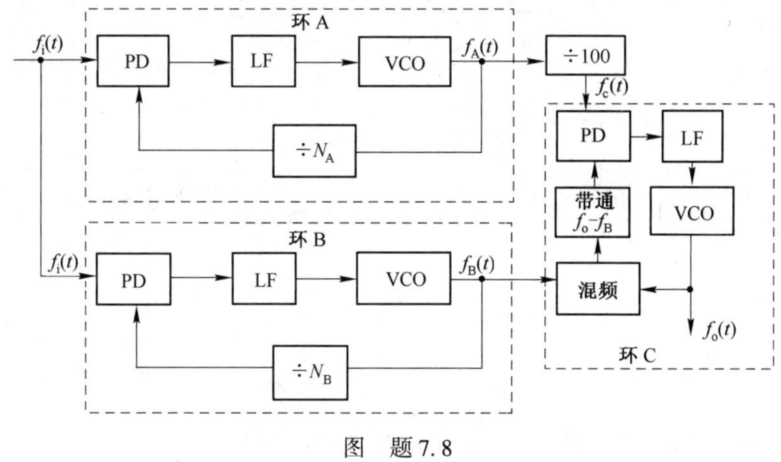

图　题 7.8

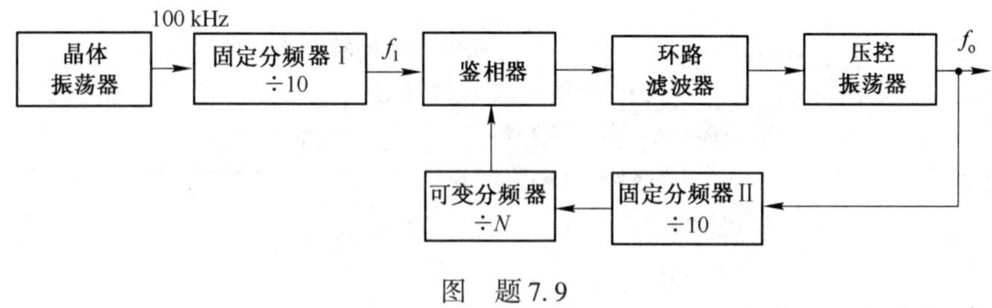

图　题 7.9

7.10　在图题 7.10 所示的频率合成器中，试导出 f_o 的表达式。各个相乘器的输出滤波器均取差频。

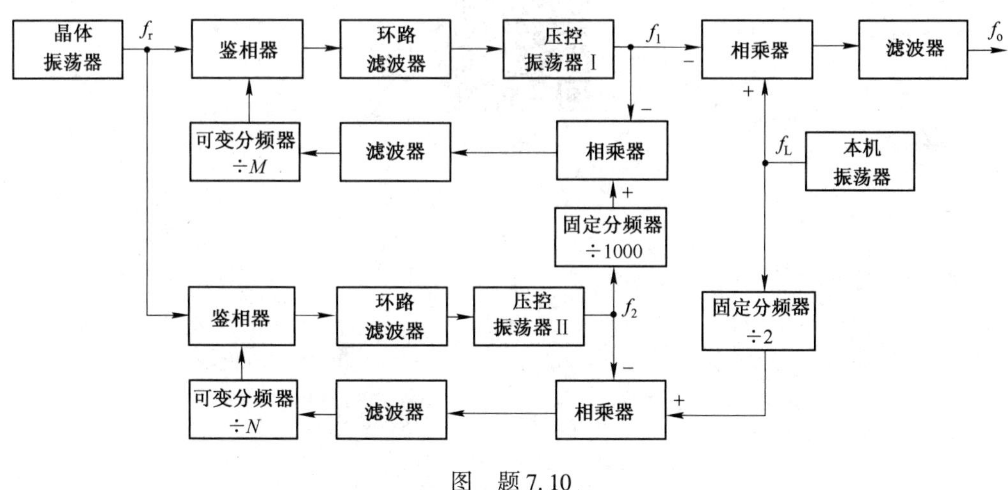

图　题 7.10

7.11　在图题 7.11 所示的频率合成器中，f_r 是高稳定度晶振电路产生的标准频率。试推导出频率合成器输出频率 f_o 与 f_r 的关系式。

7.12　图题 7.12 所示的锁相环路用来解调调频信号。设环路的输入信号 $u_i(t) = U_i\sin(\omega_c t + 10\sin 2\pi\times 10^3 t)$ V。已知 $k_d = 250$ mV/rad，$k_c = 2\pi\times 25\times 10^3$ rad/(s・V)，$A_1 = 40$；有源比例积分滤波器的参数为 $R_1 = 17.7$ kΩ，$R_2 = 0.94$ kΩ，C = 0.03 μF。试求放大器输出频率为 1 kHz 的音频电压的振幅 $U_{\Omega m}$。

7.13　填空题

(1) 反馈控制电路的组成部分有________、________、________、________。

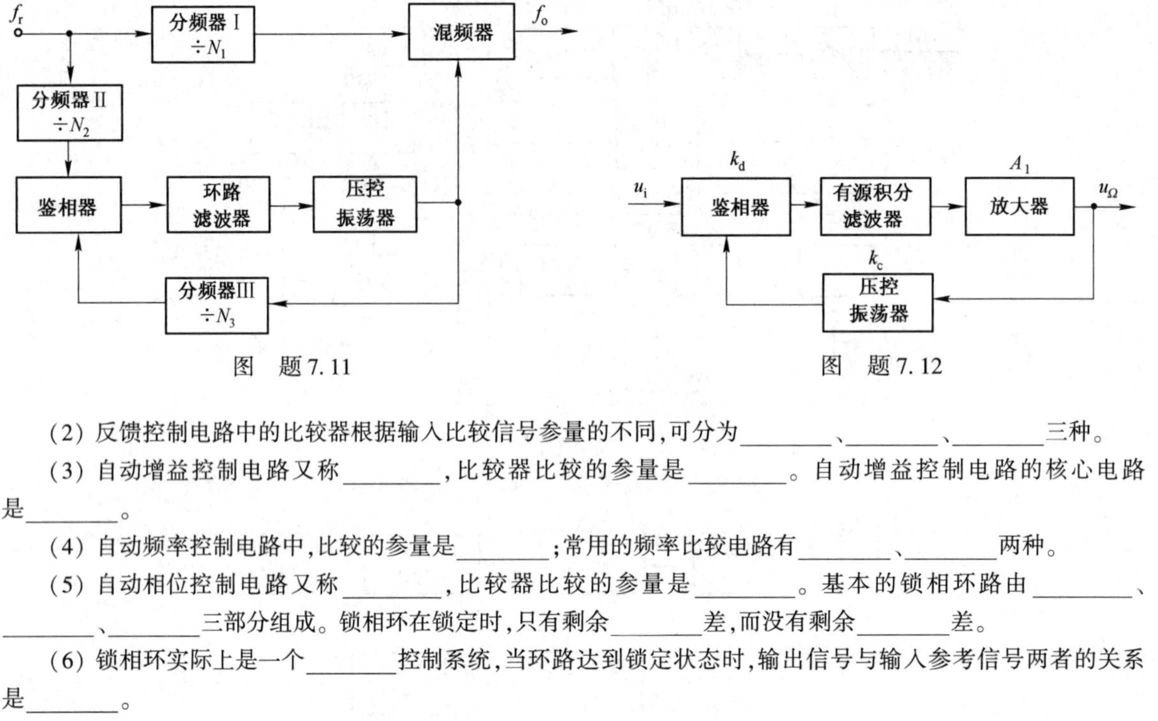

图　题 7.11　　　　图　题 7.12

(2) 反馈控制电路中的比较器根据输入比较信号参量的不同,可分为________、________、________三种。

(3) 自动增益控制电路又称________,比较器比较的参量是________。自动增益控制电路的核心电路是________。

(4) 自动频率控制电路中,比较的参量是________;常用的频率比较电路有________、________两种。

(5) 自动相位控制电路又称________,比较器比较的参量是________。基本的锁相环路由________、________、________三部分组成。锁相环在锁定时,只有剩余________差,而没有剩余________差。

(6) 锁相环实际上是一个________控制系统,当环路达到锁定状态时,输出信号与输入参考信号两者的关系是________。

本章习题解答请扫二维码 7。

二维码 7

第 8 章　数字调制与解调

从调制信号的形式来看,第 5 章的幅度调制与第 6 章的角度调制都属于模拟调制;而本章介绍的是数字调制与解调。本章将在第 5 章和第 6 章的基础上深入讨论数字调制中的二进制振幅键控(2ASK)、二进制频移键控(2FSK)、二进制相移键控(2PSK),以及二进制差分相移键控(2DPSK)的调制原理与解调原理。本章的教学需要 6~8 学时。

8.1　概　　述

除了第 5、6 章介绍的模拟调制外,还有一类数字调制。所谓数字调制是指用数字基带信号控制高频载波的过程。与模拟调制一样,数字调制可以对正弦载波的振幅、频率、相位进行调制,分别称为振幅键控(Amplitude Shift Keying,ASK)、频率键控(Frequency Shift Keying,FSK)、相位键控(Phase Shift Keying,PSK)。

数字信息有二进制和多进制之分,所以,数字调制可以分为二进制调制和多进制调制。在二进制调制中,调制信号是二进制数字基带信号,因此信号参量只有两种可能的取值,二进制数字基带信号对载波进行调制,载波的幅度、频率、相位只有两种变化状态。二进制调制是多进制调制的基础,因此本章主要讨论二进制数字调制与解调的原理。

8.2　二进制振幅键控

8.2.1　2ASK 调制原理

二进制振幅键控(2ASK)是指高频载波的振幅随二进制数字基带信号变化,其振幅变化只有两种情况。

1. 2ASK 信号的数学表达式及波形

设载波 $u_c(t)=\cos\omega_c t$,二进制基带信号为

$$s(t)=\sum_{n=-\infty}^{\infty} a_n g(t-nT_s) \tag{8-1}$$

式中,$g(t)$为二进制基带信号的波形,它可以是矩形脉冲、升余弦脉冲或钟形脉冲等, T_s 为码元的宽度。a_n 为二进制数字信息,当第 n 个码元为 1 时,a_n 等于 1;当第 n 个码元为 0 时,a_n 等于 0。则 2ASK 信号的数学表达式为

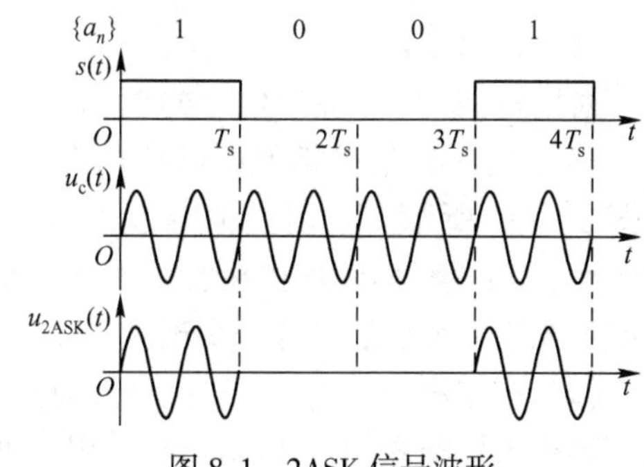

图 8.1　2ASK 信号波形

$$u_{2ASK}(t)=s(t)u_c(t)=\left[\sum_{n=-\infty}^{\infty} a_n g(t-nT_s)\right]\cos\omega_c t \tag{8-2}$$

其典型波形如图 8.1 所示。

2. 2ASK 信号的功率谱密度

由于 2ASK 信号是随机的功率型信号,故研究它的频谱特性时应讨论它的功率谱密度。根据式(8-2),假设二进制基带信号 $s(t)$是随机的单极性矩形脉冲序列,其功率谱密度为 $P_s(f)$,2ASK

信号的功率谱密度为 $P_{2ASK}(f)$，则由式(8-2)和信号的功率谱密度特性可得

$$P_{2ASK}(f)=\frac{1}{4}[P_s(f+f_c)+P_s(f-f_c)] \tag{8-3}$$

可见，**2ASK 信号的功率谱密度是二进制基带信号功率谱密度的线性搬移，因此二进制振幅键控属于线性调制。**

单极性矩形脉冲序列的功率谱如图 8.2(a)所示。其数学表达式为

$$P_s(f)=f_sP(1-P)\,|G(f)|^2+f_s^2P^2|G(0)|^2\delta(f) \tag{8-4}$$

式中，$f_s=1/T_s$ 为码元传输速率，P 为数字信息“1”的统计概率；$G(f)$ 是单个基带信号码元 $g(t)$（相当于门函数）的频谱，即 $G(f)=T_s\mathrm{Sa}(\pi fT_s)$，其中函数 $\mathrm{Sa}(x)=\sin x/x$；$\delta(f)$ 为冲激函数。将式(8-4)代入式(8-3)可得

$$P_{2ASK}(f)=\frac{1}{4}f_sP(1-P)\,|G(f+f_c)+G(f-f_c)|^2+\frac{1}{4}f_s^2P^2|G(0)|^2[\delta(f+f_c)+\delta(f-f_c)] \tag{8-5}$$

当概率 $P=1/2$ 时，2ASK 信号的功率谱密度为

$$P_{2ASK}(f)=\frac{T_s}{16}\{|\mathrm{Sa}[\pi(f+f_c)T_s]|^2+|\mathrm{Sa}[\pi(f-f_c)T_s]|^2\}+\frac{1}{16}[\delta(f+f_c)+\delta(f-f_c)] \tag{8-6}$$

其曲线如图 8.2(b)所示。

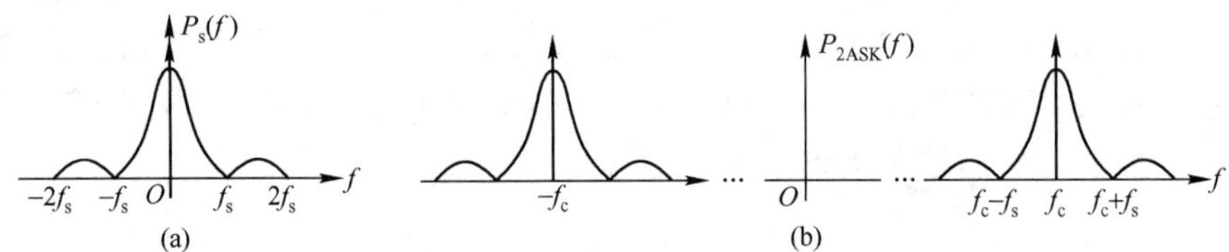

图 8.2　2ASK 信号的功率谱密度

由上述分析及图 8.2 可以看出：2ASK 信号的功率谱由离散谱和连续谱两部分组成；离散谱出现在载频位置；2ASK 信号的带宽是基带信号带宽的 2 倍，其主瓣（第一个零点位置）带宽 $B_{2ASK}=2f_s$。

3. 2ASK 信号的调制原理框图

(1) 模拟相乘法

根据式(8-2)，2ASK 信号的调制方法也可采用与 AM、DSB 信号类似的模拟相乘法实现，如图 8.3(a)所示。它用模拟幅度调制的方法来产生 2ASK 信号，即用相乘器实现。实际电路中相乘器可以用第 4、5 章介绍的二极管环形调制器或集成模拟乘法器芯片来实现。

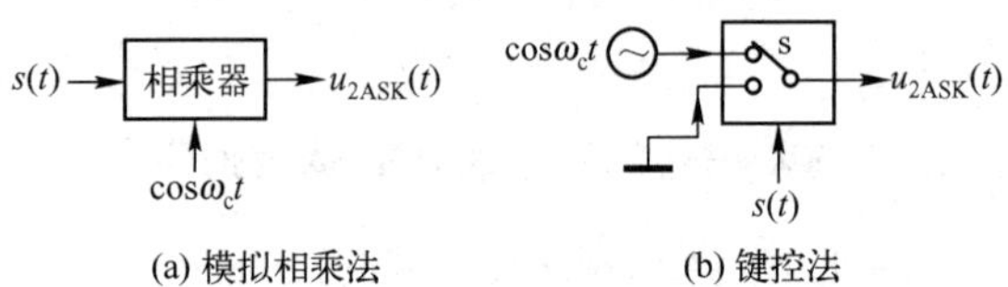

图 8.3　2ASK 信号的调制原理框图

(2) 键控法

键控法如图 8.3(b)所示。它是用一个电键来控制载波的输出而实现的，其中电键受基带信号 $s(t)$ 控制，因此 2ASK 亦可称为通断键控（On Off Keying, OOK）。为了适应自动发送高速数据的要求，键控法中的电键可以用各种形式的受基带信号控制的电子开关来实现。

8.2.2　2ASK 信号的解调原理

和 AM 信号一样，2ASK 信号的解调方法也有两种：

(1) 相干解调法（乘积型同步检波法）

相干解调法是直接把本地恢复的解调载波和接收到的 2ASK 信号相乘，然后用低通滤波器将

低频信号提取出来。在这种解调器中,要求本地的解调载波和发送端的载波同频同相(同步),如果其频率或相位有一定的偏差,将会使恢复出来的调制信号产生失真。其原理框图如图 8.4 所示。图中,c 点波形可理解为 $u_{2ASK}(t)\cos\omega_c t=s(t)\cos^2\omega_c t,(n-1)T_s\leqslant t\leqslant nT_s$;抽样判决器实际上完成模/数变换,因为低通滤波器的输出信号是模拟信号,而接收端恢复输出的信号应该是数字信号,因此其作用是恢复或再生基带信号。相干解调法的各点波形如图 8.5所示。

(2) 非相干解调法(包络检波法)

包络检波法的原理框图如图 8.6 所示。图中,整流器起包络检波的作用。其各点波形如图 8.7所示。

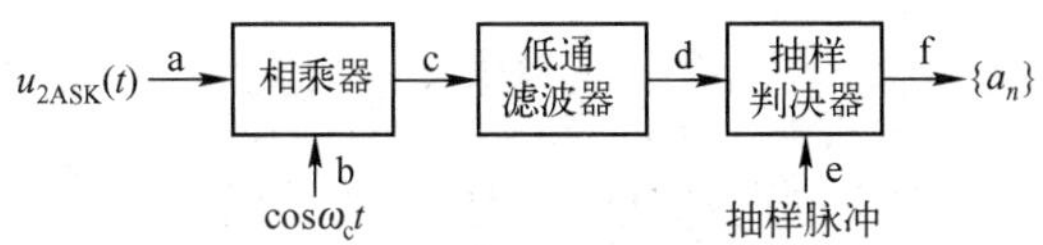

图 8.4　2ASK 信号相干解调法原理框图

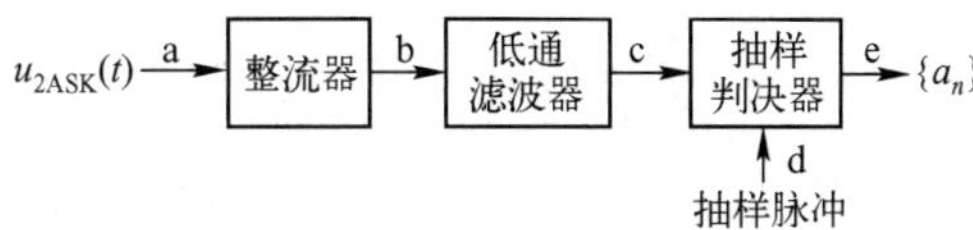

图 8.6　2ASK 信号包络检波法原理框图

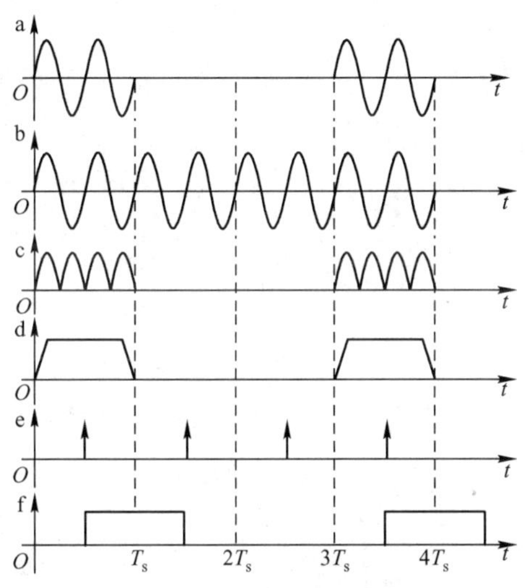

图 8.5　2ASK 信号相干解调法的时间波形

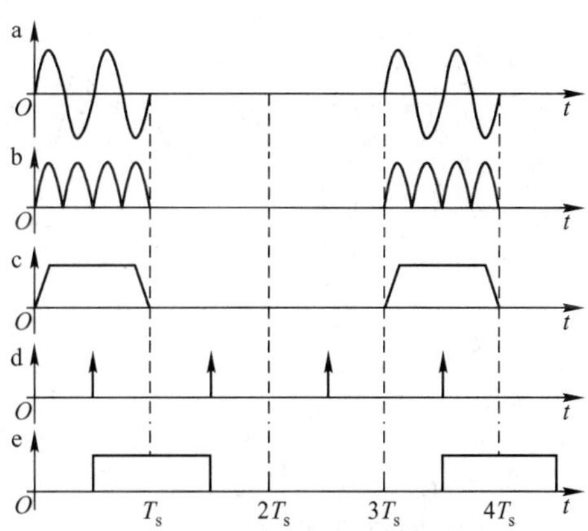

图 8.7　2ASK 信号包络检波法的时间波形

2ASK 调制方式是 20 世纪初最早运用于无线电报中的数字调制方式之一。但是,ASK 传输技术受噪声影响很大,噪声电压和数字基带信号就会一起改变 ASK 信号的振幅,“0”可能变为“1”,“1”可能变为“0”。因此 ASK 方式已较少应用,但是 2ASK 是研究其他数字调制方式的基础,还是有必要了解它。

8.3　二进制频率键控

8.3.1　2FSK 调制原理

二进制频率键控(2FSK)是指高频载波的频率随二进制数字基带信号变化,其频率变化只有两种情况。

1. 2FSK 信号的数学表达式及波形

根据 2FSK 的定义,二进制数字信息中第 n 个码元为 1 时,载波频率为 f_1;第 n 个码元为 0 时,载波频率为 f_2,因此 2FSK 信号的载波频率在 f_1 和 f_2 两者间变化。故在一个码元周期 T_s 内,2FSK

信号的表达式为

$$u_{2FSK}(t)=\begin{cases}\cos(\omega_1 t+\varphi_n) & (a_n=1)\\ \cos(\omega_2 t+\theta_n) & (a_n=0)\end{cases} \tag{8-7}$$

式中,φ_n 和 θ_n 分别是第 n 个码元(1 或 0)的初始相位,为分析方便,可设 $\varphi_n=\theta_n=0$。其典型波形如图 8.8 所示。由图可见,2FSK 信号的波形可看作是 $s_1(t)\cos\omega_1 t$ 的波形和 $s_2(t)\cos\omega_2 t$ 的波形的叠加,也就是说,**2FSK(频率键控)信号可以看成是两个不同载频(f_1,f_2)的 2ASK(振幅键控)信号的叠加**。因此,2FSK 信号的时域表达式为

$$\begin{aligned}u_{2FSK}&=s_1(t)\cos(\omega_1 t+\varphi_n)+s_2(t)\cos(\omega_2 t+\theta_n)\\&=\Big[\sum_{n=-\infty}^{\infty}a_n g(t-nT_s)\Big]\cos(\omega_1 t+\varphi_n)+\Big[\sum_{n=-\infty}^{\infty}\overline{a_n}g(t-nT_s)\Big]\cos(\omega_2 t+\theta_n)\end{aligned} \tag{8-8}$$

式中,$s_1(t)$ 和 $s_2(t)$ 分别是两路二进制基带信号,$g(t)$、a_n 含义同前叙述。$\overline{a_n}$ 是 a_n 的反码。

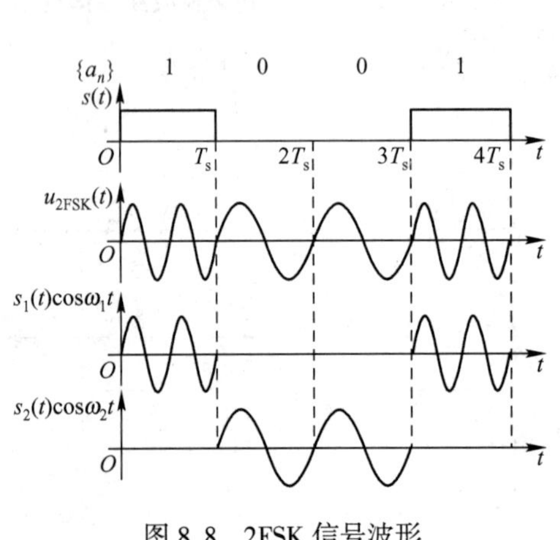

图 8.8　2FSK 信号波形

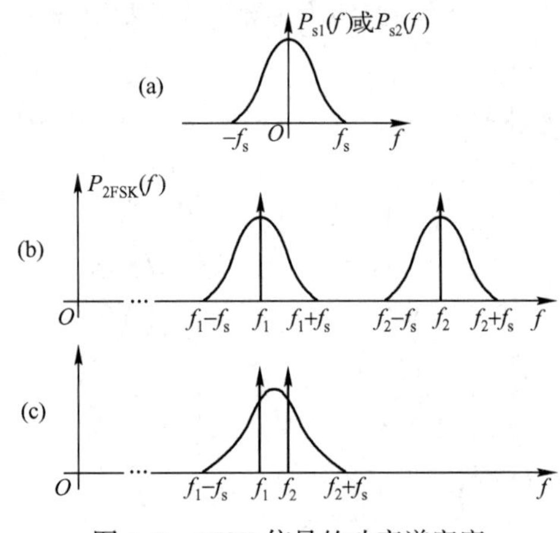

图 8.9　2FSK 信号的功率谱密度

2. 2FSK 的功率谱密度

根据式(8-8),2FSK 信号的频谱可以近似表示成载频分别为 f_1、f_2 的两个 2ASK 信号的叠加。因此 2FSK 信号的功率谱密度为

$$P_{2FSK}(f)=\frac{1}{4}[P_{s1}(f+f_1)+P_{s2}(f-f_2)] \tag{8-9}$$

根据式(8-5),$P=1/2$ 时,上式可变为式(8-10)。其曲线如图 8.9 所示。

$$\begin{aligned}P_{2FSK}(f)=&\frac{T_s}{16}\{|Sa[\pi(f+f_1)T_s]|^2+|Sa[\pi(f-f_1)T_s]|^2\}+\\&\frac{T_s}{16}\{|Sa[\pi(f+f_2)T_s]|^2+|Sa[\pi(f-f_2)T_s]|^2\}+\\&\frac{1}{16}[\delta(f+f_1)+\delta(f-f_1)+\delta(f+f_2)+\delta(f-f_2)]\end{aligned} \tag{8-10}$$

由上述分析及图 8.9 可以看出:2FSK 信号的功率谱由离散谱和连续谱两部分组成,其中,连续谱由中心位于 f_1、f_2 的双边谱组成,离散谱出现在载频 f_1、f_2 处;连续谱的形状随两个载频的差值 $|f_1-f_2|$ 而变化,当 $|f_1-f_2|\geqslant f_s$ 时,连续谱有两个峰,当 $|f_1-f_2|<f_s$ 时,连续谱在 $(f_1+f_2)/2$ 处出现单峰。若以主瓣(第一个零点位置)来计算 2FSK 信号的带宽,则其带宽是

$$B_{2FSK}=|f_1-f_2|+2f_s \tag{8-11}$$

3. 2FSK 信号的调制原理框图

2FSK 信号的调制方法主要有两种：模拟调频法和键控法。模拟调频法如图 8.10(a)所示。它是用模拟调频电路的方法来产生 2FSK 信号的。

键控法如图 8.10(b)所示。它是在二进制基带矩形脉冲序列的控制下通过开关电路对两个不同的正弦波信号源进行选通，使其在每个码元周期 T_s 内输出载频为 f_1 或 f_2 的 2ASK 信号，然后相加形成 2FSK 信号。

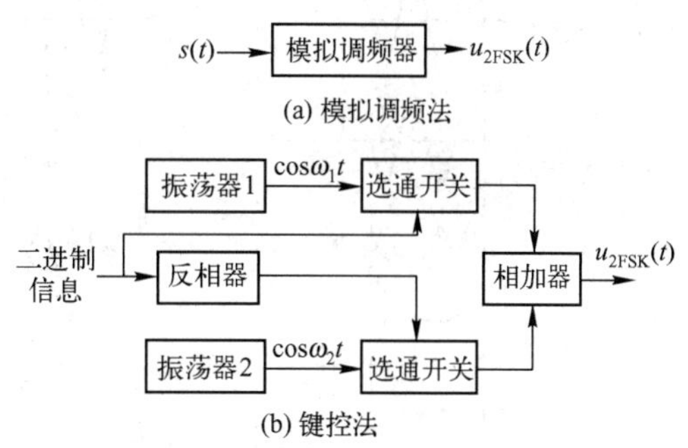

图 8.10　2FSK 信号的调制原理框图

8.3.2　2FSK 解调原理

2FSK 信号的解调方法有两种：

(1) 分路解调法

分路解调法的原理框图如图 8.11 所示。

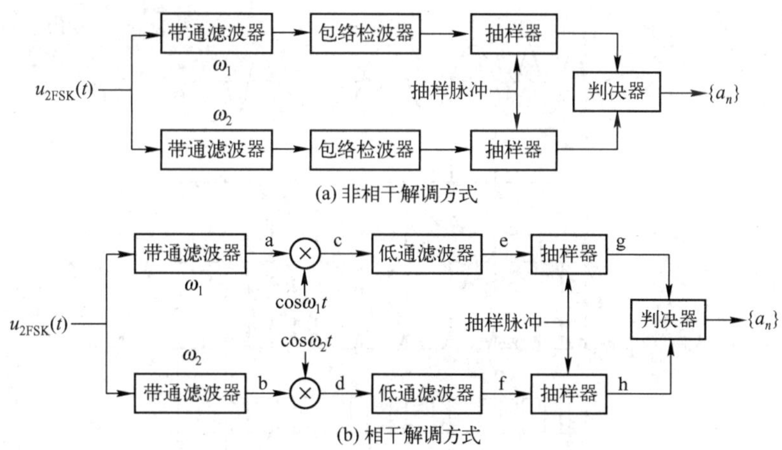

图 8.11　2FSK 信号分路解调法原理框图

它是将 2FSK 信号分解为两路 2ASK 信号分别进行解调，然后比较两路抽样后的样值信号的大小，最终恢复出原始的信息码元。判决规则应与调制规则相对应，调制时若规定"1"、"0"分别对应载波频率 f_1、f_2，则接收时上支路的样值较大，应判为"1"，否则判为"0"。

这里以分路解调法中的相干解调方式为例说明分路解调法的原理，其各点波形如图 8.12 所示。抽样器输出的样值信号用"▲"表示。

(2) 过零检测法

过零检测法的原理框图如图 8.13 所示，其解调原理类似于 FM 信号解调方法中的脉冲计数式鉴频器。过零检测的原理基于 2FSK 信号的过零点数随载波频率的不同而异，通过检测过零点数目的多少，从而区分两个不同频率的信息码元。其各点波形如图 8.14 所示。

2FSK 调制方式在数字通信中应用较为广泛。国际电信联盟建议在数据速率低于 1.2 kb/s 时采用 2FSK 方式。2FSK 方式属于等幅调制，因此特别适合于随参信道的场合。

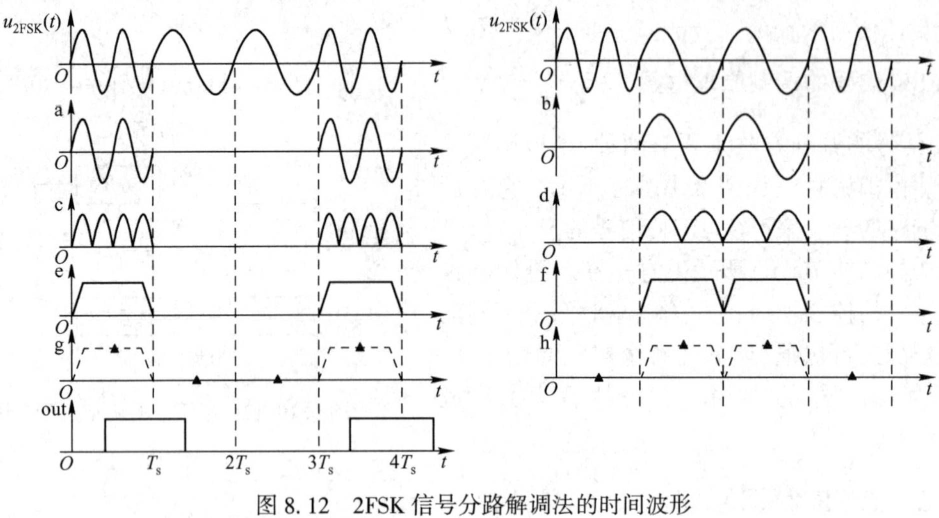

图 8.12　2FSK 信号分路解调法的时间波形

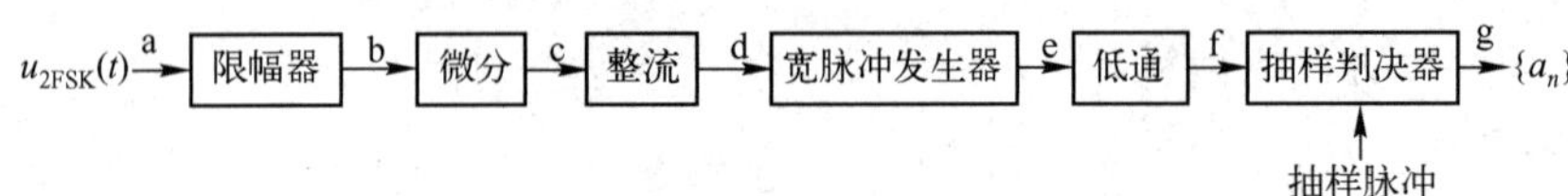

图 8.13　2FSK 信号过零检测法原理框图

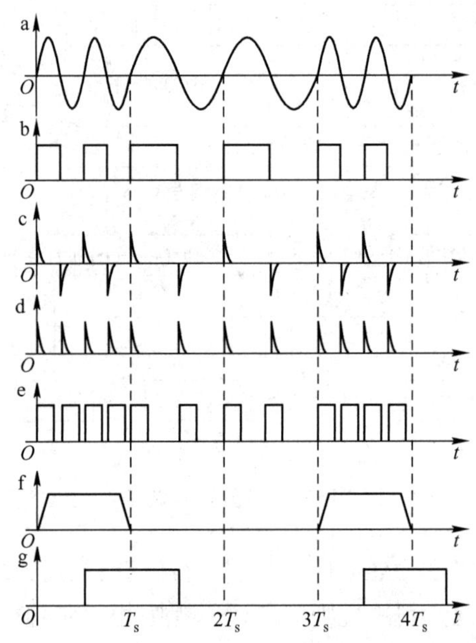

图 8.14　2FSK 信号过零检测法的时间波形

8.4　二进制相移键控

8.4.1　2PSK 调制原理

二进制相移键控是指高频载波的相位随二进制数字基带信号变化,其相位变化只有两种情况(例如 0 或 π)。

1. 2PSK 信号的数学表达式及波形

根据 2PSK 的定义,在一个码元周期 T_s 内 2PSK 信号的表达式为

$$u_{2PSK}(t)=\cos(\omega_c t+\varphi_n) \tag{8-12}$$

在 2PSK 中,通常用初始相位 0 和 π 分别表示二进制信号"0"、"1"。因此,式中 φ_n 表示第 n 个码元(1 或 0)的初始相位,且

$$\varphi_n=\begin{cases}0 & (a_n=0)\\ \pi & (a_n=1)\end{cases} \tag{8-13}$$

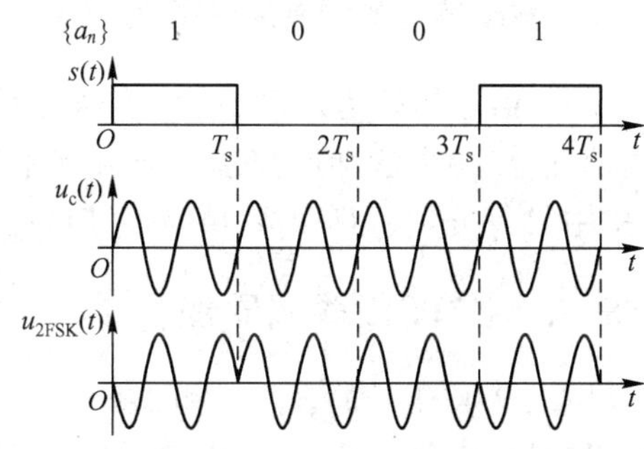

图 8.15　2PSK 信号波形

因此,式(8-12)变为

$$u_{2PSK}(t)=\begin{cases}\cos\omega_c t & (a_n=0)\\ -\cos\omega_c t & (a_n=1)\end{cases} \tag{8-14}$$

其典型波形如图 8.15 所示。

由图(8-15)和式(8-14)可以看出,2PSK 信号的波形可看作是一个双极性基带信号和正弦载波的相乘。因此,2PSK 信号的时域表达式又可写成

$$u_{2PSK}=s(t)\cos\omega_c t \tag{8-15}$$

式中,$s(t)$是双极性基带信号,且

$$s(t)=\sum_{n=-\infty}^{\infty}a_n g(t-nT_s) \qquad \text{式中 } a_n=\begin{cases}1 & (\text{概率 } P)\\ -1 & (\text{概率 } 1-P)\end{cases} \tag{8-16}$$

式中 $g(t)$ 含义同前叙述。即发送"0"时(a_n 取+1),$u_{2PSK}(t)$ 的初始相位为 0;发送"1"时(a_n 取−1),$u_{2PSK}(t)$ 的初始相位为 π。

2. 2PSK 的功率谱密度

比较式(8-3)和式(8-15)可知,**2ASK(振幅键控)信号的表达式和 2PSK(相移键控键)信号的表达式是完全相同的,只是基带信号 $s(t)$ 不同,前者中 $s(t)$ 为单极性,后者中 $s(t)$ 为双极性**。因此 2PSK 信号的功率谱密度可表示成

$$P_{2PSK}(f)=\frac{1}{4}[P_s(f+f_c)+P_s(f-f_c)] \tag{8-17}$$

双极性矩形脉冲序列的功率谱为

$$P_s(f)=4f_sP(1-P)\,|G(f)|^2+f_s^2\,(1-2P)^2\,|G(0)|^2\delta(f) \tag{8-18}$$

式中,$f_s=1/T_s$ 为码元传输速率,P 为数字信息"1"的统计概率;$G(f)$是单个基带信号码元 $g(t)$(相当门函数)的频谱,即 $G(f)=T_s\mathrm{Sa}(\pi f T_s)$,其中函数 $\mathrm{Sa}(x)=\sin x/x$;$\delta(f)$为冲激函数。将式(8-18)代入式(8-17)可得

$$P_{2PSK}(f)=f_sP(1-P)|G(f+f_c)+G(f-f_c)|^2+\frac{1}{4}f_s^2\,(1-2P)^2|G(0)|^2[\delta(f+f_c)+\delta(f-f_c)] \tag{8-19}$$

当概率 $P=1/2$ 时,2PSK 信号的功率谱密度为

$$P_{2PSK}(f)=\frac{T_s}{4}\{|\mathrm{Sa}[\pi(f+f_c)T_s]|^2+|\mathrm{Sa}[\pi(f-f_c)T_s]|^2\} \tag{8-20}$$

其曲线如图 8.16 所示。

由上述分析及图 8.16 可以看出:$P=1/2$ 时,**2PSK 信号的功率谱仅由连续谱组成,无离散谱分量。若以主瓣来计算 2PSK 信号的带宽,则其带宽 $B_{2PSK}=2f_s$**。

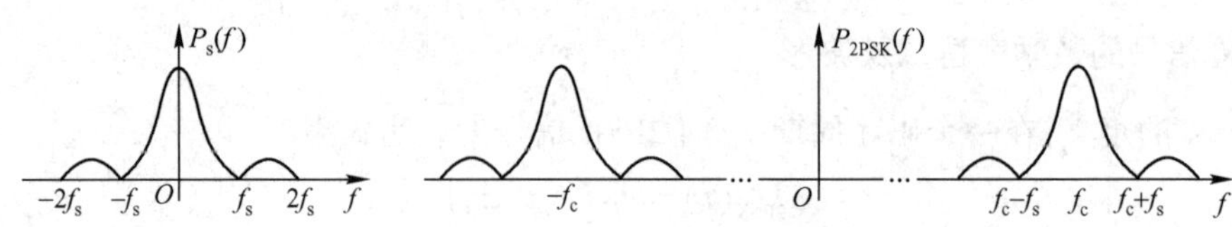

图 8.16　2PSK 信号的功率谱密度

3. 2PSK 信号的调制原理框图

2PSK 信号的表达式和 2ASK 信号的表达式是完全相同的,所以 2PSK 信号的调制方法主要也有两种:模拟相乘法和键控法。与 ASK 信号的调制框图相比较,只是基带信号 $s(t)$ 不同,2PSK、2ASK 中 $s(t)$ 分别是双极性、单极性基带信号。

8.4.2　2PSK 解调原理

尽管 2PSK 信号的表达式和 2ASK 信号的表达式完全相同,但是 2PSK 方式属等幅调制,因此 2PSK 信号的解调不能采用非相干解调方法,只能采用相干解调方法。其解调法的原理框图如图 8.18所示。各点波形如图 8.19 所示。判决规则应与调制规则相对应,调制时若规定“0”、“1”分别对应 2PSK 信号初始相位为 0 和 π,则接收时样值小于 0 时,应判为“1”,否则判为“0”。

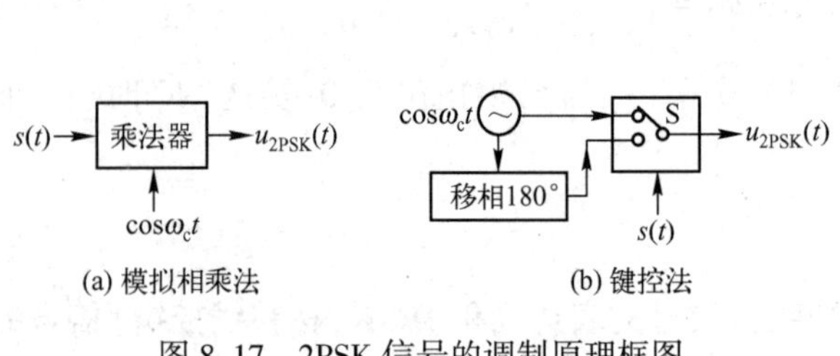

图 8.17　2PSK 信号的调制原理框图

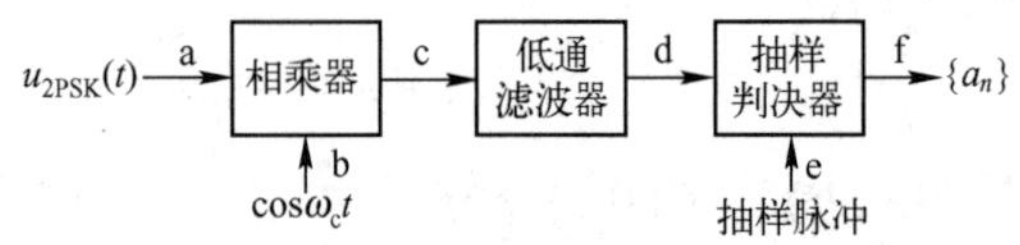

图 8.18　2PSK 信号解调原理框图

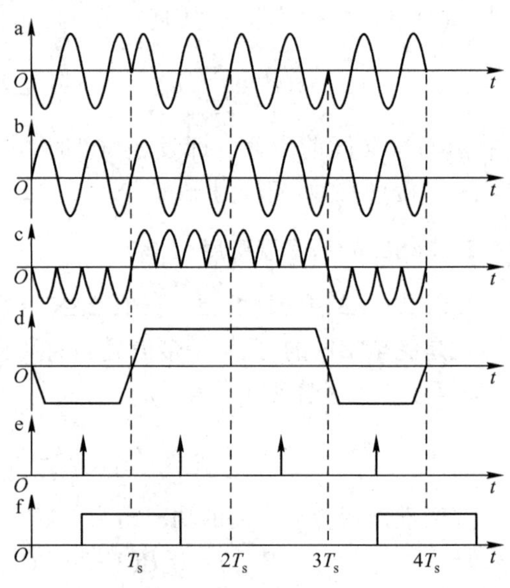

图 8.19　2PSK 信号相干解调法的时间波形

8.5　二进制差分相移键控

在 2PSK 方式中,相位变化是以载波的初始相位作为参考基准的。由于它是利用载波相位的绝对数值来传送数字信息的,因此又称为二进制绝对相移键控。2PSK 信号相干解调时在载波恢复过程中所恢复的本地载波与所需的相干载波可能同相,也可能反相,这种相位关系的不确定性将会造成解调出的数字信息与发送的数字信息正好相反,即“0”变为“1”,“1”变为“0”,判决器输出的数字信息全部出错。这种现象称为“倒 π”现象或“反相工作”。为了克服此缺点,二进制差分相移键控(2DPSK)方式应运而生。

8.5.1　2DPSK 调制原理

二进制相移键控是指高频载波的相对相位变化随二进制数字基带信号变化,其相位变化只有两种情况,又称为相对相移键控。

1. 2DPSK 信号的波形

假设 $\Delta\varphi$ 是当前码元与前一码元的载波初始相位差,可定义如下调制规则:

$$\Delta\varphi_n=\varphi_n-\varphi_{n-1}=\begin{cases}0 & (a_n=0)\\ \pi & (a_n=1)\end{cases} \tag{8-21}$$

式中,φ_n、φ_{n-1}分别表示第 n、$n-1$ 个码元(1 或 0)的初始相位,且 $\varphi_n=\Delta\varphi_n+\varphi_{n-1}$。因此一组二进制数字信息与对应的 2DPSK 信号的初始相位关系如表 8.1 所示,参考相位 φ_0 可以选 0,也可以选 π。相对码 b_n 是指按 2PSK 信号的初始绝对相位推导出来的信息码元。

表 8.1　二进制数字信息及其相应的 2DPSK 信号初始相位

绝对码 a_n		1	0	0	1
$\Delta\varphi_n$		π	0	0	π
$\varphi_n=\Delta\varphi_n+\varphi_{n-1}$	0(或 π)	π(或 0)	π(或 0)	π(或 0)	0(或 π)
相对码 b_n	0(或 1)	1(或 0)	1(或 0)	1(或 0)	0(或 1)

参照表 8.1 的调制规则,可推导出绝对码变相对码的差分编码规则是 $b_n=a_n\oplus b_{n-1}$。相应的 2DPSK 信号的波形如图 8.20 所示。

2. 2DPSK 的功率谱密度

2DPSK 信号的波形和 2PSK 信号的波形是类似的,所以它们的数学表达式形式是相同的,见式(8-15)。两者表达式的区别在于 2PSK 信号中的 $s(t)$ 对应的是绝对码序列,而 2DPSK 信号中的 $s(t)$ 对应的是相对码序列。因此 2DPSK 信号的功率谱密度和 2PSK 信号的功率谱密度是完全一样的,见式(8-17)和图 8.16。若以主瓣来计算 2DPSK 信号的带宽,则其带宽 $B_{2DPSK}=2f_s$。

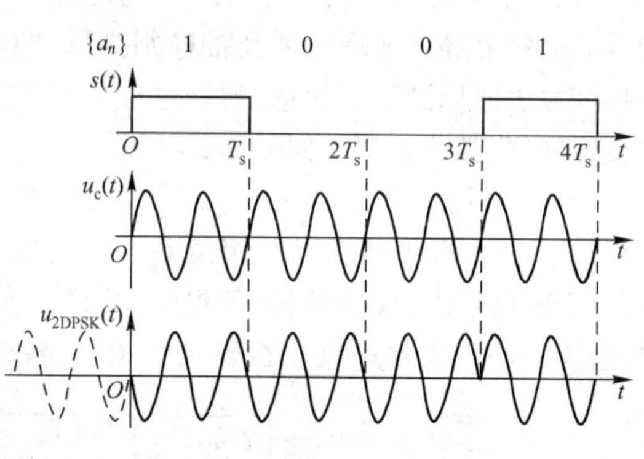

图 8.20　2DPSK 信号波形

3. 2DPSK 信号的调制原理框图

根据 2PSK 和 2DPSK 的关系,常用的调制方法是:先对数字信息进行码变换,即由绝对码变换成相对码,再根据相对码序列实现绝对相移键控。其调制原理框图如图 8.21 所示。

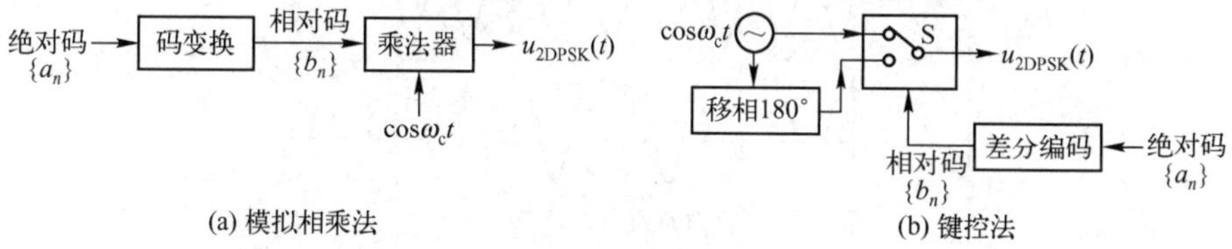

图 8.21　2DPSK 信号调制原理框图

8.5.2　2DPSK 解调原理

2DPSK 信号的解调方法有两种:相干解调加码反变换法(或极性比较法)和差分相干解调法(或相位比较法)。

(1) 极性比较法

其解调原理是:首先对 2DPSK 信号进行相干解调恢复出相对码$\{b_n\}$,然后将相对码$\{b_n\}$变换成绝对码$\{a_n\}$，从而恢复出所发送的二进制数字信息，其原理框图如图 8.22 所示。

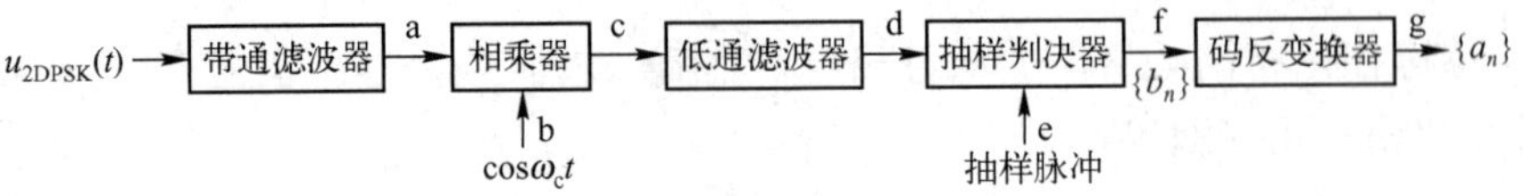

图 8.22　2DPSK 信号相干解调法原理框图

判决规则应与调制规则相对应，调制时若规定“0”、“1”分别对应 2DPSK 信号初始相位差为 0 和 π，则接收时样值小于 0 时，应判为“1”，否则判为“0”。码反变换器规则和发端的差分编码规则对应，因此有 $a_n = b_n \oplus b_{n-1}$。各点波形如图 8.23 所示。

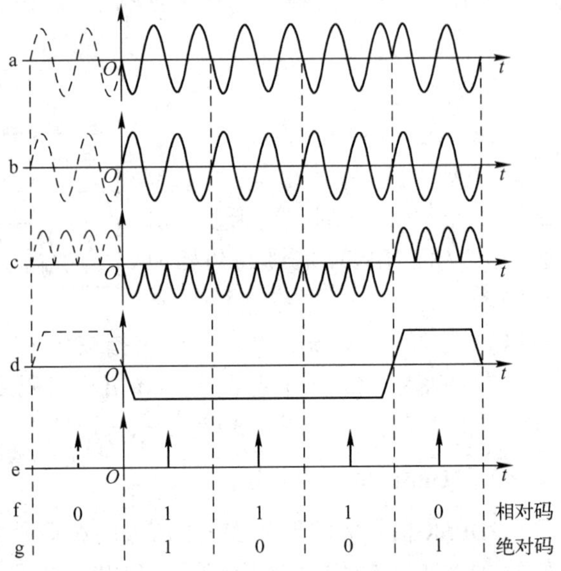

图 8.23　2DPSK 信号相干解调法的时间波形

(2) 相位比较法

相位比较法又称为差分相干解调法，其解调原理是：不需要专门的相干载波，只需要将接收到的信号延时一个码元宽度 T_s，然后将延时后的 2DPSK 信号和接收到的 2DPSK 信号直接相乘，相乘后的信号经低通滤波器及抽样判决器，即可直接恢复出原始的数字信息，解调过程并不需要码反变换器，其原理框图如图 8.24 所示。

图中，相乘器起着相位比较的作用，相乘结果反映了前后相邻码元间的相位差。判决规则应与调制规则相对应，调制时若规定“0”、“1”分别对应 2DPSK 信号初始相位差为 0 和 π，则接收时样值小于 0 时，应判为“1”，否则判为“0”。各点波形如图 8.25 所示。

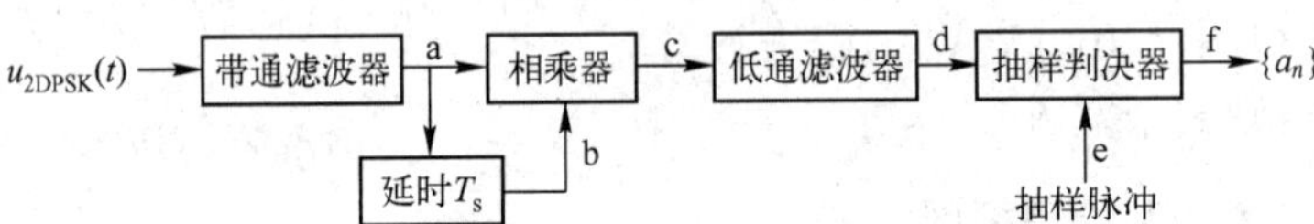

图 8.24　2DPSK 信号差分相干解调法原理框图

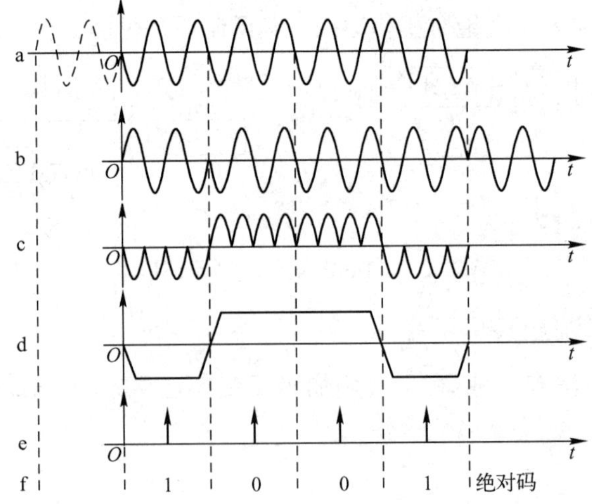

图 8.25　2DPSK 信号差分相干解调法的时间波形

本章小结

本章主要讨论了几种二进制数字调制方式的调制原理与解调原理。

（1）二进制数字调制是用二进制数字基带信号控制高频载波的振幅、频率、相位的过程，分别称为二进制振幅键控（2ASK）、二进制频率键控（FSK）、二进制相位键控（PSK），以及2PSK的改进形式——二进制差分相移键控（2DPSK）。

（2）二进制振幅键控（2ASK）是最早的数字调制方式，2ASK的调制原理和模拟调制中的AM方式类似，其中数学表达式、波形图、功率谱密度和AM信号类似，其带宽也是调制信号带宽的2倍；调制方法也可采用模拟调幅的方法即相乘器来实现，还可以用数字调制方式所特有的键控法来实现。和AM信号一样，2ASK信号的解调方法也有两种：相干解调法（乘积型同步检波法）和非相干解调法（包络检波法）。

（3）根据二进制频移键控（2FSK）的定义，一路2FSK信号可以看成是两路不同载频（f_1, f_2）的2ASK信号的叠加。因此，2FSK信号的数学表达式、波形图、功率谱密度和2ASK信号类似，但其带宽不是调制信号带宽的2倍；当然2FSK信号可以看作是特殊的FM，因此调制方法可采用模拟调频法和键控法来实现。若将2FSK信号看作两路载频不同的2ASK信号，则其解调可以采用分路解调；当然也可以采用模拟FM信号的解调方法进行解调，比如过零检测法即是第6章的脉冲计数式鉴频器。

（4）根据二进制相移键控（2PSK）的定义，2PSK可看作二进制基带信号为双极性信号的2ASK，因此其数学表达式、波形图、功率谱密度和2ASK信号类似，其带宽也是调制信号带宽的2倍；调制方法也可采用相乘器和键控法来实现。2PSK方式属于等幅调制，因此2PSK信号的解调不能采用2ASK的非相干解调方法，只能采用相干解调方法。

（5）二进制差分相移键控（2DPSK）克服了2PSK的倒π现象。2DPSK调制方法是先进行绝对码/相对码变换，再对相对码进行2PSK调制。其解调方法之一可以是上述调制的逆过程，即先进行2PSK解调，再进行相对码/绝对码变换——极性比较法。还有一种差分相干解调法，解调过程并不需要码反变换器。

习题8

8.1　设某2ASK系统的码元宽度为1 ms，载波信号 $u_c = 2\cos(2\pi\times10^6 t)$，发送的数字信息是10110001。

（1）试画出一种2ASK信号的调制框图，并画出2ASK信号的时间波形；

（2）若采用相干方式解调，试画出解调框图并画出各点时间波形；

（3）若采用非相干方式解调，试画出解调框图并画出各点时间波形；

（4）求2ASK信号的第一零点带宽。

8.2　设某2FSK系统的码元速率为1500波特，载波频率分别是1 500 Hz和3 000 Hz，发送的数字信息是100110。

（1）试画出一种2FSK信号的调制框图，并画出2FSK信号的时间波形；

（2）若采用分路解调的相干方式解调，试画出解调框图并画出各点时间波形；

（3）若采用分路解调的非相干解调方式，试画出解调框图并画出各点时间波形。

（4）求2FSK信号的第一零点带宽。

8.3　设某2PSK系统的码元宽度为0.5 ms，已调信号的载频是2 000 Hz，发送的数字信息是001101。

（1）试画出一种2PSK信号的调制框图，并画出2PSK信号的时间波形；

（2）试画出解调框图并画出各点时间波形。

（3）求2PSK信号的第一零点带宽。

8.4　设发送的绝对码序列是011011，采用2DPSK方式传输。已知码元传输速率为2 400波特，载波频率为2 400 Hz。

（1）试画出一种2DPSK信号的调制框图，并画出2DPSK信号的时间波形；

(2) 若采用相干解调加码反变换方式解调，试画出解调框图并画出各点时间波形；

(3) 若采用差分相干解调方式，试画出解调框图并画出各点时间波形。

(4) 求 2DPSK 信号的第一零点带宽。

8.5 设发送的绝对码序列是 011011，采用 2DPSK 方式传输。已知码元传输速率为 2000 波特，载波频率为 4000Hz。定义相位差 $\Delta\varphi$ 为后一码元起始相位和前一码元起始相位之差。

(1) 若 $\Delta\varphi=0°$ 表示"0"，$\Delta\varphi=180°$ 表示"1"，试画出 2DPSK 信号波形；

(2) 若 $\Delta\varphi=90°$ 表示"0"，$\Delta\varphi=270°$ 表示"1"，试画出 2DPSK 信号波形；

(3) 求其相对码序列；

(4) 求 2DPSK 信号的第一零点带宽。

8.6 设发送的绝对码序列是 010011101，采用 2DPSK 方式传输。已知码元传输速率为 600 波特，载波频率为 1 200 Hz。定义相位差 $\Delta\varphi$ 为后一码元起始相位和前一码元结束相位之差。

(1) 若 $\Delta\varphi=0°$ 表示"0"，$\Delta\varphi=180°$ 表示"1"，试画出 2DPSK 信号波形；

(2) 若 $\Delta\varphi=90°$ 表示"0"，$\Delta\varphi=270°$ 表示"1"，试画出 2DPSK 信号波形。

(3) 求 2DPSK 信号的第一零点带宽。

8.7 填空题

(1) 数字调制的定义是________。

(2) 和模拟调制一样，数字调制方式有________、________和________三种。

(3) 数字调制可以分为________和________两种。

(4) 二进制数字调制方式可以分为________、________、________和________四种。

(5) 二进制幅度键控是指用数字基带信号控制高频正弦载波的________。其调制方法有________和________两种；解调方法有________和________两种。

(6) 二进制频移键控是指用数字基带信号控制高频正弦载波的________。其调制方法有________和________两种；解调方法主要有________和________两种。

(7) 一路 2FSK 信号可看作是________信号和________信号的叠加。

(8) 二进制相移键控是指用数字基带信号控制高频正弦载波的________。其调制方法有________和________两种；解调方法主要有________。

(9) 二进制相移键控在解调时会出现________现象，因此二进制差分相移键控方式应运而生。

(10) 二进制差分相移键控是指利用前后相邻码元的________变化来传送数字信息。

(11) 二进制差分相移键控可看作将绝对码变换为________，再对其进行二进制相移键控。其中的变换规则是________。

(12) 二进制差分相移键控的解调方法要有________和________两种。其码反变换规则是________。

本章习题解答请扫二维码 8。

二维码 8

第 9 章　软件无线电基础

软件无线电是 20 世纪 80 年代无线通信领域的一次划时代的进步，它是一种利用在模块化通用硬件平台上加载不同的软件来实现各种无线通信功能的开放体系结构和技术，它把无线通信思想和技术提高到了一个崭新的高度。

需要注意，经典高频电子线路的分析方法与设计思想仍可作为软件无线电技术的理论基础，而且由于目前器件制造水平的限制，软件无线电技术还只能在高频通信系统的基带部分得到充分发挥，要研制一个完整的软件无线电系统还必须与传统电路相结合，进行深入研究也要借助经典的通信电路理论。因此，基本模拟通信电子电路的分析方法仍然非常重要。

本章将简要介绍软件无线电的关键技术、体系结构和应用。

9.1　概　　述

前面各章介绍了多种模拟调制方式和数字调试方式，但这些仍然只是通信技术中调制方式大家族中的一小部分。众所周知，通信技术在发展过程中不可避免地存在多种标准、多种功能并存的问题，每逢新标准的制订、新功能的实现，都要求对旧的软硬件进行大量修改，甚至完全重新设计，这给通信设备的设计制造和使用带来很大麻烦。

人们从个人电脑（PC）的设计和使用中得到启发：PC 具有统一的、固定的硬件平台，要实现不同的功能只需安装不同的软件即可。同样，对通信设备来说，只要设计好模块化、标准化的硬件平台，也可以只需通过设计不同的软件就可在此平台上实现不同的通信体制，这就是软件无线电（Software Defined Radio，SDR）的基本思路。

软件无线电通过软件编程来实现无线通信的各种功能，把传统无线电从基于硬件、面向用途的通信设计方式中解放了出来。显然，要实现多种功能的软件化，势必要求减少功能单一、灵活性差的硬件电路（尤其是减少模拟环节），把数字化处理尽量靠近天线。软件无线电强调体系结构的开放性和可编程性，采用标准的开放式总线结构，通过软件更新实现新功能。应用软件无线电技术，一个无线通信终端可以在不同系统和平台间畅通无阻地使用。

9.2　软件无线电的关键技术

软件无线电是近些年才发展起来的新兴技术，其关键技术主要体现在以下几个方面。

1. 自适应智能天线

自适应智能天线（Adaptive Smart Antenna）技术是指利用高速数字处理技术将天线的主波束对准用户，它是软件无线电的关键技术之一，通常安装在基站现场，主要由天线阵列、模数和数模转换、自适应信号处理和波束赋形四个部分组成，其中波束赋形部分为核心。

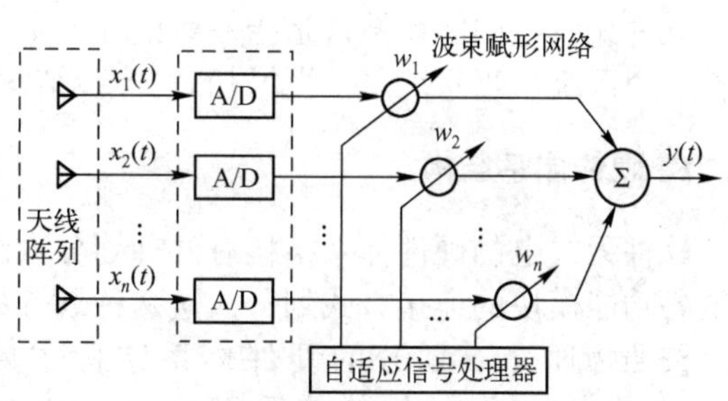

图 9.1　智能天线接收机基本结构图

图 9.1 所示为一个基本的智能天线接收机结构图。由图可以看出，各天线接收到的信号经过

下变频和模数转换后,送入自适应信号处理器并合理加权,然后经过相加和滤波即可得到信干比(有用载频功率与干扰信号功率的比值)最大的输出信号,即实现了波束赋形。

2. 高速、宽带 A/D、D/A 转换

高速、宽带的模数(A/D)、数模(D/A)转换是软件无线电的基础。由于软件无线电要求系统功能要尽可能多地使用软件实现,因此,必须将 A/D、D/A 转换器尽可能地靠近天线;同时,现代高频、高速通信信号的载波频率、数据速率都很高,这些都对 A/D、D/A 转换器的性能提出了很高的要求:

(1)采样速率。根据采样定理,采样速率应该大于被采样信号带宽的 2 倍。实际应用中,采样速率必须留有一定的余量,一般要求大于被采样信号带宽的 2.5 倍。

(2)采样位数。采样位数的选取必须满足一定的动态范围和数字处理部分的精度要求。例如,在 80 dB 的动态范围要求下,采样位数至少要达到 12 位。

3. 数字下变频

数字下变频(Digital DownConversion,DDC)也是软件无线电的核心技术之一,是接收机射频 A/D 转换后首先要完成的工作。它主要包括数字混频器、数控振荡器(NCO)、数字滤波器三部分,如图 9.2 所示。

从频谱上看,DDC 将前级 A/D 输出数字信号的有效频谱从高频下搬到基带;从被处理信号的采样率上看,DDC 将前级 A/D 输出的高速采样信号降低为低速基带采样信号。

DDC 是软件无线电系统中数字处理运算量最大最难的部分。要进行良好的数字滤波处理,需要对每个样点进行至少 100 次操作。对于一个带宽 20 MHz 的软件无线电系统来说,实际需要的最低采样频率为 50 MHz,这就意味着至少需要 5 000 MIPS(每秒执行 50 亿条指令)的运算能力,这超过了现有绝大部分单个 DSP 的运算能力,因此一般将 DDC 的这部分运算工作交给专用 FPGA 完成,既能保留软件无线电的优点,又有较高的可靠性。

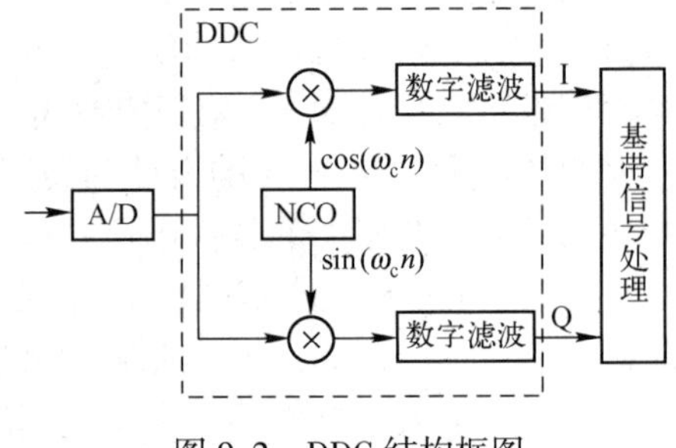

图 9.2　DDC 结构框图

4. 高速信号处理和信令处理

高速信号处理部分主要包括基带处理、调制解调、数据流处理、编译码、加解密等工作,这是系统处理真正通信数据的核心。考虑到成本,这部分通常用合适的 DSP 来完成。

信令处理部分在当代无线通信系统中已经是用软件完成的,软件无线电的任务是将通信协议及软件标准化、通用化和模块化,在进行多种无线通信模式的互连时,有必要实现通用信令处理,开发出标准信令模块和通用信令框架。

9.3　软件无线电的体系结构

软件无线电的体系结构是指一些设计原则、基本功能块以及函数的集合,利用它们可以设计和建立一个系统。当系统复杂性增加时,体系结构的作用将变得非常重要。

1. 硬件体系结构

软件无线电的硬件体系结构有两种划分方法,即按照构成硬件平台的物理介质划分,或者按照系统各功能模块的连接方式划分。这两种划分方法显然并不是截然分开的。

按照物理介质划分的硬件体系结构主要有三种:(1) 以通用处理器(General-Purpose Processor,GPP)为基础,直接采用 PC 机和工作站进行数字信号处理;(2) 以数字信号处理器(Digital Signal Processor,DSP)为基础进行数字信号处理;(3) 以现场可编程门阵列(Field-Programmable Gate Array,FPGA)进行数字信号处理。

按照系统各功能模块的连接方式划分的硬件体系结构主要有四种:(1) 流水线结构,即与系统中信号流程的方向一致;(2) 总线式结构,各功能单元通过总线连接交换数据和控制命令;(3) 交换式结构,采用适配器和交换网为各功能模块提供统一的数据通信;(4) 基于计算机和网络式结构,由可编程前端和并行计算机平台组成。这几种硬件体系结构各有优劣,其性能比较见表 9-1。

表 9-1 按照系统各功能模块的连接方式划分的四种硬件体系结构的性能比较

结构＼性能	效率	延时	带宽	复杂度	弹性	通用性
流水线	最高	最短	窄	简单	差	差
总线式	低	短	宽	简单	好	好
交换式	高	长	宽	复杂	好	好
计算机网络式	高	长	宽	复杂	好	好

2. 软件体系结构

软件无线电是用软件实现灵活的无线通信方式和传输机制的,因此软件的作用居于核心位置。尽管现有的软件结构很多,但对于软件无线电而言,重点在于开放的软件结构和接口,才能保障软件可重用性、可移植性以及不同通信方式之间的兼容性。

软件无线电的软件体系结构主要分为硬件特定的软件结构和开放的软件结构两种。

硬件特定的软件结构针对特定的硬件平台,软件的具体功能直接与硬件相关联。这种结构的优点是简单直观,容易实现;缺点是程序兼容性差,几乎没有移植能力。

开放的软件结构要求软件必须独立于硬件平台,硬件和应用软件分离,使应用软件更易于移植,应用软件的开发者可以不必深入了解硬件,而将精力完全集中到软件设计中。

9.4 软件无线电的应用

作为一种新技术,虽然软件无线电由于目前的各种工艺限制,还无法做到完全靠近天线端那样理想,但仍然已经在许多无线通信领域中得到了具体应用。

1. 软件无线电在 TD-SCDMA 中的应用

我国拥有自主知识产权的 3G 移动通信标准 TD-SCDMA,采用时分同步-码分多址接入技术,支持高速数据通信,为了提高系统容量,还采用了智能天线、多用户检测等技术,这些都使得软件无线电在 TD-SCDMA 中有着广泛的应用空间。

由于高速 A/D 制造技术的限制,A/D 尚不能直接处理高频、高速的射频信号,在进入 A/D 之前,必须将天线所接收到的高频信号用混频器下变频到频率较低的中频信号,数字化处理从中频输出的模拟信号开始,其简要框图如图 9.3 所示。

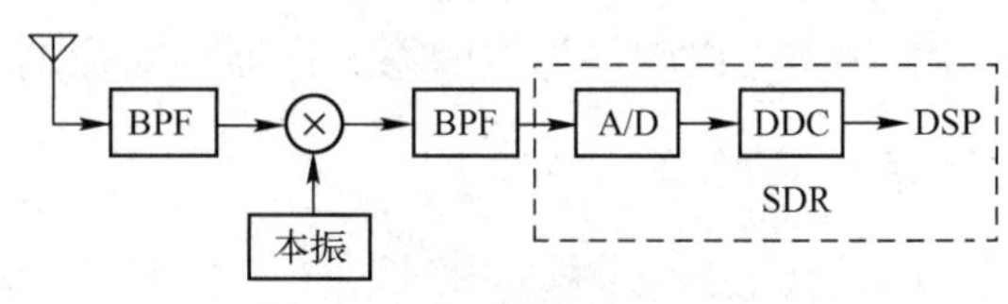

图 9.3 SDR 方案简要框图

2. 软件无线电在电视广播接收中的应用

近年,高清晰度电视(HDTV)以其近乎完美的视听效果,已经逐渐在传统百姓家庭中普及。但是,和模拟电视存在多种互不兼容的制式(PAL、NTSC、SECAM 等)一样,这类电视节目在信道编码和调制方式上也存在 QPSK、QAM、VSB、OFDM 等多种标准,难以兼容。

软件无线电可以很好地解决数字电视多体制并存的难题。一种软件无线电数字电视接收机的原理框图如图 9.4 所示,系统可以通过加载不同的软件来接收所有标准的电视节目。

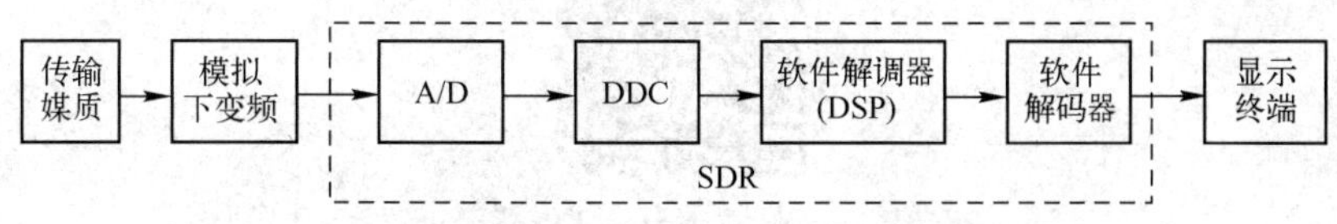

图 9.4 软件无线电数字电视接收机原理框图

日常广播领域也有了采用软件无线电技术的接收机。某公司生产的基于 DSP 的 606 型收音机,其核心技术就是软件无线电。图 9.5 是该收音机软件无线电部分的功能框图。

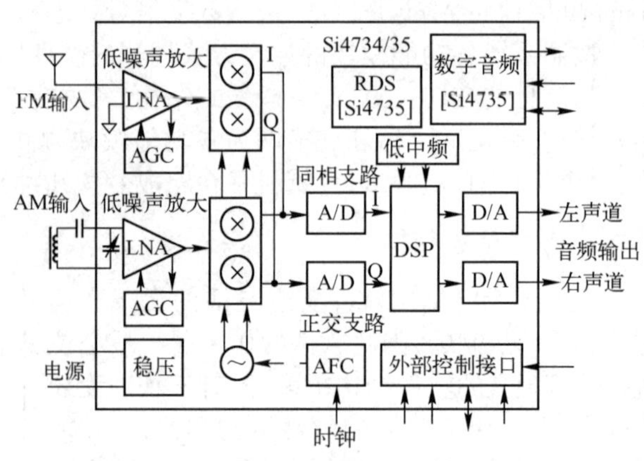

图 9.5　某收音机软件无线电部分的功能框图

FM 信号和 AM 信号经过调谐、低噪声放大、AGC 等处理后进入各自的正交混频器,将高频信号下变频到低频,并得到与原信号同相(I 支路)和正交(Q 支路)的模拟信号,经过 A/D 转换成数字信号后进入 DSP 进行数字处理,处理好的数字音频信号由 D/A 转换成模拟音频信号,提供给外部音频功率放大器放大后驱动扬声器发声。

该收音机利用 DSP 软件处理 150 kHz~30 MHz 的 AM 广播信号,以及 64~108 MHz 的 FM 广播信号,处理不同的信号只需选择处理程序而不必更改硬件电路。与传统收音机相比,具有成本低、功能多、音质好、灵活性高、升级方便等独特的“软件无线电型”优点。

软件无线电的其他常见应用有无线定位、雷达系统、卫星通信、电子对抗、无线电监测、高速铁路通信、导航等。

本 章 小 结

软件无线电是指在标准化、模块化、通用化的硬件单元以总线或交换模式构成的通用平台上,通过加载标准化、模块化、通用化的软件而实现各种无线通信功能的一种开放式体系结构和技术。软件无线电技术是一种崭新的设计思想,具有强大的通用性、便利性、兼容性和可升级性,它把无线通信技术的水平提升到了一个新的高度。

软件无线电的关键技术体现在自适应智能天线、高质量 A/D 和 D/A 转换、数字下变频、高速信号和信令处理等方面,其体系结构主要分为硬件体系结构和软件体系结构。

软件无线电技术已经在移动通信系统、数字电视广播系统、无线定位系统和其他多种领域被广泛应用,标志着以软件为主的第三次通信革命的到来。

习题 9

9.1　软件无线电以________、________、________的硬件为平台,通过________来实现无线通信的各种功能。

9.2　DDC 中如果采用 DSP 对 1 MHz 带宽的信号采样,实际采样频率最低应为________MHz,要求该 DSP 至少具备________MIPS 的运算能力。

9.3　硬件体系结构的物理介质主要是________、________和________。其中________最适合进行 DDC 中的高强度数字运算。

本章习题解答请扫二维码 9。

二维码 9

附录 A 余弦脉冲分解系数表

θ_c(°)	$\cos\theta_c$	α_0	α_1	α_2	g_1	θ_c(°)	$\cos\theta_c$	α_0	α_1	α_2	g_1
0	1.000	0.000	0.000	0.000	2.00	49	0.656	0.179	0.333	0.265	1.85
1	1.000	0.004	0.007	0.007	2.00	50	0.643	0.183	0.339	0.267	1.85
2	0.999	0.007	0.015	0.015	2.00	51	0.629	0.187	0.344	0.269	1.84
3	0.999	0.011	0.022	0.022	2.00	52	0.616	0.190	0.350	0.270	1.84
4	0.998	0.014	0.030	0.030	2.00	53	0.602	0.194	0.355	0.271	1.83
5	0.996	0.018	0.037	0.037	2.00	54	0.588	0.197	0.360	0.272	1.82
6	0.994	0.022	0.044	0.044	2.00	55	0.574	0.201	0.366	0.273	1.82
7	0.993	0.025	0.052	0.052	2.00	56	0.559	0.204	0.371	0.274	1.81
8	0.990	0.029	0.059	0.059	2.00	57	0.545	0.208	0.376	0.275	1.81
9	0.988	0.032	0.066	0.066	2.00	58	0.530	0.211	0.381	0.275	1.80
10	0.985	0.036	0.073	0.073	2.00	59	0.515	0.215	0.386	0.275	1.80
11	0.982	0.040	0.080	0.080	2.00	60	0.500	0.218	0.391	0.276	1.80
12	0.978	0.044	0.088	0.087	2.00	61	0.485	0.222	0.396	0.276	1.78
13	0.974	0.047	0.095	0.094	2.00	62	0.469	0.225	0.400	0.275	1.78
14	0.970	0.051	0.102	0.101	2.00	63	0.454	0.229	0.405	0.275	1.77
15	0.966	0.055	0.110	0.108	2.00	64	0.438	0.232	0.410	0.274	1.77
16	0.961	0.059	0.117	0.115	1.98	65	0.423	0.236	0.414	0.274	1.76
17	0.956	0.063	0.124	0.121	1.98	66	0.407	0.239	0.419	0.273	1.75
18	0.951	0.066	0.131	0.128	1.98	67	0.391	0.243	0.423	0.272	1.74
19	0.945	0.070	0.138	0.134	1.97	68	0.375	0.246	0.427	0.270	1.74
20	0.940	0.074	0.146	0.141	1.97	69	0.358	0.249	0.432	0.269	1.74
21	0.934	0.078	0.153	0.147	1.97	70	0.342	0.253	0.436	0.267	1.73
22	0.927	0.082	0.160	0.153	1.97	71	0.326	0.256	0.440	0.266	1.72
23	0.920	0.085	0.167	0.159	1.97	72	0.309	0.259	0.444	0.264	1.71
24	0.914	0.089	0.174	0.165	1.96	73	0.292	0.263	0.448	0.262	1.70
25	0.906	0.093	0.181	0.171	1.95	74	0.276	0.266	0.452	0.260	1.70
26	0.899	0.097	0.188	0.177	1.95	75	0.259	0.269	0.455	0.258	1.69
27	0.891	0.100	0.195	0.182	1.95	76	0.242	0.273	0.459	0.256	1.68
28	0.883	0.104	0.202	0.188	1.94	77	0.225	0.276	0.463	0.253	1.68
29	0.875	0.107	0.209	0.193	1.94	78	0.208	0.279	0.466	0.251	1.67
30	0.866	0.111	0.215	0.198	1.94	79	0.191	0.283	0.469	0.248	1.66
31	0.857	0.115	0.222	0.203	1.93	80	0.174	0.286	0.472	0.245	1.65
32	0.848	0.118	0.229	0.208	1.93	81	0.156	0.289	0.475	0.242	1.64
33	0.839	0.122	0.235	0.213	1.93	82	0.139	0.293	0.478	0.239	1.63
34	0.829	0.125	0.241	0.217	1.93	83	0.122	0.296	0.481	0.236	1.62
35	0.819	0.129	0.248	0.221	1.92	84	0.105	0.299	0.484	0.233	1.61
36	0.809	0.133	0.255	0.266	1.92	85	0.087	0.302	0.487	0.230	1.61
37	0.799	0.136	0.261	0.230	1.92	86	0.070	0.305	0.490	0.226	1.61
38	0.788	0.140	0.268	0.234	1.91	87	0.052	0.308	0.493	0.223	1.60
39	0.777	0.143	0.274	0.237	1.91	88	0.035	0.312	0.496	0.219	1.59
40	0.766	0.147	0.280	0.241	1.90	89	0.017	0.315	0.498	0.216	1.58
41	0.755	0.151	0.286	0.244	1.90	90	0.000	0.319	0.500	0.212	1.57
42	0.743	0.154	0.292	0.248	1.90	91	−0.017	0.322	0.502	0.208	1.56
43	0.731	0.158	0.298	0.251	1.89	92	−0.035	0.325	0.504	0.205	1.55
44	0.719	0.162	0.304	0.253	1.89	93	−0.052	0.328	0.506	0.201	1.54
45	0.707	0.165	0.311	0.256	1.88	94	−0.070	0.331	0.508	0.197	1.53
46	0.695	0.169	0.316	0.259	1.87	95	−0.87	0.334	0.510	0.193	1.53
47	0.682	0.172	0.322	0.261	1.87	96	−0.105	0.337	0.512	0.189	1.52
48	0.669	0.176	0.327	0.263	1.86	97	−0.122	0.340	0.514	0.185	1.51

续表

$\theta_c(°)$	$\cos\theta_c$	α_0	α_1	α_2	g_1	$\theta_c(°)$	$\cos\theta_c$	α_0	α_1	α_2	g_1
98	−0.139	0.343	0.516	0.181	1.50	140	−0.766	0.453	0.528	0.032	1.17
99	−0.156	0.347	0.518	0.177	1.49	141	−0.777	0.455	0.527	0.030	1.16
100	−0.174	0.350	0.520	0.172	1.49	142	−0.788	0.457	0.527	0.028	1.15
101	−0.191	0.353	0.521	0.168	1.48	143	−0.799	0.459	0.526	0.026	1.15
102	−0.208	0.355	0.522	0.164	1.47	144	−0.809	0.461	0.526	0.024	1.14
103	−0.225	0.358	0.524	0.160	1.46	145	−0.819	0.463	0.525	0.022	1.13
104	−0.242	0.361	0.525	0.156	1.45	146	−0.829	0.465	0.524	0.020	1.13
105	−0.259	0.364	0.526	0.152	1.45	147	−0.839	0.467	0.523	0.019	1.12
106	−0.276	0.366	0.527	0.147	1.44	148	−0.848	0.468	0.522	0.017	1.12
107	−0.292	0.369	0.528	0.143	1.43	149	−0.857	0.470	0.521	0.015	1.11
108	−0.309	0.373	0.529	0.139	1.42	150	−0.866	0.472	0.520	0.014	1.10
109	−0.326	0.376	0.530	0.135	1.41	151	−0.875	0.474	0.519	0.013	1.09
110	−0.342	0.379	0.531	0.131	1.40	152	−0.883	0.475	0.517	0.012	1.09
111	−0.358	0.382	0.532	0.127	1.39	153	−0.891	0.477	0.517	0.010	1.08
112	−0.375	0.384	0.532	0.123	1.38	154	−0.899	0.479	0.516	0.009	1.08
113	−0.391	0.387	0.533	0.119	1.38	155	−0.906	0.480	0.515	0.008	1.07
114	−0.407	0.390	0.534	0.115	1.37	156	−0.914	0.481	0.514	0.007	1.07
115	−0.423	0.392	0.534	0.111	1.36	157	−0.920	0.483	0.513	0.007	1.07
116	−0.438	0.395	0.535	0.107	1.35	158	−0.927	0.485	0.512	0.006	1.06
117	−0.454	0.398	0.535	0.103	1.34	159	−0.934	0.486	0.511	0.005	1.05
118	−0.469	0.401	0.535	0.099	1.33	160	−0.940	0.487	0.510	0.004	1.05
119	−0.485	0.404	0.536	0.096	1.33	161	−0.946	0.488	0.509	0.004	1.04
120	−0.500	0.406	0.536	0.992	1.32	162	−0.951	0.489	0.509	0.003	1.04
121	−0.515	0.408	0.536	0.088	1.31	163	−0.956	0.490	0.508	0.003	1.04
122	−0.530	0.411	0.536	0.084	1.30	164	−0.961	0.491	0.507	0.002	1.03
123	−0.545	0.413	0.536	0.081	1.30	165	−0.966	0.492	0.506	0.002	1.03
124	−0.559	0.416	0.536	0.078	1.29	166	−0.970	0.493	0.506	0.002	1.03
125	−0.574	0.419	0.536	0.074	1.28	167	−0.974	0.494	0.505	0.001	1.02
126	−0.588	0.422	0.536	0.071	1.27	168	−0.978	0.495	0.504	0.001	1.02
127	−0.602	0.424	0.535	0.068	1.26	169	−0.982	0.496	0.503	0.001	1.01
128	−0.616	0.426	0.535	0.064	1.25	170	−0.985	0.496	0.502	0.001	1.01
129	−0.629	0.428	0.535	0.061	1.25	171	−0.988	0.497	0.502	0.000	1.01
130	−0.643	0.431	0.534	0.058	1.24	172	−0.990	0.498	0.501	0.000	1.01
131	−0.656	0.433	0.534	0.055	1.23	173	−0.993	0.498	0.501	0.000	1.01
132	−0.669	0.436	0.533	0.052	1.22	174	−0.994	0.499	0.501	0.000	1.00
133	−0.682	0.438	0.533	0.049	1.22	175	−0.996	0.499	0.500	0.000	1.00
134	−0.695	0.440	0.532	0.047	1.21	176	−0.998	0.499	0.500	0.000	1.00
135	−0.707	0.443	0.532	0.044	1.20	177	−0.999	0.500	0.500	0.000	1.00
136	−0.719	0.445	0.531	0.041	1.19	178	−0.999	0.500	0.500	0.000	1.00
137	−0.731	0.447	0.530	0.039	1.19	179	−1.000	0.500	0.500	0.000	1.00
138	−0.743	0.449	0.530	0.037	1.18	180	−1.000	0.500	0.500	0.000	1.00
139	−0.755	0.451	0.529	0.034	1.17						

部分习题答案

第 1 章

1.1 $L_o=113\ \mu H, Q_o=212, I_o=0.2\ mA, U_{Lom}=U_{Com}=212\ mV$

1.2 $L_o=253\ \mu H, Q_o=100$，Z_x 等于电阻 R_x 与电容 C_x 串联，$R_x=15.92\ \Omega, C_x=200\ pF$

1.4 $f_o=41.6\ MHz, R_P=20.9\ k\Omega, Q_L=28.16, B=1.48\ MHz$

1.6 $R_L=1.81\ k\Omega$

1.9 $A_{uo}=12.3, B=0.656\ MHz$

1.12 $A_{uo\Sigma}=100, B=2.56\ MHz$，改变后的总增益为 40.9

1.13 $A_{uo\Sigma}=5, B=2.8\ MHz$

1.15 $L_1=L_2=113\ \mu H, k=0.047, p_1=0.418, p_2=0.187$

1.16 $B_1=15.7\ kHz, Q_L=29.7$

1.17 $B_1=11.2\ kHz$，电压放大倍数与中心频率时相比下降了-31.1 dB

1.18 $C=5.3\sim6.05\ pF$

1.20 $F_n=1+\frac{R_S}{R_1}+\frac{R_S}{R_O}+\frac{R_S}{R_L}, R_O=\frac{L}{CR}$

1.21 $F_n=2.008$

第 2 章

2.9 $P_o\approx2\ W, \eta\approx74.1\%$

2.10 三种状态下，η 的比值为：1.0∶1.57∶1.80；P_o 的比值为：0.5∶0.5∶0.39

2.11 当 $\eta=60\%$ 时：$P_C=3.3\ W, I_{co}=0.347\ A$

当 $\eta=80\%$ 时：$P_C=1.25\ W, I_{co}=0.26\ A$

2.12 调整负载 R_p，增大 R_p 就可使 P_o、I_{co} 接近设计值。

2.13 此时谐振功放的工作状态为：从临界状态转变为过压状态，导通时间没变而引起性能变化的原因是负载 R_p 增大了。

2.14 $P_D=6\ W, \eta=83.3\%, R_p=57.6\ \Omega, I_{cm1}=416.7\ mA, \theta_c=78°$

2.15 $L=5.071\ \mu H$，接入系数 $p_L=0.125$

2.16 (1) $P_D=18.96\ W, P_C=3.96\ W, \eta=79\%, R_{pcr}=15.94\ \Omega$

2.17 $P_D=13.36\ W, P_o=10.19\ W, P_C=3.17\ W, \eta=76.27\%, R_p=22.15\ \Omega$

2.21 (2) $P_C=1.181\ W<P_{CM}(P_{CM}=3\ W)$；$I_{cmax}=2.24\ A<I_{CM}(I_{CM}=5\ A)$；

$E_C=12\ V<1/2(BU_{CEO}=25\ V)$.

(3) 放大器正常工作时处于临界状态

天线突然断开→负载 R_p 突然增大→立即进入过压区，天线电流↓，I_{co}↓

天线突然短路→负载 R_p 突然下降至 0→立即进入欠压区，天线电流↑，I_{co}↑。

2.23 $L_1=0.054\ \mu H, C_1=221\ pF, C_2=1238.56\ pF$

2.24 $C_1=17.66\ pF, C_2=21.22\ pF, L=0.037\ mH$

第 3 章

3.2 振荡频率 $f_o=2.6\ MHz$，维持振荡所需的最小放大倍数 $A_{umin}=3$

3.5 (a)，(e)能振；(b)，(c)，(d)不能振；

(f)不能振，若考虑基极和发射极之间存在的极间电容，则构成电容三点式，能起振。

3.6 (1) 能起振，呈电容三点式，振荡频率 f_o 与回路频率的关系是：$f_1<f_2<f_o<f_3$

(2) 能起振，呈电感三点式，振荡频率 f_o 与回路频率的关系是：$f_3<f_o<f_2<f_1$

(3) 能起振，呈电容三点式，振荡频率 f_o 与回路频率的关系是：$f_1=f_2<f_o<f_3$

(4) 不能起振

3.8 (2) $C_4=5$ pF

3.9 $L=0.802$ μH

3.10 (1) 振荡频率 $f_o=9.6$ MHz，(2) 振荡频率 $f_o=2.25\sim2.9$ MHz

3.11 $L=0.76$ μH，$C_o=40$ pF，$g_m=17.85\sim19.26$ mS

3.13 串联谐振频率 $f_q=2.487\,100\,03$ MHz，并联谐振频率 $f_p=2.487\,151\,99$ MHz

等效并联谐振电阻 $R_p=844.1558\times10^6$ MΩ

3.14 (a) 反馈系数 $F=0.455$；(b) 反馈系数 $F=1.59$

3.16 振荡角频率 ω_o 与 ω_1 及 ω_2 等各频率点的关系为：$\omega_q<\omega_o<\omega_p$ 且 $\omega_1<\omega_o<\omega_2$（$\omega_q$、$\omega_p$ 为晶体的串、并联谐振频率）

3.24 每挡的频率范围是：

$C_1=0.795\,77$ μF　第一挡 $f_1=20\sim200$ Hz

$C_2=0.079\,577$ μF　第二挡 $f_2=200\sim2000$ Hz

$C_3=0.007\,9577$ μF　第三挡 $f_3=2000\sim20\,000$ Hz(20 kHz)

第 4 章

4.1 $\omega_c\pm\Omega,\omega_c\pm2\Omega$

4.2 $g(t)=g_dS(t)=g_d\left[\frac{1}{2}+\frac{2}{\pi}\cos\omega_1t-\frac{2}{3\pi}\cos3\omega_1t+\cdots\right]$

$i_d(t)$ 中含有的频率成分为：(1) 输入信号的频率 ω_1,ω_2 分量；(2) 直流分量；(3) 频率为 ω_1 的偶次谐波分量 $2n\omega_1$；(4) 频率 ω_2 与 ω_1 的奇次谐波的组合频率分量 $(2n+1)\omega_1\pm\omega_2$（其中 $n=0,1,2\cdots$）

4.3 $u_1u_2=\frac{1}{2}(\cos22\pi Ft+\cos18\pi Ft)$ V

4.5 $I_o=\frac{1}{\pi}I_m$，式中 $I_m=\dfrac{U_m}{R_L+\frac{1}{g}}$；　$I_n\begin{cases}\frac{1}{2}I_m & (n=1)\\ \frac{2}{\pi}\frac{1}{n^2-1}I_m & (n\text{ 为偶数})\\ 0 & (n\text{ 为奇数})\end{cases}$

4.6 $i=\frac{2}{\pi}I_m+\frac{4}{\pi}I_m\sum_{k=1}^{\infty}\frac{(-1)^{k-1}}{(2k)^2-1}\cos2k\omega_ot,(k=1,2,3\cdots)$

4.8 $u_o=4kR_Lu_1u_2$

第 5 章

5.1 (1) 载波振幅 25，第一边频振幅 8.75，第二边频振幅 3.75。

5.2 每一边频的功率：25 W，2.25 W。

5.3 (1) 每一边频功率 612.5 W，边频总功率 1225 W；(2) $P_D=10\,000$ W；

(3) $P_D=12\,450$ W。

5.4 $m_a=1$ 时的总功率为 1500 W，每一边频的功率为 250 W。

5.5 10 005 kHz。

5.6 $u_{AM}=5\left[1+\frac{4}{5}(1+0.5\cos2\pi\times3000t)\cos2\pi10^4t+\frac{2}{5}(1+0.4\cos2\pi\times3000t)\cos2\pi\times3\times10^4t\right]\times$

$\cos2\pi10^6t$

5.7 $i_{DSB}=\frac{2}{\pi}\frac{R_r-R_d}{(R_d+2R_L)(R_r+2R_L)}U_{\Omega m}\cos\Omega t\cos\omega_ct$

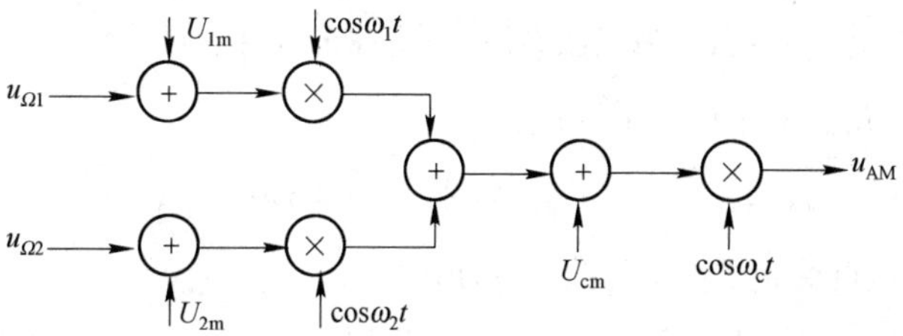

5.8 只有(b)电路可实现双边带调幅。

5.9 $u_o = 4a_2 R_p u_\Omega u_c$

5.10 $i = 2g_d\left(\frac{4}{\pi}\cos\omega_c t - \frac{4}{3\pi}\cos 3\omega_c t + \frac{4}{5\pi}\cos 5\omega_c t + \cdots\right) U_{\Omega m}\cos\Omega t$

5.11 $u_{CD} = \frac{R_p}{R_S + R_p} u_\Omega\left(\frac{1}{2} + \frac{2}{\pi}\cos\omega_c t - \frac{2}{3\pi}\cos 3\omega_c t + \cdots\right)$

$u_{DSB} = \frac{R_p}{R_S + R_p}\frac{2}{\pi} u_\Omega \cos\omega_c t$

5.12 (1) $U_\Omega = 10$ V;(2) $U_\Omega = 1$ V

5.13 (1) 68.45 pF $\leqslant C_L \leqslant$ 9362.06 pF, $R_{id} = 2.5$ kΩ;(2) 1.06 pF $\leqslant C_L \leqslant$ 106 pF, $R_{id} = 2.5$ kΩ

5.14 (1) $\sqrt[3]{\frac{3\pi}{2g_d R_L}}$;(2) $\frac{1}{2}\cos\theta$;(3) $2R_L$

5.16 $R_{id} = 2.35$ kΩ;$K_d = 0.81$

5.17 (1) $u_s = 2\cos 2\pi\times 10^6 t$ V, $u_o = 1.8$ V

(2) $u_s = 2(1 + 0.5\cos 2\pi\times 10^3 t)\cos 2\pi\times 10^6 t$ V, $u_o = 1.8(1 + 0.5\cos 2\pi\times 10^3 t)$ V

5.18 $u_o = 2K_d U_s \cos\Omega t + \frac{1}{4}K_d U_r\left(\frac{U_s}{U_r}\right)^3\cos^3\Omega t + \cdots$

5.19 (1) $u_o = \frac{1}{2} m U_c U_r K R_L \cos\varphi\cos\Omega t$;(2) $u_o = \frac{1}{4} m U_c U_r K R_L \cos(\Omega t - \varphi)$

5.22 (1) $u_o = K(\omega_2 t) u_1$,其中 $K(\omega_2 t)$ 为开关函数。

5.25 0.910 MHz;1.365 MHz;0.6825 MHz

第 6 章

6.1 (1) $\Delta f_m = 10$ kHz, $m_f = 5$;(2) $\Delta\varphi_m = 5$ rad

6.2 (1) $\Delta f_m = 10^4$ Hz; (2) $\Delta\varphi_m = 10$ rad; (3) $B = 22$ kHz; (4) $P = 50$ W

6.3 $u_F = 5\cos(2\pi\times 10^7 t + 6\sin 2\pi\times 10^3 t + 6\sin 3\pi\times 10^3 t)$

6.4 (1) $B_F = 22$ kHz, $B_P = 22$ kHz;(2) $B_F = 24$ kHz, $B_P = 44$ kHz;

(3) $B_F = 42$ kHz, $B_P = 42$ kHz;(4) $B_F = 44$ kHz, $B_P = 84$ kHz

6.5 (1) $f_o \approx 13.7$ MHz; (2) $\Delta f_o \approx -129.66$ kHz; (3) $\Delta f_m \approx 1.54$ MHz

(4) $k_f = 0.51\times 10^6$ Hz/V; (5) $k_2 \approx 0.084$

6.8 $f(t) = 5\times 10^6 + 10^4 t$

6.10 $u_{FM} = 5\cos\left[2\pi\times 10^8 t + \frac{20}{3}\sin(2\pi\times 10^3 t) + \frac{80}{9}\sin(2\pi\times 500t)\right]$

6.11 $\Delta f_m = \frac{k_f U_\Omega}{2\pi}, m_f = \frac{k_f U_\Omega}{\Omega}$

6.12 $L_2 = 0.6$ μH, $\Delta f_m = 81.45$ MHz, $k_f = 81.45$ MHz/V

6.13 (1) $m_p = 0.4$ rad, $\Delta f_m = 400$ Hz; (2) $m_p = 0.4$ rad, $\Delta f_m = 800$ Hz;

(3) $m_p = 0.2$ rad, $\Delta f_m = 200$ Hz

6.15 (1) $f_{C1} = 6$ MHz, $\Delta f_{m1} = 1.5$ kHz;(2) $BW_1 = 33$ kHz, $BW_2 = 180$ kHz

6.17 $u_{o1}(t) = R_1C_1[U_{FM}(\omega_o + U_\Omega\cos\Omega t)]\sin\left(\omega_o t + \int U_\Omega\cos\Omega\, t\mathrm{d}t\right)$;

$u_o(t) = K_dR_1C_1[U_{FM}(\omega_o + U_\Omega\cos\Omega t)]$

6.18 （2）VD_1 两端的电压 $u_{D1}=u_1+\frac{1}{2}u_2-u_{C1}$；（3）$u_o=0.3\cos4\pi\times10^3t$ V；

（4）$\Delta f_m>B_m/2$，输出会出现限幅失真；（5）仍可鉴频；

（6）会使鉴频特性曲线在频率轴向上平移；（7）S_D 将增大。

6.19 $u_o=U\sin(K\Delta f)$，$K=\frac{\pi}{2}\times10^{-5}$ V/Hz

6.20 $u_o=U_1\left[1+0.01\sin\left(\frac{5}{6}\pi\cos3\times10^3t\right)\right]$ V

6.21 （1）$S_D=-0.01$ V/kHz；

（2）$u_{FM}(t)=U_{FM}\cos(2\pi f_ot-0.5\sin4\pi\times10^3t)$ V，$u_\Omega(t)=-U_\Omega\cos4\pi\times10^3t$ V

6.22 （3）鉴频

第 7 章

7.1 78.06 dB

7.2 $k_1>105.5$

7.3 $k_1\geqslant2$，$U_r\geqslant2$ V

7.6 $k_dk_o=9$

7.7 $f_i=2.51$ MHz，$u_c(t)=0.5$ V，$\theta_e(\infty)=0.92$ rad

7.8 输出信号频率 f_o 的范围为 35.4~40.099 MHz，频率间隔为 1 kHz

7.9 $f_o=76\sim86$ MHz，频率间隔为 100 kHz

7.10 $f_o=\frac{1999}{2000}f_L+\frac{N+1000M}{1000}f_r$

7.12 $U_{\Omega m}=0.4$ V

第 8 章

8.1 （4）2000 Hz

8.2 （4）4500 Hz

8.3 （3）4000 Hz

8.4 （4）4800 Hz

8.5 （3）0010010 或 1101101；（4）4000 Hz

8.6 （3）1200 Hz

第 9 章

9.1 标准化　模块化　通用化　软件

9.2 2.5　250

9.3 GPP　DSP　FPGA　FPGA

参 考 文 献

[1] Donald A.Neamen .Electronic Circuit Analysis and Design, second edition. New York:McGraw-Hill,1999.

[2] Stanley G.Burns Paul R.Bond. Principles of Electronic Circuit , second edition. Boston:PWS Publishing Co,1997.

[3] Irwin,J. D. ;and C-H. Wu. Basic Engineering Circuit Analysis. 6th ed. Upper Saddle River,NJ: Prentice-Hall,Inc. ,1999.

[4] Sedra, A. S. ; and K. C. Smith. Microelectronic Circuits. 4th ed. New York: Oxford University Press,1998.

[5] Hayt,W. H. ,Jr. ;and J. E. Kemmerley. Engineering Circuit Analysis. 4th ed. New York: McGraw-Hill Book Co. ,1986.

[6] (美)Wayne Tomasi. 电子通信系统(第四版). 王曼珠等译 . 北京:电子工业出版社,2002.

[7] 曾兴雯,刘乃安,陈健 . 高频电路原理与分析 . 西安:西安电子科技大学出版社,2001.

[8] 张肃文 . 高频电子线路(第 5 版). 北京:高等教育出版社,2009.

[9] 谢嘉奎 . 电子线路(非线性部分),第四版 . 北京:高等教育出版社,2001.

[10] 高吉祥 . 高频电子线路 . 北京:电子工业出版社,2003.

[11] 张义芳,冯建华 . 高频电子线路 . 哈尔滨:哈尔滨工业大学出版社,1998.

[12] 阳昌汉 . 高频电子线路 . 哈尔滨:哈尔滨工程大学出版社,2001.

[13] 吴运昌 . 模拟集成电路原理与应用 . 广州:华南理工大学出版社,1995.

[14] 席德勋 . 现代电子技术 . 北京:高等教育出版社,1999.

[15] 张凤言 . 电子电路基础——高性能模拟电路和电流模技术 . 北京:高等教育出版社,1995.

[16] 王卫东 . 模拟电子电路基础(第 2 版). 北京:电子工业出版社,2010.

[17] 钱恭斌等 . Electronics Workbench 实用通信与电子线路的计算机仿真 . 北京:电子工业出版社,2001.

[18] 赵世强等 . 电子电路 EDA 技术 . 西安:西安电子科技大学出版社,2000.

[19] 高如云,陆曼茹,张启民,孙万蓉 . 通信电子线路 . 西安:西安电子科技大学出版社,2002.

[20] 王卫东 . 高频电子电路(第 2 版). 北京:电子工业出版社,2009.

[21] 樊昌信,曹丽娜 . 通信原理(第 6 版). 北京:国防工业出版社,2009.

[22] 解月珍,谢沅清 . 通信电子电路 . 北京:机械工业出版社,2003.

[23] 黄智伟 . 通信电子电路 . 北京:机械工业出版社,2007.

[24] 张肃文 . 高频电子线路(第四版). 北京:高等教育出版社,2004.

[25] 粟欣,许希斌 . 软件无线电原理与技术 . 北京:人民邮电出版社,2010.

[26] 向新等 . 软件无线电原理与技术 . 西安:西安电子科技大学出版社,2008.

反侵权盗版声明